软件设计师考前突破

考点精讲 ◆ 真题精解 ◆ 难点精练

陈凯俊 李锋 李宏贞 编著

机械工业出版社
CHINA MACHINE PRESS

图书在版编目（CIP）数据

软件设计师考前突破：考点精讲、真题精解、难点精练 / 陈凯俊，李锋，李宏贞编著 . —北京：机械工业出版社，2023.3
ISBN 978-7-111-72558-9

Ⅰ. ①软…　Ⅱ. ①陈…　②李…　③李…　Ⅲ. ①软件设计 - 资格考试 - 自学参考资料
Ⅳ. ① TP311.5

中国国家版本馆 CIP 数据核字（2023）第 010495 号

　　本书通过分析考试大纲中的内容要点，剖析 2010 年至 2020 年的考题，利用统计分析方法整理出高频考点并归纳了真题。章节按考试大纲顺序安排。每章中根据历年试题的统计结果对考点进行讲解，提炼必须掌握的知识，并通过真题演练让考生熟悉考点，针对难点设置了练习并给出精解。考生可通过学习本书，把握考试的重点，熟悉题型。考生不仅要会做书中的题目，还要能举一反三，掌握题目涵盖的知识点所在的知识域，以应对考试。

　　本书可作为考生备战软件设计师考试的复习资料，亦可供各类计算机相关专业培训班使用。

软件设计师考前突破：考点精讲、真题精解、难点精练

出版发行：机械工业出版社（北京市西城区百万庄大街 22 号　邮政编码：100037）
策划编辑：迟振春　　　　　　　　　　　　　　责任编辑：迟振春
责任校对：张爱妮　　陈　越　　　　　　　　　责任印制：张　博
版　　次：2023 年 5 月第 1 版第 1 次印刷　　　印　　刷：北京建宏印刷有限公司
开　　本：188mm×260mm　1/16　　　　　　　印　　张：29.75
书　　号：ISBN 978-7-111-72558-9　　　　　　定　　价：129.00 元

客服电话：（010）88361066
　　　　　　（010）68326294

前　言

　　计算机技术与软件专业技术资格（水平）考试（以下简称计算机软件资格考试）是人力资源和社会保障部、工业和信息化部领导下的国家级考试，其目的是科学、公正地对全国计算机技术与软件专业技术人员进行职业资格、专业技术资格认定和专业技术水平测试。考试不设学历与资历条件，也不论年龄和专业，考生可根据自己的技术水平选择合适的级别、合适的资格，但一次考试只能报考一种级别和资格。考试采用笔试形式，实行全国统一大纲、统一试题、统一时间、统一标准、统一证书的考试办法。考试合格者将获得由人力资源和社会保障部、工业和信息化部用印的计算机技术与软件专业技术资格（水平）证书，该证书在全国范围内有效。

　　软件设计师考试属于计算机软件资格考试中的中级考试。通过考试取得技术资格证书的人员，能够根据软件开发项目管理和软件工程的要求，按照系统总体设计规格说明书进行软件设计；能够编写程序设计规格说明书等相应的文档；能够组织和指导程序员编写、调试程序，并对软件进行优化和集成测试，开发出符合系统总体设计要求的高质量软件；具有工程师的实际工作能力和业务水平，可以担任用人单位的工程师职务。

　　本书是为考生编写的软件设计师考试用书。由于考试大纲要求考生掌握的知识面很广，而考生的复习时间有限，所以，我们对考试大纲中的内容要点和 2010 年至 2020 年的考题进行了认真细致的剖析，整理出高频考点并归纳了真题，以便让考生通过练习理解和掌握考点要求。

　　在编写本书的过程中编者参考了许多相关的书籍和资料，在此对这些书籍和资料的作者表示真诚的感谢。由于编者水平有限，且本书涉及的知识点众多，书中难免有不妥和疏漏之处，望各位专家与读者给予指正，对此我们将深为感激。

编　者

2022 年 10 月于广州

目　录

第1章

计算机科学基础

1.1 考点精讲

1.1.1 考纲要求

计算机科学基础主要是考试中所涉及的基础数学知识。本章在考纲中主要有以下内容：

- 计算机内数据的表示及运算（数的表示、非数值的表示）。
- 算术运算和逻辑运算（计算机的二进制数运算方法、逻辑代数运算）。
- 编码基础（检测与纠错、海明码、循环冗余码、哈夫曼编码）。

计算机科学基础考点如图 1-1 所示，用星级★标示知识点的重要程度。

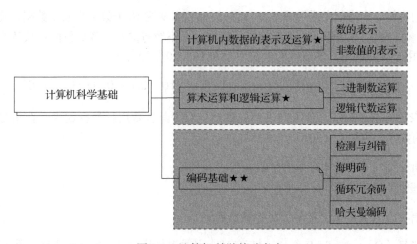

图 1-1　计算机科学基础考点

1.1.2 考点分布

统计 2010 年至 2020 年试题真题，本章主要考点分值为 1～3 分。历年真题统计如表 1-1 所示。

表1-1　历年真题统计

年 份	时 间	题 号	分 值	知 识 点
2010 年上	上午题	4，20，21	3	算术运算和逻辑运算、数据的表示
2010 年下	上午题	2	1	数据的表示及运算
2011 年上	上午题	4，5	2	数据的表示及运算
2012 年下	上午题	2，3	2	编码基础、数据的表示及运算
2014 年上	上午题	3	1	数据的表示及运算
2015 年上	上午题	1	1	数据的表示及运算
2015 年下	上午题	3	1	数据的表示及运算
2016 年上	上午题	3，4	2	数据的表示及运算
2016 年下	上午题	3，4，20	3	数据的表示及运算、编码基础
2017 年上	上午题	2，5	2	数据的表示及运算、编码基础
2017 年下	上午题	5	1	编码基础
2018 年上	上午题	2，5，6	3	算术运算和逻辑运算、编码基础
2018 年下	上午题	3，5	2	数据的表示及运算、编码基础
2019 年上	上午题	5	1	编码基础
2020 年下	上午题	3	2	数据的表示及运算、编码基础

1.1.3 知识点精讲

1.1.3.1 数值及其转换

1. 进位计数制

以十进制为例，十进制中采用 0, 1, 2, 3, 4, 5, 6, 7, 8, 9 这 10 个数字来表示数据，逢十向相邻高位进一。每一位的位权都是以 10 为底的指数函数，由小数点向左，各数位的位权依次是 10^0, 10^1, 10^2, 10^3, $\cdots$；由小数点向右，各数位的位权依次为 10^{-1}, 10^{-2}, 10^{-3}, $\cdots$。

$$N = a_n \times 10^n + a_{n-1} \times 10^{n-1} + \cdots + a_1 \times 10^1 + a_0 \times 10^0 + a_{-1} \times 10^{-1} + \cdots + a_{-m} \times 10^{-m}$$

数制的表示方法：为了区分不同进制的数，一般把具体数用括号括起来，在括号的右下角标上表示数制的数字。例如，$(101)_2$ 与 $(101)_{10}$。

基数：所使用的不同基本符号的个数。

权：是基数的位序次幂。

2. 十进制、二进制、十六进制、八进制的概念

- 十进制（D）：由 0～9 组成，权为 10^i，计数时按逢十进一的规则进行，用 $(345.59)_{10}$ 或 345.59D 表示。

- 二进制（B）：由 0、1 组成，权为 2^i，计数时按逢二进一的规则进行，用 $(101.11)_2$ 或 101.11B 表示。

- 十六进制（H）：由 0～9、A～F 组成，权为 16^i，计数时按逢十六进一的规则进行，用 $(1A.C)_{16}$ 或 1A.CH 表示。

- 八进制（Q）：由 0～7 组成，权为 8^i，计数时按逢八进一的规则进行，用（34.6）$_8$ 或 34.6Q 表示。

总结：不同数制的表示方法有两种，一种是加括号及数字下标，另一种是数字后加相应的大写字母 D、B、H、Q。

3. 按权展开基本公式

设一个基数为 R 的数值 N，$N=(d_{n-1}d_{n-2}\cdots d_1d_0d_{-1}\cdots d_{-m})$，则 N 展开为 $N=d_{n-1}\times R^{n-1}+d_{n-2}\times R^{n-2}+\cdots+d_1\times R^1+d_0\times R^0+d_{-1}\times R^{-1}+\cdots+d_{-m}\times R^{-m}$。

说明：$(d_{n-1}d_{n-2}\cdots d_1d_0d_{-1}\cdots d_{-m})$ 表示各位上的数字，R^i 为权。

例如，十进制数 2345.67 展开为：$2345.67=2\times 10^3+3\times 10^2+4\times 10^1+5\times 10^0+6\times 10^{-1}+7\times 10^{-2}$。

4. 二进制、八进制、十六进制转换为十进制的方法

（1）二进制转换为十进制的方法

$(1011.011)_2=(1\times 2^3+0\times 2^2+1\times 2^1+1\times 2^0+0\times 2^{-1}+1\times 2^{-2}+1\times 2^{-3})_{10}=(11.375)_{10}$

（2）八进制转换为十进制的方法

$(246)_8=(2\times 8^2+4\times 8^1+6\times 8^0)_{10}=(166)_{10}$

（3）十六进制转换为十进制的方法

$(2AB.C)_{16}=(2\times 16^2+10\times 16^1+11\times 16^0+12\times 16^{-1})_{10}=(683.75)_{10}$

练习：① $(11001)_2=(25)_{10}$　　　② $(110110)_2=(54)_{10}$
　　　③ $(165)_8=(117)_{10}$　　　　④ $(207)_8=(135)_{10}$
　　　⑤ $(2CF)_{16}=(719)_{10}$　　　⑥ $(59)_{16}=(89)_{10}$

总结：n 进制转换为十进制的方法是按权展开法（将 n 进制数按权展开相加即可得到相应的十进制数）。

5. 十进制转换为二进制、八进制、十六进制的方法

（1）十进制转换为二进制的方法（除 2 取余逆排法）

例如，将十进制数 236 转换成二进制数的方法如下：

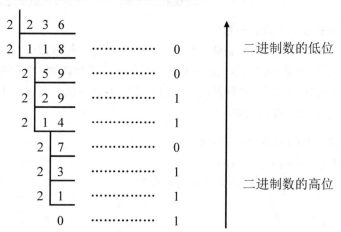

所以：$(236)_{10}=(11101100)_2$。

（2）十进制转换为八进制的方法（除 8 取余逆排法）

例如，将十进制数 236 转换成八进制数的方法如下：

所以：$(236)_{10}=(354)_8$。

（3）十进制转换为十六进制的方法（除 16 取余逆排法）

例如，将十进制数 236 转换成十六进制数的方法如下：

所以：$(236)_{10}=(EC)_{16}$。

总结：十进制整数转换为 n 进制整数的方法（除 n 取余逆排法）说明如下。

将已知的十进制数的整数部分反复除以 n（n 为进制数，取值为 2、8、16，分别表示二进制、八进制和十六进制），直到商是 0 为止，并将每次相除之后所得到的余数按次序记下来，第一次相除所得余数 K_0 为 n 进制数的最低位，最后一次相除所得余数 K_{n-1} 为 n 进制数的最高位。排列次序为 $K_{n-1}K_{n-2}\cdots K_1K_0$ 的数就是换算后得到的 n 进制数。

6. 二进制、八进制、十六进制整数之间的转换

首先，我们需要了解一个数学关系，即 $2^3=8$，$2^4=16$，而八进制和十六进制是用这种关系衍生而来的，即用三位二进制数表示一位八进制数，用四位二进制数表示一位十六进制数。接着，记住 4 个数字 8、4、2、1（$2^3=8$，$2^2=4$，$2^1=2$，$2^0=1$）。现在我们来练习二进制与八进制之间的转换。

（1）二进制整数转换为八进制整数

方法：取三合一法，即从二进制整数的最低位起，向左每三位取成一位，接着将这三位二进制数按权相加，得到的数就是一位八位二进制数，然后按顺序进行排列，得到的数字就是我们所求的八进制数。如果向左取三位后，取到最高位的时候无法凑足三位，可以在小数点最左边（最右边），即整数的最高位添 0，凑足三位。

例 1：将二进制数 11001 转换为八进制数。

$(11001)_2=(\underline{011},\underline{001})_2=(31)_8$

得到结果：将二进制数 11001 转换为八进制数为 31。

例 2：将二进制数 1101110 转换为八进制数。

（1101110）$_2$ =（$\underline{001}$, $\underline{1\,0\,1}$, $\underline{1\,1\,0}$）$_2$ =（156）$_8$

得到结果：将二进制数 1101110 转换为八进制数为 156。

（2）八进制数转换为二进制数

方法：取一分三法，即将一位八进制数分解成三位二进制数，用三位二进制数按权相加去凑这位八进制数，小数点位置不变。

例 3：将八进制数 67 转换为二进制数。

（67）$_8$=（6, 7）$_8$=（110111）$_2$

因此，得到结果：将八进制数 67 转换为二进制数为 110111。计算八进制数转换为二进制数，首先将八进制数按照从左到右每位展开为三位，然后按每位展开为 2^2, 2^1, 2^0（即 4, 2, 1）三位去凑数，即 $a \times 2^2 + b \times 2^1 + c \times 2^0$=该位上的数（$a$=1 或者 a=0, b=1 或者 b=0, c=1 或者 c=0），将 a, b, c 排列就是该位的二进制数。接着，将每位转换成二进制数按顺序排列。最后，就得到了八进制转换成二进制的数字。

（3）二进制整数转换为十六进制整数

与二进制数转换为八进制数相似，只不过是一位（十六进制）与四位（二进制）的转换。方法：取四合一法，即从二进制的最低位起，向左每四位取成一位，接着将这四位二进制数按权相加，得到的数就是一位十六位二进制数，然后按顺序进行排列，得到的数字就是我们所求的十六进制数。

例 4：将二进制数 11101001 转换为十六进制数。

（11101001）$_2$ =（$\underline{1\,1\,1\,0}$, $\underline{1\,0\,0\,1}$）$_2$ =（E9）$_{16}$

得到结果：将二进制数 11101001 转换为十六进制数为 E9。

例 5：将二进制数 101011101 转换为十六进制数。

（101011101）$_2$ =（$\underline{0\,0\,0\,1}$, $\underline{0\,1\,0\,1}$, $\underline{1\,1\,0\,1}$）$_2$ =（15D）$_{16}$

得到结果：将二进制数 101011101 转换为十六进制数为 15D。

（4）十六进制数转换为二进制数

方法：取一分四法，即将一位十六进制数分解成四位二进制数，用四位二进制数按权相加去凑这位十六进制数，小数点位置不变。

例 6：将十六进制数 6E2 转换为二进制数。

（6E2）$_{16}$=（6, E, 2）$_8$=（$\underline{0110}$, $\underline{1110}$, $\underline{0010}$）$_2$

得到结果：将十六进制数 6E2 转换为二进制数为 11011100010。

（5）八进制数与十六进制数的转换

一般不能相互直接转换，而是先将八进制（或十六进制）数转换为二进制数，再将二进制数转换为十六进制（或八进制）数，小数点位置不变。相应的转换请参照前面二进制数与八进制数的转换和二进制数与十六进制数的转换。

1.1.3.2 数据的表示

1. 定点数和浮点数的概念

在计算机中，数值型的数据有两种表示方法，一种叫作定点数，另一种叫作浮点数。所谓定点数，就是在计算机中所有数的小数点位置固定不变。定点数有两种：定点小数和定点整数。定点小数是将小数点固定在最高数据位的左边，因此它只能表示小于 1 的纯小数。定点整数是将小数点固定在最低数据位的右边，因此定点整数表示的也只是纯整数。由此可见，定点数表示数的范围较小。

为了扩大计算机中数值数据的表示范围，我们将 12.34 表示为 0.1234×10^2，其中 0.1234 叫作尾数，10 叫作基数（可以在计算机内固定下来）。2 叫作阶码，若阶码的大小发生变化，则意味着实际数据小数点的移动，我们把这种数据叫作浮点数。由于基数在计算机中固定不变，因此，我们可以用两个定点数分别表示尾数和阶码，从而表示这个浮点数。其中，尾数用定点小数表示，阶码用定点整数表示。

在计算机中，无论是定点数还是浮点数，都有正负之分。在表示数据时，专门有 1 位或 2 位表示符号。对单符号位来讲，通常用"1"表示负号，用"0"表示正号；对双符号位来讲，则用"11"表示负号，"00"表示正号。通常情况下，符号位都处于数据的最高位。

2. 定点数

对于定点数，在计算机中可用不同的码制来表示，常用的码制有原码、反码和补码三种。不论用什么码制来表示，数据本身的值并不发生变化，数据本身所代表的值叫作真值。下面我们就来讨论这三种码制的表示方法。

（1）原码

原码的表示方法为：如果真值是正数，则最高位为 0，其他位保持不变；如果真值是负数，则最高位为 1，其他位保持不变。

例 7：写出 13 和 –13 的原码（取 8 位码长）。

解：因为 13=$(1101)_2$，所以 13 的原码是 00001101，–13 的原码是 10001101。

因此，原码的表示范围如下：

原码小数的表示范围：$[+0]_原$ =0.0000000，$[-0]_原$ =1.0000000。

最大值：$1-2^{-(n-1)}$。

最小值：$-(1-2^{-(n-1)})$。

表示数值的个数：2^n-1。

原码整数的表示范围：$[+0]_原$ =00000000，$[-0]_原$ =10000000。

最大值：$2^{(n-1)}-1$。

最小值：$-(2^{(n-1)}-1)$。

表示数值的个数：2^n-1。

采用原码的优点是转换非常简单，只要根据正负号将最高位置 0 或 1 即可。但原码表示在进行加减运算时很不方便，符号位不能参与运算，并且 0 的原码有两种表示方法：+0 的原码是 00000000，–0 的原码是 10000000。

（2）反码

反码的表示方法为：如果真值是正数，则最高位为 0，其他位保持不变；如果真值是负数，则最高位为 1，其他位按位求反。

例 8：写出 13 和 -13 的反码（取 8 位码长）。

解：因为 13=（1101）$_2$，所以 13 的反码是 00001101，-13 的反码是 11110010。

因此，反码的表示范围如下：

n 位纯整数：$-（2^{n-1}-1）\sim 2^{n-1}-1$。

n 位纯小数：$-（1-2^{-(n-1)}）\sim 1-2^{-(n-1)}$。

与原码相比较，反码的符号位虽然可以作为数值参与运算，但计算完后，仍需要根据符号位进行调整。另外，0 的反码同样也有两种表示方法：+0 的反码是 00000000，-0 的反码是 11111111。

为了克服原码和反码的上述缺点，人们又引进了补码表示法。补码的作用在于能把减法运算化成加法运算，现代计算机中一般采用补码来表示定点数。

（3）补码

补码的表示方法为：若真值是正数，则最高位为 0，其他位保持不变；若真值是负数，则最高位为 1，其他位按位求反后再加 1。

原码求补码：

正数：$[X]_{补}=[X]_{原}$。

负数：符号除外，按位取反，末位加 1。

例 9：$X=-01001001$

　　　$[X]_{原}=11001001$

　　　$[X]_{补}=10110110 +1=10110111$

例 10：写出 13 和 -13 的补码（取 8 位码长）。

解：因为 13=（1101）$_2$，所以 13 的补码是 00001101，-13 的补码是 11110011。

因此，补码的表示范围如下：

n 位纯整数：$-2^{n-1}\sim 2^{n-1}-1$。

n 位纯小数：$-1\sim 1-2^{-(n-1)}$。

在补码系统中，由于 0 有唯一的编码，因此 n 位二进制能表示 2^n 个补码数。补码的符号可以作为数值参与运算，且计算完后，不需要根据符号位进行调整。另外，0 的补码表示方法也是唯一的，即 00000000。

3. 浮点数

（1）浮点数表示

浮点数表示法类似于科学记数法，任意数均可通过改变其指数部分，使小数点发生移动，如数 23.45 可以表示为 $10^1\times 2.345$、$10^2\times 0.2345$、$10^3\times 0.023\,45$ 等各种不同形式。浮点数的一般表示形式为 $N=2^E\times D$，其中，D 称为尾数，E 称为阶码。如图 1-2 所示为浮点数的一般形式。

阶码符号位	阶码	尾数符号位	尾数

图 1-2　浮点数的一般形式

不同的机器对于阶码和尾数各占多少位、分别用什么码制进行表示有不同的规定。在实际应用中，浮点数的表示首先要进行规格化，即转换成一个纯小数与 2^m（其中 m 为尾数位数）之积，并且小数点后的第一位是 1。尾数用补码表示时，小数最高位应与浮点数 N 的符号位相反。D 表示尾数。

正数应满足 $1/2 \leqslant D < 1$，即 $0.1x \cdots x$。

负数应满足 $-1/2 > D \geqslant -1$，即 $1.0x \cdots x$。

例 11：写出浮点数 $(-101.11101)_2$ 在计算机内的表示（阶码用 4 位原码表示，尾数用 8 位补码表示，阶码在尾数之前）。

解：$(-101.11101)_2 = (-0.10111101)_2 \times 2^3$

阶码为 3，用原码表示为 0011。尾数为 -0.10111101，用补码表示为 1.01000011。因此，该数在计算机内表示为 00111.01000011。

（2）浮点数的加减运算步骤

以一个例子来讲解，$X = 00.1011 \times 2^3$，$Y = 00.1001 \times 2^4$，求 $X+Y$。

浮点数的加减运算分为 5 步：

① 对阶。

把指数小的数（X）的指数（3）转化成和指数高的数（Y）的指数（4）相等，同时指数小的数（X）的尾数的符号位后面补两个数的指数之差的绝对值（1）个 0。对于本例来说，就是把 X 变为 00.01011×2^4。

② 尾数相加减。

尾数相加减为：

$$00.01011 + 00.1001 = 00.11101$$

这是相加，相减是把减数换成对应的补码再做相加运算。

③ 规格化。

当出现以下两种情况时需要进行规格化：

● 两个符号位不相同。两个符号位不同，说明运算结果溢出，此时要进行右规，即把运算结果的尾数右移一位。需要右规的只有两种情况：$01 \times \times \times$ 和 $10 \times \times \times$。$01 \times \times \times$ 右移一位的结果为 $001 \times \times \times$，$10 \times \times \times$ 右移一位的结果为 $110 \times \times \times$。最后将阶码（指数）+1。

● 两个符号位相同，但是最高数值位与符号位相同。两个符号位相同，说明运算结果没有溢出，此时要进行左规，把尾数连续左移，直到最高数值位与符号位的数值不同为止。需要左规的有如下两种情况：$111 \times \times \times$ 和 $000 \times \times \times$。$111 \times \times \times$ 左移一位的结果为 $11 \times \times \times 0$，$000 \times \times \times$ 左移一位的结果为 $00 \times \times \times 0$。最后将阶码（指数）减去移动的次数。

④ 舍入。

执行右规或者对阶时，有可能会在尾数低位上增加一些值，最后需要把它们移掉。比如说，原来参与运算的两个数（加数和被加数）算上符号位一共有 6 个数，通过上面三个操作后运算结果变成了 8 个数，这时需要把第 7 位和第 8 位的数去掉。如果直接去掉，会使精度受影响，通常有以下两种方法：

- 0 舍 1 入法。

    第一个例子：运算结果 X=00.11010111，假设原本加数和被加数算上符号位一共有 6 个数，结果 X 是 10 个数，那么要去掉后 4 个数（0111）。由于 0111 首位是 0（即要去掉的数的最高位为 0），这种情况下，直接去掉这 4 个数就可以。该例最后结果为 $X =$ 00.1101。

    第二个例子：运算结果 $Y = $ 00.11001001，这时要去掉的数为 1001 四个数，由于这 4 个数的首位为 1（即要去掉的数的最高位为 1），这种情况下，直接去掉这 4 个数，再在去掉这 4 个数的新尾数的末尾加 1。如果加 1 后又出现了溢出，继续进行右规操作。该例最后结果为 $Y = $ 00.1101。

- 置 1 法。这个比较简单，去掉多余的尾数，然后保证去掉这 4 个数的新尾数的最后一位为 1（即是 1 不用管，是 0 改成 1）即可。比如 Z=00.11000111，置 1 法之后的结果为 Z=00.11001。

⑤ 检查阶码是否溢出。

阶码溢出在规格化和右移的过程中都有可能发生，若阶码不溢出，则加减运算正常结束（即判断浮点数是否溢出，不需要判断尾数是否溢出，直接判断阶码是否溢出即可）。若阶码下溢，则置运算结果为机器 0（通常阶码和尾数全置 0）。若上溢，则置溢出标志为 1。

1.1.3.3 非数值表示

非数值数据主要是指字符和汉字。

1. 字符编码

字符主要是指西文字符（英文字母、数字、各种符号）。字符编码采用 ASCII（American Standard Code for Information Interchange，美国国家标准信息交换码）。ASCII 采用 7 位二进制对常用的字符及其他符号（共 128 个）进行编码，其中包括可显示的大小写英文字母、阿拉伯数字及其他符号共 95 个，不可显示的"符号"（如回车、换行、响铃及各种控制字符）33 个，数字字符、大写字母、小写字母都按各自的顺序依次排列。对应的大写字母、小写字母的 ASCII 码值相差 20H。数字字符的 ASCII 码值和对应的十进制数字相差 30H。例如十进制数字 5、8 对应的 ASCII 码值分别为 35H、38H。

2. 汉字编码

常见的汉字字符集编码说明如下：

1）GB2312 编码：1981 年 5 月 1 日发布的简体中文汉字编码国家标准。GB2312 对汉字采用双字节编码，收录了 7445 个图形字符，其中包括 6763 个汉字。

2）BIG5 编码：繁体中文标准字符集，采用双字节编码，共收录了 13 053 个中文字，1984 年实施。

3）GBK 编码：1995 年 12 月发布的汉字编码国家标准，是对 GB2312 编码的扩充，对汉字采用双字节编码。GBK 字符集共收录了 21 003 个汉字，包含国家标准 GB13000-1 中的全部中、日、韩汉字和 BIG5 编码中的所有汉字。

4）GB18030 编码：2000 年 3 月 17 日发布的汉字编码国家标准，是对 GBK 编码的扩充，覆盖中文、日文、朝鲜语和中国少数民族文字，其中收录了 27 484 个汉字。GB18030 字符集采用单字节、双字节和四字节三种方式对字符编码，兼容 GBK 和 GB2312 字符集。

5）Unicode 编码：国际标准字符集，它将世界各种语言的每个字符定义为一个唯一的编码，满足跨语言、跨平台的文本信息转换。Unicode 采用四字节为每个字符编码。

6）UTF-8 编码和 UTF-16 编码：Unicode 编码的转换格式，可变长编码，相对于 Unicode 更节省空间。

1.1.3.4 算术运算和逻辑运算

1. 算术运算

计算机中，常采用补码进行加减运算。补码可将减法变为加法进行运算。

补码运算的特点：符号位和数值位一同参加运算。

定点补码运算在加法运算时的基本规则如下：

$$[X]_{补}+[Y]_{补}=[X+Y]_{补}\text{（两个补码的和等于和的补码）}$$

定点补码运算在减法运算时的基本规则如下：

$$[X]_{补}-[Y]_{补}=[X]_{补}+[-Y]_{补}=[X-Y]_{补}$$

例 12：已知机器字长 $n=8$，$X=44$，$Y=53$，求 $X+Y$。

解：$[X]_{原}=00101100$，$[Y]_{原}=00110101$。

$[X]_{补}=00101100$

$[Y]_{补}=00110101$

$[X]_{补}+[Y]_{补}=00101100+00110101=01100001$

$X+Y=+97$

例 13：已知机器字长 $n=8$，$X=-44$，$Y=-53$，求 $X+Y$。

解：$[44]_{补}=00101100$

$[53]_{补}=00110101$

$[X]_{补}=[-44]_{补}=11010011+1=11010100$

$[Y]_{补}=[-53]_{补}=11001010+1=11001011$

$[X+Y]_{补}[X]_{补}+[Y]_{补}=11010100+11001011=110011111$（超出 8 位，舍弃模值）

$X+Y=-01100001$

$X+Y=(-97)_{10}$

2. 逻辑运算

（1）与逻辑

当决定某一事件的所有条件都具备时，事件才能发生。$Y=A\cdot B$ 真值表如表 1-2 所示。

表1-2 $Y=A \cdot B$真值表

A	B	$Y=A \cdot B$
0	0	0
0	1	0
1	0	0
1	1	1

（2）或逻辑

当决定某一事件的一个或多个条件满足时，事件便能发生。$Y=A+B$真值表如表1-3所示。

表1-3 $Y=A+B$真值表

A	B	$Y=A+B$
0	0	0
0	1	1
1	0	1
1	1	1

（3）非逻辑

条件具备时，事件不能发生；条件不具备时，事件一定发生。$Y=\overline{A}$真值表如表1-4所示。

表1-4 $Y=\overline{A}$真值表

A	$Y=\overline{A}$
0	1
1	0

（4）移位运算

<<（左移）：右边空出的位置补 0，其值相当于乘以 2。例如 3<<2，即将数字 3 左移 2 位。计算过程是：首先把 3 转换为二进制数字 0011，然后把该数字高位（左侧）的两个 0 移出，其他的数字都向左平移 2 位，最后在低位（右侧）的两个空位补零。得到的最终结果是 1100，转换为十进制是 12。

>>（右移）：左边空出的位，若为正数则补 0，若为负数则补 0 或 1，取决于所用的计算机系统。按二进制形式把所有的数字向右移动对应位移位数，低位移出（舍弃），高位的空位补符号位，即正数补零，负数补 1。其值相当于除以 2。例如，11 >> 2 是将数字 11 右移 2 位。计算过程是：11 的二进制形式为 1011，然后把低位的最后两个数字移出，因为该数字是正数，所以在高位补零。得到的最终结果是 00 0010，转换为十进制是 2。

1.1.3.5 编码基础

1. 数据校验

在数据传输或者存储的过程中，会受到外界的干扰（电路故障或者噪声等），有可能导致某位或多位错误。所以校验是非常有必要的，要再添加额外的冗余码，也称校验位。

发送出来的信息就是有效信息（k 位）+校验信息（r 位）。

码距：与二进制位有关，任意两个合法编码的二进制位之间不同的位数。比如对于一套编码 0000 0011 1111，第一个数（0000）和第二个数（0011）后两位的二进制位不同，所以对于前两个数来说码距是 2。同理，后两个数（0011 和 1111）之间的码距也是 2。对于第一个数（0000）和第三个数（1111），码距就是 4。但是注意，码距是最小值，所以这套编码的码距就是 2。

码距的检查：拿上面那套编码来说，本来编码出来是 0000，但是传输过程中有一位发生错误，编码变成了 0001，一看编码里面没有这种编码，所以就是无效的编码，就知道有一位错了。码距为 1 时无法识别一位错误，因为任何一种错误都是有效编码。

2. 奇偶校验

采用增加一位校验位的方法。在添加一位校验位后，使得整个数据中 1 的个数呈现奇偶性。奇偶校验其实是奇校验和偶校验的合称。

（1）奇校验

就是让原有数据序列中（包括要加上的一位）1 的个数为奇数，如 1000110（0），因为原来有 3 个 1，已经是奇数了，所以奇校验的位数为 0，保证 1 的个数还是奇数。

（2）偶校验

就是让原有数据序列中（包括要加上的一位）1 的个数为偶数，如 1000110（1），因为原来有 3 个 1，要想 1 的个数为偶数，就只能让偶校验的位数为 1。

我们把传送过来的 1100111000 逐位相加就会得到 1，应该注意的是，如果在传送中 1100111000 变成 0000111000，通过上面的运算也将得到 1，接收方就会认为传送的数据是正确的，这个判断正确与否的过程称为校验。而使用上面的方法进行的校验称为奇校验，奇校验只能判断传送数据时奇数个数据从 0 变为 1 或从 1 变为 0 的情况，对于传送时偶数个数据发生错误，它就无能为力了。

3. 海明码

海明码的作用是：在编码中如果有错误，可以表达出第几位出了错。二进制的数据只有 0 和 1，修改起来很容易，求反即可，这需要加入几个校验位。它是根据总的位置来加的，加在"2 的几次幂"的位置上，这个位置不是我们通常的从右向左数位置，刚好相反，是从左到右，如图 1-3 所示。

位置	M1	M2	M3	M4	M5	M6	M7	M8	M9	M10
甲	$P1$	$P2$	$D1$	$P3$	$D2$	$D3$	$D4$	$P4$	$D5$	$D6$

图 1-3 海明码位置含义

P 是校验位，D 是数据位。原始的数据是 101101，校验位是插到了 1, 2, 4, 8 这几个位置上。

（1）校验码的计算

步骤①：确定校验码的位数 k。

公式：$m+k+1 \leq 2^k$（m 是数据位的位数，k 是要加的校验位的位数）。

若数据长是 4 位，$4+k+1 \leq 2^k$，当 $k=3$ 时，校验码就是 3 位。

若数据长是 5 位，$5+k+1 \leq 2^k$，当 $k=4$ 时，校验码就是 4 位。

因为 101101 的数据位是 6 位，所以校验位应该是 4 位，总位数是 6+4=10 位。

步骤②：确定校验码的位置。

校验位插在 2 的幂的位置上，如图 1-4 所示。4 个校验位就是插到 $2^0=1$, $2^1=2$, $2^2=4$, $2^3=8$ 的位置上。

位置	M1	M2	M3	M4	M5	M6	M7	M8	M9	M10
甲	$P1$	$P2$	$D1$	$P3$	$D2$	$D3$	$D4$	$P4$	$D5$	$D6$
乙	—	—	1	—	0	1	1	—	0	1

图 1-4　海明码校验位位置

步骤③：确定数据的位置。

数据的位置就按顺序写入，不要写到校验位上。

步骤④：求出校验位的值。

求图 1-4 中 $P1$ $P2$ $P3$ $P4$ 的值。因为是 4 位校验码，所以我们能够用 $s4$ $s3$ $s2$ $s1$ 来表示这个 4 位校验码。

M1 位置十进制是 1，转成 4 位二进制数就是 0001，即 M1 和 $s1$ 有关系。同理，M2 位置十进制是 2，转成 4 位二进制数就是 0010，对应 $s4$ $s3$ $s2$ $s1$。$s2$ 的位置上是 1，所以 M2 和 $s2$ 有关系。

```
位置--------s4   s3   s2   s1
M1======0    0    0    1
M2======0    0    1    0
M3======0    0    1    1      M3 和 s1 及 s2 有关系
M4======0    1    0    0      M4 和 s3 有关系
M5======0    1    0    1
M6======0    1    1    0
M7======0    1    1    1
M8======1    0    0    0
M9======1    0    0    1
M10=====1    0    1    0
```

所以　$s1$->M1, M3, M5, M7, M9

　　　　$s2$->M2, M3, M6, M7, M10

　　　　$s3$->M4, M5, M6, M7

　　　　$s4$->M8, M9, M10

通过异或运算，求对应的 4 位校验码 $s1$, $s2$, $s3$, $s4$。

$s1=M1 \oplus M3 \oplus M5 \oplus M7 \oplus M9 \quad =P1 \oplus D1 \oplus D2 \oplus D4 \oplus D5$

$s2=M2 \oplus M3 \oplus M6 \oplus M7 \oplus M10 \quad =P2 \oplus D1 \oplus D3 \oplus D4 \oplus D6$

$s3=M4 \oplus M5 \oplus M6 \oplus M7 \quad =P3 \oplus D2 \oplus D3 \oplus D4$

$s4=M8 \oplus M9 \oplus M10 \quad =P4 \oplus D5 \oplus D6$

如果海明码没有错误信息，$s1$、$s2$、$s3$、$s4$ 都为 0，等式右边的值也得为 0。由于是异或，因此 Pi（$i=1, 2, 3, \cdots$）的值与后边的式子必须一样才能使整个式子的值为零，即 Pi 后边的式子的值。

$P1=D1 \oplus D2 \oplus D4 \oplus D5 =1 \oplus 0 \oplus 1 \oplus 0 =0$

$P2=D1 \oplus D3 \oplus D4 \oplus D6 =1 \oplus 1 \oplus 1 \oplus 1 =0$

$P3=D2 \oplus D3 \oplus D4 \quad =0 \oplus 1 \oplus 1 \quad =0$

$P4=D5 \oplus D6 \quad =0 \oplus 1 \quad =1$

把 Pi 的值填写到图 1-4 中，就可以得到海明码，如图 1-5 所示。

位置	M1	M2	M3	M4	M5	M6	M7	M8	M9	M10
甲	$P1$	$P2$	$D1$	$P3$	$D2$	$D3$	$D4$	$P4$	$D5$	$D6$
乙	—	—	1	—	0	1	1	—	0	1
丙	0	0	1	0	0	1	1	1	0	1

图 1-5　补充海明码校验码

（2）海明码校验过程

现在，假设海明码为 0010111101，其中数据 D=101101。第 5 位错了，第 5 位现在的值是 0，如果错了，它只能是 1。对方接收到了这样的一组编码，如图 1-6 所示，接收方如何找出错误的位置？

M1	M2	M3	M4	M5	M6	M7	M8	M9	M10
0	0	1	0	1	1	1	1	0	1

图 1-6　一组错误的海明码

上文已提到校验码的计算，4 位校验码为 $s1, s2, s3, s4$。

$s1=M1 \oplus M3 \oplus M5 \oplus M7 \oplus M9 =P1 \oplus D1 \oplus D2 \oplus D4 \oplus D5$

$s2=M2 \oplus M3 \oplus M6 \oplus M7 \oplus M10 =P2 \oplus D1 \oplus D3 \oplus D4 \oplus D6$

$s3=M4 \oplus M5 \oplus M6 \oplus M7 \quad =P3 \oplus D2 \oplus D3 \oplus D4$

$s4=M8 \oplus M9 \oplus M10 \quad =P4 \oplus D5 \oplus D6$

代入数据后，计算可得：

$s1=0 \oplus 1 \oplus 1 \oplus 1 \oplus 0 =1$

$s2=0 \oplus 1 \oplus 1 \oplus 1 \oplus 1 =0$

$s3=0 \oplus 1 \oplus 1 \oplus 1 \quad =1$

$s4=1 \oplus 0 \oplus 1 \quad =0$

按照 $s4, s3, s2, s1$ 排列得到的二进制数为 0101，对应的十进制数为 5，所以是第 5 位出错，和之前假设的一样。

4. 哈夫曼编码

哈夫曼编码（Huffman Coding）是一种编码方式，它是可变字长编码（Variable Length Coding，VLC）的一种。哈夫曼编码是 Huffman 于 1952 年提出的一种编码方法，该方法完全依据字符出现的概率来构造异字头的平均长度最短的码字，有时称为最佳编码，一般就叫作哈夫曼编码。

（1）哈夫曼编码的原理

哈夫曼编码的基本思想是：输入一个待编码的串，首先统计串中各字符出现的次数，称为频次，假设统计频次的数组为 count[]，则哈夫曼编码每次找出 count 数组中的值最小的两个分别作为左、右孩子，建立它们的父节点，循环这个操作 $n-1$（n 是不同的字符数）次，就把哈夫曼树建好了。

（2）哈夫曼树

字符串：agdfaghdabsb。

如表 1-5 所示，统计每个字符出现的次数。如图 1-7 所示为字符串 agdfaghdabsb 的哈夫曼编码的哈夫曼树。

表1-5　字符出现次数统计

出现的字符	字符出现的次数
a	3
g	2
d	2
f	1
h	1
b	2
s	1
合计	12

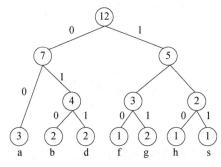

图 1-7　哈夫曼树

由上面的哈夫曼树可知，各个字符的编码如下：

- a: 01。
- b: 010。
- d: 011。
- f: 100。
- g: 101。
- h: 110。
- s: 111。

所以整个串的编码为：

011010111000110111001101010111010

5. 循环冗余码

循环冗余校验（Cyclic Redundancy Check，CRC）是一种很常用的设计。一般来说，数据通信中的编码可以分为信源编码和信道编码两大类，其中，为了提高数据通信的可靠性而采取的编码称为信道编码，即抗干扰编码。在通信系统中，要求数据传输过程中的误码率足够低，而为了降低数据传输过程中的误码率，经常采用的一种方法是差错检测控制。

基本原理就是在一个 P 位二进制数据序列之后附加一个 R 位二进制检验码序列，从而构成一个总长为 $N=P+R$ 位的二进制序列。例如，P 位二进制数据序列 $D=[d_{p-1}d_{p-2}\cdots d_1 d_0]$，$R$ 位二进制校验码 $R=[r_{r-1}r_{r-2}\cdots r_1 r_0]$，那么所得到的 N 位二进制序列就是 $M=[d_{p-1}d_{p-2}\cdots d_1 d_0 r_{r-1}r_{r-2}\cdots r_1 r_0]$，这里附加在数据序列之后的 CRC 码与数据序列的内容之间存在着某种特定的关系。如果在数据传输过程中，由于噪声或传输特性不理想而使数据序列中的某一位或某些位发生错误，这种特定关系就会被破坏。可见在数据的接收端通过检查这种特定关系，可以很容易地实现对数据传输正确性的检验。

在 CRC 中，校验码 R 是通过对数据序列 D 进行二进制除法取余运算得到的，它被一个称为生成多项式的 $r+1$ 位二进制序列 $G=[g_r g_{r-1}\cdots g_1 g_0]$ 来除，具体的多项式除法形式如下：

$$\frac{x^r D(x)}{G(x)} = Q(x) + \frac{R(x)}{G(x)}$$

其中，$x^r D(x)$ 表示将数据序列 D 左移 r 位，即在 D 的末尾再增加 r 个 0 位；$Q(x)$ 代表这一除法所得的商，$R(x)$ 就是所需的余式。此外，这一运算关系还可以表示为：

$$R(x) = \mathrm{Re}\left[\frac{x^r D(x)}{G(x)}\right]$$

$$R(x) = \mathrm{Re}\left[\frac{M(x)}{G(x)}\right]$$

通过上面 CRC 基本原理的介绍，可以发现生成多项式是一个非常重要的概念，它决定了 CRC 的具体算法。目前，生成多项式具有以下一些通用标准，其中 CRC-12、CRC-16、CRC-ITU 和 CRC-32 是国际标准。

- CRC-4: x^4+x+1。
- CRC-12: $x^{12}+x^{11}+x^3+x+1$。
- CRC-16: $x^{16}+x^{12}+x^2+1$。
- CRC-ITU: $x^{16}+x^{12}+x^5+1$。
- CRC-32: $x^{32}+x^{26}+x^{23}+\cdots+x^2+x+1$。
- CRC-32c: $x^{32}+x^{28}+x^{27}+\cdots+x^8+x^6+1$。

现在假设选择的 CRC 生成多项式为 $G(X)=X^4+X^3+1$，要求出二进制序列 10110011 的 CRC 码，具体的计算过程如下：

步骤 01 首先把生成多项式转换成二进制数，由 $G(X)=X^4+X^3+1$ 可以知道，它一共是 5 位（总位数等于最高位的幂次加 1，即 4+1=5），然后根据多项式各项的含义（多项式只列出二进制值为 1 的位，也就是这个二进制的第 4 位、第 3 位、第 0 位的二进制均为 1，其他位均为 0）

很快就可以得到它的二进制比特串为 11001。

步骤 02 因为生成多项式的位数为 5，根据前面的介绍得知 CRC 码的位数为 4（校验码的位数比生成多项式的位数少 1 位）。因为原数据帧为 10110011，在它后面再加 4 个 0，得到 101100110000，然后把这个数以"模 2 除法"的方式除以生成多项式，得到的余数（即 CRC 码）为 0100，如图 1-8 所示。

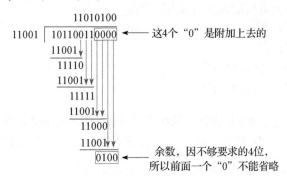

图 1-8　模 2 除法计算过程

步骤 03 用上一步计算得到的 CRC 码 0100 替换原始帧 101100110000 后面的 4 个"0"，得到新帧 101100110100，再把这个新帧发送到接收端。

步骤 04 当以上新帧到达接收端后，接收端会把这个新帧再用上面选定的除数 11001 以"模 2 除法"方式去除，验证余数是不是 0，如果为 0，则证明该帧数据在传输过程中没有出现差错，否则证明出现了差错。

1.2　真题精解

1.2.1　真题练习

1）若某整数的 16 位补码为 FFFFH（H 表示十六进制），则该数的十进制值为_____。

　A. 0　　　　　　　　B. −1　　　　　　　　C. $2^{16}−1$　　　　　　　　D. $−2^{16}+1$

2）若某计算机采用 8 位整数补码表示数据，则运算_____将产生溢出。

　A. −127+1　　　　　　B. −127−1　　　　　　C. 127+1　　　　　　D. 127−1

3）以下关于数的定点表示和浮点表示的叙述中，不正确的是_____。

　A. 定点表示法表示的数（称为定点数）常分为定点整数和定点小数两种

　B. 在定点表示法中，小数点需要占用一个存储位

　C. 浮点表示法用阶码和尾数来表示数，称为浮点数

　D. 在总位数相同的情况下，浮点表示法可以表示更大的数

4）某机器字长为 n，最高位是符号位，其定点整数的最大值为_____。

　A. $2^{n−1}$　　　　　　　B. $2^{n−1}−1$　　　　　　C. 2^{n}　　　　　　　D. $2^{n}−1$

5）浮点数能够表示的数的范围是由其_____的位数决定的。

A. 尾数　　　　　　　　B. 阶码　　　　　　　　C. 数符　　　　　　　　D. 阶符

6）如果"2X"的补码是"90H"，那么 X 的真值是_____。
　　A. 72　　　　　　　　B. −56　　　　　　　　C. 56　　　　　　　　D. 111

7）设有 16 位浮点数，其中阶符 1 位、阶码值 6 位、数符 1 位、尾数 8 位。若阶码用移码表示，尾数用补码表示，则该浮点数所能表示的数值范围是_____。
　　A. $-2^{64}\sim(1-2^{-8})2^{64}$
　　B. $-2^{63}\sim(1-2^{-8})2^{63}$
　　C. $-(1-2^{-8})2^{64}\sim(1-2^{-8})2^{64}$
　　D. $-(1-2^{-8})2^{63}\sim(1-2^{-8})2^{63}$

8）移位指令中的_____指令的操作结果相当于对操作数进行乘 2 操作。
　　A. 算术左移　　　　B. 逻辑右移　　　　C. 算术右移　　　　D. 带进位循环左移

9）要判断字长为 16 位的整数 a 的低 4 位是否全为 0，则_____。
　　A. 将 a 与 0x000F 进行"逻辑与"运算，然后判断运算结果是否等于 0
　　B. 将 a 与 0x000F 进行"逻辑或"运算，然后判断运算结果是否等于 F
　　C. 将 a 与 0x000F 进行"逻辑异或"运算，然后判断运算结果是否等于 0
　　D. 将 a 与 0x000F 进行"逻辑与"运算，然后判断运算结果是否等于 F

10）以下关于两个浮点数相加运算的叙述中，正确的是_____。
　　A. 首先进行对阶，阶码大的向阶码小的对齐
　　B. 首先进行对阶，阶码小的向阶码大的对齐
　　C. 不需要对阶，直接将尾数相加
　　D. 不需要对阶，直接将阶码相加

11）循环冗余校验码（CRC 码）利用生成多项式进行编码。设数据位为 k 位，校验位为 r 位，则 CRC 码的格式为_____。
　　A. k 个数据位之后跟 r 个校验位　　　　B. r 个校验位之后跟 k 个数据位
　　C. r 个校验位随机加入 k 个数据位中　　D. r 个校验位等间隔地加入 k 个数据位中

12）海明码利用奇偶性检错和纠错，通过在 n 个数据位之间插入 k 个校验位，扩大数据编码的码距。若 n=48，则 k 应为_____。
　　A. 4　　　　　　　B. 5　　　　　C. 6　　　　　D. 7

13）海明码是一种纠错码，其方法是为需要校验的数据位增加若干校验位，使得校验位的值取决于某些被校位的数据，当被校位数据出错时，可根据校验位的值的变化找到出错位，从而纠正错误。对于 32 位的数据，至少需要加_____个校验位才能构成海明码。
　　A. 3　　　　　　　B. 4　　　　　C. 5　　　　　D. 6

14）以 10 位数据为例，其海明码表示为 $D9D8D7D6D5D4P4D3D2D1P3D0P2P1$，其中 Di（$0\le i\le9$）表示数据位，Pj（$1\le j\le4$）表示校验位，数据位 D9 由 P4、P3 和 P2 进行校验（从右至左 D9 的位序为 14，即等于 8+4+2，因此用第 8 位的 P4、第 4 位的 P3 和第 2 位的 P2 校验），

数据位 $D5$ 由_____进行校验。

  A. $P4P1$ B. $P4P2$ C. $P4P3P1$ D. $P3P2P1$

15）以下关于采用一位奇校验方法的叙述中，正确的是_____。

  A. 若所有奇数位出错，则可以检测出该错误但无法纠正错误

  B. 若所有偶数位出错，则可以检测出该错误并加以纠正

  C. 若有奇数个数据位出错，则可以检测出该错误但无法纠正错误

  D. 若有偶数个数据位出错，则可以检测出该错误并加以纠正

1.2.2 真题讲解

1）B。

根据补码定义，数值 X 的补码记作$[X]_补$，如果机器字长为 n，则最高位为符号位，0 表示正号，1 表示负号，正数的补码与其原码和反码相同，负数的补码等于其反码的末尾加 1。

16 位补码能表示的数据范围为$[-2^{15} - 2^{15-1}]$。对于整数 $2^{16}-1$ 和$-2^{16}+1$，数据表示需要 16 位，再加一个符号位，共 17 位，因此不在 16 位补码能表示的数据范围 Z 内。

在补码表示中，0 有唯一的编码，$[+0]_补 = 0000000000000000$, $[-0]_补 = 0000000000000000$, 即$0000_H$。

$[-1]_原 = 1000000000000001$, $[-1]_反 = 1111111111111110$，因此$-1$ 的补码为$[-1]_补 = 1111111111111111 = FFFF$。

2）C。

采用 8 位补码表示整型数据时，可表示的数据范围为$-128 \sim 127$，因此进行 $127+1$ 运算会产生溢出。

3）B。

各种数据在计算机中表示的形式称为机器数，其特点是采用二进制计数制，数的符号用 0、1 表示，小数点则隐含表示而不占位置。机器数对应的实际数值称为数的真值。

为了便于运算，带符号的机器数可采用原码、反码、补码和移码等不同的编码方法。

所谓定点数，就是表示数据时小数点的位置固定不变。小数点的位置通常有两种约定方式：定点整数（纯整数，小数点在最低有效数值位之后）和定点小数（纯小数，小数点在最高有效数值位之前）。

当机器字长为 n 时，定点数的补码和移码可表示 2^n 个数，而其原码和反码只能表示 2^n-1 个数（0 表示占用了两个编码），因此定点数所能表示的数值范围比较小，运算中很容易因结果超出范围而溢出。

数的浮点表示的一般形式为 $N = 2^E \times F$，其中 E 为阶码，F 为尾数。阶码通常为带符号的纯整数，尾数为带符号的纯小数。

很明显，一个数的浮点表示不是唯一的。当小数点的位置改变时，阶码也相应改变，因此可以用多种浮点形式表示同一个数。

浮点数所能表示的数值范围主要由阶码决定，所表示数值的精度则由尾数决定。

4）B。

机器字长为 n，最高位为符号位，则剩余的 $n-1$ 位用来表示数值，其最大值是这 $n-1$ 位都为 1，也就是 $2^{n-1}-1$。

5）B。

在计算机中使用了类似于十进制科学记数法的方法来表示二进制实数，因其表示不同的数时小数点位置的浮动不固定而取名为浮点数表示法。浮点数编码由两部分组成：阶码（即指数，为带符号定点整数，常用移码表示，也有用补码表示的）和尾数（是定点纯小数，常用补码表示，也可用原码表示）。因此可以知道，浮点数的精度由尾数的位数决定，表示范围的大小则主要由阶码的位数决定。

6）B。

90H 即为二进制的 10010000。说明此数为负数，其反码为 10001111，其原码为 11110000，即 -112，$2X=-112$，所以 $X=-56$。

7）B。

如果浮点数的阶码（包括 1 位阶符）用 R 位表示，尾数（包括 1 位数符）用 M 位的补码表示，则浮点数表示的数值范围如下：

最大正数：$+(1-2^{-M+1}) \times 2(2^{R-1}-1)$。

最小负数：$-1 \times 2(2^{R-1}-1)$。

8）A。

移位运算符就是在二进制的基础上对数字进行平移。按照平移的方向和填充数字的规则分为三种：<<（左移）、>>（带符号右移）和>>>（无符号右移）。在数字没有溢出的前提下，对于正数和负数，左移一位就相当于乘以 2^1，左移 n 位就相当于乘以 2^n。

9）A。

判断是否为 1，让 1 和它做"与"运算，为 1 时结果为 1，不为 1 时结果为 0。

10）B。

浮点数是小数点位置不固定的数。一个浮点数可以表示为 $N=2^E \times F$。浮点数的计算步骤是对阶、尾数运算、结果格式化。对阶时是小数向大数看齐，对阶小数是通过算术右移来实现的。

11）A。

循环冗余校验码广泛应用于数据通信领域和磁介质存储系统中。它利用生成多项式为 k 个数据位产生 r 个校验位来进行编码，其编码长度为 $k+r$。

12）C。

设数据位是 n 位，校验位是 k 位，则 n 和 k 必须满足以下关系：$2^k-1 \geqslant n+k$。若 $n=48$，则 k 为 6 时可满足 $2^6-1 \geqslant 48+6$。

13）D。

海明码的构造方法是：在数据位之间插入 k 个校验位，通过扩大码距来实现检错和纠错。设数据位是 n 位，校验位是 k 位，则 n 和 k 必须满足以下关系：

$$2^k-1 \geqslant n+k$$

数据为 32 位时，代入公式：

$$2^6-1\geqslant32+6$$

计算结果是需要 6 位。

14）B。

$D5$ 在第 10 位，$10=8+2=2^3+2^1$，由于校验码处理 2^0, 2^1, 2^2, 2^3 位，分别对应 $P1$, $P2$, $P3$, $P4$。因此，$D5$ 由 $P4P2$ 进行校验。

15）C。

奇校验：就是让原有数据序列中（包括要加上的一位）1 的个数为奇数。

偶校验：就是让原有数据序列中（包括要加上的一位）1 的个数为偶数。

使用 1 位码距时是无法识别出哪里错误的。

1.3 难点精练

1.3.1 重难点练习

1）原码表示法和补码表示法是计算机中用于表示数据的两种编码方法，在计算机系统中常采用补码来表示数据和对数据进行运算，原因是采用补码可以_____。

    A. 保证运算过程与手工运算方法保持一致   B. 简化计算机运算部件的设计

    C. 提高数据的运算速度   D. 提高数据的运算精度

2）计算机中的浮点数由三部分组成：符号位 S、指数部分 E（称为阶码）和尾数部分 M。在总长度固定的情况下，增加 E 的位数、减少 M 的位数可以_____。

    A. 扩大可表示的数的范围，同时降低精度

    B. 扩大可表示的数的范围，同时提高精度

    C. 减小可表示的数的范围，同时降低精度

    D. 减小可表示的数的范围，同时提高精度

3）浮点数的表示范围和精度取决于_____。

    A. 阶码的位数和尾数的位数   B. 阶码采用的编码和尾数的位数

    C. 阶码的位数和尾数采用的编码   D. 阶码采用的编码和尾数采用的编码

4）定点 8 位字长的字，采用补码形式表示时，一个字所能表示的整数范围是_____。

    A. -128～+127   B. -127～+127   C. -129～+128   D. -128～+128

5）汉字编码是对每一个汉字按一定的规律用若干个字母、数字、符号表示出来。我国在汉字编码标准化方面取得的突出成就是《信息交换用汉字编码字符集》国家标准的制定。收入繁体字的汉字字符集是_____。

    A. GB2312—80   B. GB7589—87   C. GB7590—87   D. GB/T12345—90

6）浮点数的表示分为阶和尾数两部分。两个浮点数相加时，需要先对阶，即_____（n 为阶

差的绝对值）。

    A. 将大阶向小阶对齐，同时将尾数左移 n 位

    B. 将大阶向小阶对齐，同时将尾数右移 n 位

    C. 将小阶向大阶对齐，同时将尾数左移 n 位

    D. 将小阶向大阶对齐，同时将尾数右移 n 位

7）采用 n 位补码（包含一个符号位）表示数据，可以直接表示数值_____。

    A. 2^n B. -2^n C. 2^{n-1} D. -2^{n-1}

8）以下关于海明码的叙述中，正确的是_____。

    A. 海明码利用奇偶性进行检错和纠错

    B. 海明码的码距为 1

    C. 海明码可以检错，但不能纠错

    D. 海明码中数据位的长度与校验位的长度必须相同

9）机器字长为 n 位的二进制数可以用补码来表示_____个不同的有符号定点小数。

    A. 2^n B. 2^{n-1} C. 2^n-1 D. $2^{n-1}+1$

10）已知数据信息为 16 位，最少应附加_____位校验位，以实现海明码纠错。

    A. 3   B. 4   C. 5   D. 6

11）在_____校验方法中，采用模 2 运算来构造校验位。

    A. 水平奇偶   B. 垂直奇偶   C. 海明码   D. 循环冗余

12）逻辑表达式求值时常采用短路计算方式。"&&" "||" "!" 分别表示逻辑与、逻辑或、逻辑非运算，"&&" "||" 为左结合，"!" 为右结合，优先级从高到低为 "!" "&&" "||"。对逻辑表达式 x&&（y||z）进行短路计算方式求值时，_____。

    A. x 为真，则整个表达式的值即为真，不需要计算 y 和 z 的值

    B. x 为假，则整个表达式的值即为假，不需要计算 y 和 z 的值

    C. x 为真，再根据 z 的值决定是否需要计算 y 的值

    D. x 为假，再根据 y 的值决定是否需要计算 z 的值

13）若计算机存储数据采用的是双符号位（00 表示正号，11 表示负号），两个符号相同的数相加时，如果运算结果的两个符号位经_____运算得 1，则可断定这两个数相加的结果产生了溢出。

    A. 逻辑与   B. 逻辑或   C. 逻辑同或   D. 逻辑异或

1.3.2 练习精解

1）B。

使用补码表示数据时，可以将符号位和其他位统一处理，减法也可按加法来处理，从而简化了运算部件的设计。

2）A。

浮点数在计算机中用于近似表示任意某个实数，一个浮点数 a 可如下表示：

$$a = M \cdot 2^E$$

其中，尾数部分 M 的位数越多，数的精度越高，指数部分 E 的位数越多，能表示的数值越大。因此，在总长度固定的情况下，增加 E 的位数、减少 M 的位数可以扩大可表示的数的范围，同时精度被降低了。

3）A。

在机器中表示一个浮点数时，一是要给出尾数，用定点小数形式表示，尾数部分给出有效数字的位数，决定了浮点数的表示精度；二是要给出阶码，用整数形式表示，阶码指明小数点在数据中的位置，决定了浮点数的表示范围。

4）A。

正数的补码等于原码，负数的补码等于反码加 1。

5）D。

汉字编码是对每一个汉字按一定的规律用若干个字母、数字、符号表示出来。我国在汉字编码标准化方面取得的突出成就是《信息交换用汉字编码字符集》国家标准的制定。

GB2312—80 信息交换用汉字编码字符集是基本集，收入常用基本汉字和字符 7445 个。

GB7589—87 和 GB7590—87 分别是第二辅助集和第四辅助集，各收入现代规范汉字 7426 个。

GB/T12345—90 是辅助集，它和第三辅助集、第五辅助集分别是与基本集、第二辅助集、第四辅助集相对应的繁体字的汉字字符集。

6）D。

两个浮点数对阶的时候要把阶码小的数的尾数右移 n 位，与阶码大的数对齐。

7）D。

对于 n 位整数的补码，其取值范围是 $-2^{n-1} \sim 2^{n-1}-1$，以 8 位整数的补码为例，其有效取值范围是 $-2^7 \sim 2^7-1$，也就是 $-128 \sim 127$，只有 D 符合，其他都会越界。

8）A。

计算机系统运行时，各个部件之间要进行数据交换。为了确保数据在传送过程中正确无误，一是提高硬件电路的可靠性，二是提高代码的校验能力，包括查错和纠错。常用的三种校验码是：奇偶校验码、海明码和循环冗余码。

码距是指一个编码系统中任意两个合法编码之间最少的不同二进制位的个数，使用海明码时在数据位之间插入 k 个检验位，通过扩大码距来实现检验纠错。

9）A。

二进制数据在计算机系统中的表示方法是基本的专业知识。补码本身是带符号位的，补码表示的数字中 0 是唯一的，不像原码有 +0 和 -0 之分，也就意味着 n 位二进制编码可以表示 2^n 个不同的数。

10）C。

海明码利用了奇偶校验位的概念，通过在数据位后面增加一些位（比特）可以验证数据的有效性。利用一个以上的校验位，海明码不仅可以验证数据是否有效，还能在数据出错的情况下指明错误位置。$2^k \geqslant k+m+1$，其中 k 代表海明码的校验位个数，m 代表数据位的个数。

11）D。

选项中只有循环冗余校验码会使用模 2 运算。

12）B。

在进行逻辑与 "&&" 运算时，只有当两个操作数的值为真，最后的结果才会为真。因此，一旦 x 的值为假，则整个运算表达式的值为假。

13）D。

当表示数据时，规定了位数后，其能表示的数值范围就确定了，在两个数进行相加运算的结果超出了该范围后，就会发生溢出。在二进制情况下，溢出时符号位将变反，即两个正数相加，结果的符号位是负数，或者两个负数相加，结果的符号位是正数。采用两个符号位时，溢出发生后两个符号位就不一致了，这两位进行异或的结果一定为 1。

第2章

计算机硬件基础

2.1 考点精讲

2.1.1 考纲要求

计算机硬件基础主要是考试中所涉及的计算机硬件知识。本章在考纲中主要有以下内容：

- 计算机系统体系结构（计算机体系结构概述、指令系统、CPU结构、流水线）。
- 存储系统（存储系统、多级存储、RAID、硬盘存储器）。
- 可靠性与系统性能评测。
- I/O技术（程序控制方式、中断方式、DMA方式）。
- 总线结构。

计算机硬件基础考点如图2-1所示，用星级★标示知识点的重要程度。

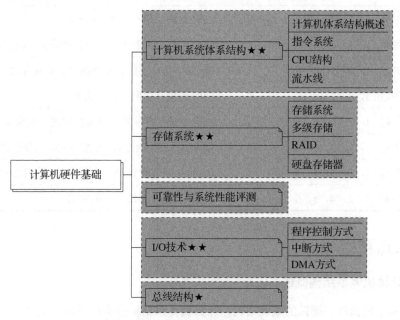

图 2-1　计算机硬件基础考点

2.1.2 考点分布

统计 2010 年至 2020 年试题真题，本章主要考点分值为 4~6 分。历年真题统计如表 2-1 所示。

表2-1 历年真题统计

年 份	时 间	题 号	分 值	知 识 点
2010 年上	上午题	1, 2, 3, 5, 6	5	指令系统、可靠性评测、中断方式
2010 年下	上午题	1, 3, 4, 5, 6	5	I/O 技术、内存容量、存储计算、磁盘容量计算
2011 年上	上午题	1, 2, 3, 6	4	CPU 结构、指令系统、总线结构、可靠性评测
2011 年下	上午题	1, 2, 3, 4, 5, 6	6	指令系统、统一编码、Cache（高速缓冲存储器）、总线结构、CPU 结构
2012 年上	上午题	1, 2, 3, 4, 5, 6	6	Cache、存储容量、存储访问、寻址方式、指令系统
2012 年下	上午题	1, 4, 5, 6	4	CPU、寻址方式、总线结构
2013 年上	上午题	1, 2, 3, 4, 5, 6	5	虚拟存储、中断方式、DMA 方式、存储计算
2013 年下	上午题	1, 2, 4, 5, 6	4	Cache、指令系统、存储结构
2014 年上	上午题	1, 4, 5	3	CPU 结构、指令系统、存储结构
2014 年下	上午题	1, 2, 3, 4, 5, 6	6	总线结构、分级存储、CPU 结构、存储结构、指令系统
2015 年上	上午题	2, 3, 4, 5, 6	5	CPU 结构、Cache、中断方式、总线结构、指令系统
2015 年下	上午题	1, 2, 4, 5, 6	4	CPU 结构、虚拟存储、存储结构、指令系统、寻址方式
2016 年上	上午题	1, 2, 6	3	指令系统、Cache、总线结构
2016 年下	上午题	1, 2, 3, 6	4	CPU 结构、指令系统、Cache
2017 年上	上午题	1, 3, 4, 6	3	CPU 结构、中断方式、可靠性评测、Cache
2017 年下	上午题	1, 2, 3, 4, 6	4	Cache、指令系统、存储结构、中断方式
2018 年上	上午题	3, 4, 7	3	CPU 结构、中断方式、流水线
2018 年下	上午题	1, 2, 4, 6	4	指令系统、存储器、可靠性评测、流水线
2019 年上	上午题	1, 2, 3, 4, 6	4	指令系统、控制方式、CPU 结构、可靠性评测、存储结构
2019 年下	上午题	1, 2, 3, 4, 5, 6	6	Cache、可靠性评测、中断方式、存储结构、指令系统
2020 年下	上午题	1, 2, 4, 5, 6	4	Cache、指令系统、中断方式

2.1.3 知识点精讲

2.1.3.1 计算机体系结构概述

计算机体系结构指软、硬件的系统结构，计算机体系结构分类如下。

1. 宏观上按处理机的数量进行分类

- 单处理系统，利用一个处理单元与其他外部设备结合起来，实现存储、计算、通信、输入与输出等功能的系统。
- 并行处理与多处理系统，将两个以上的处理机互联起来，彼此进行通信协调，以便共同求解一个大问题的计算机系统。
- 分布式处理系统，远距离而松耦合的多计算机系统。

2. 微观上按并行程度分类

- Flynn 分类法，按指令流和数据流的多少进行分类（指令流为机器执行的指令序列，数据流是由指令调用的数据序列），分为单指令流单数据流（SISD）、单指令流多数据流（SIMD）、多指令流单数据流（MISD）、多指令流多数据流（MIMD），如表 2-2 所示。

表2-2　Flynn分类法

体系结构类型	结　构	关键特征	代　码
单指令流单数据流	控制部分：一个 处理器：一个 主存模块：一个		单处理器系统
单指令流多数据流	控制部分：一个 处理器：多个 主存模块：多个	各处理器以异步的形式执行同一条指令	并行处理机 阵列处理机 超级向量处理机
多指令流单数据流	控制部分：多个 处理器：一个 主存模块：多个	被证明不可能，至少是不实际的	目前没有，有文献称流水线计算机为此类
多指令流多数据流	控制部分：多个 处理器：多个 主存模块：多个	能够实现作业、任务、指令等各级全面并行	多处理机系统 多计算机

- 冯泽云分类法，按并行度对各种计算机系统进行结构分类（最大并行度是指计算机系统在单位时间内能够处理的最大二进制位数），分为字串行位串行（WSBS）计算机、字并行位串行（WPBS）计算机、字串行位并行（WSBP）计算机、字并行位并行（WPBP）计算机。
- Handler 分类法，基于硬件并行程度计算并行度的方法，把计算机的硬件结构分为 3 个层次：处理机级、每个处理机中的算术逻辑单元级、每个算术逻辑单元中的逻辑门电路级。分别计算这三级中可以并行或流水处理的程序，即可计算出某系统的并行度。
- Kuck 分类法，用指令流和执行流及其多重性来描述计算机系统控制结构的特征，分为单指令流单执行流（SISE）、单指令流多执行流（SIME）、多指令流单执行流（MISE）、多指令流多执行流（MIME）。

2.1.3.2　指令系统

一个处理器支持的指令和指令的字节级编码称为其指令集体系结构，不同的处理器族支持不同的指令集体系结构，因此，一个程序被编译在一种机器上运行，往往不能再在另一种机器上运行。

对指令集的分类有两种，一种是从体系结构上分类，另一种是按暂存机制分类。

（1）按指令集体系结构分类

● 操作数在 CPU 中的存储方式，即操作数从主存中取出后保存在什么地方。
● 显式操作数的数量，即在典型的指令中有多少个显式命名的操作数。
● 操作数的位置，即任一 ALU 指令的操作数能否放在主存中，如何定位。
● 指令的操作，即在指令集中提供哪些操作。
● 操作数的类型与大小。

（2）CISC 和 RISC

CISC（复杂指令集计算机）和 RISC（精简指令集计算机）是指令集发展的两种途径。CISC 的基本思想是进一步增强原有指令的功能，用更为复杂的新指令取代原先由软件子程序完成的功能，实现软件功能的硬化，导致机器的指令系统越来越庞大复杂。目前使用的大多数计算机都属于此类型。

● CISC：数量多，使用频率差别大，可变长格式。支持多种寻址方式，研制周期长。指令集过分庞杂。每条复杂指令都要通过执行一段解释性程序才能完成，这就需要多个 CPU 周期，从而降低了机器的处理速度。由于指令系统过分庞大，高级程序语言选择目标指令的范围很大，使得编译程序冗长、复杂。强调完善的中断控制，导致动作繁多、设计复杂、研制周期长，给芯片设计带来困难，使得芯片种类增多，出错概率增大。
● RISC：数量少，使用频率接近，定长格式。支持少数几种寻址方式，优化编译，有效支持高级语言，超流水及超标量技术，硬布线逻辑与微程序在微程序技术中相结合。基本思想是通过减少指令总数和简化指令功能降低硬件设计的复杂度，使指令能单周期执行，并通过优化编译提高指令的执行速度，采用硬布线控制逻辑优化编译程序。

2.1.3.3 CPU 结构

计算机系统是由硬件和软件组成的，它们协同工作来运行程序。计算机基本硬件系统包括运算器、控制器、存储器、输入设备、输出设备。CPU 由运算器、控制器、寄存器组和内部总线等部件集成，是硬件系统的核心。

CPU 是计算机系统的核心部件，它负责获取程序指令、对指令进行译码并加以执行。CPU 的功能有程序控制、操作控制、时间控制、数据处理（还可以对系统内部和外部的中断异常做出响应，进行响应处理）。

（1）运算器

它是数据加工处理部件，用于完成各种算术和逻辑运算，运算器所进行的全部操作都是由控制器发出的控制信号指挥的。

功能：执行所有算术运算、逻辑运算并进行逻辑检测。
组成：

● 算术逻辑单元（ALU）：负责处理数据，实现对数据的算术运算和逻辑运算。
● 累加寄存器（AC）：它是一个通用寄存器，其功能是当运算器的算术逻辑单元执行算术或逻辑运算时，为 ALU 提供一个工作区。

- 数据缓冲寄存器（DR）：作为 CPU 与内存、外部设备之间数据传送的中转站，用于 CPU 和内存、外围设备之间在操作速度上的缓冲。
- 状态条件寄存器（PSW）：保存由算术指令和逻辑指令运行或测试的结果建立的各种条件码的内容，主要分为状态标志和控制标志，例如运算结果进位标志（C）、运算结果溢出标志（V）、运算结果为 0 标志（Z）、运算结果为负标志（N）、中断标志（I）、方向标志（D）和单步标志（T）等。

（2）控制器

功能：运算器只能完成运算，而控制器用于控制整个 CPU 的工作，它决定了计算机运行过程的自动化。它不仅要保证程序的正确执行，而且要能够处理异常事件。控制器一般包括指令控制逻辑、时序控制逻辑、总线控制逻辑和中断控制逻辑等部分。

指令控制逻辑要完成取指令、分析指令、执行指令的操作，其过程分为取指令、指令译码、按指令操作码执行、形成下一条指令地址等步骤。

时序控制逻辑要为每条指令按时间顺序提供应有的控制信号。

总线控制逻辑是为多个功能部件服务的信息通路的控制电路。

中断控制逻辑用于控制各种中断请求，并根据优先级的高低对中断请求进行排队，逐个交给 CPU 处理。

组成：

- 指令寄存器（IR）：是临时存放从内存中取得的程序指令的寄存器，用于存放当前从主存储器读出的正在执行的一条指令。
- 程序计数器（PC）：用于存放下一条指令所在单元的地址，当执行一条指令时，处理器首先要从计算机中取出指令在内存中的地址，通过地址总线寻址获取。
- 地址寄存器（AR）：用于保存当前 CPU 所访问的内存单元的地址。
- 指令译码器（ID）：对指令中的操作码字段进行分析解释，识别该指令规定的操作，向控制器发出具体的控制信号，控制各部件的工作，完成所需的功能。

（3）寄存器组

寄存器组可分为专用寄存器、通用寄存器。

2.1.3.4　流水线

流水线是指在程序执行时多条指令重叠进行操作的一种准并行处理实现技术。各种部件同时处理是针对不同指令而言的，它们可同时为多条指令的不同部分进行工作，以提高各部件的利用率和指令的平均执行速度。

每条指令需要三步来执行：取指→分析→执行。

指令流水线是将指令执行分成几个子过程，每一个子过程对应一个工位，我们称之为流水级或流水节拍，这个工位在计算机中就是可以重叠工作的功能部件，称为流水部件。

如图 2-2 所示，IF、ID、EX、WB 分别是流水线的流水部件。

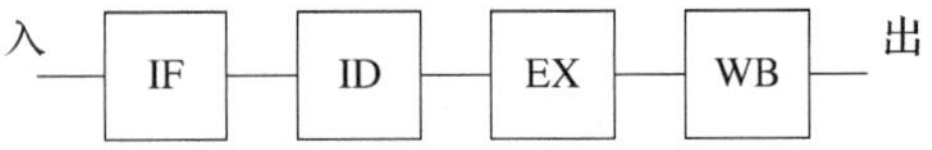

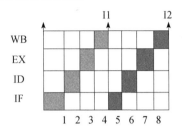

图 2-2 几个部件组成的流水线

流水线要求所有的流水级部件必须在相同的时间内完成各自的子过程。在流水线中，指令流动一步便是一个机器周期，机器周期的长度必须由最慢的流水级部件处理子过程所需的时间来决定。图 2-3 是一个非流水线结构系统执行指令时空图。

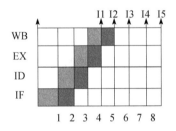

图 2-3 非流水线结构系统执行指令时空图

我们从图 2-3 中可以看到，任意一个系统时间都有大量的设备处于空闲状态，如第一个时间段有 ID、EX、WB 空闲，第二个时间段有 IF、EX、WB 空闲。我们再来看采用了流水线结构的指令时空图，如图 2-4 所示。

图 2-4 采用了流水线结构的指令时空图

显然，采用流水线可以大大提升系统资源的利用率以及整个系统的吞吐量。

（1）流水线的操作周期

流水线的执行时间公式为：

$$第 1 条指令的执行时间+（指令条数-1）×流水线操作周期$$

流水线的操作周期为执行时间最长的一段。流水线的操作周期取决于基本操作中最慢的那个。例如，一个 3 段流水线，各段的执行时间分别为 t、$2t$、t，则最慢的一段执行时间为 $2t$，所以流水线操作周期为 $2t$。

（2）流水线的吞吐率

流水线的吞吐率（TP）是指在单位时间内流水线所完成的任务数量或输出的结果数量。公式如下：

$$TP = 指令条数 / 流水线执行时间$$

流水线的最大吞吐率为：

$$TP_{max} = 1 / 流水线周期$$

（3）流水线的加速比

完成同样的一批任务，不使用流水线所用的时间与使用流水线所用的时间之比称为流水线的加速比。公式如下：

$$S = 不使用流水线的执行时间 / 使用流水线的执行时间$$

（4）流水线的效率

流水线的效率是指流水线的设备利用率。在时空图上，流水线的效率定义为 n 个任务占用的时空区与 k 个流水线总的时空区之比。公式如下：

$$E = n 个任务占用的时空区 / k 个流水段总的时空区$$

2.1.3.5 存储系统

1. 存储器的层次结构

对于通用计算机而言，存储层次依次为寄存器、Cache（高速缓冲存储器）、主存储器、磁盘、可移动存储器 5 层，如图 2-5 所示。

图 2-5　存储器的层次结构

2. 存储器的分类

1）按存储器的位置分类：内存、外存。

2）按存储器的构成材料分类：磁存储器、半导体存储器、光存储器。

3）按存储器的工作方式分类：随机存储器（RAM）、只读存储器（ROM）。

只读存储器可细分为：固定存储器（NVM）、可编程只读存储器（PROM）、可擦可编程只读存储器（EPROM）、电擦除可编程只读存储器（EEPROM）、闪速存储器（Flash Memory）等类型。

4）按访问方式分类：按地址访问的存储器和按内容访问的存储器。

5）按寻址方式分类：随机存储器（RAM）、顺序存储器（SAM）、直接存储器（DAM）。

3. 相联存储器

相联存储器是一种按内容访问的存储器。其工作原理是把数据或数据的某一部分作为关键字，按顺序写入信息，读出时并行地将该关键字与存储器中的每一单元进行比较，找出存储器中所有与关键字相同的数据字，特别适合信息的检索和更新。

相联存储器可用在高速缓冲存储器中，在虚拟存储器中用来作为段表、页表或快表存储器，用在数据库和知识库中。

4. Cache

Cache（高速缓冲存储器）用来存放当前最活跃的程序和数据，其特点是位于 CPU 与主存之间，容量一般在几千字节到几兆字节之间，速度一般比主存快 5～10 倍，由快速半导体存储器构成。

（1）Cache 的作用

Cache、主存与 CPU 的关系如图 2-6 所示。

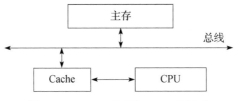

图 2-6　Cache、主存与 CPU 的关系

Cache 部分用来存放主存的部分拷贝（副本）信息。控制部分的功能是判断 CPU 要访问的信息是否在 Cache 中，若在即为命中。命中时，直接对 Cache 寻址；未命中时，要按照替换原则决定主存的一块信息放到 Cache 的哪一块中。

（2）Cache 中的地址映射方法

① 直接映射。

直接映射是指主存的块与 Cache 的对应关系是固定的，如图 2-7 所示。

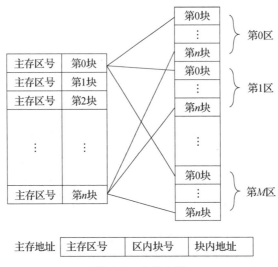

图 2-7　直接映射

优点：地址变换简单。

缺点：灵活性差。

② 全相联映射。

这种映射方式允许主存的任何一个块调入 Cache（高速缓冲存储器）的任何一个块的空间中，如图 2-8 所示。

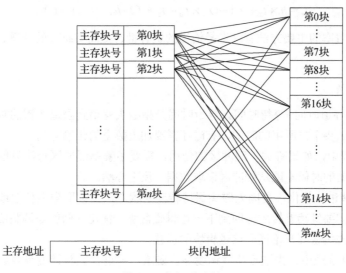

图 2-8 全相联映射

优点：主存的块调入 Cache 的位置不受限制，十分灵活。

缺点：无法从主存块号中直接获得 Cache 的块号，变换比较复杂，速度较慢。

③ 组相联映射。

这种方式是前面两种方式的折中，就是规定组采用直接映射方式，而块采用全相联映射方式。

假定 Cache 有 16 块，再将每两块分为 1 组，则 Cache 就分为 8 组；内存同样分区，每区 16 块，再将每两块分为一组，则每区就分为 8 组。规定组采用直接映射方式，而块采用全相联映射方式，即内存任何区的 0 组只能存到 Cache 的 0 组中，1 组只能存到 Cache 的 1 组中，以此类推。组内的块则采用全相联映射方式，即一组内的块可以任意存放。

5. 替换算法

由于主存中的块比 Cache 中的块多，因此当要从主存中调一个块到 Cache 中时，会出现该块所映射到的一组（或一个）Cache 块已全部被占用的情况。这时，需要被迫腾出其中的某一块，以接纳新调入的块。

替换算法的目标是使 Cache 获得尽可能高的命中率。

- 随机替换（RAND）算法：就是用硬件或软件随机产生一个要替换的块号，将该块替换出去。
- 先进先出（FIFO）算法：就是将最先进 Cache 的块替换出去，可能产生"抖动"。
- 近期最少使用（LRU）算法：就是将近期最少使用的 Cache 中的信息替换出去，不会产生"抖动"。
- 优化替换（OPT）算法：就是指定未来的近期不用或最久才用的 Cache 中的信息作为被替换页，替换出去。

6. Cache 性能分析

Cache 性能是计算机系统性能的重要方面。命中率是 Cache 的一个重要指标，但不是主要指标。

设 h 为 Cache 的命中率，t_c 为 Cache 的存取时间，t_m 为主存的访问时间，则 Cache 的等效加权平均访问时间 t_a 为：

$$t_a = h \times t_c + (1-h) \times t_m = t_c + (1-h) \times (t_m - t_c)$$

降低 Cache 失效率的主要方法有：选择恰当的块容量、提高 Cache 的容量、提高 Cache 的相联度等。

7. 磁盘容量计算

1）存取时间=寻道时间+等待时间。寻道时间是指磁头移动到磁道所需的时间。等待时间为等待读写的扇区转到磁头下方所用的时间，有时还需要加上数据的传输时间。

2）在处理过程中，如果有关于缓冲区的使用，需要了解单缓冲每次只能被一个进程使用，即向缓冲区传输数据的时候不能从缓冲区读取数据，反之亦然。

3）对磁盘存储进行优化，是因为磁头保持转动的状态，当读取数据传输或处理时，磁头会移动到超前的位置，需要继续旋转才能回到下一逻辑磁盘块。优化存储就是调整磁盘块的位置，让下一逻辑磁盘块放到磁头将要开始读取该逻辑块的位置。

4）在磁盘调度管理中，先进行移臂调度寻找磁道，再进行旋转调度寻找扇区。磁盘调度算法包括：先来先服务（FCFS，谁先申请先服务谁）；最短寻道时间优先（SSTF，申请时判断与磁头当前位置的距离，谁短先服务谁）；扫描算法（SCAN，电梯算法，双向扫描）；循环扫描（CSCAN，单向扫描）。最短移臂调度算法，即优先响应距离较近磁道的申请。

磁盘容量有两种指标：一种是非格式化容量，它是指一个磁盘能存储的总位数；另一种是格式化容量，它是指各扇区中数据区容量的总和。计算公式如下：

非格式化容量=面数×（磁道数/面）×内圆周长×最大位密度

格式化容量 = 面数×（磁道数/面）×（扇区数/道）×（字节数/扇区）

8. 磁盘阵列

磁盘阵列（RAID）是由多台磁盘存储器组成的一个快速、大容量、高可靠的外存子系统。

现在常见的磁盘阵列是廉价冗余磁盘阵列。不同级别的磁盘阵列具有不同的特点，具体说明如表 2-3 所示。

表2-3 磁盘阵列的级别说明表

磁盘阵列级别	说 明
RAID-0	不具备容错能力，但传输速率是单个磁盘存储器的 n 倍
RAID-1	采用镜像容错改善可靠性
RAID-2	采用海明码进行错误检测
RAID-3	减少用于检验的磁盘存储器个数，从而提高了磁盘阵列的有效容量
RAID-4	可独立地对组内各磁盘进行读/写的磁盘阵列
RAID-5	是对 RAID-4 的改进，同一个磁盘上既记录数据，也记录检验信息
RAID-6	采用两级数据冗余和新的数据编码以解决数据恢复问题

2.1.3.6 可靠性评测

1. 计算机可靠性概述

计算机系统的可靠性是指从它开始运行（$t=0$）到某时刻 t 这段时间内能正常运行的概率。所谓失效率，是指单位时间内失效的元件数与元件总数的比例，用 λ 表示。

两次故障之间系统能正常工作的时间平均值称为平均无故障时间（Mean Time Between Failure，MTBF），即

$$MTBF=\frac{1}{\lambda}$$

通常用平均修复时间（MTRF）来表示计算机的可维修性，即计算机的维修效率，指从故障发生到机器修复平均所需要的时间。

计算机的可用性是指计算机的使用效率，它以系统在执行任务的任意时刻能正常工作的概率 A 来表示，即

$$A = MTBF/（MTBF + MTRF）$$

计算机的 RAS 是指可靠性（Reliability）、可用性（Availability）、可维护性（Serviceability），用这三个指标衡量一个计算机系统的性能。

2. 计算机可靠性模型

（1）串联系统

$$可靠性\ R=R_1 \times R_2 \times R_3 \times \cdots \times R_n$$

（2）并联系统

$$可靠性\ R = 1-（1-R_1）\times（1-R_2）\times（1-R_3）\times \cdots \times（1-R_n）$$

2.1.3.7 I/O 技术

1. 微型计算机中常用的内存与接口的编址方式

（1）内存与接口地址独立编址

优点：编程序或读程序时很容易使用和辨别。

缺点：用于接口的指令太少，功能太弱。

（2）内存与接口地址统一编址

优点：原则上用于内存的指令都可以用于接口，这就大大增强了对接口的操作功能，而且在指令上也不再区分内存或接口指令。

缺点：整个地址空间被分为两部分，其中一部分分配给接口使用，剩余的为内存所用，这经常会导致内存地址不连续。由于用于内存和用于接口的指令是完全一样的，维护程序时就需要根据参数定义表仔细加以辨认。

2. 直接程序控制

直接程序控制是指外设数据的输入/输出过程是在 CPU 执行程序的控制下完成的。

（1）无条件传送

这种条件下外设总是准备好的，它可以无条件地随时接收 CPU 发来的输出数据，也可以无条件地随时向 CPU 提供需要输入的数据。

（2）程序查询方式

利用查询方式进行输入/输出，通过 CPU 执行程序来查询外设的状态，判断外设是否准备好接

收数据或向 CPU 输入数据。根据这种状态，CPU 有针对性地为外设的输入/输出服务。

缺点：降低了 CPU 的效率，对外部的突发事件无法做出实时响应。

3. 中断方式

当采用程序查询方式控制 I/O 时，CPU 需要定期地去查询 I/O 系统的状态，因此整个系统的性能严重下降。采用中断方式完成数据的输入/输出过程，使得 CPU 无须等待，因此提高了效率。

（1）中断方式的工作过程

1）当 I/O 系统与外设交换数据时，CPU 无须等待，也不用去查询 I/O 的状态。

2）当 I/O 系统准备好后，则发出中断请求信号通知 CPU。

3）CPU 接收到中断信号后，保存正在执行程序的现场，转入 I/O 中断服务程序的执行，完成与 I/O 系统的数据交换。

4）返回被打断的程序继续执行。

（2）利用中断方式完成数据的输入/输出过程

1）当 I/O 系统与外设交换数据时，CPU 无须等待，也不必去查询 I/O 的状态。

2）当 I/O 系统准备好后，则发出中断请求信号通知 CPU。

3）CPU 接到请求后，保存正在执行程序的现场，转入 I/O 中断服务程序的执行，完成 I/O 系统的数据交换。

4）返回被打断的程序继续执行。

（3）中断处理方法

中断处理方法包括多中断信号法、中断软件查询法、菊花链法、总线仲裁法、中断向量表法。

4. 直接存储器存取方式

在计算机与外设交换数据的过程中，无论是无条件传送、利用查询方式传送还是利用中断方式传送，都需要由 CPU 通过执行程序来实现，这就限制了数据的传送速度。

直接存储器存取（DMA，也称为直接内存存取）指数据在内存与 I/O 设备之间直接成块传送，不需要 CPU 的任何干涉，只需要 CPU 在过程开始和结束时进行处理，实际操作由 DMA 硬件直接执行完成。在 DMA 传送数据时要占用系统总线，此时 CPU 不能使用总线。

5. 输入/输出处理机（IOP）

DMA 方式的出现减轻了 CPU 对 I/O 操作的控制，使得 CPU 的效率显著提高。输入/输出处理机又称 I/O 通道机，通道的出现进一步提高了 CPU 的效率。它分担了 CPU 的部分功能，可以实现对外围设备的统一管理，完成外围设备与主存之间的数据传输。

2.1.3.8 总线结构

1. 总线分类

（1）数据总线

数据总线（Data Bus，DB）用来传送数据，是双向的。数据总线的宽度决定了 CPU 和计算机其他设备之间每次交换数据的位数。

（2）地址总线

地址总线（Address Bus，AB）用于传送 CPU 发出的地址信息，是单向的。地址总线的宽度决定了 CPU 的最大寻址能力。

（3）控制总线

控制总线（Control Bus，CB）用来传送控制信号、时序信号和状态信息等，是双向的。

2. 常见的总线

- ISA 总线：工业标准总线，支持 16 位 I/O 设备。
- EISA 总线：是在 ISA 基础上发展起来的 32 位数据总线。
- PCI 总线：目前微机上广泛采用的内总线，采用并行传输方式，支持 32 位和 64 位。
- PCI-E 总线：采用点对点串行连接。
- 前端总线（FSB）：是将 CPU 连接到北桥芯片的总线。
- RS-232C 总线：串行外总线，传输线较少，最少只需三条线（发线、收线、地线）即可完成全双工通信。
- SCSI 总线：并行外总线，广泛用于连接软硬磁盘、光盘、扫描仪等。
- SATA 总线：串行 ATA，主要用于主板和大量存储设备之间的数据传输。
- USB 总线：通用串行总线，近几年应用十分广泛，支持外设热插拔。
- IEEE-1394 总线：高速串行外总线，支持外设热插拔。
- IEEE-488 总线：并行总线接口标准，用来连接系统，如微型计算机、数字电压表、数码显示器等设备。

2.2 真题精解

2.2.1 真题练习

1）为实现程序指令的顺序执行，CPU 中_____的值将自动加 1。

  A. 指令寄存器（Instruction Register，IR） B. 程序计数器（Program Counter，PC）

  C. 地址寄存器（Address Register，AR） D. 指令译码器（Instruction Decoder，ID）

2）某系统由 3 个部件构成，每个部件的千小时可靠度都为 R，该系统的千小时可靠度为 $[1-(1-R)^2]R$，则该系统的构成方式是_____。

  A. 3 个部件串联   B. 3 个部件并联

  C. 前两个部件并联后与第三个部件串联 D. 第一个部件与后两个部件并联构成的子系统串联

3）以下关于计算机系统中断概念的叙述中，正确的是_____。

  A. 设备提出的中断请求和电源掉电都是可屏蔽中断

  B. 由 I/O 设备提出的中断请求和电源掉电都是不可屏蔽中断

  C. 由 I/O 设备提出的中断请求是可屏蔽中断，电源掉电是不可屏蔽中断

  D. 由 I/O 设备提出的中断请求是不可屏蔽中断，电源掉电是可屏蔽中断

4）计算机指令一般包括操作码和地址码两部分，为分析执行一条指令，其_____。

 A. 操作码应存入指令寄存器（IR），地址码应存入程序计数器（PC）

 B. 操作码应存入程序计数器（PC），地址码应存入指令寄存器（IR）

 C. 操作码和地址码都应存入指令寄存器（IR）

 D. 操作码和地址码都应存入程序计数器（PC）

5）关于 64 位和 32 位微处理器，不能以 2 倍关系描述的是_____。

 A. 通用寄存器的位数   B. 数据总线的宽度

 C. 运算速度   D. 能同时进行运算的位数

6）在输入/输出控制方法中，采用_____可以使得设备与主存间的数据块传送无须 CPU 干预。

 A. 程序控制输入/输出   B. 中断   C. DMA   D. 总线控制

7）若内存容量为 4GB，字长为 32 位，则_____。

 A. 地址总线和数据总线的宽度都为 32 位

 B. 地址总线的宽度为 30 位，数据总线的宽度为 32 位

 C. 地址总线的宽度为 30 位，数据总线的宽度为 8 位

 D. 地址总线的宽度为 32 位，数据总线的宽度为 8 位

8）设用 2K×4 位的存储器芯片组成 16K×8 位的存储器（地址单元为 0000H～3FFFH，每个芯片的地址空间连续），则地址单元 0B1FH 所在芯片的最小地址编号为_____。

 A. 0000H   B. 0800H   C. 2000H   D. 2800

9）编写汇编语言程序时，下列寄存器中程序员可访问的是_____。

 A. 程序计数器（PC）

 B. 指令寄存器（IR）

 C. 存储器数据寄存器（Memory Data Register，MDR）

 D. 存储器地址寄存器（Memory Address Register，MAR）

10）正常情况下，操作系统对保存有大量有用数据的硬盘进行_____操作时，不会清除有用数据。

 A. 磁盘分区和格式化   B. 磁盘格式化和碎片整理

 C. 磁盘清理和碎片整理   D. 磁盘分区和磁盘清理

11）在 CPU 中，用于跟踪指令地址的寄存器是_____。

 A. 地址寄存器（MAR）   B. 数据寄存器（MDR）

 C. 程序计数器（PC）   D. 指令寄存器（IR）

12）指令系统中采用不同寻址方式的目的是_____。

 A. 提高从内存获取数据的速度   B. 提高从外存获取数据的速度

 C. 降低操作码的译码难度   D. 扩大寻址空间并提高编程的灵活性

13）在计算机系统中采用总线结构，便于实现系统的积木化构造，同时可以_____。

 A. 提高数据传输速度   B. 提高数据传输量

C. 减少信息传输线的数量　　　　　　D. 减少指令系统的复杂性

14）若某条无条件转移汇编指令采用直接寻址，则该指令的功能是将指令中的地址码送入
_____。

  A. 程序计数器（PC）　　　　　　　B. 地址寄存器（AR）

  C. 累加器（AC）　　　　　　　　　D. 算术逻辑运算单元（ALU）

15）若某计算机系统的 I/O 接口与主存采用统一编址，则输入/输出操作是通过_____指令来
完成的。

  A. 控制　　　　　B. 中断　　　　　C. 输入/输出　　　　　D. 访存

16）总线复用方式可以_____。

  A. 提高总线的传输带宽　　　　　　B. 增加总线的功能

  C. 减少总线中信号线的数量　　　　D. 提高 CPU 利用率

17）在 CPU 的寄存器中，_____对用户是完全透明的。

  A. 程序计数器　　　　B. 指令寄存器　　　　C. 状态寄存器　　　　D. 通用寄存器

18）CPU 中译码器的主要作用是进行_____。

  A. 地址译码　　　B. 指令译码　　　C. 数据译码　　　D. 选择多路数据至 ALU

19）位于 CPU 与主存之间的高速缓冲存储器（Cache）用于存放部分主存数据的拷贝，主存地
址与 Cache 地址之间的转换工作由_____完成。

  A. 硬件　　　　　B. 软件　　　　　C. 用户　　　　　D. 程序员

20）内存单元按字节编址，地址 0000A000H～0000BFFFH 共有_____个存储单元。

  A. 8192K　　　　B. 1024K　　　　C. 13K　　　　　D. 8K

21）相联存储器按_____访问。

  A. 地址　　　　　B. 先入后出的方式　　　C. 内容　　　　D. 先入先出的方式

22）若 CPU 要执行的指令为 MOV R1, #45（即将数值 45 传送到寄存器 R1 中），则该指令中
采用的寻址方式为_____。

  A. 直接寻址和立即寻址　　　　　　B. 寄存器寻址和立即寻址

  C. 相对寻址和直接寻址　　　　　　D. 寄存器间接寻址和直接寻址

23）一条指令的执行过程可以分解为取指、分析和执行三步，在取指时间 $t_{取}$ $f_{取}=3\Delta t$、分析
时间 $t_{分析}=2\Delta t$、执行时间 $t_{执行}=4\Delta t$ 的情况下，若按串行方式执行，则 10 条指令全部执行完需
要__①__ Δt。若按照流水方式执行，则执行完 10 条指令需要__②__ Δt。

  ① A. 40　　　　B. 70　　　　C. 90　　　　D. 100

  ② A. 20　　　　B. 30　　　　C. 40　　　　D. 45

24）在 CPU 中，_____不仅要保证指令的正确执行，还要能够处理异常事件。

  A. 运算器　　　B. 控制器　　　C. 寄存器组　　　D. 内部总线

25）_____不属于按寻址方式划分的一类存储器。

      A. 随机存储器   B. 顺序存储器   C. 相联存储器   D. 直接存储器

26）在 I/O 设备与主机间进行数据传输时，CPU 只需在开始和结束时进行少量处理，而无须干预数据传送过程的_____方式。

      A. 中断   B. 程序查询   C. 无条件传送   D. 直接存储器存取

27）_____不属于系统总线。

      A. ISA   B. EISA   C. SCSI   D. PCI

28）常用的虚拟存储器由_____两级存储器组成。

      A. 主存-辅存   B. 主存-网盘   C. Cache-主存   D. Cache-硬盘

29）中断向量可提供_____。

      A. I/O 设备的端口地址   B. 所传送数据的起始地址

      C. 中断服务程序的入口地址   D. 主程序的断点地址

30）为了便于实现多级中断嵌套，使用_____来保护断点和现场最有效。

      A. ROM   B. 中断向量表   C. 通用寄存器   D. 堆栈

31）DMA 工作方式下，在_____之间建立了直接的数据通路。

      A. CPU 与外设   B. CPU 与主存   C. 主存与外设   D. 外设与外设

32）地址编号从 80000H 到 BFFFFH 且按字节编址的内存容量为___①___KB。若用 16K×4b 的存储器芯片构成该内存，共需___②___片。

      ① A. 128   B. 256   C. 512   D. 1024

      ② A. 8   B. 16   C. 32   D. 64

33）指令寄存器的位数取决于_____。

      A. 存储器的容量   B. 指令字长   C. 数据总线的宽度   D. 地址总线的宽度

34）某指令流水线由 4 段组成，各段所需要的时间如图 2-9 所示。连续输入 8 条指令时的吞吐率（单位时间内流水线所完成的任务数或输出的结果数）为_____。

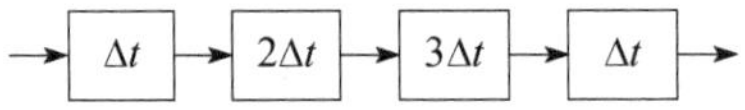

$$\rightarrow \boxed{\Delta t} \rightarrow \boxed{2\Delta t} \rightarrow \boxed{3\Delta t} \rightarrow \boxed{\Delta t} \rightarrow$$

图 2-9　流水线示意图

      A. $8/56\,\Delta t$ B. $8/32\,\Delta t$ C. $8/28\,\Delta t$ D. $8/24\,\Delta t$

35）_____不是 RISC 的特点。

      A. 指令种类丰富   B. 高效的流水线操作   C. 寻址方式较少   D. 硬布线控制

36）若某计算机字长为 32 位，内存容量为 2GB，按字编址，则可寻址范围为_____。

      A. 1024MB   B. 1GB   C. 512MB   D. 2GB

37）在 CPU 中，常用来为 ALU 执行算术逻辑运算提供数据并暂存运算结果的寄存器是_____。

      A. 程序计数器   B. 状态寄存器   C. 通用寄存器   D. 累加寄存器

38）通常可以将计算机系统中执行一条指令的过程分为取指、分析和执行指令 3 步。若取指令时间为 $4\Delta t$，分析时间为 $2\Delta t$，执行时间为 $3\Delta t$，按顺序方式从头到尾执行完 600 条指令所需的时间为____①____ Δt；若按照执行第 i 条，分析第 $i+1$ 条，读取第 $i+2$ 条重叠的流水线方式执行指令，则从头到尾执行完 600 条指令所需时间为____②____ Δt。

  ① A. 2400   B. 3000   C. 3600   D. 5400

  ② A. 2400   B. 2405   C. 3000   D. 3009

39）三总线结构的计算机总线系统由_____组成。

  A. CPU 总线、内存总线和 I/O 总线   B. 数据总线、地址总线和控制总线

  C. 系统总线、内部总线和外部总线   D. 串行总线、并行总线和 PCI 总线

40）计算机采用分级存储体系的主要目的是解决_____问题。

  A. 主存容量不足   B. 存储器读写可靠性

  C. 外设访问效率   D. 存储容量、成本和速度之间的矛盾

41）以下关于 RISC 和 CISC 的叙述中，不正确的是_____。

  A. RISC 通常比 CISC 的指令系统更复杂

  B. RISC 通常比 CISC 配置更多的寄存器

  C. RISC 编译器的子程序库通常比 CISC 编译器的子程序库大得多

  D. RISC 比 CISC 更加适合 VLSI 工艺的规整性要求

42）Flynn 分类法基于信息流特征将计算机分成 4 类，其中_____只有理论意义而无实例。

  A. SISD   B. MISD   C. SIMD   D. MIMD

43）Cache 的地址映射方式中，发生块冲突次数最少的是_____。

  A. 全相联映射   B. 组相联映射   C. 直接映射   D. 无法确定

2.2.2 真题讲解

1）B。

  指令寄存器（IR）用来保存当前正在执行的指令。当执行一条指令时，先把它从内存取到数据寄存器（DR）中，再传送至指令寄存器 IR。为了执行任何给定的指令，必须对操作码进行测试，以便识别所要求的操作。指令译码器（ID）就是做这项工作的。指令寄存器中操作码字段的输出就是指令译码器的输入。操作码一经译码后，即可向操作控制器发出具体操作的特定信号。

  地址寄存器（AR）用来保存当前 CPU 所访问的内存单元的地址。由于在内存和 CPU 之间存在着操作速度上的差别，因此必须使用地址寄存器来保持地址信息，直到内存的读/写操作完成为止。

  为了保证程序指令能够连续地执行下去，CPU 必须具有某些手段来确定下一条指令的地址。而程序计数器正起到这种作用，所以通常又称为指令计数器。在程序开始执行前，必须将它的起始地址，即程序的一条指令所在的内存单元地址送入程序计数器，因此程序计数器的内容就是从内存提取的第一条指令的地址。当执行指令时，CPU 将自动修改程序计数器的内容，即每执行一条指令程序计数器增加一个量，这个量等于指令所含的字节数，以便使其保持总是将要执行的下一条

指令的地址。由于大多数指令都是按顺序来执行的，因此修改的过程通常只是简单地对程序计数器加 1。

2）C。

系统可靠性公式分为：

串行系统：$R=R_1 \times R_2 \times R_3 \times \cdots \times R_n$。

并行系统：$R=1-(1-R_1) \times (1-R_2) \times \cdots \times (1-R_n)$。

选项 A 可靠度为 $R \times R \times R$。

选项 B 可靠度为 $1-(1-R) \times (1-R) \times (1-R)$。

选项 C 可靠度为 $[1-(1-R) \times (1-R)] \times R$。

选项 D 可靠度为 $R \times [1-(1-R) \times (1-R)]$。

3）C。

按照是否可以被屏蔽，可将中断分为两大类：不可屏蔽中断（又叫非屏蔽中断）和可屏蔽中断。不可屏蔽中断源一旦提出请求，CPU 必须无条件响应，而对可屏蔽中断源的请求，CPU 可以响应，也可以不响应。典型的不可屏蔽中断源的例子是电源掉电，一旦出现，必须立即无条件地响应，否则进行其他任何工作都是没有意义的。典型的可屏蔽中断源的例子是打印机中断，CPU 对打印机中断请求的响应可以快一些，也可以慢一些，因为让打印机等待是完全可以的。对于软中断，它不受中断允许标志位（IF 位）的影响，所以属于不可屏蔽中断范畴。

4）C。

程序被加载到内存后开始运行，当 CPU 执行一条指令时，先把它从内存储器取到数据寄存器（DR）中，再送入指令寄存器（IR）暂存，指令译码器根据指令寄存器的内容产生各种微操作指令，控制其他的组成部件工作，完成所需的功能。

程序计数器（PC）具有寄存信息和计数两种功能，又称为指令计数器。程序的执行分两种情况，一是顺序执行，二是转移执行。在程序开始执行前，将程序的起始地址送入程序计数器，该地址在程序加载到内存时确定，因此程序计数器的内容就是程序第一条指令的地址。执行指令时，CPU 将自动修改程序计数器的内容，以便使其保持总是将要执行的下一条指令的地址。由于大多数指令都是按顺序来执行的，因此修改的过程通常只是简单地对程序计数器加 1。当遇到转移指令时，后继指令的地址根据当前指令的地址加上一个向前或向后转移的位移量得到，或者根据转移指令给出的直接转移地址得到。

5）C。

计算机系统的运算速度受多种因素的影响，64 位微处理器可同时对 64 位数据进行运算，但不能说其速度是 32 位微处理器的 2 倍。

6）C。

计算机中主机与外设间进行数据传输的输入/输出控制方法有程序控制方式、中断方式、DMA 等。

在程序控制方式下，由 CPU 执行程序控制数据的输入/输出过程。

在中断方式下，外设准备好输入数据或接收数据时向 CPU 发出中断请求信号，若 CPU 决定响应该请求，则暂停正在执行的任务，转而执行中断服务程序进行数据的输入/输出处理，之后再回去执行原来被中断的任务。

在 DMA 方式下，CPU 只需向 DMA 控制器下达指令，让 DMA 控制器来处理数据的传送，数据传送完毕再把信息反馈给 CPU，这样很大程度上就减轻了 CPU 的负担，可以大大节省系统资源。

7）A。

内存容量为 4GB，即内存单元的地址宽度为 32 位。字长为 32 位，即要求数据总线的宽度为 32 位，因此地址总线和数据总线的宽度都为 32 位。

8）B。

由 2K×4 位的存储器芯片组成容量为 16K×8 位的存储器时，共需要 16 片［16K×8/（2K×4）］。用 2 个存储器芯片组成 2K×8 的存储空间（每个芯片的地址空间连续），16K×8 位的存储空间共分为 8 段，即 0000H～07FFH，0800H～0FFFH，1000H～17FFH，1800H～1FFFH，2000H～27FFH，2800H～2FFFH，3000H～37FFH，3800H～3FFFH。显然，地址单元 0B1FH 所在芯片的起始地址为 0800H。

9）A。

指令寄存器（IR）用于暂存从内存取出的、正在运行的指令，这是由系统使用的寄存器，程序员不能访问。

存储器数据寄存器（MDR）和存储器地址寄存器（MAR）用于对内存单元访问时的数据和地址暂存，也是由系统使用，程序员不能访问。

程序计数器（PC）用于存储指令的地址，CPU 根据该寄存器的内容从内存读取待执行的指令，程序员可以访问该寄存器。

10）C。

磁盘格式化是指把一张空白的盘划分成一个个小区域并编号，以供计算机存储和读取数据。格式化是一种纯物理操作，是在磁盘的所有数据区上写零的操作过程，同时对硬盘介质做一致性检测，并且标记出不可读和坏的扇区。由于大部分硬盘在出厂时已经格式化过，因此只有在硬盘介质产生错误时才需要进行格式化。

磁盘分区就是将磁盘划分成一块块的存储区域。在传统的磁盘管理中，将一个硬盘分为两大类分区：主分区和扩展分区。主分区是能够安装操作系统、能够进行计算机启动的分区，这样的分区可以直接格式化，然后安装系统，直接存放文件。

磁盘里的文件都是按存储时间先后来排列的，理论上文件之间都是紧凑排列而没有空隙的。但是，用户常常会对文件进行修改，而且新增加的内容并不是直接加到源文件的位置，而是放在磁盘存储空间的末尾，系统会在这两段之间加上联系标识。当有多个文件被修改后，磁盘里就会有很多不连续的文件。一旦文件被删除，所占用的不连续空间就会空着，并不会被自动填满，而且新保存的文件也不会放在这些地方，这些空着的磁盘空间就被称作"磁盘碎片"。因此，硬盘的每个分区里都会有碎片。碎片太多，其他的不连续文件相应也多，系统在执行文件操作时就会因反复寻找联系标识导致工作效率大大降低，直接的反映就是感觉慢。

磁盘清理将删除计算机上所有不需要的文件（这些文件由用户或系统进行确认）。

磁盘碎片整理就是通过系统软件或者专业的磁盘碎片整理软件对计算机磁盘在长期使用过程中产生的碎片和凌乱文件重新整理，以释放出更多的磁盘空间，可提高计算机的整体性能和运行速度。

11）C。

CPU 中通常设置一些寄存器，用于暂时存储程序运行过程中的相关信息。其中，通用寄存器常用于暂存运算器需要的数据或运算结果，地址寄存器和数据寄存器用于暂存访问内存时的地址和数据，指令寄存器用于暂存正在执行的指令，程序计数器中存放待执行的指令的地址。

12）D。

寻址方式是指寻找操作数或操作数地址的方式。指令系统中采用不同寻址方式的目的是在效率和方便性上找一个平衡。立即寻址和寄存器寻址在效率上是最快的，但是寄存器数目少，不可能将操作数都存入其中等待使用，立即寻址的使用场合也非常有限，这样就需要将数据保存在内存中，然后使用直接寻址、寄存器间接寻址、寄存器相对寻址、基址加变址寻址、相对基址及变址寻址等寻址方式将内存中的数据移入寄存器中。

13）C。

总线是连接计算机有关部件的一组信号线，是计算机中用来传送信息代码的公共通道。采用总线结构主要有以下优点：简化系统结构，便于系统设计制造；大大减少了连线数目，便于布线，减小体积，提高系统的可靠性；便于进行接口设计，所有与总线连接的设备均采用类似的接口；便于系统的扩充、更新与灵活配置，易于实现系统的模块化；便于设备的软件设计，所有接口的软件就是对不同接口地址进行操作；便于进行故障诊断和维修，同时也降低了成本。

14）A。

直接寻址是指操作数存放在内存单元中，指令中直接给出操作数所在存储单元的地址。而跳转指令中的操作数即为要转向执行的指令地址。因此，应将指令中的地址码送入程序计数器（PC），以获得下一条指令的地址，从而实现程序执行过程的自动控制功能。

15）D。

常用的 I/O 接口编址方法有两种：一是与内存单元统一编址，二是单独编址。

与内存单元统一编址方式为：将 I/O 接口中有关的寄存器或存储部件看作存储器单元，与主存中的存储单元统一编址。这样，内存地址和接口地址统一在一个公共的地址空间里，对 I/O 接口的访问就如同对主存单元的访问一样，可以用访问内存单元的指令访问 I/O 接口。

I/O 接口单独编址是指通过设置单独的 I/O 地址空间，为接口中的有关寄存器或存储部件分配地址码，需要设置专门的 I/O 指令进行访问。这种编址方式的优点是不占用主存的地址空间，访问主存的指令和访问接口的指令不同，在程序中容易使用和辨认。

16）C。

总线是一组能为多个部件分时共享的信息传送线，用来连接多个部件并为之提供信息交换通路，通过总线复用方式可以减少总线中信号线的数量，以较少的信号线传输更多的信息。

17）B。

寄存器组是 CPU 中的一个重要组成部分，它是 CPU 内部的临时存储空间。寄存器既可以用来存放数据和地址，也可以存放控制信息或 CPU 工作时的状态。在 CPU 中增加寄存器的数量，可以使 CPU 把执行程序时所需的数据尽可能地放在寄存器中，从而减少访问内存的次数，提高其运行速度。但是，寄存器的数目也不能太多，除了增加成本外，寄存器地址编码增加还会增加指令的长度。CPU 中的寄存器通常分为存放数据的寄存器、存放地址的寄存器、存放控制信息的寄存器、存放状态信息的寄存器和其他寄存器等类型。

程序计数器是存放指令地址的寄存器，其作用是：当程序顺序执行时，每取出一条指令，程序计数器内容自动增加一个值，指向下一条要取的指令。当程序出现转移时，则将转移地址送入程序计数器，然后由程序计数器指向新的指令地址。

指令寄存器用于存放正在执行的指令，指令从内存取出后送入指令寄存器。其操作码部分经指令译码器送微操作信号发生器，其地址码部分指明参加运算的操作数的地址形成方式。在指令执行过程中，指令寄存器中的内容保持不变。

状态寄存器用于保存指令执行完成后产生的条件码，例如运算是否有溢出、结果为正还是为负、是否有进位等。此外，状态寄存器还保存中断和系统工作状态等信息。

通用寄存器组是 CPU 中的一组工作寄存器，运算时用于暂存操作数或地址。在程序中使用通用寄存器可以减少访问内存的次数，提高运算速度。

在汇编语言程序中，程序员可以直接访问通用寄存器以存取数据，可以访问状态寄存器以获取有关数据处理结果的相关信息，可以通过程序计数器进行寻址，但是不能访问指令寄存器。

18）B。

CPU 中指令译码器的功能是对现行指令进行分析，确定指令类型和指令所要完成的操作以及寻址方式，并将相应的控制命令发往相关部件。

19）A。

提供"高速缓存"的目的是让数据存取的速度适应 CPU 的处理速度，其基于的原理是内存中"程序执行与数据访问的局域性行为"，即一定程序执行时间和空间内，被访问的代码集中于一部分。为了充分发挥高速缓存的作用，不仅依靠"暂存刚刚访问过的数据"，还要使用硬件实现的指令预测与数据预取技术，即尽可能把将要使用的数据预先从内存中取到高速缓存中。

20）D。

每个地址编号为一个存储单元（容量为 1B），地址区间 0000A000H～0000BFFFH 共有 1FFF+1（即 2^{13}）个地址编号，1KB=1024B，因此该地址区间的存储单元数也就是 8K。

21）C。

相联存储器是一种按内容访问的存储器。其工作原理是把数据或数据的某一部分作为关键字，将该关键字与存储器中的每一单元进行比较，找出存储器中所有与关键字相同的数据字。

相联存储器可用在高速缓冲存储器中，在虚拟存储器中用来做段表、页表或快表存储器，还可用在数据库和知识库中。

22）B。

指令中的寻址方式就是对指令中的地址字段进行解释，以获得操作数的方法或获得程序转移地址的方法。常用的寻址方式有：

● 立即寻址：操作数就包含在指令中。
● 直接寻址：操作数存放在内存单元中，指令中直接给出操作数所在存储单元的地址。
● 寄存器寻址：操作数存放在某一寄存器中，指令中给出存放操作数的寄存器名。
● 寄存器间接寻址：操作数存放在内存单元中，操作数所在存储单元的地址在某个寄存器中。

- 间接寻址：指令中给出操作数地址的地址。
- 相对寻址：指令地址码给出的是一个偏移量（可正可负），操作数地址等于本条指令的地址加上该偏移量。
- 变址寻址：操作数地址等于变址寄存器的内容加偏移量。

题目给出的指令中，R1 是寄存器，属于寄存器寻址方式，45 是立即数，属于立即寻址方式。

23）① C。

② D。

根据题目中给出的数据，每一条指令的执行过程需要 $9\Delta t$。在串行执行方式下，执行完一条指令后才开始执行下一条指令，10 条指令共耗时 $90\Delta t$。

若按照流水方式执行，则在第 $i+2$ 条指令处于执行阶段时就可以分析第 $i+1$ 条指令，同时取第 i 条指令，由于指令的执行阶段所需时间最长为 $4\Delta t$，因此指令开始流水执行后，每 $4\Delta t$ 将完成一条指令，所需时间为 $3\Delta t+2\Delta t+4\Delta t+4\Delta t\times 9=45\Delta t$。

24）B。

计算机中的 CPU 是硬件系统的核心，用于数据的加工处理，能完成各种算术、逻辑运算及控制功能。其中，控制器的作用是控制整个计算机的各个部件有条不紊地工作，它的基本功能就是从内存取指令和执行指令。

25）C。

存储系统中的存储器按访问方式分类可分为按地址访问的存储器和按内容访问的存储器，按寻址方式分类可分为随机存储器、顺序存储器和直接存储器。随机存储器指可对任何存储单元存入或读取数据，访问任何一个存储单元所需的时间是相同的。顺序存储器指访问数据所需要的时间与数据所在的存储位置相关，磁带是典型的顺序存储器。直接存储器是介于随机存取和顺序存取之间的一种寻址方式。磁盘是一种直接存取存储器，它对磁道的寻址是随机的，而在一个磁道内，则是顺序寻址。相联存储器是一种按内容访问的存储器。其工作原理是把数据或数据的某一部分作为关键字，将该关键字与存储器中的每一单元进行比较，从而找出存储器中所有与关键字相同的数据字。

26）D。

中断方式下的数据传送是当 I/O 接口准备好接收数据或准备好向 CPU 传送数据时，就发出中断信号通知 CPU。对中断信号进行确认后，CPU 保存正在执行的程序的现场，转而执行提前设置好的 I/O 中断服务程序，完成一次数据传送的处理。这样，CPU 就不需要主动查询外设的状态，在等待数据期间可以执行其他程序，从而提高了 CPU 的利用率。采用中断方式管理 I/O 设备，CPU 和外设可以并行地工作。

程序查询方式下，CPU 通过执行程序查询外设的状态，判断外设是否准备好接收数据或准备好了向 CPU 输入的数据。

直接存储器存取（DMA）方式的基本思想是通过硬件控制实现主存与 I/O 设备间的直接数据传送，数据的传送过程由 DMA 控制器进行控制，不需要 CPU 的干预。在 DMA 方式下，由 CPU 启动传送过程，即向设备发出"传送一块数据"的命令，在传送过程结束时，DMA 控制器通过中断方式通知 CPU 进行一些后续处理工作。

27）C。

系统总线又称内总线或板级总线，在微机系统中用来连接各功能部件而构成一个完整的微机系统。系统总线包含有三种不同功能的总线，即数据总线、地址总线和控制总线。

ISA 总线标准是 IBM 公司 1984 年为推出 PC/AT 机而建立的系统总线标准，所以也叫 AT 总线。它是对 XT 总线的扩展，以适应 8/16 位数据总线的要求。

EISA 总线是 1988 年由 Compaq 等 9 家公司联合推出的总线标准。它在 ISA 总线的基础上使用双层插座，在原来 ISA 总线的 98 条信号线上又增加了 98 条信号线，也就是在两条 ISA 信号线之间添加一条 EISA 信号线。在实际应用中，EISA 总线完全兼容 ISA 总线的信号。

PCI 总线是当前最流行的总线之一，它是由 Intel 公司推出的一种局部总线。它定义了 32 位数据总线，且可扩展为 64 位。PCI 总线主板插槽的体积比原 ISA 总线插槽还小，支持突发读写操作，最大传输速率可达 132MB/s，可同时支持多组外围设备。PCI 局部总线不能兼容现有的 ISA、EISA、MCA 总线，但它不受制于处理器，是基于奔腾等新一代微处理器而发展的总线。

SCSI 是一种用于计算机和智能设备（硬盘、软驱、光驱、打印机、扫描仪等）之间系统级接口的独立处理器标准。

28）A。

在具有层次结构存储器的计算机中，虚拟存储技术可为用户提供一个比主存储器大得多的可随机访问的地址空间。虚拟存储技术使辅助存储器和主存储器密切配合，对用户来说，好像计算机具有一个容量比实际主存大得多的主存可供使用，因此称为虚拟存储器。虚拟存储器的地址称为虚地址或逻辑地址。

29）C。

计算机在执行程序的过程中，当遇到急需处理的事件时，暂停当前正在运行的程序，转去执行有关服务程序，处理完后自动返回原来的程序，这个过程称为中断。

中断是一种非常重要的技术，输入/输出设备和主机交换数据、分时操作、实时系统、计算机网络和分布式计算机系统中都要用到这种技术。为了提高响应中断的速度，通常把所有中断服务程序的入口地址（或称为中断向量）汇集为中断向量表。

30）D。

当系统中有多个中断请求时，中断系统按优先级进行排队。若在处理低级中断的过程中又有高级中断申请，则可以打断低级中断处理，转去处理高级中断，等处理完高级中断后再返回去处理原来的低级中断，称为中断嵌套。实现中断嵌套用后进先出的栈来保护断点和现场最有效。

31）C。

计算机系统中主机与外设间的输入/输出控制方式有多种，在 DMA 方式下，输入/输出设备与内存储器直接相连，数据传送由 DMA 控制器而不是主机 CPU 控制。CPU 除了在传送开始和终止时进行必要的处理外，不参与数据传送的过程。

32）① B。
　　② C。

从 80000H～BFFFFH 的地址空间为 80000H–BFFFFH+1=40000H（即 2^{18}）个，按字节编址的话，对应的容量为 2^8KB，即 256KB。若用 16K×4b 的芯片构成该内存，构成一个 16KB 存储器需要 2 片，256÷16=16，因此共需要 32 片。

33）B。

指令寄存器是 CPU 中的关键寄存器，其内容为正在执行的指令，显然其位数取决于指令字长。

34）C。

流水线的吞吐率指的是计算机中的流水线在特定的时间内可以处理的任务或输出数据的结果数量。流水线的吞吐率可以进一步分为最大吞吐率和实际吞吐率。该题目中要求解的是实际吞吐率，以流水方式执行 8 条指令的时间是 $28\Delta t$，因此吞吐率为 $8/28\Delta t$。

35）A。

RISC 的主要特点是重叠寄存器窗口技术，优化编译技术。RISC 使用了大量的寄存器，合理分配寄存器、提高寄存器的使用效率及减少访存次数等，都应通过编译技术的优化来实现。

36）C。

内存容量 2GB=$2 \times 1024 \times 1024 \times 1024 \times 8$ 位，按字编址时，存储单元的个数为 $2 \times 1024 \times 1024 \times 1024 \times 8/32 = 512 \times 1024 \times 1024$，即可寻址范围为 512MB。

37）D。

CPU 中有一些重要的寄存器，程序计数器用于存放指令的地址。当程序顺序执行时，每取出一条指令，程序计数器内容自动增加一个值，指向下一条要取的指令；当程序出现转移时，则将转移地址送入程序计数器，然后由程序计数器给出新的指令地址。

状态寄存器用于记录运算中产生的标志信息。状态寄存器中的每一位单独使用，成为标志位。标志位的取值反映了 ALU 当前的工作状态，可以作为条件转移指令的转移条件。典型的标志位有以下几种：进位标志位（C）、零标志位（Z）、符号标志位（S）、溢出标志位（V）、奇偶标志位（P）。

通用寄存器组是 CPU 中的一组工作寄存器，运算时用于暂存操作数或地址。在程序中使用通用寄存器可以减少访问内存的次数，提高运算速度。

累加寄存器是一个数据寄存器，在运算过程中暂时存放操作数和中间运算结果，不能用于长时间地保存一个数据。

38）① D。

② B。

指令顺序执行时，每条指令需要 $9\Delta t$（$4\Delta t + 2\Delta t + 3\Delta t$），执行完 600 条指令需要 $5400\Delta t$。

若采用流水方式，则在分析和执行第 1 条指令时，就可以读取第 2 条指令，当第 1 条指令执行完成时，第 2 条指令进行分析和执行，而第 3 条指令可进行读取操作。因此，第 1 条指令执行完成后，每 $4\Delta t$ 就可以完成 1 条指令，600 条指令的总执行时间为 $9\Delta t + 599 \times 4\Delta t = 2405\Delta t$。

39）B。

总线上传输的信息类型分为数据、地址和控制，因此总线由数据总线、地址总线和控制总线组成。

40）D。

计算机系统中，高速缓存一般用 SRAM，内存一般用 DRAM，外存一般采用磁盘存储器。

SRAM 的集成度低、速度快、成本高。DRAM 的集成度高，但是需要动态刷新。磁存储器速度慢、容量大、价格便宜。因此，不同的存储设备组成分级存储体系，来解决速度、存储容量和成本之间的矛盾。

41）A。

计算机工作时就是取指令和执行指令。一条指令往往可以完成一串运算的动作，但需要多个时钟周期来执行。随着需求的不断增加，设计的指令集越来越多，为了支持这些新增的指令，计算机的体系结构会越来越复杂，发展成 CISC 指令结构的计算机。而在 CISC 指令集的各种指令中，其使用频率却相差悬殊，大约有 20%的指令会被反复使用，占整个程序代码的 80%。而余下的 80% 的指令却不经常使用，在程序中常用的只占 20%，显然这种结构不太合理。

RISC 和 CISC 在架构上的不同主要有：

① 在指令集的设计上，RISC 指令格式和长度通常是固定的（如 ARM 是 32 位的指令），且寻址方式少而简单，大多数指令在一个周期内就可以执行完；CISC 架构下的指令长度通常是可变的，指令类型也很多，一条指令通常要若干周期才可以执行完。由于指令集多少与复杂度上的差异，RISC 的处理器可以利用简单的硬件电路设计出指令解码功能，这样易于流水线的实现。相对的 CISC 则需要通过只读存储器里的微码来进行解码，CISC 因为指令功能与指令参数变化较大，执行流水线作业时有较多的限制。

② RISC 架构中只有载入和存储指令可以访问存储器，数据处理指令只对寄存器的内容进行操作。为了加速程序的运算，RISC 会设定多组寄存器，并且指定特殊用途的寄存器。CISC 架构则允许数据处理指令对存储器进行操作，对寄存器的要求相对不高。

42）B。

Flynn 主要根据指令流和数据流来分类，分为 4 类：

① 单指令流单数据流（SISD）机器。

SISD 机器是一种传统的串行计算机，它的硬件不支持任何形式的并行计算，所有的指令都是串行执行的，并且在某个时钟周期内，CPU 只能处理一个数据流。因此，这种机器被称作单指令流单数据流机器。早期的计算机都是 SISD 机器。

② 多指令流单数据流（MISD）机器。

MISD 机器采用多个指令流来处理单个数据流。在实际情况中，采用多指令流处理多数据流才是更有效的方法。因此，MISD 只是作为理论模型出现，没有投入实际应用。

③ 单指令流多数据流（SIMD）机器。

SIMD 机器是采用一个指令流处理多个数据流。这类机器在数字信号处理、图像处理以及多媒体信息处理等领域非常有效。

Intel 处理器实现的 MMX、SSE（Streaming SIMD Extensions）、SSE2 及 SSE3 扩展指令集都能在单个时钟周期内处理多个数据单元。也就是说，人们现在用的单核计算机基本上都属于 SIMD 机器。

④ 多指令流多数据流（MIMD）机器。

MIMD 机器可以同时执行多个指令流，这些指令流分别对不同数据流进行操作。例如，Intel

和 AMD 的双核处理器就属于 MIMD 机器的范畴。

43）A。

Cache 工作时，要复制主存信息到 Cache 中，就需要建立主存地址和 Cache 地址的映射关系。Cache 的地址映射方法主要有三种，即全相联映射、直接映射和组相联映射。其中全相联映射意味着主存的任意一块可以映射到 Cache 中的任意一块，其特点是块冲突概率低，Cache 空间利用率高，但是相联目录表容量大，导致成本高、查表速度慢；直接映射是指主存的每一块只能映射到 Cache 的一个特定的块中，整个 Cache 地址与主存地址的低位部分完全相同，其特点是硬件简单，不需要相联存储器，访问速度快（无须地址变换），但是 Cache 块冲突概率高，导致 Cache 空间利用率很低；组相联映射是对上述两种方式的折中处理，对 Cache 分组，实现组间直接映射，组内全相联，从而获得较低的块冲突概率和较高的块利用率，同时得到较快的速度和较低的成本。

2.3 难点精练

2.3.1 重难点练习

1）在中断响应过程中，CPU 保护程序计数器的主要目的是_____。

　　A. 使 CPU 能找到中断服务程序的入口地址

　　B. 实现中断嵌套

　　C. 使 CPU 在执行完中断服务程序时能回到被中断程序的断点处

　　D. 使 CPU 与 I/O 设备并行工作

2）若每一条指令都可分解为取指、分析和执行三步。已知取指时间为 $5\Delta t$，分析时间为 $2\Delta t$，执行时间为 $5\Delta t$。如果按顺序从头到尾执行完 500 条指令需 ① Δt。如果第一条指令的取指完成后即可进行第二条指令的取指，无须等待第一条指令全部完成，按照这种重叠的流水线方式执行，从头到尾执行完 500 条指令需 ② Δt。

　　① A. 5590　　　B. 5595　　　C. 6000　　　D. 6007

　　② A. 2492　　　B. 2500　　　C. 2510　　　D. 2515

3）PCI 总线属于_____。

　　A. 片内总线　　　B. 元件级总线　　　C. 内总线　　　D. 外总线

4）同一型号的 1000 台计算机，在规定的条件下工作 1000h，其中有 10 台出现故障。这种计算机千小时的可靠度 R 为 ① 。平均故障间隔时间（MTBF）为 ② h。

　　① A. 0.999　　　B. 0.995　　　C. 0.99　　　D. 0.9

　　② A. 10^5　　　B. 10^6　　　C. 10^7　　　D. 10^8

5）某 32 位计算机的 Cache 容量为 16KB，Cache 块的大小为 16B，若主存与 Cache 的地址映射采用直接映射方式，则主存地址为 1234E8F8（十六进制）的单元装入的 Cache 地址为_____。

　　A. 00 0100 0100 1101（二进制）　　　　　B. 01 0010 0011 0100（二进制）

　　C. 10 1000 1111 1000（二进制）　　　　　D. 11 0100 1110 1000（二进制）

6）CPU 中的控制器是由一些基本的硬件部件构成的，_____不是构成控制器的部件。

    A. 时序部件和微操作信号发生器部件　　　　B. 程序计数器

    C. 外设接口部件　　　　　　　　　　　　　D. 指令寄存器和指令译码器

7）相联存储器的访问方式是_____。

    A. 先入先出访问　　　B. 按地址访问　　　C. 按内容访问　　　D. 先入后出访问

8）内存地址从 AC000H～C7FFFH，共有___①___ KB 地址单元。如果该内存地址按字（16 位）编址，由 28 片芯片构成，已知构成此内存的芯片每片有 16K 个存储单元，则该芯片每个存储单元存储___②___位。

    ① A. 96　　　　　B. 112　　　　　C. 132　　　　　D. 156

    ② A. 4　　　　　B. 8　　　　　C. 16　　　　　D. 24

9）I/O 控制方式有多种，_____一般用于大型、高效的系统中。

    A. 查询方式　　　　B. 中断方式　　　　C. DMA 方式　　　　D. I/O 通道

10）内存按字节编址，地址从 A4000H～CBFFFH，共___①___。若用存储容量为 32K×8b 的存储芯片构成内存，至少需要___②___片。

    ① A. 80KB　　　　B. 96KB　　　　C. 160KB　　　　D. 192KB

    ② A. 2　　　　　B. 5　　　　　C. 8　　　　　D. 10

11）在流水线结构的计算机中，频繁执行___①___指令会严重影响机器的效率。当有中断请求发生时，采用不精确断点法，则将___②___。

    ① A. 条件转移　　　B. 无条件转移　　　C. 算术运算　　　D. 访问存储器

    ② A. 仅影响中断反应时间，不影响程序的正确执行

      B. 不仅影响中断反应时间，还影响程序的正确执行

      C. 不影响中断反应时间，但影响程序的正确执行

      D. 不影响中断反应时间，也不影响程序的正确执行

12）多处理机由若干台独立的计算机组成，在 Flynn 分类中这种结构属于_____。

    A. SISD　　　　B. MISD　　　　C. SIMD　　　　D. MIMD

13）某计算机系统的可靠性结构如图 2-10 所示，若所构成系统的每个部件的可靠度均为 0.9，即 $R=0.9$，则该系统的可靠度为_____。

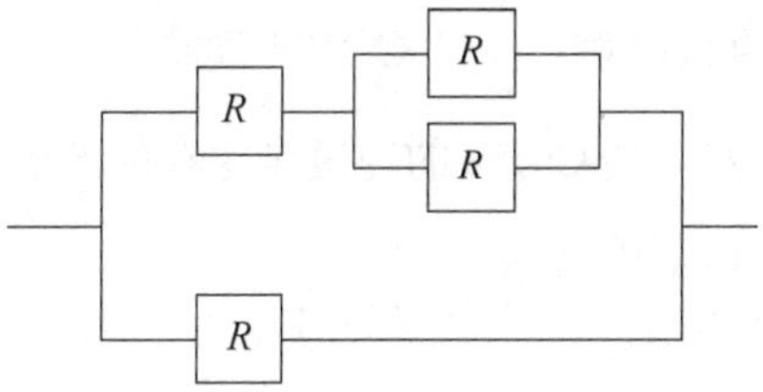

图 2-10　某计算机系统的可靠性结构图

    A. 0.891　　　　B. 0.9891　　　　C. 0.9　　　　D. 0.99

14）设有一个存储器，容量是 256KB，Cache 容量是 2KB，每次交换的数据块是 16B，则主存

可划分为___①___块，Cache 地址需___②___位。

①　A. 128　　　　　B. 16K　　　　　C. 16　　　　　D. 128K

②　A. 7　　　　　　B. 11　　　　　　C. 14　　　　　D. 18

15）用 16K×4 位的 RAM 芯片构成 64K×4 位存储需要___①___片 RAM 芯片，___②___根地址线。

①　A. 2　　　　　　B. 3　　　　　　C. 4　　　　　　D. 5

②　A. 14　　　　　B. 15　　　　　C. 16　　　　　D. 17

16）单指令流多数据流（SIMD）计算机由_____。

A. 单一控制器、单一运算器和单一存储器组成

B. 单一控制器、多个执行部件和多个存储器模块组成

C. 多个控制部件同时执行不同的指令，对同一数据进行处理

D. 多个控制部件、多个执行部件和多个存储器模块组成

17）现采用四级流水线结构分别完成一条指令的取指、指令译码和取数、运算以及送回运算结果 4 个基本操作，每步操作时间依次为 60ns、100ns、50ns 和 70ns。该流水线的操作周期应为___①___ns，若有一小段程序需要用 20 条基本指令完成（这些指令完全适合在流水线上执行），则得到第一条指令结果需___②___ns，完成该段程序需___③___ns。

①　A. 50　　　　　B. 70　　　　　C. 100　　　　　D. 280

②　A. 100　　　　B. 200　　　　C. 280　　　　　D. 400

③　A. 1400　　　　B. 2000　　　C. 2300　　　　D. 2600

18）当子系统只能处于正常工作和不工作两种状态时，我们采用图 2-11 所示的并联模型，若单个子系统的可靠性都为 0.8，则三个子系统并联后的系统可靠性为_____。

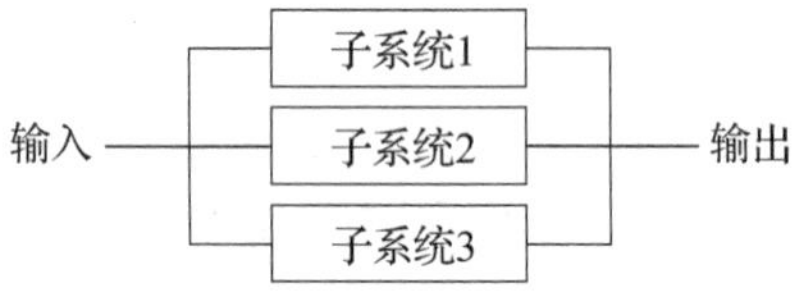

图 2-11　系统的结构——并联模型

A. 0.9　　　　　B. 0.94　　　　C. 0.992　　　　D. 0.996

19）在 Cache 的地址映射中，凡主存中的任意一块均可映射到 Cache 内的任意一块的位置上，这种方法称为_____。

A. 全相联映射　　　B. 直接映射　　　C. 组相联映射　　　D. 混合映射

20）若 Cache 的命中率为 0.95，且 Cache 的速度是主存的 5 倍，那么与不采用 Cache 相比较，采用 Cache 后速度大致提高到_____倍。

A. 3.33　　　　　B. 3.82　　　　C. 4.17　　　　　D. 4.52

21）操作数地址存放在寄存器中的寻址方式称为_____。

A. 相对寻址方式　　　　　B. 变址寄存器寻址方式

C. 寄存器寻址方式　　　　D. 寄存器间接寻址方式

22）在 32 位的总线系统中，若时钟频率为 1.6GHz，总线上 4 个时钟周期传送一个 32 位字，

则该总线系统的数据传送速率约为_____。

  A. 400MB/s   B. 800MB/s   C. 1.6GB/s   D. 3.2GB/s

23）计算机系统由 CPU、存储器、I/O 三部分组成，其可靠度分别为 0.95、0.90 和 0.85，则该计算机的可靠度为_____。

  A. 0.90   B. 0.99925   C. 0.73   D. 0.8

24）在存储体系中，虚拟存储器和 Cache 分别属于主存/外存层次和 Cache/主存层次，这两个层次的共同点是_____。

  A. 都提高存储体系的速度   B. 都需要硬件来实现

  C. 地址变换、失效时要替换   D. 都对程序员透明

25）内存按字节编址，地址从 A0000H～EFFFFH，共有__①__ B。若用存储容量为 16KB 的存储芯片构成该内存，至少需要__②__个芯片。

  ① A. 80K   B. 160K   C. 320K   D. 640K

  ② A. 5   B. 10   C. 15   D. 20

26）若某个计算机系统中，内存地址与 I/O 地址统一编址，访问内存单元和 I/O 设备是靠_____来区分的。

  A. 数据总线上输出的数据   B. 不同的地址代码

  C. 内存与 I/O 设备使用不同的地址总线   D. 不同的指令

27）使 Cache 命中率最高的替换算法是_____。

  A. 先进先出（FIFO）算法   B. 随机（RAND）算法

  C. 先进后出（FILO）算法   D. 最近最少使用（LRU）算法

28）若三个可靠度 R 均为 0.8 的部件串联构成一个系统，如图 2-12 所示，则系统的可靠度为_____。

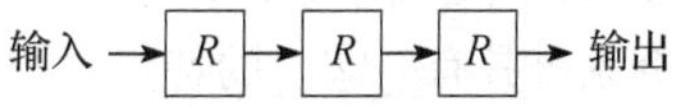

输入 → R → R → R → 输出

图 2-12　系统结构图

  A. 0.240   B. 0.512   C. 0.800   D. 0.992

29）能够利用直接内存存取（DMA）方式建立直接数据通路的两个部件是_____。

  A. I/O 设备和主存   B. I/O 设备和 I/O 设备

  C. I/O 设备和 CPU   D. CPU 和主存

30）某一 SRAM 芯片，其容量为 1024×8 位，除电源和接地端外，该芯片最少引出线数为_____。

  A. 18   B. 19   C. 20   D. 21

31）多处理机系统的结构按照机间的互联结构可以分为 4 种，其中_____不包括在内。

  A. 总线式结构   B. 交叉开关结构

  C. 多端口存储器结构   D. 单线交叉存储结构

32）Cache 能够有效提高存储体系的速度，它成功的依据是_____。

    A. 替换算法   B. 局部性原理   C. 哈夫曼编码   D. 阿姆达尔定律

33）用 3 个相同的元件组成一个如图 2-13 所示的系统。如果每个元件能否正常工作是相互独立的，每个元件能正常工作的概率为 p，那么此系统的可靠度为_____。

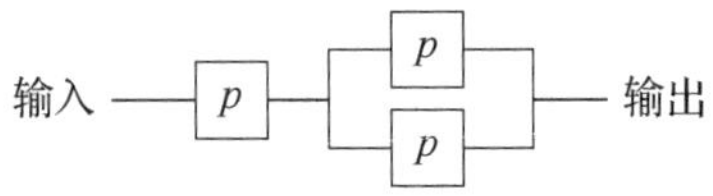

图 2-13　元件组成图

    A. $p^2(2-p)^2$ B. $p^2(2-p)$ C. $p(1-p)^2$ D. $p(2-p)^2$

34）假设某计算机具有 1MB 的内存（目前使用的计算机往往具有 64MB 以上的内存），并按字节编址，为了能存取该内存各地址的内容，其地址寄存器至少需要二进制　①　位。为使 4B 组成的字能从存储器中一次性读出，要求存放在存储器中的字边界对齐，一个字的地址码应　②　。若存储周期为 200ns，且每个周期可访问 4B，则该存储器带宽为　③　b/s。

    ① A. 10   B. 16   C. 20   D. 32

    ② A. 最低两位为 00   B. 最低两位为 10   C. 最高两位为 00   D. 最高两位为 10

    ③ A. 20M   B. 40M   C. 80M   D. 160M

35）某硬盘中共有 8 个盘片，16 个记录面，每个记录面上有 2100 个磁道，每个磁道有 64 个扇区，每扇区 512B，则该硬盘的存储容量为_____。

    A. 5906MB   B. 9225MB   C. 1050MB   D. 1101MB

36）在下列各种类型的 I/O 技术中，对 CPU 依赖最小的是_____。

    A. 重叠技术   B. 中断技术   C. 程序控制技术   D. 通道技术

37）计算机执行程序所需的时间为 P，用 $P=I \times \mathrm{CPI} \times T$ 来估计，其中 I 是程序经编译后的机器指令数，CPI 是执行每条指令所需的平均机器周期数，T 为每个机器周期的时间。RISC 计算机采用　①　来提高机器的速度。它的指令系统具有　②　的特点。

    ① A. 虽增加 CPI，但更减少 T B. 虽增加 CPI，但更减少 I

        C. 虽增加 T，但更减少 CPI   D. 虽增加 I，但更减少 CPI

    ② A. 指令种类少   B. 指令种类多   C. 指令寻址方式多   D. 指令功能复杂

2.3.2 练习精解

1）C。

CPU 在执行完中断服务程序后，需要正确返回到被中断程序的断点处，因此在进入中断服务程序之前需要 CPU 保护程序计数器来保护中断现场。

2）① C。

顺序执行 500 条指令所需的时间：500 ×（5+2+5）=6000。

② C。

流水线方式执行所需的时间：5×3+5×（500–1）=2510。

3）C。

总线：一类信号线的集合是模块间传输信息的公共通道，通过它计算机各部件间可进行各种数据和命令的传送。PCI 总线属于内总线。

4）① C。

根据可靠度的定义：$R=\dfrac{1000-10}{1000}=0.99$。

② A。

由题意可知，失效率 $\lambda=\dfrac{10}{1000\times1000}=10^{-5}$/h。平均无故障时间（MTBF）是指两次故障之间系统能正常工作的时间的平均值。它与失效率的关系为 MTBF=$1/\lambda=10^{5}$h。

5）C。

主存与 Cache 的地址映射采用直接映射方式时，每个主存地址映射到 Cache 中的一个指定地址（即多对一的映射关系）。Cache 容量为 16KB，块的大小为 16B（2^{4}B），Cache 可分为 1K（2^{10}）块，这样块内地址占 4 位，块号占 10 位。主存地址 1234E8F8（十六进制）中后 14 位，即 10 1000 1111 1000（二进制）就是装入的 Cache 地址。

6）C。

CPU 由运算器和控制器两部分组成。其中控制器由程序计数器、指令寄存器、指令译码器、状态/条件寄存器、时序产生器部件和微操作信号发生器等几部分组成，而外设接口部件不是控制器的组成部分，因此答案选 C。

7）C。

相联存储器是一种特殊的存储器，是基于数据内容进行访问的存储设备。当对其写入数据时，相联存储器能够根据存储的内容自动选择一个存储单元进行存储，读取数据时，不是给出其存储单元地址，而是给出读取数据或数据的一部分内容。

8）① B。

将内存大地址减去小地址再加 1 就是内存的大小，即 C7FFFH−AC000H+1=1C000H，十六进制（1C000）$_{16}=2^{16}+2^{15}+2^{14}=$64KB+32KB+16KB=112KB。

② A。

注意此处按字编址。若需要构成的内存为 112K×16b，使用 28 片芯片构成该内存，则每个芯片的容量应为 4K×16b。已知构成此内存的芯片每片有 16K 个存储单元，因此该芯片每个存储单元存储 4 位二进制。

9）D。

选项 A、B、C 是微型计算机通常采用的 I/O 控制方式，一般不适用于大型、高效的系统中。在大型计算机系统中，外围设备的台数一般比较多，设备的种类、工作方式和工作速度的差别也比较大。为了把对外围设备的管理工作从 CPU 中分离出来，普遍采用通道处理机技术，答案选 D。

10）① C。

本题考查内存容量的计算。

内存容量=尾地址-首地址+1=CBFFFH-A4000H+1=28000H=160KB。

② B。

芯片数=内存容量/芯片容量=$\dfrac{160\text{KB}}{32\text{K}\times 8\text{b}}=\dfrac{160\text{K}\times 8\text{b}}{32\text{K}\times 8\text{b}}=5$。

11）① A。

流水线技术是指把 CPU 的一个操作进一步分解成多个可以单独处理的子操作（如取指令、指令译码、取操作数、执行），使每个子操作在一个专门的硬件站上执行，这样一个操作需要顺序地经过流水线中多个站的处理才能完成。在执行的过程中，前后连续的几个操作可以依次流入流水线中，在各个站间重叠执行。可见，流水线技术的关键在于"重复执行"，如果频繁执行条件转移，流水线就会被破坏，从而严重影响机器的效率。

② B。

当有中断请求时，流水线会停止，通常有两种中断响应方式，一种是精确断点法，另一种是不精确断点法。如果采用精确断点法，流水线将立即停止执行去响应中断，这种方式不影响中断反应时间，但影响程序的正确执行。如果采用不精确断点法，流水线将不再新增指令，但指令继续执行，在流水线中所有指令执行完后才响应中断，这种方式不仅影响中断反应时间，还影响程序的正确执行。

12）D。

多处理机可以同时对不同的数据进行不同的处理，指令流和流据流都存在并行，因此属于多指令流多数据流（MIMD）。

13）B。

系统的可靠性是指从它开始运行（$t=0$）到某时刻 t 这段时间内能正常运行的概率，用 $R(t)$ 表示。系统可靠性模型有串联系统、并联系统和 N 模冗余系统。

① 串联系统：组成系统的所有子系统都能正常工作时，系统才能工作。各子系统失效率分别用 $\lambda_1, \lambda_2, \cdots, \lambda_n$ 表示，则系统失效率 $\lambda=\lambda_1+\lambda_2+\cdots+\lambda_n$；各子系统可靠性分别用 $R_1, R_2, \cdots, R_n$ 表示，则系统可靠性 $R=R_1 \times R_2 \times \cdots \times R_n$。

② 并联系统：组成系统的子系统中只要有一个能正常工作，系统就能工作。若各子系统失效率均用 λ 表示，则系统失效率 $\mu=1\Big/ \dfrac{1}{\lambda}\sum_{j=1}^{n}\dfrac{1}{j}$；各子系统可靠性分别用 $R_1, R_2, \cdots, R_n$ 表示，则系统可靠性为 $R=1-(1-R_1)\times(1-R_2)\times \cdots \times(1-R_n)$。

③ N 模冗余系统：N 模冗余系统由 N 个（$N=2n+1$ 为奇数）相同的子系统和一个表决器组成。在 N 个子系统中，只有 $n+1$ 个或 $n+1$ 个以上的子系统能正常工作，系统才能正常工作。假设表决器是完全可靠的，每个子系统的可靠性为 R_0，则系统可靠性为 $\sum_{i=n+1}^{N} C_N^i R_0^i (1-R_0)^{N-i}$。

题中是并联和串联的综合，计算如下：

$$R_{\text{sys}}=1-(1-R)\times(1-R\times(1-(1-R)\times(1-R)))=0.9891$$

14）① B。

本题考查 Cache 的知识。Cache 即高速缓冲存储器，是为了解决 CPU 和主存之间速度匹配问题而设置的。它是介于 CPU 和主存之间的小容量存储器，存取速度比主存快。改善系统性能的依据是程序的局部性原理。

主存块数=主存容量/每次交换的数据块大小=256KB/16B=16K。

② B。

Cache 地址位数=块号地址+块内地址=$\log_2$（Cache 容量/每次交换的数据块大小）+$\log_2$（每次交换的数据块字节数）=$\log_2(2KB/16B)+\log_2(16)=11$。

15）① C。

芯片数=总容量/芯片容量=$(64K \times 4b)/(16K \times 4b)=4$ 片。

② B。

地址线数=片选地址数+片内地址数=$\log_2$（芯片数）+$\log_2$（芯片容量）=15 根。

注意：地址是按字节编制的，即芯片容量应采用字节为单位，1 字节=8 位。

16）B。

SIMD 通常有多个数据处理部件，它们按照一定方式互联，在同一个控制部件的控制下，对各自的数据完成同一条指令规定的操作。从控制部件看，指令是串行执行的，但从数据处理部件看，数据是并行处理的。

17）① C。

流水线的操作周期取决于流水线中最慢的操作，为 100ns。

② C。

在流水线中，其实每条指令的执行时间并没有减少，而第一条指令没有发挥流水线的优势，仍然按顺序执行，为 60ns+100ns+50ns+70ns=280ns。

③ C。

完成 20 条基本指令所用的时间为 100ns×4+100ns×(20-1)=2300ns。

18）C。

并联系统的可靠性为：$R=1-(1-R_1) \times (1-R_2) \times (1-R_3)=1-(1-0.8)^3=0.992$。

19）A。

直接映射方式是指主存中的一块只能映射到 Cache 的一个确定块中，全相联映射方式是指主存中的任意一块可以映射到 Cache 中的任意一块中，组相联方式是介于全相联和直接相联之间的一种折中方案。

20）C。

假设主存的存取周期为 h，因为 Cache 的速度是主存的 5 倍，所以 Cache 的存取周期为 $h/5$，且 Cache 的命中率为 0.95，则采用了 Cache 以后，平均存取周期为 $h \times (1-0.95)+h/5 \times 0.95=0.24h$，因此速度提高了 1/0.24=4.17 倍。

21）D。

寻址方式有：

- 立即寻址：操作数作为指令的一部分而直接写在指令中，这种操作数称为立即数。
- 寄存器寻址：指令所要的操作数已存储在某寄存器中，或把目标操作数存入寄存器。

- 直接寻址：指令所要的操作数存放在内存中，在指令中直接给出该操作数的有效地址。
- 寄存器间接寻址：操作数在存储器中，操作数的有效地址用 SI、DI、BX 和 BP 四个寄存器之一来指定。
- 寄存器相对寻址：操作数在存储器中，其有效地址是一个基址寄存器（BX、BP）或变址寄存器（SI、DI）的内容和指令中的 8 位/16 位偏移量之和。
- 基址加变址寻址：操作数在存储器中，其有效地址是一个基址寄存器（BX、BP）和一个变址寄存器（SI、DI）的内容之和。
- 相对基址加变址寻址：操作数在存储器中，其有效地址是一个基址寄存器（BX、BP）的值、一个变址寄存器（SI、DI）的值和指令中的 8 位/16 位偏移量之和。

22）C。

数据传输率：$32b \times 1.6GHz/4 = 1.6GB/s$。

23）C。

CPU、存储器、I/O 之间构成串联系统，故其可靠度为 $0.95 \times 0.9 \times 0.85 = 0.73$。

24）A。

这两个层次的目的都是提高存储体系的速度，但两者是有区别的：Cache 完全由硬件来实现，对程序员是完全透明的，它通过地址映像来实现，不需要地址变换；而虚拟存储器是由软件和硬件来实现的，对系统程序员并不透明，它是通过地址变换来实现的。

25）① C。

内存容量=尾地址−首地址+1，EFFFFH−A0000H+1=50000H，十六进制 $(50000)_{16} = 5 \times 2^{16} = 320K$。
② D。

芯片数=$(320K \times 8b)/(16K \times 8b) = 20$ 片。

26）B。

内存地址与 I/O 地址统一编址时，内存地址与 I/O 设备地址都统一在一个公共的地址空间里。这样访问内存和 I/O 设备使用相同的指令，CPU 只能根据地址不同来区分是访问外设还是访问内存。

27）D。

4 个选项中，选项 C 不是 Cache 替换算法。在另外三个选项中，LRU 算法的出发点是，如果某个块被访问过了，则它可能马上还要被访问；反之，如果某个块长时间未被访问，则它在最近一段时间也不会被访问，根据程序的局部性原理，这种方法有较高的命中率。

28）B。

串联系统可靠性模型的可靠度为 $R_{sys} = R \times R \times R = 0.8^3 = 0.512$。

29）A。

直接内存存取（DMA）控制方式的目的是，外围设备与主存储器之间传送数据不需要执行程序，也不需要 CPU 干预。

30）A。

至少需要 10 个引脚作为地址线，8 个引脚作为数据线。

31）D。

按处理机间的互联方式，有 4 种多处理机结构：总线结构、交叉开关结构、多端口存储器结构、开关枢纽式结构。

32）B。

使用 Cache 改善系统性能的依据是程序的局部性原理。

33）B。

两个元件并联的可靠度为 $1-(1-p)(1-p)=p(2-p)$，再与一个元件串联，可靠度为 $p^2(2-p)$。

34）① C。

因为 $1MB=2^{20}B$，因此在按字节编址时，访问 1MB 内存，地址寄存器至少需要二进制 20 位。

② A。

在按字节编址时，4B 一次性读出，则这 4 个存储单元的高位都相同，只有最低两位不同（分别是 00、01、10、11），因此 4 字节组成一个字的地址码是这 4 个存储单元中最小的一个，即最低两位为 00。

③ D。

若存储周期为 200ns，且每个周期可访问 4B，则该存储器带宽为：
$$4B/(200\times10^{-9}s)=20\times10^6B/s=20\times10^6\times8b/s=160Mb/s$$

35）C。

磁盘存储容量=盘的面数×每面的磁道数×每道的扇区数×每扇区存放的字节数=$16\times2100\times64\times512B=1050MB$。

36）D。

通道又称输入/输出处理器（IOP），其目的是使 CPU 摆脱繁重的输入/输出负担和共享输入/输出接口，在大多数大型计算机系统中都采用通道处理机，并由通道处理机负担外围设备的大部分输入/输出工作。

37）① D。

RISC 的设计思想是通过增加 I，减少 CPI 和 T，从而提高计算机的运算速度。

② A。

RISC 简化了 CPU 的控制器，同时提高了处理速度，具有如下特点：

- 指令种类少，一般只有十几到几十条简单的指令。
- 指令长度固定，指令格式少，这可使指令译码更加简单。
- 寻址方式少，适用于组合逻辑控制器，便于提高速度。
- 设置最少的访问指令。访问内存比较费时间，尽量少用。
- 在 CPU 内部设置大量的寄存器，使大多数操作在速度很快的 CPU 内部进行。
- 非常适合流水线操作，由于指令简单，因此并行执行更易实现。

第 3 章

数据结构与算法

3.1 考点精讲

3.1.1 考纲要求

数据结构与算法主要是考试中所涉及的数据结构、算法、算法描述和分析。本章在考纲中主要有以下内容：

- 数据结构（数组、链表、队列、栈、树、图、哈希）。
- 算法（排序、查找）。
- 算法描述和分析（流程图、效率分析、递归、分治、回溯、贪心、动态规划）。

数据结构与算法考点如图 3-1 所示，用星级★标示知识点的重要程度。

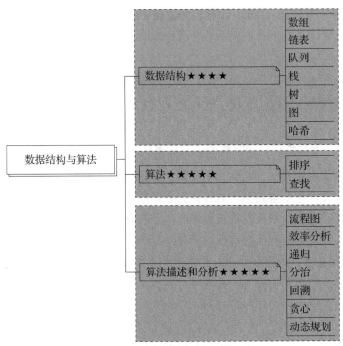

图 3-1 数据结构与算法考点

3.1.2 考点分布

统计 2010 年至 2020 年试题真题，在上午考核的基础知识试卷中，本章主要考点分值为 8～10 分，在下午考核的案例应用试卷中，本章会考一道大题，15 分，合计 23～25 分。历年真题统计如表 3-1 所示。

表3-1　历年真题统计

年 份	时 间	题 号	分 值	知 识 点
2010 年上	上午题	57，58，59，60，61，62，63，64，65	9	数据结构、算法
	下午题	试题四	15	算法描述和分析
2010 年下	上午题	57，58，59，60，61，62，63，64，65	9	数据结构、算法
	下午题	试题四	15	算法描述和分析
2011 年上	上午题	57，58，59，60，61，62，63，64，65	9	数据结构、算法
	下午题	试题四	15	算法描述和分析
2011 年下	上午题	57，58，59，60，61，62，63，64，65	9	数据结构、算法
	下午题	试题四	15	算法描述和分析
2012 年上	上午题	57，58，59，60，61，62，63，64，65	9	数据结构、算法
	下午题	试题四	15	算法描述和分析
2012 年下	上午题	57，58，59，60，61，62，63，64，65	9	数据结构、算法
	下午题	试题四	15	算法描述和分析
2013 年上	上午题	52，53，60，61，62，63，64，65	8	数据结构、算法
	下午题	试题四	15	算法描述和分析
2013 年下	上午题	57，58，59，60，61，62，63，64，65	9	数据结构、算法
	下午题	试题四	15	算法描述和分析
2014 年上	上午题	57，58，59，60，61，62，63，64，65	9	数据结构、算法
	下午题	试题四	15	算法描述和分析
2014 年下	上午题	57，58，59，60，61，62，63，64，65	9	数据结构、算法
	下午题	试题四	15	算法描述和分析
2015 年上	上午题	57，58，59，60，61，62，63，64，65	9	数据结构、算法
	下午题	试题四	15	算法描述和分析
2015 年下	上午题	57，58，59，60，61，62，63，64，65	9	数据结构、算法
	下午题	试题四	15	算法描述和分析
2016 年上	上午题	57，58，59，60，61，62，63，64，65	9	数据结构、算法
	下午题	试题四	15	算法描述和分析
2016 年下	上午题	22，57，58，59，60，61，62，63，64，65	10	数据结构、算法
	下午题	试题四	15	算法描述和分析
2017 年上	上午题	57，58，59，60，61，62，63，64，65	9	数据结构、算法
	下午题	试题四	15	算法描述和分析
2017 年下	上午题	57，58，59，60，61，62，63，64，65	9	数据结构、算法
	下午题	试题四	15	算法描述和分析

（续）

年 份	时 间	题 号	分 值	知 识 点
2018年上	上午题	57, 58, 59, 60, 61, 62, 63, 64, 65	9	数据结构、算法
	下午题	试题四	15	算法描述和分析
2018年下	上午题	21, 57, 58, 59, 60, 61, 62, 63, 64, 65	10	数据结构、算法
	下午题	试题四	15	算法描述和分析
2019年上	上午题	57, 58, 59, 60, 61, 62, 63, 64, 65	9	数据结构、算法
	下午题	试题四	15	算法描述和分析
2019年下	上午题	22, 58, 59, 60, 61, 62, 63, 64, 65	9	数据结构、算法
	下午题	试题四	15	算法描述和分析
2020年下	上午题	20, 58, 59, 60, 61, 62, 63, 64, 65	9	数据结构、算法
	下午题	试题四	15	算法描述和分析

3.1.3 知识点精讲

3.1.3.1 数据结构

1. 数组

定义：把线性表的节点按逻辑顺序依次存放在一组地址连续的存储单元里。用这种方法存储的线性表简称顺序表。

$a[i]$ 的存储地址为：$a+i \times \text{len}$。

对于二维数组 $a[m][n]$：

$a[m][n]$ 的存储地址（按行存储）为：$a+(i \times n+j) \times \text{len}$。

$a[m][n]$ 的存储地址（按列存储）为：$a+(j \times m+i) \times \text{len}$。

基本操作：插入、查找、删除。

顺序表的优点：无须为表示节点间的逻辑关系而增加额外的存储空间，可以方便地随机存取表中的任一节点。

顺序表的缺点：插入和删除运算不方便，由于要求占用连续的存储空间，因此存储分配只能预先进行。

2. 链表

链表是指用一组任意的存储单元来依次存放线性表的节点，这组存储单元既可以是连续的，也可以是不连续的，甚至是随机分布在内存中的任意位置上的，即链表中节点的逻辑次序和物理次序不一定相同。单链表结果如图 3-2 所示。

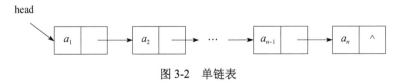

图 3-2　单链表

（1）带表头节点的单链表

表头节点位于表的最前端，本身不带数据，仅标示表头。设置表头节点的目的是统一空表与非空表的操作，简化链表操作的实现。

（2）循环链表

循环链表是单链表的变形，如图 3-3 所示。循环链表最后一个节点的 next 或 link 指针不为 NULL，而是指向了表的前端。为了简化操作，在循环链表中往往加入表头节点。循环链表的特点是：只要知道表中某一节点的地址，就可以搜寻到所有其他节点的地址。实际中多采用尾指针表示单循环链表。

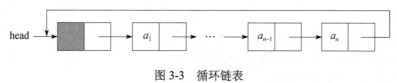

图 3-3　循环链表

（3）双向链表

双向链表如图 3-4 所示，双向链表的头节点也直接指向尾部。双向链表的特点是："查询"和单链表相同，"插入"和"删除"需要同时修改两个方向上的指针。

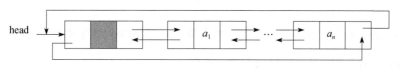

图 3-4　双向链表

（4）链表的特点

① 为了能够用指针来反映节点之间的逻辑关系，需要为每个节点额外增加相应的指针域，从而使节点的存储密度比顺序表中节点的存储密度要小。

② 在链式存储结构中要查找某一节点，一般要从链头开始沿链进行扫描才能找到该节点，其平均时间复杂度为 $O(n)$。因此，链式存储结构是一种非随机存储结构。

3. 队列

队列是只允许在一端删除在另一端插入的线性表，如图 3-5 所示。队头（front）是允许删除的一端，队尾（rear）是允许插入的一端。队列的特点是：先进先出（First In First Out，FIFO）。

图 3-5　队列

4. 栈

栈是只允许在一端插入和删除的线性表，如图 3-6 所示。允许插入和删除的一端称为栈顶（top），另一端称为栈底（bottom）。栈的特点是：后进先出（Last In First Out，LIFO）。

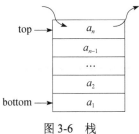

图 3-6 栈

5. 树

（1）性质

● 度为 k 的树中第 i 层上至多有 k^{i-1} 个节点。
● 二叉树第 i 层的节点数最多有 2^{i-1}（$i \geq 1$）个。
● 深度为 h 的二叉树至多有 2^h-1（$h \geq 1$）个节点。
● 具有 n 个节点的完全二叉树的深度为 $\lfloor \log_2 n \rfloor +1$ 或 $\lceil \log_2(n+1) \rceil$。
● 对于具有 n 个节点的完全二叉树，对其节点进行编号，则对于编号为 i 的节点，有：左孩子的编号为 $2i$，右孩子的编号为 $2i+1$。

（2）树的遍历

树的遍历就是按照某种顺序访问树中的每个节点，并使每个节点被访问一次且只被访问一次。

① 前序遍历。若二叉树非空，则进行如下操作：

● 访问根节点。
● 按前序遍历次序遍历根节点的左子树。
● 按前序遍历次序遍历根节点的右子树。

② 中序遍历。若二叉树非空，则进行如下操作：

● 按中序遍历次序遍历根节点的左子树。
● 访问根节点。
● 按中序遍历次序遍历根节点的右子树。

③ 后序遍历。若二叉树非空，则进行如下操作：

● 按后序遍历次序遍历根节点的左子树。
● 按后序遍历次序遍历根节点的右子树。
● 访问根节点。

④ 层次遍历。若二叉树非空，则进行如下操作：

● 遍历之前先将二叉树的根节点存入队列。
● 然后依次从队列中取出队头节点，每取出一个节点，都先访问该节点。
● 接着分别检查该节点是否存在左、右孩子，若存在则先后入列。
● 如此反复，直到队列为空为止。

6. 图

图是由顶点（Vertex）集合及顶点间的关系集合组成的一种数据结构：

$$Graph = (V, E)$$

其中，$V = \{ x \mid x \in$ 某个数据对象$\}$是顶点的有穷非空集合。

$$E = \{(x, y) \mid x, y \in V\} \text{ 或 } E = \{<x, y> \mid x, y \in V \ \&\& \ Path (x, y)\}$$

（1）图的属性

完全无向图：有 n 个顶点的无向图有 $n(n-1)/2$ 条边。

完全有向图：有 n 个顶点的有向图有 $n(n-1)$ 条边。

邻接顶点：如果(u, v)是 $E(G)$中的一条边，则称 u 与 v 互为邻接顶点。

子图：设有两个图 $G = (V, E)$和 $G' = (V', E')$。若 $V' \subseteq V$ 且 $E' \subseteq E$，则称图 G'是图 G 的子图。

权：某些图的边具有与它相关的数，称为权。这种带权图叫作网络。

稠密图和稀疏图：若边或弧的个数 $e < n\log_2 n$，则称作稀疏图，否则称作稠密图。

顶点的度：一个顶点 v 的度是与它相关联的边的条数。

入度：以 v 为终点的有向边的条数。

出度：以 v 为始点的有向边的条数。

路径：在图 $G = (V, E)$ 中, 若从顶点 v_i 出发，沿一些边经过一些顶点 $v_{p1}, v_{p2}, \cdots, v_{pm}$ 到达顶点 v_j，则称顶点序列（$v_i \ v_{p1} v_{p2} \cdots v_{pm} \ v_j$）为从顶点 v_i 到顶点 v_j 的路径。

（2）图的遍历

① 深度优先遍历（DFS）。

在访问图中某一起始顶点 v 后，由 v 出发，访问它的任一邻接顶点 w_1；再从 w_1 出发，访问与 w_1 邻接但还没有访问过的顶点 w_2；然后从 w_2 出发，进行类似的访问，如此进行下去，直至到达所有的邻接顶点都被访问过的顶点 u 为止。接着，退回一步，退到前一次刚访问过的顶点，看是否还有其他没有被访问的邻接顶点。如果有，则访问此顶点，之后再从此顶点出发，进行与前述类似的访问；如果没有，就再退回一步进行搜索。重复上述过程，直到连通图中所有顶点都被访问过为止。

② 广度优先遍历（BFS）。

在访问了起始顶点 v 之后，由 v 出发，依次访问 v 的各个未被访问过的邻接顶点 $w_1, w_2, \cdots, w_t$，再顺序访问 $w_1, w_2, \cdots, w_t$的所有还未被访问过的邻接顶点。再从这些访问过的顶点出发，访问它们的所有还未被访问过的邻接顶点，如此进行下去，直到图中所有顶点都被访问到为止。广度优先遍历是一种分层的搜索过程，每向前走一步可能访问一批顶点，不像深度优先遍历那样有往回退的情况。

7. 哈希

哈希（Hash，或称为散列）依据关键码直接得到其对应的数据元素位置，即要求关键码与数据元素间存在一一对应关系，通过这个关系能很快地由关键码得到对应的数据元素位置。

（1）构造好的哈希函数

① 所选函数尽可能简单，以便提高转换速度。

② 所选函数对关键码计算出的地址应在哈希地址集中大致均匀分布，以减少空间浪费。

（2）解决冲突的方案

① 开放定址法（闭散列表法）。

- 线性探测再散列。
- 平方探测再散列。
- 随机探测再散列（双散列函数探测，即双哈希函数探测）。

② 链地址法（开散列表法）。

3.1.3.2 算法

1. 排序

（1）冒泡排序

比较相邻的元素，如果第一个比第二个大，就交换它们两个。

对每一对相邻元素做同样的工作，从开始第一对到结尾的最后一对。这一步骤做完后，最后的元素会是最大的数。

针对所有的元素重复以上步骤，除了最后一个。

持续对越来越少的元素重复上面的步骤，直到没有任何一对数字需要比较。

（2）选择排序

首先在未排序序列中找到最小（大）元素，存放到排序序列的起始位置。再从剩余未排序元素中继续寻找最小（大）元素，然后放到已排序序列的末尾。重复此过程，直到所有元素均排序完毕。

（3）插入排序

将第一待排序序列的第一个元素看作一个有序序列，把第二个元素到最后一个元素当成未排序序列。从头到尾依次扫描未排序序列，将扫描到的每个元素插入有序序列的适当位置（如果待插入的元素与有序序列中的某个元素相等，则将待插入元素插入相等元素的后面）。

（4）希尔排序

选择一个增量序列 t_1, t_2, …, t_k，其中 $t_i>t_j$, $t_k=1$。按增量序列个数 k 对序列进行 k 趟排序，每趟排序根据对应的增量 t_i 将待排序列分割成若干长度为 m 的子序列，分别对各子表进行直接插入排序。仅增量因子为 1 时，整个序列作为一个表来处理，表长度即为整个序列的长度。

（5）归并排序

① 申请空间，使其大小为两个已经排序的序列之和，该空间用来存放合并后的序列。
② 设定两个指针，最初位置分别为两个已经排序的序列的起始位置。
③ 比较两个指针所指向的元素，选择相对小的元素放入合并空间，并移动指针到下一个位置。
④ 重复步骤③直到某一指针到达序列尾部。
⑤ 将另一序列剩下的所有元素直接复制到合并后的序列尾部。

（6）快速排序

从数列中挑出一个元素，称为"基准"（Pivot）。

重新排序数列，所有元素比基准值小的放在基准前面，所有元素比基准值大的放在基准后面（相同的数可以放到任一边）。在这个分区退出之后，该基准就处于数列的中间位置。这称为分区

（Partition）操作。

递归地把小于基准值的元素的子数列和大于基准值的元素的子数列排序。

（7）堆排序

①创建一个堆 $H[0\cdots n-1]$。
②把堆首（最大值）和堆尾互换。
③把堆的尺寸缩小 1，并调用 shift_down(0)，目的是把新的数组顶端的数据调整到相应位置。
④重复步骤②，直到堆的尺寸为 1。

2. 查找

（1）顺序查找
适合使用顺序查找的存储结构：顺序存储、链式存储。

（2）二分查找
先确定待查记录所在的范围（区间），然后逐步缩小范围，直到找到或找不到该记录为止。

（3）二叉排序树
二叉排序树要么是一棵空树，要么是具有下列性质的二叉树：

每个节点都有一个作为搜索依据的关键码（Key），所有节点的关键码互不相同。左子树（如果存在）上所有节点的关键码都小于根节点的关键码。右子树（如果存在）上所有节点的关键码都大于根节点的关键码。左子树和右子树也是二叉排序树。

（4）索引查找
在索引表中确定记录所在区间（可用顺序查找或二分查找），在顺序表的某个区间内进行查找（可用顺序查找）。

索引顺序查找的平均查找长度=查找"索引"的平均查找长度+查找"顺序表"的平均查找长度

3.1.3.3 算法描述和分析

1. 流程图

流程图用一些图框来表示各种类型的操作，在框内写出各个步骤，然后用带箭头的线把它们连接起来，以表示执行的先后顺序。用图形表示算法，直观形象，易于理解。程序框图表示程序内各步骤的内容以及它们的关系和执行的顺序，它说明了程序的逻辑结构。框图应该足够详细，以便可以按照它顺利地写出程序，而不必在编写时临时构思，甚至出现逻辑错误。流程图不仅可以指导编写程序，而且可以在调试程序时用来检查程序的正确性。如果框图是正确的而结果不对，则按照框图逐步检查程序很容易发现其错误。流程图还能作为程序说明书的一部分提供给别人，以便帮助别人理解你编写程序的思路和结构。流程图有三种结构：顺序结构、选择结构和循环结构。

2. 效率分析

（1）算法效率衡量方法
算法效率可按照以下几个要点来衡量：

① 算法采用的策略和方案。
② 编译产生的代码质量。
③ 问题的输入规模。

（2）符号表示

有三种表示时间复杂度的符号，分别是 O、Ω 和 θ。

$O(n)$ 表示增长次数小于等于 n 的算法。

$\Omega(n)$ 表示增长次数大于等于 n 的算法。

$\theta(n)$ 表示增长次数等于 n 的算法。

（3）复杂度

时间复杂度：分析算法中主要执行语句的执行频率。例如排序的时间复杂度可用算法执行中的数据比较次数与数据移动次数来衡量。后面一般都按平均情况进行估算。对于那些受对象关键字序列初始排列及对象个数影响较大的，需要按最好情况和最坏情况进行估算。

空间复杂度：需要使用的辅助存储空间。

3. 递归

从算法的观点看，对于许多问题采用递归的方法，使得用简洁、容易理解和有效的算法来解决复杂问题成为可能。

在最简单的形式中，递归是这样一个过程：将问题分解成一个或多个子问题，这些子问题在结构上和原来的问题一模一样，然后解决这些子问题，把这些子问题的解组合起来，从而得到原来问题的解。

（1）递归算法的基本模式

① 明确递归的终止条件，即给出最小问题的条件。
② 提取重复的逻辑，即给出问题分解的处理方法。
③ 给出递归终止条件下的处理方法，即直接求解基本情形。

（2）递归算法的优点

① 读写简明。
② 算法的正确性易于用数学归纳法来验证。
③ 算法的复杂性往往可利用递归关系来分析。

（3）递归算法的缺点

① 算法的执行流程不易理解。
② 递归调用往往需要额外的时空开销。

4. 分治

对 k 个子问题分别求解，如果子问题的规模仍然不够小，则再划分为 k 个子问题，如此递归地进行下去，直到问题规模足够小，很容易求出其解为止。分治法所能解决的问题一般具有以下几个特征：

- 该问题的规模缩小到一定的程度就很容易解决。
- 该问题可以分解为若干个规模较小的相同问题，即该问题具有最优子结构性质。
- 利用该问题分解出的子问题的解可以合并为该问题的解。
- 该问题所分解出的各个子问题是相互独立的，即子问题之间不包含公共的子问题。

5. 回溯

（1）回溯法的一般步骤

① 将解空间表示成一棵树（解空间树），求解问题就转化为在树 T 中搜索解对应的树节点。
② 定义剪枝操作（需考虑约束条件和目标值两方面）。
③ 从树 T 的根节点开始，用深度优先法搜索该树，而跳过肯定不包含问题解对应的节点的子树的搜索（剪枝），以提高效率。

（2）适用范围

回溯法适用范围较广，适用于存在性问题和最优性问题的求解。

有许多问题，当需要找出其解集或者要求回答什么解是满足某些约束条件的最佳解时，往往要使用回溯法。

回溯法的基本做法是搜索。当搜索到某一步时，发现原先选择并不优或达不到目标，就退回一步重新选择，能避免不必要的搜索。这种方法适用于解一些组合数相当大的问题。

回溯法在问题的解空间树中，按深度优先策略从根节点出发搜索解空间树。算法搜索至解空间树的任意一点时，先判断该节点是否包含问题的解。如果肯定不包含，则跳过对该节点为根的子树的搜索，逐层向其祖先节点回溯；否则，进入该子树，继续按深度优先策略搜索。

6. 贪 心

贪心算法通常用来求解最优化问题。它通常包含一个用以寻找局部最优解的迭代过程。贪心算法在少量计算的基础上做出正确猜想而不急于考虑以后的情况，这样一步一步地来构造解，每一步均是建立在局部最优解的基础上，每一步又都扩大了部分解的规模，做出的选择产生最大的直接收益，又保持了可行性。

贪心算法是根据一种贪心准则（greedy criterion）来逐步构造问题的解的方法，在每一个阶段都做出了相对该准则最优的决策，决策一旦做出就不可更改。

由贪心算法得到的问题的解可能是最优解，也可能只是近似解。能否产生问题的最优解需要加以证明。所选的贪心准则不同，则得到的贪心算法不同，贪心解的质量当然也不同。因此，好的贪心算法的关键在于正确地选择贪心准则。

7. 动态规划

（1）适用范围
对于多阶段决策的最优化问题，最优解满足最优性原理，子问题具有重叠性的情况适用。

（2）基本思想
将原问题分解为子问题来求解，求出子问题的解并由此来构造出原问题的解（即自下而上来求解）。在求解过程中不必回头看以前的情况。

（3）设计一个动态规划算法的 4 个步骤

① 刻画最优解结构（即证明满足最优性原理）。

② 递归定义最优解的值。

③ 按自下而上的方式计算最优解的值。

④ 由计算的结果构造出一个最优解。

3.2 真题精解

3.2.1 真题练习

1）对 n 个元素的有序表 $A[1\cdots n]$ 进行二分（折半）查找（除 2 取商时向下取整），查找元素 $A[i]$ 时，最多与 A 中的_____个元素进行比较。

A. n B. $\lfloor \log_2 n \rfloor - 1$ C. $n/2$ D. $\lfloor \log_2 n \rfloor + 1$

2）设有如图 3-7 所示的下三角矩阵 $A[0\cdots 8, 0\cdots 8]$，将该三角矩阵的非零元素（即行下标不小于列下标的所有元素）按行优先压缩存储在数组 $M[1\cdots m]$ 中，则元素 $A[i, j]$（$0\leqslant i\leqslant 8, j\leqslant i$）存储在数组 M 的_____中。

$$\begin{bmatrix} A_{0,0} & & & & & \\ A_{1,0} & A_{1,1} & & & & \\ & & & & & 0 \\ \vdots & \vdots & & & & \vdots \\ A_{7,0} & A_{7,1} & A_{7,2} & \cdots & A_{7,7} & \\ A_{8,0} & A_{8,1} & A_{8,2} & A_{8,3} & \cdots & A_{8,8} \end{bmatrix}$$

图 3-7 三角矩阵

A. $M\left[\dfrac{i(i+1)}{2} + j + 1\right]$ B. $M\left[\dfrac{i(i+1)}{2} + j\right]$

C. $M\left[\dfrac{i(i-1)}{2} + j\right]$ D. $M\left[\dfrac{i(i-1)}{2} + j + 1\right]$

3）若用 n 个权值构造一棵最优二叉树（哈夫曼树），则该二叉树的节点总数为_____。

A. $2n$ B. $2n-1$ C. $2n+1$ D. $2n+2$

4）栈是一种按"后进先出"原则进行插入和删除操作的数据结构，因此_____必须用栈。

A. 实现函数或过程的递归调用及返回处理时

B. 将一个元素序列进行逆置

C. 链表节点的申请和释放

D. 可执行程序的装入和卸载

5）对以下 4 个序列用直接插入排序方法由小到大进行排序时，元素比较数最少的是_____。

A. 89, 27, 35, 78, 41, 15　　　　　　B. 27, 35, 41, 16, 89, 70

C. 15, 27, 46, 40, 64, 85　　　　　　D. 90, 80, 45, 38, 30, 25

6）对于哈希表，如果将装填因子 a 定义为表中装入的记录数与表的长度之比，那么向表中加入新记录时_____。

　　A. a 的值随冲突次数的增加而递减　　B. a 越大，发生冲突的可能性就越大

　　C. a 等于 1 时不会再发生冲突　　　　D. a 低于 0.5 时不会再发生冲突

7）用关键字序列 10、20、30、40、50 构造的二叉排序树（二叉查找树）为_____。

8）若某算法在问题规模为 n 时基本操作的重复次数可由下式表示，则该算法的时间复杂度为_____。

$$T(n) = \begin{cases} 1 & n = 1 \\ T(n-1) + n & n > 1 \end{cases}$$

A. $O(n)$　　　　　B. $O(n^2)$　　　　　C. $O(\log_2 n)$　　　　　D. $O(n\log_2 n)$

9）若对一个链表最常用的操作是在末尾插入节点和删除尾节点，则采用仅设尾指针的单向循环链表（不含头节点）时_____。

　　A. 插入和删除操作的时间复杂度都为 $O(1)$

　　B. 插入和删除操作的时间复杂度都为 $O(n)$

　　C. 插入操作的时间复杂度为 $O(1)$，删除操作的时间复杂度为 $O(n)$

　　D. 插入操作的时间复杂度为 $O(n)$，删除操作的时间复杂度为 $O(1)$

10）下面关于哈夫曼树的叙述中，正确的是_____。

　　A. 哈夫曼树一定是完全二叉树

　　B. 哈夫曼树一定是平衡二叉树

　　C. 哈夫曼树中权值最小的两个节点互为兄弟节点

　　D. 哈夫曼树中左孩子节点小于父节点，右孩子节点大于父节点

11）_____是图 3-8 的合法拓扑序列。

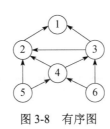

图 3-8 有序图

A. 654321　　　　　B. 123456　　　　　C. 563421　　　　　D. 564213

12）某一维数组中依次存放了数据元素 15, 23, 38, 47, 55, 62, 88, 95, 102, 123，采用二分法查找元素 95 时，依次与_____进行了比较。

A. 62, 88, 95　　　　B. 62, 95　　　　C. 55, 88, 95　　　　D. 55, 95

13）已知一棵度为 3 的树（一个节点的度是指其子树的数目，树的度是指该树中所有节点的度的最大值）中有 5 个度为 1 的节点，4 个度为 2 的节点，2 个度为 3 的节点，那么，该树中的叶子节点数目为_____。

A. 10　　　　　　　B. 9　　　　　　　C. 8　　　　　　　D. 7

14）某算法的时间复杂度可用递归式 $T(n)=\begin{cases} O(1) & n=1 \\ 2T(n/2)+n\lg n & n>1 \end{cases}$ 表示，若用 O 表示该算法的渐近时间复杂度的紧致界，则正确的是_____。

A. $O(n\lg^2 n)$　　　B. $O(n\lg n)$　　　C. $O(n^2)$　　　D. $O(n^3)$

15）下面的 C 程序段中，count++语句执行的次数为_____。

```
for(int i=1; i<=11; i*=2)
    for(int j=1; j<=i; j++)
        count++;
```

A. 15　　　　　　　B. 16　　　　　　　C. 31　　　　　　　D. 32

16）_____不能保证求得 0/1 背包问题的最优解。

A. 分支限界法　　　B. 贪心算法　　　C. 回溯法　　　D. 动态规划策略

17）对 n 个元素的有序表 $A[i,j]$ 进行顺序查找，其成功查找的平均查找长度（即在查找表中找到指定关键码的元素时，所进行比较的表中元素个数的期望值）为_____。

A. n　　　　　　　B. $(n+1)/2$　　　C. $\log_2 n$　　　D. n^2

18）在_____中，任意一个节点的左、右子树的高度之差的绝对值不超过 1。

A. 完全二叉树　　　B. 二叉排序树　　　C. 线索二叉树　　　D. 最优二叉树

19）设一个包含 N 个顶点、E 条边的简单无向图采用邻接矩阵存储结构（矩阵元素 $A[i][j]$ 等于 1/0 分别表示顶点 i 与顶点 j 之间有/无边），则该矩阵中的非零元素数目为_____。

A. N　　　　　　　B. E　　　　　　　C. $2E$　　　　　　D. $N+E$

20）对于关键字序列（26, 25, 72, 38, 8, 18, 59），采用散列函数 $H(Key)=Key \bmod 13$ 构造散列表（哈希表）。若采用线性探测的开放定址法解决冲突（顺序地探查可用存储单元），则关键字

59 所在散列表中的地址为_____。

    A. 6   B. 7   C. 8   D. 9

21）要在 8×8 的棋盘上摆放 8 个"皇后"，要求"皇后"之间不能发生冲突，即任何两个"皇后"不能在同一行、同一列和相同的对角线上，则一般采用_____来实现。

    A. 分治法   B. 动态规划法   C. 贪心法   D. 回溯法

22）分治算法设计技术_____。

    A. 一般由三个步骤组成：问题划分、递归求解、合并解

    B. 一定是用递归技术来实现的

    C. 将问题划分为 k 个规模相等的子问题

    D. 划分代价很小，而合并代价很大

23）某算法的时间复杂度可用递归式 $T(n) = \begin{cases} O(1) & n=1 \\ 6T(n/5)+n & n>1 \end{cases}$ 表示，若用 O 表示该算法的渐近时间复杂度的紧致界，则正确的是_____。

    A. $O(n^{\log_5 6})$ B. $O(n^2)$ C. $O(n)$ D. $O(n^{\log_6 5})$

24）插入排序和归并排序算法对数组<3, 1, 4, 1, 5, 9, 6, 5>进行从小到大排序，则分别需要进行_____次数组元素之间的比较。

    A. 12, 14   B. 10, 14   C. 12, 16   D. 10, 16

25）在 KMP 模式匹配算法中，需要求解模式串 p 的 next 函数值，其定义如下（其中，j 是字符在模式串中的序号）。对于模式串"*abaabaca*"，其 next 函数值序列为_____。

$$next[j] = \begin{cases} 0 & j=1 \\ \max\{k \mid 1 < k < j, "p_1 p_2 \cdots P_{k-1}" = "P_{j-k+1} P_{j-k+2} \cdots P_{j-1}"\} \\ 1 & \text{其他情况} \end{cases}$$

    A. 01111111   B. 01122341   C. 01234567   D. 01122334

26）对于线性表（由 n 个同类元素构成的线性序列），采用单向循环链表存储的特点之一是_____。

    A. 从表中任意节点出发都能遍历整个链表

    B. 对表中的任意节点可以进行随机访问

    C. 对于表中的任意一个节点，访问其直接前驱和直接后继节点所用时间相同

    D. 第一个节点必须是头节点

27）一棵满二叉树的每一层节点个数都达到最大值，对其中的节点从 1 开始顺序编号，即根节点编号为 1，其左、右孩子节点编号分别为 2 和 3，再下一层从左到右的编号为 4、5、6、7，以此类推，每一层都从左到右依次编号，直到最后的叶节点层为止，则用_____可判定编号为 m 和 n 的两个节点是否在同一层。

    A. $\log_2 m = \log_2 n$ B. $\lfloor \log_2 m \rfloor = \lfloor \log_2 n \rfloor$

    C. $\lfloor \log_2 m \rfloor + 1 = \lfloor \log_2 n \rfloor$ D. $\lfloor \log_2 m \rfloor = \lfloor \log_2 n \rfloor + 1$

28）_____是由权值集合{8, 5, 6, 2}构造的哈夫曼树。

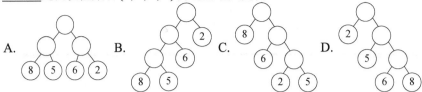

29）迪杰斯特拉（Dijkstra）算法用于求解图上的单源点的最短路径。该算法按路径长度递增次序产生最短路径，从本质上说，该算法是一种基于_____策略的算法。

A. 分治　　　　　　B. 动态规划　　　　　C. 贪心　　　　　D. 回溯

30）在有 n 个无序无重复元素值的数组中查找第 i 小的数的算法描述如下：任意取一个元素 r，用划分操作确定其在数组中的位置，假设元素 r 为第 k 小的数。若 i 等于 k，则返回该元素值；若 i 小于 k，则在划分的前半部分递归地进行划分操作找第 i 小的数，否则在划分的后半部分递归地进行划分操作找第 $k–i$ 小的数。该算法是一种基于_____策略的算法。

A. 分治　　　　　　B. 动态规划　　　　　C. 贪心　　　　　D. 回溯

31）对于一个长度大于1且不存在重复元素的序列，令其所有元素依次通过一个初始为空的队列后，再通过一个初始为空的栈。设队列和栈的容量都足够大，一个序列通过队列（栈）的含义是序列的每个元素都入队（栈）和出队（栈）一次且仅一次。对于该序列在上述队列和栈上的操作，正确的叙述是_____。

A. 出队序列和出栈序列一定相同

B. 出队序列和出栈序列一定互为逆序

C. 入队序列与出队序列一定相同，入栈序列与出栈序列不一定相同

D. 入栈序列与出栈序列一定互为逆序，入队序列与出队序列不一定互为逆序

32）在字符串的 KMP 模式匹配算法中，需要求解模式串 p 的 next 函数值，其定义如下。若模式串 p 为 "$aaabaaa$"，则其 next 函数值为_____。

$$\text{next}[j] = \begin{cases} 0 & j = 1 \\ \max\left\{k \,|\, 1 < k < j, "p_1 p_2 \cdots p_{k-1}" = "p_{j-k+1} p_{j-k+2} \cdots p_{j-1}"\right\} \\ 1 & \text{其他情况} \end{cases}$$

A. 0123123　　　　　B. 0123210　　　　　C. 0123432　　　　　D. 0123456

33）若 n_2、n_1、n_0 分别表示一棵二叉树中度为2、度为1和叶节点的数目（节点的度定义为节点的子树数目），则对于任何一棵非空的二叉树_____。

A. n_2 一定大于 n_1　　B. n_1 一定大于 n_0　　C. n_2 一定大于 n_0　　D. n_0 一定大于 n_2

34）从存储空间的利用率角度来看，以下关于数据结构中图的存储的叙述，正确的是_____。

A. 有向图适合采用邻接矩阵存储，无向图适合采用邻接表存储

B. 无向图适合采用邻接矩阵存储，有向图适合采用邻接表存储

C. 完全图适合采用邻接矩阵存储

D. 完全图适合采用邻接表存储

35）递增序列 $A(a_1, a_2, \cdots, a_n)$ 和 $B(b_1, b_2, \cdots, b_n)$ 的元素互不相同，若需将它们合并为一个长度

为 $2n$ 的递增序列，则当最终的排列结果为_____时，归并过程中元素的比较次数最多。

    A. $a_1, a_2, \cdots, a_n, b_1, b_2, \cdots, b_n$

    B. $b_1, b_2, \cdots, b_n, a_1, a_2, \cdots, a_n$

    C. $a_1, b_1, a_2, b_2, \cdots, a_i, b_i, \cdots, a_n, b_n$

    D. $a_1, a_2, \cdots, a_{i/2}, b_1, b_2, \cdots, b_{i/2}, a_{i/2+1}, \cdots, a_n, b_{i/2+1}, b_{i/2+2}, \cdots, b_n$

36）某货车运输公司有一个中央仓库和 n 个运输目的地，每天要从中央仓库将货物运输到所有的运输目的地，到达每个运输目的地一次且仅一次，最后回到中央仓库。在两个地点 i 和 j 之间运输货物存在费用 c_{ij}。为求解旅行费用总和最小的运输路径，设计算法如下：首先选择离中央仓库最近的运输目的地 1，然后选择离运输目的地 1 最近的运输目的地 2……每次在未访问过的运输目的地中选择离当前运输目的地最近的运输目的地，最后回到中央仓库。该算法采用了___①___算法设计策略，其时间复杂度为___②___。

    ① A. 分治   B. 动态规划   C. 贪心   D. 回溯

    ② A. $O(n^2)$ B. $O(n)$ C. $O(n\log_2 n)$ D. $O(1)$

37）现要对 n 个实数（仅包含正实数和负实数）组成的数组 A 进行重新排列，使得其中所有的负实数都位于正实数之前。求解该问题的算法的伪代码如下，则该算法的时间和空间复杂度分别为_____。

```
i = 0; j = n - 1;
    while i < j do
        while  A[i] < 0 do
            i = i + 1;
        while  A[j] > 0 do
            j = j - 1;
        if i < j do
```

    A. $O(n)$和 $O(n)$ B. $O(1)$和 $O(n)$ C. $O(n)$和 $O(1)$ D. $O(1)$和 $O(1)$

38）在字符串的模式匹配过程中，如果模式串的每个字符依次和主串中一个连续的字符序列相等，则称为匹配成功。如果不能在主串中找到与模式串相同的子串，则称为匹配失败。在布鲁特-福斯模式匹配算法（朴素的或基本的模式匹配）中，若主串和模式串的长度分别为 n 和 m（且 n 远大于 m），且恰好在主串末尾的 m 个字符处匹配成功，则在上述的模式匹配过程中，字符的比较次数最多为_____。

    A. $n \times m$ B. $(n-m+1) \times m$ C. $(n-m-1) \times m$ D. $(n-m) \times n$

39）若某二叉树的后序遍历序列为 KBFDCAE，中序遍历序列为 BKEFACD，则该二叉树为_____。

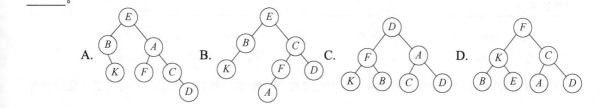

40）在 13 个元素构成的有序序列 $M[1\cdots13]$中进行二分查找（向下取整），若找到的元素为 $M[4]$，则被比较的元素依次为_____。

    A. $M[7]$、$M[3]$、$M[5]$、$M[4]$ B. $M[7]$、$M[5]$、$M[4]$

    C. $M[7]$、$M[6]$、$M[4]$ D. $M[7]$、$M[4]$

41）拓扑排序是将有向图中的所有顶点排成一个线性序列的过程，并且该序列满足：若在 AOV 网中从顶点 v_i 到 v_j 有一条路径，则顶点 v_i 必然在顶点 v_j 之前。对于如图 3-9 所示的有向图，_____是其拓扑序列。

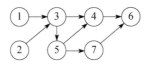

图 3-9　有向图

    A. 1234576   B. 1235467   C. 2135476   D. 2134567

42）如图 3-10 所示为一棵 M 阶树，M 最有可能的值为_____。

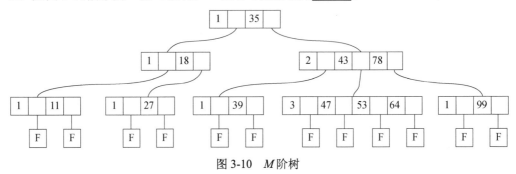

图 3-10　M 阶树

    A. 1   B. 2   C. 3   D. 4

43）将数组{1, 1, 2, 4, 7, 5}从小到大排序，若采用___①___排序算法，则元素之间需要进行的比较次数最少，共需要进行___②___次元素之间的比较。

    ① A. 直接插入   B. 归并   C. 堆   D. 快速

    ② A. 5   B. 6   C. 7   D. 8

44）哈夫曼编码方案是基于___①___策略的。用该方案对包含 $a\sim f$ 六个字符的文件进行编码，文件包含 100 000 个字符，每个字符出现的频率（用百分比表示）如表 3-2 所示，则与固定长度编码相比，该编码方案节省了___②___存储空间。

表3-2　每个字符出现的频率

字符	a	b	c	d	e	f
出现频率/%	18	32	4	8	12	26

    ① A. 分治   B. 贪心   C. 动态规划   D. 回溯

    ② A. 21%   B. 27%   C. 18%   D. 36%

45）采用顺序表和单链表存储长度为 n 的线性序列，根据序号查找元素，其时间复杂度分别为_____。

A. $O(1)$和 $O(1)$　　　　B. $O(1)$和 $O(N)$　　　　C. $O(N)$和 $O(1)$　　　　D. $O(N)$和 $O(N)$

46）设元素序列 a, b, c, d, e, f 经过初始为空的栈 S 后，得到出栈序列 $cedfba$，则栈 S 的最小容量为_____。

A. 3　　　　　　　B. 4　　　　　　　C. 5　　　　　　　D. 6

47）输出受限的双端队列是指元素可以从队列的两端输入，但只能从队列的一端输出。若有 e_1, e_2, e_3, e_4 依次进入输出受限的双端队列，则得不到输出序列_____。

A. e_4, e_3, e_2, e_1　　B. e_4, e_2, e_1, e_3　　C. e_4, e_3, e_1, e_2　　D. e_4, e_2, e_3, e_1

48）考虑下述背包问题的实例。有 5 件物品，背包容量为 100，每件物品的价值和重量如表 3-3 所示，并且已经按照物品的单位重量价值从大到小排好序，根据物品单位重量价值大优先的策略装入背包中，则采用了　①　设计策略。考虑 0/1 背包问题（每件物品要么全部放入要么全部不放入背包）和部分背包问题（物品可以部分放入背包），求解该实例，得到的最大价值分别为　②　。

表3-3　物品的价值和重量

物品编号	价　值	重　量
1	50	5
2	200	25
3	180	30
4	225	45
5	200	50

① A. 分治　　　　B. 贪心　　　　C. 动态规划　　　　D. 回溯
② A. 605 和 630　　B. 605 和 605　　C. 430 和 630　　D. 630 和 430

49）给定 n 个整数构成的数组 $A=\{a_1, a_2, \cdots, a_n\}$ 和整数 x，判断 A 中是否存在两个元素 a_i 和 a_j，使得 $a_i+a_j=x$。为了求解该问题，首先用归并排序算法对数组 A 进行从小到大排序，然后判断是否存在 $a_i+a_j=x$，具体如以下伪代码所示，则求解该问题时排序算法应用了　①　算法设计策略，整个算法的时间复杂度为　②　。

```
i = 1 ; j = n
while i < j
    if ai + aj = x return true
    else if ai + aj > x
        j--;
    else
        i++;
    return false;
```

① A. 分治　　　　B. 贪心　　　　C. 动态规划　　　　D. 回溯
② A. $O(n)$　　　B. $O(n\lg n)$　　　C. $O(n^2)$　　　D. $O(n\lg^2 n)$

50）一棵高度为 h 的满二叉树的节点总数为 2^h-1，从根节点开始，自上而下、同层次节点从左至右对节点按照顺序依次编号，即根节点编号为 1，其左、右孩子节点编号分别为 2 和 3，再下一层从左到右的编号为 4, 5, 6, 7，以此类推。那么，在一棵满二叉树中，对于编号为 m 和 n 的两个节点，若 $n=2m+1$，则_____。

A. m 是 n 的左孩子　　　　　　　　B. m 是 n 的右孩子

C. n 是 m 的左孩子　　　　　　　　D. n 是 m 的右孩子

51）以下关于哈希查找的叙述中，正确的是_____。

A. 哈希函数应尽可能复杂一些，以消除冲突

B. 构造哈希函数时应尽量使关键字的所有组成部分都能起作用

C. 进行哈希查找时，不再需要与查找表中的元素进行比较

D. 在哈希表中只能添加元素，不能删除元素

52）以下关于线性表存储结构的叙述，正确的是_____。

A. 线性表采用顺序存储结构时，访问表中任意一个指定序号的元素的时间复杂度为常量级

B. 线性表采用顺序存储结构时，在表中任意位置插入新元素的运算时间复杂度为常量级

C. 线性表采用链式存储结构时，访问表中任意一个指定序号的元素的时间复杂度为常量级

D. 线性表采用链式存储结构时，在表中任意位置插入新元素的运算时间复杂度为常量级

53）设循环队列 Q 的定义中有 front 和 size 两个域变量，其中 front 表示队头元素的指针，size 表示队列的长度，如图 3-11 所示（队列长度为 3，队头元素为 x，队尾元素为 z）。设队列的存储空间容量为 M，则队尾元素的指针为_____。

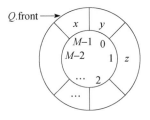

图 3-11　循环队列

A. $(Q.\text{front}+Q.\text{size}-1)$　　　　　　B. $(Q.\text{front}+Q.\text{size}-1+M)\%M$

C. $(Q.\text{front}-Q.\text{size})$　　　　　　　D. $(Q.\text{front}-Q.\text{size}+M)\%M$

54）在一个有向图 G 的拓扑序列中，顶点 v_i 排列在 v_j 之前，说明图 G 中_____。

A. 一定存在弧 (v_j, v_i)

B. 一定存在弧

C. 可能存在 v_i 到 v_j 的路径，而不可能存在 v_j 到 v_i 的路径

D. 可能存在 v_j 到 v_i 的路径，而不可能存在 v_i 到 v_j 的路径

55）以下关于哈夫曼树的叙述，正确的是_____。

A. 哈夫曼树一定是满二叉树，其每层节点数都达到最大值

B. 哈夫曼树一定是平衡二叉树，其每个节点左、右子树的高度差为-1、0 或 1

C. 哈夫曼树中左孩子节点的权值小于父节点，右孩子节点的权值大于父节点

D. 哈夫曼树中叶节点的权值越小，则距离树根越远；叶节点的权值越大，则距离树根越近

56）某哈希表（散列表）的长度为 n，设散列函数为 $H(\text{Key})=\text{Key mod } p$，采用线性探测法解决冲突。以下关于 p 值的叙述中，正确的是_____。

A. p 的值一般为不大于 n 且最接近 n 的质数　　　B. p 的值一般为大于 n 的任意整数

C. p 的值必须为小于 n 的合数　　　D. p 的值必须等于 n

57）对 n 个基本有序的整数进行排序，若采用插入排序算法，则时间复杂度和空间复杂度分别为 __①__。若采用快速排序算法，则时间复杂度和空间复杂度分别为 __②__。

① A. $O(n^2)$ 和 $O(n)$　　B. $O(n)$ 和 $O(n)$　　C. $O(n^2)$ 和 $O(1)$　　D. $O(n)$ 和 $O(1)$

② A. $O(n^2)$ 和 $O(n)$　　B. $O(n\log_2 n)$ 和 $O(n)$　　C. $O(n^2)$ 和 $O(1)$　　D. $O(n\log_2 n)$ 和 $O(1)$

58）在求解某问题时，经过分析发现该问题具有最优子结构性质，在求解过程中子问题被重复求解，则采用 __①__ 算法设计策略。若定义问题的解空间，以深度优先的方式搜索解空间，则采用 __②__ 算法设计策略。

① A. 分治　　　　B. 动态规划　　　　C. 贪心　　　　D. 回溯

② A. 动态规划　　　B. 贪心　　　　C. 回溯　　　　D. 分支限界

59）若对线性表的最常用操作是访问任意指定序号的元素，并在表尾加入和删除元素，则适宜采用_____存储。

A. 顺序表　　　　B. 单链表　　　　C. 双向链表　　　　D. 哈希表

60）某二叉树如图 3-12 所示，若进行顺序存储（即用一维数组元素存储该二叉树中的节点且通过下标反映节点间的关系，例如，对于下标为 i 的节点，其左孩子的下标为 $2i$、右孩子的下标为 $2i+1$），则该数组的大小至少为 __①__；若采用三叉链表存储该二叉树（各个节点包括节点的数据、父节点指针、左孩子指针、右孩子指针），则该链表的所有节点中空指针的数目为 __②__。

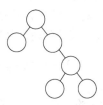

图 3-12　二叉树

① A. 6　　　　　B. 10　　　　　C. 12　　　　　D. 15

② A. 6　　　　　B. 8　　　　　C. 12　　　　　D. 14

61）某双端队列如图 3-13 所示，要求元素进出队列必须在同一端口，即从 A 端进入的元素必须从 A 端出，从 B 端进入的元素必须从 B 端出，则对于 4 个元素的序列 e_1、e_2、e_3、e_4，若要求前两个元素（e_1、e_2）从 A 端口按次序全部进入队列，后两个元素（e_3、e_4）从 B 端口按次序全部进入队列，则可能得到的出队序列是_____。

图 3-13　双端队列

A. e_1、e_2、e_3、e_4

B. e_2、e_3、e_4、e_1

C. e_3、e_4、e_1、e_2

D. e_4、e_3、e_2、e_1

62）实现二分查找（折半查找）时，要求查找表_____。

A. 顺序存储，关键码无序排列　　　　　B. 顺序存储，关键码有序排列

C. 双向链表存储，关键码无序排列　　　D. 双向链表存储，关键码有序排列

63）某个算法的时间复杂度递归式为 $T(n)=T(n-1)+n$，其中 n 为问题的规模，则该算法的渐近时间复杂度为　①　，若问题的规模增加到 16 倍，则运行时间增加到　②　倍。

① A. $O(n)$　　　　　B. $O(n\lg n)$　　　　C. $O(n^2)$　　　　D. $O(n^2\lg n)$

② A. 16　　　　　　　B. 64　　　　　　　　C. 256　　　　　　D. 1024

64）Prim 算法和 Kruscal 算法都是无向连通网的最小生成树的算法，Prim 算法从一个顶点开始，每次从剩余的顶点中取出一个顶点加入，该顶点与当前的生成树中的顶点的连边权重最小，直到得到一棵最小生成树；Kruscal 算法从权重最小的边开始，每次从不在当前的生成树中的顶点中选择权重最小的边加入，直到得到一棵最小生成树。这两个算法都采用了　①　设计策略，且　②　。

① A. 分治　　　　　　B. 贪心　　　　　C. 动态规划　　　　　D. 回溯

② A. 若网较稠密，则 Prim 算法更好　　　B. 两个算法得到的最小生成树是一样的

C. Prim 算法比 Kruscal 算法效率更高　　D. Kruscal 算法比 Prim 算法效率更高

65）对于线性表，相对于顺序存储，采用链表存储的缺点是_____。

A. 数据元素之间的关系需要占用存储空间，导致存储密度不高

B. 表中的节点必须占用地址连续的存储单元，存储密度不高

C. 插入新元素时需要遍历整个链表，运算的时间效率不高

D. 删除元素时需要遍历整个链表，运算的时间效率不高

66）若一个栈初始为空，其输入序列是 1, 2, 3, $\cdots$, $n-1$, n，其输出序列的第一个元素为 k（$1 \leqslant k \leqslant \lfloor n/2 \rfloor$），则输出序列的最后一个元素是_____。

A. 值为 n 的元素　　B. 值为 1 的元素　　C. 值为 $n-k$ 的元素　　D. 不确定的

67）在某个二叉查找树（即二叉排序树）中进行查找时，效率最差的情形是该二叉查找树是_____。

A. 完全二叉树　　　　B. 平衡二叉树　　　　C. 单枝树　　　　　D. 满二叉树

68）在字符串的 KMP 模式匹配算法中，需先求解模式串的 next 函数值，其定义如下（j 表示模式串中字符的序号，从 1 开始）。若模式串 p 为"$abaac$"，则其 next 函数值为_____。

$$\text{next}[j] = \begin{cases} 0 & j=1 \\ \max\{k \mid 1<k<j, "p_1 p_2 \cdots p_{k-1}" = "p_{j-k+1} p_{j-k+2} \cdots p_{j-1}"\} \\ 1 & \text{其他情况} \end{cases}$$

A. 01234　　　　　B. 01122　　　　　C. 01211　　　　　D. 01111

69）在排序过程中，快速排序算法是在待排序数组中确定一个元素为基准元素，根据基准元素把待排序数组划分成两个部分，前面一部分元素值小于等于基准元素，而后面一部分元素值大于基准元素。然后分别对前后两个部分进行进一步划分。根据上述描述，快速排序算法采用了　①　算法设计策略。可知确定基准元素操作的时间复杂度为 $O(n)$，则快速排序算法的最好和最坏情况下的时间复杂度为　②　。

① A. 分治　　　　　B. 动态规划　　　　C. 贪心　　　　　　D. 回溯
② A. $O(n)$和$O(n\log_2 n)$　B. $O(n)$和$O(n^2)$　C. $O(n\log_2 n)$和$O(n\log_2 n)$　D. $O(n\log_2 n)$和$O(n^2)$

70）对一待排序序列分别进行直接插入排序和简单选择排序，若待排序序列中有两个元素的值相同，则＿＿＿＿保证这两个元素在排序前后的相对位置不变。

A. 直接插入排序和简单选择排序都可以　　　B. 直接插入排序和简单选择排序都不能
C. 只有直接插入排序可以　　　　　　　　　D. 只有简单选择排序可以

71）已知一个文件中出现的各字符及其对应的频率如表 3-4 所示。若采用定长编码，则该文件中字符的码长应为　①　。若采用哈夫曼编码，则字符序列“face”的编码应为　②　。

表3-4　字符及其对应的频率

字符	a	b	c	d	e	f
频率/%	45	13	12	16	9	5

① A. 2　　　　　B. 3　　　　　　　C. 4　　　　　　D. 5
② A. 110001001101　B. 001110110011　C. 101000010100　D. 010111101011

72）设栈 S 和队列 Q 的初始状态为空，元素 abcdefg 依次进入栈 S。要求每个元素出栈后立即进入队列 Q，若 7 个元素出队列的顺序为 bdfecag，则栈 S 的容量最小应该是＿＿＿＿。

A. 5　　　　　　B. 4　　　　　　　C. 3　　　　　　D. 2

73）某二叉树的前序遍历序列为 cabfedg，中序遍历序列为 abcdefg，则该二叉树是＿＿＿＿。

A. 完全二叉树　　B. 最优二叉树　　　C. 平衡二叉树　　　D. 满二叉树

74）对某有序顺序表进行二分查找时，＿＿＿＿不可能构成查找过程中关键字的比较序列。

A. 45, 10, 30, 18, 25　B. 45, 30, 18, 25, 10　C. 10, 45, 18, 30, 25　D. 10, 18, 25, 30, 45

75）用某排序方法对一元素序列进行非递减排序时，若可保证在排序前后排序码相同者的相对位置不变，则称该排序方法是稳定的。简单选择排序法是不稳定的，＿＿＿＿可以说明这个性质。

A. 21 48 21* 63 17　B. 17 21 21*48 63　C. 63 21 48 21*17　D. 21*17 48 63 21

76）优先队列通常采用　①　数据结构实现。向优先队列中插入一个元素的时间复杂度为　②　。

① A. 堆　　　　　B. 栈　　　　　　C. 队列　　　　　D. 线性表
② A. $O(n)$　　　B. $O(1)$　　　　C. $O(\log_2 n)$　　D. $O(n^2)$

77）一个无向连通图 G 上的哈密尔顿（Hamilton）回路是指从图 G 上的某个顶点出发，经过图上所有其他顶点一次且仅一次，最后回到该顶点的路径。一种求解无向图上的哈密尔顿回路算法的基本思想如下：

假设图 G 存在一个从顶点 u_0 出发的哈密尔顿回路 $u_0—u_1—u_2—u_3—\cdots—u_0—u_{n-1}—u_0$。算法从顶点 u_0 出发，访问该顶点的一个未被访问的邻接顶点 u_1，接着从顶点 u_1 出发，访问 u_1 的一个未被访问的邻接顶点 u_2……对顶点 u_i 重复进行以下操作：访问 u_i 的一个未被访问的邻接顶点 u_{i+1}，若 u_i 的所有邻接顶点均已被访问，则返回顶点 u_{i-1}，考虑 u_{i-1} 的下一个未被访问的邻接顶点，仍记为 u_i，直到找到一个哈密尔顿回路或者找不到哈密尔顿回路，算法结束。

下面是算法的 C 语言实现。

（1）常量和变量说明

n：图 G 中的顶点数。

$c[][]$：图 G 的邻接矩阵。

k：统计变量，当前已经访问的顶点数为 $k+1$。

$x[k]$：第 k 个访问的顶点编号，从 0 开始。

$visited[x[k]]$：第 k 个顶点的访问标志，0 表示未访问，1 表示已访问。

（2）C 程序

```c
#include<stdio.h>
#include<stdlib.h>
#define MAX 4

Void Hamilton(int n, int x[MAX], int c[MAX][MAX]){
int i;
int visited[MAX];
int k;
/*初始化 x 数组和 visited 数组*/
for(i=o;i<n;i++){
x[i]=0;
Visited[i]=0;
}
/*访问初始顶点*/
K=0;
    ①   ;
x[0]=0;
k=k+1;
/*访问其他顶点*/
while(k>0){
    x[k]=x[k]+1;
    while(x[k]<n){
        if(   ②   &&c[x[k-1]][x[k]]==1){/*邻接顶点 x[k]未被访问过*/
            break;
        }
        else{
            x[k]=x[k]+1;
        }
    }
    if(x[k]<n&&k==n-1&&   ③   ){/*找到一条哈密尔顿回路*/
```

```
        for(k=0;k<n;k++){
            printf("%d—", x[k]);/*输出哈密尔顿回路*/
        }
        printf("%d\n", x[0]);
        return;
    }
    else if(x[k]&&k<n-1){/*设置当前顶点的访问标志，继续下一个顶点*/
          ④  ;
        k=k+1;
    }
    else {/*没有未被访问过的邻接顶点，回退到上一个顶点*/
        x[k]=0;
        visited[x[k]]=0;
          ⑤  ;
    }
}
}
```

问题 1：根据题干说明，填充 C 代码中的空__①～⑤__。

问题 2：根据题干说明和 C 代码，算法采用的设计策略是__⑥__，该方法在遍历图的顶点时，采用的是__⑦__方法（深度优先或广度优先）。

78）希尔排序算法又称最小增量排序算法，其基本思想是：

步骤01 构造一个步长序列 delta1，delta2，…，delta$k$，其中 delta1=n/2，后面的每个 delta 是前一个的 1/2，delta$k$=1。

步骤02 根据步长序列进行 k 趟排序。

步骤03 对于第 i 趟排序，根据对应的步长 delta，将等步长位置的元素分组，对同一组内的元素在原位置上进行直接插入排序。

下面是算法的 C 语言实现。

（1）常量和变量说明

data：待排序数组，长度为 n，待排序数据记录在 data[0] data[1]…data[$n-1$]中。

n：数组 a 中的元素个数。

delta：步长数组。

（2）C 程序

```
#include <stdio.h>
void shellsort(int data[ ], int n){
    int *delta, k, i, t, dk, j;
    k=n;
    delta=(int *)malloc(sizeof(int)*(n/2));
    if(i=0)
        do{
              ①  ;
            delta[i++]=k;
        }while  ②  ;
```

```
i=0;
while((dk=delta[i])>0){
for(k=delta[i];k<n;++k)
if( _____③_____ ) {
        t=data[k];
         for(j=k-dk;j>=0&&t<data[j];j-=dk){
            data[j+dk]=data[j];
         }/*for*/
            _____④_____ ; //data[j+dk]=t;
     }/*if*/
     ++i;
  }/*while*/
}
```

问题 1：根据说明和 C 代码，填充 C 代码中的空__①~④__。

问题 2：根据说明和 C 代码，该算法的时间复杂度__⑤__$O(n^2)$（小于、等于或大于）。该算法是否稳定__⑥__（是或否）。

问题 3：对数组（15，9，7，8，20，-1，4）用希尔排序方法进行排序，经过一趟排序后得到的数组为__⑦__。

3.2.2 真题讲解

1）D。

2）A。

按行方式存储时，元素 $A[i, j]$ 之前的元素个数为 $1+2+\cdots+i+j$，由于数组 M 的下标从 1 开始，因此存储 $A[i, j]$ 的是 $M[1+2+\cdots+i+j+1]$，即 $M\left[\dfrac{i(i+1)}{2} + j + 1\right]$。

3）B。

二叉树具有以下性质：度为 2 的节点（双分支节点）数比度为 0 的节点（叶节点）数正好少 1。而根据最优二叉树（哈夫曼树）的构造过程可知，最优二叉树中只有度为 2 和 0 的节点，因此其节点总数为 $2n-1$。

4）A。

栈是一种"后进先出"的数据结构。将一个元素序列逆置时，可以使用栈，也可以不使用。链表节点的申请和释放次序与应用要求相关，不存在"先申请后释放"的操作要求。可执行程序的装入与卸载，也不存在"后进先出"的操作要求。对于函数的递归调用与返回，一定是后被调用执行的先返回。

5）C。

当序列基本有序时，直接插入排序的过程中元素比较的次数较少，当序列为逆序时，元素的比较次数最多。

6）B。

装填因子 a 表示了哈希表的装满程度，显然 a 越大，发生冲突的可能性就越大。

7）C。

根据关键字序列构造二叉排序树的基本过程是，若需插入的关键字大于树根，则插入右子树；若小于树根，则插入左子树；若为空树，则作为树根节点。

8）B。

根据题中给出的递归定义式进行推导，可得 $T(n)= n+(n-1)+\cdots+2+1$，因此时间复杂度为 $O(n^2)$。

9）C。

设尾指针的单向循环链表（不含头节点）如图 3-14 所示。

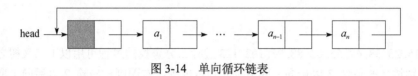

图 3-14　单向循环链表

设节点的指针域为 next，新节点的指针为 s，则在尾指针所指节点后插入节点的操作为：

s->next=t->next,　　t->next=s;　　t=s;

也就是插入操作的时间复杂度为 $O(1)$。

要删除尾指针所指的节点，必须通过遍历操作找到尾节点的前驱节点，其操作序列如下：

```
if ( t-> next == t ) free(t);
else {
    p = t->next;
    while (p->next != t )
     p =  p ->next;
    p->next = t->next;
    free(t);
    t = p;
}
```

删除操作的时间复杂度为 $O(n)$。

10）C。

构造最优二叉树的哈夫曼算法如下：

① 根据给定的 n 个权值 $\{w_1, w_2, \cdots, w_n\}$，构成 n 棵二叉树的集合 $F= \{T_1, T_2, \cdots, T_n\}$，其中每棵二叉树 T_i 中只有一个权为 w_i 的根节点，其左右子树均空。

② 在 F 中选取两棵权值最小的二叉树作为左、右子树构造一棵新的二叉树，置新构造的二叉树的根节点的权值为其左、右子树根节点的权值之和。

③ 从 F 中删除这两棵树，同时将新得到的二叉树加入 F 中。

重复②、③，直到 F 中只含一棵树为止。这棵树便是最优二叉树（哈夫曼树）。 从以上叙述可知，哈夫曼树中权值最小的两个节点互为兄弟节点。

11）A。

拓扑排序是将 AOV 网中的所有顶点排成一个线性序列的过程，并且该序列满足：若在 AOV 网中从顶点 v_i 到 v_j 有一条路径，则在该线性序列中顶点 v_i 必然在顶点 v_j 之前。

对 AOV 网进行拓扑排序的方法如下：

① 在 AOV 网中选择一个入度为零（没有前驱）的顶点且输出它。

② 从网中删除该顶点及与该顶点有关的所有边。

③ 重复上述两步，直至网中不存在入度为零的顶点为止。

本题中只有序列 654321 可由上述过程导出。

对有向图进行拓扑排序的结果会有两种情况：一种是所有顶点已输出，此时整个拓扑排序完成，说明网中不存在回路；另一种是尚有未输出的顶点，剩余的顶点均有前驱顶点，表明网中存在回路。

12）D。

对序列 15, 23, 38, 47, 55, 62, 88, 95, 102, 123 进行二分查找的过程可用以下二叉树之一描述，其中图 3-15 左图描述的是除 2 以后向下取整时的判定过程，右图则对应除 2 以后向上取整时的判定过程。

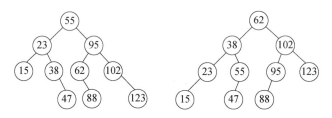

图 3-15　二分查找树

从上图可知，二分法查找 95 时，参与比较的元素依次为 55、95，或者 62、102、95。

13）B。

设树中的节点总数为 n，分支数目为 m，那么 n=5+4+2+叶节点数，m=5×1+4×2+2×3。

在树中，节点总数等于分支数目加上 1，即 n=m+1。

因此，叶节点数=5×1+4×2+2×3+1-5-4-2=9。

14）A。

该题可以用主方法来求解，对于该递归式，a=2，b=2，$f(n)$=nlgn，属于第二种情况，因此其时间复杂度为 $O(n\lg^2 n)$。该题还可以用递归树求解。

15）A。

分析算法的时间复杂度并不是确定算法运行的具体时间的长短，而是执行某个（某些）操作的次数。该题要求计算 count++ 语句执行的次数，根据上述 C 程序段可知，i=1 时执行 1 次，i=2 时执行 2 次，i=4 时执行 4 次，i=8 时执行 8 次，总共执行次数为 1+2+4+8=15。

16）B。

17）B。

假设从前往后找，则所找元素为第 1 个元素时，与表中的 1 个元素进行了比较，所找元素为第 2 个元素时，与表中的 2 个元素进行了比较，以此类推，所找元素为第 n 个元素时，与表中的 n 个元素进行了比较，因此平均查找长度等于$(1+2+\cdots+n)/n$。

18）A。

在平衡二叉树中，任意一个节点的左、右子树的高度之差的绝对值不超过1。

虽然在结构上都符合二叉树的定义，但完全二叉树、线索二叉树、二叉排序树与最优二叉树的应用场合和概念都不同。

线索二叉树与二叉树的遍历运算相关，是一种存储结构。

二叉排序树的结构与给定的初始关键码序列相关。

最优二叉树（即哈夫曼树）是一类带权路径长度最短的二叉树，由给定的一个权值序列构造。

线索二叉树、二叉排序树和最优二叉树在结构上都不要求是平衡二叉树。

在完全二叉树中，去掉最后一层后就是满二叉树，而且最后一层上的叶节点必须从该层的最左边开始排列，满足任意一个节点的左、右子树的高度之差的绝对值不超过1的条件，因此在形态上是平衡的二叉树。

19）C。

无向图的邻接矩阵是一个对称矩阵，每条边会表示两次，因此矩阵中的非零元素数目为$2E$。

20）D。

对于关键字序列（26, 25, 72, 38, 8, 18, 59）和散列函数$H(Key)=Key \bmod 13$，采用线性探测的开放定址法解决冲突构造的散列表如图3-16所示。

0	1	2	3	4	5	6	7	8	9	10	11	12
26	38				18		72	8	59			25

图3-16 散列图

21）D。

N-皇后问题是一个经典的计算问题，该问题基于一些约束条件来求问题的可行解。该问题不易划分为子问题求解，因此分治法不适用；由于不是要求最优解，因此不具备最优子结构性质，也不宜用动态规划法和贪心法求解。而系统搜索法——回溯法可以有效地求解该问题。

22）A。

分治法是一种重要的算法设计技术（设计策略），该策略将原问题划分成n个规模较小而结构与原问题相似的子问题，递归地解决这些子问题，然后合并其结果，最终得到原问题的解。分治算法往往用递归技术来实现，但并非必需。分治算法最理想的情况是划分为k个规模相等的子问题，但很多时候往往不能均匀地划分子问题。分治算法的代价在划分子问题和合并子问题的解上，根据不同的问题，划分的代价和合并的代价有所不同。例如归并排序中，主要的计算代价在合并解上，而在快速排序中，主要的计算代价在划分子问题上。

23）A。

24）A。

插入排序算法的基本思想是将待排序数组分为两个部分：已排好序部分和未排序部分。其主要步骤为：开始时，第一个元素在已排好序部分中，其余元素在未排序部分中。然后依次从未排序部分中取出第一个元素，从后向前与排好序部分的元素进行比较，并将其插入已排好序部分的正确位置，直到所有元素排好序。

归并排序的基本思想是将待排序数组划分为子问题，对子问题求解，然后合并解。其主要步骤为：将数组分为两个相同规模的子数组，分别包含前 $n/2$ 个元素和后 $n/2$ 个元素，递归地排序这两个子数组，合并排好序的两个子数组，依次比较两个排好序的子数组的元素，得到整个数组的排好序的序列。

根据上述算法思想和算法步骤，可以得到题中实例的比较次数分别为 12 和 14。

25）B。

26）A。

随机访问是指可由元素的序号和第一个元素存储位置的首地址计算得出该序号所对应元素的存储位置，这要求这一组元素必须连续地存储，链表存储结构中元素的存储位置是可以分散的，仅通过指针将逻辑上相邻而存储位置不要求相邻的元素链接起来，而且只能顺着指针所指示的方向进行遍历。

单向循环链表中指针的指示方向是单方向的，对于表中的任意一个元素，访问其直接后继的运算时间复杂度为 $O(1)$，访问其直接前驱的运算时间复杂度为 $O(n)$。链表中是否含有头节点要看具体的应用情况和运算要求，并没有必须设置的要求。

27）B。

28）C。

构造最优二叉树的哈夫曼算法如下：

① 根据给定的 n 个权值 $\{w_1, w_2, \cdots, w_n\}$，构成 n 棵二叉树的集合 $F=\{T_1, T_2, \cdots, T_n\}$，其中每棵二叉树 T_i 中只有一个权为 w_i 的根节点，其左右子树均为空。

② 在 F 中选取两棵权值最小的二叉树作为左、右子树构造一棵新的二叉树，置新构造的二叉树的根节点的权值为其左、右子树根节点的权值之和。

③ 从 F 中删除这两棵树，同时将新得到的二叉树加入 F 中。

重复②、③，直到 F 中只含一棵树为止。这棵树便是最优二叉树（哈夫曼树）。根据题中给出的权值集合，构造哈夫曼树的过程如图 3-17 所示。

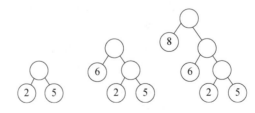

图 3-17　构造哈夫曼树

29）C。

单源点最短路径问题是指给定图 G 和源点 v_0，求从 v_0 到图 G 中其余各顶点的最短路径。迪杰斯特拉（Dijkstra）算法是一个求解单源点最短路径的经典算法，其思想是：把图中所有的顶点分成两个集合 S 和 T，S 集合开始时只包含顶点 v_0，T 集合开始时包含图中除了顶点 v_0 之外的所有顶点。凡是以 v_0 为源点，已经确定了最短路径的终点并入 S 集合中，顶点集合 T 则是尚未确定最短路径的顶点集合。按各顶点与 v_0 间最短路径长度递增的次序，逐个把 T 集合中的顶点加入 S 集合中，使得从 v_0 到 S 集合中各顶点的路径长度始终不大于从 v_0 到 T 集合中各顶点的路径长度。该算法是以一种贪心的方式将 T 集合中的顶点加入 S 集合中的，而且该贪心方法可以求得问题的最优解。

30）A。

从题干可以看出，划分操作与快速排序中的划分操作是一样的，确定某个元素（如 r）的最终位置，划分后，在 r 之前的元素都小于 r，在 r 之后的元素都大于 r（假设无重复元素）。因此可以据此确定 r 是数组中第几小的数。题干所述的算法把找第 i 小的数转换为确定任意一个元素是第几小的数，然后根据这个结果，再依据该元素划分后得到的结果在前一部分还是后一部分来继续确定某个元素为第几小的数，重复这种处理，直到找到第 i 小的数。这是分治策略的一个典型应用。

31）C。

栈和队列是两种常用的数据结构。栈的特点是后进先出，队列的特点是先进先出。因此，入队序列与出队序列一定相同。在入栈序列一定的情况下，由于元素的出栈时机不同，会形成不同的出栈序列，入栈序列与出栈序列可以相同，也可以不同。

32）A。

KMP 模式匹配算法是对基本模式匹配算法的改进，其改进之处在于：每当匹配过程中出现相比较的字符不相等时，不需要回溯主串的字符位置指针，而是利用已经得到的"部分匹配"结果将模式串向右"滑动"尽可能远的距离，再继续进行比较。

在 KMP 算法中，依据模式串的 next 函数值实现子串的滑动。若令 next[j]=k，则 next[j] 表示当模式串中的 p_j 与主串中的相应字符不相等时，令模式串的 p_k 与主串的相应字符进行比较。

根据 next 的定义，模式串 "$aaabaaa$" 的 next 函数值为 0123123。

33）D。

对任何一棵二叉树，若其终端节点数为 n_0，度为 2 的节点数为 n_2，则 $n_0=n_2+1$。证明如下：

设一棵二叉树上的叶节点数为 n_0，单分支节点数为 n_1，双分支节点数为 n_2，则总节点数为 $n_0+n_1+n_2$。

在一棵二叉树中，所有节点的分支数（即度数）应等于单分支节点数加上双分支节点数的 2 倍，即总的分支数为 n_1+2n_2。

由于二叉树中除根节点以外，每个节点都有唯一的一个分支指向它，因此二叉树中，总的分支数=总节点数-1。因此，$n_1+2n_2=n_0+n_1+n_2-1$，即 $n_0=n_2+1$。

34）C。

图的基本存储结构有邻接矩阵表示法和邻接链表表示法。图的邻接矩阵表示利用一个矩阵来表示图中顶点之间的关系。对于具有 n 个顶点的图 $G=(V, E)$，其邻接矩阵是一个 n 阶方阵，且满足：

$$A[i][j] = \begin{cases} 1 & 若 (v_i, v_j) 或 <v_i, v_j> 在 E 中 \\ 0 & 若 (v_i, v_j) 或 <v_i, v_j> 不在 E 中 \end{cases}$$

图中的顶点数决定了邻接矩阵的阶和邻接表中的单链表数目，无论是对有向图还是无向图，边数的多少决定了单链表中的节点数，而不影响邻接矩阵的规模，因此完全图适合采用邻接矩阵存储。

35）C。

归并的过程是：取序列 A 的一个元素 a_i 和序列 B 的一个元素 b_j，若 $a_i>b_j$，则输出 b_j；接下来令其与 b_{j+1} 比较，若 $a_i>b_{j+1}$，则输出 b_{j+1}，否则输出 a_i；接下来令 a_{i+1} 与 b_j 比较，重复以上过程，直至将所有元素输出。

对于最终排列 a_1, a_2, $\cdots$, a_n, b_1, b_2, $\cdots$, b_n 的情况，归并过程中进行了 n 次比较，分别是 $a_1<b_1$，$a_2<b_1$, $\cdots$, $a_n<b_1$，最后依次输出 b_1, b_2, $\cdots$, b_n。

对于最终排列为 b_1, b_2, $\cdots$, b_n, a_1, a_2, $\cdots$, a_n 的情况，归并过程中进行了 n 次比较，分别是 $b_1<a_1$，$b_2<a_1$, $\cdots$, $b_n<a_1$，最后依次输出 a_1, a_2, $\cdots$, a_n。

对于最终排列为 a_1, b_1, a_2, b_2, $\cdots$, a_i, b_i, $\cdots$, a_n, b_n 的情况，归并过程中进行了 $2n-1$ 次比较，分别是 $a_1<b_1$, $b_1<a_2$, $a_2<b_2$, $b_2<a_3$, $\cdots$, $a_n<b_n$。

若最终排列为 a_1, a_2, $\cdots$, $a_{i/2}$, b_1, b_2, $\cdots$, $b_{i/2}$, $a_{i/2+1}$, $a_{i/2+2}$, $\cdots$, a_n, $b_{i/2+1}$, $b_{i/2+2}$, $\cdots$, b_n，则在归并过程中，分别是 a_1, a_2, $\cdots$, $a_{i/2}$ 各与 b_1 进行一次比较，共 $i/2$ 次；然后是 b_1, b_2, $\cdots$, $b_{i/2}$ 各与 $a_{i/2+1}$ 进行一次比较，共 $i/2$ 次；接下来是 $a_{i/2+1}$, $a_{i/2+2}$, $\cdots$, a_n 各与 $b_{i/2+1}$ 进行一次比较，共 $n-i/2$ 次，合计比较次数为 $i/2+i/2+n-i/2=n+i/2$。

因为 $i \leqslant n$，所以总比较次数 $n+\dfrac{i}{2} \leqslant \dfrac{3}{2}n$。

因为 $n \geqslant 2$，所以 $n<n+\dfrac{i}{2} \leqslant \dfrac{3}{2}n<2n-1$，可见比较次数最多的应选 C。

36）① C。

② A。

由于每次选择下一个要访问的城市时都是基于与当前最近的城市来进行的，是一种贪心的选择策略，因此采用的是贪心策略。而货车从中央仓库出发，第一个要到达的目的地是在 n 个目的地中选择一个，第二个要到达的目的地是在 $n-1$ 个目的地中选择一个，以此类推，第 n 个要到达的目的地是在 1 个目的地中选择一个，因此时间复杂度为 $O(n^2)$ $[n+(n-1)+\cdots+1= n \times (n+1)/2]$。

37）C。

根据伪代码可知，算法的基本思想是从前往后检查元素，若为负数，则继续向前检查；若遇到正数，则开始从后往前检查元素，若为正数，则继续往前检查，若遇到负数，则与前面遇到的正数进行交换。重复检查元素，所有元素检查完毕，根据该思想可知每个元素，因此算法的时间复杂度为线性时间，即 $O(n)$。在该过程中，仅需要一个额外的辅助存储空间，以便进行元素的交换，因此空间复杂度为常数，即 $O(1)$。

38）B。

假设主串和模式串的长度分别为 n 和 m，位置序号从 0 开始计算。设从主串的第 i 个位置开始与模式串匹配成功，在前 i 趟匹配中（位置 $0 \sim i-1$），每趟不成功的匹配都是模式串的第一个字符与主串中相应的字符不相同，则在前 i 趟匹配中，字符的比较共进行了 i 次，而第 $i=1$（从位置 i 开始）趟成功匹配的字符比较次数为 m，所以总的字符比较次数为 $i+m$（$0 \leqslant i \leqslant n-m$）。

　　而在最坏情况下，每一趟不成功的匹配都是模式串的最后一个字符与主串中相应的字符不相等，则主串中新一趟的起始位置为 $i-m+2$。设从主串的第 f 个字符开始匹配时成功，则前 i 趟不成功的匹配中，每趟都比较了 m 次，总共比较了 $i \times m$ 次，第 $i+1$ 趟的成功匹配也比较了 m 次。因此，最坏情况下的比较次数为 $(n-m+1) \times m$。

　　39）A。

　　根据后序遍历序列 *KBFDCAE*，可以确定根节点为 *E*，然后根据中序遍历序列 *BKEFACD*，可以确定 *B*、*K* 为左子树的节点，*F*、*A*、*C*、*D* 是右子树的节点。再根据左子树的后序遍历序列 *KB*、中序遍历序列 *BK*，可以确定 *B* 是左子树的根节点，*K* 在节点 *B* 的右子树上。同理，可推出其他节点的位置。

　　40）A。

　　设查找表的元素存储在一维数组 $r[1 \cdots n]$ 中，在表中的元素已经按关键字递增方式排序的情况下，进行二分查找的方法是：首先将待查元素的关键字（key）值与表 r 中间位置（下标为 mid）记录的关键字进行比较，若相等，则查找成功；若 key>r[mid].key，则说明待查记录只可能在后半子表 $r[mid+1 \cdots t_i]$ 中，下一步应在后半子表中进行查找，若 key<r[mid].key，则说明待查记录只可能在前半子表 $r[1 \cdots mid-1]$ 中，下一步应在 r 的前半子表中进行查找，通过逐步缩小范围，直到查找成功或子表为空时失败为止。

　　二分查找的过程可以用一棵二叉树描述，方法是以当前查找区间的中间位置序号作为根，左半子表和右半子表中的记录序号分别作为根的左子树和右子树上的节点，具有 13 个节点的二分查找判定树如图 3-18 所示。

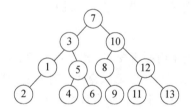

图 3-18　二分查找树

　　41）C。

　　题中所示有向图的拓扑序列有：1235476，2135476，1235746，2135746。

　　42）D。

　　在 *M* 阶树的定义中，要求：

　　① 树中的每个节点至多有 *M* 棵子树。

　　② 若根节点不是叶节点，则至少有两棵子树。

　　③ 除根之外的所有非终端节点至少有 *M*/2 棵子树。

　　因此，本题图中所示的树最可能为 4 阶树。

　　43）① A。

　　　　② B。

用插入排序算法排序该输入数组，第二个元素 1 需要和第一个元素 1 进行一次比较，第三个元素 2 需要和第二个元素 1 进行一次比较，第四个元素 4 需要和第三个元素 2 进行一次比较，第五个元素 7 需要和第四个元素 4 进行一次比较，第六个元素 5 需要和第五个元素 7 进行一次比较，比 7 小，和元素 7 交换，再和第四个元素 4 进行一次比较，得到最终的排序结果。因此，一共需要进行 6 次比较。

44）① B。

② A。

该实例构造的最优编码树如图 3-19 所示。

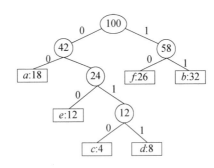

图 3-19　最优编码树

实例中包含 6 个字符，若用定长编码，则需要三位，对包含 100 000 个字符的文件，需要 3×100 000=300 000 位的存储空间。而采用哈夫曼编码，则需要(18 000+26 000+32 000)×2+12 000×3+(4000+8000)×4=236 000 位的存储空间，节省了 21%的存储空间。

45）B。

对于长度为 n 的线性序列，若采用顺序表（一维数组）存储，则每个元素的位序与存储该元素的数组元素下标有直接的对应关系，可进行随机查找，时间复杂度为 $O(1)$；若采用单链表存储，则只能进行顺序访问，即必须从头指针出发，结合计数顺着指针链找到指定序号的元素，时间复杂度为 $O(n)$。

46）B。

栈是一种后进先出的数据结构。本题中，根据元素入栈次序及出栈序列，每次需要出栈操作时栈的状态如图 3-20 所示，从图中可以看出，栈中的元素个数最多时为 4。

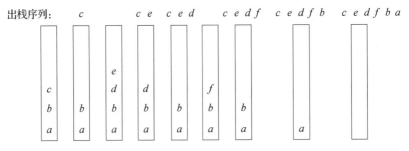

图 3-20　栈的状态

47) D。

该双端队列具有两个入口，所以 e_1、e_2、e_3 进入队列后，从出口看可形成如下排列：

先出 e_1，则得到 $e_1e_2e_3$。
先出 e_2，则得到 $e_2e_1e_3$。
先出 e_3，则得到 $e_3e_1e_2$ 或 $e_3e_2e_1$。

要在输出序列中首先得到 e_4，元素 e_4 只能从出口端进入队列，结合前三个元素的可能排列，因此以 e_4 打头的输出序列有：$e_4e_1e_2e_3$，$e_4e_2e_1e_3$，$e_4e_3e_1e_2$，$e_4e_3e_2e_1$。

48) ① B。
   ② C。

背包问题是典型的算法问题，包括两种形式，即 0/1 背包问题和部分背包问题。在 0/1 背包问题中，每个物品要么全部放入背包中，要么不放入背包中，求解在特定背包容量下装入背包物品的最大价值。在部分背包问题中，每个物品可以部分放入背包中，求解在特定背包容量下装入背包物品的最大价值。

基于单位重量价值最大优先的策略来将物品放入背包中，本质上是一种贪心策略。在该策略下求 0/1 背包问题，不能确保得到最优解，事实上在本题给出的实例中是得不到最优解的。而对于部分背包问题，是可以得到最优解的。

基于单位重量价值最大优先的策略求解本题给出的实例。对于 0/1 背包问题，首先将物品 1、2 和 3 放入背包中，4 和 5 都不能再放入背包，此时背包重量为 5+25+30=60，获得的价值为 50+200+180=430。对于部分背包问题，首先将物品 1、2 和 3 放入背包中，此时背包重量为 60，获得的价值为 430，还有剩余容量 100−60=40，可以将部分物品 4 放入背包，放入 40/45=8/9 的物品 4，价值为 225 × 8/9=200，因此得到的总价值为 430+200=630。

49) ① A。
   ② B。

本题给出的问题求解算法包括两个部分，即归并排序和搜索元素。归并排序是一个采用分治策略的经典排序算法；而搜索过程则是从两端往里判断是否存在 a_i+a_px，此过程不涉及分治、贪心、动态规划和回溯等策略。因此，算法采用的是分治策略。

算法的时间复杂度也是从两个部分分析得到的。归并排序的时间复杂度为 $O(n\lg n)$，而搜索过程的时间复杂度为 $O(n)$。因此，算法的时间复杂度为 $O(n\lg n)$。

50) D。

用验证的方法求解，以高度为 3 的满二叉树（见图 3-21）为例进行说明。

从中可以看出，若 $n=2m+1$，则节点 n 是 m 的右孩子节点。

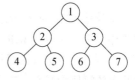

图 3-21　满二叉树

51) B。

哈希表是通过一个以记录的关键字为自变量的函数（称为哈希函数或散列函数）得到该记录的存储地址而构造的查找表，所以在哈希表中进行查找操作时，必须用同一哈希函数计算得到待查记录的存储地址，然后到相应的存储单元里去获得有关信息，再判定查找是否成功。

冲突是指哈希函数将关键字不同的元素映射到同一个存储地址。要减少冲突，就要设法使哈希函数尽可能均匀地把关键字映射到存储区的各个存储地址上，这样就可以提高查找效率。构造哈希函数时，一般应使关键字的所有组成部分都能起作用。

52）A。

线性表进行顺序存储时，逻辑上相邻的元素，其物理位置也相邻，因此在已知第一个元素存储位置和元素序号的情况下，可计算出表中任意指定序号元素的存储位置，即按照序号访问元素是随机的，该运算的时间复杂度为 $O(1)$，也就是常量级。而插入元素时就需要移动一些元素了，在最坏情况下要移动表中的所有元素，因此该运算的时间复杂度为 $O(n)$，其中 n 为线性表的长度。

线性表进行链式存储时，逻辑上相邻的元素，其物理位置不要求相邻，因此需要额外的存储空间表示元素之间的顺序关系。在链表上查找元素和插入元素的运算时间复杂度都为 $O(n)$。

53）B。

根据题目中所给的示意图，$Q.\text{front}$ 为队头元素的指针，该指针加 1 后得到队列中的第 2 个元素（即 y）的指针，由于队列中存储位置编号是在 $0 \sim M-1$ 之间循环的，队头指针加上 1 个增量后可能会超出该范围，应该用整除取余运算恢复一下，因此由 $Q.\text{front}$ 可以计算出队列尾部元素的指针为 $(Q.\text{front}+Q.\text{size}-1+M)\%M$。

54）C。

对一个有向图 G 进行拓扑排序的方法如下：

① 在 G 中选择一个入度为 0（没有前驱）的顶点且输出它。

② 从网中删除该顶点以及与该顶点有关的所有弧。

③ 重复上述两步，直至网中不存在入度为 0 的顶点为止。

显然，若存在弧 $<v_i, v_j>$，则 v_j 的入度就不为 0，而要删除该弧，则 v_i 的入度应为 0，因此在拓扑序列中，v_i 必然在 v_j 之前。另外，进行拓扑排序时，可能存在 v_i 和 v_j 的入度同时为 0 的情形，此时，在第①步可先输出 v_i，后输出 v_j。因此，在拓扑序列中，顶点 v_i 排列在 v_j 之前，不一定存在弧 $<v_i, v_j>$，一定不存在弧 $<v_j, v_i>$，也一定不存在 v_j 到 v_i 的路径，而可能存在 v_i 到 v_j 的路径。

55）D。

哈夫曼树是一类带权路径长度最短的树，根据一组权值构造出来。构造过程为：

① 根据给定的 n 个权值 $\{w_1, w_2, \cdots, w_n\}$，构成 n 棵二叉树的集合 $F=\{T_1, T_2, \cdots, T_n\}$，其中每棵树 T_i 中只有一个权为 w_i 的根节点，其左右子树均空。

② 在 F 中选取两棵权值最小的树作为左、右子树构造一棵新的二叉树，置新构造的二叉树的根节点的权值为其左、右子树根节点的权值之和。

③ 从 F 中删除这两棵树，同时将新得到的二叉树加入 F 中。

根据权值集合 $\{0.25, 0.30, 0.08, 0.25, 0.12\}$ 构造的哈夫曼树如图 3-22 所示，从中可以知道，哈夫曼树中叶节点的权值越小，则距离树根越远，叶节点的权值越大，则距离树根越近。

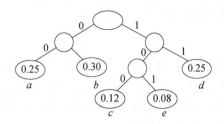

图 3-22 哈夫曼树

56）A。

在应用散列函数构造哈希表（或散列表）时，设计散列函数的目标是：作为一个压缩映像函数，它应具有较大的压缩性，以节省存储空间；应具有较好的散列性，虽然冲突是不可避免的，但应尽量减少。题中所给的是常用的除留余数法，p 值一般为不大于 n 且最接近 n 的质数。

57）① D。

② C。

排序和查找是基本的计算问题，存在很多相关的算法，不同的算法适用于不同的场合。不同的数据，输入特点相同的算法也有不同的计算时间。若数据基本有序，对插入排序算法而言，则可以在近似线性时间内完成排序，即 $O(n)$；而对于快速排序算法，则是其最坏情况，需要二次方非线性才能完成排序，即 $O(n^2)$。两个算法在排序时仅需要一个额外的存储空间，即空间复杂度均为常数时间复杂度 $O(1)$。

58）① B。

② C。

59）A。

线性表的元素在逻辑上是一个线性序列，若最常用的操作是访问任意指定序号的元素，而且其插入和删除元素的操作均在表尾进行，不需要移动其他元素，则其存储结构采用顺序表最为合适。

60）① D。

题图所示的二叉树有 6 个节点，根节点的编号为 1，其左孩子和右孩子分别为 2 和 3，按照右孩子链继续，3 号节点的右孩子编号为 7，7 号节点的右孩子编号为 15，因此该二叉树进行顺序存储时数组大小至少为 15。

② B。

采用三叉链表存储时，每个节点有 3 个指针域，共 18 个指针域，其中 12 个孩子指针用了 5 个，剩余 7 个为空指针，6 个父节点指针用了 5 个，剩余 1 个为空（即根节点无双亲），因此节点中的指针域有 8 个为空。

61）D。

按照题目所述，e_1、e_2 从 A 端口按次序全部进入队列，e_3、e_4 从 B 端口按次序全部进入队列。在这种情形下，e_1 和 e_3 不可能先出队列，所以排除选项 A 和 C。若 e_2 先出队列，则剩下的 3 个元素中，只能是 e_1 或 e_4 出队列，所以 e_2、e_3、e_4、e_1 是不可能的出队序列，这样就排除了选项 B。选项 D 的 e_4、e_3、e_2、e_1 是可能的出队序列。

62）B。

二分查找是一种高效的查找方法，其思路是：待查找元素先与序列中间位置上的元素比较，若相等，则查找成功；若待查找元素较大，则接下来到序列的后半区进行二分查找，否则到序列的前半区进行二分查找。显然，要快速定位序列的中间位置，首先，查找表必须进行顺序存储；其次，从二分查找过程可知，序列必须有序排列才行。

63）① C。

直接展开递归式 $T(n)=T(n-1)+n$

$$=T(n-2)+(n-1)+n$$
$$=T(n-3)+(n-2)+(n-1)+n$$
$$=1+2+\cdots+n$$
$$=n(n+1)/2$$
$$=O(n^2)$$

得到该算法的时间复杂度为 $O(n^2)$。

② C。

当问题的规模增加到 16 倍时，运行时间增加到 $16^2=256$ 倍。

64）① B。

Prim 算法从扩展顶点开始，每次总是"贪心地"选择与当前顶点集合中距离最短的顶点，而 Kruscal 算法从扩展边开始，每次总是"贪心地"选择剩余的边中最小权重的边，因此两个算法都是基于贪心策略进行的。

② A。

Prim 算法的时间复杂度为 $O(n^2)$，其中 n 为图的顶点数，该算法的计算时间与图中的边数无关，因此该算法适合求边稠密的图的最小生成树；Kruscal 算法的时间复杂度为 $O(m\log_2 m)$，其中 m 为图的边数，该算法的计算时间与图中的顶点数无关，因此该算法适合求边稀疏的图的最小生成树。当图稠密时，用 Prim 算法效率更高。但若事先没有关于图的拓扑特征信息，则无法判断两者的优劣。由于一个图的最小生成树可能有多棵，因此不能保证用这两种算法得到的是同一棵最小生成树。

65）A。

对于线性表$(a_1, a_2, \cdots, a_n)$，顺序存储时表中元素占用的存储单元地址是连续的，因此逻辑上相邻的元素，其物理位置也相邻。线性表采用链式存储有单链表、双向链表、循环链表等形式。链式存储的基本特点是逻辑上相邻的元素不要求物理位置上相邻，所以需要在元素的存储单元中专门表示下一个（或上一个）元素的存储位置信息，从而可以得到元素间的顺序信息。

66）D。

以 n 等于 4 为例说明。输入序列为 1 2 3 4，输出序列的第一个元素可以为 1 或 2。若为 1，则输出序列可能为 1 2 3 4、1 2 4 3、1 3 4 2、1 3 2 4、1 4 3 2；若为 2，则输出序列为 2 1 3 4、2 1 4 3、2 3 1 4、2 3 4 1、2 4 3 1。

以上序列都可由合法的入栈、出栈操作序列给出，从中可知无法确定输出序列中最后一个元素的值。

67）C。

非空二叉查找树中的节点分布特点是左子树中的节点均小于树根，右子树中的节点均大于树根。因此，在二叉查找树中进行查找时，走了一条从树根出发到所找到节点的路径，到达一个空的子树则表明查找失败。

根据定义，高度为 h 的满二叉树中有 2^h-1 个节点，每一层上的节点数都达到最大值。完全二叉树的最高层只要求节点先占据左边的位置。在平衡二叉树中，任何一个节点的左子树高度与右子树高度之差的绝对值不大于 1，单枝树中每个节点只有一个子树。在节点数确定后，二叉查找树的形态为单枝树时查找效率最差。

68）B。

KMP 是进行字符串模式匹配运算效率较高的算法。根据对 next 函数的定义，模式串前两个字符的 next 值为 0、1。对于第 3 个字符"a"，其在模式串中的前缀为"ab"，从该子串找不出前缀和后缀相同的部分，因此，根据定义，该位置字符的 next 值为 1。对于第 4 个字符"a"，其在模式串中的前缀为"aba"，该子串只有长度为 1 的前缀"a"和后缀"a"相同，根据定义，该位置字符的 next 值为 2。

对于第 5 个字符"c"，其在模式串中的前缀为"$abaa$"，该子串只有长度为 1 的前缀"a"和后缀"a"相同，根据定义，该位置字符的 next 值为 2。

综上可得，模式串"$abaac$"的 next 函数值为 01122。

69）① A。

快速排序算法是应用最为广泛的排序算法之一。其基本思想是将 n 个元素划分为两个部分：一部分元素值小于某个数，另一部分元素值大于某个数。该数的位置确定后，进一步划分前面部分和后面部分。根据该叙述可以知道，这里采用的是分治算法设计策略。

② D。

快速排序算法的最好情况就是，每一次划分都正好将数组分成长度相等的两半，形成一棵平衡的二叉树。最坏情况就是，每一次划分将数组分成 0 和剩余两部分，形成一棵倾斜的二叉树。快速排序算法的最好和最坏情况下的时间复杂度分别为 $O(n\log_2 n)$ 和 $O(n^2)$。

70）C。

直接插入排序的思想是：n 个待排序的元素由一个有序表和一个无序表组成，开始时有序表中只包含一个元素。在排序过程中，每次从无序表中取出第一个元素，将其插入有序表中的适当位置，使有序表的长度不断加长，完成排序过程。

例如，对序列 21, 48, 21*, 9 进行直接插入排序，21 和 21*的相对位置在排序前后可保持，如下所示：

第一趟得到有序子序列：21, 48。
第二趟得到有序子序列：21, 21*, 48。
第三趟得到有序序列：9, 21, 21*, 48。

简单选择排序的过程是：第一趟在 n 个记录中选取最小记录作为有序序列的第一个记录，第二趟在 $n-1$ 个记录中选取最小记录作为有序序列的第二个记录，第 i 趟在 $n-i+1$ 个记录中选取最小的记录作为有序序列中的第 i 个记录，直到序列有序排列。

对序列 21, 48, 21*, 9 进行简单选择排序，过程如下：

第一趟选出最小元素，将其交换至 1 号位置，序列为 9, 48, 21*, 21。

第二趟选出次小元素，将其交换至 2 号位置，序列为 9, 21*, 48, 21。

第三趟选出第三小元素，将其交换至 3 号位置，序列为 9, 21*, 21, 48。

从该例可知，简单选择排序过程不能保证排序码相同的两个元素在排序前后的相对位置不变，直接插入排序则可以。

71）① B。

字符在计算机中是用二进制表示的，每个字符用不同的二进制编码来表示。码的长度影响存储空间和传输效率。若是定长编码方法，用 2 位码长，只能表示 4 个字符，即 00、01、10 和 11；若用 3 位码长，则可以表示 8 个字符，即 000、001、010、011、100、101、110、111。对于题中给出的例子，一共有 6 个字符，因此采用 3 位码长的编码可以表示这些字符。

② A。

哈夫曼编码是一种最优的不定长编码方法，可以有效地压缩数据。要使用哈夫曼编码，除了知道文件中出现的字符之外，还需要知道每个字符出现的频率。图 3-23a 是题中给出的对应编码树，可以看到，每个字符及其对应编码如图 3-23b 所示，因此字符序列 "face" 的编码应为110001001101，选择 A。

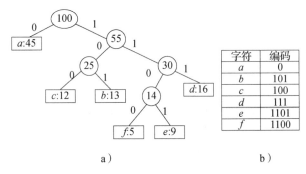

图 3-23　哈夫曼编码过程

72）B。

根据队列的特点，元素出队的顺序与入队的顺序相同，因此，可知这 7 个元素的出栈顺序为 bdfecag。对于入栈序列 abcdefg，得到出栈序列 bdfecag 的操作过程为：push（a 入）、push（b 入）、pop（b 出）、push（c 入）、push（d 入）、pop（d 出）、push（e 入）、push（f 入）、pop（f 出）、pop（e 出）、pop（c 出）、pop（a 出）、push（g 入）、pop（g 出），如图 3-24 所示，可知栈 S 中元素最多时为 4。因此，S 的容量最小为 4。

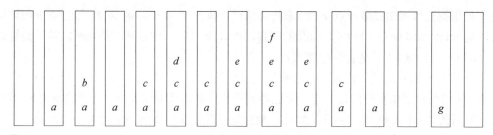

图 3-24　栈进出过程

73）C。

根据题中所给的遍历序列，可知其对应的二叉树如图 3-25 所示。

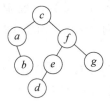

图 3-25　二叉树

74）B。

进行二分查找时，首先与表中间位置上的元素进行比较，若待查找的元素大于中间元素，则接下来在后半区（是比中间元素更大者组成的有序子表）进行二分查找，否则在前半区（是比中间元素更小者组成的有序子表）进行二分查找。二分查找过程可用二分查找判定树来描述，即大于中间元素时走右分支，小子中间元素时走左分支，等于时查找成功结束。选项 B 是不可能的查找路径。

75）A。

76）① A。
　　② C。

优先队列是一种常用的数据结构，通常用堆实现。对应大顶堆和小顶堆，存在最大优先队列和最小优先队列。以最大优先队列为例，优先队列除了具有堆上的一些操作，如调整堆、构建堆之外，还有获得优先队列的最大元素、抽取出优先队列的最大元素、向优先队列插入一个元素和增大优先队列中某个元素的值。其中除了获得优先队列的最大元素的时间复杂度为 $O(1)$ 之外，其他几个操作的时间复杂度均为二叉树的高度，即 $O(\log_2 n)$。

77）问题 1：①visited[0]=1，②visited[x[k]]==0，③c[x[k]][0]=1，④visited[x[k]]=1，⑤k=k-1、k--或--k。

问题 2：⑥回溯法，⑦深度优先。

空①处及上下几行代码（while 循环之前）是默认从 0 号顶点开始，x[0]=0 表示 0 号顶点被访问过了，k=k+1 也表示已经找到一个满足条件的顶点，故空①处肯定是设置 0 号顶点已经被访问过了，应该填 visited[0]=1。

空②处根据注释可知邻接顶点 x[k] 未被访问过，执行 break，则 x[k] 号顶点未被访问过的判断条件是 visited[x[k]]==0，即②的答案。c[x[k-1]x[k]]==1 是判断之前已经被访问过的顶点（x[k-1]）与 x[k] 是否为相邻顶点。

空③处的 if 判断表达式"找到一条哈密尔顿回路"，成立条件为 x[k]<n，且 k==n-1，同时还要满足 x[k] 号顶点未被访问过（空②处已经判断），最后还要保证 x[k] 号顶点与 0 号顶点之间有边（判断条件 c[x[k]][0]==1）才行，故空③处应该填写 c[x[k]][0]==1。

空④处为"设置当前顶点的访问标志，继续下一个顶点"，则 k 应该加 1，且应该设置 x[k] 号顶点被访问过，即空④应该填写 visited[x[k]]=1。

空⑤处所属的 else 代码块表示"没有未被访问过的邻接顶点，回退到上一个顶点"，则应该进行回溯，回退到上一个顶点，回溯的过程即使取消前一步因为"试探"而做的操作，即取消之前"试探"过程中设置的顶点编号（x[k]=0），取消之前"试探"过程中访问过的顶点（visited[x[k]]=0），取消之前因为"试探"而增加的顶点数量（k=k-1），故空⑤应该填写 k=k-1（或 k--、--k）。

该算法中，如下代码块即使去查找与 x[k-1] 号顶点相邻的顶点（从 x[k] 号开始"试探"），也是找到一个马上执行关键字 break（即结束循环），然后执行该 while 循环后的代码块，之后的过程将不再查找 x[k-1] 号顶点的其他相邻顶点，如果 x[k] 号顶点不满足条件，则执行循环中 else 部分代码，即继续"试探"x[k]+1 号顶点。如果在找到一个相邻顶点的情况下，还要继续去搜索其他的相邻顶点，则为广度优先方式，本题显然不是，而是深度优先。

```
while(x[k]<n){
    if(____②____ &&c[x[k-1]][x[k]]==1){/*邻接顶点 x[k] 未被访问过*/
        break;
    }
    else{
        x[k]=x[k]+1;
    }
}
```

根据以上分析，再结合以下代码块，此代码的功能为回退到上一个顶点继续搜索上一个顶点的其他相邻顶点，同时在回溯的过程中要取消之前因为"试探"而进行的操作。

```
else {/*没有未被访问过的邻接顶点，回退到上一个顶点*/
    x[k]=0;
    visited[x[k]]=0;
    ____⑤____;
}
```

通过以上分析，本题使用的是回溯法，用它可以系统地搜索一个问题的所有解或任一解。回溯法是一个既有系统性又带有跳跃性的搜索算法。它在包含问题所有解的解空间树中，按照深度优先的策略，从根节点出发搜索空间树，算法搜索解空间树的任一个节点时，总是先判断该点是否肯定不包含问题的解。如果肯定不包含，则跳过以该节点为根的子树的系统，逐层向其祖先节点回溯，否则进入该子树，继续按深度优先的策略进行搜索。只要搜索到任一解就可以结束了。

78）问题 1：① $k=k/2$，② $k>1$，③ data[k]<data[$k-dt$]，④ data[$j+dk$]=t。

问题 2：⑤ 小于，⑥ 否。

问题 3：⑦ (4, 9, –1, 8, 20, 7, 15)。

3.3 难点精练

3.3.1 重难点练习

1）以下序列中不符合堆定义的是_____。
   A. 102, 87, 100, 79, 82, 62, 84, 42, 22, 12, 68
   B. 102, 100, 87, 84, 82, 79, 68, 62, 42, 22, 12
   C. 12, 22, 42, 62, 68, 79, 82, 84, 87, 100, 102
   D. 102, 87, 42, 79, 82, 62, 68, 100, 84, 12, 22

2）将一个 $A[1\cdots100, 1\cdots100]$ 的三对角矩阵，按行优先存入一维数组 $B[1\cdots298]$ 中，$A[65, 65]$ 在 B 中的位置为_____。

   A. 192　　　　B. 193　　　　C. 195　　　　D. 196

3）某二叉树的前序序列为 *ABDGHCEFI*，中序序列为 *GDHBAECIF*，则该二叉树的后序序列为_____。

   A. *GHDBEFICA*　B. *GDHBEIFCA*　C. *ABCDEFGHI*　D. *GHDBEIFCA*

4）实现任意二叉树的后序遍历的非递归算法用栈结构，最佳方案是二叉树采用_____存储结构。
   A. 二叉链表　　　B. 顺序　　　C. 三叉链表　　　D. 广义表

5）已知数组 $a[]$={010, 011, 012, 013, 014, 015}，下标从 0 开始，即按照 C 标准，则 $a[2]$ 的值为_____。

   A. 10　　　　B. 11　　　　C. 12　　　　D. 13

6）用结构 SeqList 存储线性表，则判断表空的条件是_____。

```
#define MaxNum<顺序表中最大元素的个数>
struct SeqList{
DataType element[MaxNum];/*存放线性表中的元素*/
int n;/*存放线性表中元素的个数, n<MaxNum*/
}*palist;
```

   A. palist->n==0　B. palist->n==1　C. element[0]==0　D. element==NULL

7）某线性表的链式存储情况如表 3-5 所示，则数据域为 *C* 的节点的后继的数据是_____。

表3-5   链式存储情况

头指针	存储地址	数据域	指针域
头指针 125	100	D	131
	107	B	113
	113	C	100
	119	F	NULL
	125	A	107
	131	E	119

A. *A*   B. *B*   C. *C*   D. *D*

8）若某线性表中最常用的操作是在最后一个元素之前插入和删除元素，则采用_____最节省运算时间。

A. 单链表   B. 仅有头指针的单循环链表
C. 仅有尾指针的单循环链表   D. 双向链表

9）栈和队列都是_____。

A. 顺序存储的线性结构   B. 链式存储的线性结构
C. 限制存储点的线性结构   D. 限制存储点的非线性结构

10）设输入序列为1, 2, 3, 4, 5, 依次执行进栈、进栈、进栈、出栈、进栈、进栈、出栈、出栈，则栈顶和栈底分别是_____。

A. 5 和 4   B. 4 和 3   C. 3 和 2   D. 2 和 1

11）设链式栈中节点的结构为(data, link)，且 top 是指向栈顶的指针，则在栈顶插入一个由指针 s 所指的节点应执行_____。

A. top->link=s;

B. s->link=top->link; top->link=s;

C. s->link=top; top=s;

D. s->link=top; top=top->link;

12）一个链式队列的队头和队尾指针分别为 f 和 r，则判断队空的条件为_____。

A. f!=NULL   B. r!=NULL   C. f==NULL   D. f==r

13）如图 3-26 所示，链式存储结构对应的广义表的长度和深度分别为_____。

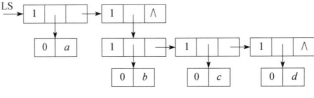

图 3-26 链式存储

A. 3 和 2   B. 1 和 2   C. 1 和 3   D. 2 和 2

14）对于给定的一组权值{2, 3, 4, 11}，用其构造哈夫曼树，则其 WPL 为＿①＿。根节点的权值为＿②＿。

  ① A. 53   B. 40   C. 34   D. 20

  ② A. 53   B. 40   C. 34   D. 20

15）下述函数中渐近时间最小的是＿＿＿＿。

  A. $T_1(n)=n+n\log_2 n$ B. $T_2(n)=2^n+n\log_2 n$

  C. $T_3(n)=n^2-\log_2 n$ D. $T_4(n)=n+100\log_2 n$

16）递归算法的执行过程一般来说可先后分成＿①＿和＿②＿两个阶段。

  ① A. 试探   B. 递推   C. 枚举   D. 分析

  ② A. 回溯   B. 回归   C. 返回   D. 合成

17）设高度为 h 的二叉树上只有度为 0 和度为 2 的节点，则此类二叉树中所包含的节点数至少为＿＿＿＿。

  A. 2^h B. 2^h-1 C. 2^h+1 D. $h+1$

18）对数列{46, 79, 56, 38, 40, 84}建立大顶堆，则初始堆为＿＿＿＿。

  A. 79, 46, 56, 38, 40, 84   B. 84, 79, 56, 38, 40, 46

  C. 84, 79, 56, 46, 40, 38   D. 56, 84, 79, 40, 46, 38

19）已知完全二叉树有 30 个节点，则整个二叉树有＿＿＿＿个度为 1 的节点。

  A. 0   B. 1   C. 2   D. 不确定

20）下列有关广义表的说法错误的是＿＿＿＿。

  A. 广义表是多层次结构，其元素可以是子表，子表的元素还可以是子表

  B. 广义表中的元素可以是已经定义的广义表的名字

  C. 非空广义表的表尾是指广义表的最后一个元素，可以是不可分的单元素

  D. 广义表可以是一个递归表，即广义表中的元素也可以是本广义表的名字

21）对序列{25, 57, 48, 37, 12, 82, 75, 29}进行二路归并排序，第二趟归并后的结果为＿＿＿＿。

  A. 25, 57, 37, 48, 12, 82, 29, 75   B. 25, 37, 48, 57, 12, 29, 75, 82

  C. 12, 25, 29, 37, 48, 57, 75, 82   D. 25, 57, 48, 37, 12, 82, 75, 29

22）算法是为实现某个计算过程而规定的基本动作的执行序列。如果一个算法从一组满足初始条件的输入开始执行，那么该算法的执行一定终止，并且能够得到满足要求的结果。这句话是说，算法具有＿＿＿＿。

  A. 正确性   B. 可行性   C. 确定性   D. 健壮性

23）某算法的时间代价递推关系为 $T(n)=2T(n/2)+n$，$T(1)=1$，则该算法的时间复杂度为＿＿＿＿。

  A. $O(n)$ B. $O(n\log_2 n)$ C. $O(n^2)$ D. $O(1)$

24）下面的程序段违反了算法的＿＿＿＿原则。

```
y=1;x=1;
while(x=y){
```

```
    x++;
}
```

  A. 有穷性   B. 可行性   C. 确定性   D. 健壮性

25）计算 $N!$ 的递归算法如下。求解该算法的时间复杂度时，只考虑相乘操作，则算法的计算时间 $T(n)$ 的递推关系式为___①___，对应的时间复杂度为___②___。

```
int Factorial (int n)
( //计算 n!
  if (n<=1) return 1;
  else return n * Factorial (n-1);
}
```

  ① A. $T(n)=T(n-1)+1$ B. $T(n)=T(n-1)$

    C. $T(n)=2T(n-1)+1$ D. $T(n)=2T(n-1)-1$

  ② A. $O(n)$ B. $O(n\log_2 n)$ C. $O(n^2)$ D. $O(1)$

26）下列排序方法中，最好的情况下，时间复杂度为 $O(n)$ 的算法是_____。

  A. 选择排序   B. 归并排序   C. 快速排序   D. 直接插入排序

27）下列排序方法中，排序所花费时间不受数据初始排列特性影响的算法是_____。

  A. 直接插入排序   B. 冒泡排序   C. 直接选择排序   D. 快速排序

28）一个具有 767 个节点的完全二叉树，其叶节点个数为_____。

  A. 383   B. 384   C. 385   D. 386

29）以下关键字序列中，___①___ 不是堆。___②___ 是大顶堆。

  ① A. 16, 23, 31, 72, 94, 53   B. 94, 72, 53, 53, 16, 31

    C. 94, 53, 31, 72, 16, 53   D. 16, 31, 23, 94, 53, 72

  ② A. 16, 23, 31, 72, 94, 53   B. 94, 72, 53, 16, 31

    C. 94, 53, 31, 72, 16, 53   D. 16, 31, 23, 94, 53, 72

30）若函数 Head(L) 取得广义表 L 的表头元素，Tail(L) 取得广义表 L 的表尾元素，则从广义表 $L=(x,(a, b, c, d))$ 中取出原子 c 的函数为_____。

  A. Head(Tail(Tail(L)))   B. Head(Tail(L))

  C. Head(Tail(Tail(Tail(L))))   D. Head(Tail(Tail(Tail(Tail(L)))))

31）对长度为 10 的顺序表进行顺序查找，若查找前 5 个元素的概率相同，均为 1/8，查找后 5 个元素的概率相同，均为 3/40，则查找到表中任一元素的平均查找长度为_____。

  A. 5.5   B. 5   C. 39/8   D. 19/4

32）用递归算法实现 n 个相异元素构成的有序序列的二分查找，采用一个递归工作栈时，该栈的最小容量应为_____。

  A. n B. $n/2$ C. $\log_2 n$ D. $\log_2 (n+1)$

33）在数据压缩编码的应用中，哈夫曼算法可以用来构造具有___①___ 的二叉树。这是一种采用了___②___ 的算法。

① A. 前缀码　　　　B. 最优前缀码　　　　C. 后缀码　　　　D. 最优后缀码

② A. 贪心　　　　B. 分治　　　　C. 递推　　　　D. 回溯

34）算法是对问题求解过程的一类精确描述，算法中描述的操作都是可以通过已经实现的基本操作在限定时间内执行有限次来实现的。换句话说，算法具有_____特性。

　　A. 正确性　　　　B. 可行性　　　　C. 确定性　　　　D. 健壮性

35）贪心算法是一种_____的算法。

　　A. 不求最优，只求满意　　　　　　　B. 只求最优

　　C. 求取全部可行解　　　　　　　　　D. 求取全部最优解

36）对 n 个元素进行快速排序时，最坏情况下的时间复杂度为_____。

　　A. $O(\log_2 n)$　　　　B. $O(n)$　　　　C. $O(n\log_2 n)$　　　　D. $O(n^2)$

37）_____是从二叉树的任一节点出发到根的路径上，所经过的节点序列必须按其关键字降序排列。

　　A. 二叉排序树　　　　B. 大顶堆　　　　C. 小顶堆　　　　D. 平衡二叉树

38）按排序策略分类，冒泡排序属于　①　。对 n 个记录的文件进行排序时，如果待排序文件中的记录初始时为所要求次序的逆序，则冒泡排序过程中需要进行　②　次元素值的比较。

　　① A. 插入排序　　　　B. 选择排序　　　　C. 交换排序　　　　D. 归并排序

　　② A. n　　　　B. $n-1$　　　　C. $n(n-1)/2$　　　　D. $n(n+1)/2$

39）设链式栈中节点的结构为(data, link)，且 top 是指向栈顶的指针，则想将栈顶节点的值保存到 x 中并将栈顶节点删除，应执行_____。

　　A. x=top->data；top=top->link；　　　B. x=top->data；

　　C. x=top；top top->link；　　　　　　D. top=top->link；x=top->data；

40）一个带头节点的链式队列的头指针为 f，队尾指针为 r，则判断队空的条件为_____。

　　A. f!=NULL　　　B. r!=NULL　　　C. f=NULL　　　D. f=r

41）某完全二叉树的层次序列为 ABCDEF，则该完全二叉树的中序序列为_____。

　　A. DBEAFC　　　B. DEBFCA　　　C. DEBCFA　　　D. DBEACF

42）若广义表 L=((1, 2, 3))，则 L 的长度和深度分别为_____。

　　A. 3 和 2　　　B. 1 和 2　　　C. 1 和 3　　　D. 2 和 2

43）若待排序的记录数目较少且已按关键字基本有序，则宜采用_____算法。

　　A. 快速排序　　　B. 插入排序　　　C. 选择排序　　　D. 冒泡排序

44）在一个长度为 n 的顺序存储的线性表中，若首地址（即第 1 个元素地址）为 0X12FF30，第 2 个元素的地址为 0X12FF38，则第 3 个元素的地址为_____。

　　A. 0X12FF39　　　B. 0X12FF40　　　C. 0X12FF42　　　D. 0X12FF46

45）设输入序列为 1, 2, 3, 4, 5，借助一个栈不可能得到的输出序列是_____。

　　A. 1, 2, 3, 4, 5　　　B. 1, 4, 3, 2, 5　　　C. 4, 1, 3, 2, 5　　　D. 1, 3, 2, 5, 4

46）一个顺序存储的循环队列的队头和队尾指针分别为 f 和 r，则判断队空的条件为_____。

  A. f+1==r   B. r+1==f   C. f==0   D. f==r

47）哈夫曼树的带权路径长度 WPL 等于_____。

  A. 除根以外的所有节点的权值之和   B. 所有节点权值之和

  C. 各叶节点的带权路径长度之和   D. 根节点的值

48）若一棵哈夫曼树共有 9 个节点，则其叶节点的个数为_____。

  A. 4   B. 5   C. 6   D. 7

49）下列数据结构中_____是非线性结构。

  A. 栈   B. 队列   C. 完全二叉树   D. 堆

50）对于如图 3-27 所示的二叉树，按中序遍历所得的节点序列为__①__。节点 2 的度为__②__。

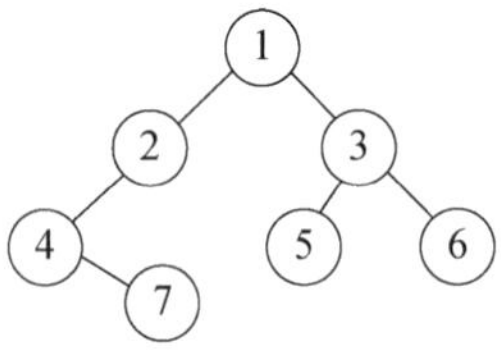

图 3-27 二叉树

  ① A. 1234567   B. 1247356   C. 7425631   D. 4721536

  ② A. 0   B. 1   C. 2   D. 3

51）某二叉树的前序序列为 *ABDFGCEH*，中序序列为 *FDGBACHE*，则该二叉树的后序序列为__①__，层序序列为__②__。

  ① A. *FGDBHECA*   B. *FDGBCHEA*   C. *ABCDEFGH*   D. *FGDBEHCA*

  ② A. *FGDBHECA*   B. *FDGBCHEA*   C. *ABCDEFGH*   D. *FGDBEHCA*

52）一个算术表达式可以表示为一棵二叉树，每个叶节点对应一个运算量，每个内部节点对应一个运算符，每个子树对应一个子表达式，则如图 3-28 所示的二叉树对应表达式的后缀式（逆波兰式）为_____。

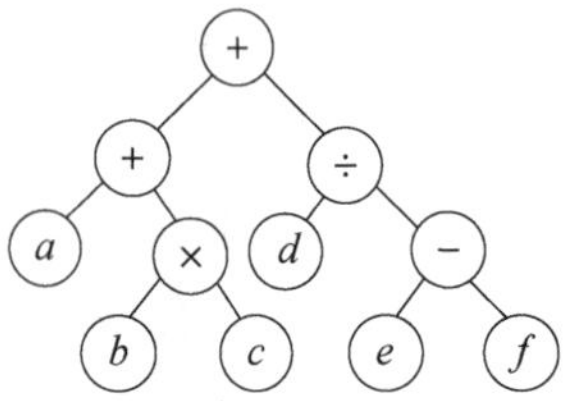

图 3-28 二叉树

  A. $a+b \times c+d \div (e-f)$ B. $++a \times bc \div d-ef$

  C. $abc \times +def- \div +$ D. $++ \div a \times d-bcef$

53）对如图 3-29 所示的 AOV 网进行拓扑排序，不可能得到_____。

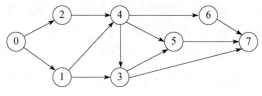

图 3-29 AOV 网

A. 02143567　　　　B. 01243657　　　　C. 02143657　　　　D. 01234576

54）对数据 {82, 16, 95, 27, 75, 42, 69, 34} 按关键字非递减顺序进行快速排序，取第一个元素为枢轴，第一趟排序后的结果是_____。

A. 34, 16, 69, 27, 75, 42, 82, 95　　　　B. 16, 27, 75, 42, 69, 34, 82, 95

C. 16, 82, 27, 75, 42, 69, 34, 95　　　　D. 16, 82, 95, 27, 75, 42, 69, 34

55）关键码集合为 {18, 73, 10, 5, 99, 27, 41, 51, 32, 25}，构造一棵二叉排序树，则关键码为 68 的节点的度为___①___，该树的深度为___②___。

① A. 1　　　　B. 2　　　　C. 3　　　　D. 4

② A. 1　　　　B. 2　　　　C. 3　　　　D. 4

56）设集合 N={0, 1, 2, …}，f 为 N 的函数，且 $f(x)=\begin{cases} f(f(x+11)) & 0 \leqslant x \leqslant 90 \\ x-10 & x > 90 \end{cases}$，经计算 $f(90)$=81，$f(89)$=81，则 $f(49)$=_____。

A. 39　　　　B. 49　　　　C. 81　　　　D. 92

57）快速排序算法采用的设计方法是_____。

A. 动态规划法　　　B. 分治法　　　　C. 回溯法　　　　D. 分支限界法

58）下列排序算法中，第一趟排序完毕后，其最大或最小元一定在其最终位置上的算法是_____。

A. 归并排序　　　B. 直接选择排序　　　C. 快速排序　　　D. 基数排序

59）采用动态规划策略求解问题的显著特征是满足最优性原理，其含义是_____。

A. 当前所做出的决策不会影响后面的决策

B. 原问题的最优解包含其子问题的最优解

C. 问题可以找到最优解，但利用贪心法不能找到最优解

D. 每次决策必须是当前看来最优的决策才可以找到最优解

60）关键路径是指 AOE 网中_____。

A. 最长的回路

B. 最短的回路

C. 从源点到汇点（结束顶点）的最长路径

D. 从源点到汇点（结束顶点）的最短路径

61）对数据{16, 9, 27, [27], 42, 34}用某种排序算法的排序结果为{9, 16, 27, [27], 34, 42}，即关键字相同的记录保持相对次序不变，则不可能是如下_____算法。

    A. 快速排序   B. 冒泡排序   C. 插入排序   D. 归并排序

62）在一个长度为 n 的顺序表中，向第 i（$0 \leq i \leq n$）个元素位置插入一个新元素时，需要从后向前依次后移____①____个元素。如果在每个位置上插入元素的概率相同，均为 $\frac{1}{n}$，则插入时的平均移动数为___②___。

    ① A. $n-i$ B. $n-i+1$ C. $n-i-1$ D. i

    ② A. $n/2$ B. $(n+1)/2$ C. $(n-1)/2$ D. $n/2-1$

63）以关键字比较为基础的排序算法在最坏情况下的计算时间下界为 $O(n\log_2 n)$。下面的排序算法中，在最坏的情况下，计算时间可以达到 $O(n\log_2 n)$ 的是____①____，该算法采用的设计方法是___②___。

    ① A. 归并排序   B. 插入排序   C. 选择排序   D. 冒泡排序

    ② A. 分治法   B. 贪心法   C. 动态规划法   D. 回溯法

64）哈希函数有共同的性质，则函数值应当以____①____概率取其值域的每一个值。解决哈希法中出现的冲突问题常采用的方法是___②___。

    ① A. 最大   B. 最小   C. 平均   D. 同等

    ② A. 数字分析法、除余法、平方取中法   B. 数字分析法、除余法、线性探查法

        C. 数字分析法、线性探查法、除余法   D. 线性探查法、双散列法、拉链法

65）表是一种数据结构，链表是一种_____。

    A. 非顺序存储的线性表   B. 非顺序存储的非线性表

    C. 顺序存储的线性表   D. 顺序存储的非线性表

66）待排序关键字序列为{49, 38, 65, 97, 13, 76, 27, [49]}，对其进行希尔排序，取 $d=4$，该趟排序后的结果为_____。

    A. 27, 13, 65, 97, 38, 76, 49, [49]   B. 13, 38, 27, [49], 49, 76, 65, 97

    C. 13, 27, 38, [49], 49, 65, 76, 97   D. 38, 49, 65, 97, 13, 27, [49], 76

67）三对角矩阵是指除对角线及主对角线上下最邻近的两条对角线上的元素外，其他所有元素均为 0。现在要将三对角矩阵 $A[n][n]$ 中三条对角线上的元素按行存放在一维数组 $B[N]$ 中，则 N 至少为____①____，若 $a[0][0]$ 存放于 $B[0]$，那么 A 在三条对角线上的元素 $a[i][j]$（$0 \leq i \leq n-1$，$i-1 \leq j \leq i+1$）在一维数组 B 中的存放位置为____②____，$B[k]$ 存储的元素在矩阵 A 中的行下标为___③___。

    ① A. $3n$ B. $3n-1$ C. $3n-2$ D. $3n-3$

    ② A. $2i+j$ B. $2i+j-1$ C. $2i+j-2$ D. $2i+j+1$

    ③ A. $\left\lfloor \dfrac{k+1}{3} \right\rfloor$ B. $\left\lfloor \dfrac{k-1}{3} \right\rfloor$ C. $\left\lfloor \dfrac{k+2}{3} \right\rfloor$ D. $\left\lfloor \dfrac{k}{3} \right\rfloor$

68）两个顺序栈共享一个内存空间时，当_____时才溢出。

    A. 两个栈的栈顶同时到达这片内存空间的中心点

B. 其中一个栈的栈顶到达这片内存空间的中心点

C. 两个栈的栈顶在这片内存空间的某一位置相遇

D. 两个栈均不为空，且一个栈的栈顶到达另一个栈的栈底

3.3.2 练习精解

1）D。

堆的定义：n 个元素的序列 $\{k_1, k_2, \cdots, k_n\}$ 当且仅当满足关系式 $\begin{cases} k_i \leqslant k_{2i} \\ k_i \leqslant k_{2i+1} \end{cases}$ 或 $\begin{cases} k_i \geqslant k_{2i} \\ k_i \geqslant k_{2i+1} \end{cases}$ 时称为堆，相应的序列称为小顶堆或大顶堆。

判断堆的办法是把序列看成一棵完全二叉树，按层遍历，若树中的所有非终端节点的值均不大于（或不小于）其左右孩子的节点的值，则该序列为堆。

2）B。

该题考查的是矩阵的压缩存储。

所谓三对角矩阵，除了对角线附近的元素外，其余元素均为 0。$A[1, 1]$ 对应 $B[1]$，$A[1, 2]$ 对应 $B[2]$，$A[2, 1]$ 对应 $B[3]$，$A[2, 2]$ 对应 $B[4]$，$A[2, 3]$ 对应 $B[5]$，$A[3, 1]$ 对应 $B[6]$，以此类推。可得 $k=3 \times 64+1=193$。

一般情况下，$A[i, j]$ 对应 $B[k]$：$k=3 \times (i-1)-1+j-i+2=2i+j-2$。

3）D。

① 由前序序列可知，A 是该树的根节点，结合中序序列可知：$GDHB$ 位于左子树，$ECIF$ 位于右子树。

② 对于左子树 $GDHB$，由前序序列 $BDGH$ 可知，该子树的根为 B，结合中序序列可知，GDH 为其左子树，没有右子树。

③ 以此类推，直到所有节点均已确定，其完整结构如图 3-30 所示。

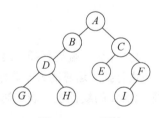

图 3-30　二叉树

4）C。

二叉树的存储有顺序存储、二叉链表、三叉链表。

遍历算法有前序、中序和后序。所谓先后，是针对访问根节点与访问子节点的相对顺序而言的。另外，还有层序遍历。

对于后序遍历的非递归算法用栈实现，用三叉链表是比较好的。

5）C。

在数据结构中，线性结构通常称为线性表，是最简单、最常见的一种数据结构，它是由 n 个相

同数据类型的节点组成的有限序列。

顺序存储是最简单的存储方式，其特点是逻辑关系上相邻的两个元素在物理位置上也相邻。通常使用一个足够大的数组，从数组的第一个元素开始，将线性表的节点依次存储在数组中。顺序存储方式的优点是能直接访问线性表中的任意节点。线性表的第 i 个元素 $a[i]$ 的存储位置可以使用以下公式求得：$Loc(a_i)=Loc(a_1)+(i-1)\times 1$，式中 $Loc(a_1)$ 是线性表的第一个元素 a_1 的存储位置，通常称作线性表的起始位置或基地址。

6）A。

根据说明，结构体 SeqList 的数据域 n 存放的是线性表中元素的个数，表空即为表中的元素个数为 0。

7）D。

线性表链式存储是用链表来存储线性表。单链表从链表的第一个表元开始，将线性表的节点依次存储在链表的各表元中。链表的每个表元除了要存储线性表的节点信息外，还要用一个成分来存储其后继节点的指针。数据域为 C 的节点的指针域为 100，此即后继节点的地址，对应节点的数据域为 D。

8）D。

链式存储有单链表（线性链表）、循环链表、双向链表。

单链表从链表的第一个表元开始，将线性表的节点依次存储在链表的各表元中。链表的每个表元除了要存储线性表的节点信息外，还要用一个成分来存储其后继节点的指针。

循环链表是单链表的变形，其特点是表中最后一个节点的指针域指向头节点，整个链表形成一个环。因此，从表中的任意一个节点出发都可以找到表中的其他节点。在循环链表中，从头指针开始遍历的结束条件不是节点的指针是否空，而是是否等于头指针。为了简化操作，在循环链表中往往加入表头节点。

双向链表的节点中有两个指针域，一个指向直接后继，另一个指向直接前驱，克服了单链表的单向性的缺点。

9）C。

队列是一种先进先出的线性表，只允许在一端进行插入运算，在另一端进行删除运算。允许进行删除运算的那一端称为队首，允许进行插入运算的另一端称为队尾。

栈是限定仅在表尾进行插入或删除操作的线性表。表尾端称为栈顶，表头端称为栈底。故栈是后进先出的线性表。

可见，栈和队列都是限制存储点的线性结构。

10）D。

栈是限定仅在表尾进行插入或删除操作的线性表。表尾端称为栈顶，表头端称为栈底。故栈是后进先出的线性表。通常称栈的节点插入为进栈，栈的节点删除为出栈。

11）C。

栈有两种存储结构：顺序栈和链栈。

顺序栈即栈的顺序存储结构，是利用一组地址连续的存储单元依次存放自栈底到栈顶的数据元素，同时设指针 top 指示栈顶元素的当前位置。

链栈即栈的链式存储结构，链表的第一个元素是栈顶元素，链表的末尾是栈底节点，链表的头指针就是栈顶指针，栈顶指针为空则是空栈。

12）C。

队列是一种先进先出的线性表，只允许在一端进行插入运算，另一端进行删除运算。允许进行删除的那一端称为队首，允许进行插入运算的另一端称为队尾。通常称队列的节点插入为进队，队列的节点删除为出队。若有队列 $Q=(q_0, q_1, \cdots, q_{n-1})$，则 q_0 称为队首节点，q_{n-1} 称为队尾节点。若队首为空，则队列为空。

13）D。

广义表的长度是指其包含的元素个数，深度是指展开后含有的括号的最大层数。链式存储结构对应的广义表为 $LS=(a, (b, c, d))$，其广度为 2，深度为 2。

14）① C。

②D。

哈夫曼树是指权值为 w_1，w_2，$\cdots$，w_n 的 n 个叶节点的二叉树中带权路径长度最小的二叉树。构造哈夫曼树的算法如下：

（a）给定 n 个节点的集合，每个节点都带权值。

（b）选两个权值最小的节点构造一棵新的二叉树，新的二叉树的根节点的权值就是两个子节点的权值之和。

（c）从 n 个节点中删除刚才使用的两个节点，同时将新产生的二叉树的根节点放在节点集合中。

重复（b）和（c），直到只有一棵树为止。本题构造出的哈夫曼树如图 3-31 所示。

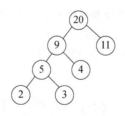

图 3-31　哈夫曼树

根节点的权值为 20，对应的 WPL 为 $11 \times 1 + 4 \times 2 + (2+3) \times 3 = 34$。

15）D。

16）① B。

②B。

递归是设计和描述算法的一种有力工具。能采用递归描述的算法通常有这样的特征：为求解规模为 N 的问题，设法将它分解成一些规模较小的问题，然后从这些小问题的解方便地构造出大问题的解，并且这些规模较小的问题也能采用同样的分解和综合方法，分解成规模更小的问题，并从这些更小问题的解构造出规模稍大问题的解。特别是，当规模 N=1 时，能直接得到解。

递归算法的执行过程分为递推和回归两个阶段。在递推阶段，把较复杂的问题的求解推到比原问题简单一些的问题的求解；在回归阶段，当获得最简单情况的解后，逐级返回，依次获得稍复杂问题的解。

17）B。

树形结构是一类重要的非线性数据结构，其中以树和二叉树最为常用。一个节点的子树数目称为该节点的度。

18）B。

堆的定义：已知 n 个元素的序列 $\{k_1, k_2, \cdots, k_n\}$，当且仅当满足关系式 $\begin{cases} k_i \leq k_{2i} \\ k_i \leq k_{2i+1} \end{cases}$ 或 $\begin{cases} k_i \geq k_{2i} \\ k_i \geq k_{2i+1} \end{cases}$ 时称为堆，相应的序列称为小顶堆或大顶堆。

判断堆的办法是把序列看成一棵完全二叉树，按层遍历，若树中的所有非终端节点的值均不大于（或不小于）其左右孩子的节点的值，则该序列为堆。

建立初始堆的方法是：将待排序的关键字按层遍历方式分放到一棵完全二叉树的各个节点中，显然所有 $i > \lfloor n/2 \rfloor$ 的节点 K_i 都没有子节点，以这样的 K_i 为根的子树已经是堆，因此初始堆可从完全二叉树的第 $i > \lfloor n/2 \rfloor$ 个节点开始，通过调整，逐步使以 $K_{\lfloor n/2 \rfloor}$，$K_{\lfloor n/2 \rfloor-1}$，$\cdots$，$K_2$，$K_1$ 为根的子树满足堆的定义。

19）B。

完全二叉树：除了最外层外，其余层上的节点数目都达到最大值，而第 h 层上的节点集中存放在左侧树中。

n_0 是度为 0 的节点总数（即叶节点数），n_1 是度为 1 的节点总数，n_2 是度为 2 的节点总数，由二叉树的性质可知，$n_0=n_2+1$，则完全二叉树的节点总数 $n=n_0+n_1+n_2$，由于完全二叉树中度为 1 的节点数只有两种可能——0 或 1，由此可得 $n_0=(n+1)/2$ 或 $n_0=n/2$，合并成一个公式为 $n_0=(n+1)/2$，即可根据完全二叉树的节点总数计算出叶节点数。

这里，完全二叉树有 30 个节点，则 n_0 为 15，n_2 为 14，n_1 为 1，即度为 1 的节点个数为 1。

20）C。

广义表是线性表的推广，是由零个或多个单元素或子表组成的有限序列。广义表的长度是指广义表中元素的个数。广义表的深度是指广义表展开后所含的括号的最大层数。非空广义表的第一个元素称为表头，它可以是一个单元，也可以是一个子表。在非空广义表中，除表头元素之外，由其余元素所构成的表称为表尾。非空广义表的表尾必定是一个表。

21）B。

所谓"归并"，是将两个或两个以上的有序文件合并成为一个新的有序文件。归并排序的基本操作是将两个或两个以上的记录序列归并为一个有序序列。最简单的情况是，只含一个记录的序列显然是一个有序序列，经过"逐次归并"使整个序列中的有序子序列的长度逐渐增大，直至整个记录序列为有序序列为止。二路归并排序则是归并排序中的一种最简单的情况，它的基本操作是将两个相邻的有序子序列"归并"为一个有序序列。具体做法是：把一个有 n 个记录的无序文件看成

是由 n 个长度为 1 的有序子文件组成的文件，然后进行两两归并，得到 $i > \lfloor n/2 \rfloor$ 个长度为 2 或 1 的有序文件，再进行两两归并，如此重复，直至最后形成一个包含 n 个记录的有序文件为止。

{25, 57, 48, 37, 12, 82, 75, 29} 的排序过程如下：

① 25 57 37 48 12 82 29 75

② 25 37 48 57 12 29 75 82

③ 12 25 29 37 48 57 75 82

22）C。

算法是对特定问题求解步骤的一种描述，它是指令的有限序列，其中每一条指令表示一个或多个操作。

有穷性：一个算法必须总是在执行有穷步之后结束，且每一步都可在有穷时间内完成。

确定性：算法中每一条指令必须有确切的含义，无二义性，并且在任何条件下，算法只有唯一的一条执行路径，即对于相同的输入只能得出相同的输出。

可行性：一个算法是可行的，即算法中描述的操作都可以通过已经实现的基本运算执行有限次来实现。

正确性：算法应满足具体问题的需求。

可读性：便于阅读和交流。

健壮性：当输入的数据非法时，算法能适当地做出反应或进行处理，而不会产生莫名其妙的输出结果。

效率与低存储需求：通俗地说，效率指的是算法执行时间，存储量需求指算法执行过程中所需要的最大存储空间。

23）B。

由时间代价严格推出时间复杂度比较复杂，对于这种题，可用特例验证，不过需要注意的是特例不能取太少，至少 n 取到 5，这样规律基本就可以确定了。

$T(1)=1$

$T(2)=2T(1)+2=4$

$T(3)=2T(1)+3=5$

$T(4)=2T(2)+4=12$

$T(5)=2T(2)+5=13$

很容易排除 D 选项，其递增速率介于 $O(n)$ 和 $O(n^2)$ 之间，故选 B。

24）A。

25）① A。

这是一个递归算法，算法的计算时间 $T(n)$ 的递推关系式应为 $T(n)=T(n-1)+1$。

② A。

26）D。

各种排序算法性能比较如表 3-6 所示。

表3-6　排序算法的性能

排序方法	平均时间	最好情况	最坏情况	辅助存储	稳定性
选择排序	$O(n^2)$	$O(n^2)$	$O(n^2)$	$O(1)$	不稳定
插入排序	$O(n^2)$	$O(n)$	$O(n^2)$	$O(1)$	稳定
冒泡排序	$O(n^2)$	$O(n^2)$	$O(n^2)$	$O(1)$	稳定
希尔排序	$O(n^{1.25})$	—	—	$O(1)$	不稳定
快速排序	$O(n\log_2 n)$	$O(n\log_2 n)$	$O(n^2)$	$O(n\log_2 n)$	不稳定
堆排序	$O(n\log_2 n)$	$O(n\log_2 n)$	$O(n\log_2 n)$	$O(1)$	稳定
归并排序	$O(n\log_2 n)$	$O(n\log_2 n)$	$O(n\log_2 n)$	$O(n)$	稳定
基数排序	$O(n \times k)$	$O(n \times k))$	$O(n \times k)$	$O(n+k)$	稳定

注：1. 稳定：如果 a 原本在 b 前面，而 $a=b$，排序之后 a 仍然在 b 的前面。

2. 不稳定：如果 a 原本在 b 的前面，而 $a=b$，排序之后 a 可能会出现在 b 的后面。

3. n：数据规模。

4. k："桶"的个数。

27）D。

不同的方法各有优缺点，可根据需要运用到不同的场合。在选取排序算法时需要考虑以下因素：待排序的记录个数、记录本身的大小、关键字的分布情况、对排序稳定性的要求、语言工具的条件及辅助空间的大小。依据这些因素可以得出以下结论：

若待排序的记录个数较少，则可采用插入排序和选择排序。

若待排序记录按关键字基本有序，则宜采用直接插入排序或冒泡排序。

当待排序的记录个数很多且关键字的位数较少时，采用链式基数排序较好。

若待排序的记录个数较多，则应采用时间复杂度为 $O(n\log n)$ 的排序方法——快速排序、堆排序、归并排序。

28）B。

29）① C。

② B。

30）C。

31）C。

查找就是在按某种数据结构形式存储的数据集合中，找出满足指定条件的节点。

平均查找长度：为确定记录在查找表中的位置，与给定关键字值进行比较的次数的期望值称为查找算法在查找成功时的平均查找长度。对含有 n 个记录的表，查找成功时的平均查找长度定义为 $\text{ASL} = \sum_{i=1}^{n} P_i C_i$，其中，$P_i$ 为对表中第 i 个记录进行查找的概率，且 $\sum_{i=1}^{n} P_i = 1$。

这里，$\text{ASL} = (1+2+3+4+5) \times \dfrac{1}{8} + (6+7+8+9+10) \times \dfrac{3}{40} = \dfrac{39}{8}$。

32）D。

二分查找亦称折半查找，其基本思想是：设查找表的元素存储在一维数组 $r[1 \cdots n]$ 中，首先将待查的 key 值与表 r 中间位置（下标为 mid）上记录的关键字进行比较，若相等，则查找成功；若

key>r[mid]key，则说明待查记录只可能在后半子表 r[mid+1…n]（注意是 mid+1，而不是 mid）中，下一步应在后半子表中再进行折半查找，若 key<r[mid].key，则说明待查记录只可能在前半子表 r[1…mid−1]（注意是 mid−1，而不是 mid）中，下一步应在前半子表中再进行折半查找。这样通过逐步缩小范围，直到查找成功或子表为空时失败为止。

在表中的元素已经按关键字递增（或递减）的方式排序的情况下，才可进行折半查找。等概率情况下，顺序查找成功的平均查找长度为 $\text{ASL}_{\text{bs}} = \sum_{i=1}^{n} P_i C_i = \frac{1}{n}\sum_{i=1}^{n} i \times 2^{i-1} = \frac{n+1}{n}\log_2(n+1) - 1$。当 n 值较大时，$\text{ASL}_{\text{bs}} \approx \log_2(n+1) - 1$。

33）① B。

② A。

哈夫曼编码是在编码过程中根据各个编码的字符的出现频率不同，希望用最短的编码来表示出现频率大的字符，而用较长的编码来表示出现频率较小的字符，从而使整个编码序列的总长度最小，达到最优解决方案，因此是采用贪心思想来解决问题的。

34）B。

35）A。

贪心算法是一种不追求最优解，只希望得到较为满意解的算法，一般可以快速得到满意的解，因为省去了为找到最优解要穷尽所有可能而必须耗费的大量时间。

36）D。

37）C。

38）① C。

② C。

冒泡排序是交换类排序方法中的一种简单排序方法。其基本思想为：依次比较相邻两个记录的关键字，若和所期望的相反，则互换这两个记录。

对逆序情况，比较的次数为：$(n-1) + (n-2) + \cdots + 2 + 1 = \frac{n(n-1)}{2}$。

39）A。

若有栈 $S=(S_0, S_1, \cdots, S_n)$，则 S_0 称为栈底节点，S_n 称为栈顶节点。通常称栈的节点插入为进栈，栈的节点删除为出栈。

栈有两种存储结构：顺序栈和链栈。顺序栈即栈的顺序存储结构，是利用一组地址连续的存储单元依次存放自栈底到栈顶的数据元素，同时设指针 top 指示栈顶元素的当前位置。链栈即栈的链式存储结构，链表的第一个元素是栈顶元素，链表的末尾是栈底元素，链表的头指针就是栈顶指针，栈顶指针为空则是空栈。

40）D。

队列是一种先进先出的线性表，只允许在一端进行插入运算，在另一端进行删除运算。允许删除的那一端称为队首，允许插入运算的另一端称为队尾。通常称队列的节点插入为进队，队列的节点删除为出队。若有队列 $Q=(q_0, q_1, \cdots, q_{n-1})$，则 q_0 称为队首节点，q_{n-1} 称为队尾节点。当队首指针与队尾指针指向同一位置时，则队列为空。

41）A。

完全二叉树是指除了最外层，其余层上的节点数目都达到最大值，而第 h 层上的节点集中存放在左侧树中。按照遍历左子树要在遍历右子树之前进行的原则，根据访问根节点位置的不同，可得到二叉树的前序、中序和后序三种遍历序列。

42）B。

广义表的长度是指其包含的元素个数，深度是指展开后含有的括号的最大层数。

43）D。

不同的排序方法各有优缺点，可根据需要运用到不同的场合。在选取排序算法时需要考虑以下因素：待排序的记录个数 n、记录本身的大小、关键字的分布情况、对排序稳定性的要求、语言工具的条件及辅助空间的大小。依据这些因素可以得出以下结论：若待排序的记录个数 n 较少，则可采用插入排序和选择排序；若待排序的记录按关键字基本有序，则宜采用直接插入排序或冒泡排序；若 n 很大且关键字的位数较少，则采用链式基数排序较好；若 n 较大，则应采用时间复杂度为 $O(n\log_2 n)$ 的排序方法——快速排序、堆排序、归并排序。

44）B。

线性表的顺序存储是最简单的存储方式，其特点是逻辑关系上相邻的两个元素在物理位置上也相邻。通常使用一个足够大的数组，从数组的第一个元素开始，将线性表的节点依次存储在数组中。顺序存储方式的优点是能直接访问线性表中的任意节点。线性表的第 i 个元素 $a[i]$ 的存储位置可以使用以下公式求得：$Loc(a_i)=Loc(a_1)+(i-1)\times 1$，式中 $Loc(a_1)$ 是线性表的第一个元素 a_1 的存储位置，通常称作线性表的起始位置或基地址。

45）C。

栈是限定仅在表尾进行插入或删除操作的线性表。表尾端称为栈顶，表头端称为栈底，故栈是后进先出的线性表。

选项 A 的进出栈序列为：进栈、出栈、进栈、出栈、进栈、出栈、进栈、出栈、进栈、出栈。

选项 B 的进出栈序列为：进栈、出栈、进栈、进栈、进栈、出栈、出栈、进栈、出栈。

选项 D 的进出栈序列为：进栈、出栈、进栈、进栈、出栈、出栈、进栈、出栈、出栈。

选项 C 对应的序列是得不到的。试图如下进行：进栈、进栈、进栈、进栈、出栈，此时栈顶元素为3，栈底元素为1，1不可能出栈。

46）D。

47）C。

48）B。

由哈夫曼树的构造过程可知，哈夫曼树中没有度为1的点，只有度为0（叶节点）和度为2的节点，假设度为2的节点数为 n_2，度为0的节点数为0，则此树共有9个节点，此树的总度数为 $n-1=9-1=8$，所以，树的总度数的等量关系是 $8=2\times n_2$，树的总节点数的等量关系是 $9=n_2+n_0$，由此可解得 $n_2=4$，$n_0=5$。故选 B。

49）C。

在数据结构中，节点与节点间的相互关系是数据的逻辑结构。数据的逻辑结构分为两类：线性结构，如线性表、栈、队列、串；非线性结构，如树、图。

50）① D。

常用的遍历方法有：前序，先访问根节点，然后从左到右遍历根节点的各棵子树；中序，首先遍历左子树，然后访问根节点，最后遍历右子树；后序，先从左到右遍历根节点的各棵子树，然后访问根节点；层序，先访问处于第 1 层上的节点，然后从左到右依次访问处于第 2 层、第 3 层上的节点，即自上而下、自左至右逐层访问各层上的节点。该二叉树的前序遍历次序为 1247356，中序遍历次序为 4721536，后序遍历次序为 7425631，层序遍历次序为 1234567。

② B。

节点的度是指其子树的个数。节点 2 只有左子树，故其度为 1。

51）① A。

② C。

按照遍历左子树要在遍历右子树之前进行的原则，根据访问根节点位置的不同，可得到二叉树的前序、中序和后序 3 种遍历方法。

层序遍历是从根节点（第 1 层）出发，首先访问第 1 层的树根节点，然后从左到右依次访问第 2 层上的节点，第 3 层上的节点，以此类推，自上而下、自左至右逐层访问各层上的节点。

52）C。

二叉树对应表达式的后缀式（逆波兰式）就是该二叉树的后序遍历序列。

53）D。

AOE 网是一个有向图，通常用来估算工程的完成时间，图中的顶点表示事件，有向边表示活动，边上的权表示完成这一活动所需的时间。AQE 网没有有向回路，存在唯一的入度为 0 的开始顶点以及唯一的出度为 0 的结束顶点。只有某顶点的所有与入度相关的活动完成才能开始该顶点对应的事件。

54）A。

快速排序是通过一趟排序选定一个关键字介于"中间"的记录，从而使剩余记录可以分成两个子序列分别继续排序，通常称该记录为"枢轴"。

一次快速排序的具体做法是：附设两个指针 low 和 high，它们的初值分别指向文件的第一个记录和最后一个记录。设枢轴记录（通常是第一个记录）的关键字为 pivotkey，则首先从 high 所指位置起向前搜索，找到第一个关键字小于 pivotkey 的记录并与枢轴记录互相交换，然后从 low 所指位置起向后搜索，找到第一个关键字大于 pivotkey 的记录并与枢轴记录互相交换，重复这两步直至 low=high 为止。

55）① B。

② D。

二叉查找树又称二叉排序树，其左子树的值都小于根节点的值，而右子树的值都大于根节点的值，同时左右子树都是查找树。

56）C。

手动模拟函数递归调用过程即可得到正确结果。

57）B。

快速排序通过一趟排序选定一个关键字介于"中间"的记录，从而使剩余记录可以分成两个子序列分别继续排序，通常称该记录为"枢轴"。

分治法也许是最广泛使用的算法设计方法，其基本思想是把大问题分解成一些较小的问题，然后由小问题的解方便地构造出大问题的解。典型用法包括汉诺塔问题、比赛日程安排。

可见，快速排序法正是分治法的一个应用。

58）C。

59）B。

将大问题分解成小问题，为了节约重复求相同子问题的时间，引入一个数组，无论它是否对最终解有用，都把所有子问题的解保存于该数组中，这就是动态规划法所采用的基本方法。满足最优性原理，其含义是原问题的最优解包含其子问题的最优解。

60）C。

61）A。

62）① A。

　　② A。

63）① A。

　　② A。

排序是将无序的记录序列调整为有序的记录序列的一种操作。

64）① D。

　　② D。

哈希函数有共同的性质，则函数值应当以同等概率取其值域的每一个值。解决哈希法中出现的冲突问题常采用的方法是线性探查法、双散列法、拉链法。

65）A。

线性表链接存储是用链表来存储线性表。线性链表的特点是：每个链表都有一个头指针，整个链表的存取必须从头指针开始，头指针指向第一个数据元素的位置，最后的节点指针为空。当链表为空时，头指针为空值。当链表非空时，头指针指向第一个节点。链式存储的缺点是：由于要存储地址指针，因此浪费空间；直接访问节点不方便。

66）B。

希尔排序又称"缩小增量排序"，它的基本思想是，先对待排序列进行"宏观调整"，待序列中的记录"基本有序"时再进行直接插入排序。先将待排序列分割成若干子序列，分别进行直接插入排序，待整个序列中的记录"基本有序"时，再对全体记录进行一次直接插入排序。

具体做法是：先取一个小于 n 的整数 d_1 作为第一个增量，把文件的全部记录分成 d_1 个组，将所有距离为 d_1 倍数的记录放在同一个组中，在各组内进行直接插入排序。然后取第二个增量 $d_2 < d_1$，重复上述分组和排序工作，以此类推，直至所取的增量 $d_i = 1$（$d_i < d_{i-1} < \cdots < d_2 < d_1$），即所有记录放在同一组进行直接插入排序为止。

67）① C。

只存储主对角线及其上、下两条次对角线上的元素，其他的零元素一律不存储。对于一个 $n \times n$ 的三对角矩阵 A，元素总数有 n^2 个，而其中非零的元素共有 $3n-2$ 个。因此，存储三对角矩阵时最多只需存储 $3n-2$ 个元素。

② A。

仿照对称矩阵的压缩存储，可用一维数组 B 存储三对角矩阵 A，分两种存储方式：行优先方式和列优先方式。若按行存储，则使用表 3-7 的方式用一维数组存储三对角矩阵。

表3-7　三对角矩阵A按行存储

$A[0][0]$	$A[0][1]$	$A[1][0]$	$A[1][1]$	$A[1][2]$	$A[2][1]$	$A[2][2]$	$A[2][3]$	…	$A[n-2][n-1]$	$A[n-1][n-2]$	$A[n-1][n-1]$
$B[0]$	$B[1]$	$B[2]$	$B[3]$	$B[4]$	$B[5]$	$B[6]$	$B[7]$	…	$B[3n-5]$	$B[3n-4]$	$B[3n-3]$

③ A。

68）C。

栈是限定仅在表尾进行插入或删除操作的线性表。表尾端称为栈顶，表头端称为栈底，故栈是后进先出的线性表。

若有栈 $S=(S_0, S_1, \cdots, S_n)$，则 S_0 称为栈底节点，S_{n-1} 称为栈顶节点。通常称栈的节点插入为进栈，栈的节点删除为出栈。

栈有两种存储结构：顺序栈和链栈。顺序栈即栈的顺序存储结构，是利用一组地址连续的存储单元依次存放自栈底到栈顶的数据元素，同时设指针 top 指示栈顶元素的当前位置。链栈即栈的链式存储结构，链表的第一个元素是栈顶元素，链表的末尾是栈底节点，链表的头指针就是栈顶指针，栈顶指针为空则是空栈。

第4章

操作系统

4.1 考点精讲

4.1.1 考纲要求

操作系统主要是考试中所涉及的操作系统概述、处理机管理、存储管理、文件管理、作业管理、设备管理等。本章在考纲中主要有以下内容:

- 操作系统概述。
- 处理机管理(进程、互斥、同步、死锁、线程)。
- 存储管理(实存管理、虚存管理)。
- 文件管理(文件目录、文件路径)。
- 作业管理。
- 设备管理(设备管理概述、I/O软件)。

操作系统考点如图4-1所示,用星级★标示知识点的重要程度。

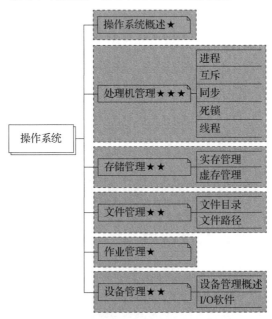

图4-1 操作系统考点

4.1.2 考点分布

统计 2010 年至 2020 年试题真题，本章主要考点分值为 5～6 分。历年真题统计如表 4-1 所示。

表4-1　历年真题统计

年份	时间	题号	分值	知识点
2010 年上	上午题	23，24，25，26，27，28	6	概述、资源计算、页面存储计算、磁盘调度
2010 年下	上午题	23，24，25，26，27，28	6	PV 操作、磁盘调度、文件管理
2011 年上	上午题	23，24，25，26，27，28	6	磁盘调度、资源计算
2011 年下	上午题	22，23，24，25，26，27	6	PV 操作、文件路径、磁盘调度
2012 年上	上午题	23，24，25，26，27，28	6	资源计算、存储计算
2012 年下	上午题	23，24，25，26，27，28	6	资源计算、作业管理、存储计算
2013 年上	上午题	23，24，25，26，27，28	6	响应时间计算、线程、资源计算、存储计算
2013 年下	上午题	23，24，25，26，27，28	6	PV 操作、存储计算、磁盘调度、资源计算
2014 年上	上午题	23，24，25，26，27，28	6	概述、PV 操作、存储计算、文件路径
2014 年下	上午题	23，24，25，26，27，28	6	PV 操作、存储计算、磁盘调度、进程
2015 年上	上午题	23，24，25，26，27，28	6	PV 操作、存储计算、嵌入式系统
2015 年下	上午题	23，24，25，26，27，28	6	PV 操作、磁盘调度、资源计算、线程
2016 年上	上午题	23，24，25，26，27，28	6	概述、磁盘调度、进程
2016 年下	上午题	23，24，25，26，27，28	6	实时系统、进程调度、存储计算、PV 操作
2017 年上	上午题	24，25，26，27，28	5	进程、PV 操作
2017 年下	上午题	23，24，25，26，27，28	6	概述、进程、文件管理、存储计算
2018 年上	上午题	24，25，26，27，28，29	6	PV 操作、文件管理、I/O 软件
2018 年下	上午题	23，24，25，26，27，28	6	资源计算、PV 操作、文件管理
2019 年上	上午题	23，24，25，26，27，28	6	进程、文件目录、PV 操作、嵌入式系统
2019 年下	上午题	23，24，25，26，27，28	6	进程、PV 操作、I/O 软件
2020 年下	上午题	23，24，25，26，27，28	6	进程、存储计算、PV 操作、线程

4.1.3 知识点精讲

4.1.3.1 操作系统概述

操作系统（Operating System）是管理系统资源、控制程序执行、改善人机界面、提供各种服务、合理组织计算机工作流程以及为用户有效使用计算机提供良好运行环境的一种系统软件。

下面介绍操作系统的三大基本类型。

1. 批处理操作系统

用户把要计算的应用问题编成程序，连同数据和作业说明书一起交给操作员，操作员集中一批作业输入计算机中。然后，由操作系统来调度和控制作业的执行。这种批量化处理作业的操作系统称为批处理操作系统。

批处理系统的主要特征：用户脱机工作、成批处理作业、多道程序运行、作业周转时间长。

优点：系统资源为多个作业所共享，其工作方式是作业间的自行调度执行，在运行过程中用户不干扰自己的作业，从而大大提高了系统的利用率和作业吞吐量。

缺点：无交互性，作业周转时间长，用户使用不方便。

2. 分时操作系统

允许多个联机用户同时使用一台计算机系统进行计算的操作系统称为分时操作系统。

分时操作系统的主要特征：同时性、交互性、"独占"性、及时性。

3. 实时操作系统

指当外界事件或数据产生时，能接收并以足够快的速度予以处理，处理的结果又能在规定时间内控制监控的生产过程或对处理系统做出快速响应，并控制所有实时任务协调一致运行的操作系统。

实施操作系统的主要特征：实时时钟管理，过载保护，高度可靠性和安全性。

操作系统的主要特性：并发性、共享性、异步性、虚拟性。

4.1.3.2 处理机管理

1. 进程

进程的定义：进程是一个可并发执行的具有独立功能的程序关于某个数据集合的一次执行过程，也是操作系统进行资源分配和保护的基本单位。

进程的组成：进程由程序段、数据段和进程控制块（PCB）三部分组成。

进程的特性：结构性、共享性、动态性、独立性、制约性、并发性。

进程的 5 种基本状态：初始状态、执行状态、等待状态、就绪状态、终止状态。如图 4-2 所示。

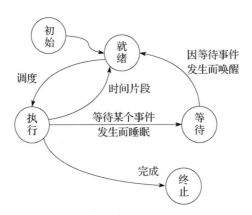

图 4-2　进程的 5 种基本状态

进程与程序的区别：

1）进程是一个动态的概念，程序则是一个静态的概念。程序是指令的有序集合，没有任何执行的含义。而进程则强调执行过程，它动态地被创建，并被调度执行后消亡。

2）进程具有并行特性，而程序没有。

3）进程是竞争计算机系统资源的基本单位，其并行性受到系统自己的制约。这里制约就是对进程的独立性和异步性进行限制。

4）不同的进程可以包含同一程序，只要该程序所对应的数据集不同。

2. 互斥

进程间的互斥：系统中多个进程因争用临界资源而互斥执行。临界区是指进程对临界资源实施操作的那段程序。对互斥临界区管理的 4 条原则：有空即进、无空则等、有限等待（避免陷入“饥饿”状态）、让权等待（释放处理机，以免陷入“忙等”）。

PV 操作是实现进程同步与互斥的常用方法。

整型信号量：信号量是一个整型变量。其分为两类：公用信号量（实现进程间的互斥，初值为 1 或资源数目）和私用信号量（实现进程的同步，初值为 0 或某个正整数）。

3. 同步

1）进程间的同步：在系统中一些需要相互合作、协同工作的进程，它们之间的相互联系称为进程的同步。用 PV 操作实现同步，如图 4-3 所示。

```
PA: deposit(data):
    begin local x
        P(Bufempty);
        按FIFO方式选择一个空缓冲区Buf(x)
        Buf(x) ← dat
        Buf(x)置满标记
        V(Buffull)
    end
PB: remove(data):
    begin local x
        P(Buffull);
        按FIFO方式选择一个装满数据的缓冲区Buf(x)
        data ← Buf(x)
        Buf(x)置空标记
        V(Bufempty)
    End
```

图 4-3　PV 操作

2）典型的同步问题：单缓冲区生产者和消费者的同步问题。

利用信号量 mutex 的初值为 1 来实现互斥，如图 4-4 所示。

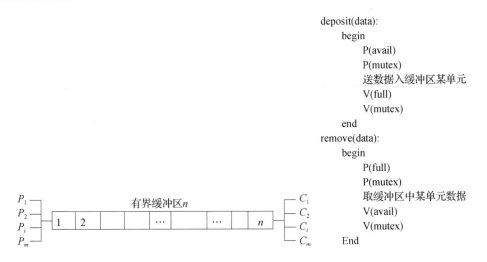

```
deposit(data):
    begin
        P(avail)
        P(mutex)
        送数据入缓冲区某单元
        V(full)
        V(mutex)
    end
remove(data):
    begin
        P(full)
        P(mutex)
        取缓冲区中某单元数据
        V(avail)
        V(mutex)
    End
```

图 4-4　生产者和消费者的同步问题

4. 死锁

进程管理是操作系统的核心，但如果设计不当，就会出现死锁的问题。

如果一个进程在等待一件不可能发生的事，进程就会产生死锁。而如果一个或多个进程产生死锁，就会造成系统死锁。

5. 线程

线程是操作系统进程中能够独立执行的实体（控制流），是处理器调度和分派的基本单位。线程是进程的组成部分，每个进程内允许包含多个并发执行的实体（控制流），这就是多线程。同一个进程中的所有线程共享进程获得的主存空间和资源，但不拥有资源。

线程的主要特性如下：

1）并发性：同一进程的多个线程可在一个或多个处理器上并发或并行地执行，而进程之间的并发执行演变为不同进程的线程之间的并发执行。

2）共享性：同一个进程中的所有线程共享，但不拥有进程的状态和资源，且驻留在进程的同一个主存地址空间中，可以访问相同的数据。所以，需要有线程之间的通信和同步机制，但通信和同步的实现十分方便。

3）动态性：线程是程序在相应数据集上的一次执行过程，由创建而产生，至撤销而消亡，有其生命周期，经历各种状态的变化。每个进程被创建时，至少同时为其创建一个线程，需要时线程可以再创建其他线程。

4）结构性：线程是操作系统中的基本调度和分派单位，因此它具有唯一的标识符和线程控制块，其中应包含调度所需的一切信息。

4.1.3.3 存储管理

1. 实存管理

分区存储管理的核心思想：把主存的用户区划分成若干个区域，每个区域分配给一个用户作业使用，并限定它们只能在自己的区域中运行。

按划分方式不同可分为：

1）固定分区：是一种静态分区方式，在系统生成时已将主存划分为若干个分区，每个分区的大小可不等。

2）可变分区：是一种动态分区方式，存储空间的划分是在作业载入时进行的，故分区的个数是可变的，分区的大小刚好等于作业的大小。

可变分区的请求和释放分区主要有如下4种算法：

① 最佳适应算法：选择等于或最接近作业需求的内存自由区进行分配。这种方法可以减少碎片，但同时也可能带来更多无法再用的碎片。

② 首次适应算法：从主存低地址开始，寻找第一个可用（即大于等于作业需求的内存）的自由区。这种方法可以实现快速分配，缩短查找时间。

③ 最差适应算法：选择整个主存中最大的内存自由区。

④ 循环首次适应算法：是首次适应法的一个变种，也就是不再是每次都从头开始匹配，而是连续向下匹配。

3）可重定位分区：移动所有已分配好的分区，使之成为连续区域。

2. 虚存管理

在程序载入内存时，只载入一部分，然后程序开始执行。当需要的内容并未载入时，由操作系统将所需部分载入内存。当部分程序内容暂时不需要使用时，由操作系统将其调出内存，以腾出空间。如此，系统好像为用户提供了一个比实际内存大得多的存储器，称为虚拟存储器。若采用连续分配的方式，将会使部分内存空间暂时或永久地处于空闲状态，造成内存浪费。因此，虚拟内存技术的实现需要建立在离散分配的内存管理方式上。虚存管理方式有分页存储管理、分段存储管理、段页式存储管理等。其比较如表4-2所示。

我们可以看出，分段是信息的逻辑单位，由源程序的逻辑结构所决定，用户可见，段长可根据用户需要来规定，段起始地址可从任何主存地址开始。在分段方式中，源程序（段号，段内位移）经链接装配后地址仍保持二维结构。分页是信息的物理单位，与源程序的逻辑结构无关，用户不可见，页长由系统确定，页面只能以页大小的整倍数地址开始。在分页方式中，源程序（页号，页内位移）经链接装配后地址变成了一维结构。

表4-2 虚存管理方式的比较

功 能	单一连续区	分区式		页式		段式	段页式
		固定分区	可变公区	静态	动态		
适用环境	单道	多道		多道		多道	多道
虚拟空间	一维	一维		一维		二维	二维
重定位方式	静态	静态、动态		动态		动态	动态
分配方式	静态分配连续区	静态、动态分配连续区		静态或动态页为单位，非连续		动态分配段为单位，非连续	动态分配页为单位，非连续

（续）

功能	单一连续区	分区式		页式		段式	段页式
		固定分区	可变公区	静态	动态		
释放	执行完成后全部释放	执行完成后全部释放	分区释放	执行完成后释放	淘汰与执行完成后释放	淘汰与执行完成后释放	淘汰与执行完成后释放
保护	越界保护或没有	越界保护与保护键		越界保护与控制权保护		同左	同左
内存扩充	覆盖与交换技术	同左		同左	外存、内存统一管理的虚存	同左	同左
共享	不能	不能		较难		方便	方便
硬件支持	保护用寄存器	保护用寄存器，重定位机构实现逻辑地址与物理地址转换		地址变换机构 中断机构 保护机构		段式地址变换机构，保护与中断，动态连接机构	同左

4.1.3.4 文件管理

1. 文件目录

一个文件的文件名和对该文件实施控制管理的说明信息称为该文件的目录。

文件目录可分为：

● 单级目录。优点：简单、易实现。缺点：限制了用户对文件的命名，文件平均检索时间长，限制了对文件的共享。

● 二级目录。优点：解决了文件的重名问题和文件共享问题。若采用用户名|文件名，则会导致查找时间减少。缺点：增加了系统开销。

● 多级目录。优点：层次结构清晰，便于管理和保护；有利于文件分类；解决重名问题；提高文件检索速度；能进行存取权限的控制。缺点：查找一个文件按路径名逐层检查，由于每个文件都放在外存，多次访盘影响速度。

2. 文件管理

1）文件系统的概念：文件系统是操作系统中负责存取和管理信息的模块，它用统一的方式管理用户和系统信息的存储、检索、更新、共享和保护，并为用户提供一整套方便有效的文件使用和操作方法。

2）按文件性质和用途分类：系统文件、用户文件、库文件。

3）文件的物理结构：文件的物理结构和组织是指逻辑文件在物理存储空间中的存放方法和组织关系。文件的存储结构涉及块的划分、记录的排列、索引的组织、信息的搜索，其优劣直接影响文件系统的性能。

① 连续文件：连续文件存储如图 4-5 所示。

优点：简单，支持顺序存取和随机存取，顺序存取速度快，所需的磁盘寻道次数和寻道时间最少。

缺点：建立文件前需要能预先确定文件长度，以便分配存储空间；修改、插入和增生文件记录有困难；对直接存储器进行连续分配会造成少量空闲块的浪费。

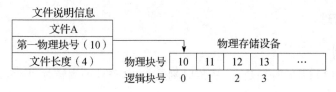

图 4-5　连续文件存储

② 串联文件：串联文件存储如图 4-6 所示。

优点：提高了磁盘空间利用率，不存在外部碎片问题；有利于文件插入和删除；有利于文件动态扩充。

缺点：存取速度慢，不适合随机存取；可靠性问题，如指针出错；更多的寻道次数和寻道时间；链接指针占用一定的空间。

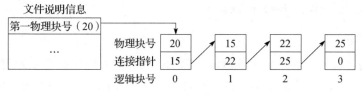

图 4-6　串联文件存储

③ 索引文件：索引文件存储如图 4-7 所示。

优点：保持了链接结构的优点，又解决了其缺点：既能顺序存取，又能随机存取；满足了文件动态增长、插入删除的要求，也能充分利用外存空间。

缺点：较多的寻道次数和寻道时间；索引表本身带来了系统开销，如内外存空间、存取时间。

3. 文件系统的层次模型

现代操作系统有多种文件系统类型（如 FAT32、NTFS、EXT2、EXT3、EXT4 等），因此文件系统的层次结构也不尽相同。如图 4-8 所示是合理的层次结构。

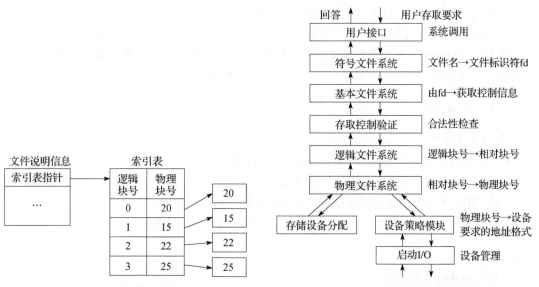

图 4-7　索引文件存储　　　　图 4-8　文件系统的层次模型

4.1.3.5 作业管理

1. 作业周转时间

如果作业 i 提交给系统的时刻是 t_s，完成时刻是 t_f，该作业的周转时间 t_i 为：

$$t_i = t_f - t_s$$

实际上，它是作业在系统里的等待时间与运行时间之和。为了提高系统的性能，要让若干个用户的平均作业周转时间和平均带权周转时间最小。

平均作业周转时间：$T = (\sum t_i)/n$。

如果作业 i 的周转时间为 t_i，所需运行时间为 t_k，则称 $w_i = t_i/t_k$ 为该作业的带权周转时间。t_i 是等待时间与运行时间之和，故带权周转时间总大于 1。

平均作业带权周转时间：$W = (\sum w_i)/n$。

2. 作业调度算法

1）先来先服务（First Come First Service，FCFS）算法：按照作业进入系统的先后次序来挑选作业，先进入系统的作业优先被挑选。算法容易实现，效率不高，只顾及作业等候时间，没考虑作业要求服务时间的长短，不利于短作业而优待了长作业。

2）最短作业优先（Shortest Job First，SJF）算法：最短作业优先算法以进入系统的作业所要求的 CPU 时间为标准，总选取估计计算时间最短的作业投入运行。算法易于实现，效率不高，主要弱点是忽视了作业等待时间，出现饥饿现象。

以上两者的比较：最短作业优先算法的平均作业周转时间比先来先服务算法要小，故它的调度性能比先来先服务算法好。

3）最高响应比优先算法：作业进入系统后的等待时间与估计运行时间之比称作响应比，现定义：响应比＝1+已等待时间/估计运行时间。这种算法是根据确定的优先数来选取作业的，每次总是选择优先数高的作业。规定用户作业优先数的方法：一种是由用户自己提出作业的优先数，另一种是由系统综合考虑有关因素来确定用户作业的优先数。

4）分类调度算法：预先按一定原则把作业划分成若干类，以达到均衡使用系统资源和兼顾大小作业的目的。分类原则包括作业计算时间、对内存的需求、对外围设备的需求等。作业调度时还可为每类作业设置优先级，从而照顾到同类作业中的轻重缓急。

4.1.3.6 设备管理

1. 设备管理概述

1）按设备的使用特性分类，分为存储设备和 I/O 设备。

2）按信息交换单位分类，分为字符设备和块设备。

3）按传输速率分类，分为低速设备、中速设备和高速设备。

4）按设备的共享属性分类，分为独占设备、共享设备和虚拟设备。

2. I/O 软件

1）引入缓冲的主要原因：

① 改善 CPU 与 I/O 设备间速度不匹配的矛盾。

② 可以减少对 CPU 的中断频率，放宽对中断响应时间的限制。

③ 提高 CPU 和 I/O 设备之间的并行性。

2）I/O 控制过程在系统中可以按三种方式实现：

① 作为请求 I/O 操作的进程的一部分实现。

② 作为当前进程的一部分实现。

③ I/O 控制由专门的系统进程——I/O 进程完成。

3）I/O 进程也可分为三种方式实现：

① 每类（个）设备设一个专门的 I/O 进程，该进程只能在系统状态下执行。

② 整个系统设一个 I/O 进程，全面负责系统的数据传送工作。

③ 每类（个）设备设一个专门的 I/O 进程，但该进程可在用户态下执行，也可在系统态下执行。

4.2　真题精解

4.2.1　真题练习

1）如果系统采用信箱通信方式，当进程调用发送原语被设置成"等信箱"状态时，其原因是_____。

  A. 指定的信箱不存在　　　　　　B. 调用时没有设置参数

  C. 指定的信箱中无信件　　　　　　D. 指定的信箱中存满了信件

2）若在系统中有若干个互斥资源 R 和 6 个并发进程，每个进程都需要两个资源 R，那么使系统不发生死锁的资源 R 的最少数目为_____。

  A. 6　　　　　　B. 7　　　　　　C. 9　　　　　　D. 12

3）某进程有 5 个页面，页号为 0~4，页面变换表如表 4-3 所示。表中的状态位等于 0 和 1 分别表示页面不在内存和在内存。若系统给该进程分配了 3 个存储块，当访问的页面 3 不在内存时，应该淘汰表中页号为 ___①___ 的页面。

表4-3　页面变换表

页号	页帧号	状态位	访问位	修改位
0	3	1	1	0
1	—	0	0	0
2	4	1	1	1
3	—	0	0	0
4	1	1	1	1

  ① A. 0　　　　　　B. 1　　　　　　C. 2　　　　　　D. 4

假定页面大小为 4KB，逻辑地址为十六进制 2C25H，则该地址经过变换后，其物理地址应为十六进制的 ② 。

② A. 2C25H   B. 4096H   C. 4C25H   D. 8C25H

4）假设某磁盘的每个磁道划分成 9 个物理块，每块存放 1 个逻辑记录。逻辑记录 R0, R1, …, R8 存放在同一个磁道上，记录的安排顺序如表 4-4 所示。

表4-4　安排顺序图

物理块	1	2	3	4	5	6	7	8	9
逻辑记录	R0	R1	R2	R3	R4	R5	R6	R7	R8

如果磁盘的旋转速度为 27ms/周，磁头当前处在 R0 的开始处。若系统顺序处理这些记录，使用单缓冲区，每个记录处理时间为 3ms，则处理这 9 个记录的最长时间为 ① ；对信息存储进行优化分布后，处理 9 个记录的最少时间为 ② 。

① A. 54ms   B. 108ms   C. 222ms   D. 243ms
② A. 27ms   B. 54ms   C. 108ms   D. 216ms

5）进程 P1、P2、P3、P4 和 P5 的前驱图如图 4-9 所示。若用 PV 操作控制进程 P1～P5 并发执行的过程，则需要设置 6 个信号量 S1、S2、S3、S4、S5 和 S6，且信号量 S1～S6 的初值都等于 0。在图 4-10 中，a 和 b 处应分别填写 ① ，c 和 d 处应分别填写 ② ，e 和 f 处应分别填写 ③ 。

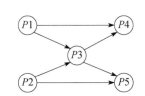

图4-9　进程前驱图

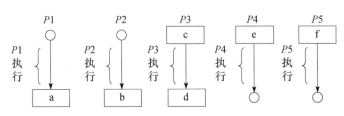

图4-10　进程 PV 操作图

① A. $P(S1)\ P(S2)$ 和 $P(S3)P(S4)$ B. $P(S1)\ V(S2)$ 和 $P(S2)\ V(S1)$
   C. $V(S1)\ V(S2)$ 和 $V(S3)\ V(S4)$ D. $P(S1)\ P(S2)$ 和 $V(S1)\ V(S2)$

② A. $P(S1)\ P(S2)$ 和 $V(S3)\ V(S4)$ B. $P(S1)\ P(S3)$ 和 $V(S5)\ V(S6)$
   C. $V(S1)\ V(S2)$ 和 $P(S3)\ P(S4)$ D. $P(S1)\ V(S3)$ 和 $P(S2)\ V(S4)$

③ A. $P(S3)\ P(S4)$ 和 $V(S5)V(S6)$ B. $V(S5)\ V(S6)$ 和 $P(S5)\ P(S6)$
   C. $P(S2)\ P(S5)$ 和 $P(S4)\ P(S6)$ D. $P(S4)\ V(S5)$ 和 $P(S5)\ V(S6)$

6）某磁盘磁头从一个磁道移至另一个磁道需要 10ms。文件在磁盘上非连续存放，逻辑上相邻数据块的平均移动距离为 10 个磁道，每块的旋转延迟时间及传输时间分别为 100ms 和 2ms，则读取一个 100 块的文件需要_____ms 时间。

    A. 10 200   B. 11 000   C. 11 200   D. 20 200

7）某文件系统采用多级索引结构，若磁盘块的大小为 512B，每个块号需占 3B，那么根索引采用一级索引时的文件最大长度为 ① KB；采用二级索引时的文件最大长度为 ② KB。

    ① A. 85   B. 170   C. 512   D. 1024

    ② A. 512   B. 1024   C. 14 450   D. 28 900

8）某文件管理系统在磁盘上建立了位示图（Bitmap），记录磁盘的使用情况。若系统的字长为 32 位，磁盘上的物理块依次编号为 0，1，2，…，那么 4096 号物理块的使用情况在位示图中的第 ① 个字中描述。若磁盘的容量为 200GB，物理块的大小为 1MB，那么位示图的大小为 ② 个字。

    ① A. 129   B. 257   C. 513   D. 1025

    ② A. 600   B. 1200   C. 3200   D. 6400

9）系统中有 R 资源 m 个，现有 n 个进程互斥使用。若每个进程对 R 资源的最大需求为 w，那么当 m、n、w 分别取表 4-5 中的值时，对于图中的①～⑥种情况， ① 可能会发生死锁。若将这些情况的 m 分别加上 ② ，则系统不会发生死锁。

表4-5　进程资源数

参数	①	②	③	④	⑤	⑥
m	3	3	5	5	6	6
n	2	3	2	3	3	4
w	2	2	3	3	3	2

    ① A.①②⑤   B.③④⑤   C.②④⑤   D.②④⑥

    ② A. 1、1 和 1   B. 1、1 和 2   C. 1、1 和 3   D. 1、2 和 1

10）某系统采用请求页式存储管理方案，假设某进程有 6 个页面，系统给该进程分配了 4 个存储块，其页面变换表如表 4-6 所示，表中的状态位等于 1 或 0 分别表示页面在内存或不在内存。当该进程访问的页面 2 不在内存时，应该淘汰表中页号为 ① 的页面。假定页面大小为 4KB，逻辑地址为十六进制 3C18H，该地址经过变换后的页帧号为 ② 。

表4-6　页面变换表

页号	页帧号	状态位	访问位	修改位
0	5	1	1	1
1	—	0	0	0
2	—	0	0	0
3	2	1	1	0
4	8	1	1	1
5	12	1	0	0

    ① A. 0   B. 3   C. 4   D. 5

    ② A. 2   B. 5   C. 8   D. 12

11）某企业生产流水线共有两位生产者，生产者甲不断地将其工序上加工的半成品放入半成品箱，生产者乙从半成品箱取出继续加工。假设半成品箱可存放 n 件半成品，采用 PV 操作实现生产者甲和生产者乙的同步，可以设置三个信号量 S、$S1$ 和 $S2$，其同步模型如图 4-11 所示。

信号量 S 是一个互斥信号量，初值为 ① ；$S1$、$S2$ 的初值分别为 ② 。

① A. 0　　　　　　　B. 1　　　　　　　C. n　　　　　　　D. 任意正整数

② A. n、0　　　　　B. 0、n　　　　　C. 1、n　　　　　D. n、1

12）若某文件系统的目录结构如图 4-12 所示，假设用户要访问文件 fl.java，且当前工作目录为 Program，则该文件的全文件名为 ① ，其相对路径为 ② 。

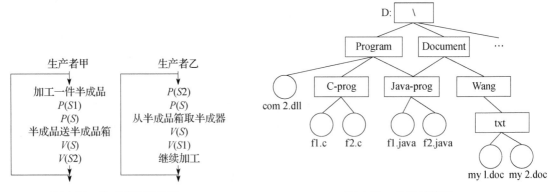

图 4-11　生产者同步模型　　　　　　　　图 4-12　目录结构图

① A. fl.java　　　　　　　　　　　　B. \Document\Java-prog\fl.java

　　C. D:\Program\Java-prog\fl .java　　D. \Program\Java-prog\fl .java

② A. Java-prog\　　　　　　　　　　B. \Java-prog\

　　C. Program\Java-prog　　　　　　D. \Program\Java-prog\

13）假设磁盘每磁道有 18 个扇区，系统刚完成了 10 号柱面的操作，当前移动臂在 13 号柱面上，进程的请求序列如表 4-7 所示。若系统采用 SCAN（扫描）调度算法，则系统响应序列为 ① ；若系统采用 CSCAN（单向扫描）调度算法，则系统响应序列为 ② 。

表4-7　进程请求序列

请求序列	柱面号	磁头号	扇区号
①	15	8	9
②	20	6	5
③	30	9	6
④	20	10	5
⑤	5	4	5
⑥	2	7	4
⑦	15	8	1
⑧	6	3	10
⑨	8	7	9
⑩	15	10	4

① A. ⑦⑩①②④③⑨⑧⑤⑥　　　　　　B. ①⑦⑩②③④⑥⑤⑧⑨

C. ⑦⑩①②④③⑥⑤⑧⑨　　　　　D. ①⑦⑩②③④⑧⑨⑥⑤

② A. ⑦⑩①②④③⑨⑧⑤⑥　　　　　B. ①⑦⑩②③④⑥⑤⑧⑨

C. ⑦⑩①②④③⑥⑤⑧⑨　　　　　D. ①⑦⑩②③④⑧⑨⑥⑤

14）若某企业拥有的总资金数为 15，投资 4 个项目 $P1$、$P2$、$P3$、$P4$，各项目需要的最大资金数分别是 6、8、8、10，企业资金情况如图 4-13 所示。$P1$ 新申请 2 笔资金，$P2$ 新申请 1 笔资金，若企业资金管理处为项目 $P1$ 和 $P2$ 分配新申请的资金，则 $P1$、$P2$、$P3$、$P4$ 尚需的资金数分别为 ___①___，假设 $P1$ 已经还清所有投资款，企业资金使用情况如图 4-14 所示，那么企业的可用资金数为 ___②___。若在图 4-14 所示的情况下，企业资金管理处为 $P2$、$P3$、$P4$ 各分配资金数 2、2、3，则分配后 $P2$、$P3$、$P4$ 已用资金数分别为___③___。

项目	最大资金	已用资金	尚需资金
$P1$	6	2	4
$P2$	8	3	5
$P3$	8	2	6
$P4$	10	3	7

图 4-13　企业资金情况

项目	最大资金	已用资金	尚需资金
$P1$	—		—
$P2$	8	3	5
$P3$	8	2	6
$P4$	10	3	7

图 4-14　企业资金使用情况

① A. 1、3、6、7，可用资金数为 0，故资金周转状态是不安全的
　 B. 2、5、6、7，可用资金数为 1，故资金周转状态是不安全的
　 C. 2、4、6、7，可用资金数为 2，故资金周转状态是安全的
　 D. 3、3、6、7，可用资金数为 2，故资金周转状态是安全的
② A. 4　　　　　B. 5　　　　　C. 6　　　　　D. 7
③ A. 3、2、3，尚需资金数分别为 5、6、7，故资金周转状态是安全的
　 B. 5、4、6，尚需资金数分别为 3、4、4，故资金周转状态是安全的
　 C. 3、2、3，尚需资金数分别为 5、6、7，故资金周转状态是不安全的
　 D. 5、4、6，尚需资金数分别为 3、4、4，故资金周转状态是不安全的

15）某系统中仅有 5 个并发进程竞争某类资源，且都需要 3 个该类资源，那么至少有_____个该类资源才能保证系统不会发生死锁。
　 A. 9　　　　　B. 10　　　　　C. 11　　　　　D. 15

16）某计算机系统中有一个 CPU、一台输入设备和一台输出设备，假设系统中有三个作业 T_1、T_2 和 T_3，系统采用优先级调度，且 T_1 的优先级>T_2 的优先级>T_3 的优先级。若每个作业具有三个程序段——输入 I_i、计算 C_i 和输出 P_i（$i=1, 2, 3$），执行顺序为 I_i、C_i、P_i，则这三个作业各程序段并

发执行的前驱图如图 4-15 所示。图中①、②分别为___①___，③、④分别为___②___，⑤、⑥分别为___③___。

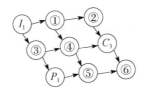

图 4-15　程序段并发执行前驱图

① A. I_2、C_2　　　　B. I_2、I_3　　　　C. C_1、P_3　　　　D. C_2、P_2

② A. C_1、C_2　　　　B. I_2、C_1　　　　C. I_3、P_3　　　　D. C_1、P_2

③ A. I_3、C_2　　　　B. I_2、C_1　　　　C. P_2、P_3　　　　D. C_1、P_2

17）设文件索引节点中有 8 个地址项，每个地址项大小为 4 字节，其中 5 个地址项为直接地址索引，2 个地址项是一级间接地址索引，1 个地址项是二级间接地址索引，磁盘索引块和磁盘数据块大小均为 1KB。若要访问文件的逻辑块号分别为 5 和 518，则系统应分别采用___①___，而且可表示的单个文件最大长度是___②___KB。

① A. 直接地址索引和一级间接地址索引

　　B. 直接地址索引和二级间接地址索引

　　C. 一级间接地址索引和二级间接地址索引

　　D. 一级间接地址索引和一级间接地址索引

② A. 517　　　　　　　B. 1029　　　　　　　C. 16 513　　　　　　D. 66 053

18）假设某分时系统采用简单时间片轮转法，当系统中的用户数为 n、时间片为 q 时，系统对每个用户的响应时间 T 为_____。

A. n　　　　　　　B. q　　　　　　　C. $n \times q$　　　　　　D. $n+q$

19）在支持多线程的操作系统中，假设进程 P 创建了若干个线程，那么_____是不能被这些线程共享的。

A. 该进程的代码段　　　　　　　　B. 该进程中打开的文件

C. 该进程的全局变量　　　　　　　D. 该进程中某线程的栈指针

20）进程资源图如图 4-16a 和图 4-16b 所示，其中图 a 中___①___；图 b 中___②___。

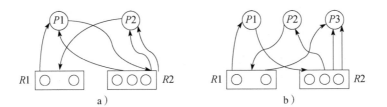

图 4-16　进程资源图

① A. $P1$ 是非阻塞节点，$P2$ 是阻塞节点，所以该图不可以化简，是死锁的

　　B. $P1$、$P2$ 都是阻塞节点，所以该图不可以化简，是死锁的

C. $P1$、$P2$ 都是非阻塞节点，所以该图可以化简，是非死锁的

D. $P1$ 是阻塞节点，$P2$ 是非阻塞节点，所以该图不可以化简，是死锁的

② A. $P1$、$P2$、$P3$ 都是非阻塞节点，所以该图可以化简，是非死锁的

B. $P1$、$P2$、$P3$ 都是阻塞节点，所以该图不可以化简，是死锁的

C. $P2$ 是阻塞节点，$P1$、$P3$ 是非阻塞节点，所以该图可以化简，是非死锁的

D. $P1$、$P2$ 是非阻塞节点，$P3$ 是阻塞节点，所以该图不可以化简，是死锁的

21）假设内存管理采用可变式分区分配方案，系统中有 5 个进程 $P1 \sim P5$，且某一时刻内存使用情况如图 4-17 所示（图中空白处表示未使用分区）。此时，若 $P5$ 进程运行完并释放其占有的空间，则释放后系统的空闲区数应 ① ；造成这种情况的原因是 ② 。

分区号	进程
0	$P1$
1	$P2$
2	
3	$P4$
4	$P3$
5	
6	$P5$
7	

图 4-17 内存使用情况

① A. 保持不变   B. 减 1   C. 加 1   D. 置零

② A. 无上邻空闲区，也无下邻空闲区   B. 有上邻空闲区，但无下邻空闲区

C. 无上邻空闲区，但有下邻空闲区   D. 有上邻空闲区，也有下邻空闲区

22）假设系统采用 PV 操作实现进程同步与互斥，若有 n 个进程共享一台扫描仪，那么当信号量 S 的值为 -3 时，表示系统中有 _____ 个进程等待使用扫描仪。

A. 0   B. $n-3$ C. 3   D. n

23）假设段页式存储管理系统中的地址结构如图 4-18 所示，则系统中 _____ 。

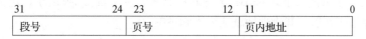

31 24	23 12	11 0
段号	页号	页内地址

图 4-18 段页式存储管理系统中的地址结构

A. 页的大小为 4KB，每段的大小均为 4096 页，最多可有 256 段

B. 页的大小为 4KB，每段最大允许有 4096 页，最多可有 256 段

C. 页的大小为 8KB，每段的大小均为 2048 页，最多可有 128 段

D. 页的大小为 8KB，每段最大允许有 2048 页，最多可有 128 段

24）某文件管理系统采用位示图记录磁盘的使用情况。如果系统的字长为 32 位，磁盘物理块的大小为 4MB，物理块依次编号为 0、1、2，位示图字依次编号为 0、1、2，那么 16385 号物理块的使用情况在位示图中的第 ① 个字中描述；如果磁盘的容量为 1000GB，那么位示图需要 ② 个字

来表示。

① A. 128   B. 256   C. 512   D. 1024

② A. 1200   B. 3200   C. 6400   D. 8000

25）假设系统中有三类互斥资源 R1、R2 和 R3，可用资源数分别为 10、5 和 3。在 T0 时刻，系统中有 P1、P2、P3、P4 和 P5 五个进程，这些进程对资源的最大需求量和已分配资源数如表 4-8 所示，此时系统剩余的可用资源数分别为___①___。如果进程按___②___序列执行，那么系统状态是安全的。

表4-8　进程对资源的最大需求量和已分配资源数

进程	资源的最大需求量			已分配资源数		
	R1	R2	R3	R1	R2	R3
P1	5	3	1	1	1	1
P2	3	2	0	2	1	0
P3	6	1	1	3	1	0
P4	3	3	2	1	1	1
P5	2	1	1	1	1	0

① A. 1、1 和 0   B. 1、1 和 1   C. 2、1 和 0   D. 2、0 和 1

② A. $P1 \rightarrow P2 \rightarrow P4 \rightarrow P5 \rightarrow P3$ B. $P5 \rightarrow P2 \rightarrow P4 \rightarrow P3 \rightarrow P1$

C. $P4 \rightarrow P2 \rightarrow P1 \rightarrow P5 \rightarrow P3$ D. $P5 \rightarrow P1 \rightarrow P4 \rightarrow P2 \rightarrow P3$

26）设计操作系统时不需要考虑的问题是_____。

A. 计算机系统中硬件资源的管理   B. 计算机系统中软件资源的管理

C. 用户与计算机之间的接口   D. 语言编译器的设计实现

27）假设某计算机系统中资源 R 的可用数为 6，系统中有 3 个进程竞争 R，且每个进程都需要 i 个 R，该系统可能会发生死锁的最小 i 值是___①___。若信号量 S 的当前值为-2，则 R 的可用数和等待 R 的进程数分别为___②___。

① A. 1   B. 2   C. 3   D. 4

② A. 0、0   B. 0、1   C. 1、0   D. 0、2

28）某计算机系统页面大小为 4KB，若进程的页面变换表如表 4-9 所示，逻辑地址为十六进制 1D16H。该地址经过变换后，其物理地址应为十六进制_____。

表4-9　进程的页面变换表

页号	物理块号
0	1
1	3
2	4
3	6

A. 1024H   B. 3D16H   C. 4Dl6H   D. 6D16H

29）若某文件系统的目录结构如图 4-19 所示，假设用户要访问文件 fault.swf，且当前工作目录为 swshare，则该文件的全文件名为___①___，相对路径和绝对路径分别为___②___。

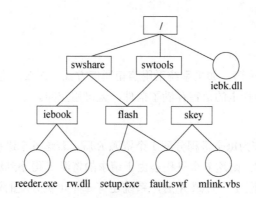

图 4-19 文件系统的目录结构

① A. fault.swf   B. flash\fault.swf
  C. swshare\flash\fault.swf   D. \swshare\flash\fault.swf
② A. swshare\flash\ 和 \flash   B. flash\ 和 \swshare\flash
  C. \swshare\flash\ 和 \flash   D. \flash\ 和 \swshare\flash

30）假设系统采用 PV 操作实现进程同步与互斥。若 n 个进程共享两台打印机，则信号量 S 的取值范围为_____。
  A. -2～n B. -(n-1)～1   C. -(n-1)～2   D. -(n-2)～2

31）假设磁盘块与缓冲区大小相同，每个磁盘块读入缓冲区的时间为 10μs，由缓冲区送至用户区的时间是 5μs，系统对每个磁盘块数据的处理时间为 2μs。若用户需要将大小为 10 个磁盘块的 Doc1 文件逐块从磁盘读入缓冲区，并送至用户区进行处理，则采用单缓冲区需要花费的时间为___①___μs；采用双缓冲区需要花费的时间为___②___μs。
  ① A. 100   B. 107   C. 152   D. 170
  ② A. 100   B. 107   C. 152   D. 170

32）在如图 4-20 所示的进程资源图中，___①___，该进程资源图是___②___。

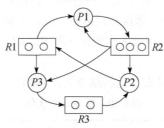

图 4-20 进程资源图

① A. $P1$、$P2$、$P3$ 都是阻塞节点   B. $P1$ 是阻塞节点，$P2$、$P3$ 是非阻塞节点
  C. $P1$、$P2$ 是阻塞节点，$P3$ 是非阻塞节点   D. $P1$、$P2$ 是非阻塞节点，$P3$ 是阻塞节点
② A. 可以化简的，其化简顺序为 $P1 \rightarrow P2 \rightarrow P3$
  B. 可以化简的，其化简顺序为 $P3 \rightarrow P1 \rightarrow P2$
  C. 可以化简的，其化简顺序为 $P2 \rightarrow P1 \rightarrow P3$
  D. 不可以化简的，因为 $P1$、$P2$、$P3$ 申请的资源都不能得到满足

4.2.2 真题讲解

1）D。

因为 Send 原语是发送原语，如果系统采用信箱通信方式，那么当进程调用 Send 原语被设置成"等信箱"状态时，意味着指定的信箱存满了信件，无可用空间。

2）B。

对于选项 A，操作系统为每个进程分配 1 个资源 R 后，若这 6 个进程再分别请求 1 个资源 R 时系统已无可供分配的资源 R，则这 6 个进程会由于请求的资源 R 得不到满足而产生死锁。对于选项 B，操作系统为每个进程分配 1 个资源 R 后，系统还有 1 个可供分配的资源 R，能满足其中一个进程的资源 R 要求并在运行完毕后释放占有的资源 R，从而使其他进程也能得到所需的资源 R 并运行完毕。

3）① A。

根据题意，页面变换表中状态位等于 0 和 1 分别表示页面不在内存和在内存，所以 0、2 和 4 号页面在内存。当访问的页面 3 不在内存时，系统应该首先淘汰未被访问的页面，因为根据程序的局部性原理，最近未被访问的页面下次被访问的概率更小；如果页面最近被访问过，应该先淘汰未修改过的页面。因为未修改过的页面内存与辅存一致，故淘汰时无须写回辅存，使系统页面置换代价更小。经上述分析，0、2 和 4 号页面都是最近被访问过的，但 2 和 4 号页面都被修改过，而 0 号页面未修改过，故应该淘汰 0 号页面。

② C。

根据题意，页面大小为 4KB，逻辑地址为十六进制 2C25H，其页号为 2，页内地址为 C25H，查页表后可知页帧号（物理块号）为 4，该地址经过变换后，其物理地址应为页帧号 4 拼上页内地址 C25H，即十六进制 4C25H。

4）① C。

② B。

系统读记录的时间为 27/9=3ms。对于第一种情况，系统读出并处理记录 R1 之后，将转到记录 R3 的开始处，所以为了读出记录 R2，磁盘必须再转一圈，需要 27ms（转一圈）的时间。这样，处理 9 个记录的总时间应为 222ms。处理前 8 个记录（即 R1，R2，…，R8）的总时间再加上读 R9 的时间：$8 \times 27ms+6ms=222ms$。

对于第二种情况，对信息进行分布优化的结果如表 4-10 所示。

表4-10　信息分布优化

物理块	1	2	3	4	5	6	7	8	9
逻辑记录	R1	R6	R2	R7	R3	R8	R4	R9	R5

从表 4-10 可以看出，当读出记录 R1 并处理结束后，磁头刚好转至 R2 记录的开始处，立即就可以读出并处理，因此处理 9 个记录的总时间为：

$$9 \times （3ms（读记录）+3ms（处理记录））=9 \times 6ms=54ms$$

5）① C。

② B。

③ C。

因为 P1 是 P3 和 P4 的前驱，当 P1 执行完成后，应通知 P3 和 P4，故应采用 $V(S1)$ $V(S2)$ 操作分别通知 P3 和 P4；同理，P2 是 P3 和 P5 的前驱，当 P2 执行完后，应通知 P3 和 P5，故应采用 $V(S3)V(S4)$ 操作分别通知 P3 和 P5。

因为 P3 是 P1 和 P2 的后继，在 P3 执行前应测试 P1 和 P2 是否执行完，故应采用 $P(S1)$ $P(S3)$ 操作分别测试 P1 和 P2 是否执行完；又因为 P3 是 P4 和 P5 的前驱，当 P3 执行完应通知 P4 和 P5，故应采用 $V(S5)V(S6)$ 操作分别通知 P4 和 P5。

因为 P4 是 P1 和 P3 的后继，在 P4 执行前应测试 P1 和 P3 是否执行完，故应采用 $P(S2)$ $P(S5)$ 操作分别测试 P1 和 P3 是否执行完；又因为 P5 是 P2 和 P3 的前驱的后继，在 P5 执行前应测试 P2 和 P3 是否执行完，故应采用 $P(S4)$ $P(S6)$ 操作分别测试 P2 和 P3 是否执行完。

6）D。

访问一个数据块的时间应为寻道时间加旋转延迟时间及传输时间。根据题意，每块的旋转延迟时间及传输时间共需 102ms，磁头从一个磁道移至另一个磁道需要 10ms，但逻辑上相邻数据块的平均距离为 10 个磁道，即读完一个数据块到下一个数据块的寻道时间需要 100ms。通过上述分析，本题访问一个数据块的时间应为 202ms，而读取一个 100 块的文件共需 20 200ms，因此本题的正确答案为 D。

7）① A。

② C。

根据题意，磁盘块的大小为 512B，每个块号需占 3B，因此一个磁盘物理块可存放 512/3=170 个块号。

根索引采用一级索引时文件的最大长度为：

$$170 \times 512/1024 = 87\ 040/1024 = 85\text{KB}$$

根索引采用二级索引时的文件最大长度为：

$$170 \times 170 \times 512/1024 = 28\ 900 \times 512/1024 = 14\ 450\text{KB}$$

8）① A。

② D。

根据题意，系统中字长为 32 位，可记录 32 个物理块的使用情况，这样 0～31 号物理块的使用情况在位示图中的第 1 个字中描述，32～63 号物理块的使用情况在位示图中的第 2 个字中描述，以此类推，4064～4095 号物理块的使用情况在位示图中的第 128 个字中描述，4096～4127 号物理块的使用情况在位示图中的第 129 个字中描述。

根据题意，若磁盘的容量为 200GB，物理块的大小为 1MB，那么该磁盘就有 204 800 个物理块（即 200×1024），位示图的大小为 204 800/32=6400 个字。

9）① C。

② D。

情况①不会发生死锁：已知系统资源 R 的数目等于 3，进程数等于 2，每个进程对资源 R 的最大需求为 2。若系统为 2 个进程各分配 1 个资源，系统可供分配的剩余资源数等于 1，则可以保证 1 个进程得到所需资源并运行完毕。当该进程释放资源后，又能保证另一个进程运行完毕，故系统不会发生死锁。

情况②会发生死锁：已知系统资源 R 的数目等于 3，进程数等于 3，每个进程对资源 R 的最大需求为 2。若系统为 3 个进程各分配 1 个资源，系统可供分配的剩余资源数等于 0，则无法保证进程得到所需资源运行完毕，故系统会发生死锁。

情况③不会发生死锁：已知系统资源 R 的数目等于 5，进程数等于 2，每个进程对资源 R 的最大需求为 3。若系统为两个进程各分配两个资源，系统可供分配的剩余资源数等于 1，则可以保证 1 个进程得到所需资源运行完毕。当该进程释放资源后，又能保证另一个进程运行完毕，故系统不会发生死锁。

情况④会发生死锁：已知系统资源 R 的数目等于 5，进程数等于 3，每个进程对资源 R 的最大需求为 3。若系统为 3 个进程分别分配 2、2 和 1 个资源，系统可供分配的剩余资源数等于 0，则无法保证进程得到所需资源运行完毕，故系统会发生死锁。

情况⑤会发生死锁：已知系统资源 R 的数目等于 6，进程数等于 3，每个进程对资源 R 的最大需求为 3。若系统为 3 个进程各分配 2 个资源，系统可供分配的剩余资源数等于 0，则无法保证进程得到所需资源运行完毕，故系统会发生死锁。

情况⑥不会发生死锁：已知系统资源 R 的数目等于 6，进程数等于 4，每个进程对资源 R 的最大需求为 2。若系统为 4 个进程各分配 1 个资源，系统可供分配的剩余资源数等于 2，则可以保证 2 个进程得到所需资源运行完毕。当该进程释放资源后，又能保证剩余 2 个进程运行完毕，故系统不会发生死锁。

10) ① D。

② A。

在请求页式存储管理方案中，当访问的页面不在内存时需要置换页面，置换页面的原则如表 4-6 所示，即最先置换访问位和修改位为 00 的页，其次是访问位和修改位为 01 的页，然后是访问位和修改位为 10 的页，最后才置换访问位和修改位为 11 的页。因此，本题当该进程访问的页面 2 不在内存时，应该淘汰表中页号为 5 的页面。

由于 3C18H = 3000 + 0C18，因此该地址对应的页号为 3，根据页面变换表，经变换后的页帧号为 2。

11) ① B。

② A。

由于信号量 S 是一个互斥信号量，表示半成品箱当前有无生产者使用，所以初值为 1。

信号量 $S1$ 表示半成品箱容量，故其初值为 n。当生产者甲不断地将其工序上加工的半成品放入半成品箱时，应该先测试半成品箱是否有空位，故生产者甲使用 $P(S1)$。信号量 $S2$ 表示半成品箱有无半成品，初值为 0。当生产者乙从半成品箱取出继续加工前，应先测试半成品箱有无半成品，故生产者乙使用 $P(S2)$。

12) ① C。

② A。

文件的全文件名应包括盘符及从根目录开始的路径名，所以从题图可以看出文件 fl.java 的全文件名为 D:\Program\Java-prog\fl.java。文件的相对路径是当前工作目录下的路径名，所以从题图可以看出文件 fl.java 的相对路径名为 Java-prog\。

13）① A。

　　② C。

当进程请求读磁盘时，操作系统先进行移臂调度，再进行旋转调度。由于系统刚完成了 10 号柱面的操作，当前移动臂在 13 号柱面上，若系统采用 SCAN（扫描）调度算法，则系统响应柱面序列为 15→20→30→8→6→5→2。

按照旋转调度的原则，进程在 15 号柱面上的响应序列为⑦→⑩→①，因为进程访问的是不同磁道上的不同编号的扇区，旋转调度总是让首先到达读写磁头位置下的扇区先进行传送操作。进程在 20 号柱面上的响应序列为②→④或④→②。对于②和④可以任选一个进行读写，因为进程访问的是不同磁道上具有相同编号的扇区，旋转调度可以任选一个读写磁头位置下的扇区进行传送操作。

从上分析可以得出按照 SCAN（扫描）调度算法的响应序列为⑦⑩①②④③⑨⑧⑤⑥。

若系统采用 CSCAN（单向扫描）调度算法，在返程时是不响应用户请求的，因此系统的柱面响应序列为 15→20→30→2→5→6→8。

可见，按照 CSCAN（单向扫描）调度算法的响应序列为⑦⑩①②④③⑥⑤⑧⑨。

14）① C。

　　② D。

　　③ D。

如题干所述，项目 $P1$ 申请 2 笔资金，$P2$ 申请 1 笔资金，则企业资金管理处分配资金后项目 $P1$、$P2$、$P3$、$P4$ 已用的资金数分别为 4、4、2、3，可用资金数为 2，故尚需的资金数分别为 2、4、6、7。由于可用资金数为 2，能保证项目 $P1$ 完成。假定项目 $P1$ 完成释放资源后，可用资金数为 6，能保证项目 $P2$ 或 $P3$ 完成。同理，项目 $P2$ 完成释放资源后，可用资金数为 10，能保证项目 $P3$ 或 $P4$ 完成，故资金周转状态是安全的。

如题干所述，因为企业的总资金数是 15，企业资金管理处为项目 $P2$、$P3$、$P4$ 已分配资金数为 3、2、3，故可用资金数为 7。

如题干所述，企业资金管理处为项目 $P2$、$P3$、$P4$ 已分配资金数为 3、2、3，若企业资金管理处又为项目 $P2$、$P3$、$P4$ 分配资金数为 2、2、3，则企业分配后项目 $P2$、$P3$、$P4$ 已用资金数分别为 5、4、6，可用资金为 0，尚需资金数分别为 3、4、4，故资金周转状态是不安全的。

15）C。

假设系统为每个进程分配了 2 个资源，对于选项 C，系统还剩余 1 个资源，能保证 5 个进程中的一个进程运行完毕。当该进程释放其占有的资源后，系统可用资源数为 3 个，能保证未完成的 4 个进程中的 3 个进程运行完毕。当这 3 个进程释放其占有的资源后，系统可用资源数为 9 个，显而易见，能确保最后一个进程运行完。

16）① B。

　　② A。

　　③ C。

前驱图是一个有向无循环图，由节点和有向边组成，节点代表各程序段的操作，而节点间的有向边表示两个程序段操作之间存在的前驱关系（→）。程序段 P_i 和 P_j 的前驱关系可表示成 $P_i \rightarrow P_j$，其中 P_i 是 P_j 的前驱，P_j 是 P_i 的后继，其含义是 P_i 执行结束后 P_j 才能执行。本题完整的前驱图如图 4-21 所示。

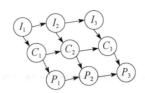

图 4-21 完整的前驱图

根据题意，I_1 执行结束后 C_1 才能执行，C_1 执行结束后 P_1 才能执行，因此 I_1 是 C_1、P_1 的前驱，（C_1 是 P_1 的前驱。可见，图中③应为 C_1。又因为计算机系统中只有一台输入设备，所以 I_1 执行结束后 I_2 和 I_3 才能执行，故 I_1 是 I_2 和 I_3 的前驱，I_2 是 I_3 的前驱。可见，图中①、②分别为 I_2、I_3。

综上所述，③应为 C_1，所以 C_1 是 P_1 的前驱，又因为计算机中只有一个 CPU，而且采用优先级调动，所以 C_1 是 C_2 的前驱，所以④是 C_2。

由于计算机中只有一台输出设备，P_1 执行结束后 P_2 才能执行，因此 P_1 是 P_2 的前驱，P_2 执行结束后 P_3 才能执行，P_2 是 P_3 的前驱，因此⑤、⑥分别为 P_2 和 P_3。

17）① C。

根据题意，磁盘索引块为 1KB 字节，每个地址项大小为 4 字节，故每个磁盘索引块可存放 1024/4=256 个物理块地址。又因为文件索引节点中有 8 个地址项，其中 5 个地址项为直接地址索引，这意味着逻辑块号为 0～4 的为直接地址索引；2 个地址项是一级间接地址索引，这意味着第一个地址项指出的物理块中存放逻辑块号为 5～260 的物理块号，第二个地址项指出的物理块中存放逻辑块号为 261～516 的物理块号；1 个地址项是二级间接地址索引，该地址项指出的物理块存放了 256 个间接索引表的地址，这 256 个间接索引表存放逻辑块号为 517～66052 的物理块号。

经以上分析不难得出，若要访问文件的逻辑块号分别为 5 和 518，则系统应分别采用一级间接地址索引和二级间接地址索引。

② D。单个文件的逻辑块号可以为 0～66052，而磁盘数据块大小为 1KB 字节，所以单个文件最大长度是 66 053KB。

18）C。

在分时系统中是将把 CPU 的时间分成很短的时间片轮流地分配给各个终端用户，当系统中的用户数为 n、时间片为 q 时，系统对每个用户的响应时间等于 $n \times q$。

19）D。

在同一进程中的各个线程都可以共享该进程所拥有的资源，如访问进程地址空间中的每一个虚地址。访问进程拥有已打开文件、定时器、信号量等，但是不能共享进程中某线程的栈指针。

20）① B。

② C。

因为 R1 资源只有 2 个，P2 申请该资源得不到满足，故进程 P2 是阻塞节点；同样，R2 资源只有 3 个，P1 申请该资源得不到满足，故进程 P1 也是阻塞节点。可见进程资源图 a 是死锁的，该图不可以化简。

因为 R2 资源有 3 个，已分配 2 个，P3 申请 1 个 R2 资源可以得到满足，故进程 P3 可以运行完毕释放其占有的资源。这样可以使得 P1、P2 都变为非阻塞节点，进而使得所需资源运行完毕，因此进程资源图 b 是可以化简的。

21）① B。
　　② D。

从图中不难看出，若 P5 进程运行完并释放其占有的空间，则由于其占用的分区有上邻空闲区，一旦释放后，就会合并为一个空闲区，因此合并后系统空闲区数为 3-1=2。

22）C。

系统采用 PV 操作实现进程的同步与互斥，当执行一次 P 操作表示申请一个资源，信号量 S 减 1，如果 S<0，其绝对值表示等待该资源的进程数。本题信号量 S 的值是-3，表示系统中有 3 个等扫描仪的进程。

23）B。

从图中可见，页内地址的长度是 12 位，2^{12}=4096，即 4KB；页号部分的地址长度是 12 位，每个段最大允许有 4096 页；段号部分的地址长度是 8 位，2^8=256，最多可有 256 段。

24）① C。
　　② D。

由于系统中字长为 32 位，因此每个字可以表示 32 个物理块的使用情况。又因为文件存储器上的物理块依次编号为 0、1、2，所以 16385 号物理块应该在位示图的第 512 个字中描述。又因为磁盘物理块的大小为 4MB，1GB=1024MB=256 个物理块，需要 8 个字表示，故磁盘的容量为 1000GB，那么位示图需要 1000×8=8000 个字表示。

25）① D。

因为初始系统的可用资源数分别为 10、5、3，在 T0 时刻已分配资源数分别为 8、5、2，所以系统剩余的可用资源数分别为 2、0、1。

② B。

安全状态是指系统能按某种进程顺序（P_1, P_2, …,P_n）来为每个进程 P_i 分配其所需的资源，直到满足每个进程对资源的最大需求，使每个进程都可以顺利完成。如果无法找到这样一个安全序列，则称系统处于不安全状态。本题进程的执行序列已经给出，我们只需要将 4 个选项按其顺序执行一遍，便可以判断出现死锁的序列。

26）D。

操作系统设计的目的是管理计算机系统中的软硬件资源，为用户与计算机之间提供方便的接口。

27）① C。

选项 A 是错误的，因为每个进程都需要 1 个资源 R，系统为 3 个进程各分配 1 个，系统中资源 R 的可用数为 3，3 个进程都能得到所需的资源，故不发生死锁；选项 B 是错误的，因为每个进程都需要 2 个资源 R，系统为 3 个进程各分配 2 个，系统中资源 R 的可用数为 6，3 个进程都能得到所需的资源，故也不发生死锁；选项 C 是正确的，因为每个进程都需要 3 个资源 R，系统为 3 个进程各分配 2 个，系统中资源 R 的可用数为 6，3 个进程再申请 1 个资源 R 得不到满足，故发生死锁；

选项 D 显然是错误的。

② D。对于整型信号量，可以根据控制对象的不同被赋予不同的值。通常将信号量分为公用信号量和私用信号量两类。其中，公用信号量用于实现进程间的互斥，初值为 1 或资源的数目；私用信号量用于实现进程间的同步，初值为 0 或某个正整数。信号量 S 的物理意义是：$S \geqslant 0$ 表示某资源的可用数；若 $S<0$，则其绝对值表示阻塞队列中等待该资源的进程数。本题信号量 S 的当前值为-2，意味着系统中资源 R 的可用个数 $M=0$，等待资源 R 的进程数 $N=2$。

28）B。

根据题意页面大小为 4KB，逻辑地址为十六进制 1D16H，其页号为 1，页内地址为 D16H，查页表后可知物理块号为 3，该地址经过变换后，其物理地址应为物理块号 3 拼上页内地址 D16H，即十六进制 3D16H。

29）① D。

② B。

路径名是由操作系统查找文件所经过的目录名以及目录名之间的分隔符构成的。通常，操作系统中全文件名是指路径名+文件名。

按查找文件的起点不同可以将路径分为绝对路径和相对路径。从根目录开始的路径称为绝对路径，从用户当前工作目录开始的路径称为相对路径，相对路径是随着当前工作目录的变化而改变的。

30）D。

系统采用 PV 操作实现进程同步与互斥，若有 n 个进程共享两台打印机，那么信号量 S 初值应为 2。当第 1 个进程执行 $P(S)$ 操作时，信号量 S 的值减去 1 后等于 1；当第 2 个进程执行 $P(S)$ 操作时，信号量 S 的值减去 1 后等于 0；当第 3 个进程执行 $P(S)$ 操作时，信号量 S 的值减去 1 后等于-1；当第 4 个进程执行 $P(S)$ 操作时，信号量 S 的值减去 1 后等于-2；以此类推，当第 n 个进程执行 $P(S)$ 操作时，信号量 S 的值减去 1 后等于-$(n-2)$。可见，信号量 S 的取值范围为-$(n-2)\sim2$。

31）① C。

在块设备输入时，假定从磁盘把一块数据输入缓冲区的时间为 T，缓冲区中的数据传送到用户工作区的时间为 M，而系统处理（计算）的时间为 C。

当第一块数据送入用户工作区后，缓冲区是空闲的，可以传送第二块数据。这样第一块数据的处理 C1 与第二块数据的输入 T2 是可以并行的，以此类推。系统对每一块数据的处理时间为 Max(C, T)+M。因为当 $T>C$ 时，处理时间为 $M+T$；当 $T<C$ 时，处理时间为 $M+C$。所以本题每一块数据的处理时间为 10+5=15，Doc1 文件的处理时间为 $15 \times 10+2$。

② B。

32）① C。

图中 $R1$ 资源只有 2 个，$P2$ 进程申请该资源得不到满足，故 $P2$ 进程是阻塞节点；$R2$ 资源只有 3 个，$P1$ 申请该资源得不到满足，故 $P1$ 进程也是阻塞节点；$R3$ 资源只有 2 个，分配给 $P1$ 进程 1 个，$P3$ 申请 1 个该资源可以得到满足，故 $P3$ 是非阻塞节点。

② B。

4.3 难点精练

4.3.1 重难点练习

1）在进程状态转换时，下列转换不可能发生的是_____。

　　A. 就绪态转为运行态　　　　　B. 运行态转为就绪态

　　C. 运行态转为阻塞态　　　　　D. 阻塞态转为运行态

2）进程 P_A 不断地向管道写数据，进程 P_B 从管道中读数据并加工处理，如图 4-22 所示。如果采用 PV 操作来实现进程 P_A 和进程 P_B 间的管道通信，并且保证这两个进程并发执行的正确性，则至少需要_____。

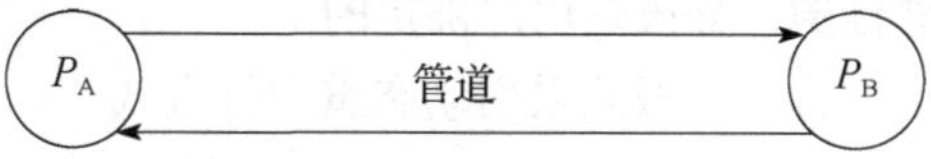

图 4-22　进程 P_A 和 P_B

　　A. 1 个信号量，信号量的初值为 0

　　B. 2 个信号量，信号量的初值分别为 0、1

　　C. 3 个信号量，信号量的初值分别为 0、0、1

　　D. 4 个信号量，信号量的初值分别为 0、0、1、1

3）在主辅存储层次中，如果主存页面全部占用，就需要进行页面替换。在几种页面替换算法中，比较常用的是_____。

　　A. 先进先出算法　　B. 近期最少使用算法　　C. 非堆栈型算法　　　D. 优化排序算法

4）已知一个盘组有 3 个盘片，共有 4 个数据记录面，每面的内磁道直径为 10cm，外磁道直径为 30cm，最大位密度为 250 位/mm，道密度为 8 道/mm，每磁道分成 16 个扇区，每个扇区存储 512B，磁盘转速为 7200r/min，则该磁盘非格式化容量为___①___，格式化容量为___②___，数据传输率约为___③___。

　　① A. 160MB　　　　B. 30MB　　　　　C. 60MB　　　　　D. 25MB

　　② A. 120MB　　　　B. 25MB　　　　　C. 50MB　　　　　D. 22.5MB

　　③ A. 2356KB/s　　　B. 3534KB/s　　　C. 7069KB/s　　　D. 1178KB/s

5）因争用资源产生死锁的必要条件是互斥、循环等待、不可抢占和___①___。"银行家算法"是一种___②___技术。

　　① A. 申请与释放　　B. 释放与占有　　C. 释放与阻塞　　D. 占有且申请

　　② A. 死锁预防　　　B. 死锁避免　　　C. 死锁检测　　　D. 死锁解除

6）操作系统主要是对计算机系统中的全部软硬件资源进行管理，以方便用户提高计算机使用效率的一种系统软件。它的主要功能有：___①___、存储管理、文件管理、___②___、设备管理。Windows 是一个具有图形界面的___③___系统软件。UNIX 操作系统基本上是采用___④___语言编制而成的系统软件。在___⑤___操作系统的控制下，计算机能及时处理由过程控制反馈的信息并做出响应。

　　① A. 用户管理　　　　B. 处理机管理　　　　C. 中断管理　　　　D. I/O 管理

② A. 数据管理   B. 作业管理   C. 中断管理   D. I/O 管理

③ A. 分时   B. 多任务   C. 多用户   D. 实时

④ A. Pascal   B. 宏   C. 汇编   D. C

⑤ A. 网络   B. 分时   C. 批处理   D. 实时

7）在一个单处理机中，若有 6 个用户进程，在非管态的某一时刻，处于就绪状态的用户进程最多有_____个。

A. 5   B. 6   C. 1   D. 4

8）段式和页式存储管理的地址结构很类似，但是它们之间有实质上的不同，表现为_____。

A. 页式的逻辑地址是连续的，段式的逻辑地址可以不连续

B. 页式的地址是一维的，段式的地址是二维的

C. 分页是操作系统进行的，分段是用户确定的

D. 页式采用静态重定位方式，段式采用动态重定位方式

9）假设有 5 个批处理作业 J1，…，J5 几乎同时到达系统，它们的估计运行时间为 10、6、2、4 和 8 分钟，它们的优先级别为 3、5、2、1 和 4（5 为最高优先级），若采用优先级作业调度算法，假设忽略作业切换所用的时间，则平均作业周转时间为_____。

A. 6min   B. 10min   C. 20min   D. 24min

10）在操作系统原语中，完成"将信号量加 1，并判断其值，如果它小于等于 0，则从等待队列中唤醒一个进程"功能的是_____。

A. P 操作   B. V 操作   C. Send   D. Receive

11）虚存页面调度算法有多种，_____调度算法不是页面调度算法。

A. 后进先出   B. 先进先出   C. 最近最少使用   D. 随机选择

12）在一页式存储管理系统中，页表内容如表 4-11 所示。若页大小为 1KB，逻辑地址的页号为 2，页内地址为 451，转换成的物理地址为_____。

表4-11　页式存储管理中的页表内容

页号	绝对页号
0	2
1	1
2	8

A. 8643   B. 8192   C. 8451   D. 2499

13）在文件存储设备管理中，有三类常用的空闲块管理方法，即位图向量法、空闲块链表链接法和_____。

A. 一级目录法   B. 多级目录法   C. 分区法   D. 索引法

14）SPOOLING 系统提高了_____的利用率。

A. 独占设备   B. 共享设备   C. 文件   D. 主存设备

15）设备管理是操作系统重要而又基本的组成部分，种类繁多，可以从不同的角度对它们进

行分类。从资源分配的角度，可以把设备分为_____。

    A. 用户设备、系统设备和独占设备   B. 独占设备、共享设备和虚拟设备

    C. 系统设备、独占设备和虚拟设备   D. 虚拟设备、共享设备和系统设备

16) 若操作系统中有 n 个作业 J_i（$i=1, 2, \cdots, n$），分别需要 T_i（$i=1, 2, \cdots, n$）的运行时间，采用_____的作业调度算法可以使平均周转时间最短。

    A. 先来先服务   B. 最短时间优先   C. 优先级   D. 响应比高者优先

17) 阵列处理机属于_____计算机。

    A. SISD   B. SIMD   C. MISD   D. MIMD

18) 假如程序员可用的存储空间为 4MB，则程序员所用的地址为___①___，而真正访问内存的地址称为___②___。

    ① A. 有效地址   B. 程序地址   C. 逻辑地址   D. 物理地址

    ② A. 指令   B. 物理地址   C. 内存地址   D. 数据地址

19) ___①___是操作系统中可以并行工作的基本单位，也是核心调度及资源分配的最小单位，它由___②___组成，它与程序的重要区别之一是___③___。

    ① A. 作业   B. 过程   C. 函数   D. 进程

    ② A. 程序、数据和标识符   B. 程序、数据和程序控制块

        C. 程序、标识符和 PCB   D. 数据、标示符和程序控制块

    ③ A. 程序可占用资源，而它不可以   B. 程序有状态，而它没有

        C. 它有状态，而程序没有   D. 它能占有资源，而程序不能

20) 在如图 4-23 所示的树形文件系统中，方框表示目录，圆圈表示文件，"/"表示目录名之间的分隔符，"/"在路径之首时表示根目录。假设".."表示父目录，如果当前目录是 Y1，那么指定文件 F2 所需的相对路径是___①___；如果当前目录是 X2，DEL 表示删除命令，那么删除文件 F4 的正确命令是___②___。

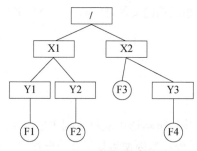

图 4-23　文件系统目录

    ① A. /X1/Y2/F2   B. ../X1/Y2/F2   C. ../X1/Y2/F2   D. ../Y2/F2

    ② A. DEL ../Y3/F4   B. DEL X2/Y3/F4

        C. DEL Y3/F4   D. DEL /Y3/F4

21) "生产者–消费者"问题是一个经典的进程同步与互斥控制问题，若缓冲区可存放 n 件物品，要解决这个问题，通常需要使用_____个信号量。

A. 1   B. 2   C. 3   D. 4

22）利用并行处理技术可以缩短计算机的处理时间，所谓并行是指 ① 。可以采用多种措施来提高计算机系统的并行性，它们可分成三类，即 ② 。

  ① A. 多道程序工作   B. 多用户工作
      C. 非单指令流单数据流方式工作   D. 在同一时间完成两种或两种以上工作
  ② A. 多处理机、多级存储器和互联网络   B. 流水结构、高速缓存和精简指令集
      C. 微指令、虚拟存储和 I/O 通道   D. 资源重复、资源共享和时间重叠

23）若在系统中有若干个互斥资源 R、6 个并发进程，每个进程都需要 5 个资源 R，那么使系统不发生死锁的资源 R 的最少数目为_____。

  A. 30   B. 25   C. 10   D. 5

24） ① 存储管理方式提供一维地址方式，算法简单，但存储碎片多。 ② 存储管理能使存储碎片尽可能的少，而且内存利用率较高，它每取一次数据，要访问内存 ③ 次。

  ① A. 固定分区   B. 分页式   C. 分段式   D. 段页式
  ② A. 固定分区   B. 分页式   C. 分段式   D. 段页式
  ③ A. 1   B. 2   C. 3   D. 4

25）根据对程序运行的统计，在一般时间内其程序的执行往往呈现出高度的局部性，这种局部性可能包括时间局部性、缓冲区局部性、空间局部性。准确地叙述了程序局部性的是_____。

  A. 时间局部性和缓冲局部性   B. 缓冲局部性和空间局部性
  C. 空间局部性   D. 时间局部性和空间局部性

26）假设在系统中一个文件有两个名字，它与一个文件保存有两个副本的区别是_____。

  A. 前者比后者所占用的存储空间更大
  B. 前者需要两个目录项，后者只需要一个目录项
  C. 前者存取文件的速度快，后者存取文件的速度慢
  D. 前者改变与某个名字相联系的文件时，与另一个名字相联系的文件也改变；后者的另一个副本不改变

4.3.2 练习精解

1）D。

就绪态转为运行态：系统按某种策略选中就绪队列中的一个进程占用处理器，此时就变成了运行态。运行态转为就绪态：由于外界原因使运行状态的进程让出处理器，这时候就变成了就绪态。运行态转为阻塞态：由于等待外设、等待主存等资源分配或等待人工干预而引起的。

2）B。

进程 P_A 是生产者，它不断地向管道写数据，进程 P_B 是消费者，它从管道中读取数据并加工处理，管道是临界区。为了实现 P_A 与 P_B 进程的同步问题，需要设计一个信号量 $S1$，且赋值为 1，表示管道未满，可以将数据写入管道；设置另一个信号量 $S2$，与管道是否有数据联系起来，当信号量的值为"0"时表示进程 P_A 还未将数据写入管道，当信号量的值为非"0"时表示管道有数据存

在，进程 P_B 可以从管道中读数据并加工处理。综上所述，要保证这两个进程并发执行的正确性，至少需要 2 个信号量，信号量的初值分别为 0、1。

3）B。

近期最少使用算法的思想是：根据局部性原理，认为过去一段时间里不曾被访问过的页，在最近的将来可能也不会再被访问，它是目前应用最多的页面替换算法。

4）①B。

外存（也称辅助存储器）的最大特点是容量大、可靠性高、价格低。关于磁盘的容量计算，需了解如下公式：

- 等待时间=（60/磁盘转速）/2。
- 寻址时间=等待时间+寻道时间。
- 非格式化容量=内圈周长×最大位密度×每面磁道数×面数/8。
- 每面磁道数=（外直径−内直径）×磁道密度/2。
- 双面磁盘数=（外半径−内半径）×磁道密度。
- 格式化容量=每磁道扇区数×每扇区容量×每面磁道数×面数。
- 平均传输速率=内圈周长×最大位密度×转速。

需特别注意的是，通常说的外径（内径）是指外直径（内直径），而不是半径。传输速率是以非格式化容量计算的，通常采用 KB/s 为单位，此处 K 不是 1024，而是 1000。

②B。

③D。

5）①D。

②B。

如果在计算机系统中同时具备互斥、不可抢占、占有且申请、循环等待 4 个必要条件，就有可能发生死锁。银行家算法是一种每次申请资源时都对分配后系统是否安全进行判断的算法，因此属于死锁避免技术。

6）①B。

②B。

③B。

④D。

⑤D。

7）A。

在一个单处理机中，只有 1 个处理器，在非管态（即用户进程执行状态）的某一时刻，处于运行态的进程有且只有一个，但可以有多个就绪态或阻塞态的进程。当有 6 个用户进程时，处于就绪态或阻塞态的进程最多 5 个，而这 5 个进程有可能都处于就绪态。

8）B。

各页可以分散存放在主存，每段必须占用连续的主存空间，选项 A 不正确；分页和分段都是操作系统确定和进行的，选项 C 也不正确；页式和段式都是采用动态重定位方式，选项 D 也不正确。

9）C。

作业的执行顺序是 J2、J5、J1、J3、J4。J2 完成时间为 6min，J5 完成时间为 6min+8min=14min，J1 完成时间为 14min+10min=24min，J3 完成时间是 24min+2min=26min，J4 完成时间是 26min+4min=30min。因此，平均作业周转时间是(6+14+24+26+30)min/5=20min。

10）B。

这是 PV 操作中 V 操作的定义。

11）A。

虚拟存储技术的理论基础是程序的局部性理论，而"后进先出"不符合这个思想，答案选 A，其他三个选项都是虚拟存储器的页面调度算法。

12）A。

由页表可知，绝对页号是 8，物理地址=1K×8+451=1024×8+451=8643。

13）D。

在文件存储设备管理中，有三类常用的空闲块管理方法，即位图向量法、空闲块链表链接法和索引法。

14）A。

SPOOLING 技术是将独占设备改造为共享设备，实现虚拟设备功能，提高独占设备的利用率。

15）B。

从资源分配的角度，可以把设备分为独占设备、共享设备和虚拟设备三种。独占设备是不能共享的设备，即在一段时间内，该设备只允许一个进程独占；共享设备是可由若干个进程同时共享的设备，例如磁盘机；虚拟设备是利用某种技术把独占设备改造成可由多个进程共享的设备。

16）B。

17）B。

18）① C。
　　② B。

由于 4MB 内存空间已经超过计算机的实现内存 1MB，因此这个地址称为逻辑地址，而真正访问内存的地址称为物理地址，在程序运行时需要将逻辑地址映射成实际的物理地址。

19）① D。
　　② B。
　　③ C。

把一个程序在一个数据集合上的一次执行称为一个进程。进程是操作系统中可以并行工作的基本单位，也是核心调度及资源分配的最小单位，它由程序、数据和进程控制块组成，它与程序的重要区别之一是进程是有状态的，而程序是静态的。

20）① D。
　　② C。

如果当前目录是 Y1，则".."代表其父目录 X1，因此文件 F2 所需的相对路径是"../Y2/F2"。

"/X1/Y2/F2"是文件 F2 的绝对路径。若当前目录是 X2，则文件 F4 的相对路径是"Y3/F4"。

21）C。

设有一个生产者、一个缓冲区和一个消费者，缓冲区可存放 n 件物品。生产者不断地生产产品，消费者不断地消费产品。用 PV 操作实现生产者和消费者的同步：可以设置 3 个信号量 S、$S1$ 和 $S2$，其中，S 是一个互斥信号量且初值为 1，因为缓冲区是一个互斥资源，所以需要进行互斥控制；$S1$ 表示是否可以将物品放入缓冲区，初值为 n；$S2$ 表示缓冲区是否存有物品，初值为 0。

22）① D。
　　② D。

并行的定义是同一时间完成两种或两种以上工作。提高计算机系统的并行性的措施主要有三类，即资源重复、资源共享和时间重叠。

23）B。

6 个并发进程，一个并发进程占 5 个资源 R，5 个并发进程占 25 个资源 R，还有一个并发进程占用处理器，在占用处理器资源时不会占用其他互斥资源 R，所以最少需要 25 个互斥资源 R。

24）① A。
　　② D。
　　③ C。

固定分区是一种静态分区方式，在处理作业前，内存事先固定划分为若干大小不等或相等的区域，一旦划分好则固定不变。

分页系统能有效地提高内存的利用率，而分段系统则能很好地满足用户的需要，如果对两种存储管理方式"各取所长"，又可结合成一种新的存储管理方式，它既具备分段系统的便于访问、分段的共享、分段的保护，以及动态链接及动态增长等一系列优点，又能像分页系统那样很好地解决"碎片"问题以及各个分段的离散分配问题等。这种方式显然是一种比较有效的存储管理方案，这样结合起来的新系统称为"段页式系统"。

在段页式系统中，为了获得一条指令或数据，要三次访问内存。第一次，从内存中取得页表地址；第二次，从内存中取出物理块号形成物理地址；第三次，才能得到所需的指令或数据。

25）D。

根据统计，程序运行时，在一段时间内，其程序的执行往往呈现出高度的局限性，即程序执时往往会不均匀地访问内存储器。程序的局部性表现在时间局部性和空间局部性上。时间局部性是指若一条指令被执行，则在不久的将来，它可能再次被执行。空间局部性是指一旦一个存储单元被访问，那它附近的单元也将很快被访问。程序的局部性理论是 Cache 和虚拟存储技术的理论基础。

26）D。

一个文件有两个名字，实际上在磁盘中存储的是一个文件，而另一个是文件的快捷方式（文件链接），因此改变与某个名字相联系的文件时，与另一个名字相联系的文件也会改变；而一个文件保存的两个副本实际上是一个文件的两份拷贝，是两个文件。另外，一个文件有两个名字比一个文件保存有两个副本占用的空间要小，但前者的存储速度比后者慢，这两种方式都需要两个目录项。

第 5 章

程序设计语言和语言处理程序

5.1 考点精讲

5.1.1 考纲要求

程序设计语言和语言处理程序主要是考试中所涉及的程序设计语言基础知识和语言处理基础知识。本章在考纲中主要有以下内容：

- 程序设计语言基础知识（常见的程序设计语言、基本成分、函数）。
- 语言处理基础知识（汇编、编译、解释、文法和语言的形式）。

程序设计语言和语言处理程序考点如图 5-1 所示，用星级★标示知识点的重要程度。

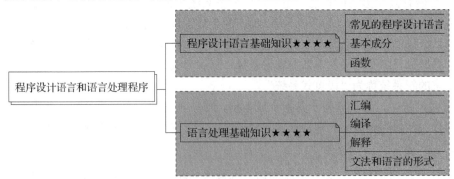

图 5-1　程序设计语言和语言处理程序考点

5.1.2 考点分布

统计 2010 年至 2020 年试题真题，在上午考核的基础知识试卷中，本章主要考点分值为 4～7 分，在下午考核的案例应用试卷中，本章会考一道大题，15 分，合计 19～22 分。历年真题统计如表 5-1 所示。

表5-1　历年真题统计

年　份	时　间	题　号	分　值	知 识 点
2010 年上	上午题	22，48，49，50	4	程序设计语言、汇编、文法
	下午题	试题五、六（二选一）	15	程序设计（C++或 Java）

（续）

年 份	时 间	题 号	分 值	知 识 点
2010 年下	上午题	20，21，22，48，49，50	6	程序设计语言、汇编、文法
	下午题	试题五、六（二选一）	15	程序设计（C++或 Java）
2011 年上	上午题	20，21，22，48，49，50	6	程序设计语言、汇编、文法、函数
	下午题	试题五、六（二选一）	15	程序设计（C++或 Java）
2011 年下	上午题	20，21，28，48，49，50	6	程序设计语言、编译、文法、函数
	下午题	试题五、六（二选一）	15	程序设计（C++或 Java）
2012 年上	上午题	20，21，22，48，49，51	6	程序设计语言、编译、文法、函数
	下午题	试题五、六（二选一）	15	程序设计（C++或 Java）
2012 年下	上午题	20，21，22，48，49，50	6	程序设计语言、编译、文法
	下午题	试题五、六（二选一）	15	程序设计（C++或 Java）
2013 年上	上午题	20，21，22，48，49，50	6	编译、文法、汇编、函数
	下午题	试题五、六（二选一）	15	程序设计（C++或 Java）
2013 年下	上午题	20，21，22，48，49，50	6	程序设计语言、汇编、文法、函数
	下午题	试题五、六（二选一）	15	程序设计（C++或 Java）
2014 年上	上午题	20，21，22，48，49，50	6	程序设计语言、汇编、文法、函数
	下午题	试题五、六（二选一）	15	程序设计（C++或 Java）
2014 年下	上午题	18，21，22，48，49，50	6	程序设计语言、汇编、文法
	下午题	试题五、六（二选一）	15	程序设计（C++或 Java）
2015 年上	上午题	20，21，22，48，49，50	6	程序设计语言、汇编、文法、函数
	下午题	试题五、六（二选一）	15	程序设计（C++或 Java）
2015 年下	上午题	19，20，21，22，48，49，50	7	程序设计语言、汇编、文法、函数
	下午题	试题五、六（二选一）	15	程序设计（C++或 Java）
2016 年上	上午题	20，21，22，48，49，50	6	程序设计语言、汇编、文法、函数
	下午题	试题五、六（二选一）	15	程序设计（C++或 Java）
2016 年下	上午题	21，48，49，50	4	汇编、文法、函数
	下午题	试题五、六（二选一）	15	程序设计（C++或 Java）
2017 年上	上午题	20，21，22，48，49，50	6	程序设计语言、汇编、文法、函数
	下午题	试题五、六（二选一）	15	程序设计（C++或 Java）
2017 年下	上午题	20，21，22，48，49，50	6	程序设计语言、汇编、文法、函数
	下午题	试题五、六（二选一）	15	程序设计（C++或 Java）
2018 年上	上午题	21，22，23，49，50，51	6	程序设计语言、汇编、文法
	下午题	试题五、六（二选一）	15	程序设计（C++或 Java）
2018 年下	上午题	20，48，49，50	4	汇编、文法、函数
	下午题	试题五、六（二选一）	15	程序设计（C++或 Java）
2019 年上	上午题	20，21，22，48，49，50	6	汇编、文法、函数
	下午题	试题五、六（二选一）	15	程序设计（C++或 Java）
2019 年下	上午题	20，21，48，49，50	5	程序设计语言、汇编、文法
	下午题	试题五、六（二选一）	15	程序设计（C++或 Java）
2020 年下	上午题	20，21，22，48，49，50	6	程序设计语言、汇编、文法
	下午题	试题五、六（二选一）	15	程序设计（C++或 Java）

5.1.3 知识点精讲

5.1.3.1 程序设计语言基础知识

1. 常见的程序设计语言

机器语言：计算机是不能直接识别我们所编写的 C 程序或者 Java 程序的，它只能识别机器语言，而机器语言是用二进制代码表示的计算机能直接识别和执行的一种机器指令系统的集合。

汇编语言：符号化的机器语言，将指令操作码、存储地址部分符号化，方便记忆。

高级语言：可方便地表示数据的运算和程序的控制结构，能更好地描述各种算法，而且容易学习掌握。但高级语言编译生成的程序代码一般比用汇编程序语言设计的程序代码要长，执行的速度也慢。常见的高级语言如表 5-2 所示。

表5-2　常见的高级语言

语　言	特　点
FORTRAN	数值计算
COBOL	事务处理
PASCAL	结构化程序
LISP	函数式程序
PROLOG	逻辑程序设计
C/ C++	系统程序设计
Java	互联网应用开发，可移植性强
Python	解释型

2. 基本成分

（1）常量与变量

常量是指在程序执行期间其值不能发生变化的数据，常量是固定的。例如整型常量 123、实型常量 1.23、字符常量'A'、布尔常量 true 等。

变量的值则是可以变化的，它的定义包括变量名、变量类型和作用域几个部分。注意以下几点：

① 变量名必须是一个合法的标识符。变量名应具有一定的含义，以增加程序的可读性。

② 变量类型可以为前面介绍的任意一种数据类型。

（2）数据类型

- 逻辑类型：boolean。数据类型有两种值：true 和 false。
- 字符类型：char。使用 char 类型可表示单个字符，字符是用单引号引起来的一个字符，如'a'、'B'等。
- 整数类型：int、long。
- 浮点类型：double、float。

（3）运算符

按照运算符功能来分，基本的运算符包括算术运算符、关系运算符、逻辑运算符、位运算符、赋值运算符、条件运算符等。算术运算符包括加号（+）、减号（−）、乘号（*）、除号（/）、取模（%）、自增运算符（++）、自减运算符（−−）等。

（4）控制流程

顺序结构的程序设计是最简单的，只要按照解决问题的顺序写出相应的语句就行，它的执行顺序是自上而下，依次执行。选择结构用于判断给定的条件，根据判断的结果来控制程序的流程。循环结构可以减少源程序重复书写的工作量，用来描述重复执行某段算法的问题，这是程序设计中最能发挥计算机特长的程序结构。循环结构可以看成是一个条件判断语句和一个向回转向语句的组合。

3. 函数

发生函数调用时，调用函数与被调用函数之间交换信息的主要方法有传值调用和引用调用两种。

若实现函数调用时实参向形参传递相应类型的值，则称为传值调用。这种方式下形参不能向实参传递信息。

在 C 语言中，要实现被调用函数对实参的修改，必须用指针作形参，即调用时需要先对实参进行取地址运算，然后将实参的地址传递给指针的形参。本质上仍属于传值调用。

引用是 C++ 中增加的数据类型，当形参为引用类型时，函数中对形参的访问和修改本质上就是针对相应实参变量所作的访问和修改。

5.1.3.2 语言处理基础知识

1. 汇编

汇编语言是一种以处理器指令系统为基础的低（初）级程序设计语言，它采用助记符表达指令操作码，采用标识符表示指令操作数。利用汇编语言编写程序的主要优点是可以直接、有效地控制计算机硬件，因而容易创建代码序列短小、运行速度快的可执行程序。

宏是具有宏名的一段汇编语句序列。宏需要先定义，然后在程序中进行宏调用。由于形式上类似其他指令，因此常称其为宏指令。

从汇编语言到机器语言的翻译程序称为汇编程序，它的源语言和目标语言分别是相应的汇编语言和机器语言。

2. 编译

编译器是将一种语言翻译为另一种语言的计算机程序，即源程序→编译器→目标程序。

编译器的工作过程：

1）词法分析：对源程序从左到右逐字符扫描，识别出一个个"单词"。词法分析的依据是语言的词法分析。

2）语法分析：语法分析定义了程序的记号元素及其关系。

3）语义分析：一般的程序设计语言的典型静态语义包括声明和类型检查。

4）源代码优化：即对代码进行改进或优化。

5）代码生成器：使用代码生成器得到中间代码，并生成目标机器代码。中间代码是指一种位于源代码和目标代码之间的代码表示形式，例如三元组、四元组、树形、伪代码、逆波兰。

6）目标代码优化：与机器有关的优化，利用机器指令特征进行优化。

3. 解释

编译程序或解释程序：如果一个翻译程序的源语言是某种高级语言，其目标语言是相应的某一计算机的汇编语言或机器语言，则称这种翻译程序为编译程序或解释程序。解释程序是不产生目标程序的。

4. 文法和语言的形式

（1）正则表达式

正则表达式是字母表中的单个字符且自身匹配。假设 a 是字母表 Σ 中的任一字符，则指定正则表达式 a 通过书写 $L(a) = \{a\}$ 来匹配 a 字符。

（2）正则表达式运算

选择：用元字符"｜"（竖线）表示。

连接：用并置表示（不用元字符）。

重复或"闭包"：用元字符"*"表示，如 $(a|bb)^*$——ε、a、bb、aa、abb、bba、$bbbb$、aaa、$aabb$ 等。

$L((a|bb)^*)= L(a|bb)^*=\{a, bb\}^*= \{\varepsilon, a, bb, aa, abb, bba, bbbb, aaa, aabb, abba, abbbb, bbaa, \cdots\}$。

（3）有穷自动机

有穷自动机也称有穷状态的机器，描述特定类型算法的数学方法，也可用于描述在输入串中识别模式的过程。

（4）确定性有穷自动机

确定性有穷自动机（Deterministic Finite Automation，DFA）是下一个状态由当前状态和当前输入字符唯一给出的一种自动机。

DFA 状态数最小化的算法，通过创建合并到单个状态的状态集来进行最小化：

第一步：创建两个集合：接受状态（终态集合）和非接受状态（非终态集合）。

第二步：分别考虑每个集合中的每个状态在字母表中每个 a 上的转换。

- 如果所有的接受状态在 a 上都有到接受状态的转换，那么这样就定义了一个由新接受状态（所有旧接受状态的集合）到其自身的 a-转换，即该集合不用分裂开。
- 如果所有的接受状态在 a 上都有到非接受状态的转换，那么这也定义了由新接受状态到新的非接受状态（所有旧的非接受状态的集合）的 a-转换，即该集合不用分裂开。
- 如果接受状态 s 和 t 在 a 上有转换且位于不同的集合，则这组状态不能定义任何 a-转换，这就称作 a 区分了状态 s 和 t。此时就需要该状态集合中的 s 和 t 分隔开，即一个集合裂开为两个集合。也就是说，如果有两个接受状态 s 和 t，其中 s 有一个到其他接受状态的 a-转换，而 t 却根本没有 a-转换（即错误转换），那么 a 就将 s 和 t 区分开了。
- 如果非接受状态 s 有到某个接受状态的 a-转换，而另一个非接受状态 t 却没有 a-转换，那么在这种情况下，a 也将 s 和 t 区分开了。

第三步：对新划分出来的每个集合的每个状态重复实施第二步和第三步，并一直持续到所有集合只有一个元素或一直到再没有集合可以分裂开为止。

例如，将如图 5-2 所示的正则表达式 letter(letter|digit) *相对应的 DFA 最小化。

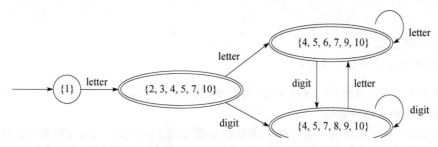

图 5-2 正则表达式 letter(letter|digit) *相对应的 DFA

有 1 个初始状态和 3 个接受状态,这 3 个接受状态在 letter 和 digit 上都有到其他接受状态的转换,且除此之外再也没有其他转换了。

因此,任何字符也不能区分开这 3 个接受状态,且最小化算法会将 3 个接受状态合并为一个接受状态。

分析过程:

首先,令 A={1},B={2, 3, 4, 5, 7, 10},C={6, 9, 4, 7, 10, 5},D={8, 9, 4, 7, 5, 10}。

① 将 DFA 中的状态划分为非终态集合 $S1$={A},终态集合 $S2$={B, C, D},如表 5-3 所示。

表5-3 状态集合表

状态集合	符 号	
	letter	digit
A	{B}∈$S2$	
B	{C}∈$S2$	{D}∈$S2$
C	{C}∈$S2$	{D}∈$S2$
D	{C}∈$S2$	{D}∈$S2$

② 由于 $S1$、$S2$ 集合中的各状态具有 digit 和 letter 的转换,因此它们属于同一集合,可以合并。剩下的最小状态 DFA 如图 5-3 所示。

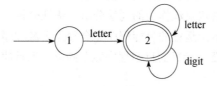

图 5-3 最小状态 DFA

(5)文法

用来描述语言的语法结构 G=(VN, VT, P, S)。

VN 是非终结符集,VT 是终结符集,VN∩VT=∅。P 是产生式集,形式为 $\alpha \rightarrow \beta$。S 是开始符号。

(6)语言的形式化定义

文法 G 所描述的语言用 $L(G)$ 表示,它由文法 G 所产生的全部句子组成,即

$$L(G)= \{w|w\in VT+ \text{且 } S\Rightarrow+w \}$$

这个定义式的意义:符号串 w 是从开始符号推导出来的,w 仅由终结符号组成,w 称为该语言

的句子。

（7）文法的分类

按规则的特点把文法分为 4 类：

① 0 型文法：特点是没有对规则 $\alpha \rightarrow \beta$ 两边进行限制，仅要求 α 中至少含 1 个非终结符。因此 0 型文法又称无限制文法或短语文法。

② 1 型文法：特点是限制 P 中的每个规则 $\alpha \rightarrow \beta$ 都要满足 $|\alpha| \leqslant |\beta|$，符号 $|\alpha|$ 和 $|\beta|$ 分别表示串 α 和 β 的长度。1 型文法也称上下文有关文法。上下文有关是指对非终结符进行替换时，需要考虑该符号所处的上下文环境。

③ 2 型文法：每个规则的特点限制为 $A \rightarrow \beta$，其中 A 为单个非终结符，$\beta \in (VT \cup VN)^*$。2 型文法也称上下文无关文法，当用 β 去替换 A 时，与 A 的上下文环境无关。

④ 3 型文法：每个规则的特点为 $A \rightarrow aB$ 或 $A \rightarrow a$，其中 $B, A \in VN$，$a \in VT$，它们都是单个符号。3 型文法也称正规文法或正则文法。由于规则 $A \rightarrow aB$ 中，B 位于 a 的右边，因此也称右线性文法。类似的，正规文法也可以是左线性的（即产生式形为 $A \rightarrow Ba$ 或 $A \rightarrow a$）。

5.2 真题精解

5.2.1 真题练习

1）编译程序对 C 语言源程序进行语法分析时，可以确定_____。
   A. 变量是否定义（或声明）　　　　　B. 变量的值是否正确
   C. 循环语句的执行次数　　　　　　　D. 循环条件是否正确

2）以下关于高级语言程序的编译和解释的叙述中，正确的是_____。
   A. 编译方式下，可以省略对源程序的词法分析、语法分析
   B. 解释方式下，可以省略对源程序的词法分析、语法分析
   C. 编译方式下，在机器上运行的目标程序完全独立于源程序
   D. 解释方式下，在机器上运行的目标程序完全独立于源程序

3）_____不是标记语言。
   A. HTML　　　　　B. XML　　　　　C. WML　　　　　D. PHP

4）对于正则表达式 0*（10*1）*0*，其正规集中字符串的特点是_____。
   A. 开头和结尾必须是 0　　　　　　　B. 1 必须出现偶数次
   C. 0 不能连续出现　　　　　　　　　D. 1 不能连续出现

5）编译程序分析源程序的阶段依次是_____。
   A. 词法分析、语法分析、语义分析　　B. 语法分析、词法分析、语义分析
   C. 语义分析、语法分析、词法分析　　D. 语义分析、词法分析、语法分析

6）如图 5-4 所示的有限自动机中，0 是初始状态，3 是终止状态，该自动机可以识别_____。

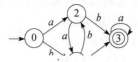

图 5-4　有限自动机

　　A. *abab*　　　　　　B. *aaaa*　　　　　　C. *bbbb*　　　　　　D. *abba*

7）以下关于汇编语言的叙述中，错误的是＿＿＿＿。

　　A. 汇编语言源程序中的指令语句将被翻译成机器代码

　　B. 汇编程序先将源程序中的伪指令翻译成机器代码，再翻译指令语句

　　C. 汇编程序以汇编语言源程序为输入，以机器语言表示的目标程序为输出

　　D. 汇编语言的指令语句必须具有操作码字段，可以没有操作数字段

8）算术表达式采用逆波兰式表示时不用括号，可以利用＿＿①＿＿进行求值。与逆波兰式 *ab-cd+** 对应的中辍表达式是＿＿②＿＿。

　　① A. 数组　　　　　B. 栈　　　　　C. 队列　　　　　D. 散列表
　　② A. *a−b+c*d*　　B. *(a−b)*c+d*　　C. *(a−b)*(c+d)*　　D. *a−b*c+d*

9）若一种程序设计语言规定其程序中的数据必须具有类型，则有利于＿＿＿＿。

　　① 在翻译程序的过程中为数据合理分配存储单元

　　② 对参与表达式计算的数据对象进行检查

　　③ 定义和应用动态数据结构

　　④ 规定数据对象的取值范围及能够进行的运算

　　⑤ 对数据进行强制类型转换

　　A. ①②③　　　　　B. ①②④　　　　　C. ②④⑤　　　　　D. ③④⑤

10）以下关于高级程序设计语言翻译的叙述中，正确的是＿＿＿＿。

　　A. 可以先进行语法分析，再进行词法分析

　　B. 在语法分析阶段可以发现程序中的所有错误

　　C. 语义分析阶段的工作与目标机器的体系结构密切相关

　　D. 目标代码生成阶段的工作与目标机器的体系结构密切相关

11）如图 5-5 所示为一个有限自动机（其中，*A* 是初态，*C* 是终态），该自动机可以识别＿＿＿＿。

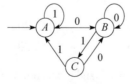

图 5-5　有限自动机

　　A. 0000　　　　　　B. 1111　　　　　　C. 0101　　　　　　D. 1010

12）传值与引用是函数调用时常采用的信息传递方式，以下说法正确的是_____。
    A. 在传值方式下，是将形参的值传给实参
    B. 在传值方式下，形参可以是任意形式的表达式
    C. 在引用方式下，是将实参的地址传给形参
    D. 在引用方式下，实参可以是任意形式的表达式

13）若 C 程序的表达式中引用了未赋初值的变量，则_____。
    A. 编译时一定会报告错误信息，该程序不能运行
    B. 可以通过编译并运行，但运行时一定会报告异常
    C. 可以通过编译，但链接时一定会报告错误信息而不能运行
    D. 可以通过编译并运行，但运行结果不一定是期望的结果

14）若二维数组 arr[1···M, 1···N] 的首地址为 base，数组元素按列存储且每个元素占用 K 个存储单元，则元素 arr[i, j] 在该数组空间的地址为_____。
    A. base+((i−1)*M+j−1)*K B. base+((i−1)*N+j−1)*K
    C. base+((j−1)*M+i−1)*K D. base+((j−1)*N+i−1)*K

15）某程序设计语言规定在源程序中的数据都必须具有类型，然而_____并不是做出此规定的理由。
    A. 为数据合理分配存储单元
    B. 可以定义和使用动态数据结构
    C. 可以规定数据对象的取值范围及能够进行的运算
    D. 对参与表达式求值的数据对象可以进行合法性检查

16）按照图 5-5 所示的有限自动机（其中，A 是初态，C 是终态），该自动机识别的语言可用正规式_____表示。
    A. (0|1)*01   B. 1*0*10*1   C. 1*(0)*01   D. 1*(0|10)*1*

17）函数 t、f 的定义如图 5-6 所示，其中，a 是整型全局变量。设调用函数 t 前 a 的值为 5，则在函数 t 中以传值调用（call by value）方式调用函数 f 时，输出为____①____；在函数 f 中以引用调用（call by reference）方式调用函数 f 时，输出为____②____。

```
t():    int x = f(a);        f(int r):    a=r+1; r=r*2;
        print a+x;                        return r;
```

图 5-6 函数 t、f 的定义

① A. 12   B. 16   C. 20   D. 24
② A. 12   B. 16   C. 20   D. 24

18）对于逻辑表达式 x and y or not z，and、or、not 分别是逻辑与、或、非运算，优先级从高到低为 not、and、or，and、or 为左结合，not 为右结合，若进行短路计算，则_____。
    A. x 为真时，整个表达式的值即为真，不需要计算 y 和 z 的值
    B. x 为假时，整个表达式的值即为假，不需要计算 y 和 z 的值

C. *x* 为真时，根据 *y* 的值决定是否需要计算 *z* 的值

D. *x* 为假时，根据 *y* 的值决定是否需要计算 *z* 的值

19）对于二维数组 *a*[1⋯*N*, 1⋯*N*] 中的一个元素 *a*[*i*, *j*]（1≤*i*, *j*≤*N*），存储在 *a*[*i*, *j*] 之前的元素个数_____。

　　A. 与按行存储或按列存储方式无关

　　B. 在 *i*=*j* 时与按行存储或按列存储方式无关

　　C. 在按行存储方式下比按列存储方式下要多

　　D. 在按行存储方式下比按列存储方式下要少

20）按照图 5-5 所示的有限自动机（其中，*A* 是初态，*C* 是终态），该自动机所识别的字符串的特点是_____。

　　A. 必须以 11 结尾的 0、1 串　　　　B. 必须以 00 结尾的 0、1 串

　　C. 必须以 01 结尾的 0、1 串　　　　D. 必须以 10 结尾的 0、1 串

21）函数（过程）调用时，常采用传值与引用两种方式在实参与形参间传递信息。以下叙述中，正确的是_____。

　　A. 在传值方式下，将形参的值传给实参，因此形参必须是常量或变量

　　B. 在传值方式下，将实参的值传给形参，因此实参必须是常量或变量

　　C. 在引用方式下，将形参的地址传给实参，因此形参必须有地址

　　D. 在引用方式下，将实参的地址传给形参，因此实参必须有地址

22）可用于编写独立程序和快速脚本的语言是_____。

　　A. Python　　　　　B. Prolog　　　　　C. Java　　　　　D. C#

23）语言 *L*={*aᵐbⁿ*|*m*≥0, *n*≥1} 的正规表达式是_____。

　　A. *aa*b*b**　　　　B. *a*b*b**　　　　C. *aa*b**　　　　D. *a*b**

24）算术表达式 (*a*−*b*)*c*+*d* 的后缀式是_____（−、+、*分别表示算术的减、加、乘运算，运算符的优先级和结合性遵循惯例）。

　　A. *abcd* −*+　　　B. *ab* −*cd** +　　　C. *ab*−*c*d+　　　D. *abc*−*d**+

25）将高级语言源程序翻译成目标程序的是_____。

　　A. 解释程序　　　B. 编译程序　　　C. 链接程序　　　D. 汇编程序

26）在对程序语言进行翻译的过程中，常采用一些与之等价的中间代码表示形式。常用的中间代码表示不包括_____。

　　A. 树　　　　　　B. 后缀式　　　　　C. 四元式　　　　D. 正则式

27）以下关于程序错误的叙述中，正确的是_____。

　　A. 编译正确的程序必然不包含语法错误

　　B. 编译正确的程序必然不包含语义错误

　　C. 除数为 0 的错误可以在语义分析阶段检查出来

　　D. 除数为 0 的错误可以在语法分析阶段检查出来

28）以下关于解释程序和编译程序的叙述中，正确的是_____。
　　A. 编译程序和解释程序都生成源程序的目标程序
　　B. 编译程序和解释程序都不生成源程序的目标程序
　　C. 编译程序生成源程序的目标程序，而解释程序则不然
　　D. 编译程序不生成源程序的目标程序，而解释程序反之

29）以下关于传值调用与引用调用的叙述中，正确的是_____。
　　① 在传值调用方式下，可以实现形参和实参间双向传递数据的效果
　　② 在传值调用方式下，实参可以是变量，也可以是常量和表达式
　　③ 在引用调用方式下，可以实现形参和实参间双向传递数据的效果
　　④ 在引用调用方式下，实参可以是变量，也可以是常量和表达式
　　A. ①③　　　　　B. ①④　　　　　C. ②③　　　　　D. ②④

30）在对高级语言源程序进行编译的过程中，为源程序中变量所分配的存储单元的地址属于_____。
　　A. 逻辑地址　　　B. 物理地址　　　C. 接口地址　　　D. 线性地址

31）以下关于语言 $L=\{a^n b^n | n \geq 1\}$ 的叙述中，正确的是_____。
　　A. 可用正规式"$aa*bb*$"描述，但不能通过有限自动机识别
　　B. 可用正规式"$a^m b^m$"表示，但可用有限自动机识别
　　C. 不能用正规式表示，但可用有限自动机识别
　　D. 不能用正规式表示，也不能通过有限自动机识别

32）在编译过程中，对高级语言程序语句的翻译主要考虑声明语句和可执行语句。对于声明语句，主要是将所需要的信息正确地填入合理组织的 ① 中；对于可执行语句，则是 ② 。
　　① A. 符号表　　　　　B. 栈　　　　　C. 队列　　　　　D. 树
　　② A. 翻译成机器代码并加以执行　　　　B. 转换成语法树
　　　　C. 翻译成中间代码或目标代码　　　　D. 转换成有限自动机

33）程序运行过程中常使用参数在函数（过程）间传递信息，引用调用传递的是实参的_____。
　　A. 地址　　　　　B. 类型　　　　　C. 名称　　　　　D. 值

34）已知文法 $G: S \rightarrow A0|B1, A \rightarrow S1|1, B \rightarrow S0|0$，其中 S 是开始符号。从 S 出发可以推导出_____。
　　A. 所有由 0 构成的字符串　　　　　B. 所有由 1 构成的字符串
　　C. 某些 0 和 1 个数相等的字符串　　　D. 所有 0 和 1 个数不同的字符串

35）算术表达式 $a+(b-c)*d$ 的后缀式是_____（–、+、*分别表示算术的减、加、乘运算，运算符的优先级和结合性遵循惯例）。
　　A. $bc-d*a+$　　　B. $abc-d*+$　　　C. $ab+c-d*$　　　D. $abcd-*+$

36）将高级语言程序翻译为机器语言程序的过程中，常引入中间代码，其好处是_____。
　　A. 有利于进行反编译处理　　　　　B. 有利于进行与机器无关的优化处理
　　C. 尽早发现语法错误　　　　　　　D. 可以简化语法和语义分析

37）对高级语言源程序进行编译的过程中，有限自动机（NFA 或 DFA）是进行_____的适当工具。

    A. 词法分析   B. 语法分析   C. 语义分析   D. 出错处理

38）弱类型语言（动态类型语言）是指不需要进行变量/对象类型声明的语言。_____属于弱类型语言。

    A. Java   B. C/C++   C. Python   D. C#

39）以下程序设计语言中，_____更适合用来进行动态网页处理。

    A. HTML   B. LISP   C. PHP   D. Java/C++

40）在引用调用方式下进行函数调用是将_____。

    A. 实参的值传递给形参   B. 实参的地址传递给形参

    C. 形参的值传递给实参   D. 形参的地址传递给实参

41）编译程序对高级语言源程序进行编译的过程中，要不断收集、记录和使用源程序中一些相关符号的类型和特征等信息，并将其存入_____中。

    A. 符号表   B. 哈希表   C. 动态查找表   D. 栈和队列

42）以下关于实现高级程序设计语言的编译和解释方式的叙述中，正确的是_____。

    A. 在编译方式下产生源程序的目标程序，在解释方式下不产生

    B. 在解释方式下产生源程序的目标程序，在编译方式下不产生

    C. 编译和解释方式都产生源程序的目标程序，差别是优化效率不同

    D. 编译和解释方式都不产生源程序的目标程序，差别在是否优化

43）大多数程序设计语言的语法规则用_____描述即可。

    A. 正规文法   B. 上下文无关文法   C. 上下文有关文法   D. 短语结构文法

44）在某 C/C++程序中，整型变量 a 的值为 0 且应用在表达式 $c=b/a$ 中，则最可能发生的情形是_____。

    A. 编译时报告有语法错误   B. 编译时报告有逻辑错误

    C. 运行时报告有语法错误   D. 运行时产生异常

45）属于面向对象、解释型程序设计语言的是_____。

    A. XML   B. Python   C. Prolog   D. C++

46）对高级语言源程序进行编译的过程可以分为多个阶段，分配寄存器的工作在_____阶段进行。

    A. 词法分析   B. 语法分析   C. 语义分析   D. 目标代码生成

47）以下关于程序设计语言的叙述中，错误的是_____。

    A. 程序设计语言的基本成分包括数据、运算、控制和传输等

    B. 高级程序设计语言不依赖于具体的机器硬件

    C. 程序中局部变量的值在运行时不能改变

    D. 程序中常量的值在运行时不能改变

48）与算术表达式（$a+(b-c)$）$*d$对应的树是_____。

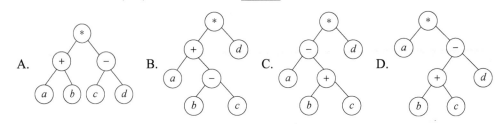

49）对高级语言源程序进行编译或解释的过程可以分为多个阶段，解释方式不包含_____阶段。
A. 词法分析　　　　B.语法分析　　　　C.语义分析　　　　D.目标代码生成

50）某非确定的有限自动机（NFA）的状态转换图如图 5-7 所示（q_0既是初态，也是终态），与该 NFA 等价的确定的有限自动机（DFA）是_____。

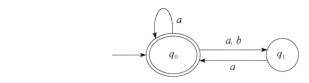

图 5-7　有限自动机

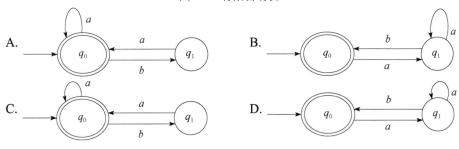

51）递归下降分析方法是一种_____方法。
A. 自底向上的语法分析　　　　　　B. 自上而下的语法分析
C. 自底向上的词法分析　　　　　　D. 自上而下的词法分析

52）编译器和解释器是两种基本的高级语言处理程序。编译器对高级语言源程序的处理过程可以划分为词法分析、语法分析、语义分析、中间代码生成、代码优化、目标代码生成等阶段，其中，___①___并不是每个编译器都必需的，与编译器相比，解释器___②___。
① A. 词法分析和语法分析　　　　　　B. 语义分析和中间代码生成
　　C. 中间代码生成和代码优化　　　　D. 代码优化和目标代码生成
② A. 不参与运行控制，程序执行的速度慢　　B. 参与运行控制，程序执行的速度慢
　　C. 参与运行控制，程序执行的速度快　　　D. 不参与运行控制，程序执行的速度快

53）表达式采用逆波兰式表示时，利用_____进行求值。
A. 栈　　　　　　B. 队列　　　　　　C. 符号表　　　　　　D. 散列表

54）某程序运行时陷入死循环，则可能的原因是程序中存在_____。
A. 词法错误　　　B. 语法错误　　　C.动态的语义错误　　　D. 静态的语义错误

55）函数 t()、f()的定义如图 5-8 所示，若调用函数 t 时传递给 x 的值为 5，并且调用函数 f()时，第一个参数采用传值方式，第二个参数采用引用方式，则函数 t 的返回值为_____。

```
t(int x)          f(int r,int &s)
int a;            int x;
a=3*x+1;          x=2*s+1;
f(x,a);           s=x+r;
return a-x;       1=x-1
```

图 5-8　函数 t()、f()的定义

A. 33　　　　　　　B. 22　　　　　　　C. 11　　　　　　　D. 负数

56）以下关于高级程序设计语言实现的编译和解释方式的叙述中，正确的是_____。

A. 编译程序不参与用户程序的运行控制，而解释程序则参与

B. 编译程序可以用高级语言编写，而解释程序只能用汇编语言编写

C. 编译方式处理源程序时不进行优化，而解释方式则进行优化

D. 编译方式不生成源程序的目标程序，而解释方式则生成

57）以下关于脚本语言的叙述中，正确的是_____。

A. 脚本语言是通用的程序设计语言　　　B. 脚本语言更适合应用在系统级程序开发中

C. 脚本语言主要采用解释方式实现　　　D. 脚本语言中不能定义函数和调用函数

58）将高级语言源程序先转化为一种中间代码是现代编译器的常见处理方式。常用的中间代码有后缀式、_____、树等。

A. 前缀码　　　　　　B. 三地址码　　　　　　C. 符号表　　　　　　D. 补码和移码

59）移进–归约分析法是编译程序（或解释程序）对高级语言源程序进行语法分析的一种方法，属于_____的语法分析方法。

A. 自顶向下（或自上而下）　B. 自底向上（或自下而上）　C. 自左向右　　D. 自右向左

60）函数 main()、f()的定义如图 5-9 所示，调用函数 f()时，第一个参数采用传值方式，第二个参数采用传引用方式，main 函数中 print(x)执行后输出的值为_____。

```
main()            f(int x,int &a)
int x=1;          x=2*x+1;
f(5,x);           a=a+x;
print(x);         return;
```

图 5-9　main()、f()的定义

A. 1　　　　　　　　B. 6　　　　　　　　C. 11　　　　　　　D. 12

61）常用的函数参数传递方式有传值与传引用两种，以下说法正确的是_____。

A. 在传值方式下，形参与实参之间互相传值

B. 在传值方式下，实参不能是变量

C. 在传引用方式下，修改形参实质上改变了实参的值

D. 在传引用方式下，实参可以是任意的变量和表达式

62）二维数组 $a[1\cdots N, 1\cdots N]$ 可以按行存储或按列存储。对于数组元素 $a[i, j]$ （$1\leqslant i, j\leqslant N$），当_____时，在按行和按列两种存储方式下，其偏移量相同。

    A. $i\neq j$ B. $i=j$ C. $i>j$ D. $i<j$

63）由字符 a、b 构成的字符串中，若每个 a 后至少跟一个 b，则该字符串集合可用正则表达式表示为_____。

    A. （$b|ab$）*   B. （$ab*$）*   C. （$a*b*$）*   D. （$a|b$）*

64）运行下面的 C 程序代码段，会出现_____错误。

```
int k=0;
for(;k<100;);
{k++;}
```

    A. 变量未定义   B. 静态语义   C. 语法   D. 动态语义

65）在高级语言源程序中，常需要用户定义的标识符为程序中的对象命名，常见的命名对象有_____。

    ① 关键字（或保留字）② 变量 ③ 函数 ④ 数据类型 ⑤ 注释

    A. ①②③   B. ②③④   C. ①③⑤   D. ②④⑤

66）在仅由字符 a、b 构成的所有字符串中，其中以 b 结尾的字符串集合可用正则表达式表示为_____。

    A. $(b|ab)*b$ B. $(ab*)*b$ C. $a*b*b$ D. $(a|b)*b$

67）某确定的有限自动机（DFA）的状态转换图如图 5-10 所示（A 是初态，D、E 是终态），则该 DFA 能识别_____。

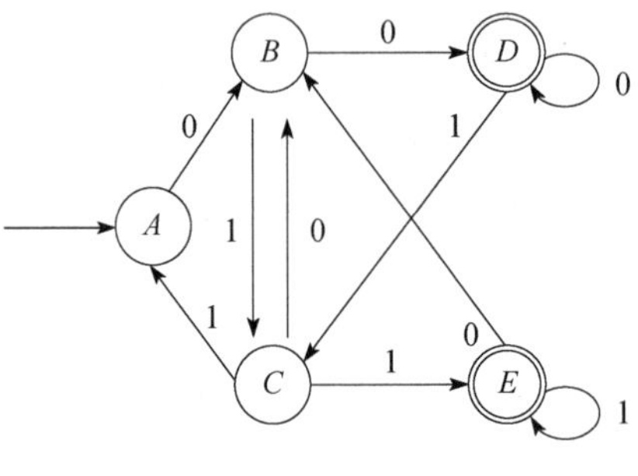

图 5-10　有限自动机

    A. 00110   B. 10101   C. 11100   D. 11001

68）如图 5-11 为一个表达式的语法树，该表达式的后缀形式为_____。

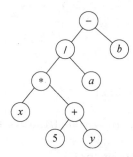

图 5-11　表达式的语法树

A. $x5y+*a/b-$ 　　　　　B. $x5yab*+/-$ 　　　　　C. $-/*x+5yab$ 　　　　　D. $x5*y+a/b-$

69）更适合用来开发操作系统的编程语言是_____。

A. C/C++ 　　　　　　B. Java 　　　　　　C. Python 　　　　　　D. JavaScript

70）以下关于程序设计语言的叙述中，不正确的是_____。

A. 脚本语言中不使用变量和函数

B. 标记语言常用于描述格式化和链接

C. 脚本语言采用解释方式实现

D. 编译型语言的执行效率更高

71）编译过程中进行的语法分析主要是分析_____。

A. 源程序中的标识符是否合法　　　　　B. 程序语句的含义是否合法

C. 程序语句的结构是否合法　　　　　　D. 表达式的类型是否合法

72）某图像预览程序要求能够查看 BMP、JPEG 和 GIF 三种格式的文件，且能够在 Windows 和 Linux 两种操作系统上运行。程序需具有较好的扩展性以支持新的文件格式和操作系统。为满足上述需求并减少所需生成的子类数目，现采用桥接（Bridge）模式进行设计，得到如图 5-12 所示的类图。

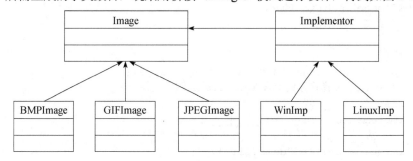

图 5-12　某图像预览程序的类图

【C++代码】

```cpp
#include<iostream>
#include<string>
Using namespace std;

class matrix{    //各种格式的文件最终都被转化为像素矩阵
                 //此处代码省略
```

```
};
class Implement{
Public:
        ①    ;//显示像素矩阵 m
};
class WinImp: public Implementor{
Public:
        Void doPaint(Matrix m){/*调用 Windows 系统的绘制函数绘制像素矩阵*/}
};
class LinuxImp:  public Implementor{
public:
        Void doPaint(Matrix m){/*调用 Linux 系统的绘制函数绘制像素矩阵*/}
};
class Imag{
public:
        void setImp(Implementor *imp){this.imp=imp;}
        virtual void parseFile(String fileName)=0;

protected:
        Implementor *imp;
};
class BMPImage: public Image{
        //此处代码省略
};
class GIFImage: public Image{
public:
        void parseFile(String fileName){
        //此处解析 GIF 文件并获取一个像素矩阵对象 m
          ②    ;//显示像素矩阵 m
        }
};
class JPEGImage: public Image{
        //此处代码省略
};
int main(){
        public static void main(String[] args){
        //在 Linux 操作系统上查看 demo.gif 图像文件
        Imag imag=    ③    ;
        Implementor imageImp=    ④    ;
            ⑤    ;
        image.parseFile("demo.gif");
        }
}
```

73）某图像预览程序要求能够查看 BMP、JPEG 和 GIF 三种格式的文件，且能够在 Windows 和 Linux 两种操作系统上运行。程序需具有较好的扩展性以支持新的文件格式和操作系统。为满足上述需求并减少所需生成的子类数目，现采用桥接 （Bridge）模式进行设计，得到如图 5-12 所示的类图。

【Java 代码】

```
import Java.Util.*;
class matrix{//各种格式的文件最终都被转化为像素矩阵
        //此处代码省略
};
abstract class Implement{
        public ____①____;//显示像素矩阵 m
};
class WinImp: public Implementor{
        public Void doPaint(Matrix m){/*调用 Windows 系统的绘制函数绘制像素矩阵*/}
};
class LinuxImp:  public Implementor{
        public Void doPaint(Matrix m){/*调用 Linux 系统的绘制函数绘制像素矩阵*/}
};
class Imag{
        public void setImp(Implementor *imp){this.imp=imp;}
        public virtual void parseFile(String fileName)=0;
        protected  Implenentor *imp;
};
class BMPImage: public Image{
        //此处代码省略
};
class GIFImage: public Image{
        public Void parseFile(String fileName){
        //此处解析 GIF 文件并获取一个像素矩阵对象 m
        ____②____;//显示像素矩阵 m
        }
};
class JPEGImage: public Image{
        //此处代码省略
};
class main(){
        public static void main(String[] args){
        //在 Linux 操作系统上查看 demo.gif 图像文件
        Imag imag=____③____;
        Implementor imageImp=____④____;
        ____⑤____;
        image.parseFile("demo.gif");
        }
}
```

5.2.2 真题讲解

1）A。

对 C 源程序进行编译时，需建立符号表，其作用是记录源程序中各个符号（变量等）的必要信息，以辅助语义的正确性检查和代码生成，在编译过程中需要对符号表进行快速有效地查找、插入、修改和删除等操作。符号表的建立可以始于词法分析阶段，也可以放到语法分析和语义分析阶段，但符号表的使用有时会延续到目标代码的运行阶段。

2）C。

编译和解释是语言处理的两种基本方式。编译过程包括词法分析、语法分析、语义分析、中间代码生成、代码优化和目标代码生成等阶段，以及符号表管理和出错处理模块。

解释过程在词法、语法和语义分析方面与编译程序的工作原理基本相同，但是在运行用户程序时，它直接执行源程序或源程序的内部形式。

这两种语言处理程序的根本区别是：在编译方式下，机器上运行的是与源程序等价的目标程序，源程序和编译程序都不再参与目标程序的执行过程；而在解释方式下，解释程序和源程序（或其某种等价表示）都要参与到程序的运行过程中，运行程序的控制权在解释程序。解释器翻译源程序时不产生独立的目标程序，而编译器则需将源程序翻译成独立的目标程序。

3）D。

标记语言用一系列约定好的标记来对电子文档进行标记，以实现对电子文档的语义、结构及格式的定义。

HTML 用于互联网的信息表示。用 HTML 编写的超文本文档称为 HTML 文档，它能独立于各种操作系统平台（如 UNIX、Windows 等）。HTML 文档是纯文本文档，可以使用记事本、写字板等编辑工具来编写 HTML 文件，其文件（文档）的扩展名是.html 或.htm，它们需要通过 WWW 浏览器进行解释并显示出效果。

XML 1.0 标准于 1998 年 2 月 10 日发布，被认为是继 HTML 和 Java 编程语言之后的又一个里程碑式的互联网技术。XML 丰富了 HTML 的描述功能，可以描述非常复杂的 Web 页面，如复杂的数字表达式、化学方程式等。XML 的特点是结构化、自描述、可扩展和浏览器自适应等。

用于 WAP 的标记语言就是 WML，其语法跟 XML 一样，是 XML 的子集。

PHP 是一种在服务器端执行的、嵌入 HTML 文档的脚本语言，其语言风格类似于 C 语言，被网站编程人员广泛运用。

4）B。

因为*表示出现 0 次或以上，所以可以采用排除法。对于题目中的 4 个*分别用 0 或 1 代入，可得出结果。

5）A。

编译程序是一种将高级语言程序翻译成目标程序的系统软件，它对源程序的翻译过程分为词法分析、语法分析、语义分析、中间代码生成、代码优化和目标代码生成，以及符号表管理和出错处理。

源程序可以被看成是一个字符串。词法分析是编译过程的第一阶段，其任务是对源程序从前到后（从左到右）逐个字符地扫描，从中识别出一个个的"单词"符号。语法分析的任务是在词法分析的基础上，根据语言的语法规则将单词符号序列分解成各类语法单位，如"表达式""语句""程序"等。语义分析阶段主要检查源程序是否包含语义错误，并收集类型信息供后面的代码生成阶段使用。只有语法和语义都正确的源程序才能被翻译成正确的目标代码。

6）B。

对于 B 选项，可通过状态 0 到 2 到 1 再到 3，再重复到 3 实现识别。

7）B。

汇编语言源程序中的每一条指令语句在源程序汇编时都要产生可供计算机执行的指令代码

（即目标代码）。

伪指令语句用于指示汇编程序如何汇编源程序，常用于为汇编程序提供以下信息：该源程序如何分段，有哪些逻辑段在程序段中，哪些是当前段，它们分别由哪个段寄存器指向；定义了哪些数据，存储单元是如何分配的等。伪指令语句除了定义的具体数据要生成目标代码外，其他均没有对应的目标代码。伪指令语句的这些命令功能是由汇编程序在汇编源程序时，通过执行一段程序来完成的，而不是在运行目标程序时实现的。

目前主要有两种不同标准的汇编语言指令格式：Windows 下的汇编语言基本上都遵循 Intel 风格的语法，如 MASM、NASM，而 UNIX/Linux 下的汇编语言基本上都遵循 AT&T 风格的语法。

汇编语言语句格式中的"名称"并不是所有语句都必需的。如果语句中带有"名称"，则大多数情况下"名称"都表示的是内存中某一存储单元的地址，也就是其后面各项在内存中存放的第一个存储单元的地址。

8）① B。

② C。

逆波兰式也叫后缀表达式，是将运算符写在操作数之后的表达式表示方法。对逆波兰式进行求值的方法是：从左至右扫描表达式，遇到操作数则压栈，遇到运算符号则从栈中弹出操作数进行运算，然后将运算结果压入栈中，重复该过程直到表达式结束，最后的结果为栈顶元素。由于控制上比较简单，因此逆波兰式更便于计算。

表达式"$a-b+c*d$"的后缀式为"$ab-cd*+$"。

表达式"$(a-b)* c+d$"的后缀式为"$ab-c*d+$"。

表达式"$(a-b)* (c+d)$"的后缀式为"$ab-cd+*$"。

表达式"$a-b*c+d$"的后缀式为"$abc*-d+$"。

9）B。

程序中的数据具有类型属性时，就可以规定数据对象的取值范围及能够进行的运算，在运算前便于进行类型检查，也更有利于为数据合理分配存储单元。

10）D。

将高级语言程序翻译为机器语言程序的过程中，需要依次进行词法分析、语法分析、语义分析、中间代码生成、代码优化和目标代码生成等阶段，其中，中间代码生成和代码优化可以省略。程序中的错误分为语法错误和语义错误，语法分析阶段不能发现语义错误。

语义分析阶段主要处理语法正确的语言结构的含义信息，可以与目标机器的体系结构无关。目标代码生成阶段的工作与目标机器的体系结构是密切相关的。

11）C。

从有限自动机的初态到终态的路径上的标记形成其可识别的字符串。

对于题中的自动机，0000 的识别路径为 $A—B—B—B—B$，不能到达终态 C，所以 0000 不能被该自动机识别；1111 的识别路径为 $A—A—A—A—A$，不能到达终态 C，所以 1111 也不能被该自动机识别；1010 的识别路径为 $A—A—B—C—B$，结束状态不是终态 C，所以 1010 不能被该自动机识别；0101 的识别路径为 $A—B—C—B—C$，存在从初态到终态的识别路径，所以 0101 可以被该自动机识别。

12）C。

一个函数被调用时，可能需要接收从外部传入的数据信息，传值调用与引用调用（传地址）是函数调用时常采用的信息传递方式。传值调用是将实参的值传给被调用函数的形参，引用调用的实质是将实参的地址传给被调用函数的形参。

13）D。

在编写 C/C++源程序时，为所定义的变量赋初值是良好的编程习惯，而赋初值不是强制的要求，因此编译程序不检查变量是否赋初值。如果表达式中引用的变量从定义到使用始终没有赋值，则该变量中的值表现为一个随机数，这样对表达式的求值结果就是不确定的了。

14）C。

二维数组 arr[1⋯M, 1⋯N]的元素可以按行存储，也可以按列存储。按列存储时，元素的排列次序为，先是第一列的所有元素，然后是第二列的所有元素，最后是第 N 列的所有元素。每一列的元素则按行号从小到大依次排列。因此，对于元素 arr[i, j]，其存储位置计算如下：先计算其前面 $j-1$ 列上的元素总数，然后计算第 j 列上排列在 arr[i, j]之前的元素数目，为 $i-1$，因此 arr[i, j]的地址为 base+(($j-1$)*M+$i-1$)*K。

15）B。

在机器层面上，所有的数据都是二进制形式的。应用领域中的数据可以有不同的形式、意义和运算，程序中的数据已经进行了抽象，不同类型的数据需要不同大小的存储空间，因此为程序中的数据规定类型后，可以更合理地安排存储空间。不同类型的数据的取值方式和运算也不同，引入类型信息后，在对源程序进行编译时就可以对参与表达式求值的数据对象进行合法性检查。

16）A。

分析题中所给自动机识别字符串的特点可知，该自动机识别的字符串必须以 01 结尾，而之前的 0 和 1 可以以任意方式组合，因此正规式为(0|1)*01。

17）① B。

发生函数调用时，调用函数与被调用函数之间交换信息的主要方法有传值调用和引用调用两种。

若实现函数调用时实参向形参传递相应类型的值，则称为传值调用。这种方式下形参不能向实参传递信息。

在 C 语言中，要实现被调用函数对实参的修改，必须用指针作形参，即调用时需要先对实参进行取地址运算，然后将实参的地址传递给指针形参。本质上仍属于传值调用。

引用是 C++中增加的数据类型，当形参为引用类型时，函数中对形参的访问和修改本质上就是针对相应实参变量所做的访问和修改。

本题中，在传值调用方式下，表达式 x=f(a)中调用 f 时，是将 a 的值（即 5）传给 n，这样执行函数 f 时，r 的初始值为 5，经过 a=r+1 运算后，全局变量 a 的值从 5 变为 6，然后 r = r*2 将 r 的值改变为 10，return r 将 10 返回并赋值给 x，因此执行 print a+x 后输出了 16。

② D。

在引用调用方式下，表达式 x = f(a)中调用 f 时，r 则是 a 的引用（即 r 是 a 的别名），因此，经过 a=r+1 运算后，a 的值（也就是 r 的值）变为 6，然后 r = r*2 将 r 的值（也就是 a 的值）改变为 12，return r 将 12 返回并赋值给 x，因此执行 print a+x 后输出了 24。

18) C。

对逻辑表达式可以进行短路计算，其依据是：a and b 的含义是 a 和 b 同时为"真"，则 a and b 为"真"，因此，若 a 为"假"，则无论 b 的值为"真"或"假"，a and b 必然为"假"；a or b 的含义是 a 和 b 同时为"假"，则 a or b 为"假"，因此，若 a 为"真"，则无论 b 的值为"真"或"假"，a or b 必然为"真"。

在优先级和结合性规定下，对逻辑表达式"x and y or not z"求值时，应先计算"x and y"的值，若为"假"，才去计算"not z"的值。因此，若 x 的值为"假"，则"x and y"的值为"假"，需要计算"not z"来确定表达式的值，而不管 y 是"真"还是"假"。若 x 的值为"真"，则需要计算 y 的值，若 y 的值为"真"，则整个表达式的值为"真"（从而不需要再计算"not z"）；若 y 的值为"假"，则需要计算"not z"来确定表达式的值。

19) B。

20) C。

从有限自动机的初态到终态的路径上的标记形成其可识别的字符串。

对于题中的自动机，从 A 出发到达 C 结束的所有路径中必然包含 BC 这条弧（标记为 1），同时到达 B 的弧上都标记了 0，所以其识别的字符串必须以 01 结尾。

21) D。

一个函数被调用时，可能需要接收从外部传入的数据信息，传值调用与引用调用（传地址）是函数调用时常采用的信息传递方式。传值调用是将实参的值传给被调用函数的形参，因此实参可以是常量、变量、表达式或函数调用，而引用调用的实质是将实参的地址传给被调用函数的形参，因此实参必须具有地址。

22) A。

脚本语言又被称为扩建的语言或者动态语言，是一种编程语言，通常以文本（如 ASCII）保存，只在被调用时进行解释或编译。Python 是一种脚本语言。

23) B。

$aa*bb*$ 表示的字符串特点是：若干个 a 之后跟若干个 b，a 和 b 都至少出现 1 次。$a*bb*$ 表示的字符串特点是：若干个 a 之后跟若干个 b，a 可以不出现，b 至少出现 1 次。$aa*b*$ 表示的字符串特点是：若干个 a 之后跟若干个 b，a 至少出现 1 次，b 可以不出现。$a*b*$ 表示的字符串特点是：若干个 a 之后跟若干个 b，a 和 b 都可以不出现。语言 $L=\{a^m b^n | m \geq 0, n \geq 1\}$ 中，若干个 a 之后跟若干个 b，a 可以不出现，b 至少出现 1 次。

24) C。

后缀式即逆波兰式，是逻辑学家卢卡西维奇发明的一种表示表达式的方法。这种表示方法把运算符写在运算对象的后面，例如把 $a+b$ 写成 $ab+$。这种表示方法的优点是根据运算对象和运算符的出现次序进行计算，不需要使用括号。

$(a-b)*c+d$ 的后缀式是 $ab-c*d+$。

25) B。

计算机只能理解和执行由 0、1 序列构成的机器语言，因此高级程序语言需要翻译，担负这一任务的程序称为"语言处理程序"。由于应用的不同，语言之间的翻译也是多种多样的。语言处理程序主要分为汇编程序、编译程序和解释程序三种基本类型。

解释程序也称为解释器，它可以直接解释执行源程序，或者将源程序翻译成某种中间表示形式后再加以执行；而编译程序（编译器）则首先将源程序翻译成目标语言程序，然后在计算机上运行目标程序。汇编程序的功能是将汇编语言所编写的源程序翻译成机器指令程序。

链接程序将各目标程序连接形成可执行程序。

26）D。

从原理上讲，对源程序进行语义分析之后就可以直接生成目标代码，但由于源程序与目标代码的逻辑结构往往差别很大，特别是考虑到具体机器指令系统的特点，要使翻译一次到位很困难，而且用语法制导方式机械生成的目标代码往往是烦琐和低效的，因此有必要采用一种中间代码，将源程序首先翻译成中间代码表示形式，以利于进行与机器无关的优化处理。由于中间代码实际上也起着编译器前端和后端分水岭的作用，所以使用中间代码也有助于提高编译程序的可移植性。常用的中间代码有后缀式、三元式、四元式和树等形式。

27）A。

编译程序的工作过程可以分为词法分析、语法分析、语义分析、中间代码生成、代码优化和目标代码生成等阶段。

用户编写的源程序不可避免地会有一些错误，这些错误大致可分为静态错误和动态错误。动态错误也称动态语义错误，它们发生在程序运行时，例如变量取零时作除数、引用数组元素下标错误等。静态错误是指编译阶段发现的程序错误，可分为语法错误和静态语义错误，如单词拼写错误、标点符号错误、表达式中缺少操作数、括号不匹配等有关语言结构上的错误称为语法错误，而语义分析时发现的运算符与运算对象类型不合法等错误属于静态语义错误。

28）C。

编译和解释方式是翻译高级程序设计语言的两种基本方式。

解释程序也称为解释器，它或者直接解释执行源程序，或者将源程序翻译成某种中间表示形式后再加以执行；而编译程序（编译器）则首先将源程序翻译成目标语言程序，然后在计算机上运行目标程序。这两种语言处理程序的根本区别是：在编译方式下，机器上运行的是与源程序等价的目标程序，源程序和编译程序都不再参与目标程序的执行过程；而在解释方式下，解释程序和源程序（或其某种等价表示）要参与到程序的运行过程中，运行程序的控制权在解释器。解释器翻译源程序时不产生独立的目标程序，而编译器则需要将源程序翻译成独立的目标程序。

29）C。

调用函数和被调用函数之间交换信息的方法主要有两种：一种是由被调用函数把返回值返回给调用函数，另一种是通过参数传递信息。函数调用时实参与形参间交换信息的基本方法有传值调用和引用调用两种。

若实现函数调用时实参向形参传递相应类型的值，则称为传值调用。这种方式下形参不能向实参传递信息。实参可以是变量，也可以是常量和表达式。

引用调用的实质是将实参变量的地址传递给形参，因此形参是指针类型，而实参必须具有左值。变量具有左值，常量没有左值。被调用函数对形参的访问和修改实际上就是针对相应实参所作的访问和改变，从而实现形参和实参间双向传递数据的效果。

30）A。

编译过程中为变量分配存储单元所用的地址是逻辑地址，程序运行时再映射为物理地址。

31）D。

$L = \{a^n b^n | n \geq 1\}$ 中的字符串特点是 a 的个数与 b 的个数相同，且所有的 a 都在 b 之前，该集合不是正规集，不能用正规式表示。

正规集可用正规式描述，用有限自动机识别。

32）① A。

② C。

符号表的作用是记录源程序中各个符号的必要信息，以辅助语义的正确性检查和代码生成，在编译过程中需要对符号表进行快速有效地查找、插入、修改和删除等操作。符号表的建立可以始于词法分析阶段，也可以放到语法分析和语义分析阶段，但符号表的使用有时会延续到目标代码的运行阶段。

编译过程中，在确认源程序的语法和语义之后，就可对其进行翻译，同时改变源程序的内部表示。对于声明语句，需要记录所遇到的符号的信息，因此应进行符号表的填查工作。对于可执行语句，需要翻译成中间代码或目标代码。

33）A。

进行函数调用时，常需要将调用环境中的数据传递给被调用函数，作为输入参数由被调用函数处理，基本的调用方式为传值调用和引用调用。其中，传值调用方式下是将实参的值单向地传递给被调用函数的形参，引用调用方式下通过将实参的地址传递给形参，在被调用函数中通过指针实现对实参变量数据的间接访问和修改，从而达到将修改后的值"传回来"的效果。

34）C。

用文法表示语言的语法规则时，推导是产生语言句子的基本方式。推导出 1010 的过程为 $S \rightarrow A0 \rightarrow S10 \rightarrow A010 \rightarrow 1010$，推导出 0110 的过程为 $S \rightarrow A0 \rightarrow S10 \rightarrow B110 \rightarrow 0110$，对于 0011110011 则推导不出。因为由 S 先推导出 $A0$ 后，再去推导 A 则必然产生一个与 0 相邻（在 0 的左边）的 1，而由 S 先推导出 $B1$，则下一步必然要推导出一个与 1 相邻（在 1 的左边）的 0。这保证了当 1 出现时，马上就会出现 0，或者反之，且 0 和 1 的距离很近。分析更多的例子发现，仅有"某些 0 和 1 个数相等的字符串"是正确的。

35）B。

后缀式的特点是将运算符号写在运算数的后面。对于表达式，其计算次序是相减、相乘、相加，其后缀式为"$abc-d*+$"。

36）B。

"中间代码"是一种简单且含义明确的记号系统，可以有若干种形式，它们的共同特征是与具体的机器无关，此时所做的优化一般建立在对程序的控制流和数据流分析的基础之上，与具体的机器无关。

37）A。

语言中具有独立含义的最小语法单位是符号（单词），如标识符、无符号常数与界限符等。词法分析的任务是把构成源程序的字符串转换成单词符号序列。

有限自动机是一种识别装置的抽象概念，它能准确地识别正规集。有限自动机分为两类：确定的有限自动机（DFA）和不确定的有限自动机（NFA）。

38）C。

弱/强类型指的是语言类型系统的类型检查的严格程度，动态类型和静态类型则指变量与类型的绑定方法。

弱类型相对于强类型来说类型检查更不严格，比如说允许变量类型的隐式转换，允许强制类型转换，等等。

39）C。

网页文件本身是一种文本文件，通过在其中添加标记符，可以告诉浏览器如何显示其中的内容。HTML 是超文本标记语言，超文本是指页面内可以包含图片、链接，甚至是音乐、程序等非文字元素。

PHP（超文本预处理器）是一种通用开源脚本语言，它将程序嵌入 HTML 文档中去执行，从而产生动态网页。

40）B。

传值调用和引用调用是实现函数调用时传递参数的两种基本方式。在传值调用方式下，是将实参的值传给形参，在引用调用方式下，是将实参的地址传递给形参。

41）A。

编译是实现高级程序设计语言的一种方式，编译过程可分为词法分析、语法分析、语义分析、中间代码生成、代码优化和目标代码生成等阶段，还需要进行出错处理和符号表管理。符号表的作用是记录源程序中各个符号的必要信息，以辅助语义的正确性检查和代码生成，在编译过程中需要对符号表进行快速有效地查找、插入、修改和删除等操作。符号表的建立可以始于词法分析阶段，也可以放到语法分析和语义分析阶段，但符号表的使用有时会延续到目标代码的运行阶段。

42）A。

用某种高级语言或汇编语言编写的程序称为源程序，源程序不能直接在计算机上执行。如果源程序是用汇编语言编写的，则需要一个称为汇编程序的翻译程序将其翻译成目标程序后才能执行。如果源程序是用某种高级语言编写的，则需要对应的解释程序或编译程序对其进行翻译，然后在机器上运行。

解释程序也称为解释器，它可以直接解释执行源程序，或者将源程序翻译成某种中间表示形式后再加以执行；而编译程序（编译器）则首先将源程序翻译成目标语言程序，然后在计算机上运行目标程序。这两种语言处理程序的根本区别是：在编译方式下，机器上运行的是与源程序等价的目标程序，源程序和编译程序都不再参与目标程序的执行过程；而在解释方式下，解释程序和源程序（或其某种等价表示）要参与到程序的运行过程中，运行程序的控制权在解释程序。解释器翻译源程序时不产生独立的目标程序，而编译器则需将源程序翻译成独立的目标程序。

43）B。

文法体系共分为短语结构文法、上下文有关文法、上下文无关文法和正规文法 4 类。

短语结构文法也称为 0 型文法，其描述能力相当于图灵机，可使用任何的语法描述形式。

上下文有关文法也称为 1 型文法，其描述能力相当于线性有界自动机，语法形式为 $xSy{\to}xAy$。也就是说，S（非终结符号）推导出 A（非终结符号与终结符号的混合串）是和上下文 x、y 相关的，即 S 只有在上下文 x、y 的环境中才能推导出 A。

上下文无关文法也称为 2 型文法，其描述能力相当于下推自动机，语法形式为 $S{\to}A$，即 S 可以无条件地推导出 A，与上下文无关。

正规文法也称为 3 型文法，等价于正则表达式，其描述能力相当于有穷自动机，语法形式为 $S{\to}Aa$，其中最后一个 a 必须为非终结符。

大多数程序语言的语法现象可用上下文无关文法描述。

44）D。

对程序中含有变量的表达式求值发生在运行时，若除数为 0 进行除运算，在运行时会报告异常。

45）B。

XML 是标准通用标记语言的子集，是一种用于标记电子文件使其具有结构性的标记语言。

Python 是一种面向对象、解释型计算机程序设计语言。

Prolog 是逻辑型程序设计语言。

46）D。

编译程序的功能是把某高级语言书写的源程序翻译成与之等价的目标程序（汇编语言或机器语言）。编译程序的工作过程可以分为词法分析、语法分析、语义分析、中间代码生成、代码优化、目标代码生成、符号表管理和出错处理等部分，如图 5-13 所示。

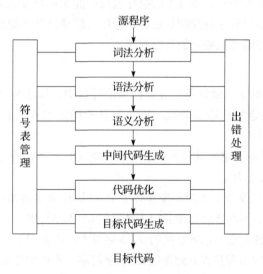

图 5-13　编译程序的工作过程

目标代码生成是编译器工作的最后一个阶段。这一阶段的任务是把中间代码变换成特定机器上的绝对指令代码、可重定位的指令代码或汇编指令代码，这个阶段的工作与具体的机器密切相关。因此，在目标代码生成阶段分配寄存器。

47）C。

选项 A 涉及程序语言的一般概念，程序设计语言的基本成分包括数据、运算、控制和传输等。

选项 B 考查高级语言和低级语言的概念。对于程序设计语言来说，高级语言和低级语言是指其相对于运行程序的机器的抽象程度。低级语言在形式上更接近机器指令，汇编语言就是与机器指令一一对应的。高级语言对底层操作进行了抽象和封装，其一条语句对应多条机器指令，使编写程序的过程更符合人类的思维习惯，并且极大地简化了人力劳动。高级语言不依赖于具体的机器硬件。

选项 C 考查局部变量的概念，凡是在函数内部定义的变量都是局部变量（也称作内部变量），包括在函数内部复合语句中定义的变量和函数形参表中说明的形式参数。局部变量只能在函数内部使用，其作用域是从定义位置起至函数体或复合语句体结束为止。局部变量的值通常在其生存期内是变化的。

选项 D 考查常量的概念，程序中常量的值在运行时是不能改变的。

48）B。

对算术表达式 "$(a+(b-c))*d$" 求值的运算处理顺序是：先计算 b-c，然后与 a 相加，最后与 d 相乘。只有选项 B 所示的二叉树与其相符。

49）D。

编译和解释是语言处理的两种基本方式。编译过程包括词法分析、语法分析、语义分析、中间代码生成、代码优化和目标代码生成等阶段，以及符号表管理和错误处理。解释过程在词法、语法和语义分析方面与编译程序的工作原理基本相同，但是在运行用户程序时，它直接执行源程序或源程序的内部形式。

这两种语言处理程序的根本区别是：在编译方式下，机器上运行的是与源程序等价的目标程序，源程序和编译程序都不再参与目标程序的执行过程；而在解释方式下，解释程序和源程序要参与到程序的运行过程中，运行程序的控制权在解释程序。解释器翻译源程序时不产生独立的目标程序，而编译器则需将源程序翻译成独立的目标程序。

50）A。

对高级语言源程序以编译（或解释）方式翻译的过程中，词法分析采用有限自动机作为计算模型。有限自动机分为确定的有限自动机（DFA）和不确定的有限自动机（NFA），可将一个 NFA 转换为等价的最小化 DFA。

题中的 NFA 的功能是识别空串以及 b 不能连续出现（即每个 b 后至少含有 1 个 a）的 a、b 字符串，若是非空串，则以 a 结尾。

选项 A 识别的是空串以及每个 b 后至少含有 1 个 a 的 a、b 字符串，若是非空串，则以 a 结尾。

选项 B 识别空串以及 b 不能连续出现且以 b 结尾的 a、b 字符串。

选项 C 识别 b 不能连续出现且以 b 结尾的 a、b 字符串，不能识别空串。

选项 D 识别 b 不能连续出现且以 a 结尾的 a、b 字符串，不能识别空串。

51）B。

对高级语言源程序以编译（或解释）方式翻译的过程中，语法分析的任务是根据语言的语法规则分析单词串是否构成短语和句子，即表达式、语句和程序等基本语言结构，同时检查和处理程序中的语法错误。程序设计语言的绝大多数语法规则可以采用上下文无关文法进行描述。语法分析方法有多种，根据产生语法树的方向，可分为自底向上和自顶向下两类。递归下降分析法和预测分析法是常用的自顶向下分析法。运算符优先分析法和 LR 分析法属于自底向上的语法分析方法。

52) ① C。
　　② B。

解释程序也称为解释器，它可以直接解释执行源程序，或者将源程序翻译成某种中间表示形式后再加以执行；而编译程序（编译器）则首先将源程序翻译成目标语言程序，然后在计算机上运行目标程序。这两种语言处理程序的根本区别是：在编译方式下，机器上运行的是与源程序等价的目标程序，源程序和编译程序都不再参与目标程序的执行过程；而在解释方式下，解释程序和源程序（或其某种等价表示）要参与到程序的运行过程中，运行程序的控制权在解释程序。解释器翻译源程序时不产生独立的目标程序，而编译器则需将源程序翻译成独立的目标程序。

53) A。

后缀式（逆波兰式）是波兰逻辑学家卢卡西维奇发明的一种表示表达式的方法。这种表示方法把运算符写在运算对象的后面，例如把 $a+b$ 写成 $ab+$，所以也称为后缀式。

借助栈可以方便地对后缀式进行求值。方法为：先创建一个初始为空的栈，用来存放运算数。对后缀表达式求值时，从左至右扫描表达式，若遇到运算数，就将其入栈，若遇到运算符，就从栈顶弹出需要的运算数并进行运算，然后将结果压入栈顶，如此重复，直到表达式结束。若表达式无错误，则最后的运算结果就存放在栈顶并且是栈中唯一的元素。

54) C。

程序已经开始运行，说明编译时无错误，因此不是语法错误和词法错误，编译时发现的语义错误称为静态的语义错误。运行时陷入死循环属于动态的语义错误。

55) A。

若函数调用时采用传值方式，则是将实参的值传给形参，再执行被调用的函数，对形参的修改不影响实参。若采用传引用方式，则是将实参的地址传递给形参，本质上是通过间接访问的方式修改实参，也可以简化理解为：在被调用函数中对形参的修改等同于对实参进行修改。

56) A。

编译程序的功能是把用高级语言书写的源程序翻译成与之等价的目标程序。编译过程划分成词法分析、语法分析、语义分析、中间代码生成、代码优化和目标代码生成 6 个阶段。目标程序可以独立于源程序运行。

解释程序是一种语言处理程序，在词法、语法和语义分析方面与编译程序的工作原理基本相同，但在运行用户程序时，它是直接执行源程序或源程序的内部形式（中间代码）。因此，解释程序并不产生目标程序，这是它和编译程序的主要区别。

57) C。

脚本语言是为了缩短传统的编写、编译、链接、运行过程而创建的计算机编程语言。此命名起源于一个脚本 screenplay，每次运行都会使对话框逐字重复。早期的脚本语言经常被称为批处理语言或工作控制语言。一个脚本通常是解释运行的，而非编译。

58) B。

59）B。

60）D。

可以使用手动执行程序的方式来进行。在主函数中，调用 $f(5, x)$ 之后：

$f()$ 函数中的 $x=5$，$a=1$。

$x=2*x+1$，则 $x=11$。

$a=a+x$，则 $a=12$。由于 a 是以引用调用方式传入的参数，因此主函数中的 x 与其值相同，也为 12。打印结果应为 12。

61）C。

传值调用最显著的特征就是被调用的函数内部对形参的修改不影响实参的值。引用调用是将实参的地址传递给形参，使得形参的地址就是实参的地址。

62）B。

对于数组，如表 5-4 所示。

表5-4 二维数组

i	j		
	$j=1$	$j=2$	$j=3$
$i=1$	1	2	3
$i=2$	4	5	6
$i=3$	7	8	9

按行存储：123 456 789。

按列存储：147 258 369。

可以看到当 $i=j$ 时其偏移量相同。

63）A。

正规式中，|表示或的意思，*表示 * 前的字符或字符串出现了 0 次或多次。

64）D。

在本题中，for 语句后有 "；"，说明该循环语句的语句体为空，此时循环是一个死循环，所以存在语义错误。

65）B。

在编程语言中，标识符是用户编程时使用的名字，对于变量、常量、函数、语句块也有名字，我们统统称之为标识符。关键字作为用户标识符。

66）D。

正规式 $(a|b)*$ 对应的正则集为 $\{\varepsilon, a, b, aa, ab, \cdots,$ 所有由 a 和 b 组成的字符串 $\}$。因要以 b 结尾，所以正规式为 $(a|b)*b$。

67）C。

选项中，只用 C 中的字符串能被 DFA 解析。解析路径为 ACEEBDD。

68）A。

要得到题目中的表达式语法树后缀式，只需要对树进行后序遍历即可。

69）A。

Linux 就是用 C 开发的。

70）A。

脚本语言中可以使用变量。

71）D。

语法分析的任务是根据语言的语法规则分析单词串是否构成短语和句子，即表达式、语句和程序等基本语言结构，同时检查和处理程序中的语法错误。

72）① virtual void doPaint(Matrix m)=0。

② imp->doPaint(m)。

③ new GIFImage()。

④ new LinuxImp()。

⑤ imp->setImp(imageImp)。

73）① abstract void doPaint(Matrix m)。

② imag.doPaint(m)。

③ new GIFImage()。

④ new LinuxImp()。

⑤ image.setImp(imageImp)。

5.3　难点精练

5.3.1　重难点练习

1）有限状态自动机可用五元组(Σ, Q, δ, q_0, Q_f)来描述，设有一个有限状态自动机 M 的定义为：Σ={0, 1}，Q={q_0,q_1,q_2}，Q_f={q_2}，δ 的定义为：$\delta(q_0, 0)=q_1$，$\delta(q_1, 0)=q_2$，$\delta(q_2, 0)=q_2$，$\delta(q_2, 1)=q_2$。M 是一个___①___有限状态自动机，所表示的语言陈述为__②__。

① A. 歧义　　　　B. 非歧义　　　　C. 确定的　　　　D. 非确定的

② A. 由 0 和 1 所组成的符号串的集合

B. 以 0 为头符号和尾符号，由 0 和 1 所组成的符号串的集合

C. 以两个 0 结束的，由 0 和 1 所组成的符号串的集合

D. 以两个 0 开始的，由 0 和 1 所组成的符号串的集合

2）有如下程序段，设 n 为 3 的倍数，则语句③的执行频度为_____。

```
int i, j;
①for(i = 1; i<n; i++) {
②      if(3*i <= n) {
③          for(j = 3*i; j < n; j++) {
④              x++; y = 3*x+2;
```

```
                        }
                    }
                }
```
A. $n(n+1)/6$ B. $n(n-1)/6$ C. $n^2/6$ D. $(n+1)(n-1)/6$

3）既希望较快地查找，又便于线性表动态变化的查找方法是_____。
     A. 顺序查找   B. 二分查找   C. 哈希查找   D. 索引顺序查找

4）数据结构中，与所使用的计算机无关的是数据的___①___结构；链表是一种采用___②___存储结构存储的线性表，链表适用于___③___查找，但在链表中进行___④___操作的效率比在顺序存储结构中进行___④___操作的效率高；二分法查找___⑤___存储结构。
     ① A. 存储   B. 物理   C. 逻辑   D. 物理和存储
     ② A. 顺序   B. 链式   C. 星式   D. 网状
     ③ A. 顺序   B. 二分   C. 顺序或二分   D. 随机
     ④ A. 顺序查找   B. 二分查找   C. 快速查找   D. 插入
     ⑤ A. 只适合顺序   B. 只适合链式
        C. 既适合顺序又适合链式   D. 既不适合顺序又不适合链式

5）无向图中一个顶点的度是指图中_____。
     A. 通过该顶点的简单路径数   B. 通过该顶点的回路数
     C. 与该顶点相邻的顶点数   D. 与该顶点连通的顶点数

6）表达式 $a\times(b+c)-d$ 的后缀表达式为_____。
     A. $abcd\times+-$ B. $abc+\times d-$ C. $abc\times+d-$ D. $-+\times abcd$

7）某一确定有限自动机的状态转换图如图 5-14 所示，与该自动机等价的正规表达式是___①___，图中___②___是可以合并的状态。

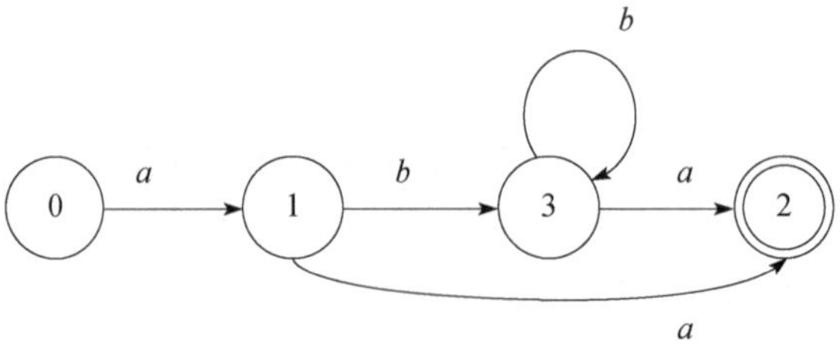

图 5-14   有限自动机

     ① A. $ab*a$ B. $ab|ab*a$ C. $a*b*a$ D. $aa*|b*a$
     ② A. 0 和 1   B. 2 和 3   C. 1 和 2   D. 1 和 3

8）文法 $(Sd(T)db)$ 所描述的语言是_____。
     A. $(xyx)^n$ B. xyx^n C. xy^nx D. x^nyx^n

9）有限状态自动机 M 的状态转换矩阵如图 5-15 所示，对应的 DFA 状态图为___①___，所能接受的正则表达式表示为___②___。

	0	1
$q0$	$q1$	—
$q1$	$q2$	—
$q2$	$q2$	$q2$

图 5-15 有限自动机 M 的状态转换

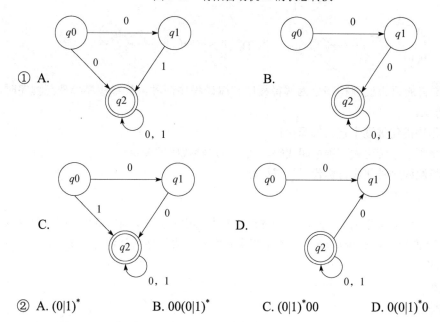

② A. $(0|1)^*$　　　　B. $00(0|1)^*$　　　　C. $(0|1)^*00$　　　　D. $0(0|1)^*0$

10）某一确定有限自动机的状态转换图如图 5-16 所示，与该自动机等价的正规表达式是　①　，图中　②　是可以合并的状态。

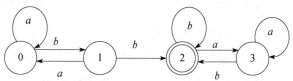

图 5-16 某一确定有限自动机的状态转换图

① A. $(a|ba)^*bb(a^*b^*)^*$　　B. $(a|ba)^*bba^*|b^*$　　C. $(a^*|b^*)bb(a|b)^*$　　D. $(a|b^*)^*bb(a^*|b^*)$

② A. 0 和 1　　　　B. 2 和 3　　　　C. 1 和 2　　　　D. 0 和 3

11）假设某程序语言的文法如下：

```
S→a|b|(T)
T→TdS|S
```

其中，$V_T=\{a, b, d, (,)\}$，$V_N=\{S, T\}$，S 是开始符号。考察该文法，句型 $(Sd(T)db)$ 是 S 的一个　①　。其中　②　是最左素短语，　③　是该句型的直接短语。

① A. 最左推导　　　　B. 最右推导　　　　C. 规范推导　　　　D. 推导

② A. S　　　　B. b　　　　C. (T)　　　　D. $Sd(T)$

③ A. S　　　　B. $S, (T), b$　　　　C. $(Sd(T)db)$　　　　D. $S, (T)Tds, b$

12）已知正规表达式 $r=(0|1)*00$，　①　在 $L(r)$ 中，和 r 等价的确定有限自动机 DFAM 是　②　。

① A. 0000　　　　B. 0001　　　　C. 0010　　　　D. 0011

13）高级语言的语言处理程序分为解释程序和编译程序两种。解释程序处理源程序时，大多数采用_____方法。

A. 源程序语句被逐个直接解释执行

B. 先将源程序转化成某种中间代码，然后对这种代码解释执行

C. 先将源程序转化成目标代码，再执行

D. 以上方法都不是

14）若文法 $G0=(a, b, S, X, Y, P, S)$，P 中的产生式及其序号如下，则 $G0$ 为　①　型文法，对应于　②　，由 $G0$ 推导出句子 $baabbb$ 时，所用产生式序号组成的序列分别为　③　。

1：$S\rightarrow XaaY$

2：$X\rightarrow YY|b$

3：$Y\rightarrow XbX|a$

① A. 0　　　　B. 1　　　　C. 2　　　　D. 3

② A. 图灵机　　B. 下推自动机　　C. 其他自动机　　D. 有限状态自动机

③ A. 13133　　B. 12312　　C. 12322　　D. 12333

15）语言 $L=\{a^m b^n|m\geq 0, n\geq 1\}$ 的正规表达式是_____。

A. $a*bb*$　　　　B. $aa*bb*$　　　　C. $aa*b$　　　　D. $a*b*$

16）已知某文法 G 的规则集为 $\{A\rightarrow bA|cc\}$，_____是文法 G 描述的语言 $L(G)$ 句子。

A. cc　　　　B. $bcbc$　　　　C. $bbbcc$　　　　D. $bccbcc$

17）高级语言的语言处理程序分为解释程序和编译程序两种。编译程序的工作在逻辑上一般由 6 个阶段组成，而解释程序通常缺少_____和代码优化。

A. 词法分析　　　B. 语义分析　　　C. 中间代码生成　　　D. 目标代码生成

18）本程序实现两个多项式的乘积运算。多项式的每一项由类 Item 描述，而多项式由类 List 描述。类 List 的成员函数有：

createList()：创建按指数降序链接的多项式链表，以表示多项式。

reverseList()：将多项式链表的表元链接顺序颠倒。

multiplyList(List L1, List L2)：计算多项式 L1 和多项式 L2 的乘积多项式。

【程序】

```
#include<iostream.h>
```

```
class List;
class ltem{
friend class List;
private:
double quot;
int exp;
Item*next;
public:
Item(double_quot, int_exp)
{   ①   ; }
};
class List{
private:
    Item*list;
public:
    List(){list=NULL; }
    void reverseList();
    void multiplyList(List L1, List L2);
    void createList();
};
void List: : createList(){
    Item*p, *u, *pre;
    int exp;
    double quot;
    list=NULL;
    while   ①   {
        cout<<"输入多项式中的一项(系数、指数): "<<endl;
        cin>>quot>>exp:
        if(exp<0)break; //指数小于零，结束输入
        if(quot==0)continue;
        p=list;
        while(   ②   ){//查找插入点
            pre=p; p=p->next; }
        if(p!=NULL&&exp==p->exp){ p->quot+=quot; continue; }
        u=   ③   ;
        if(p==list) list=u;
        else pre->next=u;
        u->next=p;
    }
}
void List: : reverseList(){
    Item*p, *u;
    if(list==NULL)return;
    p=list->next; list->next=NULL;
    while(p!=NULL){
        u=p->next; p->next=list;
        list=p; p=u;

    }
}
void List: : multiplyList(List L1, List L2){
```

```
        Item*pL1, *pL2, *u;
        int k, maxExp;
        double quot;
        maxExp= ④ ;
        L2. reverseList(); list=NULL;
        for(k=maxExp; k>=0; k--){
            pL1=L1. list;
            while(pL1!=NULL&&pL1->exp>k)pL1=pL1->next;
            pL2=L2. list;
            while(pL2!=NULL&& ⑤ )pL2=pL2->next;
            quot=0. 0;
            while(pL1!=NULL&&pL2!=NULL){
                if(pL1->exp+pL2->exp==k){
                 ⑥ ;
                pL1=pL1->next; pL2=pL2->next;
                }else if(pL1->exp+pL2->exp>k)
                pL1=pL1->next;
                else pL2=pL2->next;
                }
                if(quot!=0. 0){
                    u=new Item(quot, k);
                    u->next=list; list=u;
                }
            }
        reverseList(); L2. reverseList():
}
void main(){
ListL1, L2, L;
cout<<"创建第一个多项式链表\n"; L1. createList();
cout<<"创建第二个多项式链表\n"; L2. createList();
L. multiplyList(L1, L2);
}
```

19）下面是一个 Applet 程序，其功能是根据给出的小时、分钟和秒数计算相等的秒数，即将 1 分钟化为 60 秒，以此类推。要求建立一个时间类，时间参数均作为类的成员变量，并且给出换算时间的方法，也作为这个类的成员函数，可以供外部对象进行调用。同时还需要在输出窗口中显示换算结果，并且将结果写到 out3_3.txt 文件中，本题给出确定的时间为 4 小时 23 分 47 秒，要求换算成以秒做单位的时间。

程序运行结果如图 5-17 所示。

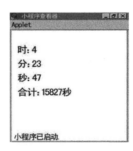

图 5-17 Applet 程序

```java
import javA. io.*;
import javA. awt.*;
import javA. applet.*;
/*
<applet code=ex7_7.class width=800 height=400>
</applet>
*/
public class ex7_7 extends Applet{
public void paint(Graphics g){
int nSum;
class myTime7_7{
public int h;
public int m;
public int s;
public int out;
public int caculateSecond(){
    ①   ;
return out;
}
}
myTime7_7 objTime7_7 = new myTime7_7();
objTime7_7.h = 4;
objTime7_7.m = 23;
objTime7_7.s = 47;
nSum = objTime7_7.   ②   ;
g.drawString ("时: "+objTime7_7.h, 20, 30);
g.drawString ("分: "+objTime7_7.m, 20, 50);
g.drawString ("秒: "+objTime7_7.s, 20, 70);
g.drawString (   ③   );
try {
FileOutputStream fos7_7 = new FileOutputStream("out7_7.txt");
BufferedOutputStream bos7_7=new BufferedOutputStream(fos7_7, 1024);
PrintStream ps7_7=new PrintStream(bos7_7, false);
System.setOut(ps7_7);
System.out.println(   ④   );
ps7_7.close();
} catch(IOException ioe) {
    ⑤   (ioe);
}
}
}
ex7_7.html
<HTML>
<HEAD>
<TITLE>ex7_7</TITLE>
</HEAD>
<BODY>
<applet code="ex7_7.class" width=800 height=400 >
</applet>
</BODY>
</HTML>
```

5.3.2 练习精解

1) ① C。

② D。

本题对应的状态转换矩阵如表 5-5 所示。可见，M 是一个确定的有限状态自动机。q_2 是终态，q_0 是初态，因此必须以两个 0 开头。故选项 D 描述正确。

表5-5 状态转换矩阵

	0	1
q_0	q_1	—
q_1	q_2	—
q_2	q_2	q_2

2) B。

取 $n=3$，此时语句③仅执行一次，注意，执行了一次，而不是一次也没执行。据此，只有选项 B 符合。再取 $n=6$，此时语句③执行次数为 4+1=5，选项 B 正好符合。故可判断答案为 B。

3) D。

查找是根据给定的某个值，在查找表中确定是否存在一个其关键字等于给定值的记录或数据元素的过程。若表中存在这样的记录，则查找成功，此时要么给出整个记录的信息，要么给出记录在查找表中的位置；若表中不存在关键字等于给定值的记录，则称查找不成功，此时查找结果用一个"空"记录或"空"指针表示。

① 顺序查找。从表中的一端开始，逐个进行记录的关键字和给定值的比较，若找到一个记录的关键字与给定值相等，则查找成功；若整个表中的记录均比较过，仍未找到关键字等于给定值的记录，则查找失败。顺序查找的方法对于顺序存储方式和链式存储方式的查找表都适用。

② 二分查找。设查找表的元素存储在一维数组 $r[1\cdots n]$ 中，首先将待查的 key 值与表 r 中间位置上（下标为 mid）的记录的关键字进行比较，若相等，则查找成功；若 key>r[mid].key，则说明待查记录只可能在后半个子表 r[mid+1$\cdots n$]（注意，是 mid+1，而不是 mid）中，下一步应在后半个子表中再进行二分查找；若 key<r[mid].key，则说明待查记录只可能在前半个子表 r[1$\cdots$mid-1]（注意，是 mid-1，而不是 mid）中，下一步应在前半个子表中再进行二分查找。这样通过逐步缩小范围，直到查找成功或子表为空时失败为止。在表中的元素已经按关键字递增（或递减）的方式排序的情况下，才可以进行二分查找。二分查找比顺序查找的效率高，但它要求查找表进行顺序存储并且按关键字有序排列，因此，当对表进行元素的插入或删除时，需要移动大量的元素，所以二分查找适用于表不易变动且又经常进行查找的情况。

③ 索引顺序查找（又称分块查找）是对顺序查找方法的一种改进，其性能介于顺序查找与二分查找之间。其基本思想是，首先将表分成若干块，每一块中的关键字不一定有序，但块之间是有序的，即后一块中所有记录的关键字均大于前一块中最大的关键字；此外，还建立了一个索引表，索引表按关键字有序。因此，分块查找分两步，第一步在索引表中确定待查记录所在的块，第二步在块内顺序查找。

4) ① C。

②B。

③A。

④D。

⑤A。

5）C。

图是一种比线性表和树更为复杂的数据结构。在图形结构中，节点之间的关系可以是任意的，图中任意两个数据元素之间都可能相关。无向图中一个顶点的度是指图中与该顶点相邻的顶点数。

6）B。

表达式 $a×(b+c)-d$ 的后缀表达式为 $abc+×d-$。注意运算符号的优先级，可通过按层序遍历方式将运算符及操作数写入二叉树中，然后后序遍历该二叉树即可。

7）①A。

②D。

可以合并的状态是指将对所有可能的输入转换到相同的状态。对应的状态转换矩阵如表 5-6 所示。可见，状态 1 和状态 3 可以合并。状态 0 是初态，状态 2 是终态。通过 a 由状态 0 转到状态 1，状态 1 和状态 3 到状态 2 需要通过 a。因此，正规表达式应以 a 开头、以 a 结束。中间只有 b。故应选 A。

表5-6　状态转换矩阵

	a	b
0	1	—
1	2	3
3	2	3
2	—	—

8）D。

9）①B。

②B。

选项 A 和 D 首先可以排除，其对应的不是 DFA。状态转换矩阵表示，状态 $q0$ 在输入 0 的情况下转换成状态 $q1$。易判断对应的 IDFA 为选项 B 所示的状态图。正则表达式可通过特例判断，$q0$ 为初始状态，输入两个 0 后转为状态 $q2$，因此正则表达式应为两个 0 开头。故应为 B。

10）①A。

②B。

可以合并的状态是指对所有可能的输入，其转换的状态均相同。对应状态转换矩阵如表 5-7 所示。显然状态 2 和状态 3 是可以合并的。

表5-7　状态转换矩阵

	a	b
0	0	1
1	0	2
2	3	2
3	3	2

11）① D。

② C。

③ B。

12）① A。

② D。

对于 $r =(0|1)*00$，显然只有以 00 结尾的才可能在 $L(r)$ 中。首先选项 A、B 对应的自动机不是确定的，对于选项 A，状态 1 在输入为 0 时可转移到状态 0 和状态 2；对于选项 B，状态 0 在输入为 0 时可转移到状态 0 和状态 1。仔细分析选项 C、D，它们的差别就是状态 0 的转移情况，显然选项 D 是符合题意的。

13）B。

解释程序是一种语言处理程序，在词法、语法和语义分析方面与编译程序的工作原理基本相同，但在运行时直接执行源程序或源程序的内部形式，即解释程序不产生源程序的目标程序，这点是它与编译程序的主要区别。

14）① C。

② B。

③ D。

15）A。

16）A。

17）D。

解释程序在词法、语法和语义分析方面与编译程序的工作原理基本相同，但在运行时直接执行源程序或源程序的内部形式，即解释程序不产生源程序的目标程序，这点是它与编译程序的主要区别。Java 使用的正是这种方式。

18）① quot=_quot; exp=_exp; next=NULL。

② p!=NULL && exp< p ->exp。

③ new Item （quot, exp）。

④ L1.list -> exp + L2.list -> exp。

⑤ pL1 -> exp +pL2 -> exp < k。

⑥ quot += pL1 -> quot * pL2 -> quot。

程序主要由类 Item 和 List 组成，其中类 Item 定义多项式中的项，由三个私有成员组成，分别是：系数 quot、指数 exp 和指向多项式的下一项的指针 next，该类定义了一个构造函数，其作用是创建系数为 _quot、指数为 _exp 的项，即创建类 Item 的一个对象，因此①处应该填 quot=_quot;exp=_exp;next=NULL。类 List 定义了多项式的操作，数据成员 list 是多项式链表的链头指针，类成员函数 creatlist() 的功能是创建按照指数降序链接的多项式，创建的方法是不断将新的项插入链表的合适位置上。若链表中存在一项 p，其指数大于待插入项的指数，则待插入项为 p 的前驱。该成员函数在链表上遍历，直到找到满足上述条件的项，若链表中不存在这样的项，那么待插入项称为新的链尾。因此②处应填 p!=NULL&&exp<p->exp；③处应填 new Item（quot, exp），根据读入的指数和系数创建要插入的项。若链表中存在指数与待插入项指数相等的项，则合并同类项。

成员函数 multiplyList（List L1, List L2）计算多项式 L1 和 L2 的乘积。首先计算了 L1 和 L2 的乘积多项式的最高幂次，即多项式 L1 和 L2 的最高次项的指数之和。由于多项式 L1 和 L2 是按照指数的降序排列的，两个多项式的第一项分别是最高幂项，这两项的指数之和就是乘积多项式的最高次幂，因此④处填 L1.list->exp+L2.list->exp。

为了实现系数的乘积求和计算，当多项式 L1 从幂次高至幂次低逐一考虑各项的系数时，多项式 L2 应从幂次低至幂次高的顺序考虑各项的系数，以便将两个多项式所有幂次和为 k 的两项系数相乘后累计。由于是单链表，因此成员函数先将其中多项式 L2 的链接顺序颠倒，计算完成之后，再将多项式 L2 的链接顺序颠倒，即恢复原来的链接顺序。乘积多项式从高次幂系数至 0 次幂系数的顺序逐一计算。

为求 k 次幂这一项的系数，对于 L1 的考查顺序是从高次幂项至最低次幂项，而对于 L2 的考查相反。首先跳过多项式 L1 中高于 k 次幂的项，设低于 k 次幂的项最高次幂是 j 次幂；对于多项式 L2，跳过低于 k-j 次幂的项，因此⑤处应该填 "pL1->exp+pL2->exp<k"。

考虑多项式 L1 和 L2 剩余各项的循环，若两个多项式的当前项幂次和为 k，则累计它们系数的乘积，并分别准备考虑下一项，因此⑥处应该填 quot+=pL1->quot*pL2->quot；若两个多项式的当前幂次和大于 k，则应考虑幂次和更小的项，这样应该准备考虑多项式 L1 的下一项；若两个多项式的当前幂次和小于 k，则应考虑幂次和更大的项，这样应该准备考虑多项式 L2 的下一项。若所有幂次和为 k 的项的系数乘积之和不等于 0，则应该在乘积多项式中有这一项，生成这一项的新节点，并将它插在乘积多项式的末尾。

19）① out=h*3600+m*60+s。

② caculateSecond()。

③ "合计："+nSum+"秒", 20, 90。

④ "合计："+nSum+"秒"。

⑤ System.out.println。

本题主要考查 Applet 的窗口、文件和文件 I/O、面向对象的基本概念以及基于文本的应用。解题关键是熟悉 Applet 的执行过程，会使用 Graphics 类的基本方法在用户界面中输出字符信息，会将 Applet 面向对象的基本思想与文件操作相结合，编写有一定综合性的程序。本题中，1 小时等于 3600 秒，这里主要是要熟练掌握运算表达式的写法。程序中不可以直接用 objTime3_3 对象访问类的成员变量，应该调用成员方法，如果不调用方法去计算，则得不到正确的结果。

第6章

数 据 库

6.1 考点精讲

6.1.1 考纲要求

数据库主要是考试中所涉及的数据库三级模式结构、数据模型、数据依赖与函数依赖、关系代数、关系数据库标准语言、规范化、数据库的控制功能、数据仓库基础、分布式数据库基础、数据库设计。本章在考纲中主要有以下内容：

- 数据库三级模式结构。
- 数据模型。
- 数据依赖与函数依赖。
- 关系代数。
- 关系数据库标准语言。
- 规范化。
- 数据库的控制功能。
- 数据仓库基础。
- 分布式数据库基础。
- 数据库设计。

数据库考点如图 6-1 所示，用星级★标示知识点的重要程度。

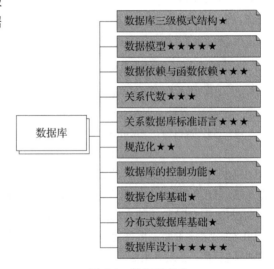

图 6-1　数据库考点

6.1.2 考点分布

统计 2010 年至 2020 年试题真题，在上午考核的基础知识试卷中，本章主要考点分值为 5～6 分，在下午考核的案例应用试卷中，本章会考一道大题，15 分，合计 20～21 分。历年真题统计如表 6-1 所示。

表6-1 历年真题统计

年 份	时 间	题 号	分 值	知 识 点
2010 年上	上午题	51, 52, 53, 54, 55, 56	6	数据库设计、关系代数、函数依赖、标准语言
	下午题	试题二	15	数据库设计
2010 年下	上午题	51, 52, 53, 54, 55, 56	6	数据模型、函数依赖
	下午题	试题二	15	数据库设计
2011 年上	上午题	51, 52, 53, 54, 55, 56	6	数据库设计、函数依赖
	下午题	试题二	15	数据库设计
2011 年下	上午题	51, 52, 53, 54, 55, 56	6	标准语言、数据模型
	下午题	试题二	15	数据库设计
2012 年上	上午题	49, 52, 53, 54, 55, 56	6	关系模式、关系代数、标准语言
	下午题	试题二	15	数据库设计
2012 年下	上午题	51, 52, 53, 54, 55, 56	6	关系代数、函数依赖、标准语言
	下午题	试题二	15	数据库设计
2013 年上	上午题	54, 55, 56, 57, 58, 59	6	视图、函数依赖、标准语言
	下午题	试题二	15	数据库设计
2013 年下	上午题	51, 52, 53, 54, 55, 56	6	标准语言、分布式数据、数据库设计
	下午题	试题二	15	数据库设计
2014 年上	上午题	51, 52, 53, 54, 55, 56	6	数据模型、标准语言、函数依赖
	下午题	试题二	15	数据库设计
2014 年下	上午题	51, 52, 53, 54, 55, 56	6	数据模型、标准语言、函数依赖
	下午题	试题二	15	数据库设计
2015 年上	上午题	51, 52, 53, 54, 55, 56	6	函数依赖、关系代数、规范化
	下午题	试题二	15	数据库设计
2015 年下	上午题	51, 52, 53, 54, 55, 56	6	数据库模式、规范化、分布式数据库、函数依赖
	下午题	试题二	15	数据库设计
2016 年上	上午题	51, 52, 53, 54, 55, 56	6	数据库模式、规范化、函数依赖
	下午题	试题二	15	数据库设计
2016 年下	上午题	51, 52, 53, 54, 55, 56	6	关系代数、函数依赖
	下午题	试题二	15	数据库设计
2017 年上	上午题	51, 52, 53, 54, 55, 56	6	数据模型、函数依赖、标准语言
	下午题	试题二	15	数据库设计
2017 年下	上午题	51, 52, 53, 54, 55, 56	6	数据库模式、函数依赖、Web 数据库
	下午题	试题二	15	数据库设计
2018 年上	上午题	51, 52, 53, 54, 55, 56	6	函数依赖、标准语言
	下午题	试题二	15	数据库设计
2018 年下	上午题	52, 53, 54, 55, 56, 57	6	数据库模式、分布式数据库、函数依赖、关系代数
	下午题	试题二	15	数据库设计
2019 年上	上午题	51, 52, 53, 54, 55, 56	6	关系代数、函数依赖、标准语言、分布式数据库
	下午题	试题二	15	数据库设计

（续）

年 份	时 间	题 号	分 值	知 识 点
2019 年下	上午题	51, 52, 53, 54, 55, 56	6	数据库模式、函数依赖、标准语言
	下午题	试题二	15	数据库设计
2020 年下	上午题	51, 52, 53, 54, 55, 56	6	数据模型、函数依赖、关系代数、分布式数据库
	下午题	试题二	15	数据库设计

6.1.3 知识点精讲

6.1.3.1 数据库三级模式结构

数据库系统由外模式、概念模式和内模式三级构成。

外模式也称为子模式或用户模式，它对应的是我们平时所用到的数据库视图。外模式用来描述用户（包括程序员和最终用户）看到或使用的那部分数据的逻辑结构，是数据库用户的数据视图，是与某一应用有关的数据的逻辑表示。一个数据库可以有多个外模式，一个应用程序只能使用一个外模式。

概念模式也称为模式或逻辑模式，它对应我们平时所用到的数据表。概念模式是数据库中全体数据的逻辑结构和特征的描述，是所有用户的公共数据视图，用以描述现实世界中的实体及其性质与联系，定义记录、数据项、数据的完整性约束条件及记录之间的联系。概念模式通常还包含访问控制、保密定义和完整性检查等方面的内容，以及概念/物理之间的映射。一个数据库只有一个概念模式。

内模式对应物理级数据库，是数据物理结构和存储方式的描述，是数据在数据库内部的表示方式。内模式不同于物理层，它假设外存是一个无限的线性地址空间。内模式定义的是存储记录的类型、存储域的表示和存储记录的物理顺序，以及索引和存储路径等数据的存储组织。一个数据库只有一个内模式。

在数据库系统的三级模式中，模式是数据库的中心与关键；内模式依赖于模式，独立于外模式和存储设备；外模式面向具体的应用，独立于内模式和存储设备；应用程序依赖于外模式，独立于模式和内模式。

两级映射分别是：外模式与概念模式之间的映射、概念模式与内模式之间的映射。

- 外模式与概念模式之间的映射：用于维护数据库的逻辑独立性。也就是说，有了这个映射，使得数据的逻辑结构改变时，应用程序不需要改变，只需要改变映射中的对应关系即可达到目的。
- 概念模式与内模式之间的映射：用于维护数据库的物理独立性。也就是说，当数据的物理存储改变时，应用程序不需要改变。

6.1.3.2 数据模型

1. 组成部分

数据模型是严格定义的一组概念的集合。这些概念精确地描述了系统的静态特征、动态特征和完整性约束条件。因此，数据模型通常由数据结构、数据操作和完整性约束三部分组成。

数据模型经历了从层次模型到网状模型、关系模型、面向对象模型的发展过程。

2. 关系模型

在用户看来，一个关系模型的基本数据结构是一张二维表，简称表（Table），也称关系，一张二维表是由一个 n 元属性（列）及 m 个元组（行）组成的。

关系模型具有较好的完整性约束机制，主要有三类完整性约束：

1）实体完整性约束，即主键约束。现实世界中的实体是可区分的，即它们具有某种唯一性标识。相应地，关系模型中以主键作为唯一性标识，主键中的属性（即主属性）不能取空值（"不知道"或"无意义"的值）。如果主属性取空值，就说明存在某个不可标识的实体，即存在不可区分的实体，这与现实世界的环境相矛盾，因此这个实体一定不是一个完整的实体。

2）参照完整性约束，即外键约束。现实世界中的实体之间往往存在某种联系，在关系模型中，实体及实体间的联系可用表中的外键来关联。参照完整性又称引用完整性，它要求数据表中外键的引用值必须合法，也就是引用的值必须对应关系主码或者为空，即不能引用不存在的元组。

3）用户定义完整性约束。用户定义的完整性是针对某一具体关系数据库的约束条件，它反映某一具体应用所涉及的数据必须满足语义要求。

关系模型提供定义和检验这类完整性的机制，以便用统一的、系统的方法处理，而不必由应用程序承担这一功能。

3. E-R 模型

实体（entity）：实体是概念世界中的基本单位，它们是客观存在的且又能相互区分的事物。凡是有共性的实体可组成一个集合，称为实体集，也称实体。

属性（attribute）：现实世界中的事物均有一些特性，这些特性可以用属性这个概念表示。属性刻画了实体的特征，一个实体往往可以有若干个属性。

联系（relationship）：现实世界中的事物间的关联称为联系。在概念世界中，联系反映了实体集间的一定关系。联系可以分为两个实体集间的联系、多个实体集间的联系以及一个实体集内部的联系。而两个实体集间的关系又可以分为一一对应关系、一对多（多对一）对应关系和多对多对应关系。

6.1.3.3 数据依赖与函数依赖

1. 函数依赖

对于函数 $y=f(m)$，如果每个 x 都有唯一 y 值与之对应，那么称 m 决定 y，或 y 依赖于 m，写作 $m \rightarrow y$。例如函数 $y=m^2$，对于每个 m，y 都有唯一值与之对应，所以 m 决定 y 或 y 依赖于 m，记作 $m \rightarrow y$。例如学生 id→姓名（姓名依赖于学生 id），身份证号→姓名。

2. 部分依赖

对于函数依赖定义中单独一个 m，就可以唯一确定 y 的值，那么用另一个无关变量 n 和 m 的组合值必定也可以唯一确定 y 的值。那么称 (m, n) 决定 y，或 y 部分依赖于 m，写作 $(m, n) \rightarrow y$。例如（身份证号，性别）→姓名（姓名部分依赖于身份证号和性别）。

3. 完全依赖

对于函数 $y=f(m, n)$，如果确定的 m 和 n 都有唯一 y 值与之对应，那么称 (m, n) 决定 y，或 y 完全依赖于(m, n)，写作$(m, n) \rightarrow y$。例如（学校 id, 学号）→姓名（姓名完全依赖于学校 id 和学号）。

6.1.3.4 关系代数

1. 并（Union）

关系 R 与 S 具有相同的关系模式，即 R 与 S 的元素相同（结构相同）。关系 R 与 S 的并集是由属于 R 或属于 S 的元组构成的集合，记作 $R \cup S$，其形式定义如下：

$$R \cup S = \{t | t \in R \wedge t \in S\}$$

式中 t 为元组变量。

2. 差（Difference）

关系 R 与 S 具有相同的关系模式，关系 R 与 S 的差是由属于 R 但不属于 S 的元组构成的集合，记作 $R-S$，其形式定义如下：

$$R-S = \{t | t \in R \wedge t \notin S\}$$

3. 广义笛卡儿积

两个元数分别为 n 目和 m 目的关系，R 和 S 的广义笛卡儿积是一个 $n+m$ 列的元组的集合。元组的前 n 列是关系 R 的一个元组，后 m 列是关系 S 的一个元组，记作 $R \times S$，其形式定义如下：

$$R \times S = \{t | t = <t_n, t_m> \wedge t_n \in R \wedge t_m \in S\}$$

4. 投影（Projection）

投影运算是从关系的垂直方向进行运算，在关系 R 中选出若干属性列 A 组成新的关系，记作 $\pi A(R)$，其形式定义如下：

$$\pi A(R) = \{t[A] | t \in R\}$$

5. 选择（Selection）

选择运算是从关系的水平方向进行运算，是从关系 R 中选择满足给定条件的诸元组，记作 $\sigma F(R)$，其形式定义如下：

$$\sigma F(R) = \{t | t \in R \wedge F(t) = true\}$$

其中，F 中的运算对象是属性名（或列的序号）或常数，或运算符、算术比较符（<、<=、>、>=、≠）和逻辑运算符（∧、∨、¬）。

6. 交（Intersection）

关系 R 与 S 具有相同的关系模式，关系 R 与 S 的交是由属于 R 同时又属于 S 的元组构成的集合，记作 $R \cap S$，其形式如下：

$$R \cap S = \{t | t \in R \wedge t \in S\}$$

显然，$R \cap S = R-(R-S)$，或 $R \cap S = S-(S-R)$。

7. 连接（Join）

连接分为三种：θ连接、等值连接、自然连接。

8. 除（Division）

除运算是同时从关系的水平方向和垂直方向进行运算。给定关系 $R(X, Y)$和 $S(Y, Z)$，X, Y, Z 为属性组。$R÷S$ 应当满足元组在 X 上的分量值 x 的象集 Yx 包含关系 S 在属性组 Y 上投影的集合。

9. 广义投影（Generalized Projection）

广义投影运算允许在投影列表中使用算术运算，实现了对投影运算的扩充。

10. 外连接（Outer Join）

外连接运算是连接运算的扩展，可以处理由于连接运算而缺失的信息。外连接运算有以下三种：

1）左外连接。取出左侧关系中所有与右侧关系中任一元组都不匹配的元组，用空值填充所有来自右侧关系的属性，构成新的元组，将其加入自然连接的结果中。

2）右外连接。取出右侧关系中所有与左侧关系中任一元组都不匹配的元组，用空值填充所有来自左侧关系的属性，构成新的元组，将其加入自然连接的结果中。

3）全外连接。完成左外连接和右外连接的操作，即填充左侧关系中所有与右侧关系中任一元组都不匹配的元组，并填充右侧关系中所有与左侧关系中任一元组都不匹配的元组，将产生的新元组加入自然连接的结果中。

6.1.3.5 关系数据库标准语言

1. 综合统一

集数据查询、数据定义、数据操纵、数据控制功能于一体，可以独立完成数据库生命周期中的全部活动：① 定义关系模式，插入数据，建立数据库；② 查询和更新；③ 重构和维护；④ 数据库的安全性、完整性控制等。

2. 高度非过程化

存取路径的选择以及 SQL 的操作过程由系统自动完成。

3. 面向集合的操作方式

SQL 采用集合操作方式：① 操作对象、查找结果可以是元组的集合；② 一次插入、删除、更新操作的对象可以是元组的集合。

4. 以同一种语法结构提供多种使用方式

SQL 是独立的语言，能够独立地用于联机交互的使用方式；SQL 又是嵌入式语言，能够嵌入高级语言（例如 C、C++、Java）程序中，供程序员设计程序时使用。

5. 语言简洁，易学易用

SQL 功能极强，完成核心功能只用了 7 个动词。

数据查询（DQL）：SELECT。

数据定义（DDL）：CREATE、DROP、ALTER。

数据操纵（DML）：INSERT、UPDATE、DELETE。

6.1.3.6 规范化

1. 主属性和非主属性

主属性：在候选码中的属性。

非主属性：不在候选码中的属性。

2. 第一范式（1NF）

每个属性都是不可分割的原子值。

3. 第二范式（2NF）

消除非主属性对候选键的部分依赖。

例如，学生表（学生 id，身份证号，姓名，性别，学号，学校 id，学校名称）。

问题：在学生表中，（学校 id，学号）是一个候选键，但是学校名称部分依赖（学校 id，学号），所以就不符合 2NF。

解决方法：把（学校 id，学校名称）单独抽取成一个学校表，就符合 2NF。所以可将学生表拆分为：

学生表（学生 id，身份证号，姓名，性别，学号，学校 id）

学校表（学校 id，学校名称）

4. 第三范式（3NF）

消除非主属性对候选键的传递依赖。

例如，学生表（学生 id，姓名，性别，学校 id，学校名称）。

问题：在学生表中，学生 id 是一个候选键，有学校姓名传递依赖学生 id，不符合 3NF。

学生 id→学校 id（学校 id 依赖学生 id）

学校 id→学校名称（学校姓名依赖学校 id）

所以：学校姓名传递依赖学生 id。

解决方法：把（学校 id，学校名称）单独抽取成一个学校表，就符合 3NF 了。所以可将学生表拆分为：

学生表（学生 id，姓名，性别，学校 id）

学校表（学校 id，学校名称）

5. BC 范式（BCNF）

消除主属性对候选键的传递依赖（列出关系中所有的函数依赖，依赖左侧都是候选键）。

6.1.3.7 数据库的控制功能

1. 事务的特性

1）原子性：事务是原子的，要么都做，要么都不做。

2）一致性：事务执行的结果必须保证数据库从一个一致性的状态变到另一个一致性的状态。因此，当数据库只包含成功事务提交的结果时，称数据库处于一致性状态。

3）隔离性：事务相互隔离，当多个事务并发执行时，任一事务的更新操作直到其成功提交的整个过程，对其他事务都是不可见的。

4）持续性：一旦事务成功提交，即使数据库崩溃，其对数据库的更新操作也将永久有效。

2. 并发的产生

1）共享锁（S 锁）：若事务 T 对数据对象 A 添加了 S 锁，则只允许 T 读取 A，但不能修改 A，并且其他事务只能对 A 加 S 锁，不能加 X 锁。

2）排他锁（X 锁）：若事务 T 对数据对象 A 添加了 X 锁，则只允许 T 读取和修改 A，其他事务不能再对 A 加任何锁。

6.1.3.8 数据仓库基础

抽取：从不同的数据源将需要的数据抽取出来。

清理：抽取出来的数据也许会存在格式不同等其他问题，此时就需要清理工作。

装载：将抽取出来的数据装载到数据仓库中去。

刷新：定期刷新就是往里面添加一些数据。

数据集市：部门级的数据仓库。

OLAP 服务器：联机分析服务器，专做分析处理工作。

6.1.3.9 分布式数据库基础

分布式数据库系统具有以下特点：

1）数据的物理分布性。
2）数据的逻辑整体性。
3）数据的分布独立性。
4）场地的自治和协调。
5）数据的冗余及冗余透明性。

6.1.3.10 数据库设计

数据库设计过程：需求分析→概念结构设计→逻辑结构设计→数据库物理设计→数据库的实施→数据库运行与维护。

6.2 真题精解

6.2.1 真题练习

1）若关系 R、S 如图 6-2 所示，则关系代数表达式 $\pi_{1,3,7}(\sigma_{3<6}(R \times S))$ 与＿＿＿＿等价。

A	B	C	D
1	2	4	6
2	3	3	1
3	4	1	3

R

C	D	E
3	4	2
8	9	3

S

图 6-2　R、S 关系图

A. $\pi_{A,C,E}(\sigma_{C<D}(R\times S))$　　　　B. $\pi_{A,R,C,E}(\sigma_{R.C<S.D}(R\times S))$

C. $\pi_{A,S,C,S,E}(\sigma_{R.C<S.D}(R\times S))$　　D. $\pi_{R,A,R,C,R,E}(\sigma_{R.C<S.D}(R\times S))$

2）某销售公司数据库的零件 P（零件号，零件名称，供应商，供应商所在地，库存量）关系如表 6-2 所示，其中同一种零件可由不同的供应商供应，一个供应商可以供应多种零件。零件关系的主键为　①　。

表6-2　某销售公司数据库

零件号	零件名称	供应商	供应商所在地	单价（元）	库存量
010023	$P2$	$S1$	北京市海淀区××号	22.80	380
010024	$P3$	$S1$	北京市海淀区××号	280.00	1350
010022	$P1$	$S2$	陕西省西安市雁塔区×号	65.60	160
010023	$P2$	$S2$	陕西省西安市雁塔区×号	28.00	1280
010024	$P3$	$S2$	陕西省西安市雁塔区×号	260.00	3900
010022	$P1$	$S3$	北京市新城区××号	66.80	2860
...	...	...	...	...	...

查询各种零件的平均单价、最高单价与最低单价之间差距的 SQL 语句为：

```
SELECT 零件号, _____②_____
FROM P
_____③_____ ;
```

该关系存在冗余以及插入异常和删除异常等问题，为了解决这一问题需要将零件关系分解为
　④　。

① A. 零件号，零件名称　　　　　　　B. 零件号，供应商
　 C. 零件号，供应商所在地　　　　　D. 供应商，供应商所在地

② A. 零件名称，AVG（单价），MAX（单价）－ MIN（单价）
　 B. 供应商，AVG（单价），MAX（单价）－ MIN（单价）
　 C. 零件名称，AVG 单价，MAX 单价 － MIN 单价
　 D. 供应商，AVG 单价，MAX 单价 － MIN 单价

③ A. ORDER BY 供应商　　　　　　　B. ORDER BY 零件号
　 C. GROUP BY 供应商　　　　　　　D. GROUP BY 零件号

④ A. $P1$（零件号，零件名称，单价）、$P2$（供应商，供应商所在地，库存量）
　 B. $P1$（零件号，零件名称）、$P2$（供应商，供应商所在地，单价，库存量）
　 C. $P1$（零件号，零件名称）、$P2$（零件号，供应商，单价，库存量）、$P3$（供应商，供应商所在地）

D. $P1$（零件号，零件名称）、$P2$（零件号，单价，库存量）、$P3$（供应商，供应商所在地）、$P4$（供应商所在地，库存量）

3）在某企业的营销管理系统设计阶段，属性"员工"在考勤管理子系统中被称为"员工"，而在档案管理子系统中被称为"职工"，这类冲突称为_____冲突。

    A. 语义   B. 结构   C. 属性   D. 命名

4）学生实体 Students 中的"家庭住址"是一个___①___属性，为使数据库模式设计更合理，对于关系模式 Students___②___。

  ① A. 简单   B. 多值   C. 复合   D. 派生

  ② A. 可以不进行任何处理，因为该关系模式达到了 3NF

     B. 只允许记录一个亲属的姓名、与学生的关系以及联系电话的信息

     C. 需要对关系模式 Students 增加若干组家庭成员、关系及联系电话字段

     D. 应该将家庭成员、关系及联系电话加上学生号，设计成为一个独立的实体

5）设有关系模式 R（课程，教师，学生，成绩，时间，教室），其中函数依赖集 F 如下：关系模式的一个主键是___①___，R 规范化程度最高达到___②___。若将关系模式 R 分解为 3 个关系模式及 $R1$（课程，教师）、$R2$（学生，课程，成绩）、$R3$（学生，时间，教室，课程），其中 $R2$ 的规范化程度最高达到___③___。

$F=\{$课程$\rightarrow\rightarrow$教师，（学生，课程）$\rightarrow$成绩，（时间，教室）$\rightarrow$课程，（时间，教师）$\rightarrow$教室，（时间，学生）$\rightarrow$教室$\}$

  ① A.（学生，课程） B.（时间，教室） C.（时间，教师） D.（时间，学生）

  ② A. 1NF   B. 2NF   C. 3NF   D. BCNF

  ③ A. 2NF   B. 3NF   C. BCNF   D. 4NF

6）某医院数据库的部分关系模式为：科室（科室号，科室名，负责人，电话）、病患（病历号，姓名，住址，联系电话）和职工（职工号，职工姓名，科室号，住址，联系电话）。假设每个科室有一位负责人和一部电话，每个科室有若干名职工，一名职工只属于一个科室；一个医生可以为多个病患看病；一个病患可以由多个医生多次诊治。科室与职工的所属联系类型为___①___，病患与医生的就诊联系类型为___②___。对于就诊联系最合理的设计是___③___，就诊关系的主键是___④___。

  ① A. 1:1   B. 1:n C. n:1   D. n:m

  ② A. 1:1   B. 1:n C. n:1   D. n:m

  ③ A. 就诊（病历号，职工号，就诊情况）

     B. 就诊（病历号，职工姓名，就诊情况）

     C. 就诊（病历号，职工号，就诊时间，就诊情况）

     D. 就诊（病历号，职工姓名，就诊时间，就诊情况）

  ④ A. 病历号，职工号   B. 病历号，职工号，就诊时间

     C. 病历号，职工姓名   D. 病历号，职工姓名，就诊时间

7）给定关系模式 $R<U, F>$，$U=\{A, B, C\}$，$F=\{AB\rightarrow C, C\rightarrow B\}$。关系 R ___①___ 且分别有 ___②___。

  ① A. 只有 1 个候选关键字 AC B. 只有 1 个候选关键字 AB

C. 有 2 个候选关键字 AC 和 BC D. 有 2 个候选关键字 AC 和 AB

② A. 1 个非主属性和 2 个主属性   B. 2 个非主属性和 1 个主属性

     C. 0 个非主属性和 3 个主属性   D. 3 个非主属性和 0 个主属性

8）将 Students 表的插入权限赋予用户 UserA，并允许其将该权限授予他人，应使用的 SQL 语句为：GRANT ___①___ TABLE Students TO UserA ___②___ 。

① A. UPDATE   B. UPDATE ON   C. INSERT   D. INSERT ON

② A. FOR ALL   B. PUBLIC

     C. WITH CHECK OPTION   D. WITH GRANT OPTION

9）若有关系 $R(A, B, C, D)$ 和 $S(C, D, E)$，则与表达式 $\pi_{3,4,7}(\sigma_{4<5}(R \times S))$ 等价的 SQL 语句如下：

SELECT ___①___ FROM ___②___ WHERE ___③___

① A. A, B, C, D, E   B. C, D, E

     C. R.A, R.B. R.C, R.D, S.E   D. R.C, R.D, S.E

② A. R   B. S   C. R, S   D. RS

③ A. D<C   B. R.D< S.C   C. R.D<R.C   D. S.D<R.C

10）E-R 图转换为关系模型时，对于实体 $E1$ 与 $E2$ 间的多对多联系，应该将_____。

     A. $E1$ 的码加上联系上的属性并入 $E2$

     B. $E1$ 的码加上联系上的属性独立构成一个关系模式

     C. $E2$ 的码加上联系上的属性独立构成一个关系模式

     D. $E1$ 与 $E2$ 的码加上联系上的属性独立构成一个关系模式

11）E-R 模型向关系模型转换时，三个实体之间多对多的联系 $m:n:p$ 应该转换为一个独立的关系模式，且该关系模式的关键字由_____组成。

     A. 多对多联系的属性   B. 三个实体的关键字

     C. 任意一个实体的关键字   D. 任意两个实体的关键字

12）若对关系 $R(A, B, C, D)$ 进行 $\pi_{1,3}(R)$ 运算，则该关系运算与 ___①___ 等价，表示 ___②___ 。

① A. $\pi_{A=1, C=3}(R)$ B. $\pi_{A=1 \wedge C=3}(R)$ C. $\pi_{A, C}(R)$ D. $\pi_{A=1 \vee C=3}(R)$

② A. 属性 A 和 C 的值分别等于 1 和 3 的元组为结果集

     B. 属性 A 和 C 的值分别等于 1 和 3 的两列为结果集

     C. 对 R 关系进行 $A=1$、$C=3$ 的投影运算

     D. 对 R 关系进行属性 A 和 C 的投影运算

13）某销售公司数据库的零件关系 P（零件号，零件名称，供应商，供应商所在地，库存量），函数依赖集 F={零件号→零件名称，（零件号，供应商）→库存量，供应商→供应商所在地}。零件关系模式 P 属于 ___①___ 。查询各种零件的平均库存量、最多库存量与最少库存量之间的差值的 SQL 语句如下：

SELECT 零件号，零件名称，___②___

FROM P

___③___ ；

 ① A. 1NF   B. 2NF   C. 3NF   D. 4NF

 ② A. AVG（库存量）AS 平均库存量，MAX（库存量）– MIN（库存量）AS 差值

   B. 平均库存量 AS AVG（库存量），差值 AS MAX（库存量）– MIN（库存量）

   C. AVG 库存量 AS 平均库存量，MAX 库存量 – MIN 库存量 AS 差值

   D. 平均库存量 AS AVG 库存量，差值 AS MAX 库存量 – MIN 库存量

 ③ A. ORDER BY 供应商   B. ORDER BY 零件号

   C. GROUP BY 供应商   D. GROUP BY 零件号

14）$R1$ 和 $R2$ 的关系如图 6-3 所示。

$R1$

A	B	C	D
a	d	c	e
c	b	a	e
d	e	c	e
e	f	d	a

$R2$

C	D	E	F
a	e	c	a
a	c	a	b
c	e	b	c

图 6-3 关系图

若进行 $R1 \times R2$ 运算，则结果集为　①　元关系，共有　②　个元组。

 ① A. 4   B. 5   C. 6   D. 7

 ② A. 4   B. 5   C. 6   D. 7

15）设有关系模式 $R(E, N, M, L, Q)$，其函数依赖集为 $F=\{E{\rightarrow}N, EM{\rightarrow}Q, M{\rightarrow}L\}$，则关系模式 R 达到了　①　，该关系模式　②　。

 ① A. 1NF   B. 2NF   C. 3NF   D. BCNF

 ② A. 无须进行分解，因为已经达到了 3NF

   B. 无须进行分解，因为已经达到了 BCNF

   C. 尽管不存在部分函数依赖，但还存在传递依赖，所以需要进行分解

   D. 需要进行分解，因为存在冗余、修改操作的不一致性、插入和删除异常

16）已知关系模式：图书（图书编号，图书类型，图书名称，作者，出版社，出版日期，ISBN），图书编号唯一识别一本图书。建立"计算机"类图书的视图 Computer-BOOK，并要求进行修改、插入操作时保证该视图只有计算机类的图书。实现上述要求的 SQL 语句如下：

```
CREATE   ①
AS SELECT 图书编号，图书名称，作者，出版社，出版日期
    FROM 图书
  ②  WHERE 图书类型='计算机'
```

 ① A. TABLE Computer-BOOK   B. VIEW Computer-BOOK

   C. Computer-BOOK TABLE   D. Computer-BOOK VIEW

 ② A. FOR ALL   B. PUBLIC

   C. WITH CHECK OPTION   D. WITH GRANT OPTION

17）在数据库系统中，视图是一个_____。

  A. 真实存在的表，并保存了待查询的数据

B. 真实存在的表，只有部分数据来源于基本表

C. 虚拟表，查询时只能从一个基本表中导出

D. 虚拟表，查询时可以从一个或者多个基本表或视图中导出

18）给定关系模式 $R(U, F)$，其中，属性集 $U=\{A, B, C, D, E, G\}$，函数依赖集 $F=\{A{\to}B, A{\to}C,$ $C{\to}D, AE{\to}G\}$。若将 R 分解为两个子模式_____，则分解后的关系模式保持函数依赖。

  A. $R1(A, B, C)$ 和 $R2(D, E, G)$ B. $R1(A, B, C, D)$ 和 $R2(A, E, G)$

  C. $R1(B, C, D)$ 和 $R2(A, E, G)$ D. $R1(B, C, D, E)$ 和 $R2(A, E, G)$

19）若有关系 $R(A, B, C, D, E)$ 和 $S(B, C, F, G)$，则 R 与 S 自然连接运算后的属性列有___①___个，与表达式 $\pi_{1, 3, 6, 7}(\sigma_{3<6}(R \times S))$ 等价的 SQL 语句如下：

SELECT___②___FROM___③___WHERE___④___;

  ① A. 5   B. 6   C. 7   D. 9

  ② A. A, R.C, F, G   B. A, C, S.B, S.F

    C. A, C, S.B, S.C   D. C. R.A, R.C, S.B, S.C

  ③ A. R   B. S   C. RS   D. R, S

  ④ A. R.B=S.B AND R.C=S.C AND R.C<S.B   B. R.B=S.B AND R.C=S.C AND R.C<S.F

    C. C. R.B=S.B OR R.C=S.C OR R.C<S.B   D. R.B=S.B OR R.C=S.C OR R.C<S.F

20）计算机系统的软硬件故障可能会造成数据库中的数据被破坏。为了防止这一问题，通常需要_____，以便发生故障时恢复数据库。

  A. 定期安装 DBMS 和应用程序

  B. 定期安装应用程序，并将数据库进行镜像

  C. 定期安装 DBMS，并将数据库进行备份

  D. 定期将数据库进行备份；在进行事务处理时，需要将数据更新写入日志文件

21）为了保证数据库中数据的安全可靠和正确有效，系统在进行事务处理时，对数据的插入、删除或修改的全部有关内容先写入___①___；当系统正常运行时，按一定的时间间隔把数据库缓冲区内容写入___②___；当发生故障时，根据现场数据内容及相关文件来恢复系统的状态。

  ① A. 索引文件   B. 数据文件   C. 日志文件   D. 数据字典

  ② A. 索引文件   B. 数据文件   C. 日志文件   D. 数据字典

22）"当多个事务并发执行时，任一事务的更新操作直到其成功提交的整个过程对其他事务都是不可见的"，这一性质通常被称为事务的_____。

  A. 原子性   B. 一致性   C. 隔离性   D. 持久性

23）假定某企业 2014 年 5 月的员工工资如表 6-3 所示。

表6-3　某企业2014年5月的员工工资

员工号	姓名	部门	基本工资	岗位工资	全勤奖	应发工资	扣款	实发工资
1001	王小龙	办公室	680.00	1200.00	100.00	1980.00	20.00	1960.00
1002	孙晓红	办公室	1200.00	1000.00	0.00	2200.00	50.00	2150.00

（续）

员工号	姓名	部门	基本工资	岗位工资	全勤奖	应发工资	扣款	实发工资
2001	赵眙珊	企划部	680.00	1200.00	100.00	1980.00	10.00	1970.00
2002	李丽敏	企划部	950.00	2000.00	100.00	3050.00	15.00	3035.00
3002	傅学君	设计部	800.00	1800.00	0.00	2600.00	50.00	2550.00
3003	曹海军	设计部	950.00	1600.00	100.00	2650.00	20.00	2630.00
3004	赵晓勇	设计部	1200.00	2500.00	0.00	3700.00	50.00	3650.00
4001	杨一凡	销售部	680.00	1000.00	100.00	1780.00	10.00	1770.00
4003	景吴星	销售部	1200.00	2200.00	100.00	3500.00	20.00	3480.00
4005	李建军	销售部	850.00	1800.00	100.00	2750.00	98.00	2652.00

查询人数大于 2 的部门和部门员工应发工资的平均工资的 SQL 语句如下：
```
SELECT   ①
FROM    工资表
     ②
     ③
```

① A. 部门，AVG（应发工资）AS 平均工资　　B. 姓名，AVG（应发工资）AS 平均工资

　 C. 部门，平均工资 AS AVG（应发工资）　　D. 姓名，平均工资 AS AVG（应发工资）

② A. ORDER BY 姓名　　B. ORDER BY 部门　　C. GROUP BY 姓名　　D. GROUP BY 部门

③ A. WHERE COUNT(姓名)>2　　　　　　　B. WHERE COUNT(DISTINCT(部门))>2

　 C. HAVING COUNT(姓名)>2　　　　　　　D. HAVING COUNT(DISTINCT(部门))>2

24）在数据库逻辑结构设计阶段，需要　①　阶段形成的　②　作为设计依据。

① A. 需求分析　　　　B. 概念结构设计　　　C. 物理结构设计　　　D. 数据库运行和维护

② A. 程序文档、数据字典和数据流图　　　　B. 需求说明文档、程序文档和数据流图

　 C. 需求说明文档、数据字典和数据流图　　D. 需求说明文档、数据字典和程序文档

25）给定关系模式 $R(U, F)$，$U=\{A, B, C, D, E, H\}$，函数依赖集 $F=\{A \to B, A \to C, C \to D, AE \to H\}$。关系模式 R 的候选关键字为_____。

A. AC　　　　　　B. AB　　　　　　C. AE　　　　　　D. DE

26）若关系 $R(H, L, M, P)$ 的主键为全码（All-Key），则关系 R 的主键应_____。

A. 为 $HLMP$

B. 在集合 $\{H, L, M, P\}$ 中任选一个

C. 在集合 $\{HL, HM, HP, LM, LP, MP\}$ 中任选一个

D. 在集合 $\{HLM, HLP, HMP, LMP\}$ 中任选一个

27）给定关系模式 $R(A1, A2, A3, A4)$ 上的函数依赖集 $F=\{A1A3 \to A2, A2 \to A3\}$。若将 R 分解为 $p=\{(A1, A2),(A1, A3)\}$，则该分解是_____的。

A. 无损连接且不保持函数依赖　　　　　　B. 无损连接且保持函数依赖

C. 有损连接且保持函数依赖　　　　　　　D. 有损连接且不保持函数依赖

28）部门、员工和项目的关系模式及它们之间的 E-R 图如图 6-4 所示，其中，关系模式中带实下划线的属性表示主键属性。图中：

部门（部门代码，部门名称，电话）

员工（员工代码，姓名，部门代码，联系方式，薪资）

项目（项目编号，项目名称，承担任务）

图6-4　E-R图

若部门和员工关系进行自然连接运算，其结果集为___①___元关系。由于员工和项目之间的联系类型为___②___，因此员工和项目之间的联系需要转换成一个独立的关系模式，该关系模式的主键是___③___。

① A. 5　　　　　　　 B. 6　　　　　　　 C. 7　　　　　　　 D. 8

② A. 1对1　　　　　 B. 1对多　　　　　 C. 多对1　　　　　 D. 多对多

③ A. （项目名称，员工代码）　　　　 B. （项目编号，员工代码）

　　C. （项目名称，部门代码）　　　　 D. （项目名称，承担任务）

29）数据库系统通常采用三级模式结构：外模式、模式和内模式。这三级模式分别对应数据库的_____。

　　A. 基本表、存储文件和视图　　　　 B. 视图、基本表和存储文件

　　C. 基本表、视图和存储文件　　　　 D. 视图、存储文件和基本表

30）在数据库逻辑设计阶段，若实体中存在多值属性，则将 E-R 图转换为关系模式时_____，得到的关系模式属于 4NF。

　　A. 将所有多值属性组成一个关系模式

　　B. 使多值属性不在关系模式中出现

　　C. 将实体的码分别和每个多值属性独立构成一个关系模式

　　D. 将多值属性和其他属性一起构成该实体对应的关系模式

31）在分布式数据库中有分片透明、复制透明、位置透明和逻辑透明等基本概念，其中___①___是指局部数据模型透明，即用户或应用程序无须知道局部使用的是哪种数据模型；___②___是指用户或应用程序不需要知道逻辑上访问的表具体是如何分块存储的。

① A. 分片透明　　　 B. 复制透明　　　 C. 位置透明　　　 D. 逻辑透明

② A. 分片透明　　　 B. 复制透明　　　 C. 位置透明　　　 D. 逻辑透明

32）设有关系模式 $R(A1, A2, A3, A4, A5, A6)$，其中函数依赖集 $F=\{A1 \rightarrow A2, A1A3 \rightarrow A4, A5A6 \rightarrow A1, A2A5 \rightarrow A6, A3A5 \rightarrow A6\}$，则___①___是关系模式 R 的一个主键，R 规范化程度最高达到___②___。

① A. $A1A4$　　　　 B. $A2A4$　　　　 C. $A3A5$　　　　 D. $A4A5$

② A. 1NF　　　　　 B. 2NF　　　　　 C. 3NF　　　　　 D. BCNF

33）数据的物理独立性和逻辑独立性分别是通过修改_____来完成的。

　　A. 外模式与内模式之间的映像、模式与内模式之间的映像

　　B. 外模式与内模式之间的映像、外模式与模式之间的映像

　　C. 外模式与模式之间的映像、模式与内模式之间的映像

　　D. 模式与内模式之间的映像、外模式与模式之间的映像

34）关系规范化在数据库设计的_____阶段进行。

A. 需求分析　　　　B. 概念设计　　　　C. 逻辑设计　　　　D. 物理设计

35）若给定的关系模式为 R，$U=\{A, B, C\}$，$F = \{AB \rightarrow C, C \rightarrow B\}$，则关系 R_____。

A. 有 2 个候选关键字 AC 和 BC，并且有 3 个主属性

B. 有 2 个候选关键字 AC 和 AB，并且有 3 个主属性

C. 只有一个候选关键字 AC，并且有 1 个非主属性和 2 个主属性

D. 只有一个候选关键字 AB，并且有 1 个非主属性和 2 个主属性

36）某公司数据库中的元件关系模式为 P（元件号，元件名称，供应商，供应商所在地，库存量），函数依赖集 F 如下：

$F=\{$元件号$\rightarrow$元件名称，（元件号，供应商）$\rightarrow$库存量，供应商$\rightarrow$供应商所在地$\}$

元件关系的主键为___①___，该关系存在冗余以及插入异常和删除异常等问题。为了解决这一问题需要将元件关系分解为___②___，分解后的关系模式可以达到___③___。

① A. 元件号，元件名称　　　　　　　　B. 元件号，供应商

　　C. 元件号，供应商所在地　　　　　　D. 供应商，供应商所在地

② A. 元件1（元件号，元件名称，库存量）、元件2（供应商，供应商所在地）

　　B. 元件1（元件号，元件名称）、元件2（供应商，供应商所在地，库存量）

　　C. 元件1（元件号，元件名称）、元件2（元件号，供应商，库存量）、元件3（供应商，供应商所在地）

　　D. 元件1（元件号，元件名称）、元件2（元件号，库存量）、元件3（供应商，供应商所在地）、元件4（供应商所在地，库存量）

③ A. 1NF　　　　　　B. 2NF　　　　　　C. 3NF　　　　　　D. 4NF

37）在数据库系统中，一般由 DBA 使用 DBMS 提供的授权功能为不同用户授权，其主要目的是保证数据库的_____。

A. 正确性　　　　　B. 安全性　　　　　C. 一致性　　　　　D. 完整性

38）给定关系模式 $R(U, F)$，其中 U 为关系模式 R 中的属性集，F 是 U 上的一组函数依赖。假设 $U=\{A1, A2, A3, A4\}$，$F=\{A1 \rightarrow A2, A1A2 \rightarrow A3, A1 \rightarrow A4, A2 \rightarrow A4\}$，那么关系 R 的主键应为___①___。函数依赖集 F 中的___②___是冗余的。

① A. $A1$　　　　　　B. $A1A2$　　　　　　C. $A1A3$　　　　　　D. $A1A2A3$

② A. $A1 \rightarrow A2$　　　B. $A1A2 \rightarrow A3$　　　C. $A1 \rightarrow A4$　　　D. $A2 \rightarrow A4$

39）给定关系 $R(A, B, C, D)$ 和关系 $S(A, C, E, F)$，对其进行自然连接运算 $R \times S$ 后的属性列为___①___个，与 $\sigma_{R.B>S.E}(R \times S)$ 等价的关系代数表达式为___②___。

① A. 4　　　　　　B. 5　　　　　　C. 6　　　　　　D. 8

② A. $\sigma_{2>7}(R \times S)$　　　B. $\pi_{1,2,3,4,7,8}(\sigma_1 = 5^2 > 7^3 = 6(R \times S))$

　　C. $\sigma_{2>'7'}(R \times S)$　　　D. $\pi_{1,2,3,4,7,8}(\sigma_1 = 5^2 > '7'^3 = 6(R \times S))$

40）若事务 $T1$ 对数据 $D1$ 加了共享锁，事务 $T2$、$T3$ 分别对数据 $D2$、$D3$ 加了排他锁，则事务 $T1$ 对数据___①___；事务 $T2$ 对数据___②___。

① A. $D2$、$D3$ 加排他锁都成功

B. $D2$、$D3$ 加共享锁都成功

C. $D2$ 加共享锁成功，$D3$ 加排他锁失败

D. $D2$、$D3$ 加排他锁和共享锁都失败

② A. $D1$、$D3$ 加共享锁都失败

B. $D1$、$D3$ 加共享锁都成功

C. $D1$ 加共享锁成功，$D3$ 加排他锁失败

D. $D1$ 加排他锁成功，$D3$ 加共享锁失败

41）假设关系 $R<U, F>$，$U=\{A1, A2, A3\}$，$F=\{A1A3 \rightarrow A2, A1A2 \rightarrow A3\}$，则关系 R 的各候选关键字中必定含有属性_____。

A. $A1$ B. $A2$ C. $A3$ D. $A2 A3$

42）在某企业的工程项目管理系统的数据库中，供应商关系 Supp、项目关系 Proj 和零件关系 Part 的 E-R 模型和关系模式如图 6-5 所示。

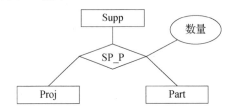

图 6-5　E-R 模型和关系模式

Supp（供应商号, 供应商名, 地址, 电话）

Proj（项目号, 项目名, 负责人, 电话）

Part（零件号, 零件名）

其中，每个供应商可以为多个项目供应多种零件，每个项目可由多个供应商供应多种零件。SP_P 需要生成一个独立的关系模式，其联系类型为___①___。

给定关系模式 SP_P（供应商号, 项目号, 零件号, 数量）查询至少供应了 3 个项目（包含 3 项）的供应商，输出其供应商号和供应零件数量的总和，并按供应商号降序排列。

```
SELECT 供应商号, SUM（数量） FROM___②___
GROUP BY 供应商号
  ③
ORDER BY 供应商号 DESC;
```

① A. *:*:*   B. 1:*:*   C. 1:1:*   D. 1:1:1

② A. Supp   B. Proj   C. Part   D. SP_P

③ A. HAVING COUNT(项目号)>2

B. WHERE COUNT(项目号)>2

C. HAVING COUNT(DISTINCT(项目号))>2

D. WHERE COUNT(DISTINCT(项目号))>3

43）某企业的培训关系模式 R(培训科目, 培训师, 学生, 成绩, 时间, 教室)，R 的函数依赖集 $F=\{$培训科目→培训师, (学生, 培训科目)→成绩, (时间, 教室)→培训科目, (时间, 培训师)→教室, (时

间, 学生)→教室}。关系模式 *R* 的主键为　①　，其规范化程度最高达到　②　。

　　① A. (学生, 培训科目)　　　　　　B. (时间, 教室)

　　　C. (时间, 培训师)　　　　　　　D. (时间, 学生)

　　② A. 1NF　　　　B. 2MF　　　　C. 3NF　　　　D. BCNF

44) 设关系模式 *R(U, F)*，其中 *U={A, B, C, D, E}*，*F={A→B, DE→B, CB→E, E→A, B→D}*。
　①　为关系模式 *R* 的候选关键字。分解　②　是无损连接，并保持函数依赖。

　　① A. *AB*　　　　B. *DE*　　　　C. *DB*　　　　D. *CE*

　　② A. *p={R₁(AC), R₂(ED), R₃(B)}*

　　　B. *p={R₁(AC), R₂(D), R₃(DB)}*

　　　C. *p={R₁(AC), R₂(ED), R₃(AB)}*

　　　D. *p={R₁(ABC), R₂(ED), R₃(ACE)}*

45) 在基于 Web 的电子商务应用中，访问存储于数据库中的业务对象的常用方式之一是_____。

　　A. JDBC　　　　B. XML　　　　C. CGI　　　　D. COM

46) 给定教师关系 Teacher(T_no, T_name, Dept_name, Tel)，其中属性 T_no、T_name、Dept_name 和 Tel 的含义分别为教师号、教师姓名、学院名和电话号码。用 SQL 创建一个"给定学院名求该学院的教师数"的函数如下：

```
Create function Dept_count(Dept_name  varchar (20))
    ①
    begin
        ②
        select  count(*) into d_count
        from Teacher
        where Teacher.Dept_name=Dept_name
    return d_count
end
```

　　① A. returns integer B. returns d_count integer C. declare integer D. declare d_count integer

　　② A. returns integer B. returns d_count integer C. declare integer D. declare d_count integer

47) 某集团公司下属有多个超市，每个超市的所有销售数据最终要存入公司的数据仓库中。假设该公司高管需要从时间、地区和商品种类三个维度来分析某家店商品的销售数据，那么最适合采用_____来完成。

　　A. Data Extraction　　B. OLAP　　C. OLTP　　D. ETL

48) M 公司为了便于开展和管理各项业务活动，提高公司的知名度和影响力，拟构建一个基于网络的会议策划系统。

【需求分析结果】

该系统的部分功能及初步需求分析的结果如下：

① M 公司旗下有业务部、策划部和其他部门。部门信息包括部门号、部门名、主管、联系电话和邮箱号。每个部门只有一名主管，只负责本部门的工作，且主管参照员工关系的员工号；一个

部门有多名员工，每个员工属于且仅属于一个部门。

② 员工信息包括员工号、姓名、职位、联系方式和薪资。职位包括主管、业务员、策划员等。业务员负责受理用户申请，设置受理标志。一名业务员可以受理多个用户申请，但一个用户申请只能由一个业务员受理。

③ 用户信息包括用户号、用户名、银行账号、电话、联系地址。用户号唯一标识用户信息中的每一个元组。

④ 用户申请信息包括申请号、用户号、会议日期、天数、参会人数、地点、预算费用和受理标志。申请号唯一标识用户申请信息中的每一个元组，且一个用户可以提交多个申请，但一个用户申请只对应一个用户号。

⑤ 策划部主管为已受理的用户申请制定会议策划任务。策划任务包括申请号、任务明细和要求完成时间。申请号唯一标识策划任务的每一个元组。一个策划任务只对应一个已受理的用户申请，但一个策划任务可由多名策划员参与执行，且一名策划员可以参与执行多项策划任务。

【概念模型设计】

根据需求阶段收集的信息，设计的实体联系图（不完整）如图 6-6 所示。

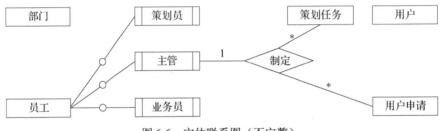

图 6-6　实体联系图（不完整）

【关系模式设计】

部门（部门号，部门名，部门主管，联系电话，邮箱号）

员工（员工号，姓名，＿＿(a)＿＿，联系方式，薪资）

用户（用户名，＿＿(b)＿＿，电话，联系地址）

用户申请（申请号，用户号，会议日期，天数，参会人数，地点，受理标志，＿＿(c)＿＿）

策划任务（申请号，任务明细，＿＿(d)＿＿）

执行（申请号，策划员，实际完成时间，用户评价）

① 问题 1：根据问题描述，补充 5 个联系，完成图 6-6 的实体联系图，联系名可用联系 1，联系 2、联系 3、联系 4 和联系 5 表示，联系的类型为 1:1、1:*n* 和 *m:n*（或 1:1、1:*和*:*）。

② 问题 2：根据题意，将关系模式中的空（a）～（d）补充完整，并填入答题纸的位置上。

③ 问题 3：给出"用户申请"和"策划任务"关系模式的主键和外键。

④ 问题 4：请问"执行"关系模式的主键为全码的说法正确吗？为什么？

49）M 集团拥有多个分公司，为了方便集团公司对各个分公司职员进行有效管理，集团公司决定构建一个信息平台以满足公司各项业务管理需求。

【需求分析】

① 分公司关系模式需要记录的信息包括公司编号、名称、经理号、可联系地址和电话。分公司编号唯一标记分公司关系模式中的每一个元组，每个分公司各有一名经理，负责分公司的管理工作，每个分公司设立仅为本分公司服务的多个业务部，业务部包括：研发部、财务部、采购部、交易部等。

② 业务部关系模式需要记录的信息包括业务部的编号、名称、地址、电话和分公司编号，业务部编号唯一标记分公司关系模式中的每一个元素，每个业务部各有一名主管负责业务部的管理工作，每个业务部有多名职员，每个职员只能来源于一个业务部。

③ 职员关系模式需要记录的信息包括职员号、姓名、所属业务部编号、岗位、电话、家庭成员姓名和成员关系，其中职员号唯一标记职员关系，岗位包括：经理、主管、研发员、业务员等。

【关系模式设计】

分公司（分公司编号，名称，__(a)__，联系地址）

业务部（业务部编号，名称，__(b)__，电话）

职员（职员号，姓名，岗位，__(c)__，电话，家庭成员姓名，关系）

【概念模型设计】

概念模型设计如图 6-7 所示。

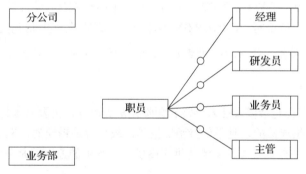

图 6-7　实体联系图（不完整）

① 问题 1：根据问题描述，补充 4 个联系，完善图 6-7 的实体联系图，联系名可用联系 1、联系 2、联系 3 和联系 4 代替，联系的类型为 1:1、1:n 和 m:n（或 1:1、1:*和*:*）。

② 问题 2：根据题意将以上关系模式中的空（a）~（c）的属性补充完整，并填入对应位置。

③ 问题 3：（a）分析分公司关系模式的主建和外键；（b）分析业务部关系模式的主建和外键。

④ 问题 4：在职员关系模式中，假设每个职员有多名家庭成员，那么职员关系模式存在什么问题？应如何解决？

6.2.2 真题讲解

1）B。

本题考查关系代数运算方面的基础知识。本题要求关系代数表达式 $\pi_{1,\,3,\,7}(\sigma_{3<6}(R\times S))$ 的结果集，其中，$R\times S$ 的属性列名分别为 $R.A$、$R.B$、$R.C$、$R.D$、$S.C$、$S.D$ 和 $S.E$，$\sigma_{3<6}(R\times S)$ 的含义是从

$R \times S$ 结果集中选取第 3 个分量$(R.C)$小于第 6 个分量$(S.D)$的元组，故 $\sigma_{3<6}(R \times S)$ 与 $\sigma_{R.C<S.D}(R \times S)$ 等价。从图 6-2 中可以看出，满足条件的结果如表 6-4 所示：$\pi_{1,3,7}(\sigma_{3<6}(R \times S))$ 的含义是从 $\sigma_{3<6}(R \times S)$ 结果集中选取第 1 列 $R.A$（或 A）、第 3 列 $R.C$ 和第 7 列 $S.E$（或 E），故 $\pi_{1,3,7}(\sigma_{3<6}(R \times S))$ 与 $\pi_{A,R.C,E}$ $(\sigma_{R.C<S.D}(R \times S))$ 等价。需要说明的是，第 3 列不能简写为 C，因为关系 S 的第 1 列属性名也为 C，故必须标上关系名加以区别。

表6-4 运算结果

R.A	R.B	R.C	R.D	S.C	S.D	S.E
1	2	4	6	8	9	3
2	3	3	1	3	4	2
2	3	3	1	8	9	3
3	4	1	3	3	4	2
3	4	1	3	8	9	3

2）① B。
② A。
③ D。
④ C。

要求查询各种零件的平均单价、最高单价与最低单价之间的差距，因此，首先需要在结果列中的空②填写"零件名称，AVG（单价），MAX（单价）－ MIN（单价）"。其次必须用分组语句按零件号分组，故空③应填写"GROUP BY 零件号"。完整的 SQL 语句为：

```
SELECT 零件号，零件名称，AVG（单价），MAX（单价）－ MIN（单价）
FROM P
GROUP BY 零件号;
```

为了解决关系 P 存在冗余以及插入异常和删除异常等问题，需要将零件关系 P 分解。选项 A、选项 B 和选项 D 是有损连接的，且不保持函数依赖，故分解是错误的，例如分解为选项 A、选项 B 和选项 D 后，用户无法查询某零件由哪些供应商供应，其中的原因就是分解是有损连接的，且不保持函数依赖。

3）D。

根据局部应用设计好各局部 E-R 图之后，就可以对各个局部 E-R 图进行合并。合并的目的在于解决分 E-R 图中相互间存在的冲突，消除分 E-R 图之间存在的信息冗余，使之成为能够被全系统所有用户共同理解和接受的统一的、精炼的全局概念模型。分 E-R 图之间的冲突主要分为结构冲突、属性冲突和命名冲突三类。

选项 A 显然是不正确的。

选项 B 不正确。因为结构冲突是指同一实体在不同的分 E-R 图中有不同的属性，同一对象在某一分 E-R 图中被抽象为实体，而在另一分 E-R 图中又被抽象为属性，需要统一。

选项 C 不正确。因为属性冲突是指同一属性可能会存在于不同的分 E-R 图，由于设计人员不同或出发点不同，属性的类型、取值范围、数据单位等可能会不一致，这些属性对应的数据将来只能以一种形式在计算机中存储，这就需要在设计阶段进行统一。

选项 D 正确。因为命名冲突是指相同意义的属性在不同的分 E-R 图上有着不同的命名，或名称相同的属性在不同的分 E-R 图中代表着不同的意义，这些也要进行统一。

4）① C。

② D。

设有学生实体 Students（学号，姓名，性别，年龄，家庭住址，家庭成员，关系，联系电话），其中"家庭住址"记录了邮政编码、省、市、街道信息，"家庭成员，关系，联系电话"分别记录了学生亲属的姓名、与学生的关系以及联系电话。

简单属性是原子的、不可再分的。复合属性可以细分为更小的部分（即划分为别的属性）。有时用户希望访问整个属性，有时希望访问属性的某个成分，那么在模式设计时可采用复合属性。本题学生实体集 Students 的"家庭住址"可以进一步分为邮编、省、市、街道。

在大多数情况下，定义的属性对于一个特定的实体都只有一个单独的值。例如，对于一个特定的学生，只对应一个学生号、学生姓名，这样的属性叫作单值属性。但是，在某些特定情况下，一个属性可能对应一组值。例如，学生可能有 0 个、1 个或多个亲属，那么学生的亲属的姓名可能有多个。这样的属性称为多值属性。为了将数据库模式设计得更合理，应该将家庭成员、关系及联系电话加上学生号设计成为一个独立的实体。

5）① D。

② B。

③ C。

因为根据函数依赖集 F 可知，（时间，学生）可以决定关系 R 中的全部属性，故关系模式 R 的一个主键是（时间，学生）。

因为根据函数依赖集 F 可知，R 中的每个非主属性完全函数依赖于（时间，学生），所以只是 2NF。

因为 $R2$（学生，课程，成绩）的主键为（学生，课程），而 $R2$ 的每个属性都不传递依赖于 $R2$ 的任何键，所以 $R2$ 是 BCNF。

6）① B。

② D。

③ C。

④ B。

根据题意，"每个科室有若干名职工，一名职工只属于一个科室"，因此科室和职工的所属联系类型是 1:n，由"一个医生可以为多个病患看病，一个病患可以由多个医生多次诊治"得知，病患和医生的就诊联系类型是 n:m。

就诊联系是多对多联系，对于多对多联系只能转换成一个独立的关系模式，关系模式的名称取联系的名称，关系模式的属性取该联系所关联的两个多方实体的码及联系的属性，关系的码是多方实体的码构成的属性组。另外，由于病患会找多个医生为其诊治，因此就诊关系模式设计时需要加上就诊时间，以便唯一区分就诊关系中的每一个元组，即就诊关系模式的主键为（病历号，职工号，就诊时间）。

7）① D。

② C。

根据函数依赖定义，可知 $AC \rightarrow U$，$AB \rightarrow U$，所以 AC 和 AB 为候选关键字。根据主属性的定义，包含在任何一个候选码中的属性叫作主属性，否则叫作非主属性，所以关系中的 3 个属性都是主属性。

8）① D。

② D。

授权语句的格式如下：

```
GRANT <权限> [, <权限>]...[ON<对象类型><对象名>]
TO <用户>[, <用户>][WITH GRANT OPTION];
```

若在授权语句中指定了 WITH GRANT OPTION 子句，那么获得了权限的用户还可以将该权限赋给其他用户。

9）① D。

② C。

③ B。

10）D。

11）B。

E-R 模型向关系模型转换时，两个以上实体之间多对多的联系应该转换为一个独立的关系模式，且该关系模式的关键字由这些实体的关键字组成。

12）① C。

② D。

投影运算 n 是向关系的垂直方向进行运算，其含义为在关系 R 中选择出若干属性列组成新的关系，记作：$\pi_{Ai1, Ai2, \cdots, Aii}(R) = \{t[Ai1, Ai2, \cdots, Ain] | t \in R]\}$。本试题中，关系 $R(A, B, C, D)$ 共有 4 个属性，属性 A、B、C 和 D 分别位于第 1 列、第 2 列、第 3 列 和第 4 列，$\pi_{1,3}(R)$ 相当于在关系 R 的第 1 列和第 3 列上进行投影运算，即在关系 R 的属性 A 和 C 上进行投影运算，故 $\pi_{1,3}(R)$ 与 $\pi_{A,C}(R)$ 是等价的。

13）① A。

② A。

③ D。

根据题意，零件 P 关系中的（零件号，供应商）可决定零件 P 关系的所有属性，所以零件 P 关系的主键为（零件号，供应商）；又因为，根据题意（零件号，供应商）→零件名称，而零件号→零件名称，供应商→供应商所在地，可以得出零件名称和供应商所在地都部分依赖于零件号和供应商，所以该关系模式属于 1NF。

查询各种零件的平均库存量、最高库存量与最低库存量之间的差距时，首先需要在结果列中的空②填写"AVG（库存量）AS 平均库存量，MAX（库存量）–MIN（库存量）AS 差值"，其次必须用分组语句按零件号分组，故空③应填写"GROUP BY 零件号"。

14）① C。

② A。

根据题意 $R1 \times R2$ 为自然连接，自然连接是一种特殊的等值连接，它要求两个关系中进行比较的分量必须是相同的属性，并且在结果集中将重复属性列去掉，将 $R2.C$ 和 $R2.D$ 去掉，故结果集为

6 元关系。

本题比较的条件为 $R1.C=R2.C \wedge R1.D=R2.D$，从图 6-8 所示的 $R1 \times R2$ 的结果集中可见，共有 4 个元组满足条件，分别是第 3 个、第 4 个、第 5 个和第 9 个元组。

$R1 \times R2$

$R1.A$	$R1.B$	$R1.C$	$R1.D$	$R2.C$	$R2.D$	$R2.E$	$R2.F$
a	d	c	e	a	e	c	a
a	d	c	e	a	e	a	b
a	d	c	e	c	e	b	c
c	b	a	e	a	e	c	a
c	b	a	e	a	e	a	b
c	b	a	e	c	e	b	c
d	e	c	e	a	e	c	a
d	e	c	e	a	e	a	b
d	e	c	e	c	e	b	c
e	f	d	a	a	e	c	a
e	f	d	a	a	e	a	b
e	f	d	a	c	e	b	c

图 6-8 $R1 \times R2$ 的结果集

15）① A。

② D。

根据题意，R 关系中的 EM 可以决定该关系的所有属性，所以 R 关系的主键为 EM；又因为 $EM \rightarrow Q$，而 $E \rightarrow N$，$M \rightarrow L$，可以得出 N 和 L 都部分依赖于码，所以该关系模式属于 1NF。

关系模式 R 属于 INF，1NF 存在冗余度大、修改操作的不一致性、插入异常和删除异常 4 个问题，所以 R 需要进行分解。

16）① B。

② C。

创建视图的语句格式如下：

```
CREATE VIEW 视图名（列表名）
AS SELECT 查询子句
[WITH CHECK OPTION];
```

其中，WITH CHECK OPTION 表示进行 UPDATE、INSTER、DELETE 操作时保证更新、插入或删除的行满足视图定义中的谓词条件（即子查询中的条件表达式）。另外，组成视图的属性列名要么全部省略要么全部指定。如果省略属性列名，则隐含该视图由 SELECT 子查询目标列的主属性组成。

可见，完整的 Computer-BOOK 视图创建语句如下：

```
CREATE VIEW Computer-BOOK
AS SELECT 图书编号，图书名称，作者，出版社，出版日期
FROM 图书
WHERE 图书类型='计算机'
WITH CHECK OPTION;
```

17）D。

在数据库系统中，当视图创建完毕后，数据字典中存放的是视图定义。视图是从一个或者多个表或视图中导出的表，其结构和数据是建立在对应表的查询基础上的。和真实的表一样，视图也包括几个被定义的数据列和多个数据行，但从本质上讲，这些数据列和数据行来源于其所引用的表。因此，视图不是真实存在的基础表，而是一个虚拟表，视图所对应的数据并不实际地以视图结构存储在数据库中，而是存储在视图所引用的基本表中。

18）B。

根据题意，可以求出 $R1(A, B, C, D)$ 的函数依赖集 $F1=\{A{\to}B, A{\to}C, C{\to}D\}$，$R2(A, E, G)$ 的函数依赖集 $F2=\{AE{\to}G\}$，而 $F=F1+F2$，所以分解后的关系模式保持函数依赖。

19）① C。

② A。

③ D。

④ B。

在 $\pi_{1, 3, 6, 7}(\sigma_{3<6}(R \times S))$ 中，自然连接 RS 运算去掉右边重复的属性列名 $S.B$、$S.C$ 后为 $R.A$、$R.B$、$R.C$、$R.D$、$R.E$、$S.F$ 和 $S.G$，因此正确答案为 7。$\pi_{1, 3, 6, 7}(\sigma_{3<6}(R \times S))$ 的含义是从 RS 结果集中选取 $R.C<S.F$ 的元组，再进行 $R.A$、$R.C$、$S.F$ 和 $S.G$ 投影，因此答案为 R, S。

因为自然连接 RS 需要用条件 WHERE R.B=S.B AND R.C=S.C 来限定，选取运算 $\sigma_{3<6}$ 需要用条件 WHERE R.C<S.F 来限定。

20）D。

为了保证数据库中数据的安全可靠和正确有效，数据库管理系统提供数据库恢复、并发控制、数据完整性保护与数据安全性保护等功能。数据库在运行过程中由于软硬件故障可能造成数据被破坏，数据库恢复就是在尽可能短的时间内把数据库恢复到故障发生前的状态。具体的实现方法有多种，如定期将数据库备份；在进行事务处理时，将对数据更新（插入、删除、修改）的全部有关内容写入日志文件；当系统正常运行时，按一定的时间间隔设立检查点文件，把内存缓冲区内容还未写入磁盘中的有关状态记录到检查点文件中；当发生故障时，根据现场数据内容、日志文件的故障前映像和检查点文件来恢复系统的状态。

21）① C。

② B。

22）C。

事务具有原子性（Atomicity）、一致性（Consistency）、隔离性（Isolation）和持久性（Durability）。这 4 个特性也称事务的 ACID 性质。其中，事务的隔离性是指事务相互隔离，即当多个事务并发执行时，任一事务的更新操作直到其成功提交的整个过程，对其他事务都是不可见的。

23）① A。

② D。

因为本题是按部门进行分组，ORDER BY 子句的含义是对其后跟着的属性进行排序，故选项 A 和 B 均是错误的；GROUP BY 子句就是对元组进行分组，保留字 GROUP BY 后面跟着一个分组属性列表。根据题意，要查询部门员工的平均工资，选项 C 显然是错误的。故正确答案为选项 D。

③ C。

因为 WHERE 语句是对表进行条件限定，所以选项 A 和 B 均是错误的。在 GROUP BY 子句后面跟一个 HAVING 子句可以对元组在分组前按照某种方式加上限制。COUNT (*)是某个关系中所有元组数目之和，但 COUNT(*A*)却是 *A* 属性非空的元组个数之和。COUNT(DISTINCT(部门))的含义是对部门属性值相同的只统计 1 次。HAVING COUNT(DISTINCT(部门))语句分类统计的结果均为 1，故选项 D 是错误的；HAVING COUNT(姓名)语句是分类统计各部门员工，故正确答案为选项 C。

24）① A。

② C。

数据库设计主要分为用户需求分析、概念结构、逻辑结构和物理结构设计 4 个阶段。其中，在用户需求分析阶段中，数据库设计人员采用一定的辅助工具对应用对象的功能、性能、限制等要求进行科学分析，并形成需求说明文档、数据字典和数据流程图。用户需求分析阶段形成的相关文档用以作为概念结构设计的设计依据。

25）C。

在关系模式 *R* 中，属性 *AE* 仅出现在函数依赖集 *F* 左部，而其余属性均未出现在函数依赖集 *F* 左右两边，所以 *AE* 必为 *R* 的唯一候选码。

26）A。

在关系数据库系统中，全码是指关系模型的所有属性组是这个关系模式的候选键，本题所有属性组为 *HLMP*，故本题的正确选项为 A。

27）D。

28）① C。

② D。

③ B。

在 E-R 模型中，用 1:1 表示 1 对 1 联系，用 1*表示 1 对多联系，用* *表示多对多联系。因为员工和项目之间是一个多对多的联系，多对多联系向关系模式转换的规则是：多对多联系只能转换成一个独立的关系模式，关系模式的名称取联系的名称，关系模式的属性取该联系所关联的两个多方实体的主键及联系的属性，关系的码是多方实体的主键构成的属性组。由于员工关系的主键是员工代码，项目关系的主键是项目编号，因此，根据该转换规则，员工和项目之间的联系的关系模式的主键是（员工代码，项目编号）。

29）B。

数据库通常采用三级模式结构，其中视图对应外模式，基本表对应模式，存储文件对应内模式。

30）C。

在数据库设计中，将 E-R 图转换为关系模式是逻辑设计的主要内容。转换中将实体转换为关系模式，对实体中的派生属性不予考虑，组合属性只取各组合分量，若包含多值属性，通常一个实体对应一个关系模式。对实体中的多值属性，取实体的码和多值属性构成新增的关系模式，且该新增关系模式中，实体的码多值决定多值属性，属于平凡的多值依赖，关系属于4NF。

31）① D。

　② A。

分片透明是指用户或应用程序不需要知道逻辑上访问的表具体是怎么分块存储的。复制透明是指采用复制技术的分布方法，用户不需要知道数据复制到哪些节点，是如何复制的。位置透明是指用户无须知道数据存放的物理位置。逻辑透明即局部数据模型透明，是指用户或应用程序无须知道局部场地使用的是哪种数据模型。

32）① C。

　② B。

因为根据函数依赖集 F 可知属性 A3 和 A5 只出现在函数依赖的左部，故必为候选关键字属性，又因为 A3A5 可以决定关系 R 中的全部属性，故关系模式 R 的一个主键是 A3A5。

因为根据函数依赖集 F 可知，R 中的每个非主属性完全函数依赖于 A3A5，但该函数依赖集中存在传递依赖，所以 R 是 2NF。

33）D。

物理独立性是指内模式发生变化，只需要调整模式与内模式之间的映像，而不用修改应用程序。

逻辑独立性是指模式发生变化，只需要调整外模式与模式之间的映像，而不用修改应用程序。

34）C。

数据库设计中的规范化是在逻辑设计阶段进行的一项工作，该工作负责把关系模式进行规范，以减少冗余，以及一定程度上消除修改异常、插入异常及删除异常。

35）B。

将本题关系模式 R 的函数依赖关系表达为图 6-9。

图 6-9　函数依赖关系表达

从图中可以看出，A 的入度为零，所以它必然为候选关键字的一部分。

通过 A 与 B 组合，或 A 与 C 组合，均能遍历全图，所以候选关键字有 AB 和 AC，因此 A、B、C 均是主属性。

36）① B。

　② C。

　③ C。

本题空　①　的正确选项为 B。根据题意，零件关系的主键为（元件号，供应商）。

本题空　②　的正确选项为 C。因为关系 P 存在冗余以及插入异常和删除异常等问题。

为了解决这一问题，需要将零件关系分解。选项 A、选项 B 和选项 D 是有损连接的，且不保持函数依赖性，故分解是错误的，例如分解为选项 A、选项 B 和选项 D 后，用户无法查询某零件由哪些供应商供应，原因是分解是有损连接的，且不保持函数依赖。

本题空③的正确选项为 C。因为原零件关系存在非主属性对码的部分函数依赖：（零件号，供应商）→供应商所在地，但是供应商→供应商所在地，故原关系模式零件非 2NF。分解后的关系模式零件 1、零件 2 和零件 3 消除了非主属性对码的部分函数依赖，同时不存在传递依赖，故达到3NF。

37）B。

DMBS 是数据库管理系统，主要用来保证数据库的安全性和完整性。而 DBA 通过授权功能为不同用户授权，主要的目的是保证数据的安全性。

38）① A。

② C。

本题中 $U1=\{A1, A2, A3, A4\}$，构造出依赖关系图之后，$A1$ 是入度为 0 的节点，且从 $A1$ 出发能遍历全图，因此 $A1$ 为主键。

$A1\rightarrow A2$，$A2\rightarrow A4$ 利用传递率 $A1\rightarrow A4$，因此 $A1\rightarrow A4$ 是冗余的。

39）① C。

关系 $R(A, B, C, D)$ 和 $S(A, C, E, F)$ 进行自然连接时，会以两个关系公共字段进行等值连接，然后将操作结果集中重复列去除，所以运算后属性列有 6 个。

② B。

40）① D。

② C。

有共享锁可以再加共享锁，但不可以加排他锁。有排他锁，则共享锁和排他锁都不可以再加。

41）A。
42）① A。

② D。

③ C。

空①是多个对多个，很显然是 A 选项。后两个空是 SQL 语言的用法，大致浏览一遍就可以了，用排除法。

43）① D。

② B。

做这类图先把依赖其他对象的去掉，不够的话再添加；属性不可再分，没有部分依赖，但是有传递依赖，（时间，学生）可以推出培训师。

44）① D。

设 $X(0)=AD$，计算 $X(1)$，逐一扫描 F 集合中各个函数依赖，找左部是 A、D 或 AD 的函数依赖，得到 $X(1)=ADE$。再重新逐一扫描 F 集合中的各个函数依赖，$X(2)=ADE$。因为 $X(1)=X(2)$，停止扫描。所以 AD 属性的闭包为 $X(2)=ADE$。如果一个属性集能唯一标识元组，且不含有多余属性，那么这个属性称为候选关键字。所以 *CE* 是候选关键字。

② D。

45）A。

JDBC：Java 数据库连接模式。

46）① A。

声明此 function 函数最终要返回的数据的数据类型。

② D。

声明一个变量，用来存放数据。

47）A。

Data Extraction：数据抽取。

联机分析处理（Online Analytical Processing，OLAP）是一种软件技术，它使分析人员能够迅速、一致、交互地从各个方面观察信息，以达到深入理解数据的目的。它具有共享多维信息的快速分析（Fast Analysis of Shared Multidimensional Information，FASMI）的特征。其中 F 是快速性（Fast），指系统能在数秒内对用户的多数分析要求做出反应；A 是可分析性（Analysis），指用户无须编程就可以定义新的专门计算，将其作为分析的一部分，并以用户所希望的方式给出报告；M 是多维性（Multidimensional），指提供对数据分析的多维视图和分析；I 是信息性（Information），指能及时获得信息，并且管理大容量信息。

OLTP（On-Line Transaction Processing，联机事务处理过程）也称为面向交易的处理过程，其基本特征是前台接收的用户数据可以立即传送到计算中心进行处理，并在很短的时间内给出处理结果，是对用户操作快速响应的方式之一。

ETL 是英文 Extract-Transform-Load 的缩写，用来描述将数据从来源端经过抽取（Extract）、交互转换（Transform）、加载（Load）至目的端的过程。ETL 一词较常用在数据仓库，但其对象并不限于数据仓库。

ETL 是构建数据仓库的重要一环，用户从数据源抽取出所需的数据，经过数据清洗，最终按照预先定义好的数据仓库模型，将数据加载到数据仓库中去。

48）① E-R 图补充如图 6-10 所示。

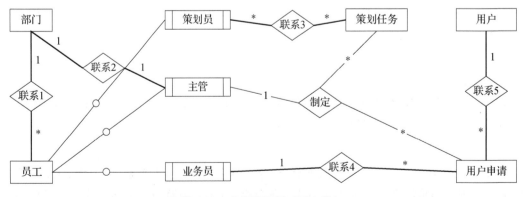

图 6-10　实体联系图（不完整）

其中粗线部分是答案。

②（a）部门号，职位（b）用户号，银行账号（c）预算费用，业务员（d）要求完成时间，主管。

③"用户申请"关系模式主键：申请号；外键：申请号，业务员，用户号。

"策划任务"关系模式主键：申请号；外键：主管，申请号。

④"执行"关系模式的主键为全码是错误的，因为"申请号"与"策划员"的组合已经能唯一确定执行关系中的一个元组数据，所以"申请号"和"策划员"就能作为主键，不需要全码。

此类题先阅读问题，画出关键字，再一边仔细阅读文字描述，一边看图，一边看关系模式，一边作答。

根据文字描述"每个部门只有一名主管，只负责本部门的工作，且主管参照员工关系的员工号"可知图 6-10（后统称 E-R 图）中实体"部门"与"主管"之间应补充 1:1 的联系，根据"一个部门有多名员工，每名员工属于且仅属于一个部门"可知，E-R 图中实体"部门"和"员工"之间缺少 1:*的联系，且关系模式"员工"中空（a）处填写"部门号"字段作为外键，以实现两个表的参照完整性。根据描述"员工信息包括员工号、姓名、职位、联系方式和薪资"可知，（a）处还缺"职位"字段。根据"一名业务员可以受理多名用户申请，但一个用户申请只能由一个业务员受理"可知，E-R 图中"业务员"与"用户申请"之间缺少 1:*的联系，且应将"1"端（业务端）的主键（业务员）加入"*"端（用户申请端）中，为了方便理解，加入的字段为"业务员"，作为外键使用，故空（c）处应包括"业务员"。根据"用户信息包括用户号、用户名、银行账号、电话、联系地址，用户号唯一标识用户信息中的每一个元组"可知，（b）处应填"用户号"和"银行账号"，且"用户号"是主键。根据"用户申请信息包括申请号、用户号、会议日期、天数、参会人数、地点、预算费用和受理标志。申请号唯一标识用户申请信息中的每一个元组，且一个用户可以提供多个申请，但一个用户申请只对应一个用户号"可知，E-R 图中"用户"与"用户申请"之间缺 1:*的联系，且空（c）处为"预算费用"，该表主键为"申请号"。根据"策划任务包括申请号、任务明细和要求完成时间，申请号唯一标识策划任务的每一个元组"可知，"申请号"为"策划任务"的主键。根据"一个策划任务只对应一个已受理的用户申请，但一个策划任务可由多名策划员参与执行，且一名策划员可以参与执行多项策划任务"可知，E-R 图中的"策划员"与"策划任务"之间缺少*:*的联系，此联系其实就对应关系模式"执行"。

在作答时，要注意概念模型（E-R 图）与逻辑模型（关系模式）的对应关系，在 E-R 图中的部门、员工、策划任务、用户、用户申请、策划员与策划任务之间的联系都有对应的关系模式（E-R 图中的子实体就对应父实体的关系模式），而联系"制定"未转换为关系模式，那么主管与策划任务之间的参照关系需要将主管（"1"端）的主键"员工号"加入策划任务（*端）中作为外键，为了方便识别，更名为"主管编号"或"主管"。由于主管已经与策划任务之间建立了参照关系，而策划任务与用户申请又是 1 对 1 的联系，故主管与用户申请之间的参照关系可通过主管与策划任务之间的参照关系间接体现，故用户申请中无须加入主管的主键字段。

49）① E-R 模型补充如图 6-11 所示。

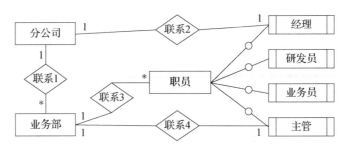

图 6-11　完整 E-R 模型

从题干描述可直接得出答案。

② （a）经理号，电话。

（b）地址，分公司编号，主管号。

（c）所属业务部编号。

③ （a）主键：分公司编号，外键：经理号。

（b）主键：业务部编号，外键：分公司编号、主管号。

本题考查主键与外键的基本概念。

④ 在职员关系中，如果每个职员有多名家庭成员，会重复记录多条职员信息及对应的家庭成员，为了区分各条记录，职员关系的主键需要设定为（职员号，家庭成员姓名），会产生数据冗余、插入异常、更新异常、删除异常等问题。

处理方式：

对职员关系模式进行拆分，职员 1（职员号，姓名，岗位，所属业务部编号，电话），职员 2（职员号，家庭成员姓名，关系）。

6.3 难点精练

6.3.1 重难点练习

1）一个数据库系统必须能表示实体和关系。关系可与　①　实体有关。实体与实体之间的关系有一对一、一对多和多对多，其中　②　不能描述多对多的联系。

① A. 0 个　　　　B. 1 个　　　　C. 0 个或 0 个以上　　　D. 1 个或 1 个以上

② A. 网状模型　　B. 层次模型　　C. 关系模型　　　　　D. 都不是

2）若有关系模式 $R(A, B, C)$ 和 $S(C, D, E)$，对于如下关系代数表达式：

$E_1 = \pi_{A, D}(\sigma_{B<'2003' \wedge R.C=S.C \wedge E='80'}(R \times S))$　　$E_2 = \pi_{A, D}(\sigma_{R.C=S.C}(\sigma_{B<'2003'}(R) \times \sigma_{E='80'}(S)))$

$E_3 = \pi_{A, D}(\sigma_{B<'2003'}(R) \times \sigma_{E='80'}(S))$　　　　$E_4 = \pi_{A, D}(\sigma_{B<'2003' \wedge E='80'}(R \times S))$

正确的结论是　①　，表达式　②　的查询效率最高。

① A. $E_1 \equiv E_2 \equiv E_3 \equiv E_4$　　　　　　　B. $E_3 \equiv E_4$，但 $E_1 \neq E_2$

　　C. $E_1 \equiv E_2$，但 $E_3 \neq E_4$　　　　　　D. $E_3 \neq E_4$，但 $E_2 \equiv E_4$

② A. E_1 B. E_3 C. E_2 D. E_4

3）在数据库逻辑结构的设计中，将 E-R 模型转换为关系模型应遵循相关原则。对于三个不同实体集和它们之间的多对多联系 $m:n:p$，最少可转换为_____个关系模式。

A. 2   B. 3   C. 4   D. 5

4）设有关系模式 S(Sno, Sname, Pno, Pname, Q, A)表示销售员销售商品的情况，其中各属性的含义是：Sno 为销售员员工号，Sname 为销售员姓名，Pno 为商品号，Pname 为商品名称，Q 为销售商品数目，A 为销售商品总金额。根据定义有如下函数依赖集：P={Sno→Sname, Sno→Q, Sno→A, Pno→Pname}。

关系模式 S 的关键字是___①___，W 的规范化程度最高达到___②___。若将关系模式 S 分解为 2 个关系模式 $S1$(Sno, Sname, Q, A)，$S2$(Sno, Pno, Pname)，则 $S1$ 的规范化程度最高达到___③___，$S2$ 的规范化程度最高达到___④___。

SQL 中集合成员资格的比较操作"元组 IN(集合)"中的 IN 与___⑤___操作符等价。

① A. Sno   B. Pno   C. (Sno, Pno)   D. (Sno, Pno, Q)

② A. 1NF   B. 2NF   C. 3NF   D. BCNF

③ A. 1NF   B. 2NF   C. 3NF   D. BCNF

④ A. 1NF   B. 2NF   C. 3NF   D. BCNF

⑤ A. <>ANY   B. =ANY   C. <>ALL   D. =ALL

5）如果关系 R 的全部属性组成了它的候选键，则 R 的最高范式是_____。

A. 1NF   B. 2NF   C. 3NF   D. BCNF

6）在关系模型中，主键是指_____。

A. 能唯一标识元组的一组属性集   B. 用户正在使用的候选键

C. 模型的第一个属性或第二个属性   D. 以上说法都不正确

7）关系模型概念中，不含有多余属性的超键称为_____。

A. 候选键   B. 对键   C. 内键   D. 主键

8）关系模式 $R(U, F)$，其中 U={A, B, C, D, E}，F={AC→E, E→D, A→B, B→D}。关系模式 R 的候选键是___①___，___②___是无损连接并保持函数依赖的分解。

① A. AC B. ED C. AB D. ABC

② A. ρ={$R_1(AC)$, $R_2(ED)$, $R_3(AB)$}   B. ρ={$R_1(ABC)$, $R_2(ED)$, $R_3(ACE)$}

  C. ρ={$R_1(ABC)$, $R_2(ED)$, $R_3(AE)$}   D. ρ={$R_1(ACE)$, $R_2(ED)$, $R_3(AB)$}

9）在关系代数中，5 种基本运算是指_____。

A. 并、差、笛卡儿积、投影、选择

B. 并、差、交、投影、选择

C. 并、差、连接、投影、选择

D. 连接、除法、笛卡儿积、投影、选择

10）一般情况下，当对关系 R 和 S 进行自然连接时，要求 R 和 S 含有一个或多个共有的_____。

  A. 子模式 B. 记录 C. 属性 D. 元组

11）在数据库操作过程中，事务处理是一个操作序列，必须具有以下性质：原子性、一致性、隔离性和_____。

  A. 共享性 B. 继承性 C. 持久性 D. 封装性

12）关系模式 $R(U, F)$，其中 $U=\{C, T, H, I, S, G\}$，$F=\{CS{\to}G, C{\to}T, TH{\to}I, HI{\to}C, HS{\to}I\}$。关系模式 R 的候选键是___①___，___②___是无损连接并保持函数依赖的分解。

  ① A. HCS B. HI C. HS D. HSI

  ② A. $\rho=\{R_1(CSG), R_2(CT), R_3(THI), R_4(HIC), R_5(HSI)\}$

   B. $\rho=\{R_1(CSG), R_2(CT), R_3(THI), R_4(HIC)\}$

   C. $\rho=\{R_1(CSG), R_2(CT), R_3(THI), R_4(HSI)\}$

   D. $\rho=\{R_1(CSG), R_2(CT), R_3(HIC), R_4(HSI)\}$

13）关系模式 SCS(Sno, Cno, Score)中，Sno 是学生学号，Cno 是课程号，Score 是成绩。若要查询每门课成绩的平均成绩，且要求查询结果按平均成绩升序排列，平均成绩相同时，按课程号降序排列，可用 SQL 语言写为___①___。若查询结果仅限于平均分数超过 85 分的，则应___②___。

  ① A. SELECT Cno，AVG(Score)FROM SCS

    GROUP BY Score ORDER BY 2，Cno DESC

   B. SELECT Cno，AVG(Score)FROM SCS

    GROUP BY Cno ORDER BY 2，Cno DESC

   C. SELECT Cno，AVG(Score)FROM SCS

    ORDER BY Cno DESC ORDER BY Score

   D. SELECT Cno，AVG(Score)FROM SCS

    GROUP BY AVG(Score) ORDER BY Cno DESC

  ② A. 在 FROM 子句后加入：WHERE AVG(*)>85

   B. 在 FROM 子句后加入：WHERE AVG(Score)>85

   C. 在 GROUP BY 子句前加入：HAVING AVG(Score)>85

   D. 在 GROUP BY 子句中加入：HAVING AVG(Score)>85

14）对于基本表 $S(S\#, Name, Sex, Birthday)$和 $SC(S\#, C\#, Grade)$，其 $S\#$、Name、Sex、Birthday、$C\#$和 Grade 分别表示学号、姓名、性别、生日、课程号和成绩。与下列 SQL 语句等价的关系代数式是_____。

```
SELECT S#，Name FROM S WHERE S# NOT IN
(SELECT S# FROM SC WHERE C#='cl02').
```

  A. $\pi_{S\#, Name}(\sigma_{C\#\neq'c102'}(S\times SC))$ B. $\pi_{S\#, Name}(S)-\pi_{S\#, Name}(\sigma_{C\#='c102'}(S\times SC))$

  C. $\pi_{S\#, Name}(S\times\sigma_{C\#\neq'c102'}(SC))$ D. $\pi_{S\#, Name}(S\times\sigma_{C\#\neq'c102'}(SC))$

15）下列 SQL 语句中，修改表结构的是_____。

  A. UPDATE B. ALTER C. INSERT D. CREATE

16）为了防止一个用户的工作不适当地影响另一个用户，应采取_____。

A. 完整性控制　　　　B. 安全性控制　　　　C. 并发控制　　　　D. 访问控制

17）设有关系模式 $W(C, P, S, G, T, R)$，其中各属性的含义是：C——课程，P——教师，S——学生，G——成绩，T——时间，R——教室。根据语义有如下的数据依赖集：$D=\{C{\rightarrow}P, (S, C){\rightarrow}G, (T, R){\rightarrow}C, (T, P){\rightarrow}R, (T, S){\rightarrow}R\}$。关系模式 W 的一个码（关键字）是　①　，W 的规范化程度最高达到　②　。

① A. (S, C)　　　　B. (T, R)　　　　C. (T, P)　　　　D. (T, S)

② A. 2NF　　　　B. 3NF　　　　C. BCNF　　　　D. 4NF

18）在多个用户共享数据库时，对同一资料的　①　操作可能破坏数据库的　②　。因此，数据管理机制要解决丢失更新、不可重复读以及　③　等问题。解决的方法主要有加锁技术和时标技术。

① A. 连接　　　　B. 并发　　　　C. 查询　　　　D. 更新

② A. 安全性　　　　B. 保密性　　　　C. 完整性　　　　D. 独立性

③ A. 脏数据　　　　B. 安全　　　　C. 保密　　　　D. 授权

19）已知关系 R 如表 6-5 所示，关系 R 的主属性为　①　，候选关键字分别为　②　。

表6-5　关系R

A	B	C	D
a	b	c	d
a	c	d	e
b	d	e	f
a	d	c	g
b	c	d	g
c	b	e	g

① A. ABC　　　　B. ABD　　　　C. ACD　　　　D. $ABCD$

② A. ABC　　　　B. AB、AD　　　　C. AC、AD、CD　　　　D. AB、AD、BD、CD

20）数据库管理系统通常提供授权功能来控制不同用户访问数据的权限，这主要是为了实现数据的_____。

A. 一致性　　　　B. 可靠性　　　　C. 安全性　　　　D. 完整性

21）设关系 R 和关系 S 如表 6-6 所示，则关系 T 是关系 R 和关系 S_____的结果。

表6-6　关系R、S、T

R	A	B	C	S	B	C	D	T	A	B	C	D
	a	b	c		b	c	d		a	b	c	d
	b	b	f		b	c	e		a	b	c	e
	c	a	d		a	d	b		c	a	d	b

A. 自然连接　　　　B. 连接　　　　C. 笛卡儿积　　　　D. 并

22）给定关系模式 $R(U, F)$，$U=\{A, B, C, D, E\}$，$F=\{B{\rightarrow}A, D{\rightarrow}A, A{\rightarrow}E, AC{\rightarrow}B\}$，其属性 AD 的

闭包为___①___，其候选关键字为___②___。

①　A. *ADE*　　　　B. *ABD*　　　　C. *ABCD*　　　　D. *ACD*

②　A. *ABD*　　　　B. *ADE*　　　　C. *ACD*　　　　D. *CD*

23）结构化查询语言 SQL 是一种___①___语言，其主要功能有___②___。

①　A. 人工智能　　　　B. 关系数据库　　　　C. 函数型　　　　D. 高级算法

②　A. 数据定义、数据操作、数据安全

　　B. 数据安全、数据编辑、数据并发控制

　　C. 数据定义、数据操作、数据控制

　　D. 数据查询、数据更新、数据输入/输出

24）有关于运动会管理系统的 E-R 图，图中矩形表示实体，圆表示属性，双圆表示关键字属性，菱形表示实体之间的关系。假定已通过下列 SQL 语句建立了基本表。

```
CREATE TABLE ATHLETE
(ANO CHAR  (6)  NOT NULL,
ANAME CHAR  (20)  ,
ASEX CHAR  (1)  ,
ATEAM CHAR  (20)  );
CREATE TABLE ITEM
(INO CHAR  (6)  NOT NULL,
INAME CHAR  (20)  ,
ITIME CHAR  (12)  ,
IPLACE CHAR  (20)  ;
CREATE TABLE  GAMES
(ANO CHAR  (6)  NOT NULL,
INO CHAR  (6)  NOT NULL,
SCORE CHAR  (10)  );
```

为了答题方便，图中的实体和属性同时给出了中英文两种文字，回答问题时只需写出英文名。

E-R 图如图 6-12 所示。

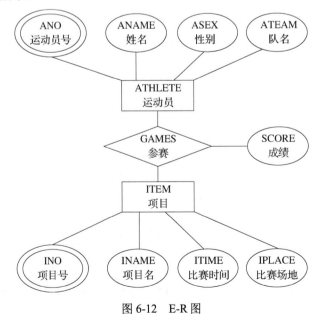

图 6-12　E-R 图

问题：

填充下列 SQL 程序 1~4 中的①~⑦，使它们分别完成相应的功能。

程序 1：统计参加比赛时男运动员人数。

```
SELECT __①__
FROM ATHLETE
WHERE ASEX='M';
```

程序 2：查 100872 号运动员参加的所有项目及其比赛时间和地点。

```
SELECT ITEM, INO, IN A ME, ITIME, IPLACE
FROM  GAMES, ITEM
WHERE __②__ ;
AND __③__ ;
```

程序 3：查参加 100035 项目的所有运动员名单。

```
SELECT ANO, ANAME, ATEAM
FROM ATHLETE
WHERE __④__ ;
(SELECT __⑤__
FROM  GAMES
WHERE GAMES.ANO=ATHLETE.ANO AND INO='100035');
```

程序 4：建立运动员成绩视图。

```
__⑥__ ATHLETE-SCORE
AS SELECT ATHLETE, ANO, ANAME, ATEAM, INAME, SCORE
FORM __⑦__ WHERE ATHLETE.ANO=GAMES.ANO AND GAMES.INO=ITEM.INO;
```

25）设有关银行借贷管理系统的 E-R 图如图 6-13 所示。图中矩形表示实体，圆表示属性，双圆表示关键字属性，菱形表示实体间的联系。为了答题的方便，图中的实体和属性同时给出了中英文说明，回答问题时只需写出英文名即可。

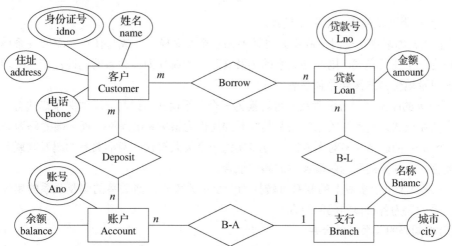

图 6-13　银行借贷管理系统 E-R 图

问题 1：

根据 E-R 图中给出的词汇，按照"有关模式名(属性 1，属性 2，…)"的格式，将此 E-R 图转换为关系模式，并指出每个关系模式中的主码和外码，其中模式名根据需要取实体名或联系名。要求其中的关系模式至少属于第三范式。

问题 2：

如下的 SQL 语言用于查询"在该银行中一笔贷款贷给多个（至少 2 个）客户的所有贷款号和发放贷款的支行名称"的不完整语句，请在空缺处填入正确的内容。

```
SELECT Borrow.Lno, Bname
FROM Borrow, Loan
WHERE   ①
GROUP BY Borrow.Lno
HAVING   ②  ;
```

问题 3：

假设这个银行有若干个节点，每个节点运行一个数据库系统。假设这些节点之间唯一的交互式用电子方式相互传送款项，这样的系统是分布式数据库系统吗？为什么？

6.3.2 练习精解

1）① C。

② B。

层次模型采用树形结构表示数据间的联系。在层次模型中，每一个节点表示记录类型（实体），记录之间的联系用节点之间的连线表示，并且根节点以外的其他节点有且仅有一个双亲节点，故层次模型不能直接表示多对多联系。

2）① A。

② B。

3）B。

E-R 模型向关系模型的转换应遵循如下原则：

① 每个实体类型转换成一个关系模式。

② 一个 1:1 的联系（一对一联系）可转换为一个关系模式，或与任意一端的关系模式合并。若独立转换为一个关系模式，则两端关系的码及其联系的属性为该关系的属性；若与一端合并，则将另一端的码及属性的属性合并到该端。

③ 一个 1:n 的联系（一对多联系）可转换为一个关系模式，或与 n 端的关系模式合并。若独立转换为一个关系模式，则两端关系的码及其联系的属性为该关系的属性，而 n 端的码为关系的码。

④ 一个 $n:m$ 的联系（多对多联系）可转换为一个关系模式，两端关系的码及其联系的属性为该关系的属性，而关系的码为两端实体的码的组合。

⑤ 三个或三个以上多对多的联系可转换为一个关系模式，诸关系的码及联系的属性为关系的属性，而关系的码为各实体的码的组合。

⑥ 具有相同码的关系可以合并。

4）① C。

② A。

③ D。

④ A。

⑤ B。

根据给定的函数依赖集和 Armstrong 公理，可以推导出：

$$Sno, Pno \rightarrow Sname, Pname, Q, A$$

并且(Sno, Pno)中任意一个属性都不能决定其他所有属性，所以对于关系模式 S 的关键字是(Sno, Pno)。

在关系 S 中，函数依赖 Pno→Pname 和 Sno→Sname, Q, A，可以得出非主属性 Pname、Sname、Q 和 A 均部分依赖于主关键字，违背第二范式的定义，因此关系 S 最高满足第一范式。

对于分解后的两个关系，根据原函数依赖集，$S1$ 仅存在函数依赖：

$$Sno \rightarrow Sname, Q, A$$

也就是 Sno 函数决定关系 $S1$ 中的所有属性，Sno 是关系 $S1$ 的关键字，因此关系模式 $S1$ 满足 BCNF。

根据原关系函数依赖集，$S2$ 中存在函数依赖 Pno→Pname，因此对于关系 $S2$ 来说，Pno 和 Sno 共同才能决定关系中的所有属性，因此关系 $S2$ 的关键字是(Pno, Sno)。而函数依赖 Pno→Pname，非主属性 Pname 部分依赖于主关键字，违背第二范式的定义，因此关系 $S2$ 最高满足第一范式。

运算符 IN 表示元组在集合中，=ANY 表示元组等于集合中某一个值，两者的含义是相同的。

5）D。

6）B。

7）A。

候选码（Candidate Key）：若关系中的某一属性和属性组的值能唯一地标识一个元组，则称该属性或属性组为候选码，简称码。

主码（Primary Key）：若一个关系有多个候选码，则选定其中一个为主码。通常在关系模式的主属性上加下划线表示该属性为主码属性。

主属性（Primary Attribute）：包含在任何候选码中的属性称为主属性，不包含在任何候选码中的属性称为非码属性。

外码（Foreign Key）：如果关系模式 R 中的属性或属性组不是该关系的码，但都是其他关系的码，那么该属性集对关系模式 R 而言是外码。

全码（All-Key）：关系模型的所有属性组是这个关系模型的候选码，称为全码。

超键：在关系模式中，能唯一标识元组的属性集称为超键（Super Key）。

8）① A。

② B。

根据函数依赖进行判断。

对于候选键，因 $A \rightarrow B$，若 AB 是超键，则 A 也是超键，故 AB 不可能是候选键。又因 $AB \subset ABC$，故 ABC 也不可能是候选键。同理，因 $E \rightarrow D$，ED 也不可能是候选键。这样就只剩选项 A 了，可以验证 AC 确实是该关系的候选键。

9）A。

基本的关系代数包括并、差、广义笛卡儿积、投影、选择，其他运算可以通过基本的关系运算导出。扩展的关系运算可以从基本的关系中导出，主要包括交、连接、除法、广义投影、外连接。

10）C。

自然连接是一种特殊的等值连接，它要求两个关系中进行比较的分量必须是相同的属性组，并且结果中去掉重复属性列。

11）C。

事务是一个操作序列，这些操作"要么都做，要么都不做"，是数据库环境中不可分割的逻辑工作单位。事务和程序是两个不同的概念，一般一个程序可以包含多个事务。事务的 4 个特性是：原子性（Atomicity）、一致性（Consistency）、隔离性（Isolation）和持久性（Durability），这 4 个特性称为事务的 ACID 性。故选 C。

12）① C。

② A。

在关系模式中，能唯一标识元组的属性集称为超键。不包含多余属性的超键称为候选键，该属性或属性组称为候选码，简称码。

根据函数依赖集进行判断。首先排除 A、D，因为它们之一是超键的话，则 *HS*、*HI* 也是超键，故其不可能是候选键。进一步判断可以确定 *HI* 不是超键，*HS* 是候选码。

13）① B。

② D。

```
SELECT [ALL | DISTINCT]<目标列表达式>[, <目标列表达式>]...
    FROM <表名或视图名>[, <表名或视图名>]
    [WHERE <<条件表达式>]
    [GROUP BY <列名 1>[HAVING<条件表达式>]]
    [ORDER BY<列名 2>[ASC | DESC]...]
```

子句顺序为 SELECT、FROM、WHERE、GROUP BY、HAVING、ORDER BY，但 SELECT 和 FROM 是必须存在的，HAVING 子句只能与 GROUP BY 搭配起来使用。SELECT 子句对应的是关系代数中的投影运算，用来列出查询结果中的属性，其输出可以是列名、表达式、集函数（AVG、COUNT、MAX、MIN、SUM），DISTINCT 选项可以保证查询的结果集中不存在重复元组；FROM 子句对应的是关系代数中的笛卡儿积，它列出的是表达式求值过程中需扫描的关系；WHERE 子句对应的是关系代数中的选择谓词。

14）B。

SOL 语句的语义为"查询没有选修课程号为 c102 的学生的学号和姓名"。故选 B。

15）B。

UPDATE 用于数据更新，INSERT 用于插入数据，CREATE 用于创建表、视图和索引，ALTER 用于修改表结构。

16）C。

并发控制是指多用户共享的系统中，许多用户可能同时对同一数据进行操作。并发控制带来的问题是数据的不一致性，其主要原因是事务的并发控制破坏了事务的隔离性。故选 C。

17）① D。

② A。

在关系模式中，能唯一标识元组的属性集称为超键。不包含多余属性的超键称该属性或属性组为候选码，简称。根据函数依赖集可以判断选项 D 是一个码。因为候选码是 *ST*，在关系中很

明显可以发现没有 S 或者 T 单独推出的属性，只有 ST 一起推出的属性，以及 S 与非主属性或者 T 与非主属性推出的属性。因此该关系是完全函数依赖，最起码已经满足了 2NF。

18）① B。

　　② C。

　　③ A。

并发操作是指多用户共享的系统中，许多用户可能同时对同一数据进行操作。并发操作带来的问题是数据的不一致性。数据的不一致性主要有三类：丢失更新、不可重复读和读脏数据。其主要原因是事务的并发操作破坏了事务的隔离性。故选 B、C、A。

19）① D。

　　② D。

候选关键字是指关系的某一属性或属性组，其值能唯一地表示一个元组；主属性是指包含在任何候选关键字中的属性。对于关系 R，其候选关键字分别为 AB、AD、BD、CD，故关系 R 的主属性为 $ABCD$。

20）C。

访问权限设置是为了数据库的安全性。

21）A。

自然连接：是一种特殊的等值连接，结果中去掉重复属性列。

22）① A。

　　② D。

求属性集的闭包可由固定的算法推出：设 $X(0)=AD$，计算 $X(1)$，逐一扫描 F 集合中各个函数依赖，找左部是 A、D 或 AD 的函数依赖，得到 $A{\rightarrow}E$、$D{\rightarrow}A$。于是 $X(1)=X(0)\cup EA=ADE$。由于 $X(0)\neq X(1)$，因此再逐一扫描 F 集合中各个函数依赖，找左部是 ADE 的子集的那些函数依赖，得到 $A{\rightarrow}E$、$D{\rightarrow}A$。于是 $X(2)=X(1)\cup EA=ADE$。由于 $X(2)=X(1)$，因此算法到此为止，其属性 AD 的闭包为 $X(2)$，即 ADE。

23）① B。

　　② C。

SQL 是在关系数据库中最普遍使用的语言，它不仅包含数据查询功能，还包括插入、删除、更新和数据定义功能。目前主要有三个标准：ANSI（美国国家标准机构）SQL、SQL-92 或 SQL2（对 ANSI SQL 进行修改后在 1992 年采用）、SQL-99 或 SQL3（最近采用）。实际上，SQL 的功能远非查询信息这么简单，还包括数据查询、数据操作、数据定义和数据控制等功能，是一种通用的、功能强大的关系数据库语言。

24）① COUNT(*)。

② GAMES.INO=IFEM.INO。

③ GAMES.ANO='100872'（注：②、③可互换）。

④ EXISTS 或 ANO IN。

⑤ *或 ANO 或 INO 或 SCORE 或后 3 个列名的任意组合。

⑥ CREATE VIEW。

⑦ ATHLETE，ITEM，GAMES（3 项可交换）。

本题是关系数据库标准语言 SQL 的题目，由题目中给出的 E-R 图可知，3 个表中，ATHLETE 和 ITEM 是基本表，表 ATHETE 的主键是运动员编号 ANO，表 ITEM 的主键是项目编号 INO，表 GAMES 是一个视图，以 ANO、INO 为外键。

程序 1 统计参加比赛的男运动员人数，也就是表 ATHLETE 中，AEX='M'的记录的个数，所以要用到库函数 COUNT(*)。这里要注意 COUNT 与 COUNT(*)的区别，COUNT 的功能是对一列中的值计算个数，而 COUNT(*)才是计算数据库中记录的个数。所以空①的答案为 COUNT(*)。

程序 2 统计 100872 号运动员参加的所有项目及比赛时间和地点，所以 SELECT 后面的内容是项目编号 ITEM.INO、项目名称 INAME、时间 ITIME 及地点 IPLACE。统计涉及比赛表 GAMES 和项目表 ITEM，所以 FROM 后面的内容为 GAMES、ITEM。本题考的是连接查询，所谓连接查询，指的是涉及两个以上的表的查询。由于是统计 100872 号运动员参加的所有项目及比赛时间和地点，因此查询条件中必然有 GAMES.INO='100872'（程序中引用到字段时，若字段名在各个表中是唯一的，则可以把字段名前的表名去掉，否则应当加上表名作为前缀，以免引起混淆）。由于 GAMES 表中只有比赛的成绩，那些关于项目的数据必须从项目表 ITEM 中取得，因此还应该有两个表之间的关联，即 GAMES.INO=ITEM.INO。所以空②和③可以交换，不影响查询结果。

程序 3 要求查询参加 100035 项目的所有运动员名单。分析查询表达式，必须首先查询 GAMES 表，找出参加 100035 项目的那些运动员的编号 ANO，即 GAMES.ANO=ATHLETE.ANO AND INO='100035'，然后根据查询到的运动员编号 ANO 从 ATHLETE 表中抽取运动员的数据。所以空④的答案为 EXISTS 或 ANO IN，空⑤的答案为 ANO。

程序 4 要求建立运动员成绩视图。建立视图的命令为 CREATE VIEW，所以空⑥的答案一定是 CREATE VIEW。建立的是运动员成绩视图，那么一定涉及运动员情况、运动员参加项目的情况和该项目的成绩，所以要用到 ATHLETE、ITEM 和 GAMES 这三个表，因此 FROM 子句后为 ATHLETE、GAMES、ITEM，这三个表的次序随意，不影响结果。

25）问题 1：
```
Customer(idno, name, address, phone)
Account(Ano, balance, Bname)
Bname reference Branch(Bname)
Deposit(idno, Ano)
idno reference Customer(idno)
Ano reference Account(Ano)
Branch(Bname, city)
Loan(Lno, Bname, amount)
Bname reference Branch(Bname)
Borrow(idno, Lno)
idno reference Customer(idno)
Lno reference Loan(Lno)
```

问题 2：
① Borrow.Lno=Loan.Lno。
② COUNT(distinct idno)>=2。

问题 3:

这样的系统算不上分布式数据库系统。分布式数据库系统并不是简单地把集中式数据库系统安装在不同场地，用网络连接起来实现的（这是分散的数据库系统），它具有自己的性质和特征。

分布式数据库系统具有以下特点:

① 数据的物理分布性。

② 数据的逻辑整体性。

③ 数据的分布独立性。

④ 场地的自治和协调。

⑤ 数据的冗余及冗余透明性。

虽然上述银行的数据库系统具有性质①、③以及④和⑤的一部分，但关键是没有数据的逻辑整体性和不同场地之间的协调性等，这恰恰是分布式数据库系统的关键所在。因此，上述银行数据库系统算不上分布式数据库系统。

本题中的 E-R 图中有 4 个实体集、2 个多对多联系和 2 个一对多联系，根据上述 E-R 图转换关系模型的规则可以转换成 6 个关系。

4 个实体集转换的 4 个关系（Customer、Account、Branch 和 Loan），对于一对多联系 B-L 和 B-A 则是将"一"端（关系 Branch）的码 Bname 加入"多"端所转换的关系（Account 和 Loan）。这 4 个关系分别为:

```
Customer(idno, name, address, phone)
Account(Ano, balance, Bname)
Branch(Bname, city, assets)
Loan(Lno, Bname, amount)
```

4 个关系中，Account 和 Loan 的属性 Bname 均参照 Branch 的码 Bname，为外码。

2 个多对多联系转换为 2 个关系，两端的码及联系的属性为关系的属性，两端的码共同组合为该关系的码。这 2 个关系分别为:

```
Deposit(idno, Ano)
Borrow(idno, Lno)
```

其中的 idno、Ano 和 Lno 分别参照 Customer 的 idno、Account 的 Ano 和 Loan 的 Lno。

问题 2 中是要查询在该银行中一笔贷款贷给多个（至少 2 个）客户的所有贷款号和发放贷款的支行名称。Borrow 表中记录着各贷款号和该贷款的客户，Loan 表中记录着各贷款号和发放该贷款的支行，要完成题目查询，必须将 Borrow 和 Loan 联系起来，即需要两者的贷款号相等。所以空①应该为 Borrow.Lno=Loan.Lno。

"一笔贷款贷给多个客户"则需要按贷款号进行分组，只有客户个数至少两个的组才是满足查询要求的分组。对于分组的条件应该添加在 HAVING 子句中，个数的统计需利用 COUNT(idno) 函数，因此空②为 COUNT(idno)>=2。

问题 3 主要考查分布式数据库系统的必备条件。

第7章

计算机网络

7.1 考点精讲

7.1.1 考纲要求

计算机网络主要是考试中所涉及的协议体系结构、物理层、数据链路层、网络层、传输层、应用层、Linux 与 Windows 操作系统和交换机与路由器等知识。本章在考纲中主要有以下内容：

- 协议体系结构。
- 物理层（传输介质与交换技术）。
- 数据链路层（局域网的数据链路层结构与 CSMA/CD）。
- 网络层（IP、IPv4 地址、地址分类、子网掩码、子网规划、ICMP）。
- 传输层（TCP、UDP）。
- 应用层（DNS、DHCP、HTTP、E-Mail、FTP、SNMP、Telnet、SSH）。
- Linux 与 Windows 操作系统。
- 交换机与路由器。

计算机网络考点如图 7-1 所示，用星级★标示知识点的重要程度。

7.1.2 考点分布

统计 2010 年至 2020 年试题真题，本章主要考点分值为 4~6 分。历年真题统计如表 7-1 所示。

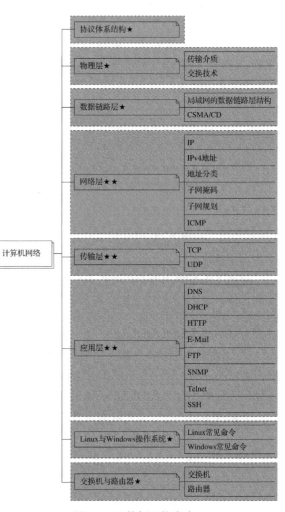

图 7-1　计算机网络考点

表7-1 历年真题统计

年 份	时 间	题 号	分 值	知 识 点
2010 年上	上午题	66，67，68，69，70	5	IP、HTML、协议
2010 年下	上午题	66，67，68，69，70	5	HTTP、帧中继、HTML
2011 年上	上午题	66，67，68，69，70	5	协议、物理层、IP
2011 年下	上午题	66，67，68，69，70	5	IP、TCP、应用层
2012 年上	上午题	66，67，68，69，70	5	交换机、SMTP、网络层 IP
2012 年下	上午题	66，67，68，69，70	5	SNMP、IP、指令、协议
2013 年上	上午题	66，67，68，69，70	5	配置、IP、UDP、DNS
2013 年下	上午题	66，67，68，69，70	5	IP、IPv4、协议
2014 年上	上午题	66，67，68，69，70	5	IP、3G 标准
2014 年下	上午题	66，67，68，69，70	5	协议、DHCP、IP
2015 年上	上午题	66，67，68，69，70	5	VLAN、URL、协议
2015 年下	上午题	9，66，67，68，69，70	6	协议、TCP、子网掩码、局域网
2016 年上	上午题	66，67，68，69，70	5	FTP、ping 指令、网关、SNMP
2016 年下	上午题	66，67，68，69，70	5	协议、URL、路由器、IP
2017 年上	上午题	66，67，68，69，70	5	协议、Linux、传输层、路由器
2017 年下	上午题	66，67，68，69，70	5	TCP、协议、IP、指令
2018 年上	上午题	66，67，68，69，70	5	物理层、协议、Linux
2018 年下	上午题	66，67，68，69，70	5	协议、指令、TCP、HTML
2019 年上	上午题	66，67，68，69，70	5	浏览器、HTTP、TCP、指令、协议
2019 年下	上午题	7，66，67，68，69，70	6	协议、TCP、IP、传输层
2020 年下	上午题	9，66，67，68，69，70	6	协议、指令、IP、URL

7.1.3 知识点精讲

7.1.3.1 协议体系结构

1. OSI 参考模型

OSI（Open System Interconnect，开放系统互连）参考模型基于国际标准化组织（International Organization for Standardization，ISO）的建议，作为各种层上使用的协议国际标准化的第一步而发展起来的。OSI 参考模型分为物理层、数据链路层、网络层、传输层、会话层、表示层和应用层 7 层，如表 7-2 所示。

表7-2　OSI参考模型

层次	名　称	主要功能	主要设备及协议
7	应用层	实现具体的应用功能	POP3、FTP、HTTP、Telnet、SMTP、DHCP、TFTP、SNMP、DNS
6	表示层	数据的格式与表达、加密、压缩	
5	会话层	建立、管理和终止会话	
4	传输层	端到端的连接（端口）	TCP、UDP
3	网络层	分组传输和路由选择（IP）	三层交换机、路由器、ARP、RARP、IP、ICMP、IGMP
2	数据链路层	传送以帧为单位的信息（MAC）	网桥、交换机、网卡、PPTP、L2TP、SLIP、PPP
1	物理层	二进制传输（0/1）	中继器、集线器

2. TCP/IP 模型

TCP/IP 模型与 OSI 参考模型有些类似，将 OSI 中的会话层、表示层去掉，并将数据链路层和物理层合并成网络接口层即可，如图 7-2 所示 TCP/IP 支持所有标准的数据链路层和物理层协议。

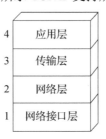

图 7-2　TCP/IP 模型

7.1.3.2　物理层

1. 传输介质

（1）传输特性

波特率是指在信道上传输数据信号波形的速率，所以又叫码元速率、信号速率或调制速率，即在信道上每秒传送信号波形的个数。单位是"波特"或"baud"。它表示出信道的"形式能力"。

比特率又称作信息速率或数据速率，它反映了一条信道每秒内所传送信息量的多少，单位为比特/秒或 bit/s。它表示出信道的"实质能力"。

波特率与比特率的关系：

$$R_b = N_b \log_2 L$$

信道的极限信息传输速率 C 可表达为：

$$C = W \log_2 \left(1 + \frac{S}{N}\right)$$

其中，W 为信道的带宽（以 Hz 为单位），S 为信道内所传信号的平均功率，N 为信道内部的高斯噪声功率。

传输介质是数据信号在异地之间传播的承载体（媒体），它的特性直接影响通信的质量指标，如信道容量、传输速率、误码率及线路费用等。

（2）无线传输

"无线"传输介质包括各个波段的无线电、地面微波接力线路、卫星微波线路以及激光、红外线等。在数据通信中应用的主要是超短波无线电、（地面或卫星）微波线路，尤其是后者。

超短波无线电占据 30MHz～1GHz 频带，电离层对 30MHz 以上的电波是透明的，只限于视距传输。它的衰耗对雨雪不敏感。其缺点是只能提供 10Mb/s 以下数量级的数据速率，应用于局部区域组网及蜂窝式移动通信。

微波频率大约在 1～300GHz 范围内，目前最常使用的范围是 2～30GHz 频段。微波只沿直线传播，信号受雨雪影响。有两种主要应用方式：① 地面视距传播的微波接力通信；② 高空转发传播的卫星通信。

无线传输所使用的频段很广。短波通信主要是靠电离层的反射，但短波信道的通信质量较差，安全性也较差。微波在空间主要是直线传播，例如地面微波接力通信、卫星通信、同步卫星通信。

2. 交换技术

数据码字的元素（位）在信道上移动过程中的顺序特性由"串行传输"或"并行传输"来表现。并行传输是指在分离的媒体上同时传输多个数据位的传输机制。串行传输一次发送一个码位。

数据码字在信道上移动的过程中收发双方的时间协调特性由"同步传输"或"异步传输"来表现。允许物理介质在两次传输之间空闲任意长时间，这种传输系统归类为异步传输系统。异步通信非常适合随机产生数据的应用。数据流在通信双方之间操纵的方向特性由通信"双工性"来表现，如图 7-3 所示。

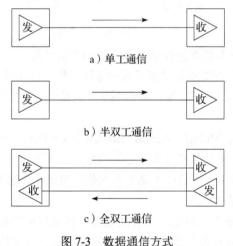

a）单工通信

b）半双工通信

c）全双工通信

图 7-3　数据通信方式

7.1.3.3 数据链路层

1. 局域网的数据链路层结构

（1）局域网的主要优点

● 具有广播功能，从一个站点可以很方便地访问全网。局域网上的主机可共享连接在局域网上的各种硬件和软件资源。

- 便于系统的扩展和逐渐地演变，各设备的位置可灵活调整和改变。
- 提高了系统的可靠性、可用性和残存性。

（2）链路结构

为了使数据链路层更好地适应多种局域网标准，802 委员会将局域网的数据链路层拆成了两个子层：

① 逻辑链路控制（Logical Link Control，LLC）子层。
② 媒体接入控制（Medium Access Control，MAC）子层。

与接入传输媒体有关的内容都放在 MAC 子层，而 LLC 子层则与传输媒体无关，无论采用哪种协议的局域网，对 LLC 子层来说都是透明的。

2. CSMA/CD

最初的以太网是将许多计算机都连接到一根总线上。当初认为这样的连接方法既简单又可靠，因为总线上没有有源器件，如图 7-4 所示。

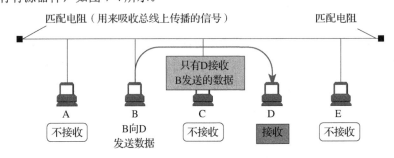

图 7-4 局域网中的总线

总线上的每一个工作的计算机都能检测到 B 发送的数据信号。

由于只有计算机 D 的地址与数据帧首部写入的地址一致，因此只有 D 才接收这个数据帧。

其他所有的计算机（A、C 和 E）都检测到不是发送给它们的数据帧，因此就丢弃这个数据帧而不能够接收下来。

CSMA/CD（Carrier Sense Multiple Access with Collision Detection，载波侦听多路访问/冲突检测）中的"多路访问"表示许多计算机以多点接入的方式连接在一根总线上；"载波侦听"是指每一个站在发送数据之前先要检测一下总线上是否有其他计算机在发送数据，如果有，则暂时不要发送数据，以免发生冲突（即碰撞）。

总线上并没有什么"载波"。因此，"载波侦听"就是用电子技术检测总线上有没有其他计算机发送的数据信号。"冲突检测"就是计算机边发送数据边检测信道上的信号电压大小。当几个站同时在总线上发送数据时，总线上的信号电压摆动值将会增大（互相叠加）。当一个站检测到的信号电压摆动值超过一定的门限值时，就认为总线上至少有两个站同时在发送数据，表明产生了冲突。

所谓"冲突"，就是发生了碰撞。因此，"冲突检测"也称为"碰撞检测"。在发生冲突时，总线上传输的信号产生了严重的失真，无法从中恢复出有用的信息来。每一个正在发送数据的站，一旦发现总线上出现了冲突，就要立即停止发送，免得继续浪费网络资源，然后等待一段随机时间后再次发送。

7.1.3.4　网络层

1. IP

网际协议 IP 是 TCP/IP 体系中两个最主要的协议之一。与 IP 配套使用的还有 4 个协议：

- 地址解析协议（Address Resolution Protocol，ARP）。
- 逆地址解析协议（Reverse Address Resolution Protocol，RARP）。
- 互联网控制报文协议（Internet Control Message Protocol，ICMP）。
- 互联网组管理协议（Internet Group Management Protocol，IGMP）。

2. IPv4 地址

我们把整个互联网看成一个单一的、抽象的网络。IP 地址就是给每个连接在互联网上的主机（或路由器）分配一个在全世界范围唯一的 32 位的标识符。

IP 地址现在由互联网名称与数字地址分配机构（Internet Corporation for Assigned Names and Numbers，ICANN）进行分配。

每个 32 位 IP 地址划分成两部分：前缀部分和后缀部分。

前缀部分：标志主机（或路由器）所连接到的网络。

后缀部分：标志该主机（或路由器）。

3. 地址分类

网络地址可分为 A 类、B 类、C 类、D 类、E 类，如图 7-5 所示。

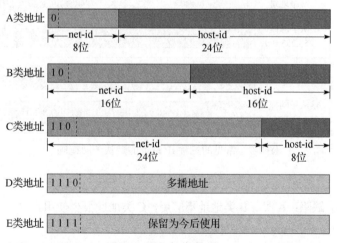

图 7-5　IP 地址分类

人们常用的三种类别的 IP 地址为 A 类、B 类、C 类，如表 7-3 所示。

表7-3　常用的三类IP地址

网络类别	最大网络数	第一个可用的网络号	最后一个可用的网络号	每个网络中最大的主机数
A	126（2^7-2）	1	126	16 777 214
B	16 383（$2^{14}-1$）	128.1	191.255	65 534
C	2 097 151（$2^{21}-1$）	192.0.1	223.255.255	254

4. 子网掩码

从一个 IP 数据报的首部并无法判断源主机或目的主机所连接的网络是否进行了子网划分。使用子网掩码（Subnet Mask）可以找出 IP 地址中的子网部分，如图 7-6 所示。常见的三种 IP 地址的默认子网掩码如图 7-7 所示。

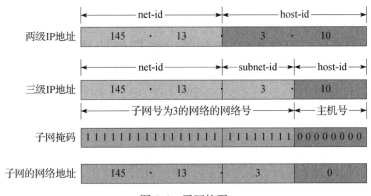

图 7-6　子网掩码

图 7-7　常见的三种 IP 地址的默认子网掩码

5. 子网规划

原 IP 编址方案的缺陷：A 类、B 类地址不够用，C 类地址很少使用。

克服缺陷的机制：子网编码，无类编址。

它们不再采用三个不同的地址类，而是直接利用前缀和后缀在地址的任意位置上进行分界。子网编址最初用在那些连接到全球互联网的大机构中，无类编址则把这种方法扩展到了整个互联网。从 1985 年起，在 IP 地址中又增加了一个"子网号字段"，使两级的 IP 地址变成为三级的 IP 地址。这种做法叫作划分子网（Subnetting）。划分子网已成为互联网的正式标准协议。

划分子网纯属一个单位内部的事情，单位对外仍然表现为没有划分子网的网络。

从主机号借用若干位作为子网号，主机号也就相应减少了若干位。

IP 地址 = {<网络号>, <子网号>, <主机号>}。

6. ICMP

互联网控制报文协议（Internet Control Message Protocol，ICMP）被主机和路由器用来彼此沟通网络层的信息。

ICMP 报文是承载在 IP 分组中的，即 ICMP 报文是作为 IP 有效载荷承载的，当一台主机收到一个指明上层协议为 ICMP 的 IP 数据报时，它分解出该数据报的内容给 ICMP。

ICMP 报文有一个 4 位类型字段、一个 4 位编码字段、一个 8 位检验字段，并且包含引起该 ICMP 报文首次生成的 IP 数据报的首部+前 8 字节内容（以便发送方能确定引发该差错的数据报）。

traceroute 程序允许我们跟踪从一台主机到世界上任意一台其他主机之间的路由，是用 ICMP 报文来实现的。

1）源主机向目的主机发送一系列 UDP 数据报，目的端口号为不可能使用的端口号，第 1 组 IP 数据报 TTL=1，第 2 组 IP 数据报 TTL=2……

2）当第 n 组数据报（TTL=n）到达第 n 个路由器时，路由器丢弃数据报，向源主机发送 TTL 过期 ICMP 报文（type=11，code=0），ICMP 报文携带路由器名称和 IP 地址信息。

3）当 ICMP 报文返回源主机时，记录网络时延（Round Trip Time，RTT）。

4）UDP 数据报最终到达目的主机，目的主机返回目的端口不可达 ICMP 报文（type=3，code=3）。

5）源主机停止发送 UDP 数据报。

7.1.3.5 传输层

1. TCP

TCP（Transmission Control Protocol，传输控制协议）在应用程序间建立虚拟链路，进行数据传输。TCP 位于 TCP/IP 第 3 层，将应用层数据进行包装，传输给网络层进一步处理。

具体：传输层在进程与进程之间进行数据传输。端口对应进程。将应用层的数据包装成一个个的进程，通过复用技术转换成信息，再将 IP 组包通过数据链路传输。

下面介绍 TCP 数据传输的三个阶段。

（1）建立连接

客户 A 向服务器 B 发送连接请求，请求报文段首部 SYN=1，seq=x，表明传送数据时的第一个数据字节的序号是 x。

B 收到连接请求后，若同意连接，则发回确认，SYN=1，ACK=1，ack=x+1，seq=y。

A 收到 B 发出的同意连接请求后，向 B 给出确认，ACK=1，ack=y+1，seq=x+1，并通知上层应用程序连接已经建立。B 收到主机 A 的确认后，也通知其上层应用进程 TCP 连接已经建立。

（2）传输数据

连接建立后即可进行数据传输。

（3）释放连接

数据传输结束后，通信的双方都可释放连接。例如，A 的应用进程先发出连接释放报文段，并停止再发送数据，主动关闭 TCP 连接。

A 把连接释放报文段首部的 FIN=1，其序号 seq = u，等待 B 的确认。

B 发出确认，ACK=1，确认号 ack = u+1，而这个报文段自己的序号 seq =v。TCP 服务器进程通知高层应用进程，从 A 到 B 这个方向的连接就释放了，TCP 连接处于半关闭状态。若 B 发送数据，则 A 仍要接收。

若 B 已经没有要向 A 发送的数据，其应用进程就通知 TCP 释放连接。FIN=1，ACK=1，seq=w，ack=u+1。

A 收到连接释放报文段后，必须发出确认，在确认报文段中 ACK=1，确认号 ack=w + 1，序号 seq =u +1。

TCP 连接必须经过时间 2 MSL（Maximum Segment Lifetime，最长报文段寿命）后才真正释放掉，2 MSL 的时间是为了保证 A 发送的最后一个 ACK 报文段能够到达 B，防止"已失效的连接请求报文段"出现在本连接中。

A 在发送完最后一个 ACK 报文段后，再经过时间 2MSL，就可以使本连接持续的时间内所产生的所有报文段都从网络中消失。这样就可以使下一个新的连接中不会出现这种旧的连接请求报文段。

2. UDP

UDP（User Datagram Protocol，用户数据报协议）提供无连接的不可靠的传输层协议，同 TCP 一样用于处理数据报，常用于多媒体数据传输。

（1）UDP 的特点

● 无连接。在传输数据前不用建立连接，也就没有连接释放，使得 UDP 传输效率高。
● 尽最大努力交付。无法保证数据能准确到达目的主机，也不对 UDP 数据报进行确认。
● 面向报文。UDP 将应用层传输下来的数据封装在 UDP 包里，不拆分合并。运输层收到 UDP 包后，去掉首部后，将数据原封不动地交给应用程序。
● 没有拥塞控制。UDP 传输的发送速率不受网络拥塞度影响。
● 支持 1 对 1、1 对多、多对多交互通信。
● 头部只占用 8 字节。
● 设计简单，保证 UDP 在工作时的高效性与低延时性。

（2）UDP 数据传输过程

UDP 建立在 IP 之上，用 UDP 时，先从应用程序缓冲区输出一个 UDP 报文段，将其直接封装在 IP 数据报中传输。发送端不用发送缓冲区。UDP 数据报到达目标端 IP 层后，目标主机 UDP 层根据目标端口号送到相应进程。

7.1.3.6 应用层

1. DNS

互联网计算机为寻址都需要一个 IP 地址，IP 地址在互联网协议中是最基本的。但是使用过互联网的人都知道用户对某个站点（互联网中的计算机）实际上最常用的输入由字符串构成，即计算机域名，而非 IP 地址。

字符化的计算机域名可标志该网络计算机的地理位置、所属单位及行业特征，个性化的表达十分方便用户的辨识和记忆。但计算机对二进制形式的 IP 地址操作计算更简单，内存占用少。所以像数字系统译码一样，域名系统（Domain Name System，DNS）用于互联网对用户使用的域名和计算机使用的 IP 地址的翻译转换。

2. DHCP

DHCP 以 C/S 的方式进行工作。现在的操作系统的协议栈中都是包含 DHCP 功能的，当用户的主机启动时，它就是一台 DHCP 客户端，会向当前局域网内的 DHCP 服务器获取 IP 地址等网络信息。DHCP 服务器为了能够正确分发 IP 地址，需要完成两方面的内容：IP 地址管理，包括维护 IP 地址池、IP 地址租约管理等；配置数据交付，包括 DHCP 的消息格式和状态机处理等。

DHCP 有以下三种地址分配方式：

① 自动分配。DHCP 给主机指定一个永久的 IP 地址。

② 动态分配。DHCP 给主机指定一个有时间限制的 IP 地址，到时间或主机明确表示放弃这个地址时，这个地址可以被其他的主机使用。

③ 手工分配。手工分配方式中，主机的 IP 地址是由网络管理员指定的，DHCP 只是把指定的 IP 地址告诉主机。

3. HTTP

Web 服务器上可获得的超文本或超媒体文档也称为网页，对于一个组织或个人的主网页简称为主页（通常指进入 Web 服务器后的第一个/最高级别的网页）。

超文本标记语言（HyperText Markup Language，HTML）用于创建和识别标准的 Web 文档，所以 Web 文档也被称为 HTML 文档。

HTML 是文档显示的通用向导，允许浏览器选择某些细节。例如 HTML 并不精确说明一个用户可选项是怎样表示的，浏览器在可选项下添加下划线或用不同字体、颜色来标记。因此，一个 HTML 文档在不同的浏览器下可能有不同的显示差别。

Web 网页浏览也采用客户/服务器模式，如图 7-8 所示。

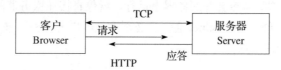

图 7-8　客户/服务器模式

当指定一个文档的 URL 后，浏览器作为客户首先向 DNS 服务器解析指向计算机域名的 IP 地址；浏览器又作为客户和该计算机的 Web 服务器建立 TCP 连接；客户向 Web 服务器发出请求获取指定文档的命令 GET；Web 服务器响应后返回请求页面，浏览器接收完成后，TCP 连接释放，浏览器显示该文档。

4. E-Mail

电子邮件（E-Mail）系统主要有以下功能：

1）创建：电子邮件内容起草和编辑。

2）发送：用户将创建的文件发送，并存放到接收者的邮箱中。

3）接收：接收用户从邮箱中取回自己的邮件，并在计算机显示器上阅读。

4）转发和管理：用户可以对收到（或创建）的邮件进行回复、转发、删除和存储。

SMTP（Simple Mail Transfer Protocol，简单邮件传输协议）定义了相互通信的 C/S 端两个 SMTP 进程间如何进行信息交互，但未定义邮件内部格式，邮件存储、发送的速度，以及邮件如何递交 SMTP。SMTP 规定了 14 条命令（由 4 个字母组成）和 21 种应答。

5. FTP

接下来介绍文件传输协议（File Transfer Protocol，FTP）。文件（包括各种格式）是计算机处理信息最主要的形式，网络传输文件是把一个文件复制/转移到另一台远端计算机，基本步骤是文件定位、复制、文件名表示、传递和存储。在异构计算机之间的通用文件传递需要克服不同文件系统的差别（访问控制规则、文件名、文件格式类型、操作系统命令等）。

第 1 步：当客户通过一个自己临时的端口号 N 与 FTP 熟知的端口 21 请求 FTP 服务器后，客户/服务器建立 TCP 控制连接，用于处理的操作命令交互，即客户端输入的每个命令作为请求发送至服务器，服务器处理后应答，但控制连接不直接传送文件数据。注意控制连接是客户端发起的。

第 2 步：当客户通过命令确认一个文件后，服务器通过另外的端口 20 和客户端口号 N+1 建立 TCP 数据连接，专门用于 C/S 的文件数据传送；当 C 或 S 完成文件传递后，主动关闭数据连接。注意数据连接是服务器端发起的（C/S 角色转换）。

6. SNMP

简单网络管理协议（Simple Network Management Protocol，SNMP）是专门设计用于在 IP 网络管理网络节点（服务器、工作站、路由器、交换机及 HUBS 等）的一种标准协议。

7. Telnet

Telnet 是互联网远程登录服务的标准协议和主要方式。它为用户提供了在本地计算机上完成远程主机工作的能力。在终端用户的计算机上使用 Telnet 程序，用它连接到服务器。终端用户可以在 Telnet 程序中输入命令，这些命令会在服务器上运行，就像直接在服务器的控制台上输入一样。可以在远程控制服务器。要开始一个 Telnet 会话，必须输入用户名和密码来登录服务器。Telnet 是常用的远程控制 Web 服务器的方法。

8. SSH

SSH 是为远程登录会话和其他网络服务提供安全性的协议。SSH 使用最多的是远程登录和传输文件，实现此功能的传统协议都不安全（如 FTP、Telnet 等），因为它们使用明文传输数据，而 SSH 在传输过程中的数据是加密的，安全性更高。因为是建立在 TCP 的基础上的，所以首先需要进行 TCP 连接。

7.1.3.7 Linux 与 Windows 操作系统

1. Linux 常见命令

- ls: 全拼 list，功能是列出目录的内容及其内容属性信息。
- cd: 全拼 change directory，功能是从当前工作目录切换到指定的工作目录。
- cp: 全拼 copy，其功能为复制文件或目录。
- find: 查找的意思，用于查找目录及目录下的文件。

- mkdir: 全拼 make directories，其功能是创建目录。
- mv: 全拼 move，其功能是移动或重命名文件。
- pwd: 全拼 print working directory，其功能是显示当前工作目录的绝对路径。
- rename: 用于重命名文件。
- rm: 全拼 remove，其功能是删除一个或多个文件或目录。
- chmod: 改变文件或目录权限。

2. Windows 常见命令

- ipconfig: ip 相关配置工具，类似于 Linux 系统中的 ifconfig 命令。
- ping: 查看网络连通情况。
- tracert: 路由跟踪实用程序，用于确定 IP 数据包访问目标所采取的路径。
- nslookup: 域名查询相关，类似于 Linux 系统的 dig 命令。
- netstat: 一般用于检验本机各端口的网络连接情况，Linux 下也有类似命令。

7.1.3.8 交换机与路由器

1. 交换机

交换机（又名交换式集线器）是一种用于电（光）信号转发的网络设备，它可以为接入交换机的任意两个网络节点提供独享的电信号通路。交换机的作用可以理解为将一些机器连接起来组成一个局域网。

2. 路由器

路由器与交换机有明显的区别，它的作用在于连接不同的网段并且找到网络中数据传输最合适的路径 ，可以说一般情况下个人用户需求不大。路由器产生于交换机之后，用于连接网络中各种不同的设备，它会根据信道的情况自动选择和设定路由，以最佳路径按前后顺序发送信号。路由器与交换机有一定的联系，并不是完全独立的两种设备，路由器主要克服了交换机不能路由转发数据包的不足。

7.2 真题精解

7.2.1 真题练习

1）IP 地址块 222.125.80.128/26 包含___①___个可用主机地址，其中最小地址是___②___，最大地址是___③___。

① A. 14   B. 30   C. 62   D. 126

② A. 222.125.80.128   B. 222.125.80.129

    C. 222.125.80.159   D. 222.125.80.160

③ A. 22.125.80.128   B. 222.125.80.190

    C. 222.125.80.192   D. 222.125.80.254

2）以下 HTML 代码中，创建指向邮箱地址的链接正确的是_____。

    A. <a href="email:test@test.com">test@test.com</a>

    B. <a href="emailto:test@test.com">test@test.com</a>

    C. <a href="mail:test@test.com">test@test.com</a>

    D. <a href="mailto:test@test.com">test@test.com</a>

3）POP3 服务默认的 TCP 端口号是_____。

    A. 20   B. 25   C. 80   D. 110

4）公钥体系中，私钥用于__①__，公钥用于__②__。

    ① A. 解密和签名   B. 加密和签名   C. 解密和认证   D. 加密和认证

    ② A. 解密和签名   B. 加密和签名   C. 解密和认证   D. 加密和认证

5）HTTP 中，用于读取一个网页的操作方法为_____。

    A. READ   B. GET   C. HEAD   D. POST

6）帧中继作为一种远程接入方式有许多优点，下面的选项中错误的是_____。

    A. 帧中继比 X.25 的通信开销少，传输速度更快

    B. 帧中继与 DDN 相比，能以更灵活的方式支持突发式通信

    C. 帧中继比异步传输模式能提供更高的数据速率

    D. 租用帧中继的虚电路比租用 DDN 专线的费用低

7）HTML 文档中<table>标记的 align 属性用于定义_____。

    A. 对齐方式   B. 背景颜色   C. 边线粗细   D. 单元格边距

8）ARP 属于__①__协议，它的作用是__②__。

    ① A. 物理层   B. 数据链路层   C. 网络层   D. 传输层

    ② A. 实现 MAC 地址与主机名之间的映射   B. 实现 IP 地址与 MAC 地址之间的变换

       C. 实现 IP 地址与端口号之间的映射   D. 实现应用进程与物理地址之间的变换

9）下面关于集线器与交换机的描述中，错误的是_____。

    A. 交换机是一种多端口网桥   B. 交换机的各个端口形成一个广播域

    C. 集线器的所有端口组成一个冲突域   D. 集线器可以起到自动寻址的作用

10）"三网合一"的三网是指_____。

    A. 电信网、广播电视网、互联网   B. 物联网、广播电视网、电信网

    C. 物联网、广播电视网、互联网   D. 物联网、电信网、互联网

11）要使 4 个连续的 C 类网络汇聚成一个超网，则子网掩码应该为_____。

    A. 255.240.0.0   B. 255.255.0.0   C. 255.255.252.0   D. 255.255.255.252

12）A 类网络是很大的网络，每个 A 类网络中可以有__①__个网络地址。实际使用中必须把 A 类网络划分为子网，如果指定的子网掩码为 255.255.192.0，则该网络被划分为__②__个子网。

    ① A. 210   B. 212   C. 220   D. 224

    ② A. 128   B. 256   C. 1024   D. 2048

13）TCP 是互联网中的___①___协议，使用___②___次握手协议建立连接。

① A. 传输层　　　　　B. 网络层　　　　　C. 会话层　　　　　D. 应用层

② A. 1　　　　　　　B. 2　　　　　　　C. 3　　　　　　　D. 4

14）在 Windows 系统中，为排除 DNS 域名解析故障，需要刷新 DNS 解析器缓存，应使用的命令是_____。

    A. ipconfig/renew　　　　　　　　　B. ipconfig/flushdns

    C. netstat -r　　　　　　　　　　　D. arp -a

15）以下关于网络中各种交换设备的叙述中，错误的是_____。

    A. 以太网交换机根据 MAC 地址进行交换

    B. 帧中继交换机只能根据虚电路号 DLCI 进行交换

    C. 三层交换机只能根据第三层协议进行交换

    D. ATM 交换机根据虚电路标识进行信元交换

16）SMTP 传输的邮件报文采用_____格式表示。

    A. ASCII　　　　　B. ZIP　　　　　C. PNP　　　　　D. HTML

17）网络的可用性是指_____。

    A. 网络通信能力的大小　　　　　　B. 用户用于网络维修的时间

    C. 网络的可靠性　　　　　　　　　D. 用户可利用网络时间的百分比

18）建筑物综合布线系统中的园区子系统是指_____。

    A. 由终端到信息插座之间的连线系统　　B. 楼层接线间到工作区的线缆系统

    C. 各楼层设备之间的互连系统　　　　　D. 连接各个建筑物的通信系统

19）如果子网 172.6.32.0/20 被划分为子网 172.6.32.0/26，则下面的结论中正确的是_____。

    A. 被划分为 62 个子网　　　　　　　B. 每个子网有 64 个主机

    C. 被划分为 32 个子网　　　　　　　D. 每个子网有 62 个主机地址

20）在 Windows 2003 Server 中启用配置 SNMP 服务时，必须以_____身份登录才能完成 SNMP 服务的配置功能。

    A. guest　　　　　B. 普通用户　　　　C. administrator 组成员　　D. user 组成员

21）在 ASP 的内置对象中，_____对象可以修改 cookie 中的值。

    A. request　　　　B. response　　　　C. application　　　　D. session

22）分配给某公司网络的地址块是 220.17.192.0/20，该网络被划分为___①___个 C 类子网，不属于该公司网络的子网地址是___②___。

① A. 4　　　　　　　B. 8　　　　　　　C. 16　　　　　　　D. 32

② A. 220.17.203.0　　B. 220.17.205.0　　C. 220.17.207.0　　D. 220.17.213.0

23）如果 DNS 服务器更新了某域名的 IP 地址，造成客户端域名解析故障，在客户端可以用两种方法解决此问题，其中一种是在 Windows 命令行下执行_____命令。

    A. ipconfig /all　　　　　　　　　B. ipconfig /renew

C. ipconfig/flushdns   D. ipconfig/release

24）网络配置如图 7-9 所示，其中使用了一台路由器、一台交换机和一台集线器，对于这种配置，下面的论断中正确的是_____。

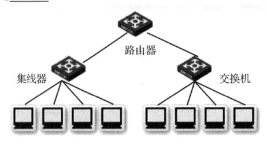

图 7-9　网络配置

A. 2 个广播域和 2 个冲突域   B. 1 个广播域和 2 个冲突域
C. 2 个广播域和 5 个冲突域   D. 1 个广播域和 8 个冲突域

25）把网络 117.15.32.0/23 划分为 117.15.32.0/27，得到的子网是 ① 个，每个子网中可使用的主机地址是 ② 个。

① A. 4   B. 8   C. 16   D. 32
② A. 30   B. 31   C. 32   D. 34

26）通常工作在 UDP 上的应用是_____。

A. 浏览网页   B. Telnet 远程登录   C. VoIP   D. 发送邮件

27）随着网站知名度不断提高，网站访问量逐渐上升，网站负荷越来越重，针对此问题，一方面可通过升级网站服务器的软硬件来解决，另一方面可以通过集群技术（如 DNS 负载均衡技术）来解决，在 Windows 的 DNS 服务器中通过_____操作可以确保域名解析并实现负载均衡。

A. 启用循环，启动转发器指向每个 Web 服务器
B. 禁止循环，启动转发器指向每个 Web 服务器
C. 禁止循环，添加每个 Web 服务器的主机记录
D. 启用循环，添加每个 Web 服务器的主机记录

28）某单位的局域网配置如图 7-10 所示，PC2 发送到互联网上的报文的源 IP 地址为_____。

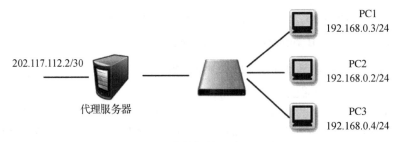

图 7-10　某单位的局域网配置

A. 192.168.0.2   B. 192.168.0.1
C. 202.117.112.1   D. 202.117.112.2

29）在 IPv4 向 IPv6 过渡期间，如果要使得两个 IPv6 节点可以通过现有的 IPv4 网络进行通信，则应该使用___①___，如果要使得纯 IPv6 节点可以与纯 IPv4 节点进行通信，则需要使用___②___。

    ① A. 堆栈技术　　　　B. 双协议栈技术　　　C. 隧道技术　　　　D. 翻译技术

    ② A. 堆栈技术　　　　B. 双协议栈技术　　　C. 隧道技术　　　　D. 翻译技术

30）POP3 采用___①___模式进行通信，当客户机需要服务时，客户端软件与 POP3 服务器建立___②___连接。

    ① A. Browser/Server　　B. Client/Server　　　C. Peer to Peer　　　D. Peer to Server

    ② A. TCP　　　　　　　B. UDP　　　　　　　C. PHP　　　　　　　D. IP

31）IP 地址块 155.32.80.192/26 包含___①___主机地址，以下 IP 地址中，不属于这个网络的地址是___②___。

    ① A. 15　　　　　　　B. 32　　　　　　　　C. 62　　　　　　　　D. 64

    ② A. 155.32.80.202　　　　　　　　　　　B. 155.32.80.195

    　 C. 155.32.80.253　　　　　　　　　　　D. 155.32.80.191

32）校园网连接运营商的 IP 地址为 202.117.113.3/30，本地网关的地址为 192.168.1.254/24，如果本地计算机采用动态地址分配，在图 7-11 中应该_____。

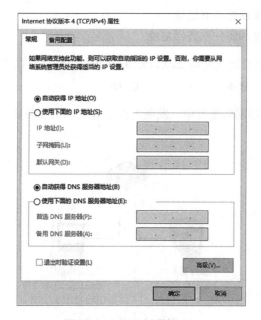

图 7-11　TCP/IP 属性配置

    A. 选取"自动获得 IP 地址"

    B. 配置本地计算机 IP 地址为 192.168.1.×

    C. 配置本地计算机 IP 地址为 202.115.113.×

    D. 在网络 169.254.×.× 中选取一个不冲突的 IP 地址

33）某用户在使用校园网中的一台计算机访问某网站时，发现使用域名不能访问该网站，但是使用该网站的 IP 地址可以访问该网站，造成该故障产生的原因有很多，其中不包括_____。

    A. 该计算机设置的本地 DNS 服务器工作不正常

    B. 该计算机的 DNS 服务器设置错误

    C. 该计算机与 DNS 服务器不在同一子网

    D. 本地 DNS 服务器网络连接中断

34）中国自主研发的 3G 通信标准是_____。

    A. CDMA2000   B. TD-SCDMA   C. WCDMA   D. WiMAX

35）PPP 中的安全认证协议是_____，它使用三次握手的会话过程传送密文。

    A. MD5   B. PAP   C. CHAP   D. HASH

36）ICMP 属于互联网中的____①____协议，ICMP 数据单元封装在____②____中传送。

    ① A. 数据链路层   B. 网络层   C. 传输层   D. 会话层

    ② A. 以太帧   B. TCP 段   C. UDP 数据报   D. IP 数据报

37）DHCP 客户端可从 DHCP 服务器获得_____。

    A. DHCP 服务器的地址和 Web 服务器的地址

    B. DNS 服务器的地址和 DHCP 服务器的地址

    C. 客户端地址和邮件服务器地址

    D. 默认网关的地址和邮件服务器地址

38）分配给某公司网络的地址块是 210.115.192.0/20，该网络可以被划分为_____个 C 类子网。

    A. 4   B. 8   C. 16   D. 32

39）在如图 7-12 所示的网络配置中，发现工作站 B 无法与服务器 A 通信，_____故障影响了两者互通。

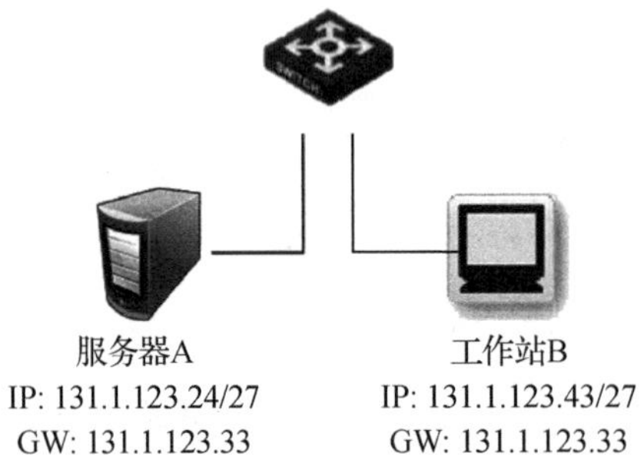

服务器A   工作站B
IP: 131.1.123.24/27   IP: 131.1.123.43/27
GW: 131.1.123.33   GW: 131.1.123.33

图 7-12 网络配置

    A. 服务器 A 的 IP 地址是广播地址   B. 工作站 B 的 IP 地址是网络地址

    C. 工作站 B 与网关不属于同一子网   D. 服务器 A 与网关不属于同一子网

40）以下关于 VLAN 的叙述中，属于其优点的是_____。

    A. 允许逻辑划分网段   B. 减少了冲突域的数量

    C. 增加了冲突域的大小   D. 减少了广播域的数量

41）以下关于 URL 的叙述中，不正确的是_____。

    A. 使用 www.abc.com 和 abc.com 打开的是同一页面

    B. 在地址栏中输入 www.abc.com 默认使用 HTTP

    C. www.abc.com 中的 "www" 是主机名

    D. www.abc.com 中的 "abc.com" 是域名

42）DHCP 的功能是___①___，FTP 使用的传输层协议为___②___。

    ① A. WINS 名字解析   B. 静态地址分配   C. DNS 名字登录   D. 自动分配 IP 地址

    ② A. TCP   B. IP   C. UDP   D. HDLC

43）DHCP 的功能是自动分配 IP 地址；FTP 的作用是文件传输，使用的传输层协议为 TCP。根据如图 7-13 所示的输出信息，可以确定的是_____。

```
C:\> netstat -n
Active Connections
Proto       Local Address        Foreign Address        State
TCP         192.168.0.200:2011   202.100.112.12:443     ESTABLISHED
TCP         192.168.0.200:2038   100.29.200.110.110     TIME WAIT
TCP         192.168.0.200:2052   128.105.129.30.80      ESTABLISHED
```

图 7-13　输出信息截图

    A. 本地主机正在使用的端口号是公共端口号

    B. 192.168.0.200 正在与 128.105.129.30 建立连接

    C. 本地主机与 202.100.112.12 建立了安全连接

    D. 本地主机正在与 100.29.200.110 建立连接

44）集线器与网桥的区别是_____。

    A. 集线器不能检测发送冲突，而网桥可以检测冲突

    B. 集线器是物理层设备，而网桥是数据链路层设备

    C. 网桥只有两个端口，而集线器是一种多端口网桥

    D. 网桥是物理层设备，而集线器是数据链路层设备

45）TCP 使用的流量控制协议是_____。

    A. 固定大小的滑动窗口协议   B. 后退 N 帧的 ARQ 协议

    C. 可变大小的滑动窗口协议   D. 停等协议

46）以下 4 种路由中，_____路由的子网掩码是 255.255.255.255。

    A. 远程网络   B. 静态   C. 默认   D. 主机

47）以下关于层次化局域网模型中核心层的叙述，正确的是_____。

    A. 为了保障安全性，对分组要进行有效性检查

    B. 将分组从一个区域高速地转发到另一个区域

    C. 由多台二、三层交换机组成

    D. 提供多条路径来缓解通信瓶颈

48）默认情况下，FTP 服务器的控制端口为 ① ，上传文件时的端口为 ② 。

　① A. 大于 1024 的端口　　　　B. 20　　　　　　　　C. 80　　　　　　　　D. 21

　② A. 大于 1024 的端口　　　　B. 20　　　　　　　　C. 80　　　　　　　　D. 21

49）使用 ping 命令可以进行网络检测，在进行一系列检测时，按照由近及远的原则，首先执行的是＿＿＿＿。

　A. ping 默认网关　　　　B. ping 本地 IP　　　　C. ping127.0.0.1　　　　D. ping 远程主机

50）某计算机的互联网协议属性参数如图 7-14 所示，默认网关的 IP 地址是＿＿＿＿。

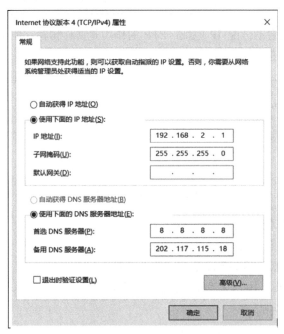

图 7-14　TCP/IP 属性

　A. 8.8.8.8　　　　B. 202.117.115.3　　　　C. 192.168.2.254　　　　D. 202.117.115.18

7.2.2 真题讲解

1）① C。

　② B。

　③ B。

2）D。

在 HTML 中，可以通过使用<mailto>标签定义一个指向电子邮件地址的超链接，通过该链接可以在互联网中发送电子邮件。

3）D。

4）① A。

　② D。

5）B。

GET 是 HTTP 提供的少数操作方法中的一种，其含义是读一个网页。HEAD 命令用于读取网页头信息。POST 命令用于把消息加到指定的网页上。没有 READ 这一命令。

6）C。

帧中继是为克服 X.25 交换网的缺陷、提高传输性能而发展起来的高速分组交换技术。帧中继网络不进行差错和流量控制，并且通过流水方式进行交换，所以比 X.25 网络的通信开销更少，传输速度更快。

帧中继提供面向连接的虚电路服务，因而比 DDN 专线更能提高通信线路的利用率，用户负担的通信费用也更低廉。在帧中继网中，用户的信息速率可以在一定的范围内变化，既可以适应流式业务，又可以适应突发式业务，这使得帧中继成为远程传输的理想形式。

7）A。

本题考查 HTML 文档中<table>标记常用的属性定义。align 用于定义文本的对齐方式。

8）① C。

② B。

物理地址和逻辑地址的区别可以从两个角度看：从网络互联的角度看，逻辑地址在整个互联网络中有效，而物理地址只是在子网内部有效；从网络协议分层的角度看，逻辑地址由互联网层使用，而物理地址由子网访问子层（具体地说就是数据链路层）使用。

由于有两种主机地址，因此需要一种映射关系把这两种地址对应起来。在互联网中用地址分解协议（Address Resolution Protocol，ARP）来实现逻辑地址到物理地址的映射。ARP 分组的格式如图 7-15 所示。

硬件类型		协议类型
硬件地址长度	协议地址长度	操作类型
发送节点硬件地址		
发送节点协议地址		
目标节点硬件地址		
目标节点协议地址		

图 7-15　ARP 分组的格式

各字段的含义解释如下：

- 硬件类型：网络接口硬件的类型，对于以太网此值为 1。
- 协议类型：发送方使用的协议，0800H 表示 IP。
- 硬件地址长度：对于以太网，地址长度为 6 字节。
- 协议地址长度：对于 IP，地址长度为 4 字节。
- 操作类型：1——ARP 请求，2——ARP 响应，3——RARP 请求，4——RARP 响应。

通常互联网应用程序把要发送的报文交给 IP，IP 当然知道接收方的逻辑地址（否则就不能通信了），但不一定知道接收方的物理地址。在把 IP 分组向下传送给本地数据链路实体之前，可以用两种方法得到目标物理地址：

① 查本地内存中的 ARP 地址映射表，其逻辑结构如图 7-16 所示。可以看出这是 IP 地址和以

太网地址的对照表。

② 如果在 ARP 表中查不到，就广播一个 ARP 请求分组，这种分组经过路由器进一步转发，可以到达所有连网的主机。它的含义是"如果你的 IP 地址是这个分组中的目标节点协议地址，请回答你的物理地址是什么"。收到该分组的主机一方面可以用分组中的两个源地址更新自己的 ARP 地址映射表，另一方面用自己的 IP 地址与目标节点协议地址字段比较，若相符则返回一个 ARP 响应分组，向发送方报告自己的硬件地址，若不相符则不予回答。

IP地址	以太网地址
130.130.87.1	08 00 39 00 29 D4
129.129.52.3	08 00 5A 21 17 22
192.192.30.5	08 00 10 99 A1 44

图 7-16　ARP 地址映射表逻辑结构

9）D。

10）A。

11）C。

12）① D。
　　② C。

13）① A。
　　② C。

14）B。

15）C。

16）A。

17）D。

如果用平均无故障时间（Mean Time Between Failure，MTBF）来度量网络的故障率，则可用性 A 可表示为 MTBF 的函数：

$$A = \frac{MTBF}{MTBF + MTTR}$$

其中 MTTR（Mean Time To Repair）为发生失效后的平均恢复时间。由于网络系统由许多网络元素组成，因此系统的可靠性不但与各个元素的可靠性有关，而且与网络元素的组织形式有关。

18）D。

结构化布线系统分为 6 个子系统：工作区子系统、水平子系统、管理子系统、干线子系统、设备间子系统和建筑群子系统。

● 工作区子系统是由终端设备到信息插座的整个区域。一个独立的需要安装终端设备的区域划分为一个工作区。工作区应支持电话、数据终端、计算机、电视机、监视器以及传感器等多种终端设备。

- 各个楼层接线间的配线架到工作区信息插座之间所安装的线缆属于水平子系统。水平子系统的作用是将干线子系统线路延伸到用户工作区。
- 管理子系统设置在楼层的接线间内，由各种交连设备（双绞线跳线架、光纤跳线架）以及集线器和交换机等交换设备组成，交连方式取决于网络拓扑结构和工作区设备的要求。交连设备通过水平布线子系统连接到各个工作区的信息插座，集线器或交换机与交连设备之间通过短线缆互连，这些短线被称为跳线。通过跳线的调整，可以在工作区的信息插座和交换机端口之间进行连接切换。
- 干线子系统是建筑物的主干线缆，实现各楼层设备间子系统之间的互连。干线子系统通常由垂直的大对数铜缆或光缆组成，一头端接于设备间的主配线架上，另一头端接在楼层接线间的管理配线架上。
- 建筑物的设备间是网络管理人员值班的场所，设备间子系统由建筑物的进户线、交换设备、电话、计算机、适配器以及保安设施组成，实现中央主配线架与各种不同设备（如PBX、网络设备和监控设备等）之间的连接。
- 建筑群子系统也叫园区子系统，它是连接各个建筑物的通信系统。大楼之间的布线方法有三种：第一种是地下管道敷设方式，管道内敷设的铜缆或光缆应遵循电话管道和入孔的各种规定，安装时至少应预留 1～2 个备用管孔，以备扩充之用；第二种是直埋法，要在同一个沟内埋入通信和监控电缆，并设立明显的地面标志；第三种是架空明线，这种方法需要经常维护。

19）D。

20）C。

Windows Server 2003 中配置 SNMP 服务时，必须以管理员身份或者 Administrators 组成员身份登录才能完成 SNMP 服务的配置功能。一般用户或者普通用户不能完成 SNMP 配置服务。

21）B。

在 ASP 的内置对象中，response 对象和 request 对象与 cookie 有关。其中，request 对象中的 cookies 集合是服务器根据用户的请求发出的所有 cookie 的值的集合，这些 cookie 仅对相应的域有效，每个成员均为只读。response 对象中的 cookies 集合是服务器发回客户端的所有 cookie 的值，这个集合为只写，所以只有 response 对象可以修改 cookie 中的值。

22）① C。

② D。

C 类子网的子网掩码应为 255.255.255.0，现在子网掩码为 255.255.240.0，因此子网掩码的数目为 2^4=16 个。16 个子网号的第三个字段范围为 192～207，因此 D 不属于该公司网络的子网地址。这 16 个子网号的第三字节都应该在 192+0～192+15 之间，由于 2^{13} 大于 192+15，因此 220.17.213.0 不属于地址块 220.17.192.0/20。

23）C。

ipconfig 命令详解如下：

① 具体功能。

该命令用于显示所有当前的 TCP/IP 网络配置值、刷新动态主机配置协议（DHCP）和进行域名系统（DNS）设置。使用不带参数的 ipconfig 可以显示所有适配器的 IP 地址、子网掩码、默认网关。

② 语法详解。

ipconfig[/all][/renew[adapter][/release[adapter][/flushdns][/displaydns][/registerdns][/showclassidpadapter][/setclassidpadapter] [classID]

③ 参数说明。

/all 显示所有适配器的完整 TCP/IP 配置信息。在没有该参数的情况下，ipconfig 只显示 IP 地址、子网掩码和各个适配器的默认网关值。适配器可以代表物理接口（例如安装的网络适配器）或逻辑接口（例如拨号连接）。

/renew 更新所有适配器（如果未指定适配器），或特定适配器（如果包含 adapter 参数）的 DHCP 配置。该参数仅在具有配置为自动获取 IP 地址的网卡的计算机上可用。要指定适配器名称，请输入使用不带参数的 ipconfig 命令显示的适配器名称。

/release[adapter]发送 DHCPRELEASE 消息到 DHCP 服务器，以释放所有适配器（如果未指定适配器）或特定适配器（如果包含 adapter 参数）当前的 DHCP 配置并丢弃 IP 地址配置。该参数可以禁用配置为自动获取 IP 地址的适配器的 TCP/IP。要指定适配器名称，需键入使用不带参数的 ipconfig 命令显示的适配器名称。

/flushdns 清理并重设 DNS 客户解析器缓存的内容。如有必要，在 DNS 疑难解答期间，可以使用本过程从缓存中丢弃否定性缓存记录和任何其他动态添加的记录。

DNS Client 服务为计算机解析和缓存 DNS 名称。为了达到用最快速、最有效率的方式让客户端迅速找到网域的验证服务，在 Windows 2000/XP 系统中加入了 DNS 高速缓存（Cache）的功能。当第一次找到目的主机的 IP 地址后，操作系统就会将所查询到的名称及 IP 地址记录在本机的 DNS Cache 缓冲区中，下次客户端还需要再查询时，就不需要到 DNS 服务器上查询，而直接使用本机 DNS Cache 中的数据即可，所以用户查询的结果始终是同一 IP 地址。这个服务关闭后，DNS 还可以解析，但是本地无法存储 DNS 缓存。

24）C。

25）① C。
　　② A。

26）C。

浏览网页、Telnet 远程登录以及发送邮件应用均不允许数据的丢失，需要采用可靠的传输层协议 TCP，而 VoIP 允许某种程度上的数据丢失，采用不可靠的传输层协议 UDP。

27）D。

在 Windows 的 DNS 服务器中基于 DNS 的循环，只需要为同一个域名设置多个 IP 主机记录就可以了，DNS 中没有转发器的概念，因此需要启用循环，添加每个 Web 服务器的主机记录就可以确保域名解析并实现负载均衡。

28）D。

PC2 发送到互联网上的报文经代理服务器转换后，源 IP 地址变成代理服务器的出口 IP 地址，即 202.117.112.2。

29）① C。

② D。

IPv4 和 IPv6 的过渡期间，主要采用三种基本技术。

①双协议栈：主机同时运行 IPv4 和 IPv6 两套协议栈，同时支持两套协议。

②隧道技术：这种机制用来在 IPv4 网络之上连接 IPv6 的站点，站点可以是一台主机，也可以是多个主机。隧道技术将 IPv6 的分组封装到 IPv4 的分组中，封装后的 IPv4 分组将通过 IPv4 的路由体系传输，分组报头的"协议"域设置为 41，指示这个分组的负载是一个 IPv6 的分组，以便在适当的地方恢复出被封装的 IPv6 分组并传送给目的站点。

③NAT-PT：利用转换网关来在 IPv4 和 IPv6 网络之间转换 IP 报头的地址，同时根据协议不同对分组做相应的语义翻译，从而使纯 IPv4 和纯 IPv6 站点之间能够透明通信。

30）① B。

② A。

31）① C。

② D。

网络地址 155.32.80.192/26 的二进制为 10011011 00100000 01010000 11000000。

网络地址 155.32.80.202 的二进制为 10011011 00100000 01010000 11001010。

网络地址 155.32.80.191 的二进制为 10011011 00100000 01010000 10111111。

网络地址 155.32.80.253 的二进制为 10011011 00100000 01010000 11111101。

网络地址 155.32.80.195 的二进制为 10011011 00100000 01010000 11000011。

可以看出，网络地址 155.32.80.191 不属于网络 155.32.80.192/26。

32）A。

33）C。

如果本地的 DNS 服务器工作不正常或者本地 DNS 服务器网络连接中断，都有可能导致该计算机的 DNS 无法解析域名，而如果直接将该计算机的 DNS 服务器设置错误，也会导致 DNS 无法解析域名，从而出现使用域名不能访问该网站，但是使用该网站的 IP 地址可以访问该网站的情况。但是该计算机与 DNS 服务器不在同一子网不会导致 DNS 无法解析域名的现象发生，通常情况下，大型网络中的上网计算机与 DNS 服务器本身就不在一个子网，只要路由可达 DNS 都可以正常工作。

34）B。

1999 年，ITU 批准了 5 个 IMT-2000 的无线电接口，这 5 个标准是：

IMT-DS（Direct Spread）：WCDMA，属于频分双工模式，在日本和欧洲制定的 UMTS 系统中使用。

IMT-MC（Multi-Carrier）：CDMA2000，属于频分双工模式，是第二代 CDMA 系统的继承者。

IMT-TC（Time–Codec）：这一标准是中国提出的 TD-SCDMA，属于时分双工模式。

IMT-SC（Single Carrier）：也称为 EDGE，是一种 2.75G 技术。

IMT-FT（Frequency Time）：也称为 DECT。

2007 年 10 月 19 日，ITU 会议批准移动 WiMAX 作为第 6 个 3G 标准，称为 IMT-2000 OFDMATDDWMAN，即无线城域网技术。

第三代数字蜂窝通信系统提供第二代蜂窝通信系统提供的所有业务类型，并支持移动多媒体业务。在高速车辆行驶时支持 144KB/s 的数据速率，步行和慢速移动环境下支持 384KB/s 的数据速率，室内静止环境下支持 2MB/s 的高速数据传输，并保证可靠的服务质量。

35）C。

质询握手认证协议（Challenge Handshake Authentication Protocol，CHAP）采用三次握手方式周期地验证对方的身份。首先是逻辑链路建立后，认证服务器就要发送一个挑战报文（随机数），终端计算该报文的哈希值并把结果返回服务器，然后认证服务器把收到的哈希值与自己计算的哈希值进行比较，如果匹配，则认证通过，连接得以建立，否则连接被终止。计算哈希值的过程有一个双方共享的密钥参与，而密钥是不通过网络传送的，所以 CHAP 是更安全的认证机制。在后续的通信过程中，每经过一个随机的间隔，这个认证过程都可能被重复，以缩短入侵者进行持续攻击的时间。值得注意的是，这种方法可以进行双向身份认证，终端也可以向服务器进行挑战，使得双方都能确认对方身份的合法性。

36）① B。
　　② D。

37）B。

DHCP 客户端可从 DHCP 服务器获得本机 IP 地址、DNS 服务器的地址、DHCP 服务器的地址、默认网关的地址等，但没有 Web 服务器、邮件服务器地址。

38）C。

39）D。

服务器 A 的网关地址为 131.1.123.33，二进制为 10000011.00000001.01111011.00100001，这个地址与服务器 A 的地址不属于同一个子网。

工作站 B 的 IP 地址为 131.1.123.43/27，二进制为 10000011.00000001.01111011.00101011，这个地址不是网络地址。

工作站 B 的网关地址为 131.1.123.33，二进制为 10000011.00000001.01111011.00100001，工作站 B 与网关属于同一个子网。

40）A。

41）A。

URL 由三部分组成：资源类型、存放资源的主机域名、资源文件名。

URL 的一般语法格式为（带方括号"[]"的为可选项）：

```
protocol :// hostname[:port] / path /filename
```

其中，protocol 指定使用的传输协议，最常见的是 HTTP 或者 HTTPS，也可以有其他协议，如 file、ftp、gopher、mms、ed2k 等；hostname 是指主机名，即存放资源的服务域名或者 IP 地址；port 是指各种传输协议所使用的默认端口号，该选项是可选选项，例如 HTTP 的默认端口号为 80，一般可以省略，如果为了安全考虑，可以更改默认的端口号，这时该选项是必选的；path 是指路径，由一个或者多个"/"分隔，一般用来表示主机上的一个目录或者文件地址；filename 是指文件名，该选项用于指定需要打开的文件名称。

一般情况下，一个 URL 可以采用"主机名.域名"的形式打开指定页面，也可以单独使用"域名"来打开指定页面，但是这样实现的前提是需进行相应的设置和对应。

42）① D。
　　② A。

43）C。

从 netstat -n 的输出信息中可以看出，本地主机 192.168.0.200 使用的端口号 2011、2038、2052 都不是公共端口号。根据状态提示信息，其中已经与主机 128.105.129.30 建立了连接，与主机 100.29.200.110 正在等待建立连接，与主机 202.100.112.12 已经建立了安全连接。

44）B。

45）C。

46）D。

47）B。

汇聚层是核心层和接入层的分界点，应尽量将资源访问控制、核心层流量的控制等都在汇聚层实施。汇聚层应向核心层隐藏接入层的详细信息，汇聚层向核心层路由器进行路由宣告时，仅宣告多个子网地址汇聚而形成的一个网络。另外，汇聚层也会对接入层屏蔽网络其他部分的信息，汇聚层路由器可以不向接入路由器宣告其他网络部分的路由，而仅仅向接入设备宣告自己为默认路由。

接入层为用户提供了在本地网段访问应用系统的能力，接入层要解决相邻用户之间的互访需要，并且为这些访问提供足够的带宽。接入层还应该适当负责一些用户管理功能，包括地址认证、用户认证和计费管理等内容。接入层还负责一些用户信息收集，例如用户的 IP 地址、MAC 地址和访问日志等信息。

48）① D。
　　② B。

FTP 占用两个标准的端口号 20 和 21，其中 20 为数据口，21 为控制口。

49）C。

查错误时，使用由近及远的原则意味着先要确认本机协议栈有没有问题，所以可以用 ping127.0.0.1 来检查本机 TCP/IP 协议栈，能 ping 通，说明本机协议栈无问题。

50）C。

给出的备选答案中，仅有选项 C 与当前主机在同一个网段，所以仅有该地址能充当网关角色。

7.3 难点精练

7.3.1 重难点练习

1）在 TCP 中，建立连接需要经过____阶段，终止连接需要经过____阶段。

A. 直接握手，2 次握手　　　　　　B. 2 次握手，4 次握手

C. 3 次握手，4 次握手　　　　　　D. 4 次握手，2 次握手

2）下列协议中，_____不是 TCP/IP 协议栈中的网络层协议。

A. IP　　　　　B. ICMP　　　　　C. RARP　　　　　D. UDP

3）以下关于 IP 的陈述正确的是_____。

A. IP 保证数据传输的可靠性

B. 各个 IP 数据报之间是互相关联的

C. IP 在传输过程中可能会丢弃某些数据报

D. 到达目标主机的 IP 数据报顺序与发送的顺序必定一致

4）无线局域网是计算机网络与无线通信技术相结合的产物，无线局域网的 IEEE 802.11 系列标准中，__①__标准是应用最广泛的。在无线局域网的主要工作过程中，用于建立无线访问点和无线工作站之间的映射关系的过程是__②__。

① A. IEEE 802.11a　　B. IEEE 802.11b　　C. IEEE 802.11c　　D. IEEE 802.11b+

② A. 扫频　　　　　　B. 关联　　　　　　C. 重关联　　　　　D. 漫游

5）FTP 是互联网常用的应用层协议，传输层使用__①__协议提供服务。默认情况下，作为服务器一方的进程，通过监听__②__端口得知是否有服务请求。

① A. IP　　　　　B. HTTP　　　　　C. TCP　　　　　D. UDP

② A. 20　　　　　B. 21　　　　　　C. 23　　　　　　D. 80

6）BGP 在传输层采用 TCP 来传送路由信息，使用的端口号是_____。

A. 520　　　　　B. 89　　　　　C. 179　　　　　D. 180

7）能正确描述 TCP/IP 的数据封装过程的是_____。

A. 数据段→数据包→数据帧→数据流→数据

B. 数据流→数据段→数据包→数据帧→数据

C. 数据→数据包→数据段→数据帧→数据流

D. 数据→数据段→数据包→数据帧→数据流

8）在 TCP/IP 中，_____负责处理数据转换、编码和会话控制。

A. 应用层　　　　　B. 传输层　　　　　C. 表示层　　　　　D. 会话层

9）下列关于面向连接的服务和无连接的服务的说法不正确的是_____。

A. 面向连接的服务建立虚链路，避免数据丢失和拥塞

B. 面向连接的服务，发送端发送的数据包，如果没有收到接收端的确认，一定时间后发送

端将重传数据包
    C. 相对于无连接的服务，面向连接的服务提供了更多的可靠性保障
    D. 无连接的服务适用于延迟敏感性和高可靠性的应用程序

10）下列地址中，和 10.110.53.233 在同一网段的地址是_____。
    A. 10.110.43.10 mask 255.255.240.0   B. 10.110.48.10 mask 255.255.252.0
    C. 10.110.43.10 mask 255.255.248.0   D. 10.110.48.10 mask 255.255.248.0

11）下列地址中，_____是一个合法的单播地址。
    A. 192.168.24.59/30   B. 255.255.255.255
    C. 172.31.128.255/18   D. 224.1.5.2

12）在 OSI 参考模型中，网桥实现互联的层次为_____。
    A. 物理层   B. 数据链路层   C. 网络层   D. 高层

13）在 OSI 七层模型中，网络层的功能主要是_____。
    A. 在信道上传输原始的比特流
    B. 确保到达对方的各段信息正确无误
    C. 确定数据包从源端到目的端如何选择路由
    D. 加强物理层数据传输原始比特流的功能并且进行流量调控

14）在互联网网络的许多信息服务中，DNS 服务的功能_____。
    A. 将域名映射成 IP 地址   B. 将 IP 地址映射成域名
    C. 域名和 IP 地址之间相互映射   D. 域名解析成 MAC 地址

15）在 IPv4 向 IPv6 过渡的方案中，当 IPv6 数据报进入 IPv4 网络时，将 IPv6 数据报封装成为 IPv4 数据报进行传输的方案是_____。
    A. 双协议栈   B. 多协议栈   C. 协议路由器   D. 隧道技术

16）全双工以太网传输技术的特点是_____。
    A. 能同时发送和接收帧，不受 CSMA/CD 限制
    B. 能同时发送和接收帧，受 CSMA/CD 限制
    C. 不能同时发送和接收帧，不受 CSMA/CD 限制
    D. 不能同时发送和接收帧，受 CSMA/CD 限制

17）某台主机的 IP 地址是 172.16.45.14/30，与该主机属于同一子网的是_____。
    A. 172.16.45.5   B. 172.16.45.11
    C. 172.16.45.13   D. 172.16.45.16

18）在 Linux 操作系统中提供了大量的网络配置命令工具，其中不带参数的 route 命令用来查看本机的路由信息，__①__命令也可以完成该功能。命令 route add 0.0.0.0 gw 192.168.0.1 的含义是__②__。
    ① A. ifconfig -r   B. traceroute   C. set   D. netstat -r
    ② A. 由于 0.0.0.0 是一个无效的 IP 地址，因此是一个无效指令

B. 添加一个默认路由，即与所有其他网络通信都通过 192.168.0.1 这一网关

C. 在路由表中将网关设置项 192.168.0.1 删除

D. 在路由表中添加一个网关设置项 192.168.0.1，但未指定源地址

19）FDDI 标准规定网络的传输媒体采用_____。

A. 非屏蔽双绞线   B. 屏蔽双绞线

C. 光纤   D. 同轴电缆

20）基于 TCP 的应用程序有_____。

A. PING   B. TFTP   C. OSPF   D. TELNET

21）如果 C 类子网的掩码为 255.255.255.224，则包含的子网位数、子网数目、每个子网中的主机数目正确的是_____。

A. 2, 2, 62   B. 3, 6, 30   C. 4, 14, 14   D. 5, 30, 6

22）在网络 192.168.15.19/28 中，能够分配给主机使用的地址是_____。

A. 192.168.15.14   B. 192.168.15.16

C. 192.168.15.17   D. 192.168.15.31

23）异步传输方式融合了_____两种技术的特点。

A. 电路交换与报文交换   B. 电路交换与分组交换

C. 分组交换与报文交换   D. 分组交换与帧交换

24）在以下的主干网技术中，最不适合超大型 IP 骨干网的技术是_____。

A. IP over ATM   B. IP over SONET

C. IP over SDH   D. IP over WDM

25）在 ISO 定义的七层参考模型中，对数据链路层的描述正确的_____。

A. 实现数据传输所需要的机械、接口、电气等属性

B. 实施流量监控、错误检测、链路管理、物理寻址

C. 检查网络拓扑结构，进行路由选择和报文转发

D. 提供应用软件的接口

26）TCP/IP 的互联层采用 IP，它相当于 OSI 参考模型中网络层的_____。

A. 面向无连接网络服务   B. 面向连接网络服务

C. 传输控制协议   D. X.25 协议

27）以下关于 TCP 滑动窗口的说法正确的是_____。

A. 在 TCP 的会话过程中，不允许动态协商窗口大小

B. 滑动窗口机制的窗口大小是可变的，从而更有效利用带宽

C. 大的窗口尺寸可以一次发送更多的数据，从而更有效利用带宽

D. 限制进入的数据，因此必须逐段发送数据，但这不是对带宽的有效利用

28）互联网面临着 IP 地址短缺的问题，下列技术_____不是解决 IP 地址短缺的方案。

A. IPv6   B. NAT   C. CIDR   D. DHCP

29）以下给出的地址中，属于子网 192.168.15.19/28 的主机地址是_____。

    A. 192.168.15.17   B. 192.168.15.14

    C. 192.168.15.16   D. 192.168.15.31

30）如果子网掩码是 255.255.192.0，那么下面的主机_____必须通过路由器才能与主机 129.23.144.16 通信。

    A. 129.23.191.21   B. 129.23.127.222

    C. 129.23.130.33   D. 129.23.148.127

31）PPPoE 是基于_____的点对点通信协议。

    A. 广域网   B. 城域网   C. 互联网   D. 局域网

32）下列所列的协议，_____是一个无连接的传输层协议。

    A. TCP   B. UDP   C. IP   D. SPX

33）帧中继协议工作在 OSI 参考模型的_____。

    A. 物理层和应用层   B. 物理层和数据链路层

    C. 数据链路层和网络层   D. 数据链路层和表示层

34）以下传输协议_____不能用于流媒体的传输。

    A. UDP   B. RTP/RTSP   C. MMS   D. HTTP

35）与 10.110.12.29/29 属于同一网段的主机 IP 地址是_____。

    A. 10.110.12.1   B. 10.110.12.25   C. 10.110.12.31   D. 10.110.12.32

36）一个单位分配到的网络地址是 217.14.8.0，子网掩码是 255.255.255.224。单位管理员将本单位网络又分成了 4 个子网，则每个子网的掩码是__①__，最大号的子网地址是__②__。

    ① A. 255.255.255.224   B. 255.255.255.240

       C. 255.255.255.248   D. 255.255.255.252

    ② A. 217.14.8.0   B. 217.14.8.8   C. 217.14.8.16   D. 217.14.8.24

37）按照国际标准化组织制定的开放系统互连参考模型，实现用户之间可靠通信的协议层是_____。

    A. 应用层   B. 会话层   C. 传输层   D. 网络层

38）_____是 3G 移动通信标准之一，也是我国自主研发的被国际电联吸纳为国际标准的通信协议。

    A. CDMA2000   B. GPRS   C. WCDMA   D. TD-SCDMA

39）DHCP 客户机在向 DHCP 服务器租约 IP 地址时，所使用的源地址和目的地址分别是_____。

    A. 255.255.255.255 0.0.0.0   B. 0.0.0.0 255.255.255.255

    C. 0.0.0.0 127.0.0.1   D. 不固定

40）某公司申请到一个 C 类 IP 地址，但要连接 6 个子公司，最大的一个子公司有 26 台计算机，每个子公司在一个网段中，则子网掩码应设为_____。

A. 255.255.255.0   B. 255.255.255.128

C. 255.255.255.192   D. 255.255.255.224

41）将拥有 2500 台主机的网络划分为两个子网，并采用 C 类 IP 地址。子网 1 有 500 台主机，子网 2 有 2000 台主机，则子网 1 的子网掩码应设置为 ① ，子网 2 至少应划分为 ② 个 C 类网络。

① A. 255.255.255.0   B. 255.255.250.128

    C. 255.255.240.0   D. 255.255.254.0

② A. 2   B. 4   C. 8   D. 16

42）在下列应用层协议中，_____既可以使用 UDP，也可以使用 TCP 传输数据。

A. SNMP   B. FTP   C. SMTP   D. DNS

43）在蓝牙技术的应用中，最小的工作单位被称为_____。

A. 域   B. 扩展业务集   C. 基本业务集   D. 微微网

44）ADSL 对应的中文术语是_____。

A. 分析数字系统层   B. 非对称数字线

C. 非对称数字用户线   D. 异步数字系统层

45）在 TCP/IP 中，为了区分各种不同的应用程序，传输层使用_____来进行标识。

A. IP 地址   B. 端口号   C. 协议号   D. 服务接入点

46）数字数据网定义为 OSI 模型的_____。

A. 数据链路层   B. 物理层   C. 传输层   D. 网络层

47）规划一个 C 类网，需要将网络分为 9 个子网，每个子网最多 15 台主机，最合适的子网掩码是_____。

A. 255.255.224.0   B. 255.255.255.224

C. 255.255.255.240   D. 没有合适的子网掩码

48）给用户分配一个 B 类 IP 网络 172.16.0.0，子网掩码是 255.255.255.192，则可以利用的网段数和每个网段的最大主机数分别为_____。

A. 512，126   B. 1022，62   C. 1024，62   D. 1022，64

49）在 CORBA 体系结构中，负责屏蔽底层网络通信细节的协议是_____。

A. IDL   B. RPC   C. ORB   D. GIOP

7.3.2 练习精解

1）C。

TCP 是面向连接的可靠的协议，为了防止产生错误的连接，通过 3 次握手来同步通信双方的序号；在数据传输结束后，TCP 需释放连接，释放连接使用了 4 次握手过程。

2）D。

TCP/IP 协议栈的网络层主要协议是 IP，同时还有一些辅助协议，如 ICMP、ARP、RARP、IGCMP 等。UDP 是传输层协议。

3）C。

IP 提供不可靠的、无连接的、尽力的数据报投递服务。

4）① B。

② B。

11 系列标准中，802.11b 标准与 802.11 兼容，工作在 2.4GHz 频段上，速率最高可达 11Mb/s，是目前使用最广的标准。IEEE 802.11a 虽然速率可达 54Mb/s，但与 802.11 不兼容，工作在 5GHz 频带。

建立无线访问点和无线工作站之间的映射关系的过程称为关联。

5）① C。

② B。

FTP 传输层使用的是面向连接的 TCP。FTP 使用两条 TCP 连接来完成文件传输，一条连接用于传送控制信息（命令和响应），另一条连接用于数据发送。在服务器端，控制连接的默认端口号为 21，数据连接的默认端口号为 20。

6）C。

一个 BGP 发言人与其他自治系统中的 BGP 发言人在交换信息前，先要建立 TCP 连接，其端口号为 179。

7）D。

传输层的数据单元是数据段，网络层的数据单元是数据包，数据链路层的数据单元是数据帧，物理层的数据单元是数据流。

8）A。

在 TCP/IP 中没有表示层和会话层，应用层将完成 OSI 参考模型中表示层和会话层的功能。

9）D。

无连接的服务适用于延迟敏感性，如声音、视频，但不适用于高可靠性的应用程序。

10）D。

计算方法是用子网掩码与两个地址分别进行按位"与"，结果相同的则属于同一子网。

10.110.53.233 和 10.110.48.10 与 255.255.248.0 进行按位"与"的结果都是 10.110.48.0，它们属于同一网段。

11）C。

172.32.128.255/18 的二进制形式是 10101100.00100000.10 000000.11111111，前 18 位是网络地址，后 14 位（阴影部分）是一个主机地址，因此是一个合法的单播地址；192.168.24.59 看上去是一个主机地址，但子网掩码 30 位，即 255.255.255.252，它是子网 192.168.24.56/30 的广播地址；255.255.255.255 是一个全 1 地址，是一个广播地址；224.1.5.2 是一个组播地址。

12）B。

以以太网为例，网桥是通过数据帧中的 MAC 地址进行数据转发的，因此工作在数据链路层。

13）C。

OSI 采用了分层的结构化技术，共分七层。

① 物理层：提供为建立、维护和拆除物理链路所需要的机械的、电气的、功能的和规程的特性，在有关的物理链路上传输非结构的位流以及故障检测指示。

② 数据链路层：在物理层提供比特流传输服务的基础上，在通信的实体之间建立数据链路连接，传送以帧为单位的数据，采用差错控制、流量控制方法，使有差错的物理线路变成无差错的数据链路。

③ 网络层：控制分组传送系统的操作、路由选择、用户控制、网络互联等功能，它的作用是将具体的物理传送对高层透明。

④ 传输层：向用户提供可靠的端到端服务，透明地传送报文。它向高层屏蔽了下层数据通信的细节，因此是网络体系结构中极为重要的一层。

⑤ 会话层：在两个相互通信的应用进程之间建立、组织和协调其相互之间的通信。

⑥ 表示层：用于处理在两个通信系统中交换信息的表示方式，主要包括数据格式转换、数据压缩和解压缩、数据加密和解密。

⑦ 应用层：ISO/OSI 参考模型的最高层，直接把网络服务提供给端用户，例如事务处理程序、文件传送协议和网络管理等。

可见，选项 A 是物理层功能，选项 B 是传输层功能，选项 D 是数据链路层功能。

14）C。

DNS 服务有正向解析和反向解析，分别用于将域名映射成 IP 地址和将 IP 地址映射成域名。

15）D。

过渡问题的技术主要有 3 种：兼容 IPv4 的 IPv6 地址、双 IP 协议栈和基于 IPv4 隧道技术的 IPv6。

16）A。

工作在全双工方式时，通信双方可同时发送和接收数据，不存在碰撞。

17）C。

子网掩码位数是 30，可用主机数只有 2 台，即 172.16.45.13 和 172.16.45.14。

18）① D。

② B。

netstat-r 可以查看主机路由表，ifconfig 用于查看网络配置，traceroute 用于路由跟踪，set 用于设置环境变量。

在 Linux 系统中，route 命令可用来查看和设置路由信息，参数 add 用来添加一条路由，0.0.0.0 代表所有网络，即这是一条默认路由。

19）C。

FDDI 的全称为 Fibel Distributed Data Interface，其含义是光纤分布式数据接口。

20）D。

PING 没有传输层，直接封装在 ICMP；TFTP 是基于 UDP 的；OSPF 直接封装成 IP 包。

21）B。

子网的掩码为 255.255.255.224，说明从主机位借 3 位作为子网位，主机位还有 5 位，因此子网数目为 $2^3-2=6$，每个子网中的主机数目为 $2^5-2=30$。

22）C。

28 位子网掩码即为 255.255.255.240，子网位数和主机位数都是 4 位，即可以划分成 $2^4-2=14$ 个子网，每个子网中的主机数目为 $2^4-2=14$。192.168.15.19 与 255.255.255.240 按位进行"与"得到子网地址是 192.168.15.16，则其主机范围是 192.168.15.17～192.168.15.30。192.168.15.16 和 192.168.15.31 分别是这个网络的网络地址和广播地址，不能分配给用户使用。

23）B。

异步传输方式（ATM）是建立在电路交换和分组交换的基础上的一种面向连接的快速分组交换技术，它采用定长分组作为传输和交换的单位。在 ATM 中，这种定长分组称为信元（Cell）。

24）A。

由于 IP over ATM 需将 IP 数据包映射为 ATM 信元，使传输开销达到 20%～30%，需要解决 IP 地址与 ATM 地址多重映射、IP 的非连续特性与 ATM 面向连接的特性、网络管理麻烦，不适合超大型 IP 骨干网。

25）B。

选项 A 是物理层的功能，选项 C 是网络层的功能，选项 D 是应用层的功能。

26）A。

OSI 数据传输有两种方式：一是面向连接，对等实体在传输 PDU 之前，必须建立起连接，整个过程包括建立连接、传输数据和释放连接；二是面向无连接，对等实体在传输 PDU 之前，无须首先建立连接，传输的数据中必须携带地址信息，有关的控制要求只能静态约定。IP 协议屏蔽下层各种物理网络的差异，向上层（主要是 TCP 层或 UDP 层）提供统一的 IP 数据报。IP 协议提供不可靠的、无连接的、尽力的数据报投递服务。

27）B。

TCP 的特点之一是提供大小可变的滑动窗口机制，支持端到端的流量控制。TCP 的窗口以字节为单位进行调整，以适应接收方的处理能力。

28）D。

DHCP 是动态主机配置协议，其目的是简化主机 IP 地址分配，不能解决 IP 地址短缺方案。

29）A。

在该子网中，网络号和子网号共占 28 位，子网掩码和 IP 地址逐比特相"与"，就可以得出该子网的网络地址和广播地址，如图 7-17 所示。

192.168.15.19:	11000000	10101000	1111	0001	0011
/28:	11111111	11111111	11111111	1111	0000
网络地址：	11000000	10101000	1111	0001	0000
	−192	−168	−15	−16	
广播地址：	11000000	10101000	1111	0001	1111
	−192	−168	−15	−31	

图 7-17 子网的网络地址和广播地址

由子网的网络地址和广播地址可以确定该子网的主机范围为 192.168.15.17～192.168.15.30。

30）B。

主机地址为 129.23.144.16，子网掩码为 255.255.192.0，则该主机所在网络地址的范围为 129.33.128.1～129.33.191.254。

31）D。

PPPoE 的全称是 Point to Point Protocol over Ethernet，即基于局域网的点对点协议。

32）B。

IP 是无连接的网络层协议，TCP 和 SPX 都是面向连接的传输层协议。

33）B。

帧中继将 X.25 网络的下三层协议进一步简化，将差错控制、流量控制推到网络的边界，从而实现轻载协议网络，只工作在 OSI 参考模型的低两层，即物理层和数据链路层，虚电路是建立在数据链路层，而不是网络层，所交换的是数据帧，而不是数据包。

34）D。

35）B。

10.110.12.29/29 所在子网的地址范围为 10.110.12.25～10.110.12.30。

36）① C。
　　② D。

网络地址是 217.14.8.0，子网掩码是 255.255.255.224，即网络地址和子网地址共占 27 位，主机地址占 5 位，共 2^5=32 个地址（含子网地址和广播地址）。现需要再分为 4 个子网，则需要再从主机地址"借"2 位作为子网地址，因此网络地址和子网地址共占 29 位，子网掩码为 255.255.255.248，这样主机地址只占 3 位，每个子网有 2^3=8 个地址（含子网地址和广播地址），最大的子网地址是 217.14.8.24。

37）C。

传输层建立的是端到端的连接，面向连接的网络层建立的是主机到主机的连接。

38）D。

CDMA20W、CDMA、TD-SCDMA 都是 3G 移动通信标准，其中 TD-SCDMA 是由我国大唐电信科技产业集团代表中国提交并于 2000 年 5 月被国际电联、2001 年 3 月被 3GPP 认可的世界第三代移动通信（3G）的三个主要标准之一。GPRS 应属于 2.5G 移动通信标准。

39）B。

DHCP 客户机在发送 DHCP DISCOVER 报文时，客户机自己没有 IP 地址，也不知道 DHCP 服务器的 IP 地址，因此该报文以广播的形式发送，该报文源地址为 0.0.0.0（表示本网络的本台主机），目标地址为 255.255.255.255（受限广播地址，对当前网络进行广播）。

40）D。

子网划分的思想是从主机地址中"借"位作为子网地址。由于最大的一个子公司有 26 台计算机，主机地址中至少需要 5 位（2^5-2=30>26），可以从主机地址中"借"3 位作为子网地址，因此子网掩码是 255.255.255.224。

41）① D。

　　② C。

一个 C 类地址，IP 地址数为 $2^8-2=254$ 个（含网络地址和广播地址），子网 1 至少需要 2 个 C 类地址，子网 2 至少需要 8 个 C 类地址。对于 2 个 C 类地址组成的超网，可以通过子网掩码 255.255.254.0 进行归纳。

42）D。

DNS 可以使用 UPD，也可以使用 TCP，在这两种情况下，服务器使用的熟知端口都是 53。当响应报文长度小于 512 字节时就使用 UDP，这是因为大多数 UPD 封装具有 512 字节的分组长度限制。当响应报文长度大于 512 字节时，就要使用 TCP 连接。

43）D。

在蓝牙技术的应用中，最小的工作单位叫 Piconet 微微网，是通过蓝牙连接起来的设备的集合。一个微微网可以只是两台相连的设备，比如一台 PDA 和一部移动电话，也可以是 8 台连在一起的设备。

44）C。

45）B。

端口号是传输层的服务接入点。

46）A。

数字数据网是一种利用数据信道提供数据信号传输的数据传输网。

47）D。

划分子网的原理是从主机位中"借"位作为子网位。对于 C 类地址，主机位有 8 位。若每个子网最多 15 台主机，则主机位至少需要 5 位（$2^4-2<15<2^5-2$），子网位最多有 3 位，而 $2^3<9$，因此无法满足上述要求。

48）B。

B 类地址的默认网络地址占 16 位，子网掩码 255.255.255.192 表示网络地址和子网地址占 26 位，主机地址占 32-26=6 位，子网地址占 26-16=10 位。因此，可以利用的网段数为 $2^{10}-2=1022$ 个（第一个和最后一个不能使用），每个网段最大主机数为 $2^6-2=62$ 台（第一个是子网地址，最后一个是广播地址）。

49）C。

在 CORBA 体系结构中，ORB（对象请求代理）负责处理底层网络细节，它可以运行在各种不同的底层网络协议上，如 TCP/IP、IPX/SPX 等。

第8章

多媒体基础

8.1 考点精讲

8.1.1 考纲要求

多媒体基础主要是考试中所涉及的多媒体概念、声音处理、图形和图像处理、动画与视频等。本章在考纲中主要有以下内容：

- 多媒体的概念。
- 声音处理（幅度和频率、数字化处理、数字声音格式）。
- 图形和图像处理（图形数据、图像压缩、图像属性）。
- 动画与视频。

多媒体基础考点如图 8-1 所示，用星级★标示知识点的重要程度。

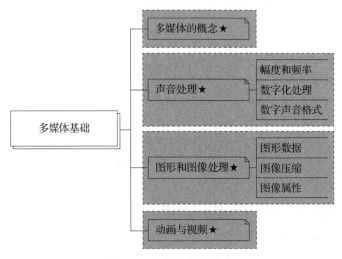

图 8-1 多媒体基础考点

8.1.2 考点分布

统计 2010 年至 2020 年试题真题，本章主要考点分值为 2～3 分。截至 2017 年上半年，近三年的真题中没有出现该考点的考题。历年真题统计如表 8-1 所示。

表8-1 历年真题统计

年 份	时 间	题 号	分 值	知 识 点
2010 年上	上午题	12，13，14	3	视频
2010 年下	上午题	13，14	2	图像属性
2011 年上	上午题	12，13，14	3	图像属性、视频
2011 年下	上午题	12，13，14	3	声音、图像、动画
2012 年上	上午题	12，13，14	3	图形、声音
2012 年下	上午题	12，13，14	3	图像、视频
2013 年上	上午题	12，13，14	3	声音、图像、基础概念
2013 年下	上午题	10，11，12	3	图像、视频、动画
2014 年上	上午题	12，13，14	3	基础概念、图像
2014 年下	上午题	12，13，14	3	基础概念、图像
2015 年上	上午题	12，13，14	3	基础概念、图像
2015 年下	上午题	12，13，14	3	声音、图像
2016 年上	上午题	12，13，14	3	声音、图像
2016 年下	上午题	13，14	2	声音
2017 年上	上午题	13，14	2	声音

8.1.3 知识点精讲

8.1.3.1 多媒体基础

多媒体一词译自英文 Multimedia，其核心词是媒体（Media）。媒体又称载体或介质。多媒体就是多重媒体的意思，可以理解为直接作用于人感官的文字、图形图像、动画、声音和视频等各种媒体的统称，即多种信息载体的表现形式和传送方式。

1. 媒体的分类

根据国际电信联盟（International Telecommunication Union，ITU）的定义，媒体有下列 5 种类型：

1）感觉媒体，是指能直接作用于人的感官，使人产生感觉的媒体。感觉媒体包括人类的语言、音乐和自然界的各种文本、声音、图形图像、动画、视频等。感觉媒体帮助人类感知环境的信息。目前，人类主要靠视觉和听觉来感知环境的信息，触觉作为一种感知方式也逐渐引入计算机中。

2）表示媒体，是为了加工、处理和传输感觉而研究出来的中间手段，以便能更有效地将感觉从一地传向另一地。表示媒体表现为信息在计算机中的编码，如文本编码、语音编码、音乐编码、图像编码等。

3）表现媒体，又称为显示媒体，是指为人们再现信息和获取信息的物理工具和设备，例如显示器、扬声器、打印机等输出类表现媒体，以及键盘、鼠标、扫描仪等输入类表现媒体。

4）存储媒体，用于存储数据的媒体，以便本机随时调用或供其他终端远程调用。存储介质有软盘、硬盘、光盘等。

5）传输媒体，用于将表示媒体从一地传输到另一地的物理实体。传输媒体的种类很多，如电话线、双绞线、同轴电缆、光纤、无线电和红外线等。

2. 多媒体技术的特性

多媒体技术是计算机综合处理多种媒体信息，使多种信息建立逻辑连接、集成为一个系统并具有交互性的技术。多媒体技术所处理的文字、图形、图像、声音等媒体数据是一个有机的整体，而不是单个媒体的简单堆积，多种媒体间无论在时间上还是在空间上都存在着紧密的联系，是具有同步性和协调性的群体。因此，多媒体技术的关键特性在于信息载体的集成性、多样性和交互性，这也是多媒体技术研究中必须解决的主要问题。

1）集成性。多媒体技术是多种媒体的有机集成，也包括传输、存储和呈现媒体设备的集成。早期，各项技术都是单一应用，如声音、图像等，有的仅有声音而无图像，有的仅有静态图像而无动态视频等。多媒体系统将它们集成起来以后，充分利用了各媒体之间的关系和蕴涵的大量信息，使它们能够发挥综合作用。

2）多样性。多样性是指多媒体技术具有对处理信息的范围进行空间扩展和综合处理的能力，体现在信息采集、传输、处理和呈现的过程中，涉及多种表示媒体、表现媒体、存储媒体和传输媒体。

3）交互性。交互性是指用户与计算机之间进行数据交换、媒体交换和控制权交换的一种特性，它提供了用户更加有效地控制和使用信息的手段。

3. 多媒体的关键技术

多媒体技术利用计算机技术将各种媒体以数字化的方式集成在一起，从而使计算机具有了表现、处理、存储多种媒体信息的综合能力。多媒体系统需要将不同的媒体数据进行编码，然后对其进行变换、重组和分析处理，以进行进一步的存储、传送、输出和交互控制。所以，多媒体的关键技术包括：多媒体信息的编码与压缩、多媒体信息的组织与管理、多媒体信息的表现与交互、多媒体通信与分布处理、虚拟现实技术、多媒体应用的研究与开发等。因为这些技术取得了突破性的进展，多媒体技术才得以迅速发展。

8.1.3.2 声音处理

1. 幅度和频率

1）幅度：人主观上感觉声音的大小由"振幅"和人离声源的距离决定，振幅越大，响度越大；人和声源的距离越小，响度越大（单位：分贝，dB）。

2）频率：声音的高低（高音、低音），由"频率"决定，频率越高，音调越高（单位：赫兹，Hz）。人耳听觉范围为 20～20 000Hz。20Hz 以下称为次声波，20 000Hz 以上称为超声波，例如低音段的声音或更高段的声音。

2. 数字化处理

在现代通信及计算机应用中，信息都是以二进制数的形式存储及传递的，声音也不例外。声音信号的数字化就是用二进制数表示声音的模拟信号。声音的信息表示过程是这样的：声音→采样→量化→编码→数字音频。

所谓采样，就是在某些特定的时刻对模拟声音信号进行测量，得到离散时间信号。其原理是首先输入模拟信号，然后按照固定的时间间隔截取该信号的振幅值，每个波形周期内截取两次，以取得正、负相的振幅值，该振幅值采用若干位二进制数表示，从而将模拟声音信号变成数字音频信号。而所谓量化，就是声音信号在幅值方面的数字化。方法是把模拟信号的每次采样值进行"整数化"。

影响声音的数字化因素有：①采样频率，指 1s 内的采样次数；②量化位数，指描述每个采样点的二进制数位；③声道数，一次采样同时记录的声音波形个数。

音频容量计算：容量=采样频率（Hz）×量化或采样位数（位）×声道数 / 8。

3. 数字声音格式

有两类主要的音频文件格式：

- 无损格式，例如 WAV、FLAC、APE、ALAC、WavPack（WV）、WMA。
- 有损格式，例如 MP3、AAC、Ogg Vorbis、Opus、AIFF、MIDI。

下面介绍一些常见的音频格式。

WAV 是微软公司开发的一种声音文件格式，它符合 RIFF（Resource Interchange File Format）文件规范，用于保存 Windows 平台的音频信息资源，被 Windows 平台及其应用程序所支持。

AIFF（Audio Interchange File Format）格式和 AU 格式，它们都和 WAV 非常像，在大多数的音频编辑软件中也都支持这几种常见的音乐格式。AIFF 是 Apple 公司开发的一种音频文件格式，被 MACINTOSH 平台及其应用程序所支持。

MPEG 音频文件指的是 MPEG 标准中的声音部分，即 MPEG 音频层。Internet 上的音乐格式以 MP3 最为常见。虽然它是一种有损压缩，但是它的最大优势是以极小的声音失真换来了较高的压缩比。MPEG 含有的格式包括：MPEG-1、MPEG-2、MPEG-Layer3、MPEG-4。

MP3 格式诞生于 20 世纪 80 年代的德国，所谓的 MP3，指的是 MPEG 标准中的音频部分，也就是 MPEG 音频层，根据压缩质量和编码处理的不同分为 3 层，分别对应 *.mp1、*.mp2、*.mp3 这 3 种声音文件。

MIDI（Musical Instrument Digital Interface）格式被经常玩音乐的人使用，MIDI 允许数字合成器和其他设备交换数据。MID 文件格式由 MIDI 继承而来。MID 文件并不是一段录制好的声音，而是记录声音的信息，然后告诉声卡如何再现音乐的一组指令。

WMA（Windows Media Audio）格式是来自微软的重量级选手，后台强硬，音质要强于 MP3 格式，更远胜于 RA 格式。它和日本 YAMAHA 公司开发的 VQF 格式一样，是以减少数据流量但保持音质的方法来达到比 MP3 压缩比更高的目的。WMA 的压缩比一般可以达到 18:1 左右。

RealAudio 主要适用于在线音乐欣赏。Real 文件格式主要有这几种：RA（RealAudio）、RM（RealMedia，RealAudio G2）、RMX（RealAudio Secured）等。这些格式的特点是可以随网络带宽的不同而改变声音的质量，在保证大多数人听到流畅声音的前提下，令带宽较富裕的听众获得较好的音质。

VQF 是 YAMAHA 公司的一种格式，它的核心是以减少数据流量但保持音质的方法来达到更高的压缩比。VQF 的音频压缩比比标准的 MPEG 音频压缩比高出近一倍，可以达到 18:1 左右，甚至更高。也就是说，把一首 4min 的歌曲（WAV 文件）压成 MP3，需要 4MB 左右的硬盘空间，而同一首歌曲，如果使用 VQF 音频压缩技术的话，那么只需要 2MB 左右的硬盘空间。

Ogg Vorbis 是一种新的音频压缩格式，类似于 MP3 等现有的音乐格式。但有一点不同的是，它是完全免费、开放和没有专利限制的。Vorbis 是这种音频压缩机制的名字，而 Ogg 则是一个计划的名字，该计划意图设计一个完全开放性的多媒体系统。该计划只实现了 Ogg Vorbis 这一部分。

FLAC 是无损压缩，也就是说音频以 FLAC 编码压缩后不会丢失任何信息。FLAC 文件的体积同样约等于普通音频 CD 的一半，并且可以自由地互相转换，所以它也是音乐光盘存储在计算机上的最好选择之一。它会完整保留音频的原始数据，用户可以随时将其转回光盘，音乐质量不会有任何改变，而在播放当中，FLAC 文件的每个数据帧都包含解码所需的全部信息，中间的错误不会影响其他帧的正常播放，这保证了它的实用有效和最小的网络时间延迟。在国内市场上，FLAC 已经是和 APE 齐名的两大最常用无损音频格式之一，并且它的编码技术原理使得它在未来有超过 APE 的巨大发展空间。

8.1.3.3 图形和图像处理

1. 颜色要素

- 亮度：表示光的明亮程度，它与被观察物体的发光强度和人类视觉系统的视敏功能有关。
- 色调：反映的是颜色的种类，是决定颜色的基本特性。
- 饱和度：指颜色的纯度，即掺入白光的程度，或者说是颜色的深浅程度。

色调和饱和度统称为色度。

2. 彩色空间

在多媒体技术中，用得最多的是 RGB 彩色空间。而一般在彩色电视系统中，采用的是 YUV 彩色空间。YUV 的出现是为了支持当时在黑白电视和彩色电视上同时进行播放。另外，还有 CMY（CMY 对应印刷的三原色，即 Cyan、Magenta、Yellow）。

3. 图形数据

图形是指用计算机绘制工具绘制的画面，包括直线、曲线、圆/圆弧、方框等成分。图形一般按各个成分的参数形式存储，可以对各个成分进行移动、缩放、旋转和扭曲等变换，可以在绘图仪上将各个成分输出。

图像是由输入设备捕捉的实际场景或以数字化形式存储的任意画面。图像可以用位图或矢量图形式存储。

- 位图。也叫黑白图像，它按图像点阵形式存储各像素的颜色编码或灰度级。位图适合表现含有大量细节的画面，并可以直接、快速地显示或印出。位图的存储量大，一般需要压缩存储。

- 矢量图。它用一组指令或参数来描述其中的各个成分，易于对各个成分进行移动、缩放、旋转和扭曲等变换。矢量图适合描述由多种比较规则的图形元素构成的图形，但输出图像画面时将转换成位图形式。

4. 图形图像文件格式

- BMP：计算机上最常见的位图格式，尤其在 Windows 系统中使用特别广泛。
- GIF：主要用于在不同平台上进行图像展示，是经过压缩的图形格式。GIF 文件最大为 64MB，颜色数最多为 256 色。
- JPEG：文件压缩比较高，文件比较小。虽然它采用的是有损压缩算法，但对图形图像的损失影响并非很大。其色彩数最高可达到 24 位。
- TIF：有压缩和非压缩两大类，是许多图像应用软件所支持的主要文件格式之一，其最高支持的色彩数可达 16M 色。
- PSD：Photoshop 中的标准文件格式，专门为 Photoshop 而优化。
- CDR：CorelDraw 的文件格式。

注：Photoshop 和 CorelDraw 都是目前流行的图形图像处理软件。

5. 图像压缩

（1）冗余

数据之所以能够压缩，是因为基本原始信源的数据存在着很大的冗余度。一般来说，有以下几种数据冗余：

- 空间冗余（几何冗余）：例如一张图片中有大范围相同的颜色。
- 时间冗余：例如一段视频中有长时间不变的背景。
- 视觉冗余：人眼看不到的信息。
- 信息熵冗余：信源编码的熵大于信源的实际熵，就认为存在信息熵冗余。
- 结构冗余：例如一张图片存在多个相同的结构。
- 知识冗余：图像中存在一些客观规律。

（2）压缩

压缩可分为无损压缩和有损压缩。

- 无损压缩：可以还原（ZIP/RAR 压缩是无损压缩）。
- 有损压缩：不可以还原（JPEG/MP3 压缩是有损压缩，MP3 丢掉了人耳听不到的声音）。

6. 图像属性

图像属性主要包括分辨率、像素深度、图像深度、真/伪彩色。

（1）分辨率

图像分辨率：组成一幅图像的像素数目，采用图像的水平方向和垂直方向的像素数来表示。

显示分辨率：显示设备能够显示图像的区域大小。一般用于表示显示设备水平方向和垂直方向最大像素的数目，比如 1024×768。

（2）像素深度

像素深度指存储每个像素所用的二进制位数，用来度量图像的色彩分辨率。像素的位数越多，它表达的颜色越多，深度就越深。

像素深度是指存储每个像素所需要的比特数。假定存储每个像素需要 8 位，则图像的像素深度为 8。

（3）图像深度

图像深度是指像素深度中实际用于存储图像的灰度或色彩所需的位数。假定图像的像素深度为 16 位，但用于表示图像的灰度或色彩的位数只有 15 位，则图像的图像深度为 15 位。图像深度决定了图像的每个像素可能的颜色数，或可能的灰度级数。例如，彩色图像每个像素用 R、G、B 三个分量表示，每个分量用 8 位，则像素深度为 24 位。

（4）真/伪彩色

真彩色：组成一幅彩色图像的每个像素值中有 R、G、B 这三个基色分量，每个基色分量直接决定显示设备的基色强度。反映原图像的真实色彩称为真彩色。

伪彩色：图像中的每个像素的颜色不是由 3 个基色分量的数值直接表达的，而是把像素值作为地址索引在色彩表中查找这个像素的实际 R、G、B 分量，这种图像颜色的表达方式称为伪彩色。

8.1.3.4 动画与视频

动画（视频动态图像）包括动画和视频信息，是连续渐变的静态图像或图形序列，沿时间轴顺次更换显示，从而构成运动视感的媒体。

当序列中的每帧图像是由人工或计算机产生的时，这些图像序列就被称为动画。当序列中的每帧图像是实时摄取的自然景象或活动对象时，这些图像序列就被称为视频。动画是以每秒 15～20 帧的速度顺序播放静止图像帧来产生运动的错觉。

比较流行的格式有两种：苹果公司的 QuickTime 和微软的 AVI。

H.261 是用于音频视频服务的视频编码解码器，也称为 P×64 标准，由 ITU-T 制定，其应用目标是可视电话和视频会议系统。含有此标准的系统必须能实时地按标准进行编码和解码。H.261 与 JPEG、MPEG 标准的区别在于它是为动态使用而设计的，并提供交互控制。

8.2 真题精解

8.2.1 真题练习

1）在 ISO 制定并发布的 MPEG 系列标准中，____①____ 标准中的音、视频压缩编码技术被应用到 VCD 中，____②____ 标准中的音、视频压缩编码技术被应用到 DVD 中，____③____ 标准中不包含音、视频压缩编码技术。

    ① A. MPEG-1　　　　B. MPEG-2　　　　C. MPEG-7　　　　D. MPEG-21

    ② A. MPEG-1　　　　B. MPEG-2　　　　C. MPEG-4　　　　D. MPEG-21

    ③ A. MPEG-1　　　　B. MPEG-2　　　　C. MPEG-4　　　　D. MPEG-7

2）一幅彩色图像（RGB）的分辨率为 256×512，每一种颜色用 8b 表示，则该彩色图像的数据量为＿＿＿b。
    A. $256 \times 512 \times 8$　　　　B. $256 \times 512 \times 3 \times 8$　　　C. $256 \times 512 \times 3/8$　　　D. $256 \times 512 \times 3$

3）微型计算机系统中，显示器属于＿＿＿。
    A. 表现媒体　　　　B. 传输媒体　　　　C. 表示媒体　　　　D. 存储媒体

4）＿＿＿是表示显示器在纵向（列）上具有的像素点数目的指标。
    A. 显示分辨率　　　B. 水平分辨率　　　C. 垂直分辨率　　　D. 显示深度

5）声音（音频）信号的一个基本参数是频率，它是指声波每秒变化的次数，用 Hz 表示。人耳能听到的音频信号的频率范围是＿＿＿。
    A. 0～20kHz　　　　B. 0～200kHz　　　　C. 20Hz～20kHz　　D. 20Hz～200kHz

6）颜色深度用于表达图像中单个像素的颜色或灰度所占的位数（bit）。若每个像素具有 8 位的颜色深度，则可表示＿＿＿种不同的颜色。
    A. 8　　　　　　　B. 64　　　　　　　C. 256　　　　　　D. 512

7）视觉上的颜色可用亮度、色调和饱和度三个特征来描述。其中饱和度是指颜色的＿＿＿。
    A. 种数　　　　　　B. 纯度　　　　　　C. 感觉　　　　　　D. 存储量

8）以下媒体文件格式中，＿＿＿是视频文件格式。
    A. WAV　　　　　　B. BMP　　　　　　C. MP3　　　　　　D. MOV

9）以下软件产品中，属于图像编辑处理工具的软件是＿＿＿。
    A. PowerPoint　　　B. Photoshop　　　C. Premiere　　　　D. Acrobat

10）一款常用的视频编辑软件，由 Adobe 公司推出。现在常用的有 CS4、CS5、CS6、CC，CC 使用 150DPI 的扫描分辨率扫描一幅 $3 \times 4\text{in}^{\ominus}$的彩色照片，得到原始的 24 位真彩色图像的数据量是＿＿＿B。
    A. 1800　　　　　　B. 90 000　　　　　C. 270 000　　　　D. 810 000

11）在 FM 方式的数字音乐合成器中，改变数字载波频率可以改变乐音的 ① ，改变它的信号幅度可以改变乐音的 ② 。
    ① A. 音调　　　　　B. 音色　　　　　C. 音高　　　　　D. 音质
    ② A. 音调　　　　　B. 音域　　　　　C. 音高　　　　　D. 带宽

12）数字语音的采样频率定义为 8kHz，这是因为＿＿＿。
    A. 语音信号定义的频率最高值为 4kHz
    B. 语音信号定义的频率最高值为 8kHz
    C. 数字语音传输线路的带宽只有 8kHz
    D. 一般声卡的采样频率最高为每秒 8000 次

13）使用图像扫描仪以 300DPI 的分辨率扫描一幅 3×4in 的图片，可以得到＿＿＿像素的

  ⊖　1in=0.0254m。——编辑注

数字图像。

      A. 300×300 B. 300×400 C. 900×4 D. 900×1200

8.2.2 真题讲解

1）① A。

   ② B。

   ③ D。

MPEG 是 Moving Picture Expert Group 的缩写，最初是指由国际标准化组织（ISO）和国际电工委员会（IEC）联合组成的一个研究视频和音频编码标准的专家组。同时，MPEG 也用来命名这个小组所负责开发的一系列音、视频编码标准和多媒体应用标准。这个专家组迄今为止已制定和制定中的标准包括 MPEG-1、MPEG-2、MPEG-4、MPEG-7 和 MPEG-21。其中，MPEG-1、MPEG-2 和 MPEG-4 主要针对音、视频编码技术，而 MPEG-7 是多媒体内容描述接口标准，MPEG-21 是多媒体应用框架标准。

VCD 使用了 MPEG-1 标准作为其音、视频信息压缩编码方案，而 MPEG-2 标准中的音、视频压缩编码技术被应用到 DVD 中。

2）B。

根据图像的基本信息以及计算公式，计算该彩色静态图像的数据量为 $256 \times 512 \times 3 \times 8b$。

3）A。

表现媒体是指进行信息输入和输出的媒体，如键盘、鼠标、话筒，以及显示器、打印机等；表示媒体指传输感觉媒体的中介媒体，即用于数据交换的编码，如图像编码、文本编码和声音编码等；传输媒体指传输表示媒体的物理介质，如电缆、光缆、电磁波等；存储媒体指用于存储表示媒体的物理介质，如硬盘、光盘等。

4）C。

显示分辨率是指显示器上能够显示出的像素点数目，即显示器在横向和纵向上能够显示出的像素点数目。水平分辨率表明显示器水平方向（横向）上显示出的像素点数目，垂直分辨率表明显示器垂直方向（纵向）上显示出的像素点数目。例如，显示分辨率为 1024×768 像素表明显示器水平方向上显示 1024 个像素点，垂直方向上显示 768 个像素点，整个显示屏就含有 796 432 个像素点。屏幕能够显示的像素越多，说明显示设备的分辨率越高，显示的图像质量越高。显示深度是指显示器上显示每个像素点颜色的二进制位数。

5）C。

人耳能听到的声音频率范围是 20Hz～20kHz。低于这个区间的叫次声波，高于这个区间的叫超声波。

6）C。

颜色深度用于表达图像中单个像素的颜色或灰度所占的位数（bit），它决定了彩色图像中可出现的最多颜色数，或者灰度图像中的最大灰度等级数。8 位的颜色深度表示每个像素有 8 位颜色位，可表示 2^8=256 种不同的颜色或灰度等级。表示一个像素颜色的位数越多，它能表达的颜色数或灰度等级就越多，其深度就越深。

图像深度是指存储每个像素（颜色或灰度）所用的位数，它也用来度量图像的分辨率。像素深度确定彩色图像的每个像素可能有的颜色数，或者确定灰度图像的每个像素可能有的灰度级数。例如一幅图像的图像深度为 b 位，则该图像的最多颜色数或灰度级为 $2b$ 种。显然，表示一个像素颜色的位数越多，它能表达的颜色数或灰度级就越多。例如，只有 1 个分量的单色图像（黑白图像），若每个像素有 8 位，则最大灰度数目为 $2^8=256$；一幅彩色图像的每个像素用 R、G、B 三个分量表示，若三个分量的像素位数分别为 4、4、2，则最大颜色数目为 $2^{4+4+2}=2^{10}=1024$，就是说像素的深度为 10 位，每个像素可以是 2^{10} 种颜色中的一种。本题给出 8 位的颜色深度，表示该图像具有 $2^8=256$ 种不同的颜色或灰度等级。

7）B。

饱和度是指颜色的纯度，即颜色的深浅，或者说掺入白光的程度，对于同一色调的彩色光，饱和度越高，颜色越纯。当红色加入白光之后冲淡为粉红色，其基本色调仍然是红色，但饱和度降低。也就是说，饱和度与亮度有关，若在饱和的彩色光中增加白光的成分，即增加了光能，而变得更亮了，但是其饱和度却降低了。如果在某色调的彩色光中掺入其他彩色光，将引起色调的变化，而改变白光的成分只引起饱和度的变化。高饱和度的深色光可掺入白色光被冲淡，降为低饱和度的淡色光。例如，一束高饱和度的蓝色光投射到屏幕上会被看成深蓝色光，若再将一束白色光也投射到屏幕上并与深蓝色重叠，则深蓝色变成淡蓝色，而且投射的白色光越强，颜色越淡，即饱和度越低。相反，由于在彩色电视的屏幕上的亮度过高，则饱和度降低，颜色被冲淡，这时可以降低亮度（白光）而使饱和度增高，颜色加深。

当彩色的饱和度降低时，其固有色彩特性也被降低和发生变化。例如，红色与绿色配置在一起往往具有一种对比效果，但只有当红色与绿色都呈现饱和状态时，其对比效果才比较强烈。如果红色与绿色的饱和度都降低，红色变成浅红或暗红，绿色变成浅绿或深绿，再把它们配置在一起时，相互的对比特征就会减弱，而趋于和谐。另外，饱和度高的色彩容易让人感到单调刺眼。饱和度低，色感比较柔和协调，但混色太杂又容易让人感觉浑浊，色调显得灰暗。

8）D。

WAV 为微软公司（Microsoft）开发的一种声音文件格式，它符合 RIFF（Resource Interchange File Format）文件规范，用于保存 Windows 平台的音频信息资源，被 Windows 平台及其应用程序广泛支持。该格式也支持 MSADPCM、CCITT A LAW 等多种压缩算法，支持多种音频数字、取样频率和声道。标准格式化的 WAV 文件和 CD 格式一样，也是 44.1kHz 的取样频率，16 位量化数字，因此其声音文件质量和 CD 相差无几。

BMP（全称 Bitmap）是 Windows 操作系统中的标准图像文件格式，可以分成两类：设备相关位图（DDB）和设备无关位图（DIB），使用非常广。它采用位映射存储格式，除了图像深度可选以外，不采用其他任何压缩，因此 BMP 文件占用的空间很大。

MP3 是一种音频压缩技术，其全称是动态影像专家压缩标准音频层面 3（Moving Picture Experts Group Audio Layer Ⅲ，MP3）。

MOV 即 QuickTime 影片格式，它是 Apple 公司开发的一种音频、视频文件格式，用于存储常用的数字媒体类型。

9）B。

Microsoft Office PowerPoint 是微软公司的演示文稿软件，用户可以在投影仪或者计算机上进行演示，也可以将演示文稿打印出来，制作成胶片，以便应用到更广泛的领域中。利用 Microsoft Office PowerPoint 不仅可以创建演示文稿，还可以在互联网上召开面对面会议、远程会议或在网上给观众展示演示文稿。

Adobe Photoshop 简称 PS，是由 Adobe Systems 开发和发行的图像处理软件。Photoshop 主要处理以像素所构成的数字图像，使用其众多的编修与绘图工具可以有效地进行图片编辑工作。

10）D。

150DPI 的扫描分辨率表示每英寸的像素为 150 个，所以有 $3 \times 4 \times 150 \times 150 \times 24/8 = 810\,000$。

11）① A。

② C。

12）A。

采样频率大于或等于工作频率的 2 倍，才能在以后恢复出实际波形，防止信息的丢失。

13）D。

DPI 为像素/in，所以根据题干计算 $(3 \times 300) \times (4 \times 300) = 900 \times 1200$。

8.3 难点精练

8.3.1 重难点练习

1）MPEG 是一种___①___，它能够___②___。

① A. 静止图像的存储标准　　　　B. 音频、视频的压缩标准

C. 动态图像的传输标准　　　　D. 图形国家传输标准

② A. 快速读写　　　　　　　　　B. 有高达 200∶1 的压缩比

C. 无失真地传输视频信号　　　D. 提供大量基本模板

2）5min、双声道、22.05kHz、16 位量化的声音，经 5∶1 压缩后，其数字音频的数据量为_____。

A. 5.168MB　　　　B. 5.047MB　　　　C. 26.460MB　　　　D. 25.234MB

3）双层双面只读 DVD 盘片的存储容量可以达到_____。

A. 4.7GB　　　　　B. 8.5GB　　　　　C. 17GB　　　　　D. 6.6GB

4）真彩色是指组成一幅彩色图像的每个像素值中，有 R、G、B 三个基色分量。RGB(8∶8∶8)表示 R、G、B 分量都用 8 位来表示。一幅 640×480 像素的 RGB(8∶8∶8)的真彩色图像文件的大小是_____。

A. 300KB　　　　　B. 900KB　　　　　C. 2400KB　　　　D. 1MB

5）电视信号的标准也称电视的制式，制式的区别在于其帧频的不同、分辨率的不同、信号带宽及载频的不同、彩色空间的转换关系不同等。我国电视采用的制式是___①___，对应的帧频是___②___帧/s，对应的分辨率为___③___像素。

① A. NTSC   B. PAL   C. SECAM   D. MPEG

② A. 20   B. 25   C. 30   D. 35

③ A. 352×288   B. 576×352   C. 720×576   D. 1024×768

6）_____标准规定了彩色电视图像转换成数字图像所使用的采样频率、采样结构、彩色空间转换等。

     A. MPEG   B. CDMA   C. CCIR601   D. H.261

7）语音信号的带宽为 300～3400Hz，量化精度为 8 位，单声道输出，则每秒的数据量至少为_____。

     A. 3KB   B. 4KB   C. 6KB   D. 8KB

8）在 RGB 彩色空间中，R（红）、G（绿）、B（蓝）为三基色，青色、品红和黄色分别为红、绿、蓝三色的补色。根据相加混色原理，绿色+品红=_____。

     A. 蓝色   B. 黄色   C. 紫色   D. 白色

9）对动态图像进行压缩处理的基本条件是：动态图像中帧与帧之间具有_____。

     A. 相关性   B. 无关性   C. 相似性   D. 相同性

10）若光盘上所存储的立体声高保真数字音乐的带宽为 20～20 000Hz，采样频率为 44.1kHz，量化精度为 16 位，双声道，则 1s 的数据量约为_____。

     A. 40KB   B. 80KB   C. 88KB   D. 172KB

11）使用 200DPI 的扫描分辨率扫描一幅 2×2.5in 的黑白图像，可以得到一幅_____像素的图像。

     A. 200×2   B. 2×2.5   C. 400×500   D. 800×1000

12）DVD-ROM 光盘最多可存储 17GB 的信息，比 CD-ROM 光盘的 650MB 大得多。DVD-ROM 光盘是通过_____来提高存储容量的。

     A. 减小读取激光波长，减小光学物镜数值孔径

     B. 减小读取激光波长，增大光学物镜数值孔径

     C. 增大读取激光波长，减小光学物镜数值孔径

     D. 增大读取激光波长，增大光学物镜数值孔径

13）MIDI 是一种数字音乐的国际标准，MIDI 文件存储的_____。

     A. 不是乐谱，而是波形   B. 不是波形，而是指令序列

     C. 不是指令序列，而是波形   D. 不是指令序列，而是乐谱

14）采样是把时间连续的模拟信号转换成时间离散、幅度连续的信号。某信号带宽为 20～20 000Hz，为了不产生失真，采样频率应为_____。

     A. 20Hz   B. 40Hz   C. 20 000Hz   D. 40 000Hz

15）量化是把在幅度上连续取值的每一个样本转换为离散值表示。若某样本量化后取值范围为 0～65 535，则量化精度为_____。

     A. 2b   B. 4b   C. 8b   D. 16b

16）未经压缩的数字音频数据传输率的计算公式为_____。

A. 采样频率（Hz）×量化位数（b）×声道数×1/8

B. 采样频率（Hz）×量化位数（b）×声道数

C. 采样频率（Hz）×量化位数（b）×1/8

D. 采样频率（Hz）×量化位数（b）×声道数×1/16

17）语音信号的带宽为 300～3400Hz，采样频率为 8kHz，量化精度为 8 位，单声道输出，则每秒的数据量为_____。

A. 3KB　　　　　B. 4KB　　　　　C. 6KB　　　　　D. 8KB

18）TIFF 文件是一种较为通用的图像文件格式，它定义了 4 类不同的格式，_____适用于黑白灰度图像。

A. TIFF-B　　　B. TIFF-G　　　C. TIFF-P　　　D. TIFF-R

19）显示分辨率是指显示屏上能够显示出的像素数目。显示分辨率为 1024×768 表示显示屏的每行显示_____个像素。

A. 1024　　　　B. 768　　　　　C. 512　　　　　D. 384

20）以下图像文件格式中，_____不支持真彩色图像。

A. PCX　　　　B. PNG　　　　C. TGA　　　　D. EPS

21）GIF 文件格式采用了_____压缩方式。

A. LZW　　　　B. Huffman　　C. RLE　　　　D. DME

22）如果图像分辨率为 800×600 像素，屏幕分辨率为 640×480 像素，则屏幕上只能显示图像的_____。

A. 80%　　　　B. 64%　　　　C. 60%　　　　D. 50%

23）计算机中数字化后的声音有两类表示方式：一类是波形声音，另一类是合成声音。下列表示中，_____是一种合成声音文件的后缀。

A. WAV　　　　B. MID　　　　C. RA　　　　　D. MP3

24）图像深度是指存储每个像素所用的位数。一幅彩色图像的每个像素用 R、G、B 三个分量表示，若三个分量的像素位数分别为 4、4、2，则像素的深度为_____。

A. 8　　　　　　B. 10　　　　　C. 12　　　　　D. 20

25）由于视频文件比较大，常需要压缩存储，以下视频文件格式_____并没有指定压缩标准。

A. GIF　　　　B. AVI　　　　C. MPEG　　　D. RealVideo

26）彩色空间是指彩色图像所使用的颜色描述方法，也称彩色模型。彩色打印机使用的是_____彩色模式。

A. RGB　　　　B. CMY　　　　C. YUV　　　　D. 都可以

8.3.2 练习精解

1）①B。

②B。

MPEG 系列标准包括：MFEG-1、MPEG-2、MPEG-4、MPEG-7 和 MPEG-21。MPEG-1 和 MPEG-2 提供了压缩视频音频的编码表示方式，为 VCD、DVD、数字电视等产业的发展打下了基础。MPEG-1（ISO/IEC11172）标准是用于高至 1.5Mb/s 的数字存储器媒体的活动图像及其伴音的压缩编码标准，包括系统、视频、音频、一致性和参考软件 5 个部分。MPEG-4 通过本身的特性将音视频业务延伸到了更多的领域，其特性包括：可扩展的码率范围、可分级性、差错复原功能、在同一场景中对不同类型对象的无缝合成、实现内容的交互等。MPEG-4 采用了基于对象的编码方法，使压缩比和编码效率得到了显著的提高，可达 200∶1。

2）B。

实现声音数字化涉及采样和量化。采样是指按一定时间间隔采集声音样本。每秒采集多少个声音样本，即每秒内采样的次数，通常用采样频率表示。量化是指将声音演变的幅度划分为有限个幅度值，度量声音样本的大小通常用二进制数字表示，称为量化位数或采样深度。声道数表示产生多少组声波数据。单声道一次产生一组声波数据，双声道或立体声需要同时产生两组声波数据。如果不经压缩，声音数字化后每秒所需的数据量可按下式估算：数据量 = $\dfrac{\text{数据传输率} \times \text{时间}}{8}$，数据量以字节（B）为单位。数据传输率以比特/秒（b/s）为单位，持续时间以秒（s）为单位。未经压缩的数字声音数据传输率可按下式计算：数据传输率（b/s）= 采样频率（Hz）× 量化位数（b）× 声道数。

据此可得，未压缩的数据量为 22.05kHz × 16b × 2 × 5 × 60s/8 = 26 460 000B = 25.234MB，再经 5∶1 压缩，可得压缩后的数据量为 5.0468MB。

3）C。

DVD 盘片的存储容量比较大，一般单面盘片容量可达 4.7GB，这样双层双面就可达约 17GB。

4）B。

该彩色图像的大小为：640 × 480 × (8+8+8)b = 900KB。

5）① B。

② B。

③ A。

NTCS 和 PAL 属于全球两大主要的电视广播制式，但由于系统投射颜色影像的频率不同而有所不同。NTCS 是 National Television System Committee 的缩写，其标准主要应用于日本、美国、加拿大、墨西哥等，PAL 则是 Phase Alternating Line 的缩写，主要应用于中国、中东地区和欧洲一带。PAL 制式是每秒 25 帧图像，PAL 制式 VCD 的标准分辨率为 352 × 288 像素。

6）C。

H.261 是用于音频视频服务的视频编码和解码器（也称 P × 64 标准），应用目标是可视电话和视频会议系统，含有此标准的系统必须能实时地按标准进行编码和解码。H.261 与 JPEG 及 MPEG 标准间有明显的相似性，区别是 H.261 是为动态使用而设计的，并提供完全影视的组织和高水平的交互控制。

MPEG 视频压缩技术是针对运动图像的数据压缩技术，为了提供压缩比，帧内图像数据压缩和帧间图像数据压缩同时使用。帧内压缩算法采用基于离散余弦变换（Discrete Cosine Transform，

DCT）的变换编码技术，以减少空间冗余信息；帧间压缩算法采用预测法和插补法，以减少时间轴方向的冗余信息。

国际无线电咨询委员会（CCIR）制定的广播级质量数字电视编码标准，即 CCIR601 标准，为 PAL、NTSC 和 SECAM 电视制式之间确定了共同的数字化参数，该标准规定了彩色电视图像转换成数字图像所使用的采样频率、采样结构、彩色空间转换等。

7）C。

数据量=$\dfrac{\text{数据传输率}\times\text{时间}}{8}$，数据量以字节（B）为单位。数据传输率以比特/秒（b/s）为单位，持续时间以秒（s）为单位。未经压缩的数字声音数据传输率可按下式计算：数据传输率（b/s）=采样频率（Hz）×量化位数（b）×声道数。

根据采样定理，对于语言信号 300～3400Hz，采样频率至少为 6800Hz，故有每秒数据量：6800Hz×8b×1s=6800B。故选 C。

8）D。

色彩是通过光被人们感知的，用亮度、色调和饱和度 3 个物理量来描述，称为色彩三要素。

从理论上讲，任何一种颜色都可以用 3 种基本颜色按不同比例混合得到。自然界常见的各种颜色光都可由红（Red）、绿（Green）、蓝（Blue）3 种颜色光按不同比例相配而成；同样，绝大多数颜色光也可以分解成红、绿、蓝 3 种颜色光，这就是基本的三色。当然，三基色的选择不是唯一的，也可以选择其他 3 种颜色为三基色。但 3 种颜色必须是相互独立的，即任何一种颜色都不能由其他两种颜色合成。

彩色空间是彩色图像所使用的颜色描述方法，常用的有 RGB 彩色空间、CMY 彩色空间、YUV 彩色空间。不同的彩色空间对应着不同的应用场合，各有其特点，因此，数字图像的生成、存储、处理及显示对应着不同的彩色空间，任何一种颜色都可以在上述彩色空间中被精确地描述。对于相加混色原理，所谓互补色，就是相加合成为白色。故应选 D。

9）A。

动态图像连续的各帧之间不会发生突变，它们之间都有一定关系，即具有相关性。

10）D。

实现声音数字化涉及采样和量化。采样是指按一定时间间隔采集声音样本。每秒采集多少个声音样本，即每秒内采样的次数，通常用采样频率表示。量化是指将声音演变的幅度划分为有限个幅度值，反映度量声音样本的大小，通常用二进制数字表示，称为量化位数或采样深度。声道数表示产生多少组声波数据。单声道一次产生一组声波数据，双声道或立体声需要同时产生两组声波数据。如果不经过压缩，声音数字化后每秒所需的数据量可按下式估算：数据量=$\dfrac{\text{数据传输率}\times\text{时间}}{8}$，数据量以字节（B）为单位。数据传输率以比特/秒（b/s）为单位，持续时间以秒（s）为单位：44.1kHz×16b×2×1s≈172KB。

11）C。

对于图像，没有时间分辨率，空间分辨率（简称分辨率）被表示成每一个方向上的像素数量，它是影响图像效果的重要因素，一般用水平和垂直方向上所能显示的像素数来表示。

200DPI 是指每英寸 200 像素点，因此 2×2.5in 数字化为 400×500 像素。

12）B。

DVD-ROM 光盘是通过减小读取激光波长、增大光学物镜数值孔径来提高存储容量的。

13）B。

MIDI 是一种非常专业的语言，它能指挥各种音乐设备的运转，而且具有统一的标准格式，甚至能够模仿用原始乐器的各种演奏方法都无法演奏的效果。MIDI 文件长度非常小。MIDI 的一个缺点是不能记录语音。

14）D。

根据采样定理，为了不产生失真，采样频率不应低于信号最高频率的两倍。

15）D。

量化精度 r 与量化后取值范围的关系为 2^r。

16）B。

17）D。

根据采样定理，采样频率至少为 6800Hz，而题所述采用 8kHz 采样，故有 8000Hz×8b× 1s/8/1024≈8KB。

18）B。

TIFF 是最复杂的图像文件格式之一，支持多种编码方法，定义了 4 类不同的格式：TIFF-B、TIFF–G、TIFF–P、TIFF–R。其中，TIFF–G 适用于黑白灰度图像。

19）A。

对于图像，空间分辨率（简称分辨率）被表示成每一个方向上的像素数量，它是影响图像效果的重要因素，一般用水平和垂直方向上所能显示的像素数来表示。

显示分辨率与图形分辨率是一致的。1024×768表示显示屏的每行显示1024像素，每列显示768像素。

20）A。

21）A。

GIF 文件格式采用了 LZW 压缩方式。

22）B。
(640×480)/(800×600)=64%。

23）B。
常见的音频格式如下：

WAVE，扩展名为 WAV。该格式记录了声音的波形，只要采样率高、采样字节长、计算机速度快，利用该格式记录的声音文件就能够和原声基本一致。WAVE 的唯一缺点就是文件太大，毕竟它要把声音的每个细节都记录下来，而且不压缩。

MOD，扩展名为 MOD、ST3、XT、S3M、FAR 等。MOD 是一类音乐文件的总称，逐渐发展产生了 ST3、XT、S3M、FAR 和 669 等扩展格式，而其基本原理还是一样的。该格式的文件不仅存放了乐谱，而且存放了乐曲使用的各种音色样本，具有回放效果明确、音色种类永无止境的优点。

MPEG-3，扩展名为 MP3。MPEG-3 压缩较大，是一种有损压缩，其实际音质并不完美。在网络、可视电话等方面，MP3 有用武之地。由于本质不同，因此它没法和 MOD、MIDI 相提并论。从 HIFI 角度上讲，MP3 有损失，而 MOD 和 MIDL 则没有。

Real Audio，扩展名为 RA。强大的压缩量和极小的失真度使其在众多格式中脱颖而出。与 MP3 相同，它也是为了解决网络传输带宽资源设计的，因此其主要目标是提高压缩比和容错性，其次才是音质。

Creative Musical Format，扩展名为 CMF。这是 Creative 公司的专用音乐格式。它和 MIDI 差不多，只是音色、效果上有些特色，专用于 FM 声卡。不过其兼容性差，且效果无法和别的格式相提并论。

CD Audio（音乐），扩展名为 CDA。CDA 格式就是唱片采用的格式，又叫"红皮书"格式，记录的是波形流。CDA 的缺点是无法编辑，文件长度太大。

MIDI，扩展名为 MID。作为音乐工业的数据通信标准，MIDI 可谓是一种非常专业的语言，它能指挥各种音乐设备的运转，而且具有统一的标准格式，甚至能够模仿用原始乐器的各种演奏技巧无法演奏的效果。MIDI 文件长度非常小。MIDI 的一个缺点是不能记录语音。

24）B。

4+4+2=10。

25）B。

26）B。

彩色空间是彩色图像所使用的颜色描述方法，常用的有 RGB 彩色空间、CMY 彩色空间、YUV 彩色空间。不同的彩色空间对应着不同的应用场合，各有其特点。因此，数字图像的生成、存储、处理及显示对应着不同的彩色空间，任何一种颜色都可以在上述彩色空间中被精确地描述。

① RGB 彩色空间：计算机中的彩色图像一般都用 R、G、B 分量表示。彩色显示器通过发射出三种不同强度的电子束使屏幕内侧覆盖的红、绿、蓝磷光材料发光产生色彩。无论多媒体系统的中间过程采用什么形式的彩色空间表示，最后的输出一定要转换成 RGB 彩色空间。

② CMY 彩色空间：彩色打印机的纸张是不能发射光线的，它只能使用能够吸收特定的光波而反射其他光波的油墨或颜料来实现。用油墨或颜料进行混合得到的彩色称为相减混色。之所以称为相减混色，是因为减少（吸收）了人眼识别颜色所需要的反射光。根据三基色原理，通常油墨或颜料的三基色是青、品红和黄。可以用这三种颜色的油墨或颜料按不同比例混合成一种由油墨或颜料表现的颜色。

③ YUV 彩色空间：在现代彩色电视系统中，通常采用三管彩色摄像机或彩色 CCD 摄像机把摄得的彩色图像信号经过分色、放大和校正得到 RGB 三基色，再经过矩阵变换得到亮度信号 Y 和两个色差信号 U（R-Y）、V（B-Y），最后发送端将亮度和两个色差信号分别进行编码，用同一信道发送出去。电视图像一般都是采用 Y、U、V 分量表示的，其亮度和色度是分离的，解决了彩色和黑白显示系统的兼容问题。如果只有 Y 分量而没有 U、V 分量，那么所表示的图像是黑白灰度图像。

第9章

软件工程

9.1 考点精讲

9.1.1 考纲要求

软件工程主要是考试中所涉及的生存周期模型、软件开发模型、软件项目管理、软件项目度量、系统分析与需求分析、系统设计、软件测试、系统维护、软件体系结构等。本章在考纲中主要有以下内容：

- 生存周期模型。
- 软件开发模型。
- 软件项目管理。
- 软件项目度量。
- 系统分析与需求分析。
- 系统设计。
- 软件测试。
- 系统维护。
- 软件体系结构。

软件工程考点如图 9-1 所示，用星级★标示知识点的重要程度。

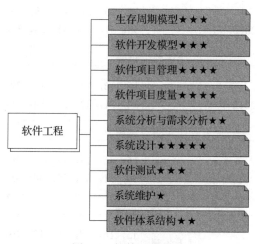

图 9-1　软件工程考点

9.1.2 考点分布

统计 2010 年至 2020 年试题真题，在上午考核的基础知识试卷中，本章主要考点分值为 12～14 分，在下午考核的案例应用试卷中，本章会考一道大题，15 分，合计 27～29 分。本章是考试中的重点，数据流图设计知识考查频繁。历年真题统计如表 9-1 所示。

表9-1 历年真题统计

年 份	时 间	题 号	分 值	知 识 点
2010 年上	上午题	15，16，17，18，19，29，30，31，32，33，34，35，36	13	软件开发模型、软件项目管理、软件项目度量、系统分析与需求分析、系统设计、软件测试、系统维护
	下午题	试题一	15	系统设计（数据流图设计）
2010 年下	上午题	15，16，17，18，19，29，30，31，32，33，34，35，36	13	软件开发模型、软件项目管理、软件项目度量、系统分析与需求分析、系统设计、软件测试、系统维护
	下午题	试题一	15	系统设计（数据流图设计）
2011 年上	上午题	15，16，17，18，19，29，30，31，32，33，34，35，36	13	软件开发模型、软件项目管理、软件项目度量、系统分析与需求分析、系统设计、软件测试、系统维护
	下午题	试题一	15	系统设计（数据流图设计）
2011 年下	上午题	15，16，17，18，19，29，30，31，32，33，34，35，36	13	软件开发模型、软件项目管理、软件项目度量、系统分析与需求分析、系统设计、软件测试、系统维护
	下午题	试题一	15	系统设计（数据流图设计）
2012 年上	上午题	15，16，17，18，19，29，30，31，32，33，34，35，36	13	软件开发模型、软件项目管理、软件项目度量、系统分析与需求分析、系统设计、软件测试、系统维护
	下午题	试题一	15	系统设计（数据流图设计）
2012 年下	上午题	15，16，17，18，19，29，30，31，32，33，34，35，36	13	软件开发模型、软件项目管理、软件项目度量、系统分析与需求分析、系统设计、软件测试、系统维护
	下午题	试题一	15	系统设计（数据流图设计）
2013 年上	上午题	15，16，17，18，19，29，30，31，32，33，34，35，36	13	软件开发模型、软件项目管理、软件项目度量、系统分析与需求分析、系统设计、软件测试、系统维护
	下午题	试题一	15	系统设计（数据流图设计）
2013 年下	上午题	15，16，17，18，19，29，30，31，32，33，34，35，36	13	软件开发模型、软件项目管理、软件项目度量、系统分析与需求分析、系统设计、软件测试、系统维护
	下午题	试题一	15	系统设计（数据流图设计）
2014 年上	上午题	15，16，17，18，19，29，30，31，32，33，34，35，36	13	软件开发模型、软件项目管理、软件项目度量、系统分析与需求分析、系统设计、软件测试、系统维护
	下午题	试题一	15	系统设计（数据流图设计）
2014 年下	上午题	15，16，17，19，20，29，30，31，32，33，34，35，36	13	软件开发模型、软件项目管理、软件项目度量、系统分析与需求分析、系统设计、软件测试、系统维护
	下午题	试题一	15	系统设计（数据流图设计）

（续）

年　份	时　间	题　号	分　值	知　识　点
2015 年上	上午题	15，16，17，18，19，29，30，31，32，33，34，35，36	13	软件开发模型、软件项目管理、软件项目度量、系统分析与需求分析、系统设计、软件测试、系统维护
	下午题	试题一	15	系统设计（数据流图设计）
2015 年下	上午题	15，16，17，18，19，29，30，31，32，33，34，35，36	13	软件开发模型、软件项目管理、软件项目度量、系统分析与需求分析、系统设计、软件测试、系统维护
	下午题	试题一	15	系统设计（数据流图设计）
2016 年上	上午题	15，16，17，18，19，29，30，31，32，33，34，35，36	13	软件开发模型、软件项目管理、软件项目度量、系统分析与需求分析、系统设计、软件测试、系统维护
	下午题	试题一	15	系统设计（数据流图设计）
2016 年下	上午题	15，16，17，18，19，29，30，31，32，33，34，35，36	13	软件开发模型、软件项目管理、软件项目度量、系统分析与需求分析、系统设计、软件测试、系统维护
	下午题	试题一	15	系统设计（数据流图设计）
2017 年上	上午题	15，16，17，18，19，29，30，31，32，33，34，35，36	13	软件开发模型、软件项目管理、软件项目度量、系统分析与需求分析、系统设计、软件测试、系统维护
	下午题	试题一	15	系统设计（数据流图设计）
2017 年下	上午题	15，16，17，18，19，29，30，31，32，33，34，35，36	13	软件开发模型、软件项目管理、软件项目度量、系统分析与需求分析、系统设计、软件测试、系统维护
	下午题	试题一	15	系统设计（数据流图设计）
2018 年上	上午题	16，17，18，19，20，30，31，32，33，34，35，36，37	13	软件开发模型、软件项目管理、软件项目度量、系统分析与需求分析、系统设计、软件测试、系统维护
	下午题	试题一	15	系统设计（数据流图设计）
2018 年下	上午题	15，16，17，18，19，29，30，31，32，33，34，35，36	13	软件开发模型、软件项目管理、软件项目度量、系统分析与需求分析、系统设计、软件测试、系统维护
	下午题	试题一	15	系统设计（数据流图设计）
2019 年上	上午题	15，16，17，18，19，29，30，31，32，33，34，35，36	13	软件开发模型、软件项目管理、软件项目度量、系统分析与需求分析、系统设计、软件测试、系统维护
	下午题	试题一	15	系统设计（数据流图设计）
2019 年下	上午题	15，16，17，18，19，29，30，31，32，33，34，35，36	13	软件开发模型、软件项目管理、软件项目度量、系统分析与需求分析、系统设计、软件测试、系统维护
	下午题	试题一	15	系统设计（数据流图设计）
2020 年下	上午题	15，16，17，18，19，29，30，31，32，33，34，35，36	13	软件开发模型、软件项目管理、软件项目度量、系统分析与需求分析、系统设计、软件测试、系统维护
	下午题	试题一	15	系统设计（数据流图设计）

9.1.3 知识点精讲

9.1.3.1 生存周期模型

1. 功能分解方法

在传统的软件工程中，基于功能分解的结构化方法可以说是最早出现的方法之一。
该方法可表示为：

$$功能分解方法=功能+子功能+功能接口$$

这个式子表达了功能分解方法具有 3 个要素，即功能、子功能、功能接口。用这种方法对系统进行分析是一个功能分解的过程，它的基本思想是将系统看成由若干功能构成的一个集合，每一个功能又可以分成若干子功能（子加工或者过程）。在这一过程中，同时定义每一个功能的接口。

功能分解方法往往是利用已有的经验，对一个新系统设定加工以及加工的过程，分析人员思维的基本出发点是系统需要什么功能，这也符合传统程序设计人员的思维特征。例如，根据用户提出的功能需求，用结构化方法进行总体分析与设计，获取系统的功能结构模型。

2. 数据流方法

基于数据流的方法也是一种从问题空间到某一种表示的映射的方式，它用数据流图表示。人们习惯把该方法直接称为结构化方法，它简单、实用，是传统软件工程最广泛使用的重要方法之一。

该方法可以表示为：

$$数据流方法=数据流+数据变换+数据存储+终节点+加工说明+数据词典$$

其中，终节点通常是数据源和数据池。

这种方法思维的基本出发点是数据流，即利用数据流来理解问题和分析问题。它采用了逐层分解、逐步求精的基本原则，分析人员沿着问题空间的数据流进行分析，从而把数据流映射到分析结果的模型上（数据流图）。例如，用结构化方法进行分析，获取系统分析模型。

（1）结构化开发方法

现有的软件开发方法中最成熟、应用最广泛的方法，主要特点是快速、自然和方便。结构化方法总的指导思想为自顶向下、逐步求精。它的基本原则是功能的分解与抽象，如图 9-2 所示。

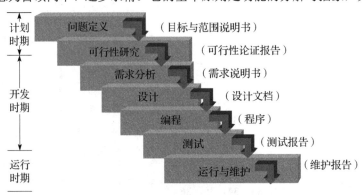

图 9-2　结构化开发方法

（2）原型化方法

原型是软件开发过程中软件的一个早期可运行的版本，它反映了最终系统的部分重要特性。原型化方法的基本思想是花费少量代价建立一个可运行的系统，使用户尽早获得学习的机会，又称速成原型法。原型化方法强调的是软件开发人员与用户的不断交互，通过原型的演进不断适应用户任务改变的需求，将维护和修改阶段的工作尽早进行，使用户验收提前，从而使软件产品更加适用。

3. 信息造型方法

基于数据的信息造型（建模）方法本质上是一种分析方法，它的发展与数据库技术的发展有着密切的关系，有时把信息模型看作数据库模型。

该方法可以表示为：

$$信息造型=对象+属性+联系+父类型/子类型+关联对象$$

这里的对象是客观世界中的某种事物的表示，它具有属性，但不包含操作。

信息造型方法的基本出发点立足于数据（数据结构），而不是数据流，由问题空间认识导出数据结构，从而建立分析模型，这种方法的描述工具之一是 E-R 图（实体–联系图），它的基本元素是实体、属性和关联。

信息造型方法的重要核心概念是实体–联系，实体是问题空间中的一个事物，它带有一组数据的属性，关联描述问题空间中事物之间的联系。实体与关联加上属性形成一个网络结构，软件人员常常使用 E-R 图描述系统的信息状态。

例如，典型的代表是 JACKSON 方法。

（1）JACKSON 方法

① 建立数据结构。

JACKSON 方法中数据结构通常表示为树形结构，有顺序、选择和循环三种基本结构。如图 9-3 所示为按照三种基本结构建立的文件数据结构。

② 以数据结构为基础，建立相应的程序结构图。

以处理文件数据为例，构建模块图，也称为 JACKSON 图，如图 9-4 所示。当没有结构冲突时，转换过程是简单的。一般情况下，数据结构与模块结构是相对应的，因此不难从数据结构导出程序结构。

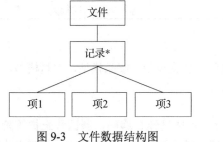

图 9-3　文件数据结构图

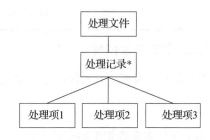

图 9-4　模块结构图

（2）面向对象方法

用面向对象（Object-Oriented，OO）方法容易模拟人类习惯的思维方式，便于在计算机系统中自然地表达客观事物。

该方法可以表示为：

$$面向对象方法=对象+类+结构（分类/组装）+继承/委托+消息（通信）$$

其中，对象是一组属性和服务的封装体，它是问题空间中某一事物的抽象。这个公式仅仅表达了面向对象方法中几个重要的特征。

面向对象方法的核心思想是利用面向对象的概念和方法，它把重点集中在对问题空间的理解上。为软件系统需求建造模型。

面向对象技术把对象作为基本构件单位，整个系统的结构建立在一系列的类之上。软件分析和设计过程重要的是构筑类和类族、类（对象）的识别及划分、认定其属性和方法、类与类之间的关联、消息的传递等。

（3）敏捷开发

敏捷开发以用户的需求进化为核心，采用迭代、循序渐进的方法进行软件开发。在敏捷开发中，软件项目在构建初期被切分成多个子项目，各个子项目的成果都经过测试，具备可视、可集成和可运行使用的特征。换言之，就是把一个大项目分为多个相互联系，但也可独立运行的小项目，并分别完成，在此过程中软件一直处于可使用状态。其中，Scrum 和极限编程（XP）较为流行，两者的区别如表 9-2 所示。

表9-2　Scrum与XP比较表

对比内容敏捷开发	Scrum	XP
迭代时长	Scrum 一般为 2~4 周	XP 一般为 2~4 周
迭代中的修改需求	一旦迭代开工，不允许修改需求，由 Scrum Master 严格把关，不允许开发团队受到干扰	故事还没有实现，可以考虑用另外的需求替换，替换原则是需求实现的时间量是相等的
按需求有优先级实现	可以不按照优先级别来做。Scrum 的理由是：如果优先问题的解决者，由于其他事情耽搁，不能认领任务，那么整个进度就耽误了	务必遵守优先级别
实施过程中采用的工程方法	没有对软件的整个实施过程开出工程实践的处方。要求开发者自觉保证	对整个流程方法定义非常严格，规定需要采用 TDD、自动测试、结对编程、简单设计、重构等约束团队的行为

9.1.3.2 软件开发模型

常见的软件开发模型有 5 种：瀑布模型、演化模型、螺旋模型、喷泉模型、增量模型。

1. 瀑布模型

给出了软件生存周期中制定开发计划、需求分析、软件设计、编码、测试和维护等阶段以及各阶段的固定顺序，上一阶段完成后才能进入下一阶段，整个过程如同瀑布流水。该模型为软件的开发和维护提供了一种有效的管理模式，但在大量的实践中暴露出其缺点，其中最为突出的是缺乏灵活性，特别是无法解决软件需求不明确或不准确的问题。这些问题有可能造成开发出的软件并不是用户真正需要的，并且这一点只有在开发过程完成后才能发现。所以瀑布模型适用于需求明确且很少发生较大变化的项目。

2. 演化模型

为了克服瀑布模型的上述缺点，演化模型允许在获取了一组基本需求后，通过快速分析构造出软件的一个初始可运行版本（称作原型），然后根据用户在适用原型的过程中提出的意见对原型进行改进，从而获得原型的新版本。这一过程重复进行，直到得到令用户满意的软件。该模型和螺旋模型、喷泉模型等适用于对软件需求缺乏明确认识的项目。

3. 螺旋模型

螺旋模型将瀑布模型和演化模型进行结合，在保持二者优点的同时，增加了风险分析，从而弥补了二者的不足。该模型沿着螺线旋转，并通过笛卡儿坐标的 4 个象限分别表示 4 个方面的活动：制定计划、风险分析、实施工程和客户评估。螺旋模型为项目管理人员及时调整管理决策提供了方便，进而可降低开发风险。

4. 喷泉模型

喷泉模型是以面向对象的软件开发方法为基础，以用户需求为动力，以对象来驱动的模型。该模型主要用于描述面向对象的开发过程，体现了面向对象开发过程的迭代和无间隙特性。迭代指模型中的活动通常需要重复多次，相关功能在每次迭代中被加入新的系统。无间隙是指在各开发活动（如分析、设计、编码）之间没有明显边界。

5. 增量模型

增量模型也称渐增模型。使用增量模型开发软件时，把软件产品作为一系列的增量构件来设计、编码、集成和测试。每个构件由多个相互作用的模块构成，并且能够完成特定的功能。

增量模型与瀑布模型，演化模型相反，它分批地逐步向用户提交产品，整个软件产品被分解为许多个增量构件。

9.1.3.3 软件项目管理

项目是一个特殊的将被完成的有限任务，它是在一定时间内满足一系列特定目标的多项相关工作的总称。

此定义实际包含三层含义：项目是一项有待完成的任务，且有特定的环境与要求；在一定的组织机构内，利用有限资源（人力、物力、财力等）在规定的时间内完成任务；任务要满足一定性能、质量、数量、技术指标等要求。

1. 项目特征

项目不论大小，不论复杂还是简单，一般都具有以下几个主要特征：

- 整体性。
- 一次性。
- 独特性。
- 具有生命周期。

- 约束性。
- 具有客户。
- 不确定性。

2. 项目管理过程

项目管理过程就是首先制定计划，然后执行计划，以实现项目目标。

具体地讲，项目管理包括 5 个过程：

- 项目启动。
- 项目计划。
- 项目实施。
- 项目控制。
- 项目收尾。

3. 软件项目管理的领域

软件项目管理的领域包括范围管理、时间管理、成本管理、质量管理、人力资源管理、沟通管理、采购管理、风险管理、综合管理。

4. 软件项目管理实施的关键问题

在具体实施项目管理时，软件企业会遇到许多实际问题。

（1）项目定义中的问题

合理定义用户需求，明确项目范围。准确、清晰、完整地表达用户需求。

（2）项目组织实施中的问题

软件开发人员和管理人员协作，以及软件开发队伍与用户之间的沟通等问题。

（3）项目控制中的问题

对无形产品的设计、开发过程进行监控，这是软件项目管理的难点。控制包括里程碑的完成时间、质量管理与控制、进度控制、成本控制等。

（4）项目风险管理中的问题

风险是损失发生的可能性。风险 = 损失 × 可能性。

风险管理（识别、分析、评估、应对风险）也可以从风险发生的概率（可能性）和危害的影响（损失）考虑。

（5）项目评价中的问题

项目评价有两个方面，一是评价项目本身，二是评价项目成员。

5. 能力成熟度模型

能力成熟度模型（Capability Maturity Model，CMM）并不是一个软件生命周期模型，而是改进软件过程的一种策略，它与实际使用的软件过程模型（开发模型）无关。

能力成熟度模型将软件过程的成熟度（从无序到有序的进化过程）分成 5 个等级，并且 5 个等级逐层提高。

（1）初始级

● 工作无序，在项目进行过程中，常放弃当初的规划。

● 管理无章，缺乏健全的管理制度。

● 开发项目成效不稳定，优秀管理人员的管理办法可能取得成效，但他一旦离去，工作秩序面目全非，产品的性能和质量依赖于个人的能力和行为。

（2）可重复级

● 管理制度化，建立了基本的管理制度和规程，管理工作有章可循。

● 初步实现标准化，开发工作较好地实施标准。

● 变更均依法进行，做到基线化。

● 稳定可跟踪，新项目的计划和管理基于过去的实践经验，具有复用以前成功项目的环境和条件。

（3）已定义级

● 在软件开发过程中，包括技术工作和管理工作，均已实现标准化和文档化。

● 建立了完善的培训制度和专家评审制度。

● 全部技术活动和管理活动均稳定实施。

● 项目的质量、进度和费用均可控制。

● 对项目过程、岗位和职责均有共同的理解。

（4）已管理级

● 产品和过程已建立了定量的质量标准。

● 软件开发过程中的生产率和质量是可度量的。

● 已建立了过程数据库。

● 已实现了项目产品和过程的控制。

● 可预测过程和产品质量趋势，如果预测偏差，及时纠正。

（5）优化级

● 不断改进过程，采用新技术和新方法。

● 拥有防止缺陷、识别薄弱环节以及加以改进的手段。

● 可取得软件过程有效的统计数据，并可根据这些数据进行分析，改进过程。

6. 软件项目估算的技术与模型

软件项目估算方法可以分为 3 种基本类型：自顶向下、自底向上和差别估算法。

（1）自顶向下

对整个项目的总开发时间和总工作量做出估算，然后将它们按阶段、步骤和工作单元进行分配。

（2）自底向上

分别估算出各工作单元所需的工作量和开发时间，然后相加，得出总的工作量和总的开发时间。

（3）差别估算法

将开发项目与一个或多个已完成的类似项目进行比较，找出与某个类似项目的若干不同之处，并估算每个不同之处对成本的影响，得出开发项目的总成本。该方法的优点是可以提高估算的准确度，缺点是不容易明确"差别"的界限。

7. 软件项目进度

项目目标一旦确定，就需要组织项目团队、绘制专业领域技术编制表、建立工作分析结构以及项目组成员的责任矩阵，并在此基础上进行工期和预算的分摊，即制定项目的进度和成本计划。具体包括成员能力评估、软件项目开发的并行性、各阶段工作量的分配、进度安排。

9.1.3.4 软件项目度量

1. 项目甘特图

动态地反映出项目的进展。一幅完整的甘特图由横轴和纵轴两部分组成，横轴表示项目的总时间跨度，并以月、周或日为时间单位；纵轴表示各项目涉及的各项活动。长短不一的条状图则表示在项目周期内单项活动的完成情况及时间跨度。

2. 项目网络图

由作业、事件和路线三个因素组成。活动描述如图 9-5 所示。

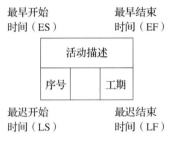

图 9-5 项目网络图中的活动描述

（1）最早时间的计算

① 首项活动（可能不止一个）的最早开始时间（ES）总是 0。
② 每一项活动的工期（估算）是已知数。

因此，首项活动的最早结束时间（EF）是：EF=ES+工期。

③ 下一项活动的最早开始时间（ES）是：

ES=max{首项活动的最早结束时间（EF）}   //找出最大值
再计算该项活动的 EF：EF=ES+工期。

④ 重复第③步直到最后一项活动。

（2）最迟时间的计算

① 末项活动的最迟结束时间（LF）是定数（计划数）。

② 每一项活动的工期（估算）是已知数。

因此，末项活动的最迟开始时间（LS）是：LS=LF-工期。

③ 前一项活动的最迟结束时间（LF）是：

LF=min{末项活动的最早开始时间（LS）}　　　//找出最小值

再计算该项活动的 LS：LS=LF-工期。

④ 重复第③步直到首项活动。

3. 关键路径

最后一项活动的最早结束时间和项目要求完工时间之间有差距，这个差距叫作"总时差"，有时也叫"浮动量"。

总时差可以用每项活动的最迟结束（开始）时间减去它的最早结束（开始）时间计算出来，即

$$总时差=LF-EF　　　或　　　总时差= LS-ES$$

如果某项活动的总时差为正值，则表明该项活动花费的时间总量可以适当延长，而不必担心会出现在要求完工时间内的活动无法完成的情况。反之，如果总时差为负值，则表明该项活动要加速完成以减少花费的时间，同时表明完成这个项目缺少时间余量。

为了较好地控制项目进度，必须找到项目网络图中的关键路径。在一个较大的网络图中，从开始到完成可以有很多条路径，一些路径总时差可能为正值，另一些可能为负值。那些总时差为正值的路径被称为非关键路径，而那些总时差为零或负值的路径被称为关键路径。

9.1.3.5 系统分析与需求分析

软件需求分析是发现、求精、建模和产生规格说明的过程，软件开发人员需要对应用问题及环境进行理解、分析，为问题涉及的信息、功能及行为建立模型。需求分析实际上是对系统的理解与表达的过程，是一种软件工程的活动。

开发人员充分理解用户的需求，对问题及环境进行理解、分析与综合，逐步建立目标系统的模型。通常软件人员和用户一起了解系统的确切要求，即系统要做什么。

产生规格说明书等有关的文档。规格说明就是把分析的结果完全地、精确地表达出来。系统分析员经过调查分析后建立好模型，在这个基础上逐步形成规格说明书。需求规格说明书是一个非常重要的文档。

1. 需求分析原则

应该遵循一些基本的原则：

1）必须理解和表示问题的信息域，可用数据模型描述。信息域：包括信息流、信息内容和信息结构。

2）必须定义软件将完成的功能，可用功能模型描述。

3）必须表示软件的行为（服务、操作），可用行为模型描述。

4）对描述的信息、功能和行为模型进行划分（分解），使得分析模型可以用层次的方法展示细节。分解：一个庞大而又复杂的问题在整体上往往很难被完全理解，可以把一个复杂的问题分解成若干个子问题，如果问题被分解后还不足以被理解，又把子问题再进一步分解，直到问题能被完

全理解为止。

5）分析过程应该从要素信息移到实现细节，可以采用逐步求精的技术。

2. 绘制系统关联图

绘制系统关联图，创建用户接口原型，分析需求可行性，确定需求的优先级，为需求建立模型，创建数据字典等。

（1）确定系统的综合要求

- 系统功能要求：这是最主要的需求，确定系统必须完成的所有功能。
- 系统性能要求：应就具体系统而定，例如可靠性、联机系统的响应时间、存储容量、安全性能等。
- 系统运行要求：主要是对系统运行时的环境要求，如系统软件、数据库管理系统、外存和数据通信接口等。
- 将来可能提出的要求：对将来可能提出的扩充及修改做预先的准备。

（2）分析系统的数据要求

软件系统本质上是信息处理系统，因此必须考虑：① 需要哪些数据、数据间的联系、数据的性质和结构；②数据处理的类型、数据处理的逻辑功能。

（3）导出系统的逻辑模型

例如，用 SA 方法导出系统的逻辑模型，用数据流图描述。

（4）修正系统的开发计划

通过需求对系统的成本及进度有了更精确的估算，可进一步修改开发计划。

9.1.3.6 系统设计

在软件开发工程中，在解决问题之前，首先要分析和理解问题空间，即调查分析。当对问题彻底地理解后，需要把它表达清楚。

1. 模型

经过软件的需求分析建立起来的模型可以称为分析模型或者需求模型，注意分析模型实际上是一组模型，它是一种目标系统逻辑表示技术，可以用图形描述工具来建模，选定一些图形符号分别表示信息流、加工处理以及系统的行为等，还可以用自然语言给出加工说明。

注意分析模型是需求规格说明中的一部分，最终确立的分析模型是生成需求规格说明的基础，也是软件设计和实现的基础。

在分析模型中，核心是数据字典，围绕着数据字典有 3 个层次的子模型，即数据模型、功能模型、行为模型。3 个子模型的分析和建立有着密切的联系，但并不具有严格的时序性，它是一个迭代的过程。

（1）数据模型

数据模型用于描述数据对象之间的关系，数据模型应包含有三种相关的信息，即数据对象、属性和关系。

数据模型常用"实体–联系图"（Entity–Relationship Diagram，ERD，也称为实体–关系图）来描述，也称为 E-R 模型。

（2）功能模型

功能模型可以用数据流图描述，所以又称为数据流模型，人们常常用数据模型和数据流模型来描述系统的信息结构。当信息在软件系统移动时，它会被一系列变换所修改，它描绘信息流和数据从输入移动到输出，以及被应用变换（加工处理）的过程。

数据流图（Data Flow Diagram，DFD）是一种图形化技术，数据流图符号简单、实用。用数据流图可以表达软件系统必须完成的功能，在进行系统分析时，把软件系统自顶向下逐层分解、逐步细化，由此所获得的功能模型就是一个分层数据流图，它描述了系统的分解。

系统自顶向下逐层分解时，可以把一个加工分解成几个加工，当每一个加工都已分解到足够简单时，分解工作就可以结束了。足够简单的不再分解的加工称为基本加工。如果某一层分解不合理、不恰当就要重新分解。

在分层数据流图中，注意到父图与子图的数据流要平衡。平衡是指子图的输入/输出数据流应该与父图的输入/输出数据流一致。

（3）行为模型

在传统的数据流模型中，控制和事件流没有被表示出来。在实时系统的分析和设计中，行为建模显得尤其重要。事实上大多数商业系统是数据驱动的，所以非常适合用数据流模型，相反地，实时控制系统却很少有数据输入，主要是事件驱动。因此，状态机模型是最有效的系统行为描述方式。当然，也有同时存在数据驱动和事件驱动两类模型的系统。

行为模型常用状态转换图（简称状态图）来描述，它又称为状态机模型，状态机模型通过描述系统的状态以及引起系统状态转换的事件来表示系统的行为。状态图中的基本元素有事件、状态和行为等。事件是在某个特定时刻发生的事情，它是对引起系统从一个状态转换到另一个状态的外界事件的抽象。简单地说，事件是引起系统状态转换的控制信息。

状态是任何可以被观察到的系统行为模式，一个状态代表系统的一种行为模式。状态规定了系统对事件的响应方式，系统对事件的响应可能是做一个动作或者一系列动作，也可能是仅仅改变系统本身的状态。

2. 数据字典

在结构化分析模型中，数据对象和控制信息非常重要，需要一种系统的、有组织的描述方式表示每一个数据对象和控制信息的特征，这可以由数据字典来完成。

简单地说，数据字典（Data Dictionary）用于描述软件系统中使用或者产生的每一个数据元素，是系统数据信息定义的集合。

3. 数据流图

数据流图（Data Flow Diagram，DFD）是描述系统中数据流程的图形工具，它标识了一个系统的逻辑输入和逻辑输出，以及把逻辑输入转换为逻辑输出所需的加工处理，如图 9-6 所示。

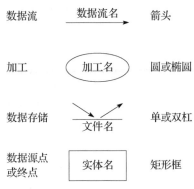

图 9-6　数据流程的图形工具

数据流是数据在系统内传播的路径，由一组固定的数据项组成。除了与数据存储之间的数据流不用命名外，数据流应该用名词或名词短语命名。

加工也称为数据处理，它对数据流进行某些操作或变换。每个加工也要有名字，通常是动词短语，简明地描述完成什么加工。在分层的数据流图中，加工还应有编号。

数据存储指暂时保存的数据，它可以是数据库文件或任何形式的数据组织。流向数据存储的数据流可理解为写入文件或查询文件，从数据存储流出的数据可理解为从文件读数据或得到查询结果。

数据源点和终点是软件系统外部环境中的实体（包括人员、组织或其他软件系统），统称为外部实体。一般只出现在数据流图的顶层图中。

数据守恒与数据封闭原则：加工的输入/输出数据流是否匹配，即每一个加工既有输入数据流又有输出数据流，或者说一个加工至少有一个输入数据流和一个输出数据流。

9.1.3.7　软件测试

1. 特点

（1）软件测试的开销大

按照软件工程估算模型之父 Barry W. Boehm 的统计，软件测试的开销大约占总成本的 30%～50%。例如，APOLLO 登月计划，80%的经费用于软件测试。对于一些涉及人身安全的特殊软件，其软件的测试费用甚至高于该软件其他费用总和的 3～5 倍。

（2）不能进行"穷举"测试

只有将所有可能的情况都测试到，才有可能检查出所有的错误，但这是不可能的。

2. 软件测试的原则

根据软件测试的目标，软件测试的原则如下：

- 所有的测试都应该追溯到用户需求。
- 应该尽早制定测试计划。
- 应该由第三方进行测试工作。
- 穷举测试是不可能的。
- 充分注意到错误的群集现象。
- 测试应该从"小规模"到"大规模"。

3. 白盒测试法

白盒测试法简称白盒法，由于需要分析了解程序的内部结构，好像一个透明的盒子，因此称为白盒法。

测试者完全了解程序的内部结构和处理过程，从程序的逻辑结构入手，按照程序的内部逻辑结构测试、检验程序。例如，是否按预定的每一条路径执行，是否执行每一个语句等。白盒测试又称结构测试。

为了选用高产的测试数据，做尽可能完备的测试。可以参考一些基本的测试原则，例如：

- 保证模块中每一个独立的路径至少执行一次。
- 保证所有判断的每一个分支至少执行一次。
- 保证每一个循环都在边界条件和一般条件下至少执行一次。
- 验证所有内部数据结构的有效性。

（1）逻辑覆盖

逻辑覆盖是一组覆盖方法的总称，它是以程序的内部逻辑结构为基础的设计测试用例，具体可分成语句覆盖、判定覆盖、条件覆盖、判定/条件覆盖、条件组合覆盖等。

（2）循环测试

在结构化程序结构中，存在 3 种循环结构：

- 简单循环测试。
- 嵌套循环测试。
- 串接循环测试。

（3）基本路径测试

在实际问题中，一个不是很复杂的程序，其路径都可能是一个庞大的数字，要覆盖所有的路径是不可能的，因此只得把覆盖的路径数压缩到一定的限度内进行测试。

基本路径测试是 Tom J. McCabe 提出的一种白盒测试法，它的基本思想是，以软件过程性描述为基础（例如，详细设计的程序流程图或源代码），通过分析它的控制流程确定复杂性，导出基本路径集合，并设计一组测试用例，确保程序中的每个语句至少执行一次，每一条路径都通过一次 。

基本路径测试主要有 4 个步骤：

① 根据详细设计或源程序代码结果导出程序流图。
② 计算环路复杂性。

根据 McCabe 的定义，环路复杂性是根据程序图 G 的边数和节点数来计算的：

$$V(G)=E-N+2$$

其中，E 是程序流图的边数，N 是程序流图的节点数。

③ 确定线性独立的基本路径集。

所谓独立路径，是指至少引入程序的一个新处理语句集合或一个新条件的路径。如果使用程序流图术语描述，独立路径是至少包含一条在定义该路径之前不曾用过的边。

④ 设计测试用例。

软件测试人员可以根据判断点给出的条件选择适当的数据作为测试用例，保证每一条路径可以被测试。

4. 黑盒测试法

黑盒测试法简称黑盒法，它注重测试软件的功能需求，所以黑盒测试又称为功能测试。它很少涉及软件的内部逻辑结构，以程序的功能作为测试的依据对程序进行测试。测试者要研究软件需求规格说明和涉及的有关功能、性能、输入/输出之间的关系，并且根据测试的结果与期望的结果进行分析。

软件测试分为单元测试、组装测试、确认测试和系统测试。

各测试阶段都应采用综合测试策略，即以某种动态测试方法为主，再辅以其他测试方法。例如，单元测试以白盒法为主，再辅以黑盒法。而其他测试则以黑盒法为主，当发现问题较多的模块需要进行回归测试时，再使用白盒法。

9.1.3.8 系统维护

1. 软件维护分类

（1）纠错性维护

软件测试不可能找出一个软件系统中所有潜伏的错误，所以当软件在特定情况下运行时，这些潜伏的错误可能会暴露出来。诊断和改正软件系统中潜伏下来的错误，这样的活动称为纠错性维护。

（2）适应性维护

计算机的软硬件环境、数据环境在不断地变化，为了适应新环境的变化而修改软件的活动称为适应性维护。

（3）完善性维护

当一个软件系统投入使用和成功地运行时，用户会根据业务发展的实际需要提出增加新功能、修改已有功能以及性能的改进要求等。

为了改善、加强系统的功能和性能，提高软件运行的效率以满足用户新的要求，这样的维护活动称为完善性维护。

（4）预防性维护

预防性维护是为了改善软件系统的可维护性和可靠性，以便减少今后对它们维护所需要的工作量，为以后进一步改进软件打下良好的基础。

2. 软件的可维护性度量

软件的可维护性是软件开发阶段各个时期的关键目标。

软件的可维护性是指纠正软件系统出现的错误和缺陷，以及为满足新的要求进行修改、扩充或压缩的容易程度（维护人员理解、改正、改动和改进软件的难易程度）。

质量测试和质量标准可以用于定量分析和评价程序的质量。由于许多质量特性是相互抵触的。影响可维护性有很多的因素，可以用 7 个特性来度量软件的可维护性：可理解性、可靠性、可测试性、可修改性、可移植性、效率、可用性。

9.1.3.9 软件体系结构

1. 客户机/服务器（C/S 体系结构）

文件共享结构的缺陷导致了 C/S 体系结构的出现。优点：降低了网络通信量；提供请求/应答模式，而非文件传输；多用户通过 GUI 访问共享数据库。

2. 浏览器/服务器（B/S 体系结构）

B/S 体系结构是三层 C/S 风格的一种实现方式。优点：系统维护成本低；瘦客户端，具备稳定性、延展性和执行效率；容错能力和负载平衡能力强。

9.2 真题精解

9.2.1 真题练习

1）基于构件的软件开发，强调使用可复用的软件"构件"来设计和构建软件系统，对所需的构件进行合格性检验、_____，并将它们集成到新系统中。

  A. 规模度量   B. 数据验证   C. 适应性修改   D. 正确性测试

2）采用面向对象方法开发软件的过程中，抽取和整理用户需求并建立问题域精确模型的过程叫_____。

  A. 面向对象测试   B. 面向对象实现   C. 面向对象设计   D. 面向对象分析

3）使用白盒测试方法时，应根据_____和指定的覆盖标准确定测试数据。

  A. 程序的内部逻辑   B. 程序结构的复杂性

  C. 使用说明书   D. 程序的功能

4）进度安排的常用图形描述方法有甘特图和 PERT 图。甘特图不能清晰地描述　①　，PERT 图可以给出哪些任务完成后才能开始另一些任务。在如图 9-7 所示的 PERT 图中，事件 6 的最晚开始时刻是　②　。

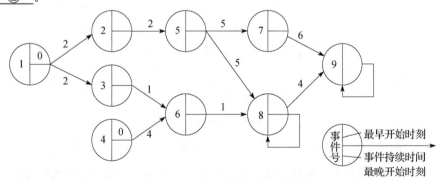

图 9-7   PERT 图

  ① A. 每个任务从何时开始   B. 每个任务到何时结束

     C. 每个任务的进展情况   D. 各任务之间的依赖关系

  ② A. 0   B. 3   C. 10   D. 11

5）对于一个大型软件来说，不加控制地变更很快就会引起混乱。为了有效地实现变更控制，需借助配置数据库和基线的概念。_____不属于配置数据库。

    A. 开发库   B. 受控库   C. 信息库   D. 产品库

6）软件设计时需要遵循抽象化、模块化、信息隐蔽和模块独立原则。在划分软件系统模块时，应尽量做到_____。

    A. 高内聚、高耦合 B. 高内聚、低耦合 C. 低内聚、高耦合 D. 低内聚、低耦合

7）能力成熟度集成模型 CMMI 是 CMM 模型的新版本，它有连续式和阶段式两种表示方式。基于连续式表示的 CMMI 共有 6 个能力等级（0~5），每个能力等级对应一个一般目标以及一组一般执行方法和特定方法，其中能力等级_____主要关注过程的组织标准化和部署。

    A. 1   B. 2   C. 3   D. 4

8）统一过程定义了初启阶段、精化阶段、构建阶段、移交阶段和产生阶段，每个阶段以达到某个里程碑时结束，其中_____的里程碑是生命周期架构。

    A. 初启阶段   B. 精化阶段   C. 构建阶段   D. 移交阶段

9）程序的三种基本控制结构是_____。

    A. 过程、子程序和分程序   B. 顺序、选择和重复

    C. 递归、堆栈和队列   D. 调用、返回和跳转

10）_____不属于软件配置管理的活动。

    A. 变更标识   B. 变更控制   C. 质量控制   D. 版本控制

11）一个功能模块 M1 中的函数 F1 有一个参数需要接收指向整型的指针，但是在功能模块 M2 中调用 F1 时传递了一个整型值，在软件测试中，_____最可能测出这一问题。

    A. M1 的单元测试   B. M2 的单元测试

    C. M1 和 M2 的集成测试   D. 确认测试

12）某程序的程序图如图 9-8 所示，运用 McCabe 度量法对其进行度量，其环路复杂度是_____。

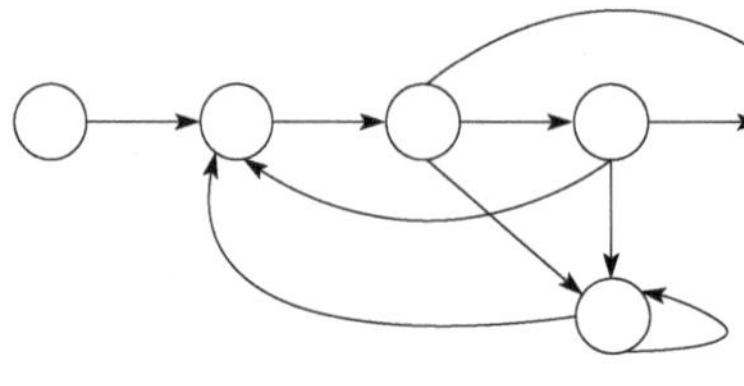

图 9-8 程序图

    A. 4   B. 5   C. 6   D. 8

13）某项目组拟开发一个大规模系统，且具备了相关领域及类似规模系统的开发经验。下列过程模型中，_____最适合开发此项目。

    A. 原型模型   B. 瀑布模型   C. V 模型   D. 螺旋模型

14）使用 PERT 图进行进度安排，不能清晰地描述__①__，但可以给出哪些任务完成后才能开

始另一些任务。如图 9-9 的 PERT 图所示，工程从 *A* 到 *K* 的关键路径是___②___（图中省略了任务的开始和结束时刻）。

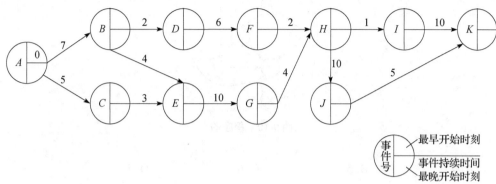

图 9-9　PERT 图

① A. 每个任务从何时开始　　　　　　　B. 每个任务到何时结束
　　C. 各任务之间的并行情况　　　　　　D. 各任务之间的依赖关系
② A. *ABEGHIK*　　　　B. *ABEGHJK*　　　　C. *ACEGHIK*　　　　D. *ACEGHJK*

15）敏捷开发方法 XP 是一种轻量级、高效、低风险、柔性、可预测、科学的软件开发方法，其特性包含在 12 个最佳实践中。系统的设计要能够尽可能早地交付，属于_____最佳实践。
　　A. 隐喻　　　　B. 重构　　　　C. 小型发布　　　　D. 持续集成

16）在软件开发过程中进行风险分析时，_____活动的目的是辅助项目组建立处理风险的策略，有效的策略应考虑风险避免、风险监控、风险管理及意外事件计划。
　　A. 风险识别　　　　B. 风险预测　　　　C. 风险评估　　　　D. 风险控制

17）冗余技术通常分为 4 类，其中_____按照工作方法可以分为静态、动态和混合冗余。
　　A. 时间冗余　　　　B. 信息冗余　　　　C. 结构冗余　　　　D. 冗余附件技术

18）以下关于过程改进的叙述中，错误的是_____。
　　A. 过程能力成熟度模型基于这样的理念：改进过程将改进产品，尤其是软件产品
　　B. 软件过程改进框架包括评估、计划、改进和监控 4 个部分
　　C. 软件过程改进不是一次性的，需要反复进行
　　D. 在评估后要把发现的问题转化为软件过程改进计划

19）软件复杂性度量的参数不包括_____。
　　A. 软件的规模　　　　B. 开发小组的规模
　　C. 软件的难度　　　　D. 软件的结构

20）根据 McCabe 度量法，如图 9-10 所示的程序图的复杂性度量值为_____。

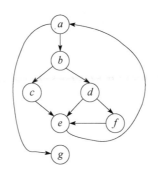

图 9-10 程序图

A. 4   B. 5   C. 6   D. 7

21）软件系统的可维护性评价指标不包括_____。

A. 可理解性   B. 可测试性   C. 可扩展性   D. 可修改性

22）以下关于软件系统文档的叙述中，错误的是_____。

A. 软件系统文档既包括有一定格式要求的规范文档，又包括系统建设过程中的各种来往文件、会议纪要、会计单据等资料形成的不规范文档

B. 软件系统文档可以提高软件开发的可见度

C. 软件系统文档不能提高软件开发效率

D. 软件系统文档便于用户理解软件的功能、性能等各项指标

23）以下关于软件测试的叙述中，正确的是_____。

A. 软件测试不仅能表明软件中存在的错误，也能说明软件中不存在的错误

B. 软件测试活动应从编码阶段开始

C. 一个成功的测试能发现至今未发现的错误

D. 在一个被测程序段中，若已发现的错误越多，则残存的错误数越少

24）不属于黑盒测试技术的是_____。

A. 错误猜测   B. 逻辑覆盖   C. 边界值分析   D. 等价类划分

25）包含 8 个成员的开发小组的沟通路径最多有_____条。

A. 28   B. 32   C. 56   D. 64

26）利用结构化分析模型进行接口设计时，应以_____为依据。

A. 数据流图   B. 实体-关系图   C. 数据字典   D. 状态-迁移图

27）图 9-11 是一个软件项目的活动图，其中顶点表示项目里程碑，连接顶点的边表示包含的活动，边上的值表示完成活动所需要的时间，则关键路径长度为_____。

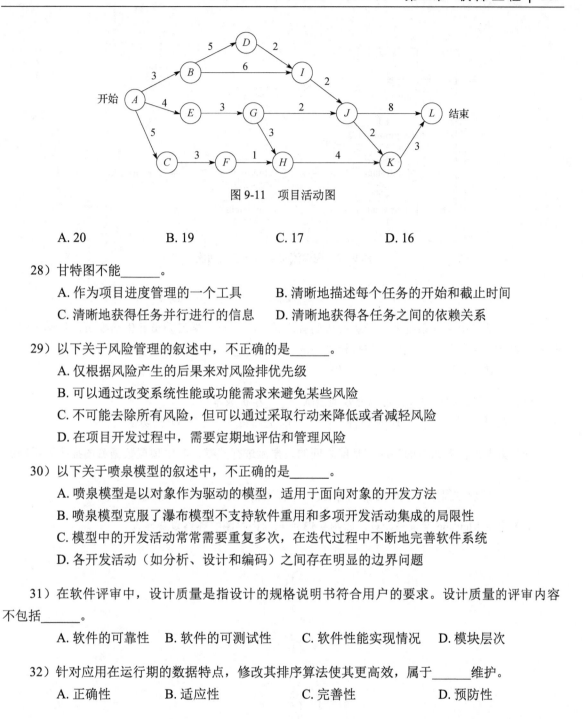

图 9-11　项目活动图

A. 20 　　　　　　　B. 19 　　　　　　　C. 17 　　　　　　　D. 16

28) 甘特图不能_____。

A. 作为项目进度管理的一个工具 　　　B. 清晰地描述每个任务的开始和截止时间

C. 清晰地获得任务并行进行的信息 　　　D. 清晰地获得各任务之间的依赖关系

29) 以下关于风险管理的叙述中，不正确的是_____。

A. 仅根据风险产生的后果来对风险排优先级

B. 可以通过改变系统性能或功能需求来避免某些风险

C. 不可能去除所有风险，但可以通过采取行动来降低或者减轻风险

D. 在项目开发过程中，需要定期地评估和管理风险

30) 以下关于喷泉模型的叙述中，不正确的是_____。

A. 喷泉模型是以对象作为驱动的模型，适用于面向对象的开发方法

B. 喷泉模型克服了瀑布模型不支持软件重用和多项开发活动集成的局限性

C. 模型中的开发活动常常需要重复多次，在迭代过程中不断地完善软件系统

D. 各开发活动（如分析、设计和编码）之间存在明显的边界问题

31) 在软件评审中，设计质量是指设计的规格说明书符合用户的要求。设计质量的评审内容不包括_____。

A. 软件的可靠性　　B. 软件的可测试性　　　C. 软件性能实现情况　　D. 模块层次

32) 针对应用在运行期的数据特点，修改其排序算法使其更高效，属于_____维护。

A. 正确性　　　　　B. 适应性　　　　　　C. 完善性　　　　　　D. 预防性

33) 如图 9-12 所示的是逻辑流实现二分查找功能，最少需要_____个测试用例可以覆盖所有的可能路径。

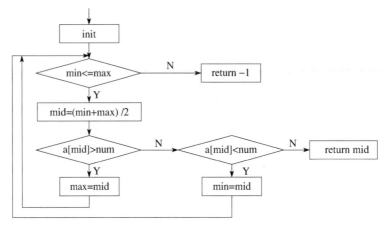

图 9-12　逻辑流实现二分查找功能

A. 1　　　　　　　B. 2　　　　　　　C. 3　　　　　　　D. 4

34）在某班级管理系统中，班级的班委有班长、副班长、学习委员和生活委员，且学生年龄在 15～25 岁。若用等价类划分来进行相关测试，则_____不是好的测试用例。

　　A.（队长, 15）　　B.（班长, 20）　　C.（班长, 15）　　D.（队长, 12）

35）进行防错性程序设计可以有效地控制_____维护成本。

　　A. 正确性　　　　B. 适应性　　　　C. 完善性　　　　D. 预防性

36）数据流图对系统的功能和功能之间的数据流进行建模，其中顶层数据流图描述了系统的_____。

　　A. 处理过程　　　B. 输入与输出　　C. 数据存储　　　D. 数据实体

37）采用 McCabe 度量法计算，如图 9-13 所示的程序图的环路复杂性为_____。

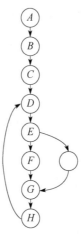

图 9-13　程序图

A. 2　　　　　　　B. 3　　　　　　　C. 4　　　　　　　D. 5

38）在白盒测试法中，___①___是最弱的覆盖准则。图 9-14 至少需要___②___个测试用例，才可以完成路径覆盖语句组 2 不对变量 i 进行操作。

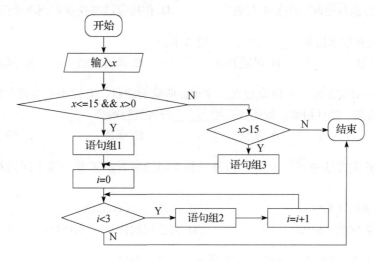

图 9-14   程序流程图

① A. 语句   B. 条件   C. 判定   D. 路径
② A. 1   B. 2   C. 3   D. 4

39）根据 ISO/IEC 9126 软件质量模型中对软件质量特性的定义，可维护性质量特性的_____子特性是指与为确认经修改软件所需努力有关的软件属性。

A. 易测试性   B. 易分析性   C. 稳定性   D. 易改变性

40）以下关于数据流图的叙述中，不正确的是_____。
A. 每条数据流的起点或终点必须是加工
B. 必须保持父图与子图平衡
C. 每个加工必须有输入数据流，但可以没有输出数据流
D. 应保持数据守恒

41）某软件项目的活动图如图 9-15 所示。图中顶点表示项目里程碑，连接顶点的边表示包含的活动，则里程碑___①___在关键路径上，活动 FG 的松弛时间为___②___。

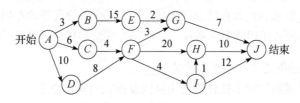

图 9-15   项目活动图

① A. B B. C C. D D. I
② A. 19   B. 20   C. 21   D. 24

42）在软件设计阶段，划分模块的原则是：一个模块的_____。

    A. 作用范围应该在其控制范围之内   B. 控制范围应该在其作用范围之内

    C. 作用范围与控制范围互不包含   D. 作用范围与控制范围不受任何限制

43）定义风险参照水准是_____活动常用的技术。

    A. 风险识别   B. 风险预测   C. 风险评估   D. 风险控制

44）某开发小组欲开发一个规模较大、需求较明确的项目，开发小组对项目领域熟悉且该项目与小组开发过的某一项目相似，则适宜采用_____开发过程模型。

    A. 瀑布   B. 演化   C. 螺旋   D. 喷泉

45）在敏捷开发方法中，_____认为每一种不同的项目都需要一套不同的策略、约定和方法论。

    A. 极限编程（XP）   B. 水晶法（Crystal）

    C. 并列争球法（Scrum）   D. 自适应软件开发（ASD）

46）采用 McCabe 度量法计算如图 9-16 所示的程序复杂度为_____。

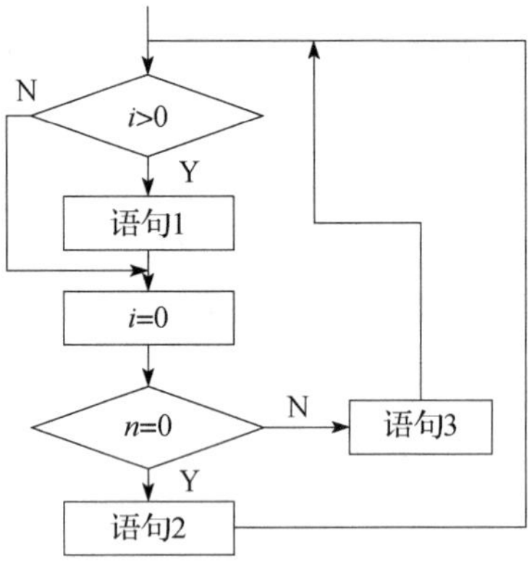

图 9-16 流程图

    A. 2   B. 3   C. 4   D. 5

47）在屏蔽软件错误的容错系统中，冗余附加技术的构成不包括_____。

    A. 关键程序和数据的冗余存储及调用   B. 冗余备份程序的存储及调用

    C. 实现错误检测和错误恢复的程序   D. 实现容错软件所需的固化程序

48）以下关于文档的叙述中，不正确的是_____。

    A. 文档仅仅描述和规定了软件的使用范围及相关的操作命令

    B. 文档是软件产品的一部分，没有文档的软件不能称为软件产品

    C. 软件文档的编制在软件开发工作中占有突出的地位和相当大的工作量

    D. 高质量文档对于发挥软件产品的效益有着重要的意义

49）由于信用卡公司升级了其信用卡支付系统，导致超市的原有信息系统也需要做相应的修

改工作，该类维护属于_____。

　　A. 正确性维护　　　B. 适应性维护　　　C. 完善性维护　　　D. 预防性维护

50）用白盒测试方法对如图 9-17 所示的程序进行测试，设计了 4 个测试用例：①（$x=0$, $y=3$）、②（$x=1$, $y=2$）、③（$x=-1$, $y=2$）和④（$x=3$, $y=1$）。测试用例①②实现了__①__ 覆盖；若要完成路径覆盖，则可用测试用例__②__。

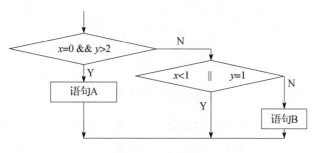

图 9-17　流程图

　　① A. 语句　　　　　B. 条件　　　　　C. 判定　　　　　D. 路径

　　② A. ①②　　　　　B. ②③　　　　　C. ①②③　　　　D. ①③④

51）统一过程模型是一种"用例和风险驱动，以架构为中心，迭代并且增量"的开发过程，定义了不同阶段及其制品，其中精化阶段关注_____。

　　A. 项目的初始活动　　　　　　　　　　B. 需求分析和架构演进

　　C. 系统的构建，产生实现模型　　　　　D. 软件提交方面的工作，产生软件增量

52）某项目为了修正一个错误而进行了修改，错误修正后，还需要进行_____以发现这一修正是否引起原本正确运行的代码出错。

　　A. 单元测试　　　　　B. 接受测试　　　　　C. 安装测试　　　　　D. 回归测试

53）在如图 9-18 所示的数据流图中，共存在_____个错误。

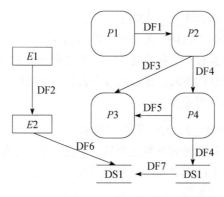

图 9-18　数据流图

　　A. 4　　　　　　　　B. 6　　　　　　　　C. 8　　　　　　　　D. 9

54）软件的复杂性主要体现在程序的复杂性。__①__是度量软件复杂性的一个主要参数。若采用 McCabe 度量法计算环路复杂性，则对于图 9-19 所示的程序图，其环路复杂度为__②__。

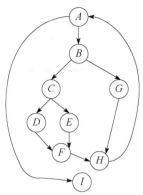

图 9-19 程序图

① A. 代码行数　　　　　B. 常量的数量　　　　C. 变量的数量　　　　D. 调用的库函数的数量

② A. 2　　　　　　　　 B. 3　　　　　　　　 C. 4　　　　　　　　 D. 5

55）_____不属于软件设计质量评审。

　　A. 功能与模块之间的对应关系　　　　　　B. 软件规格说明是否符合用户的要求

　　C. 软件是否具有可测试性　　　　　　　　D. 软件是否具有良好的可靠性

56）在软件维护中，由于企业的外部市场环境和管理需求的变化而导致的维护工作属于_____维护。

　　A. 正确性　　　　　　B. 适应性　　　　　　C. 完善性　　　　　　D. 预防性

57）在对软件系统进行评价时，需要从信息系统的组成部分、评价对象和经济学角度出发综合考虑以建立起一套指标体系理论架构。从信息系统评价对象出发，对于用户方来说，他们所关心的是_____。

　　A. 用户需求和运行质量　　　　　　　　　B. 系统外部环境

　　C. 系统内部结构　　　　　　　　　　　　D. 系统质量和技术水平

58）在设计测试用例时，应遵循_____原则。

　　A. 仅确定测试用例的输入数据，无须考虑输出结果

　　B. 只需检验程序是否执行了应有的功能，不需要考虑程序是否做了多余的功能

　　C. 不仅要设计有效合理的输入，也要包含不合理、失效的输入

　　D. 测试用例应设计得尽可能复杂

59）在单元测试中，检查模块接口时，不需要考虑_____。

　　A. 测试模块的输入参数和形式参数在个数、属性、单位上是否一致

　　B. 全局变量在各模块中的定义和用法是否一致

　　C. 输入是否改变了形式参数

　　D. 输入参数是否使用了尚未赋值或者尚未初始化的变量

60）以下关于数据流图中基本加工的叙述，不正确的是_____。

　　A. 对每一个基本加工，必须有一个加工规格说明

B. 加工规格说明必须描述把输入数据流变换为输出数据流的加工规则

C. 加工规格说明必须描述实现加工的具体流程

D. 决策表可以用来表示加工规格说明

61）在划分模块时，一个模块的作用范围应该在其控制范围之内。若发现其作用范围不在其控制范围内，则_____不是适当的处理方法。

　　A. 将判定所在模块合并到父模块中，使判定处于较高层次

　　B. 将受判定影响的模块下移到控制范围内

　　C. 将判定上移到层次较高的位置

　　D. 将父模块下移，使该判定处于较高层次

62）图 9-20 是一个软件项目的活动图，其中顶点表示项目里程碑，连接顶点的边表示包含的活动，则里程碑　①　在关键路径上。若在实际项目进展中，活动 AD 在活动 AC 开始 3 天后才开始，而完成活动 DG 的过程中，由于有临时事件发生，实际需要 15 天才能完成，则完成该项目的最短时间比原计划多了　②　天。

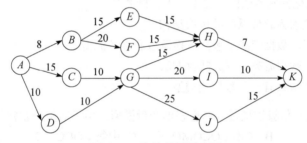

图 9-20　软件项目活动图

①　A. B　　　　　　B. C　　　　　　C. D　　　　　　D. I

②　A. 8　　　　　　B. 3　　　　　　C. 5　　　　　　D. 6

63）针对"关键职员在项目未完成时就跳槽"的风险，最不合适的风险管理策略是_____。

　　A. 对每一个关键性的技术人员，要培养后备人员

　　B. 建立项目组，以使大家都了解有关开发活动的信息

　　C. 临时招聘具有相关能力的新职员

　　D. 对所有工作组织细致的评审

64）_____开发过程模型最不适合用于开发初期对软件需求缺乏准确全面认识的情况。

　　A. 瀑布　　　　　　B. 演化　　　　　　C. 螺旋　　　　　　D. 增量

65）_____不是增量式开发的优势。

　　A. 软件可以快速地交付

　　B. 早期的增量作为原型，从而可以加强对系统后续开发需求的理解

　　C. 具有最高优先级的功能首先交付，随着后续的增量不断加入，这就使得更重要的功能得到更多的测试

　　D. 很容易将客户需求划分为多个增量

66）在对程序质量进行评审时，模块结构是一个重要的评审项，评审内容中不包括_____。

    A. 数据结构   B. 数据流结构

    C. 控制流结构   D. 模块结构与功能结构之间的对应关系

67）SEI 能力成熟度模型（SEICMM）把软件开发企业分为 5 个成熟度级别，其中_____重点关注产品和过程质量。

    A. 级别 2：重复级   B. 级别 3：确定级   C. 级别 4：管理级   D. 级别 5：优化级

68）系统可维护性的评价指标不包括_____。

    A. 可理解性   B. 可测试性   C. 可移植性   D. 可修改性

69）逆向工程从源代码或目标代码中提取设计信息，通常在原软件生命周期的_____阶段进行。

    A. 需求分析   B. 软件设计   C. 软件实现   D. 软件维护

70）_____不是单元测试主要检查的内容。

    A. 模块接口   B. 局部数据结构   C. 全局数据结构   D. 重要的执行路径

71）以下关于结构化开发方法的叙述中，不正确的是_____。

    A. 将数据流映射为软件系统的模块结构

    B. 一般情况下，数据流类型包括变换流型和事务流型

    C. 不同类型的数据流有不同的映射方法

    D. 一个软件系统只有一种数据流类型

72）_____软件成本估算模型是一种静态单变量模型，用于对整个软件系统进行估算。

    A. Putnam   B. 基本 COCOMO   C. 中级 COCOMO   D. 详细 COCOMO

73）以下关于进度管理工具甘特图的叙述中，不正确的是_____。

    A. 能清晰地表达每个任务的开始时间、结束时间和持续时间

    B. 能清晰地表达任务之间的并行关系

    C. 不能清晰地确定任务之间的依赖关系

    D. 能清晰地确定影响进度的关键任务

74）项目复杂性、规模和结构的不确定性属于_____风险。

    A. 项目   B. 技术   C. 经济   D. 商业

75）以下关于统一过程 UP 的叙述中，不正确的是_____。

    A. UP 是以用例和风险为驱动，以架构为中心，迭代并且增量的开发过程

    B. UP 定义了 4 个阶段，即起始、精化、构建和确认阶段

    C. 每次迭代都包含计划、分析、设计、构造、集成、测试以及内部和外部发布

    D. 每个迭代有 5 个核心工作流

76）某公司要开发一个软件产品，产品的某些需求是明确的，而某些需求则需要进一步细化。由于市场竞争的压力，产品需要尽快上市，则开发该软件产品最不适合采用_____模型。

    A. 瀑布   B. 原型   C. 增量   D. 螺旋

77）某工业制造企业欲开发一款智能缺陷检测系统，以有效提升检测效率，节约人力资源，

该系统的主要功能是:

① 基础信息管理。管理员对检测质量标准和监控规则等基础信息进行设置。

② 检测模型部署。管理员对采用机器学习方法建立检测模型进行部署。

③ 图像采集。实时接收生产线上检测设备拍摄的产品待检信息进行存储和缺陷检测,待检信息包括产品编号、生产时间、图像序号和产品图像。

④ 缺陷检测。根据检测模型和检测质量标准对图像采集接收到的产品待检信息中的所有图像进行检测。若所有图像检测合格,设置检测结果信息为合格;若一个产品出现一张图像检测不合格,就表示该产品不合格。对不合格的产品,其检测结果包括产品编号和不合格类型。给检测设备发送检测结果,检测设备剔除掉不合格产品。

⑤ 质量监控。根据监控规则对产品质量进行监控,将检测情况展示给检测业务员,若满足报警条件,则向检测业务员发送质量报警,检测业务员发起远程控制命令,系统给检测设备发送控制指令进行处理。

⑥ 模型监控。在系统中部署的模型、产品的检测信息结合基础信息进行检测分析,将模型运行情况发给监控人员。

现采用结构化方法对智能检测系统进行分析与设计,获得如图 9-21 所示的上下文数据流图和如图 9-22 所示的 0 层数据流图。

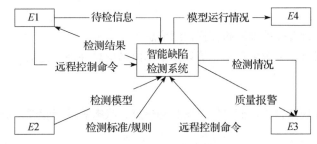

图 9-21 上下文数据流图

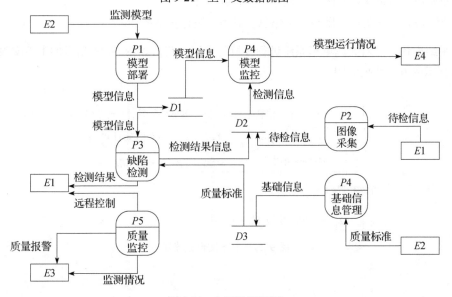

图 9-22 0 层数据流图

问题1：使用说明中的语句，给出图9-21中的实体 $E1\sim E4$ 的名称。

问题2：使用说明中的语句，给出图9-22中的数据存储 $D1\sim D3$ 的名称。

问题3：根据说明和图中的术语，补齐图9-22中缺失的数据及起点和终点。

问题4：根据说明，采用结构化语言对缺陷检测的加工逻辑进行描述。

78）某公司拟开发一个共享单车系统，采用北斗定位系统进行单车定位，提供针对用户的 App 以及微信小程序、基于 Web 的管理与监控系统。该共享单车系统的主要功能如下：

① 用户注册登录。用户在 App 端输入手机号并获取验证码后进行注册，将用户信息进行存储。用户登录后显示用户所在位置周围的单车。

② 使用单车。

a. 扫码/手动开锁。通过扫描二维码或手动输入编码获取开锁密码，系统发送开锁指令进行开锁，系统修改单车状态，新建单车行程。

b. 骑行单车。单车定时上传位置，更新行程。

c. 锁车结账。用户停止使用或手动锁车并结束行程后，系统根据已设置好的计费规则及使用时间自动结算，更新本次骑行的费用并显示给用户，用户确认支付后，记录行程的支付状态，系统还将重置单车的开锁密码和单车状态。

③ 辅助管理。

a. 查询。用户可以查看行程列表和行程详细信息。

b. 保修。用户上报所在位置或单车位置以及单车故障信息并进行记录。

④ 管理与监控。

a. 单车管理及计费规则设置。商家对单车基础信息、状态等进行管理，对计费规则进行设置并存储。

b. 单车监控。对单车、故障、行程等进行查询统计。

c. 用户管理。管理用户信用与状态信息，对用户进行查询统计。

现采用结构化方法对共享单车系统进行分析与设计，获得如图 9-23 所示的上下文数据流图和如图 9-24 所示的 0 层数据流图。

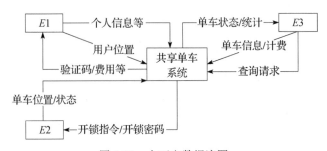

图9-23 上下文数据流图

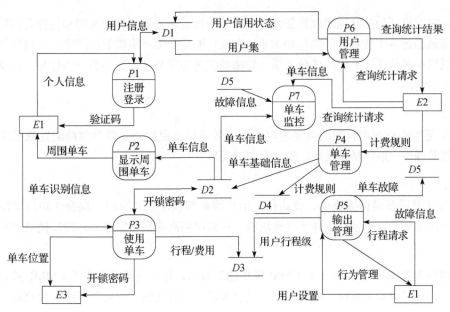

图 9-24　0 层数据流图

问题 1：使用说明中的词语，给出图 9-23 中的实体 E1~E3 的名称。

问题 2：使用说明中的词语，给出图 9-24 中的数据存储 D1~D5 的名称。

问题 3：根据说明和图中的术语及符号，补充图 9-24 中缺失的数据流及其起点和终点。

问题 4：根据说明中的术语，说明"使用单车"可以分解为哪些子加工。

9.2.2　真题讲解

1）C。

基于构件的软件开发，主要强调在构建软件系统时复用已有的软件"构件"，在检索到可以使用的构件后，需要针对新系统的需求对构件进行合格性检验、适应性修改，然后集成到新系统中。

2）D。

采用面向对象的软件开发通常有面向对象分析、面向对象设计、面向对象实现。面向对象分析是为了获得对应用问题的理解，其主要任务是抽取和整理用户需求并建立问题域精确模型。面向对象设计是采用协作的对象、对象的属性和方法说明软件解决方案的一种方式，强调的是定义软件对象和这些软件对象如何协作来满足需求，延续了面向对象分析。面向对象实现主要强调采用面向对象程序设计语言实现系统。面向对象测试是根据规范说明来验证系统设计的正确性。

3）A。

白盒测试也称为结构测试，根据程序的内部结构和逻辑来设计测试用例，对程序的执行路径和过程进行测试，检查是否满足设计的需要。白盒测试常用的技术涉及不同的覆盖标准，在测试时需根据指定的覆盖标准确定测试数据。

4）① D。

　　② C。

软件项目计划的一个重要内容是安排进度，常用的方法有甘特图和 PERT 图。甘特图用水平条状图描述，它以日历为基准描述项目任务，可以清楚地表示任务的持续时间和任务之间的并行，但是不能清晰地描述各个任务之间的依赖关系。PERT 图是一种网络模型，描述一个项目任务之间的关系，可以明确表达任务之间的依赖关系，即哪些任务完成后才能开始另一些任务，以及如期完成整个工程的关键路径。

5）C。

软件变更控制是变更管理的重要内容，要有效进行变更控制，需要借助配置数据库和基线的概念。配置数据库一般包括开发库、受控库和产品库。

6）B。

软件设计时需要遵循抽象化、模块化、信息隐蔽和模块独立原则。耦合性和内聚性是模块独立性的两个定性标准，在划分软件系统模块时，尽量做到高内聚、低耦合，提高模块的独立性。

7）C。

能力成熟度集成模型 CMMI 是 CMM 模型的新版本，基于连续式表述的 CMMI 共有 6 个能力等级（0～5），对应未完成级、已执行级、已管理级、已定义级、量化管理级、优化级。每个能力等级对应一个一般目标，以及一组一般执行方法和特定方法。

能力等级 0 指未执行过程，表明过程域的一个或多个特定目标没有被满足；能力等级 1 指过程通过转化可识别的输入工作产品，产生可识别的输出工作产品，关注过程域的特定目标的完成；能力等级 2 指过程作为已管理的过程制度化，针对单个过程实例的能力；能力等级 3 指过程作为已定义的过程制度化，关注过程的组织级标准化和部署；能力等级 4 指过程作为定量管理的过程制度化；能力等级 5 指过程作为优化的过程制度化，表明过程得到很好的执行且持续得到改进。

8）B。

统一过程定义了初启阶段、精化阶段、构建阶段、移交阶段和产生阶段，每个阶段达到某个里程碑时结束。其中初启阶段的里程碑是生命周期目标，精化阶段的里程碑是生命周期架构，构建阶段的里程碑是初始运作功能，移交阶段的里程碑是产品发布。

9）B。

程序的三种基本控制结构是顺序结构、选择结构和重复结构。

10）C。

软件配置管理是一组管理整个软件生存期各阶段中变更的活动，主要包括变更标识、变更控制和版本控制。

11）C。

单元测试侧重于模块中的内部处理逻辑和数据结构，所有模块都通过了测试之后，把模块集成起来仍可能会出现穿越模块的数据丢失、模块之间的相互影响等问题，因此需要模块按系统设计说明书的要求组合起来进行测试，即集成测试，以发现模块之间协作的问题。

一个功能模块 M1 中的函数 F1 有一个参数需要接收指向整型的指针，但是在功能模块 M2 中调用 F1 时传递了一个整型值，这种模块之间传递参数的错误，在集成测试中最可能测试出来。

12）C。

McCabe 度量法是一种基于程序控制流的复杂性度量方法。采用这种方法先画出程序图，然后

采用公式 $V(G)=m-n+2$ 计算环路复杂度。其中，m 是图 G 中弧的个数，n 是图 G 中的节点数。图中节点数为 7，边数为 11，所以环路复杂度为 $11-7+2=6$。

13）B。

常见的软件生存周期模型有瀑布模型、演化模型、螺旋模型、喷泉模型等。瀑布模型是将软件生存周期各个活动规定为依线性顺序连接的若干阶段的模型，适用于软件需求很明确的软件项目。V 模型是瀑布模型的一种演变模型，将测试和分析与设计关联进行，加强分析与设计的验证。原型模型是一种演化模型，通过快速构建可运行的原型系统，然后根据运行过程中获取的用户反馈进行改进。演化模型特别适用于对软件需求缺乏准确认识的情况。螺旋模型将瀑布模型和演化模型结合起来，加入了两种模型均忽略的风险分析。

本题中项目组具备了所开发系统的相关领域及类似规模系统的开发经验，即需求明确，瀑布模型最适合开发此项目。

14）① C。

　　② B。

软件项目计划的一个重要内容是安排进度，常用的方法有甘特图和 PERT 图。甘特图用水平条状图描述，它以日历为基准描述项目任务，可以清楚地表示任务的持续时间和任务之间的并行，但是不能清晰地描述各个任务之间的依赖关系。PERT 图是一种网络模型，描述一个项目的各任务之间的关系，可以明确表达任务之间的依赖关系，即哪些任务完成后才能开始另一些任务，以及如期完成整个工程的关键路径，但是不能清晰地描述各个任务之间的并行关系。

图中任务流 ABEGHIK 的持续时间是 36，ABEGHJK 的持续时间是 40，ACEGHIK 的持续时间是 33，ACEGHJK 的持续时间为 37。所以项目关键路径长度为 40。

15）C。

敏捷开发方法是一种轻量级、高效、低风险、柔性、可预测、科学的软件开发方法，其特性包含在 12 个最佳实践中。

① 计划游戏：快速制定计划，随着细节的不断变化而完善。

② 小型发布：系统的设计要能够尽可能早地交付。

③ 隐喻：找到合适的比喻传达信息。

④ 简单设计：只处理当前的需求使设计保持简单。

⑤ 测试先行：先写测试代码再编写程序。

⑥ 重构：重新审视需求和设计，重新明确地描述它们，以符合新的和现有的需求。

⑦ 结队编程。

⑧ 集体代码所有制。

⑨ 持续集成：可以按日甚至按小时为客户提供可运行的版本。

⑩ 每周工作 40 个小时。

⑪ 现场客户。

⑫ 编码标准。

16）D。

风险分析实际上是 4 个不同的活动：风险识别、风险预测、风险评估和风险控制。风险识别是试图系统化地确定对项目计划（估算、进度、资源分配）的威胁。风险预测又称为风险估算，它从两个方面评估一个风险：风险发生的可能性或概率，以及风险发生时所产生的后果。风险评估根据风险及其发生的概率和产生的影响预测是否影响参考水平值。风险控制的目的是辅助项目组建立处理风险的策略，有效的策略应考虑风险避免、风险监控、风险管理及意外事件计划。

17）C。

冗余是指对于实现系统规定功能是多余的那部分资源，包括硬件、软件、信息和时间。通常冗余技术分为 4 类：① 结构冗余，按其工作方法可以分为静态、动态和混合冗余；② 信息冗余，指的是为了检测或纠正信息在运算或传输中的错误另外加的一部分信息；③ 时间冗余，是指以重复执行指令或程序来消除瞬时错误带来的影响；④ 冗余附件技术，是指为实现上述冗余技术所需的资源和技术。

18）B。

软件成熟度模型是对软件组织进化阶段的描述，该模型在解决软件过程存在的问题方面取得了很大的成功，因此在软件界产生了巨大影响，促使软件界重视并认真对待过程改进工作。过程能力成熟度模型基于这样的理念：改进过程将改进产品，尤其是软件产品。软件组织为提高自身的过程能力，把不够成熟的过程提升到较成熟的过程涉及 4 个方面，这 4 个方面构成了软件过程改进的框架，即过程改进基础设施、过程改进线路图、软件过程评估方法和软件过程改进计划。在进行评估后，需要把发现的问题转化为软件过程改进计划。而过程改进通常不可能是一次性的，需要反复进行。每一次改进要经历 4 个步骤：评估、计划、改进和监控。

19）B。

软件复杂性度量是软件度量的一个重要分支。软件复杂性度量的参数有很多，主要包括：①规模，即指令数或者源程序行数；② 难度，通常由程序中出现的操作数所决定的量来表示；③ 结构，通常用与程序结构有关的度量来表示；④ 智能度，即算法的难易程度。

20）A。

软件复杂性度量是软件度量的一个重要分支，而其主要表现在程序的复杂性。其中，McCabe 度量法是一种基于程序控制流的复杂性度量方法，该方法认为程序的复杂性很大程度上取决于控制的复杂性。首先根据程序画出程序图，然后基于图论用图的环路数来度量程序复杂性，即 $V(G) = m-n+2p$，其中 m、n 和 p 分别表示图 G 中弧的个数、顶点的个数和强连通分量数。根据上述公式可得，图 9-10 的复杂性为 9-7+2=4。

21）C。

软件的可维护性是指维护人员理解、改正、改动和改进这个软件的难易程度，是软件开发阶段各个时期的关键目标。软件系统的可维护性评价指标包括可理解性、可测试性、可修改性、可靠性、可移植性、可使用性和效率。

22）C。

软件系统文档是系统建设过程的"痕迹"，是系统维护人员的指南，是开发人员与用户交流的工具。软件系统文档不仅包括应用软件开发过程中产生的文档，还包括硬件采购和网络设计中形成的文档，不仅包括有一定格式要求的规范文档，还包括系统建设过程中的各种来往文件、会议纪要、会计单据等资料形成的不规范文档。软件系统文档可以提高软件开发的可见度，提高软件开发效率，且便于用户理解软件的功能、性能等各项指标。

23）C。

软件测试是软件开发过程中一个独立且非常重要的阶段，它是为了发现错误而执行程序的过程。因此，一个成功的测试应该能发现至今未发现的错误。需要特别指出的是，软件测试不能表明软件中不存在的错误，它只能说明软件中存在的错误。另外，由于问题的复杂性、软件本身的复杂性和抽象性、软件开发各个阶段工作的多样性、参加开发各种人员之间的配合关系等因素，使得开发的每个环节都可能产生错误，因此软件测试应该贯穿到软件开发的各个阶段中，且需要尽早地和不断地进行。经验表明，测试中存在一种集群现象，即在被测程序段中发现的错误数目越多，则残存的错误数目也较多。

24）B。

黑盒测试也称为功能测试，在完全不考虑软件的内部结构和特性的情况下来测试软件的外部特性。常用的黑盒测试技术包括等价类划分、边界值分析、错误猜测和因果图的报告。白盒测试也称为结构测试，根据程序的内部结构和逻辑来设计测试用例，对程序的执行路径和过程进行测试，检查是否满足设计的需要。常用的白盒测试技术包括逻辑覆盖和基本路径测试。

25）A。

需求分析确定软件要完成的功能及非功能性要求；概要设计将需求转化为软件的模块划分，确定模块之间的调用关系；详细设计将模块进行细化，得到详细的数据结构和算法；编码根据详细设计进行代码的编写，得到可以运行的软件，并进行单元测试。

26）A。

软件设计必须依据软件的需求来进行，结构化分析的结果为结构化设计提供了基本的输入信息，其关系为：根据加工规格说明和控制规格说明进行过程设计，根据数据字典和实体关系图进行数据设计，根据数据流图进行接口设计，根据数据流图进行体系结构设计。

27）A。

关键路径是从开始到结束的最长路径，也是完成项目所需要的最短时间。根据如图 9-11 所示的活动图，路径 A–B–D–I–J–L 是关键路径，其长度为 20。

28）D。

甘特图是进行项目进度管理的一个重要工具，它对项目进度进行描述，显示在什么地方活动是并行进行的，并用颜色或图标来指明完成的程度。使用该图，项目经理可以清晰地了解每个任务的开始和截止时间，哪些任务可以并行进行，哪些在关键路径上，但是不能很清晰地看出各任务之间的依赖关系。

29）A。

风险是一种具有负面后果的、人们不希望发生的事件。项目经理必须进行风险管理，以了解和控制项目中的风险。

风险可能会发生，因此具有一定的概率。风险产生的后果严重程度不一样，因此需要区分。在对风险进行优先级排序时，需要根据风险概率和后果来进行排序。在确定了风险之后，根据实际情况，可以通过改变系统的性能或功能需求来避免某些风险。在项目开发过程中，不可能去除所有风险，但是可以通过采取行动来降低或者减轻风险，而且风险需要定期地评估和管理。

30）D。

喷泉模型是典型的面向对象生命周期模型，是一种以用户需求为动力，以对象作为驱动的模型。该模型克服了瀑布模型不支持软件重用和多项开发活动集成的局限性。"喷泉"一词本身体现了迭代和无间隙特性。迭代意味着模型中的开发活动常常需要重复多次，在迭代过程中不断地完善软件系统；无间隙是指在开发活动之间不存在明显的边界。

31）D。

为了使用户满意，软件应该满足两个必要条件：设计的规格说明书符合用户的要求，这称为设计质量；程序按照设计规格说明所规定的情况正确执行，这称为程序质量。

设计质量评审的对象是在需求分析阶段产生的软件需求规格说明和数据需求规格说明，在软件概要设计阶段产生的软件概要设计说明书等。主要从以下方面进行评审：软件的规格说明是否合乎用户的要求，可靠性，保密措施实现情况等，操作特性实施情况等，性能实现情况，可修改性、可扩充性、可互换性和可移植性，可测试性，可复用性。

32）C。

软件维护的类型一般有4类：正确性维护是指改正在系统开发阶段已发生而系统测试阶段尚未发现的错误；适应性维护是指使应用软件适应信息技术变化和管理需求变化而进行的修改；完善性维护是为扩充功能和改善性能而进行的修改；预防性维护是为了改进应用软件的可靠性和可维护性，为了适应未来变化的软硬件环境的变化，主动增加预防性的新功能，以适应将来的各类变化。

修改现有应用软件中的某个排序算法，提供其运行效率属于完善性维护。

33）B。

二分查找是在一组有序的数（假设为递增顺序）中查找一个数的算法，其思想是：将待查找的数与数组中间位置 mid 的数进行比较，若相等，则查找成功；若大于中间位置的数，则在后半部分进行查找；若小于中间位置的数，则在前半部分进行查找。直到查找成功，返回所查找的数的位置，或者失败，返回-1。设计一个查找成功的测试用例，可以覆盖除了 return-1 之外的所有语句和路径；设计一个查找失败的测试用例，可以覆盖除了 return mid 之外的所有语句和路径。因此，最少需要2个测试用例才可以覆盖所有的路径。

34）D。

等价类划分是一类黑盒测试技术，将程序的输入域划分为若干等价类，然后从每个等价类中选取一个代表性数据作为测试用例。本题的等价类划分可以划分为三个等价类，一个有效等价类 Ⅰ，即班委来自集合{班长，副班长，学习委员，生活委员}，年龄在 15～25；一个无效等价类 Ⅱ，即班委不来自集合{班长，副班长，学习委员，生活委员}，年龄在 15～25；一个无效等价类Ⅲ，即班委来自集合{班长，副班长，学习委员，生活委员}，年龄不在 15～25。题中选项 A 来自等价类 Ⅱ，选项 B 和选项 C 来自等价类 Ⅰ，而选项 D 则不属于任何等价类，因此不是一个好的测试用例。

35）A。

软件维护的类型一般有4类：正确性维护、适应性维护、完善性维护和预防性维护。防错性的程序设计可以减少在系统运行时发生的错误，因此可以有效地控制正确性维护成本。

36）B。

数据流图从数据传递和加工的角度，以图形的方式刻画数据流从输入到输出的移动变换过程，其基础是功能分解。对于复杂一些的实际问题，在数据流图中常常出现许多加工，这样看起来不直观，也不易理解，因此用分层的数据流图来建模。

37）B。

McCabe 度量法计算程序的环路复杂性为 $V(G)=m-n+2p$，其中 $V(G)$ 是有向图 G 中的环路数，m 是图 G 中弧的个数，n 是图 G 中顶点的个数，p 为图 G 中的强连通分量数。在图 9-13 中，弧的个数为 10，顶点的个数为 9，$p=1$，因此有 $V(G)=m-n+2p=10-9+2=3$。

38）① A。
　　② C。

白盒测试也称为结构测试，根据程序的内部结构和逻辑来设计测试用例，对程序的路径和过程进行测试，检查是否满足设计的需要。在白盒测试中，语句覆盖是指选择足够的测试用例，使被测程序中每条语句至少执行一次。它对程序执行逻辑的覆盖很低，因此一般认为是很弱的逻辑覆盖。判定覆盖是指设计足够的测试用例，使得被测程序中每个判定表达式至少获得一次"真"值和"假"值。条件覆盖是指设计足够的测试用例，使得每一个判定语句中每个逻辑条件的各种可能的值至少满足一次。路径覆盖是指覆盖被测程序中所有可能的路径。在这些覆盖技术中，从弱到强依次为语句覆盖、判定覆盖、条件覆盖和路径覆盖。在图 9-14 中，要完成路径覆盖，至少需要 3 个测试用例才可以。

39）A。

根据 ISO/IEC9126 软件质量模型的定义，可维护性质量特性包含易分析性、易改变性、稳定性和易测试性 4 个子特性。其中易分析性是指与诊断缺陷或失效原因，或为判定待修改的部分所需努力有关的软件属性；易改变性是指与进行修改、排错或适应环境变换所需努力有关的软件属性；稳定性是指与修改造成未预料效果的风险有关的软件属性；易测试性是指与确认经修改软件所需努力有关的软件属性。

40）C。

数据流图是结构化分析方法的重要模型，用于描述系统的功能、输入、输出和数据存储等。在绘制数据流图时，每条数据流的起点或者终点必须是加工，即至少有一端是加工。在分层数据流图中，必须要保持父图与子图平衡。每个加工必须既有输入数据流又有输出数据流、必须要保持数据守恒。也就是说，一个加工所有输出数据流中的数据必须能从该加工的输入数据流中直接获得，或者是通过该加工能产生的数据。

41）① C。
　　② B。

该活动图的关键路径为 ADFHL，关键路径长度为 48 天，因此里程碑 D 在关键路径上，B、C 和 I 步骤关键路径上。活动 FG 的最早开始时间为第 18 天，最晚开始时间为第 38 天，因此松弛时间为 20 天。

42）A。

模块的作用范围定义为受该模块内一个判定影响的模块集合，模块的控制范围为模块本身以及所有直接或间接从属于该模块的模块集合。其作用范围应该在控制范围之内。

43）C。

定义风险参照水准是风险评估的一类技术，对于大多数软件项目来说，成本、速度和性能是三种典型的风险参照水准。

44）A。

项目规模大，开发小组要对项目需求理解并了解相关领域，因此可以采用瀑布开发模型。演化模式适用于对软件需求缺乏准确认识的情况。螺旋模型在开发过程中加入风险分析。喷泉模型适用于面向对象的开发方法。

45）B。

敏捷开发的总体目标是通过"尽可能早地、持续地对有价值的软件的交付"使客户满意。敏捷过程的典型方法有很多，每一种方法基于一套原则，这些原则实现了敏捷方法所宣称的理念，即敏捷宣言。其中，极限编程（XP）是一种轻量级的软件开发方式，由价值观、原则、实践和行为4个部分组成，彼此相互依赖、关联，并通过行为贯穿于整个生存周期。水晶法（Crystal）认为每一个不同的项目都需要一套不同的策略、约定和方法论。并列争球法（Scrum）使用迭代的方法，并按需求的优先级来实现产品。自适应软件开发（ASD）有6个基本原则。

46）C。

题图可以用图9-25表示，图中顶点数为6，边数为8，程序复杂度为$m-n+2=8-6+2=4$。

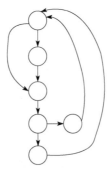

图9-25　简化图

47）A。

48）A。

文档是系统建设过程的"痕迹"，是系统维护人员的指南，是开发人员与用户交流的工具。文档不仅仅描述和规定软件的适用范围及相关的操作命令。软件包括程序和文档，因此没有文档的软件不能称之为软件产品。软件文档的编制在软件开发中相当重要，高质量的文档对于发挥软件产品的效益有着重要的意义。

49）B。

软件维护一般包括4个方面：正确性维护是指改正在系统开发阶段已经发生而在系统测试阶段

尚未发生的错误；适应性维护是指使应用软件适应信息技术变化和管理需求变化而进行的修改；完善性维护是为扩充功能和改善性能而进行的修改；预防性维护是为了改进应用软件的可靠性和可维护性，为了适应未来的软硬件环境的编号，主动增加预防性的新功能，以使应用系统适应各类变化而不被淘汰。本题超市信息系统为了适应信用卡支付系统而做了相应的修改工作，是典型的适应性维护。

50）① A。

② C。

白盒测试也称为结构测试，根据程序的内部结构和逻辑来设计测试用例，对程序的路径和过程进行测试，检查是否满足设计的需要。其常用的技术有逻辑覆盖、循环覆盖和基本路径测试。

在逻辑覆盖中，语句覆盖是指选择足够的测试数据使被测试程序中每条语句至少执行一次。判定覆盖是指选择足够的测试数据使被测试程序中每个判定表达式至少获得一次"真"值和"假"值。条件覆盖是指构造一组测试用例，使得每个判定语句中每个逻辑条件的各种可能的值至少满足一次。路径覆盖是指覆盖被测程序中所有可能的路径。

本题的实例中，测试用例①会执行语句 A，测试用例②会执行语句 B，测试用例③和④不执行语句。因此，测试用例①②可以完成语句覆盖，不能完成判定、条件和路径覆盖。要完成路径覆盖，需要测试用例①②③或测试用例①②④。

51）B。

精化阶段的目标是分析问题的领域，建立健全的体系结构基础，编制项目计划，淘汰项目中最高风险的元素。为了达到该目的，必须在理解整个系统的基础上对体系结构做出决策，包括其范围、主要功能和性能等非功能需求。同时为项目建立支持环境，包括创建开发案例，创建模板、准则并准备工具。精化阶段结束时第二个重要的里程碑是生命周期结构（Lifecycle Architecture）里程碑。生命周期结构里程碑为系统的结构建立了管理基准并使项目小组能够在构建阶段进行衡量。此刻，要检验详细的系统目标和范围、结构的选择以及主要风险的解决方案。

52）D。

单元测试是在模块编写完成且无编译错误后进行的，侧重于模块中的内部处理逻辑和数据结构；接受测试主要是用户为主的测试；安装测试是将软件系统安装在实际运行环境的测试；回归测试是在系统有任何修改的情况下，需要重新对整个软件系统进行的测试。

53）B。

结构化分析将数据和处理作为分析对象，数据的分析结果表示了现实世界中实体的属性及其之间的相互关系，而处理的结果则展现了系统对数据的加工和转换。面向数据流建模是目前仍然被广泛使用的方法之一，而数据流图则是面向数据流建模中的重要工具，数据流图将系统建模成输入—处理—输出的模型，即流入软件的数据对象，经由处理的转换，最后以结果数据对象的形式流出软件。在实际使用数据流图进行数据流建模时，需要注意以下原则：

① 加工处理和数据流的正确使用，如一个加工必须既有输入又有输出；数据流只能和加工相关，即从加工流向加工、从数据源流向加工或从加工流向数据源。

② 每个数据流和数据存储都要在数据字典中定义，数据字典将包括各层数据流图中的数据元素的定义。

③ 数据流图中最底层的加工处理必须有加工处理说明。

④ 父图和子图必须平衡，即父图中某加工的输入/输出（数据流）和分解这个加工的子图的输入/输出数据流必须完全一致，这种一致性不一定要求数据流的名称和个数一一对应，但它们在数据字典中的定义必须一致，数据流或数据项既不能多又不能少。

⑤ 加工处理说明和数据流图中的加工处理涉及的元素保持一致。例如，在加工处理说明中，输入数据流必须说明其如何使用，输出数据流说明如何产生或选取，数据存储说明如何选取、使用或修改。

⑥ 一幅图中的图元个数控制在 7+2 以内。

在题目所示的数据流图中，数据流 DF2、DF6 和 DF7 的输入、输出均不是加工，这与"数据流只能和加工相关，即从加工流向加工、从数据源流向加工或以加工流向数据源"相违背。加工 P1 只有输出，没有输入；加工 P3 只有输入，没有输出，这与"一个加工必须既有输入又有输出"相违背。数据流 DF4 经过加工 P4 之后没有发生任何改变，说明该数据对加工 P4 是没有作用的，根据数据守恒原理，这条数据流不应与 P4 有关联。综上所述，该数据流图中共有 6 个错误。

54）① A。

② C。

软件复杂性度量是软件度量的一个重要分支。对于软件复杂性度量的主要参数有：

- 规模，即总共的指令数，或源程序行数。
- 难度，通常由程序中出现的操作数的数目所决定的量来表示。
- 结构，通常用与程序结构有关的度量来表示。
- 智能度，即算法的难易程度。

软件复杂性主要表现在程序的复杂性。程序的复杂性主要指模块内程序的复杂性。McCabe 度量法是一种基于程序控制流的复杂性度量方法。McCabe 复杂性度量又称为环路度量，它认为程序的复杂性很大程度上取决于控制的复杂性。单一的顺序程序结构最为简单，循环和选择所构成的环路越多，程序就越复杂。这种方法以图论为工具，先画出程序图，然后用该图的环路数作为程序复杂性的度量值。程序图是退化的程序流程图，也就是说，把程序流程图中每个处理符号都退化成一个节点，原来连接不同处理符号的流线变成连接不同点的有向弧，这样得到的有向图就叫作程序图。程序图仅描述程序内部的控制流程，完全不表现对数据的具体操作以及分支和循环的具体条件。

根据图论，在一个强连通的有向图 G 中，环的个数 $V(G)$ 由以下公式给出：

$$V(G) = m - n + 2p$$

其中，$V(G)$ 是有向图 G 中的环路数，m 是图 G 中弧的个数，n 是图 G 中的节点数，p 是图 G 中的强连通分量个数。在一个程序中，从程序图的入口点总能到达图中的任何一个节点，因此，程序总是连通的，但不是强连通的。为了使程序图成为强连通图，从图的入口点到出口点加一条用虚线表示的有向边，使图成为强连通图，这样就可以使用上式计算环路复杂性了。对于题目中的程序图，其中节点数 $n=9$，弧数 $m=11$，$p=1$，则有：

$$V(G)=m-n+2p=11-9+2=4$$

即 McCabe 环路复杂的度量值为 4。

55) A。

通常,把"质量"理解为"用户满意程度"。为了使得用户满意,有两个必要条件:

① 设计的规格说明书符合用户的要求,这称为设计质量。

② 程序按照设计规格说明所规定的情况正确执行,这称为程序质量。设计质量评审的对象是在需求分析阶段产生的软件需求规格说明、数据需求规格说明,在软件概要设计阶段产生的软件概要设计说明书,等等。通常从以下几个方面进行评审:

a. 评价软件的规格说明是否合乎用户的要求,即总体设计思想和设计方针是否明确;需求规格说明是否得到了用户或单位上级机关的批准;需求规格说明与软件的概要设计规格说明是否一致等。

b. 评审可靠性,即是否能避免输入异常(错误或超载等)、硬件失效及软件失效所产生的失效,一旦发生应能及时采取代替手段或恢复手段。

c. 评审保密措施实现情况,即是否对系统使用资格进行检查;是否对特定数据、特定功能的使用资格进行检查;在检查出有违反使用资格的情况后,能否向系统管理人员报告有关信息;是否提供对系统内重要数据加密的功能等。

d. 评审操作特性实施情况,即操作命令和操作信息的恰当性,输入数据与输入控制语句的恰当性,输出数据的恰当性,应答时间的恰当性,等等。

e. 评审性能实现情况,即是否达到所规定性能的目标值。

f. 评审软件是否具有可修改性、可扩充性、可互换性和可移植性。

g. 评审软件是否具有可测试性。

h. 评审软件是否具有复用性。

56) B。

软件维护主要是指根据需求变化或硬件环境的变化对应用程序进行部分或全部的修改。修改时应充分利用源程序,修改后要填写程序修改登记表,并在程序变更通知书上写明新老程序的不同之处。

软件维护的内容一般有以下几个方面:

① 正确性维护,是指改正在系统开发阶段已发生而系统测试阶段尚未发现的错误。这方面的维护工作量要占整个维护工作量的 17%~21%。所发现的错误有的不太重要,不影响系统的正常运行,其维护工作可随时进行;而有的错误非常重要,甚至影响整个系统的正常运行,其维护工作必须制定计划进行修改,并且要进行复查和控制。

② 适应性维护,是指使应用软件适应信息技术变化和管理需求变化而进行的修改。这方面的维护工作量占整个维护工作量的 18%~25%。由于目前计算机硬件价格的不断下降,各类系统软件层出不穷,人们常为改善系统硬件环境和运行环境而产生系统更新换代的需求,企业的外部市场环境和管理需求的不断变化也使得各级管理人员不断提出新的信息需求。这些因素都将导致适应性维护工作的产生。进行这方面的维护工作也要像系统开发一样,有计划、有步骤地进行。

③ 完善性维护,这是为扩充功能和改善性能而进行的修改,主要是指对已有的软件系统增加一些在系统分析和设计阶段没有规定的功能与性能特征。这些功能对完善系统功能是非常有必要的。另外,还包括对处理效率和编写程序的改进,这方面的维护占整个维护工作的 50%~60%,比重较大,也是关系到系统开发质量的重要方面。这方面的维护除了要有计划、有步骤地完成外,还要注

意将相关的文档资料加入前面相应的文档中去。

④ 预防性维护，为了改进应用软件的可靠性和可维护性，以及适应未来软硬件环境的变化，应主动增加预防性的新功能，以使应用系统适应各类变化而不被淘汰，比如将专用报表功能改成通用报表生成功能，以适应将来报表格式的变化。这方面的维护工作量占整个维护工作量的 4%左右。

57）A。

在对软件系统进行评价时，需要从信息系统的组成部分、评价对象和经济学角度出发进行综合考虑，以建立起一套指标体系理论架构。

从信息系统的组成部分出发，信息系统是一个由人机共同组成的系统，所以可以按照运行效果和用户需求（人）、系统质量和技术条件（机）这两条线索构造指标。

从信息系统评价对象出发，对于用户方来说，他们所关心的是用户需求和运行质量；对开发方而言，他们所关心的是系统质量和技术水平。系统外部环境则主要通过社会效益指标来反映。

从经济学角度出发，分别按系统成本、系统效益和财务指标 3 条线索建立指标。

58）C。

系统测试是保证系统质量和可靠性的关键步骤，是对系统开发过程中的系统分析、系统设计和实施的最后复查。根据测试的概念和目的，在进行信息系统测试时应遵循以下基本原则：

① 应尽早并不断地进行测试。测试不是在应用系统开发完之后才进行的。由于原始问题的复杂性、开发各阶段的多样性以及参加人员之间的协调等因素，使得在开发各个阶段都有可能出现错误。因此，测试应贯穿在开发的各个阶段，尽早纠正错误，消除隐患。

② 测试工作应该避免由原开发软件的人或小组承担，一方面，开发人员往往不愿否认自己的工作，总认为自己开发的软件没有错误；另一方面，开发人员的错误很难由本人测试出来，很容易根据自己编程的思路来制定测试思路，具有局限性。测试工作应由专门人员来进行，这样会更客观、更有效。

③ 设计测试方案的时候，不仅要确定输入数据，而且要根据系统功能确定预期输出结果。将实际输出结果与预期结果相比较就能发现测试对象是否正确。

④ 在设计测试用例时，不仅要设计有效合理的输入条件，也要包含不合理、失效的输入条件。测试的时候，人们往往习惯按照合理的、正常的情况进行测试，而忽略了对异常、不合理、意想不到的情况进行测试，而这些可能就是隐患。

⑤ 在测试程序时，不仅要检验程序是否做了该做的事，还要检验程序是否做了不该做的事。多余的工作会带来副作用，影响程序的效率，有时会带来潜在的危害或错误。

⑥ 严格按照测试计划来进行，避免测试的随意性。测试计划应包括测试内容、进度安排、人员安排、测试环境、测试工具和测试资料等。严格地按照测试计划可以保证进度，使各方面都得以协调进行。

⑦ 妥善保存测试计划、测试用例，作为软件文档的组成部分，为维护提供方便。

⑧ 测试用例都是精心设计出来的，可以为重新测试或追加测试提供方便。当纠正错误、系统功能扩充后，都需要重新开始测试，而这些工作重复性很高，可以利用以前的测试用例，或在其基础上修改，然后进行测试。

59）D。

单元测试也称为模块测试，在模块编写完成且无编译错误后就可以进行。单元测试侧重于模块中的内部处理逻辑和数据结构。单元测试主要检查模块的以下 5 个特征：模块接口、局部数据结构、重要的执行路径、出错处理和边界条件。

① 模块接口。模块接口保证了测试模块的数据流可以正确地流入、流出。在测试中应检查以下要点：

● 测试模块的输入参数和形式参数在个数、属性、单位上是否一致。
● 调用其他模块时所给出的实际参数和被调用模块的形式参数在个数、属性、单位上是否一致。
● 调用标准函数时所用的参数在属性、数目和顺序上是否正确。
● 全局变量在各模块中的定义和用法是否一致。
● 输入是否仅改变了形式参数。
● 开/关的语句是否正确。
● 规定的 I/O 格式是否与输入/输出语句一致。
● 在使用文件之前是否已经打开文件或使用文件之后是否已经关闭文件。

② 局部数据结构。在单元测试中，局部数据结构出错是比较常见的错误，在测试时应重点考虑以下因素：

● 变量的说明是否合适。
● 是否使用了尚未赋值或尚未初始化的变量。
● 变量的初始值或默认值是否正确。
● 变量名是否有错（例如拼写错误）。

③ 重要的执行路径。在单元测试中，对路径的测试是基本的任务。由于不能进行穷举测试，因此需要精心设计测试例子来发现是否有计算、比较或控制流等方面的错误。

● 计算方面的错误：算术运算的优先次序不正确或理解错误、精度不够、运算对象的类型彼此不相容、算法错误、表达式的符号表示不正确等。
● 比较和控制流方面的错误：本应相等的量由于精度造成不相等；不同类型进行比较；逻辑运算符不正确或优先次序错误；循环终止不正确（如多循环一次或少循环一次）、死循环；不恰当地修改循环变量；当遇到分支循环时，出口错误等。

④ 出错处理。好的设计应该能预测到出错的条件并且有对出错处理的路径。虽然计算机可以显示出错信息的内容，但仍需要程序员对出错进行处理，保证其逻辑的正确性，以便于用户维护。

⑤ 边界条件。边界条件的测试是单元测试的最后工作，也是非常重要的工作。软件容易在边界出现错误。

60）C。

分层的数据流图是结构化分析方法的重要组成部分。对数据流图中的每个基本加工需要有一个加工规格说明，描述把输入数据流变换为输出数据流的加工规则，但不需要描述实现加工的具体流程。可以用结构化语言、判定表和判定树来表达基本加工。

61）D。

模块的控制范围包括模块本身及其所有的从属模块。模块的作用范围是指模块一个判定的作用范围，凡是受这个判定影响的所有模块都属于这个判定的作用范围，原则上一个模块的作用范围应该在其控制范围之内，若没有，则可以将判定所在模块合并到父模块中，使判定处于较高层次。

62）① B。

② B。

根据关键路径法计算出关键路径为 $A—C—G—J—K$，关键路径长度为 65。因此，里程碑 C 在关键路径上，而里程碑 B、D 和 I 不在关键路径上。

若完成活动 DG 需要 15 天，则相当于 $A—D—G—J—K$ 也是一个关键路径，而且活动 AD 推迟三天才能完成，此时完成项目的最短时间应该是 68 天，比原来的最短时间 65 天多了 3 天。

63）C。

软件开发过程中不可避免会遇到风险，有效地管理软件风险对项目管理具有重要的意义。

对不同的风险采取不同的风险管理策略。如对关键职员在项目未完成时就跳槽的风险，可以通过培养后备人员，让项目组人员了解开发信息、评审开发工作等来降低风险。通过临时招聘新职员，即使新职员具有相关的能力，由于对项目的开发进展、团队组成等多种情况不了解，并不能很好地降低风险。

64）A。

瀑布模型将软件生存周期各个活动规定为线性顺序连接的若干阶段的模型，规定了由前至后相互衔接的固定次序，如同瀑布流水，逐级下落。这种方法是一种理想的现象开发模式，缺乏灵活性，特别是无法解决软件需求不明确或不准确的问题。演化模型从初始的原型逐步演化成最终软件产品，特别适用于对软件需求缺乏准确认识的情况。螺旋将瀑布模型与快速原型模型结合起来，并且加入两种模型均忽略了的风险分析，适用于复杂的大型软件。增量开发是把软件产品作为一系列的增量构件来设计、编码、集成和测试，可以在增量开发过程中逐步理解需求。

65）D。

增量开发是把软件产品作为一系列的增量构件来设计、编码、集成和测试。每个构件由多个相互作用的模块构成，并且能够完成特定的功能。其优点包括：能在较短的时间内向用户提交可完成的一些有用的工作产品；逐步增加产品的功能，可以使用户有较充裕的时间学习和适应新产品；项目失败的风险较低；优先级高的服务首先交付，使得最重要的系统服务将接受最多的测试。

66）A。

程序质量评审通常是从开发者的角度进行的，与开发技术直接相关，考虑软件本身的结构、与运行环境的接口以及变更带来的影响等。其中，软件结构包括功能结构、功能的通用性、模块的层次性、模块结构和处理过程的结构，而模块结构包括控制流结构、数据流结构、模块结构与功能结构之间的对应关系。

67）C。

SEICMM 是指软件开发能力成熟度模型，该模型给出了从混乱的个别过程达到成熟的规范化过程的一个框架，分成 5 个等级，从 1 级到 5 级成熟度逐步提高。级别 1 为初始级，特点是混乱和不可预测；级别 2 为重复级，特点是项目得到管理监控和跟踪，有稳定的策划和产品基线；级别 3 为确定级，通过软件过程的定义和制度化确保对产品质量的控制；级别 4 为管理级，特点是产品质量得到策划，软件过程基于度量的跟踪；级别 5 为优化级，特点是持续的过程能力改进。

68）C。

软件的可维护性是指纠正软件系统出现的错误和缺陷，以及为满足新的要求进行修改、扩充或压缩的容易程度，是软件开发阶段各个时期的关键目标。其中，可理解性、可测试性和可修改性是衡量可维护性的重要指标。

69）D。

逆向工程从详细的源代码实现中抽取抽象规格说明，一般来说是在原软件交付用户使用之后进行的，即在原软件的维护阶段进行。

70）C。

单元测试又称为模块测试，是针对软件设计的最小单元（程序模块），进行正确性检验的测试。其目的在于发现各模块内不可能存在的各种问题和错误。单元测试需要从程序的内部结构出发设计测试用例。模块可以单独进行单元测试。单元测试用于测试以下几个方面：模块接口、局部数据结构、执行路径、错误处理和边界。

71）D。

通常，可以按照在软件系统中的功能将模块分为 4 种类型：① 传入模块：取得数据或输入数据，经过某些处理，再将其传送给其他模块；② 传出模块：输出数据，在输出之前可能进行某些处理，数据可能被输出到系统的外部，或者会输出到其他模块进行进一步处理；③ 变换模块：从上级调用模块得到数据，进行特定的处理，转换成其他形式，再将加工结果返回给调用模块；④ 协调模块：一般不对数据进行加工，主要通过调用、协调和管理其他模块来完成特定的功能。

72）B。

Putnam 和 COCOMO 都是软件成本估算模型。Putnam 模型是一种动态多变量模型，假设在软件开发的整个生存期中工作量有特定的分布。结构性成本模型 COCOMO 模型分为基本 COCOMO 模型、中级 COCOMO 模型和详细 COCOMO 模型。基本 COCOMO 模型是一个静态单变量模型，对整个软件系统进行估算；中级 COCOMO 模型是一个静态多变量模型，将软件系统模型分为系统和部件两个层次，系统由部件构成；详细 COCOMO 模型将软件系统模型分为系统、子系统和模块三个层次，除了包括中级模型所考虑的因素外，还考虑了在需求分析、软件设计等每一步的成本驱动属性的影响。

73）D。

甘特图是一种简单的水平条形图，以日历为基准描述项目任务。水平轴表示日历时间线，如日、周和月等，每个条形表示一个任务，任务名称垂直的列在左边的列中，图中水平条的起点和终点对应水平轴上的时间，分别表示该任务的开始时间和结束时间，水平条的长度表示完成该任务所持续的时间。当日历中同一时段存在多个水平条时，表示任务之间的并发。

甘特图能清晰地描述每个任务从何时开始、到何时结束，任务的进展情况以及各个任务之间的并行性。但它不能清晰地反映出各任务之间的依赖关系，难以确定整个项目的关键所在，也不能反映计划中有潜力的部分。

74）A。

项目经理需要尽早预测项目中的风险，这样就可以制定有效的风险管理计划以减少风险的影响，所以早期的风险识别是非常重要的。一般来说，影响软件项目的风险主要有四种：项目风险涉及各种形式的预算、进度、人员、资源以及和客户相关的问题；技术风险涉及潜在的设计、实现、对接、测试和维护问题；业务风险包括建立一个无人想要的优秀产品的风险、失去预算或人员承诺的风险等；商业风险包括市场风险、策略风险、管理风险和预算风险等。

75）B。

UP（统一过程）模型是一种以用例和风险为驱动、以架构为中心、迭代并且增量的开发过程，由 UML 方法和工具支持。UP 过程定义了 5 个阶段，即起始阶段、精化阶段、构建阶段、移交阶段和产生阶段。开发过程中有多次迭代，每次迭代都包含计划、分析、设计、构造、集成和测试，以及内部和外部发布。每个迭代有 5 个核心工作流，捕获系统应该做什么的需求工作流、精化和结构化需求的分析工作流、在系统结构内实现需求的设计工作流、构造软件的实现工作流和验证是否如期望那样工作的测试工作流。

76）A。

瀑布模型将软件生存周期各个活动规定为线性顺序连接的若干阶段的模型，规定了由前至后相互衔接的固定次序，如同瀑布流水，逐级下落。这种方法是一种理想的开发模式，缺乏灵活性，特别是无法解决软件需求不明确或不准确的问题。原型模型从初始的原型逐步演化成最终软件产品，特别适用于对软件需求缺乏准确认识的情况。螺旋模型将瀑布模型与快速原型模型结合起来，并且加入了两种模型均忽略了的风险分析，适用于复杂的大型软件。增量模型是开发人员把软件产品作为一系列的增量构件来设计、编码、集成和测试，可以在增量开发过程中逐步理解需求。

77）问题 1：$E1$——检测设备；$E2$——管理员；$E3$——检测业务员；$E4$——监控人员。

对于此类型的题目，一定要注意给定的关键字"使用说明中的语句"，这不仅仅告诉我们题干中一定包含相关的实体名称，而且还包含系统与实体关系的相关描述语句。

问题 2：$D1$——模型文件；$D2$——产品检测信息文件；$D3$——基础信息文件。

我们根据每个存储输入、输出数据流，再结合题干，就可以得出每个存储的名称。

问题 3：

数据流名称	起点	终点
远程控制命令	$E3$	$P5$
产品检测信息	$P2$	$P3$
基础信息	$D3$	$P4$

通过题干中每一条关于模块功能的描述，与数据流图进行对比，就可以找出缺失的数据流不止 3 条，找出其中 3 条即可。

问题 4：

```
WHILE(接收图像)
DO{
        检测所收到的所有图像；
        IF(出现一幅图像检测不合格)
        THEN{
                返回产品不合格；
                不合格产品检测结果=产品型号+不合格类型；
          } ENDIF
```

```
    } ENDDO
    }
```

78）问题 1：$E1$——用户；$E2$——商家；$E3$——单车。

需要填写外部实体，外部实体为不属于软件本身但是又与当前软件有交互关系的外部的人、软件、硬件、组织结构、数据库系统等，需要高度重视每一个阅读到的外部实体（一般为名词）。

问题 2：$D1$——用户信息文件；$D2$——单车信息文件；$D3$——行程信息文件；$D4$——计费规则信息文件；$D5$——单车故障信息文件。

考察数据存储文件，还需要对阅读到的"……文件"或"……表"等能够存储数据的媒介词汇高度重视。

问题 3：

起点	终点	名称
$P3$	$E1$	开锁密码
$P3$	$E1$	行程/费用
$P3$	$D2$	单车状态
$P3$	$E3$	开锁指令
$D3$	$P3$	行程信息或使用时间
$D2$	$P3$	计费规则
$D3$	$P7$	行程信息
$P4$	$D2$	单车状态

不仅通过阅读文字描述来作答，同时也要使用父图与子图的数据守恒原则进行作答。

根据描述"用户在 App 端输入手机号并获取验证码后进行注册，将用户信息进行存储"并对照图 9-24 中加工 $P1$ 和实体 $E1$ 处可知，$E1$ 为实体"用户"，$D1$ 为数据存储文件"用户信息文件"。根据描述"……通过扫描二维码或手动输入编码获取开锁密码，系统发送开锁指令进行开锁，系统修改单车状态，新建单车行程……"并对照图 9-24 的加工 $P3$ 处可知，缺少一条从 $P3$ 至实体 $E3$ 的数据流"开锁指令"，且缺少一条从 $P3$ 至 $D2$ 的数据流"单车状态"；根据 $P4$ 流入 $D2$ 的数据流"单车基础信息"容易知道 $D2$ 为"单车信息文件"；根据 $P3$ 流入 $D3$ 的数据流名称"单车行程/费用"可知 $D3$ 为"行程信息文件"；根据描述"用户停止使用或手动锁车并结束行程后，系统根据已设置好的计费规则及使用时间自动结算，更新本次骑行的费用并显示给用户，用户确认支付后，记录行程的支付状态。系统还将重置单车的开锁密码和单车状态。"并对比加工 $P3$ 处可知，缺少一条由 $D3$ 流向加工 $P3$ 的数据流"计费规则"和 $D3$ 流向 $P4$ 的数据流"使用时间"以便 $P3$ 计算行程费用，同时缺少一条由 $P3$ 流向实体 $E1$ 的数据流"行程及费用"。

根据描述"①查询。用户可以查看行程列表和行程详细信息。"并对比加工 $P4$ 处可知，$D5$ 为"单车故障信息文件"；根据描述"...商家对单车基础信息，状态等进行管理，对计费规则进行设置并存储。"并对比加工 $P4$ 处可知，$E2$ 为"商家"，且缺少一条从 $P4$ 流向 $D2$ 的数据流"状态信息"；根据"单车监控。对单车，故障，行程等进行查询统计。"可知，缺少一条由 $D3$ 流向加工 $P7$ 的数据流"行程信息"。

最后根据图 9-23 以及图 9-24 的对比，即子图和父图数据守恒原则，如图 9-24 中还缺少一条由加工 $P3$ 流向 $E1$ 的数据流"开锁密码"。

问题 4：扫码/手动开锁、骑行单车、锁车结账。

根据"②使用单车。"下方的描述，使用单车可以分解为"扫码/手动开锁、骑行单车、锁车结账"三个子加工。

9.3 难点精练

9.3.1 重难点练习

1）某开发组在开发某个系统时，各个阶段具有严格的界限，只有一个阶段获得认可才能进行下一个阶段的工作，则该开发组最可能采用的软件开发方法是_____。

    A. 构件化方法   B. 结构化方法   C. 面向对象方法   D. 快速原型法

2）软件设计中划分模块的一个准则是___①___。两个模块之间的耦合方式中，___②___的耦合度最高；一个模块内部的内聚种类中，___③___内聚的内聚度最高。

    ① A. 低内聚、低耦合 B. 低内聚、高耦合 C. 高内聚、低耦合 D. 高内聚、高耦合

    ② A. 数据   B. 非直接   C. 控制   D. 内容

    ③ A. 偶然   B. 逻辑   C. 功能   D. 过程

3）软件测试的目的是___①___，在进行单元测试时，常用的方法是___②___。

    ① A. 证明软件系统中存在错误   B. 找出软件系统中存在的所有错误

      C. 证明软件的正确性   D. 尽可能多地发现软件系统中的错误

    ② A. 采用白盒测试，辅之以黑盒测试   B. 采用黑盒测试，辅之以白盒测试

      C. 只使用白盒测试   D. 只使用黑盒测试

4）软件质量特性中，___①___是指在规定的一段时间和条件下，与软件维持其性能水平能力有关的一组属性；___②___是指防止对程序及数据的非授权访问的能力。

    ① A. 正确性   B. 准确性   C. 可靠性   D. 易实用性

    ② A. 安全性   B. 适应性   C. 灵活性   D. 容错性

5）OMT 定义了三种模型来描述系统。___①___可以用状态图来表示，___②___可以用数据流图来表示，___③___是为上述两种模型提供了基本的框架。

    ① A. 对象模型   B. 功能模型   C. 动态模型   D. 类模型

    ② A. 对象模型   B. 功能模型   C. 动态模型   D. 类模型

    ③ A. 对象模型   B. 功能模型   C. 动态模型   D. 类模型

6）软件设计模块化的目的是_____。

    A. 提高易读性   B. 降低复杂性   C. 增加内聚性   D. 降低耦合性

7）OMT 是一种对象建模技术，它定义了三种模型，其中___①___模型描述了与值的变换有关的系统特征，通常可用___②___来表示。

    ① A. 对象   B. 功能   C. 动态   D. 都不是

    ② A. 类图   B. 状态图   C. 对象图   D. 数据流图

8）_____是指当系统万一遇到未预料的情况时，能够按照预定的方式做合适的处理。

A. 可用性　　　　B. 正确性　　　　C. 稳定性　　　　D. 健壮性

9）结构化设计方法使用的图形工具是___①___，图中矩形表示___②___。如果两个矩形之间由直线相连，表示它们存在___③___关系。

① A. 程序结构图　B. 数据流图　　C. 程序流程图　　D. 实体–联系图

② A. 数据　　　　B. 加工　　　　C. 模块　　　　D. 存储

③ A. 链接　　　　B. 调用　　　　C. 并列　　　　D. 顺序执行

10）使用白盒测试方法时，确定测试数据应该根据___①___和指定的覆盖标准。一般来说，与设计测试数据无关的文档是___②___。软件的集成测试工作最好由___③___承担，以提高集成测试的效果。

① A. 程序的内部逻辑　　B. 程序的复杂度　　C. 使用说明书　　D. 程序的功能

② A. 需求规格说明书　　B. 设计说明书　　　C. 源程序　　　　D. 项目计划书

③ A. 该软件的设计人员　　B. 该软件开发组的负责人

　　C. 该软件的编程人员　　D. 不属于该软件开发组的软件设计人员

11）原型模型是增量模型的另一种形式，用于需求分析阶段的模型是_____。

A. 探索型原型模型　　B. 实验型原型模型　　C. 演化型原型模型　　D. 螺旋模型

12）OMT（Object Modelling Technique，对象建模技术）方法的第一步是从问题的陈述入手，构造系统模型。系统模型由对象模型、___①___组成。对象模型是从实际系统导出的类的体系，即类的属性、子类与父类之间的继承关系及类之间的___②___关系。

① A. 静态模型和功能模型　　　　B. 动态模型和过程模型

　　C. 动态模型和功能模型　　　　D. 静态模型和操作模型

② A. 关联　　　　B. 从属　　　　C. 调用　　　　D. 包含

13）_____开发模型适用于面向对象开发过程。

A. 瀑布模型　　　B. 演化模型　　　C. 增量模型　　　D. 喷泉模型

14）软件需求分析的任务不包括_____。

A. 问题分析　　　B. 信息域分析　　C. 确定逻辑模型　　D. 结构化程序设计

15）在数据流图中，○（圆圈）代表_____。

A. 源点　　　　B. 终点　　　　C. 加工　　　　D. 模块

16）项目风险管理关系着项目计划的成败，_____关系着软件的生存能力。

A. 资金风险　　　B. 技术风险　　　C. 商业风险　　　D. 预算风险

17）白盒测试方法一般适用于_____测试。

A. 单元　　　　B. 系统　　　　C. 集成　　　　D. 确认

18）软件维护工作越来越受到重视，因为维护活动的花费常常要占用软件生存周期全部花费的___①___左右，其工作内容为___②___。为了减少维护工作的困难，可以考虑采取的措施为___③___。

① A. 10～20　　　B. 20～40　　　C. 60～80　　　D. 90 以上

② A. 纠正和修改软件中含有的错误

B. 因环境发生变化，软件需要做相应的变更

C. 为扩充功能、提高性能而做的变更

D. 包括上述各点

③ A. 设法开发出无错误的软件

B. 增加维护人员的数量

C. 切实加强维护管理，并在开发过程中采取有利于将来维护的措施

D. 限制修改的范围

19）原型化方法是用户和软件开发人员之间进行的一种交互过程，适用于_____系统。

A. 需求不确定性高的　　B. 需求确定的　　C. 管理信息　　　D. 决策支持

20）以下文档中_____不是需求分析阶段产生的。

A. 可行性分析报告　　B. 项目计划书　　C. 需求规格说明书　　D. 软件测试计划

21）结构化分析 SA、结构化设计方法 SD 和 Jackson 方法是在软件开发过程中常用的方法。运用 SA 方法可以得到___①___，这种方法采用的基本手段是___②___，使用 SD 方法可以得到___③___。

① A. 程序流程图　　　　　　　　　B. 具体的语言程序

C. 模块结构图及模块的功能说明书　　D. 分层数据流图和数据字典

② A. 分解与抽象　　B. 分解与综合　　C. 归纳与推导　　　D. 试探与回溯

③ A. 从数据结构导出程序结构　　　　B. 从数据流图导出初始结构图

C. 从模块结构导出数据结构　　　　D. 从模块结构导出程序结构

22）软件测试的目的是___①___。为了提高测试的效率，应该___②___。

① A. 评价软件的质量　　　　　B. 发现软件的错误

C. 证明软件是正确的　　　　D. 找出软件系统中存在的所有错误

② A. 随机地选取测试数据

B. 取一切可能的输入数据作为测试数据

C. 在完成编码以后制定软件的测试计划

D. 选择发现错误可能性大的数据作为测试数据

23）软件可移植性是用来衡量软件的_____的重要尺度之一。

A. 通用性　　　　B. 效率　　　　　C. 质量　　　　　D. 人-机界面

24）在瀑布模型基础上对一些阶段进行整体开发，对另一些阶段进行增量开发，则该开发模型是_____。

A. 增量构造模型　　B. 演化提交模型　　C. 原型模型　　　D. 螺旋模型

25）用来辅助软件开发、运行、维护、管理、支持等过程中的活动的软件称为软件工具，通常也称为_____。

A. CAD　　　　　B. CAI　　　　　C. CAM　　　　　D. CASE

26）Jackson 结构化程序设计方法是英国人 M. Jackson 提出的，它是一种面向___①___的设计方法，主要用于规模适中的___②___系统的开发。

① A. 对象　　　　B. 数据流　　　　C. 数据结构　　　　D. 控制结构

② A. 数据处理　　B. 文字处理　　　C. 实时控制　　　　D. 科学计算

27）根据国家标准 GB8566—88 计算机软件开发规范的规定，软件的开发和维护划分为 8 个阶段，其中单元测试是在 ① 阶段完成的，集成测试的计划是在 ② 阶段制定的，确认测试的计划是在 ③ 阶段制定的。

① A. 实现　　　　B. 使用　　　　C. 维护　　　　D. 调试

② A. 需求分析　　B. 概要设计　　C. 实现　　　　D. 详细设计

③ A. 需求分析　　B. 概要设计　　C. 实现　　　　D. 详细设计

28）概要设计是软件系统结构的总体设计，以下不属于概要设计的是_____。

A. 把软件划分为模块　　　　　　B. 确定模块之间的调用关系

C. 确定各个模块的功能　　　　　D. 设计每个模块的伪代码

29）软件开发中的瀑布模型典型地刻画了软件生存周期的阶段划分，与其最相适应的软件开发方法是_____。

A. 构件化方法　　B. 结构化方法　　C. 面向对象方法　　D. 快速原型法

30）黑盒测试也称为功能测试，黑盒测试不能发现_____。

A. 终止性错误　　　　B. 错误是否正确接收

C. 界面是否有误　　　D. 是否存在冗余代码

31）为了提高软件的可移植性，应注意提高软件的 ① ，还应 ② 。使用 ③ 语言开发的系统软件具有较好的可移植性。

① A. 使用的方便性　　B. 简洁性　　　C. 可靠性　　　D. 设备独立性

② A. 有完备的文档资料　　B. 选择好的宿主计算机

C. 减少输入/输出次数　　D. 选择好的操作系统

③ A. Cobol　　　　B. APL　　　　C. C　　　　D. PL/1

32）结构化设计方法在软件开发中用于 ① ，它是一种面向 ② 的设计方法。

① A. 测试用例设计　　B. 概要设计　　C. 程序设计　　D. 详细设计

② A. 对象　　　　B. 数据结构　　C. 数据流　　　D. 控制流

33）软件测试的目的是 ① 。通常 ② 是在代码编写阶段可进行的测试，它是整个测试工作的基础。

① A. 证明软件系统中存在错误　　　B. 判定软件是否合格

C. 证明软件的正确性　　　　　　D. 尽可能多地发现软件系统中的错误

② A. 系统测试　　B. 安装测试　　C. 验收测试　　D. 单元测试

34）软件的互操作性是指_____。

A. 软件的可移植性　　　　　　B. 人机界面的可交互性

C. 多用户之间的可交互性　　　D. 连接一个系统和另一个系统所需的工作量

35）软件项目的进度管理有许多方法，_____清晰地描述每个任务从何时开始、到何时结束以及各个任务之间的并行性，但难以表达多个子任务之间的逻辑关系。

  A. 甘特图   B. IPO   C. PERT   D. 时标网状图

36）原型化方法是一种_____型的设计过程。

  A. 自外向内   B. 自顶向下   C. 自内向外   D. 自底向上

37）在下列说法中，_____是造成软件危机的主要原因。

  ①用户使用不当   ②软件本身的特点   ③硬件不可靠

  ④对软件的错误认识   ⑤缺乏好的开发方法和手段   ⑥开发效率低

  A. ①③⑥   B. ①②④   C. ③⑤⑥   D. ②⑤⑥

38）如果一个软件是供许多客户使用的，大多数软件生产商要使用机制测试过程来发现那些可能只有最终用户才能发现的错误。_____测试是由软件的最终用户在一个或多个用户实际使用的环境中进行的。

  A. Alpha   B. Beta   C. Gamma   D. Delta

39）以下模型中，包含风险分析的是_____。

  A. 喷泉模型   B. 增量模型   C. 演化模型   D. 螺旋模型

40）在设计测试用例时，_____是用得最多的一种黑盒测试方法。

  A. 等价类划分   B. 边值分析   C. 因果图   D. 判定表

41）软件设计中划分程序模块通常遵循的原则是使各模块间的耦合性尽可能弱。一个模块把一个数值量作为参数传送给另一个模块的耦合方式属于_____。

  A. 公共耦合   B. 数据耦合   C. 控制耦合   D. 标记耦合

42）逻辑覆盖标准主要用于__①__。它主要包括条件覆盖、条件组合覆盖、判定覆盖、条件及判定覆盖、语句覆盖、路径覆盖等几种，其中除路径覆盖外，最弱的覆盖标准是__②__。

  ① A. 黑盒测试方法   B. 白盒测试方法   C. 灰盒测试方法   D. 软件验证方法

  ② A. 条件测试   B. 条件组合覆盖   C. 判定覆盖   D. 语句覆盖

43）__①__所依据的模块说明书和测试方案应在__②__阶段完成，它能发现设计错误。

  ① A. 集成测试   B. 可靠性测试   C. 系统性能测试   D. 强度测试

  ② A. 编程   B. 概要设计   C. 维护   D. 详细设计

44）软件项目的进度管理有许多方法，_____不仅表达了子任务之间的逻辑关系，而且可以找出关键子任务。

  A. 甘特图   B. IPO   C. PERT   D. 时标网状图

45）软件能力成熟度模型（Capability Maturity Model，CMM）描述和分析了软件过程能力的发展与改进的程度，确立了一个软件过程成熟程度的分级标准。在__①__，已建立了基本的项目管理过程，可对成本、进度和功能特性进行跟踪。在__②__，用于软件管理与工程量方面的软件过程均已文档化、标准化，并形成了整个软件组织的标准软件过程。

  ① A. 可重复级   B. 已管理级   C. 功能级   D. 成本级

  ② A. 标准级   B. 已定义级   C. 可重复级   D. 优化级

46）在项目管理工具中，将网络方法应用于工作计划安排的评审和检查的是_____。

    A. 甘特图   B. 因果分析图   C. PERT   D. 流程图

47）在软件计划阶段，在对系统进行可行性分析时，应该包括_____。

    A. 软件环境可行性、经济可行性、社会可行性、社会科学可行性

    B. 经济可行性、技术可行性、社会可行性、法律可行性

    C. 经济可行性、社会可行性、系统可行性、实用性

    D. 经济可行性、法律可行性、系统可行性、实用性

48）_____是以提高软件质量为目的的技术活动。

    A. 技术创新   B. 测试   C. 技术创造   D. 技术评审

49）如果一个软件是供许多客户使用的，大多数软件厂商要使用机制测试过程来发现那些可能只有最终用户才能发现的错误。_____测试是由一个用户在开发者的场所来进行的，目的是寻找错误的原因并改正。

    A. Alpha   B. Beta   C. Gamma   D. Delta

50）喷泉模型的典型特征是_____，因而比较适合面向对象的开发过程。

    A. 迭代和有间隙   B. 迭代和无间隙

    C. 无迭代和有间隙   D. 无迭代和无间隙

51）在实际应用中，一旦纠正了程序中的错误后，还应该选择部分或全部原先已测试过的测试用例对修改后的程序重新测试，这种测试称为_____。

    A. 验收测试   B. 强度测试   C. 系统测试   D. 回归测试

52）软件设计中划分程序模块通常遵循的原则是要使各模块间的耦合性尽可能弱。一个模块把一个复杂的内部数据结构作为参数传送给另一个模块的耦合方式属于_____。

    A. 公共耦合   B. 数据耦合   C. 控制耦合   D. 标记耦合

53）___①___在实现阶段进行，它所依据的模块功能描述和内部细节以及测试方案应在___②___阶段完成，目的是发现编程错误。

    ① A. 用户界面测试   B. 集成测试   C. 单元测试   D. 输入/输出测试

    ② A. 需求分析   B. 概要设计   C. 详细设计   D. 结构设计

54）软件的易维护性是指理解、改正、改进软件的难易程度。通常影响软件易维护性的因素有易理解性、易修改性和___①___。在软件的开发过程中往往采取各种措施来提高软件的易维护性，如采用___②___有助于提高软件的易理解性，___③___有助于提高软件的易修改性。

    ① A. 易使用性   B. 易恢复性   C. 易替换性   D. 易测试性

    ② A. 增强健壮性   B. 信息隐藏原则   C. 高效的算法   D. 良好的编程风格

    ③ A. 增强健壮性   B. 信息隐藏原则   C. 高效的算法   D. 身份认证

55）在软件需求分析阶段，分析员要从用户那里解决的最重要的问题是___①___。需求规格说明书的内容不应当包括___②___。该文档在软件开发中具有重要的作用，但其作用不应包括___③___。

    ① A. 要让软件做什么   B. 要给软件提供哪些信息

C. 要求软件的工作效率如何　　　　　D. 要让软件提供哪些信息

② A. 对重要功能的描述　　　　　　　B. 对算法的详细过程性描述

C. 软件确认准则　　　　　　　　　　D. 软件的性能

③ A. 软件设计的依据

B. 用户和开发人员对软件要"做什么"的共同理解

C. 软件验收的依据

D. 软件可行性分析的依据

56）因果图方法是根据_____之间的因果关系来设计测试用例的。

A. 输入与输出　　　　　B. 设计与实现　　　　　C. 条件与结果　　　　　D. 主程序与子程序

57）某医院收费系统的主要功能是收取病人门诊的各项费用。系统的收费功能分为 3 个方面：病历收费、挂号收费和根据处方单内容收取检查或药物费用。

① 病人初次来该医院看病，首先购买病历，记录病人的基本情况。

② 病人看病前要挂号。根据病人的病历和门诊部门（内科、外科等），系统提供相应的挂号单和处方单，并收取费用。

③ 病人根据处方单进行进一步检查或取药前需交纳各项费用。系统首先根据病人的基本情况检查处方单中的病历号是否正确，记录合格的处方单，并提供收据。

④ 所有收费都必须依据定价表中的定价来计算，且所有收费都必须写入收费记录中。

医院收费系统的顶层图如图 9-26 所示，医院收费系统的第 0 层 DFD 图如图 9-27 所示。其中，加工 1 的细化图如图 9-28 所示，加工 2 的细化图如图 9-29 所示。

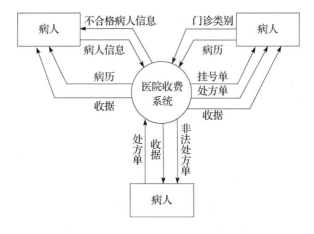

图 9-26　医院收费系统的顶层图

假定顶层图是正确的，"定价表"文件已由其他系统生成。

问题 1：指出哪张图的哪些文件可以不必画出。

问题 2：数据流图 9-28 中缺少 2 条数据流，请直接在图中添加。

问题 3：数据流图 9-29 中缺少 4 条数据流，请直接在图中添加。

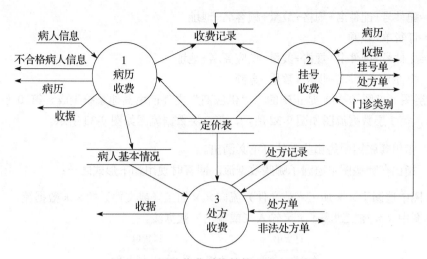

图 9-27 医院收费系统的第 0 层 DFD 图

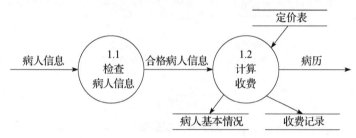

图 9-28 医院收费系统加工 1 的细化图

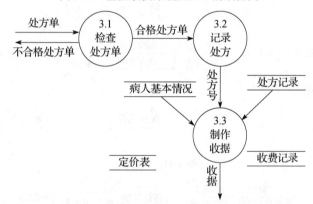

图 9-29 医院收费系统加工 2 的细化图

58）某供销系统接到顾客的订货单，当库存中某配件的数量小于订购量或库存量低于一定数量时，向供应商发出采购单；当某配件的库存量大于或等于订购量，或者收到供应商的送货单并更新了库存后，向顾客发出提货单。该系统还可随时向总经理提供销售和库存情况表。该供销系统的分层数据流图中部分数据流和文件的组成如下：

文件：

配件库存=配件号+配件名+规格+数量+允许的最低库存量

数据流：

订货单=配件号+配件名+规格+数量+顾客名+地址

提货单=订货单+金额

采购单=配件号+配件名+规格+数量+供应商名+地址

送货单=配件号+配件名+规格+数量+金额

假定顶层图（见图 9-30）是正确的，"供应商"文件已由其他系统生成。第 0 层数据流图如图 9-31 所示，第 1 层数据流图如图 9-32 所示，第 2 层数据流图如图 9-33 所示。

问题 1：指出哪张图中的哪些文件可不必画出。

问题 2：指出在哪些图中遗漏了哪些数据流。回答时使用如下形式之一：

① ××图中遗漏了××加工（或文件）流向××加工（或文件）的××数据流。

② ××图中××加工遗漏了××输入（或输出）数据流。

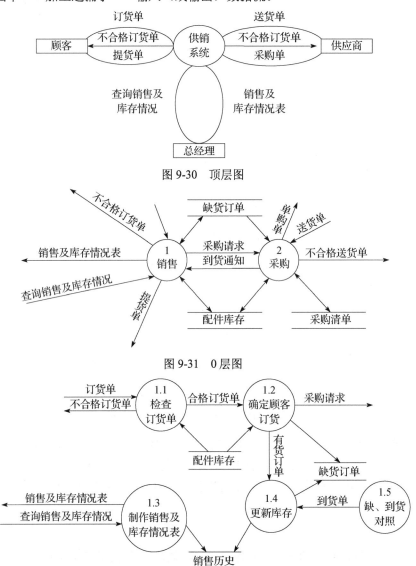

图 9-30　顶层图

图 9-31　0 层图

图 9-32　加工 1 子图

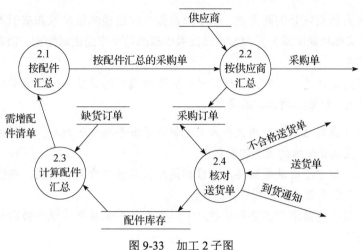

图 9-33　加工 2 子图

9.3.2　练习精解

1）B。

2）① C。

　② D。

　③ C。

概要设计阶段的主要工作是将 DFD 转换为 MSD，模块划分的准则就是"高内聚低耦合"。

耦合是对不同模块之间相互依赖程度的度量，从强到弱的顺序如下：

- 内容耦合：一个模块直接修改或操作另一个模块的数据。
- 公共耦合：两个以上的模块共同引用一个全局数据项。
- 控制耦合：一个模块在界面上传递一个信号控制另一个模块。
- 标记耦合：两个模块至少有一个通过界面传递的公共参数包含内部结构。
- 数据耦合：模块间通过参数传递基本类型的数据。

内聚度量的是一个模块内部各成分之间的相互关联程度。从低到高的顺序如下：

- 偶然内聚：一个模块的各成分之间毫无关系。
- 逻辑内聚：逻辑上相关的功能放在一个模块。
- 时间内聚：因为时间因素关联在一起。
- 过程内聚：内部处理成分是相关的，且其间必须以特定次序排序。
- 通信内聚：一个模块的所有成分都操作同一个数据集或生产同一个数据集。
- 顺序内聚：各个成分和同一个功能密切相关，且一个成分的输出作为另一个成分的输入。
- 功能内聚：模块的所有成分对于完成单一的功能都是基本的。

3）① D。

　② A。

软件测试技术的目的是希望以最少的人力和时间发现潜在的各种错误和缺陷。

软件测试技术大体上可分为两大类：基于"白盒"的路径测试技术和基于"黑盒"的事务处理流程测试技术（又称功能测试）。白盒测试技术依据的是程序的逻辑结构，而黑盒测试技术依据的是软件行为的描述。

由于软件错误的复杂性，在软件工程测试中应综合运用测试技术，并应实施合理的测试序列：单元测试、集成测试、有效性测试、系统测试。

- 单元测试（通常采用白盒测试技术）：集中于每个独立的模块。该测试以详细设计文档为指导，测试模块内的重要控制路径。
- 集成测试：集中于模块的组装。其目标是发现与接口有关的错误，将经过单元测试的模块构成一个满足设计要求的软件结构。
- 有效性测试（通常采用黑盒测试技术）：目标是发现软件实现的功能与需求规格说明书不一致的错误。
- 系统测试：集中检验系统所有元素（包括硬件、软件）之间的协作是否合适，整个系统的性能、功能是否达到。

单元测试在实现阶段进行，它所依据的模块功能描述和内部细节以及测试方案应在详细设计阶段完成，目的是发现编程错误。集成测试所依据的模块说明书和测试方案应在概要设计阶段完成，它能发现设计错误。有效性测试应在模拟的环境中进行强度测试，测试计划应在软件需求分析阶段完成。

4）① C。

② A。

软件质量是指反映软件系统或软件产品满足规定或隐含需求的能力的特征，各特性说明见表 9-3。

表9-3　软件质量特性说明

质量特性	说　明	子特性	子特性说明
功能性	与一组功能及其指定的性质有关的一组属性。这里的功能是指满足明确或隐含的需求的那些功能	适合性	与规定任务能否提供一组功能以及这组功能的适合程度有关的软件属性
		准确性	与能否得到正确或相符的结果或效果有关的软件属性
		互用性	与其他指定系统进行交互的能力有关的软件属性
		依从性	使软件遵循有关的标准、约定、法规及类似规定的软件属性
		安全性	与防止对程序及数据的非授权的故意或意外访问的能力有关的软件属性
可靠性	与在规定的一段时间和条件下，软件维持其性能水平的能力有关的一组属性	成熟性	与由软件故障引起失效的频度有关的软件属性
		容错性	与在软件故障或违反指定接口的情况下，维持规定的性能水平的能力有关的软件属性
		可恢复性	与在失效发生后，重建其性能水平并恢复直接受影响数据的能力以及为达此目的所需的时间和能力有关的软件属性
可用性	与一组规定或潜在的用户为使用软件所需做的努力和对这样的使用所做的评价有关的一组属性	可理解性	与用户为认识逻辑概念及其应用范围所花的努力有关的软件属性
		易学习性	与用户为学习软件应用所花的努力有关的软件属性
		可操作性	与用户为操作和运行控制所花的努力有关的软件属性

（续）

质量特性	说 明	子特性	子特性说明
效率	与在规定的条件下，软件的性能水平与所使用资源量之间的关系有关的一组属性	时间特性	与软件执行其功能时响应和处理时间以及吞吐量有关的软件属性
		资源特性	与在软件执行其功能时所使用的资源数量及其使用时间有关的软件属性
可维护性	与进行指定的修改所需的努力有关的一组属性	可分析性	与为诊断缺陷或失效原因及为判定待修改的部分所需的努力有关的软件属性
		可修改性	与进行修改、排除错误或适应环境变化所需的努力有关的软件属性
		稳定性	与修改所造成的未预料结果的风险有关的软件属性
		可测试性	与确认已修改软件所需的努力有关的软件属性
可移植性	与软件可从某一环境转移到另一环境的能力有关的一组属性	适应性	与软件无须采用有别于为该软件准备的活动或手段就可能适应不同的规定环境有关的软件属性
		可安装性	与在指定环境下安装软件所需的努力有关的软件属性
		一致性	使软件遵循与可移植性有关的标准或约定的软件属性
		可替换性	与软件在该软件环境中用来替代指定的其他软件的机会和努力有关的软件属性

5）① C。

② B。

③ A。

对象建模技术（Object Modeling Technique，OMT）定义了三种模型——对象模型、动态模型和功能模型，OMT 用这三种模型描述系统。

● 对象模型描述系统中对象的静态结构、对象之间的关系、对象的属性、对象的操作。对象模型表示静态的、结构上的、系统的"数据"特征。对象模型为动态模型和功能模型提供了基本的框架。对象模型用包含对象和类的对象图表示。

● 动态模型描述与时间和操作顺序有关的系统特征——激发事件、事件序列、确定事件的先后关系以及事件和状态的组织。动态模型表示瞬时的、行为上的、系统的"控制"特征。动态模型用状态图来表示，每张状态图显示了系统中一个类的所有对象所允许的状态和事件的顺序。

● 功能模型描述与值的变换有关的系统特征——功能、映射、约束和函数依赖，功能模型用数据流图来表示。

6）A。

模块化的目的是使程序的结构清晰，容易阅读，容易理解，容易测试，容易修改。增加内聚性、降低耦合性是提高系统模块独立性的要求，不是目的。

7）① B。

② D。

答案解析参考前面的第 6）题。

8）D。

算法是对特定问题求解步骤的一种描述，它是指令的有限序列，其中每一条指令表示一个或多个操作。

- 有穷性：一个算法必须总是在执行有穷步之后结束，且每一步都可在有穷时间内完成。
- 确定性：算法中每一条指令必须有确切的含义，无二义性，并且在任何条件下，算法只有唯一的一条执行路径，即对于相同的输入只能得出相同的输出。
- 可行性：一个算法是可行的，即算法中描述的操作都是可以通过已经实现的基本运算执行有限次来实现。
- 正确性：算法应满足具体问题的需求。
- 可读性：便于阅读和交流。
- 健壮性：当输入数据非法时，算法也能适当地做出反应或进行处理，而不会产生莫名其妙的输出结果。
- 效率与低存储需求：通俗地说，效率指的是算法执行时间；存储量需求指算法执行过程中所需要的最大存储空间。

9）① B。

② C。

③ B。

结构化设计方法是一种基于数据流的方法，为此引入了数据流、变换（加工）、数据存储、数据源和数据潭等概念。数据流表示数据和数据流向，用箭头表示；加工是对数据进行处理的单元，它接收一定的输入数据，对其进行处理，并产生输出，用圆圈表示；数据存储用于表示信息的静态存储；数据源和数据潭表示系统和环境的接口，是系统之外的实体，其中数据源是数据流的起点，数据潭是数据流的最终目的地，用矩形表示。

10）① A。

② D。

③ D。

软件测试的目的是希望以最少的人力和时间发现潜在的各种错误和缺陷。

软件测试技术大体上可分为两大类：基于"白盒"的路径测试技术和基于"黑盒"的事务处理流程测试技术（又称功能测试）。白盒测试技术依据的是程序的逻辑结构，而黑盒测试技术依据的是软件行为的描述。

由于软件错误的复杂性，在软件工程测试中应综合运用测试技术，并应实施合理的测试序列：单元测试、集成测试、有效性测试、系统测试。

- 单元测试（通常采用白盒测试技术）：集中于每个独立的模块。该测试以详细设计文档为指导，测试模块内的重要控制路径。
- 集成测试：集中于模块的组装。其目标是发现与接口有关的错误，将经过单元测试的模块构成一个满足设计要求的软件结构。
- 有效性测试（通常采用黑盒测试技术）：目标是发现软件实现的功能与需求规格说明书不一致的错误。

- 系统测试：集中检验系统所有元素（包括硬件、软件）之间的协作是否合适，整个系统的性能、功能是否达到。

单元测试在实现阶段进行，它所依据的模块功能描述和内部细节以及测试方案应在详细设计阶段完成，目的是发现编程错误。集成测试所依据的模块说明书和测试方案应在概要设计阶段完成，它能发现设计错误。有效性测试应在模拟的环境中进行强度测试，测试计划应在软件需求分析阶段完成。

11）A。

原型模型又称快速原型模型，它是增量模型的另一种形式。根据原型的不同作用，有三类原型模型：探索型原型模型（用于需求分析阶段）、实验型原型模型（主要用于设计阶段）、演化型原型模型（主要用于及早向用户提交一个原型系统）。

12）① C。

② A。

对象建模技术（Object Modeling Technique，OMT）定义了三种模型——对象模型、动态模型和功能模型，OMT 用这三种模型描述系统。OMT 方法有 4 个步骤：分析、系统设计、对象设计和实现。OMT 方法的每一步都使用这三种模型，通过每一步对这三种模型不断地精化和扩充。对象模型描述系统中对象的静态结构、对象之间的关系、对象的属性、对象的操作。对象模型表示静态的、结构上的、系统的"数据"特征。对象模型为动态模型和功能模型提供了基本的框架。对象模型用包含对象和类的对象图表示。

13）D。

本题考查软件工程软件开发模型方面的知识。常用的模型有：

① 瀑布模型。瀑布模型最早由 Royce 提出，该模型因过程排列酷似瀑布而得名。在该模型中，首先确定需求，并接受客户和软件质量保证（Software Quality Assurance，SQA）小组的验证；然后拟定规格说明，同样通过验证后，进入计划阶段……可以看出，瀑布模型中至关重要的一点是只有当一个阶段的文档已经编制好并获得 SQA 小组的认可才可以进入下一阶段。该模型是文档驱动的，对于非专业用户来说难以阅读和理解，而且导致很多问题在最后才会暴露出来，风险巨大。瀑布模型主要应用于结构化的软件开发。

② 增量模型。增量模型是在项目的开发过程中以一系列的增量方式开发系统。增量方式包括增量开发和增量提交。增量开发是指在项目开发周期内以一定时间间隔开发部分工作软件。增量提交是指在项目开发周期内以一定时间间隔的增量方式向用户提交工作软件及其相应文档。根据增量的方式和形式的不同，分为渐增模型和原型模型。

③ 原型模型。原型模型又称快速原型模型，它是增量模型的另一种形式。根据原型的不同作用，有三类原型模型：探索型原型模型（用于需求分析阶段）、实验型原型模型（主要用于设计阶段）、演化型原型模型（主要用于及早向用户提交一个原型系统）。演化型原型模型主要针对事先不能完整定义需求的软件开发。软件开发中的原型是软件的一个早期可运行版本，它反映了最终系统的重要特性。

④ 螺旋模型。螺旋模型将瀑布模型和演化模型相结合，综合了瀑布模型和演化模型的优点，并增加了风险分析。螺旋模型包含 4 个方面的活动：制定计划、风险分析、实施工程和客户评估。

⑤ 喷泉模型。主要用于描述面向对象的开发过程。喷泉模型体现了软件创建所固有的迭代和

无间隙的特征。迭代意味着模型中的开发活动常常需要重复多次，在迭代过程中不断完善软件系统；无间隙是指开发活动之间不存在明显的边界，各开发活动交叉、迭代地进行。

14）D。

根据软件工程框架，软件工程活动包括"需求、设计、实现、确认和支持"。通常，我们把其中的"需求"看作软件开发的一个阶段，在这一阶段中，主要包括需求获取、需求分析和需求验证等活动。需求分析主要是确定待开发软件的功能、性能、数据和界面等要求，具体来说有如下几点：① 确定软件系统的综合要求；② 分析软件系统的数据要求；③ 导出系统的逻辑模型；④ 修正项目开发计划；⑤ 开发一个原型系统。

15）C。

结构化分析方法是一种基于数据流的方法，为此引入了数据流、变换（加工）、数据存储、数据源和数据潭等概念。

数据流表示数据和数据流向，用箭头表示；加工是对数据进行处理的单元，它接收一定的输入数据，对其进行处理，并产生输出，用圆圈表示；数据存储用于表示信息的静态存储，用两条平行线表示；数据源和数据潭表示系统和环境的接口，是系统之外的实体，其中数据源是数据流的起点，数据潭是数据流的最终目的地，用矩形表示。

16）C。

考虑风险时应关注三个方面：一是关心未来，风险是否会导致软件项目失败；二是关心变化，在用户需求、开发技术、目标机器以及所有其他与项目有关的实体中会发生什么变化；三是必须解决选择问题：应当采用什么方法和工具，应当配备多少人力，在质量上强调到什么程度才满足要求。

17）A。

软件测试技术大体上可分为两大类：基于"白盒"的路径测试技术和基于"黑盒"的事务处理流程测试技术（又称功能测试）。白盒测试技术依据的是程序的逻辑结构，而黑盒测试技术依据的是软件行为的描述。

单元测试在实现阶段进行，它所依据的模块功能描述和内部细节以及测试方案应在详细设计阶段完成，目的是发现编程错误。集成测试所依据的模块说明书和测试方案应在概要设计阶段完成，它能发现设计错误。有效性测试应在模拟的环境中进行强度测试，测试计划应在软件需求分析阶段完成。

18）① C。
② D。
③ C。

系统的可维护性可以定义为：维护人员理解、改正、改动和改进这个软件的难易程度。评价指标：可理解性、可测试性、可修改性。

系统维护主要包括硬件设备的维护、应用软件的维护和数据的维护，其费用一般是生存周期全部费用的 60%～80%。硬件的维护应由专职的硬件维护人员来负责，主要有两种类型的维护活动，一种是定期的设备保养性维护，另一种是突发性的故障维护。软件维护的内容一般有：正确性维护、适应性维护、完善性维护和预防性维护。

19）A。

本题考查软件工程软件开发模型方面的知识。原型模型又称快速原型模型，它是增量模型的另一种形式。根据原型的不同作用，有三类原型模型：探索型原型模型（用于需求分析阶段）、实验型原型模型（主要用于设计阶段）、演化型原型模型（主要用于及早向用户提交一个原型系统）。

演化型原型模型主要针对事先不能完整定义需求的软件开发。

软件开发中的原型是软件的一个早期可运行版本，它反映了最终系统的重要特性。

20）D。

根据软件工程框架，软件工程活动包括"需求、设计、实现、确认和支持"。通常，我们把其中的"需求"看作是软件开发的一个阶段，在这一阶段中，主要包括需求获取、需求分析和需求验证等活动。

需求分析主要是确定待开发软件的功能、性能、数据和界面等要求，具体来说有如下几点：确定软件系统的综合要求，分析软件系统的数据要求，导出系统的逻辑模型，修正项目开发计划，开发一个原型系统。

21）① D。
　　② B。
　　③ B。

结构化分析方法所建立的系统模型包括三个方面：数据流图、数据字典和小说明。数据流图是一种描述数据变换的图形工具，系统接收输入的数据，经过一系列的变换（加工），最后输出结果数据。通常用分层数据流图描述一个系统。数据字典是以一种准确的和无二义的方式定义所有被加工引用的数据流和数据存储，通常包括三类：数据流条目、数据存储条目和数据项条目。小说明是用来描述加工的，集中描述一个加工"做什么"，即加工逻辑，也包括一些和加工有关的信息，如执行条件、优先级、执行频率、出错处理等。加工逻辑是指用户对这个加工的逻辑要求，即这个加工的输入数据和输出数据的逻辑关系。小说明并不描述具体的加工过程。目前小说明一般是用自然语言、结构化自然语言、判定表和判定树等来描述的。

结构化设计就是将数据流图转化为模块结构图。

22）① B。
　　② D。

软件测试的目的是希望以最少的人力和时间发现潜在的各种错误和缺陷。

23）A。

24）A。

增量模型是在项目的开发过程中以一系列的增量方式开发系统。增量方式包括增量开发和增量提交。增量开发是指在项目开发周期内，以一定时间间隔开发部分工作软件。增量提交是指在项目开发周期内，以一定时间间隔的增量方式向用户提交工作软件及其相应的文档。根据增量的方式和形式的不同，分为渐增模型和原型模型。

渐增模型是瀑布模型的变种，有两类渐增模型：增量构造模型（在瀑布模型的基础上，对一些阶段进行整体开发，对另一些阶段进行增量开发）和演化提交模型（在瀑布模型的基础上，所有阶段都进行增量开发）。

25）D。

用来辅助软件开发、运行、维护、管理、支持等过程中的活动的软件称为软件工具，通常称为 CASE（Computer Aided Software Engineering，计算机辅助软件工程）工具。

26）① C。

② A。

Jackson 方法是一种典型的面向数据结构的设计方法，以数据结构作为设计的基础，它根据输入/输出数据结构导出程序的结构，适用于规模不大的数据处理系统。

27）① A。

② B。

③ A。

由于软件错误的复杂性，在软件工程测试中应综合运用测试技术，并应实施合理的测试序列：单元测试、集成测试、有效性测试、系统测试。

- 单元测试（采用白盒测试技术）：集中于每个独立的模块。该测试以详细设计文档为指导，测试模块内的重要控制路径。
- 集成测试：集中于模块的组装。其目标是发现与接口有关的错误，将经过单元测试的模块构成一个满足设计要求的软件结构。
- 有效性测试（通常采用黑盒测试技术）：目标是发现软件实现的功能与需求规格说明书不一致的错误。
- 系统测试：集中检验系统所有元素（包括硬件、软件）之间的协作是否合适，整个系统的性能、功能是否达到。

单元测试在实现阶段进行，它所依据的模块功能描述和内部细节以及测试方案应在详细设计阶段完成，目的是发现编程错误。集成测试所依据的模块说明书和测试方案应在概要设计阶段完成，它能发现设计错误。有效性测试应在模拟的环境中进行强度测试，测试计划应在软件需求分析阶段完成。

28）D。

软件设计是在需求分析的基础上来确定"怎么做"，即以软件需求规格说明书为基础，形成软件的具体设计方案，即给出系统的整体模块结构和每一模块过程属性的描述——算法设计。其中，给出系统整体模块结构的过程称为总体设计或概要设计，给出每一模块过程属性描述的过程称为详细设计。系统设计包括 4 个既独立又互相联系的活动，分别是体系结构设计、模块设计、数据结构与算法设计、接口设计（用户界面、内外部接口）。

29）B。

传统的瀑布模型本质上是一种线性顺序模型，各阶段之间存在着严格的顺序性和依赖性，特别强调预先定义需求的重要性。瀑布模型属于整体开发模型，它规定在开始下一个阶段的工作之前，必须完成前一阶段的所有细节。瀑布模型主要应用于结构化的软件开发。

30）D。

软件测试技术大体上可分为两大类：基于"白盒"的路径测试技术和基于"黑盒"的事务处理流程测试技术（又称功能测试）。白盒测试依据的是程序的逻辑结构，而黑盒测试技术依据的是软件行为的描述。

31）① D。

　　② A。

　　③ C。

软件的可移植性是指用来表征将软件从一个环境移到另一个环境能力的一组属性，包括适应性、可安装性、一致性、可替换性。因此，为了提高软件的可移植性，应注意提高软件的设备独立性，同时还应有完备的文档资料。使用 C 语言开发的系统软件具有较好的可移植性。

32）① B。

　　② C。

33）① D。

　　② D。

软件测试的目的是希望以最少的人力和时间发现潜在的各种错误和缺陷。

单元测试在实现阶段进行，它所依据的模块功能描述和内部细节以及测试方案应在详细设计阶段完成，目的是发现编程错误。集成测试所依据的模块说明书和测试方案应在概要设计阶段完成，它能发现设计错误。有效性测试应在模拟的环境中进行强度测试的基础上，测试计划应在软件需求分析阶段完成。

34）D。

35）A。

进度安排的常用图形描述方法有甘特图和 PERT 图。

在甘特图中，横坐标表示时间，纵坐标表示任务，图中的水平线段表示对一个任务的进度安排，线段的起点和终点对应在横坐标上的时间分别表示该任务的开始时间和结束时间，线段的长度表示完成该任务所需的时间。甘特图能清晰地描述每个任务从何时开始、到何时结束以及各个任务之间的并行性，但是它不能清晰地反映出各任务之间的依赖关系，难以确定整个项目的关键所在，也不能反映计划中有潜力的部分。

PERT 图是一个有向图，箭头表示任务，可以标上完成该任务所需的时间；箭头指向节点表示流入节点的任务的结束，并开始流出节点的任务，节点表示事件。只有当流入该节点的所有任务都结束时，节点所表示的事件才出现，流出节点的任务才可以开始。事件本身不消耗时间和资源，它仅表示某个时间点。

36）A。

原型模型又称快速原型模型，它是增量模型的另一种形式，是一种自外向内的设计过程。

37）D。

软件危机指的是在计算机软件的开发和维护过程中所遇到的一系列严重问题。概括来说，软件危机包含两方面的问题：如何开发软件以满足不断增长、日趋复杂的需求，以及如何维护数量不断膨胀的软件产品。具体地说，软件危机主要有以下表现：

● 对软件开发成本和进度的估计常常不准确。

● 用户对"已完成"系统不满意。

- 软件产品的质量靠不住。
- 软件的可维护程度非常低，软件通常没有适当的文档资料。
- 软件开发生产率的提高赶不上硬件的发展和人们需求的增长。

38）B。

如果一个软件是供许多客户使用的，大多数软件厂商要使用机制测试过程来发现那些可能只有最终用户才能发现的错误。Beta 测试是由软件的最终用户在一个或多个用户实际使用环境下来进行的，即常见的公测，Alpha 是内测。

39）D。

螺旋模型将瀑布模型和演化模型相结合，综合了瀑布模型和演化模型的优点，并增加了风险分析。螺旋模型包含 4 个方面的活动：制定计划、风险分析、实施工程和客户评估。

40）A。

软件测试技术大体上可分为两大类：基于"白盒"的路径测试技术和基于"黑盒"的事务处理流程测试技术（又称功能测试）。白盒测试技术依据的是程序的逻辑结构，而黑盒测试技术依据的是软件行为的描述。在设计测试用例时，等价类划分法是用得最多的一种黑盒测试方法。

41）B。

耦合是指模块之间联系的紧密程度，耦合度越高则模块的独立性越差。耦合度从低到高的次序依次是：非直接耦合、数据耦合、标记耦合、控制耦合、外部耦合、公共耦合、内容耦合。一个模块把一个数值量作为参数传送给另一个模块的耦合方式属于数据耦合。

42）① B。
　　② D。

白盒测试方法需要了解程序内部的结构，测试用例是根据程序的内部逻辑来设计的。白盒测试法主要于用软件的单元测试，其常用的技术是逻辑覆盖。主要的覆盖标准有 6 种，强度由低到高依次是：语句覆盖、判定覆盖、条件覆盖、判定/条件覆盖、条件组合覆盖、路径覆盖。

43）① A。
　　② B。

集成测试集中于模块的组装，其目标是发现与接口有关的错误，将经过单元测试的模块构成一个满足设计要求的软件结构。

44）C。

进度安排的常用图形描述方法有甘特图和 PERT 图。

甘特图能清晰地描述每个任务从何时开始、到何时结束以及各个任务之间的并行性，但是它不能清晰地反映出各任务之间的依赖关系，难以确定整个项目的关键所在，也不能反映计划中有潜力的部分。

PERT 图不仅给出了每个任务的开始时间、结束时间和完成该任务所需的时间，还给出了任务之间的关系，即哪些任务完成后才能开始另外一些任务，以及如期完成整个工程的关键路径。图中的松弛时间则反映了完成某些任务可以推迟其开始时间或延长其所需的完成时间，但 PERT 图不能反映任务之间的并行关系。

45）① A。

② B。

CMM 五级模型：

初始级：软件过程是无序的，有时甚至是混乱的，对过程几乎没有定义，成功取决于个人努力。管理是反应式的。

可重复级：建立了基本的项目管理过程来跟踪费用、进度和功能特性，制定了必要的过程纪律，能重复早先类似应用项目取得的成功。

已定义级：已将软件管理和工程两方面的过程文档化、标准化，并综合成该组织的标准软件过程。所有项目均使用经批准、剪裁的标准软件过程来开发和维护软件。

已定量管理级：收集对软件过程和产品质量的详细度量，对软件过程和产品有定量的理解与控制。

持续优化级：过程的量化反馈和先进的新思想、新技术促进过程不断改进。

46）C。

常用的项目进度管理工具有甘特图和 PERT 图，其中 PERT 图结合了网络方法。

47）B。

48）D。

49）A。

确认测试是检查软件的功能、性能及其他特征是否与用户的需求一致，它以需求规格说明书（即需求规约）作为依据的测试。确认测试通常采用黑盒测试。Alpha 测试是在开发者的现场由客户来实施的，被测试的软件是在开发者指导下从用户的角度在常规设置的环境下运行的。Beta 测试是在一个或多个客户的现场由该软件的最终用户实施的，开发者通常是不在场的。

50）B。

喷泉模型主要用于描述面向对象的开发过程。喷泉模型体现了软件创建所固有的迭代和无间隙的特征。迭代意味着模型中的开发活动常常需要重复多次，在迭代过程中不断完善软件系统；无间隙是指开发活动之间不存在明显的边界，各开发活动交叉、迭代地进行。

51）D。

52）D。

耦合是指模块之间联系的紧密程度，耦合度越高则模块的独立性越差。耦合度从低到高的次序依次是：非直接耦合、数据耦合、标记耦合、控制耦合、外部耦合、公共耦合、内容耦合。一个模块把一个数值量作为参数传送给另一个模块的耦合方式属于数据耦合。一个模块把一个复杂的内部数据结构作为参数传送给另一个模块的耦合方式属于标记耦合。

53）① C。

② C。

单元测试在实现阶段进行，它所依据的模块功能描述和内部细节以及测试方案应在详细设计阶段完成，目的是发现编程错误。

54）① D。

② D。

③ B

根据 Boehm 质量模型，影响软件易维护性的因素有易理解性、易修改性和易测试性。

结构化设计的几条主要原则，如模块化、信息隐蔽、高内聚、低耦合等，可以提高软件的易修改性。

55）① A。

② B。

③ D。

需求分析主要是确定待开发软件的功能、性能、数据和界面等要求，具体来说有如下几点：确定软件系统的综合要求，分析软件系统的数据要求，导出系统的逻辑模型，修正项目开发计划，开发一个原型系统。

软件需求分析的主要任务是通过与用户的合作，了解用户对待开发系统的要求。根据对用户要求的系统所在的信息域的调查、分析，确定系统的逻辑模型，并对求解的问题做适当的分解，使之适用于计算机求解。需求分析的结果是软件需求规格说明书。

56）A。

黑盒测试对软件已经实现的功能是否满足需求进行测试和验证。黑盒测试不关心程序内部的逻辑，只是根据程序的功能说明来设计测试用例。黑盒测试法主要用于软件的确认测试。

测试方法有：等价类划分（把输入数据划分成若干个有效等价类和若干个无效等价类，然后设计测试用例覆盖这些等价类）、边界值分析（对各种输入、输出范围的边界情况设计测试用例，这是因为程序中在处理边界情况时出错的概率比较大）、错误猜测（根据经验或直觉推测程序中可能存在的各种错误）、因果图（根据输入条件与输出结果之间的因果关系来设计测试用例）。

57）问题 1：医院收费系统的第 0 层 DFD 图中的"处方记录"。

问题 2：1. "1.1 检查病人信息"的"不合格病人信息"输出数据流。

2. "1.2 计算收费"的"收据"输出数据流。

问题 3：1. 从"病人基本情况"到"3.1 检查处方单"的数据流。

2. 从"3.2 记录处方"到"处方记录"的数据流。

3. 从"定价表"到"3.3 制作收据"的数据流。

4. 从"3.3 制作收据"到"收费记录"的数据流。

第 0 层 DFD 图中的"处方记录"是加工 3"处方收费"的局部数据文件，所以不必画出。

找出缺少的数据流的一个关键是父图与子图的平衡，即子图的输入/输出数据流与父图相应的加工的输入/输出数据必须一致。

从第 0 层 DFD 图中可以看到，对于加工 1"病历收费"有输入流"病人信息"，输出流"不合格病人信息""病历"和"收据"。而加工 1 子图中却只有"病人信息"和"病历"，所以一定缺少 2 条输出流"不合格病人信息"和"收据"。病人信息是否合格是在加工 1.1"检查病人信息"中处理的，因此加工 1.1 除一条输出流"合格病人信息"外，还缺少一条输出流"不合格病人信息"。对合格的病人信息，加工 1.2"计算收费"后，理应提供收据给病人，所以另一条缺少的数据流是"1.2 计算费用"的"收据"输出数据流。

根据说明"系统首先根据病人的基本情况检查处方单中的病历号是否正确",因此,在加工3.1"检查处方单"中,需读入病人的基本情况,所以缺少从"病人基本情况"到"3.1 检查处方单"的数据流。然后系统"记录合格的处方单",所以加工 3.2"记录处方"中需将处方的内容记录到文件"处方记录"中,因此缺少从"3.2 记录处方"到"处方记录"的数据流。加工 3.3"制作收据"中需根据文件"定价表"的各项目或药品的价格来计算所需收取的费用,因此图中还缺少从"定价表"到"3.3 制作收据"的数据流。最后收费的记录需写入文件"收费记录"中,所以缺少的第 4 条数据流是从"3.3 制作收据"到"收费记录"的数据流。

58)问题1:第 0 层图中的"采购清单"多余,应去掉。采购只需有采购请求就可以。

问题2:加工 1 子图中遗漏了"配件库存"文件到 1.3 加工的数据流。加工 1 子图中的 1.4 加工遗漏了"提货单"输出数据流。加工 1 子图中的 1.5 加工遗漏了"到货通知"输入数据流。加工 2 子图中的 2.3 加工遗漏了"采购请求"输入数据流。

第10章

面向对象

10.1 考点精讲

10.1.1 考纲要求

面向对象主要是考试中所涉及的面向对象基础、UML、设计模式。本章在考纲中主要有以下内容：

- 面向对象基础（概念、面向对象设计）。
- UML。
- 设计模式（设计模式基础、创建型设计、结构型设计、行为型设计）。

面向对象考点如图 10-1 所示，用星级★标示知识点的重要程度。

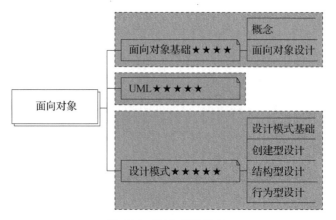

图 10-1　面向对象考点

10.1.2 考点分布

统计 2010 年至 2020 年试题真题，在上午考核的基础知识试卷中，本章主要考点分值为 9～12分，在下午考核的案例应用试卷中，本章会考一道大题，15 分，合计 24～27 分。本章是考试中的重点，UML 和设计模式知识考查频繁。历年真题统计如表 10-1 所示。

表10-1 历年真题统计

年 份	时 间	题 号	分 值	知 识 点
2010 年上	上午题	37，38，39，40，41，42，43，44，45，46，47	11	类、UML、设计模式
	下午题	试题三	15	UML、设计模式
2010 年下	上午题	37，38，39，40，41，42，43，44，45，46，47	11	类、UML、设计模式
	下午题	试题三	15	UML、设计模式
2011 年上	上午题	37，38，39，40，41，42，43，44，45，46，47	11	类、UML、设计模式
	下午题	试题三	15	UML、设计模式
2011 年下	上午题	37，38，39，40，41，42，43，44，45，46，47	11	类、UML、设计模式
	下午题	试题三	15	UML、设计模式
2012 年上	上午题	37，38，39，40，41，42，43，44，45，46，47	11	类、UML、设计模式
	下午题	试题三	15	UML、设计模式
2012 年下	上午题	37，38，39，40，41，42，43，44，45，46，47	11	类、UML、设计模式
	下午题	试题三	15	UML、设计模式
2013 年上	上午题	37，38，39，40，41，42，43，44，45，46，47	11	类、UML、设计模式
	下午题	试题三	15	UML、设计模式
2013 年下	上午题	37，38，39，40，41，42，43，44，45，46，47	11	类、UML、设计模式
	下午题	试题三	15	UML、设计模式
2014 年上	上午题	37，38，39，40，41，42，43，44，45，46，47	11	类、UML、设计模式
	下午题	试题三	15	UML、设计模式
2014 年下	上午题	37，38，39，40，41，42，43，44，45，46，47	11	类、UML、设计模式
	下午题	试题三	15	UML、设计模式
2015 年上	上午题	37，38，39，40，41，42，43，44，45，46，47	11	类、UML、设计模式
	下午题	试题三	15	UML、设计模式
2015 年下	上午题	37，38，39，40，41，42，43，44，45，46，47	11	类、UML、设计模式
	下午题	试题三	15	UML、设计模式
2016 年上	上午题	37，38，39，40，41，42，43，44，45，46，47	11	类、UML、设计模式
	下午题	试题三	15	UML、设计模式
2016 年下	上午题	37，38，39，40，41，42，43，44，45，46，47	11	类、UML、设计模式
	下午题	试题三	15	UML、设计模式
2017 年上	上午题	37，38，39，40，41，42，43，44，45，46，47	11	类、UML、设计模式
	下午题	试题三	15	UML、设计模式
2017 年下	上午题	37，38，39，40，41，42，43，44，45，46，47	11	类、UML、设计模式
	下午题	试题三	15	UML、设计模式
2018 年上	上午题	38，39，40，41，42，43，44，45，46，47，48	11	类、UML、设计模式
	下午题	试题三	15	UML、设计模式
2018 年下	上午题	37，38，39，40，41，42，43，44，45，46	10	类、UML、设计模式
	下午题	试题三	15	UML、设计模式
2019 年上	上午题	37，38，39，40，41，42，43，44，45，46，47	11	类、UML、设计模式
	下午题	试题三	15	UML、设计模式

（续）

年　份	时间	题　号	分值	知　识　点
2019 年下	上午题	37，38，39，40，41，42，43，44，45，46，47	11	类、UML、设计模式
	下午题	试题三	15	UML、设计模式
2020 年下	上午题	37，38，39，40，41，42，43，44，45，46，47	11	类、UML、设计模式
	下午题	试题三	15	UML、设计模式

10.1.3 知识点精讲

10.1.3.1 面向对象基础

1. 概念

根据 Coad 和 Yourdon 的定义，面向对象=对象+类+继承+通信。

（1）对象

面向对象方法把问题域中的任何事物都视为对象，对象是现实世界中的实体、实物、事物等。对象包含两个基本的因素：属性（Attribute）和方法（Method）（静态特征与动态行为）。

- 属性：对象本身的性质称为属性，每个对象都存在一定的状态（State），属性用于描述对象的静态特征，是反映对象当前状态的数据项（一组数据）。
- 方法：内部标识（Identity），可以给对象定义一组运算（Operation），对象通过其运算所展示的特定行为称为对象行为（Behavior），方法用于描述对象的动态特征，反映对象的一种行为，是对对象属性的操作、服务。

（2）类

宏观上，现实世界中任何一种事物都可以看作一个对象，然而，人们常把这些对象进行综合、归纳、分类，排除非本质的特征，把具有共同性质的对象划分为一类。

类又称对象类（Object Class），是指一组具有相同数据结构和相同操作的对象的集合。

类与对象的关系：类是对象的一个抽象，对象是类的一个实例（Instance）。它们都可以使用类中提供的函数。

例如，水果（类）是苹果、香蕉、梨等的一个抽象，苹果是水果类的一个实例（对象）。

类具有属性，用数据结构来描述类的属性。类还具有操作，它是对象的行为的抽象，用操作名和实现该操作的方法（Method），即操作实现的过程来描述。所以，类的定义应该包括一组数据属性和对这些数据的一组操作。

（3）封装

封装是面向对象技术的一个重要机制，也是面向对象程序设计的一个原则。封装意味着把属性和服务捆绑在一起形成一个相对独立的基本构件（对象）。封装来源于"信息隐蔽"，其意义是尽可能地隐蔽对象的内部信息，对象内部数据的访问只能由对象自身的服务请求来实现，这样可以保证对象外部不能直接访问对象的属性。遵循封装这一原则，程序更容易维护，重用性更好。

（4）继承

现实世界中的许多事物都不是孤立的，它们具有一般性，也有其特殊性，人们常使用层次分类方法来描述这些事物的共同特征和不同特征。

继承是使用现存的定义作为基础，建立新定义的技术，是父类和子类之间共享数据结构和方法的机制，是类之间的一种关系。在定义和实现一个类时，可以在一个已经存在的类的基础上来进行，把这个已经存在的类所定义的内容作为自己的内容，并加入若干新内容。

继承性通常又称为概括，表示基类与子类的关系。子类的公共属性和操作归属于基类，并为每个子类共享，子类继承了基类的特征。

（5）多态

多态是面向对象技术的一种机制，一个对象总是接收到一个服务请求后产生一系列的行为。

多态是指相同的操作、函数或过程作用于多种类型的对象并获得不同的结果。

简单地说，多态是指同一个消息发送到不同类的对象时产生不同的行为，或者说不同类的对象接收到同一个消息导致不同的动作（响应）。

例如，在父类"几何图形"中定义了一个操作"绘图"，它的子类"椭圆"和"矩形"都继承了几何图形的绘图操作。同是"绘图"操作，分别作用在"椭圆"和"矩形"上，却画出了不同的图形。

多态在结构方面提供了灵活性，增强了软件的灵活性和重用性，允许用更为明确、易懂的方式去建立通用软件，多态和继承相结合使软件具有更广泛的重用性和可扩充性。

（6）消息

消息（Message）是指对象之间在交互中所传送的通信信息。一个消息应该包含以下信息：消息名、接收消息对象的标识、服务标识、消息和方法、输入信息、回答信息。这些信息使对象之间互相联系、协同工作，实现系统的各种服务。

通常一个对象向另一个对象发送信息请求某项服务，接收对象响应该消息，激发所要求的服务操作，并将操作结果返回给请求服务的对象。

（7）结构关系

① 组合结构。

组合结构又为聚合、聚集结构，它是一种部分-整体的关系，或者说是一种部分-整体结构。组合关系结构用三角形标识。

部分-整体的关系有两种：

● 单一性：一个部分对象只隶属于唯一的整体对象。部分与整体对象同时存在。
● 多重性：一个部分对象可属于多个整体对象。部分与整体对象之间的关系比较松散。

② 分类结构。

分类结构是一种上下层次的从属关系，又称 is-a（是一种）关系，是一种层次-分类结构。它由一组具有"一般-特殊"关系（继承关系）的类构成，是一个以类为节点、以继承关系为边的连通有向图。分类结构用一个小半圆形标识。

● 单一继承：一个子类只有一个父类，即子类只继承一个父类的数据结构和方法。单一继承构成的类之间的关系是层次结构，是一棵树。
● 多重继承：一个子类可以有多个父类，继承多个父类的数据结构和方法。多重继承构成的类之间的关系称为网格结构，是半序的连通有向图。

（8）连接

① 实例连接：反映对象之间的静态联系。

② 消息连接：描述对象之间的动态联系，连接是有向的。

2. 面向对象设计

面向对象分析（Object-Oriented Analysis，OOA）的过程是理解、表达和验证的过程，本质是人们的一种思维过程，分析的结果是提取系统需求规格说明书。在面向对象分析中，规格说明书由对象模型、动态模型和功能模型组成。

面向对象分析的过程和其他分析方法一样，都是从陈述用户需求的文件开始，需求陈述（或问题陈述）可以由用户单方面写出，也可能由系统分析员配合用户共同写出（例如，可以是用户口述，系统分析员分析后整理写出）。

然后由需求陈述转换成分析模型（包含 3 种子模型），也就是说系统分析员应该深入理解用户需求，抽象出系统的本质属性，并用模型准确地表示出来。

面向对象分析与面向对象设计（Object-Oriented Design，OOD）之间没有阶段和时序区分。面向对象设计也存在总体设计（系统设计、系统体系结构）、数据设计（数据结构）、对象设计（过程设计）等。

面向对象的开发方法主要有 Coad 方法、Booch 方法、OMT 方法和 OOSE 方法，最新的统一建模语言（UML）不仅统一了 Booch 方法、OMT 方法、OOSE 方法，而且对其做了进一步的发展，最终成为大众所接受的标准建模语言。

10.1.3.2 UML

UML 是第 3 代面向对象的开发方法，是一种基于面向对象的可视化的通用建模语言，为不同领域的用户提供了统一的交流标准——UML 图。

UML 应用领域很广泛，可用于软件开发的各个阶段，可用于商业建模及其他类型的系统。

UML 的定义包括 UML 语义和 UML 表示法两个部分。

1. UML 语义

UML 语义描述基于 UML 的精确元模型定义。元模型为 UML 的所有元素在语法和语义上提供了简单、一致、通用的定义性说明，使开发者能在语义上取得一致，消除了因人而异的表达方法所造成的影响。此外，UML 还支持对元模型的扩展定义。

UML 支持各种类型的语义，如布尔、表达式、列表、阶、名字、坐标、字符串和时间等，还允许用户自定义类型。

2. UML 表示法

定义 UML 符号的表示法，为开发者或开发工具使用这些图形符号和文本语法进行系统建模提供了标准。这些图形符号和文字所表达的是应用级的模型，在语义上是 UML 元模型的实例。

UML 表示法分为通用表示和图形表示。

（1）通用表示

● 字符串：表示有关模型的信息。

- 名字：表示模型元素。
- 标号：赋予图形符号的字符号。
- 特定字串：赋予图形符号的特性。
- 类型表达式：声明属性变量及参数。
- 定制：是一种用已有的模型元素来定义新模型元素的机制。

（2）图形表示

UML 由视图、图、模型元素和通用机制构成。

UML 图形表示如下：

① 元素。

模型元素是 UML 构造系统各种模型的元素，是 UML 构建模型的基本单位，分为以下两类：

- 基元素：是已由 UML 定义的模型元素，如类、节点、构件、注释、关联、依赖和泛化等。
- 构造型元素：在基元素的基础上构造的新的模型元素，是由基元素增加了新的定义而构成的，如扩展基元素的语义（不能扩展语法结构），也允许用户自定义。

目前 UML 提供了 40 多个预定义的构造型元素，如"使用""扩展"。模型元素在图中用相应的视图元素（符号）表示，如图 10-2 所示。

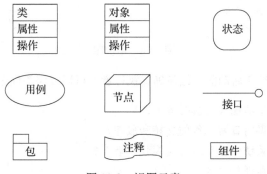

图 10-2　视图元素

利用视图元素可以将图形象直观地表示出来，一个元素（符号）可以存在于多个不同类型的图中。

② 关系。

模型元素之间的连接关系也是模型元素，常见的关系有关联（Association）、泛化（Generalization）、依赖（Dependency）和聚合（Aggregation）等，其中聚合是关联的一种特殊形式。这些关系的图示符号如图 10-3 所示。

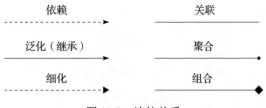

图 10-3　连接关系

③ 约束。

如果约束应用于一种具有相应视图元素的模型元素，它可以在被约束的视图元素的旁边标识。通常一个约束由一对花括号括起来（{constraint}），花括号中为约束的内容。

④ 图。

标准建模语言 UML 的重要内容可以由以下 9 类图（共 10 种图形）来定义。

1）用例图：从用户角度描述系统功能，并指出各功能的操作者。用例图描述了系统的功能需求，它是从执行者的角度来理解系统，用于捕获系统的需求，规划和控制项目；描述了系统外部的执行者与系统提供的用例之间的某种联系。用例图的元素有用例、执行者和连接。用例由执行者来激活，并提供确切的值给执行者，执行者是用户在系统中所扮演的角色。

画用例图，既要画出 3 种模型元素，同时还要画出 3 种模型元素之间的关系（泛化、关联、依赖）。还有另外两种类型的连接，表示用例之间的"使用"和"扩展"关系，这是两种不同形式的继承关系，如图 10-4 所示。

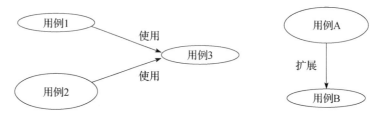

图 10-4　用例图

注意：用例总是由执行者启动的。如何确定执行者？可通过回答问题来识别。

● 谁使用系统的主要功能（主执行者）？
● 谁需要从系统获得对日常工作的支持和服务？
● 需要谁维护管理系统的日常运行（副执行者）？
● 系统需要控制哪些硬件设备？
● 系统需要与其他哪些系统交互？
● 谁需要使用系统产生的结果（值）？

2）类图（Class Diagram）：用类和类之间的关系描述系统的一种图示，是从静态角度表示系统的，因此类图属于一种静态模型。

定义系统中的类，表示类之间的联系，如关联、依赖、聚合等，也包括类的内部结构（类的属性和操作），如图 10-5 所示。类图所描述的静态关系在系统的整个生命周期都是有效的。

类图是构建其他图的基础，没有类图，就没有状态图、协作图等其他图，也就无法表示系统的其他各个方面。

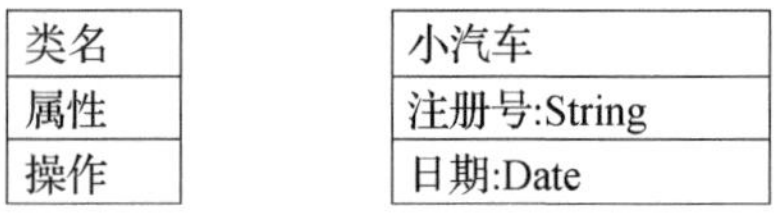

类名	小汽车
属性	注册号:String
操作	日期:Date

图 10-5　类图

3）对象图（Object Diagram）：是类图的变体，两者之间的差别在于对象图表示的是类的对象实例。对象图中使用的图示符号与类图几乎完全相同，只不过对象图中的对象名加了下划线，而且类与类之间的所有实例也都画了出来，如图 10-6 所示。

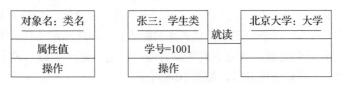

图 10-6　对象图

属性值：用来描述该类的对象所具有的特征。在建模时只抽取那些系统中需要使用的特征作为类的属性，属性也是有类型的，属性的类型反映属性的种类，属性还有不同的可见性。

属性的定义如下：

```
visibility attribute-name:type= initial-value {property-string}
```

其中，visibility（可见性）表示该属性对类外的元素是否可见，有以下 3 种：

● public（＋）：公有的，即模型中的任何类都可以访问该属性。
● private（－）：私有的，表示不能被别的类访问。
● protected（＃）：受保护的，表示该属性只能被该类及其子类访问。

如果可见性未声明，则表示其可见性不确定。

操作：对数据的具体处理方法的描述则放在操作部分，操作说明了该类能做些什么工作。操作通常称为函数，它是类的一个组成部分，只能作用于该类的对象上。

4）包图（Package Diagram）：一种分组机制，是把各种各样的模型元素通过内在的语义连在一起的一个整体。构成包的模型元素称为包的内容。包通常用于对模型的组织管理，因此有时又将它称为子系统（Subsystem），包之间不能共用一个相同的模型元素，如图 10-7 所示。

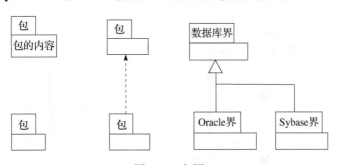

图 10-7　包图

包能够引用来自其他包的模型元素，当一个包从另一个包引用模型元素时，这两个包之间就建立起了关系。包与包之间允许建立的关系有依赖、精化和泛化。

包的内容可以是类的列表，也可以是另一个包图，还可以是一个类图。包之间的关系有依赖和泛化（继承）。

依赖关系：两个包中的任意两个类存在依赖关系，则包之间存在依赖关系。

泛化关系：使用继承中通用和特例的概念来说明通用包和专用包之间的关系。例如专用包必须符合通用包的界面，与类继承关系类似。

5）状态图：用来描述对象、子系统、系统的生命周期。所有对象都具有状态，状态是对象执行了一系列活动的结果。当某个事件发生后，对象的状态将发生变化。状态图中定义的状态有初态、终态、中间状态、复合状态。其中，初态是状态图的起始点，而终态则是状态图的终点。

一个状态图只能有一个初态，而终态则可以有多个。起点用一个黑点表示，终点用黑点外加一个圆表示。状态用一个圆角矩形表示，如图 10-8 所示。

图 10-8　状态图

状态之间带箭头的连线被称为转移。状态的变迁通常是由事件触发的，此时应在转移上标出触发转移的事件表达式。如果转移上未标明事件，则表示在源状态的内部活动执行完毕后自动触发转移。

6）活动图：着重描述操作实现中完成的工作以及用例实例或对象中的活动，活动图是状态图的一个变种。活动图描述了系统中各种活动（任务）执行的顺序，刻画一个方法中所要进行的各项活动的执行流程，如图 10-9 所示。活动图中一个活动结束后将立即进入下一个活动，而在状态图中，状态的变迁通常需要事件的触发。活动图可以描述并发执行的任务，其他动态模型是无法实现的。

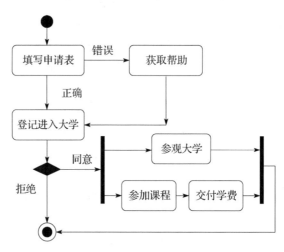

图 10-9　活动图

7）序列图：主要描述对象之间的动态合作关系以及合作过程中的行为次序，常用来描述一个用例的行为。有两种使用序列图的方式：一般格式和实例格式。实例格式详细描述一次可能的交互，没有任何条件、分支或循环，它仅仅显示选定情节的交互；而一般格式则描述所有的情节，因此包括分支、条件和循环。如图 10-10 所示为更改用户数据的序列图。

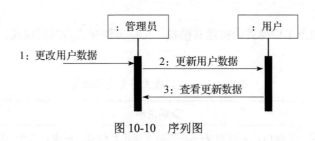

图 10-10 序列图

8）合作图：用于描述相互合作的对象间的交互关系和链接关系。虽然序列图和合作图都用来描述对象间的交互关系，但侧重点不一样，序列图着重体现交互的时间顺序，合作图则着重体现交互对象间的静态链接关系。合作图的主要模型元素有对象、链接和消息。

链接用于表示对象之间的各种关系，包括组成关系的链接、聚集关系的链接、限定关系的链接和导航链接等。各种链接关系的定义和图符表示与类图中的定义和图符相同，例如，使用计算机连接打印机，其合作图如图 10-11 所示。

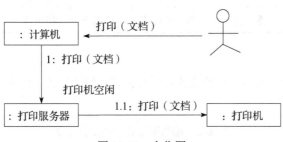

图 10-11 合作图

9）实现图：用于描述系统的物理实现，包括构件图和配置图。以机房收费系统为例，其构件图和配置图分别如图 10-12a 和图 10-12b 所示。构件图显示代码本身的逻辑结构，配置图显示系统运行时的物理结构。

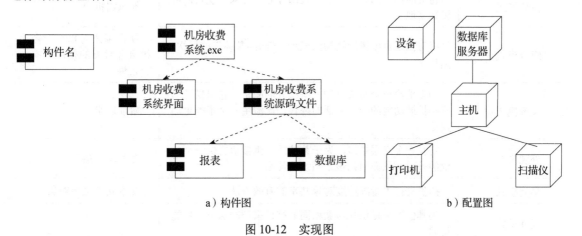

a）构件图   b）配置图

图 10-12 实现图

10.1.3.3 设计模式

设计模式主要包括创建型模式、结构型模式、行为型模式。

（1）创建型模式

创建型模式包括抽象工厂模式、构建器模式、工厂方法模式、原型模式、单例模式，如表10-2所示。

表10-2 创建型模式子类及其特点

设计模式名称	简要说明	速记关键词
抽象工厂模式	提供一个接口，可以创建一系列相关或相互依赖的对象，而无须指定它们具体的类	生成系列对象
构建器模式	将一个复杂类的表示与其构造相分离，使得相同的构建过程能够得出不同的表示	复杂对象构造
工厂方法模式	定义一个创建对象的接口，但由子类决定需要实例化哪一个类，工厂方法使得子类实例化过程推迟	动态产生对象
原型模式	用原型实例指定创建对象的类型，并且通过复制这个原型来创建新的对象	克隆对象
单例模式	保证一个类只有一个实例，并提供一个访问它的全局访问点	单实例

（2）结构型模式

结构型模式包括适配器模式、桥接模式、组合模式、装饰模式、外观模式、享元模式、代理模式，如表10-3所示。

表10-3 结构型模式子类及其特点

设计模式名称	简要说明	速记关键词
适配器模式	将一个类的接口转换成用户希望得到的另一种接口。它使原本不相容的接口得以协同工作	转换接口
桥接模式	将类的抽象部分和它的实现部分分离开来，使它们可以独立地变化	继承树拆分
组合模式	将对象组合成树形结构以表示"部分-整体"的层次结构	使得用户对单个对象和组合对象的使用具有一致性
装饰模式	动态地给一个对象添加一些额外的职责。它提供了用子类扩展功能的一个灵活的替代，比派生一个子类更加灵活	附加职责
外观模式	定义一个高层接口，为子系统的一组接口提供一个一致的外观，从而简化该子系统的使用	对外统一接口
享元模式	提供支持大量细粒度对象共享的有效方法	文章共享文字对象
代理模式	为其他对象提供与对象相同的接口来控制这个对象的访问	

（3）行为型模式

行为型模式包括职责链模式、命令模式、解释器模式、迭代器模式、中介者模式、备忘录模式、观察者模式、状态模式、策略模式、模板方法模式、访问者模式，如表 10-4 所示。

表10-4　行为型模式子类及其特点

设计模式名称	简要说明	速记关键词
职责链模式	通过给多个对象处理请求的机会，减少请求的发送者与接收者之间的耦合。将接收对象链接起来，在链中传递请求，直到有一个对象处理这个请求	传递职责
命令模式	将一个请求封装为一个对象，从而可以用不同的请求对客户进行参数化，记录请求日志，支持可撤销操作	日志记录，可撤销
解释器模式	给定一种语言，定义它的文法表示，并定义一个解释器，该解释器用来根据文法表示来解释语言中的句子	虚拟机的机制
迭代器模式	提供一种方法来顺序访问一个聚合对象中的各个元素，而不需要暴露该对象的内部数据	数据库数据集
中介者模式	用一个中介对象来封装一系列的对象交互，它使各对象不需要显式地相互调用	
备忘录模式	在不破坏封装的前提下，捕获一个对象的内部状态，并在该对象之外保存这个状态，从而可以在以后将该对象恢复到原先保存的状态	
观察者模式	定义对象间的一种一对多的依赖关系，当一个对象的状态发生改变时，所有依赖于它的对象都得到通知并自动更新，特征是使所要交互的对象尽量松耦合	联动
状态模式	允许一个对象在其内部状态改变时改变它的行为	状态变成类
策略模式	定义一系列算法，把它们一个个封装起来，并且使它们之间可以互相替换，从而让算法可以独立于使用它的用户而变化	多方案切换
模板方法模式	定义一个操作中的算法骨架，而将一些步骤延迟到子类中，使得子类可以不改变一个算法的结构，即可重新定义算法的某些特定步骤	
访问者模式	表示一个作用于某个对象结构中的各元素的操作，使得在不改变各元素的类的前提下定义作用于这些元素的新操作	

10.2 真题精解

10.2.1 真题练习

1) 以下关于面向对象继承的叙述中，错误的是_____。

A. 继承是父类和子类之间共享数据和方法的机制

B. 继承定义了一种类与类之间的关系

C. 继承关系中的子类将拥有父类的全部属性和方法

D. 继承仅仅允许单重继承，即不允许一个子类有多个父类

2）不同的对象收到同一消息可以产生完全不同的结果，这一现象叫作___①___。绑定是一个把过程调用和响应调用所需要执行的代码加以结合的过程。在一般的程序设计语言中，绑定是在编译时进行的，叫作___②___；而___③___则是在运行时进行的，即一个给定的过程调用和代码的结合直到调用发生时才进行。

① A. 继承　　　　　　B. 多态　　　　　　C. 动态绑定　　　　　D. 静态绑定

② A. 继承　　　　　　B. 多态　　　　　　C. 动态绑定　　　　　D. 静态绑定

③ A. 继承　　　　　　B. 多态　　　　　　C. 动态绑定　　　　　D. 静态绑定

3）_____不是面向对象分析阶段需要完成的。

A. 认定对象　　　　　　　　　　　B. 组织对象

C. 实现对象及其相互关系　　　　　D. 描述对象间的相互作用

4）以下关于面向对象设计的叙述中，错误的是_____。

A. 面向对象设计应在面向对象分析之前，因为只有产生了设计结果才可以对其进行分析

B. 面向对象设计与面向对象分析是面向对象软件过程中两个重要的阶段

C. 面向对象设计应该依赖于面向对象分析的结果

D. 面向对象设计产生的结果在形式上可以与面向对象分析产生的结果类似，例如都可以使用 UML 表达

5）如图 10-13 所示，UML 类图表示的是___①___设计模式。关于该设计模式的叙述中，错误的是___②___。

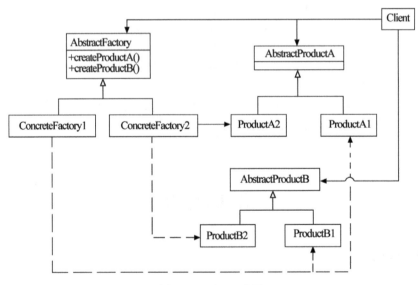

图 10-13　UML 类图

① A. 工厂方法　　　　B. 策略　　　　　　C. 抽象工厂　　　　　D. 观察者

② A. 提供创建一系列相关或相互依赖的对象的接口，而无须指定这些对象所属的具体类

B. 可应用于一个系统要由多个产品系列中的一个来配置的时候

C. 可应用于强调一系列相关产品对象的设计以便进行联合使用的时候

D. 可应用于希望使用已经存在的类，但其接口不符合需求的时候

6）UML 类图中类与类之间的关系有 5 种：依赖、关联、聚合、组合与继承。若类 A 需要使用标准数学函数类库中提供的功能，那么类 A 与标准类库提供的类之间存在　①　关系；若类 A 中包含了其他类的实例，且当类 A 的实例消失时，其包含的其他类的实例也消失，则类 A 和它所包含的类之间存在　②　关系；若类 A 的实例消失时，其他类的实例仍然存在并继续工作，那么类 A 和它所包含的类之间存在　③　关系。

① A. 依赖　　　　　　　B. 关联　　　　　　　C. 聚合　　　　　　　D. 组合
② A. 依赖　　　　　　　B. 关联　　　　　　　C. 聚合　　　　　　　D. 组合
③ A. 依赖　　　　　　　B. 关联　　　　　　　C. 聚合　　　　　　　D. 组合

7）开–闭原则（Open-Closed Principle，OCP）是面向对象的可复用设计的基石。开–闭原则是指一个软件实体应当对　①　开放，对　②　关闭。里氏代换原则是指任何　③　可以出现的地方，　④　一定可以出现。依赖倒转原则（Dependence Inversion Principle，DIP）就是要依赖于　⑤　，而不依赖于　⑥　，或者说要针对接口编程，不针对实现编程。

① A. 修改　　　　　　　B. 扩展　　　　　　　C. 分析　　　　　　　D. 设计
② A. 修改　　　　　　　B. 扩展　　　　　　　C. 分析　　　　　　　D. 设计
③ A. 变量　　　　　　　B. 常量　　　　　　　C. 基类对象　　　　　D. 子类对象
④ A. 变量　　　　　　　B. 常量　　　　　　　C. 基类对象　　　　　D. 子类对象
⑤ A. 程序设计语言　　　B. 建模语言　　　　　C. 实现　　　　　　　D. 抽象
⑥ A. 程序设计语言　　　B. 建模语言　　　　　C. 实现　　　　　　　D. 抽象

8）　①　是一种很强的"拥有"关系，"部分"和"整体"的生命周期通常一样。整体对象完全支配其组成部分，包括它们的创建和销毁等。　②　同样表示"拥有"关系，但有时候"部分"对象可以在不同的"整体"对象之间共享，并且"部分"对象的生命周期也可以与"整体"对象不同，甚至"部分"对象可以脱离"整体"对象而单独存在。上述两种关系都是　③　关系的特殊种类。

① A. 聚合　　　　　　　B. 组合　　　　　　　C. 继承　　　　　　　D. 关联
② A. 聚合　　　　　　　B. 组合　　　　　　　C. 继承　　　　　　　D. 关联
③ A. 聚合　　　　　　　B. 组合　　　　　　　C. 继承　　　　　　　D. 关联

9）如图 10-14 所示，UML 类图描绘的是　①　设计模式。关于该设计模式的叙述中，错误的是　②　。

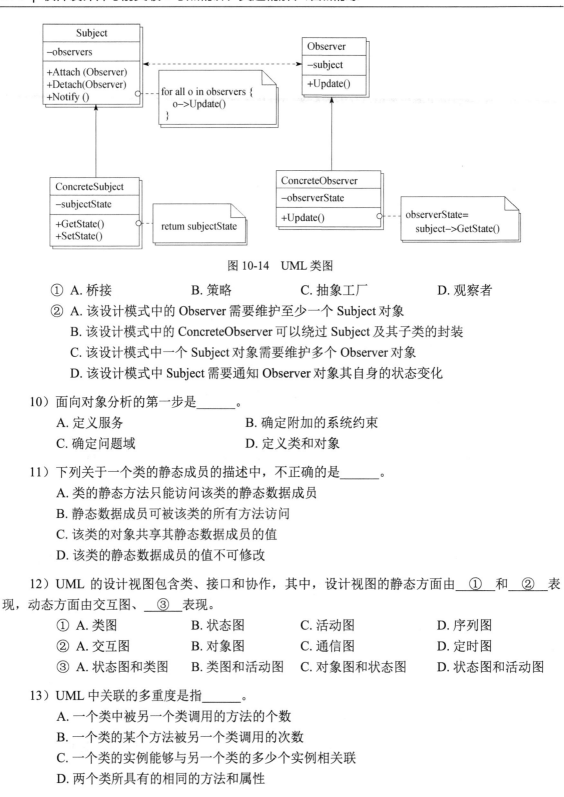

图 10-14　UML 类图

① A. 桥接　　　　　　　B. 策略　　　　　　　C. 抽象工厂　　　　　　D. 观察者

② A. 该设计模式中的 Observer 需要维护至少一个 Subject 对象

　　B. 该设计模式中的 ConcreteObserver 可以绕过 Subject 及其子类的封装

　　C. 该设计模式中一个 Subject 对象需要维护多个 Observer 对象

　　D. 该设计模式中 Subject 需要通知 Observer 对象其自身的状态变化

10）面向对象分析的第一步是_____。

　　A. 定义服务　　　　　　　　　　B. 确定附加的系统约束

　　C. 确定问题域　　　　　　　　　D. 定义类和对象

11）下列关于一个类的静态成员的描述中，不正确的是_____。

　　A. 类的静态方法只能访问该类的静态数据成员

　　B. 静态数据成员可被该类的所有方法访问

　　C. 该类的对象共享其静态数据成员的值

　　D. 该类的静态数据成员的值不可修改

12）UML 的设计视图包含类、接口和协作，其中，设计视图的静态方面由__①__ 和 __②__ 表现，动态方面由交互图、__③__ 表现。

　　① A. 类图　　　　　　B. 状态图　　　　　　C. 活动图　　　　　　D. 序列图

　　② A. 交互图　　　　　B. 对象图　　　　　　C. 通信图　　　　　　D. 定时图

　　③ A. 状态图和类图　　B. 类图和活动图　　　C. 对象图和状态图　　D. 状态图和活动图

13）UML 中关联的多重度是指_____。

　　A. 一个类中被另一个类调用的方法的个数

　　B. 一个类的某个方法被另一个类调用的次数

　　C. 一个类的实例能够与另一个类的多少个实例相关联

　　D. 两个类所具有的相同的方法和属性

14）在面向对象软件开发过程中，采用设计模式_____。

　　A. 以复用成功的设计

B. 以保证程序的运行速度达到最优值

C. 以减少设计过程中创建的类的个数

D. 允许在非面向对象程序设计语言中使用面向对象的概念

15）设计模式　①　将抽象部分与其实现部分相分离，使它们都可以独立地变化。图 10-15 为该设计模式的类图，其中　②　用于定义实现部分的接口。

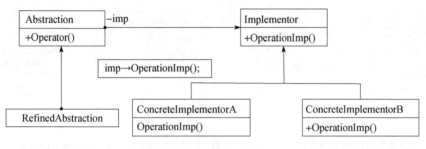

图 10-15　UML 类图

① A. 桥接（Bridge）　　B. 组合（Composite）　　C. 外观（Facade）　D. 单例（Singleton）

② A. Abstraction　　　　　　　　　　B. ConcreteImnplementorA

　　C. ConcreteImplementorB　　　　　　D. Implementor

16）以下关于 Singleton（单例）模式的描述中，正确的是＿＿＿＿。

A. 它描述了只有一个方法的类的集合

B. 它描述了只有一个属性的类的集合

C. 它能够保证一个类的方法只能被一个唯一的类调用

D. 它能够保证一个类只产生唯一的一个实例

17）＿＿＿＿将一个类的接口转换成客户希望的另一个接口，使得原本由于接口不兼容而不能一起工作的那些类可以一起工作。

A. 适配器（Adapter）模式　　　　　　B. 命令（Command）模式

C. 单例（Singleton）模式　　　　　　D. 策略（Strategy）模式

18）采用面向对象开发方法时，对象是系统运行时的基本实体。以下关于对象的叙述中，正确的是＿＿＿＿。

A. 对象只能包括数据（属性）　　　　B. 对象只能包括操作（行为）

C. 对象一定有相同的属性和行为　　　D. 对象通常由对象名、属性和操作三部分组成

19）一个类是　①　。在定义类时，将属性声明为 private 的目的是　②　。

① A. 一组对象的封装　　　　　　　　B. 表示一组对象的层次关系

　　C. 一组对象的实例　　　　　　　　D. 一组对象的抽象定义

② A. 实现数据隐藏，以免意外更改　　B. 操作符重载

　　C. 实现属性值不可更改　　　　　　D. 实现属性值对类的所有对象共享

20）　①　设计模式允许一个对象在其状态改变时，通知依赖它的所有对象。该设计模式的

类图如图 10-16 所示，其中， ② 在其状态发生改变时，向它的各个观察者发出通知。

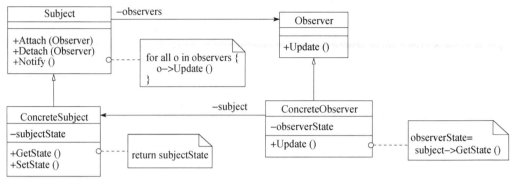

图 10-16　UML 类图

 ① A. 命令（Command）   B. 责任链（Chain of Responsibility）

  C. 观察者（Observer）   D. 迭代器（Iterator）

 ② A. Subject B. ConcreteSubject C. Observer   D. ConcreteObserver

21）在面向对象软件开发中，封装是一种_____技术，其目的是使对象的使用者和生产者分离。

 A. 接口管理   B. 信息隐藏   C. 多态   D. 聚合

22）欲动态地给一个对象添加职责，宜采用_____模式。

 A. 适配器（Adapter）   B. 桥接（Bridge）

 C. 组合（Composite）   D. 装饰器（Decorator）

23）_____模式通过提供与对象相同的接口来控制对这个对象的访问。

 A. 适配器（Adapter）   B. 代理（Proxy）

 C. 组合（Composite）   D. 装饰器（Decorator）

24）采用 UML 进行面向对象开发时，部署图通常在_____阶段使用。

 A. 需求分析   B. 架构设计   C. 实现   D. 实施

25）业务用例和参与者一起描述 ① ，而业务对象模型描述 ② 。

 ① A. 工作过程中的静态元素   B. 工作过程中的动态元素

  C. 工作过程中的逻辑视图   D. 组织支持的业务过程

 ② A. 业务结构   B. 结构元素如何完成业务用例

  C. 业务结构以及结构元素如何完成业务用例 D. 组织支持的业务过程

26）在面向对象技术中，组合关系表示_____。

 A. 包与其中模型元素的关系   B. 用例之间的一种关系

 C. 类与其对象的关系   D. 整体与其部分之间的一种关系

27）以下关于封装在软件复用中所充当的角色的叙述，正确的是_____。

 A. 封装使得其他开发人员不需要知道一个软件组件内部如何工作

B. 封装使得软件组件更有效地工作

C. 封装使得软件开发人员不需要编制开发文档

D. 封装使得软件组件开发更加容易

28）在有些程序设计语言中，过程调用和响应调用需要执行的代码的绑定直到运行时才进行，这种绑定称为_____。

    A. 静态绑定   B. 动态绑定   C. 过载绑定   D. 强制绑定

29）UML 序列图是一种交互图，描述了系统中对象之间传递消息的时间次序。其中，异步消息与同步消息不同，__①__。图 10-17 中__②__表示一条同步消息，__③__表示一条异步消息，__④__表示一条返回消息。

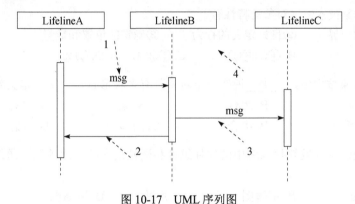

图 10-17　UML 序列图

① A. 异步消息并不引起调用者终止执行而等待控制权的返回

    B. 异步消息和阻塞调用有相同的效果

    C. 异步消息是同步消息的响应

    D. 异步消息和同步消息一样等待返回消息

② A. 1   B. 2   C. 3   D. 4

③ A. 1   B. 2   C. 3   D. 4

④ A. 1   B. 2   C. 3   D. 4

30）设计模式根据目的进行分类，可以分为创建型、结构型和行为型三种。其中结构型模式用于处理类和对象的组合。_____模式是一种结构型模式。

    A. 适配器（Adapter）   B. 命令（Command）

    C. 生成器（Builder）   D. 状态（State）

31）设计模式中的__①__模式将对象组合成树形结构以表示"部分–整体"的层次结构，使得客户对单个对象和组合对象的使用具有一致性。图 10-18 为该模式的类图，其中__②__定义有子部件的那些部件的行为，组合部件的对象由__③__通过 Component 提供的接口操作。

① A. 代理（Proxy）   B. 桥接器（Bridge）

    C. 组合（Composite）   D. 装饰器（Decorator）

② A. Client   B. Component   C. Leaf   D. Composite

③ A. Client   B. Component   C. Leaf   D. Composite

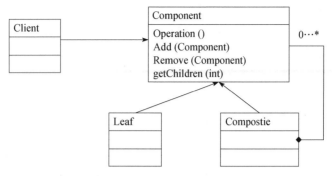

图 10-18　UML 类图

32）在面向对象技术中，对象的特性有_____。

①清晰的边界　　②良好定义的行为　　③确定的位置和数量　　④可扩展性

A.②④　　　　　B.①②③④　　　　C.①②④　　　D.①②

33）在面向对象技术中，___①___说明一个对象具有多种形态，___②___定义超类与子类的关系。

① A.继承　　　　　B.组合　　　　　C.封装　　　　　D.多态

② A.继承　　　　　B.组合　　　　　C.封装　　　　　D.多态

34）如果要表示待开发软件系统中的软件组件和硬件之间的物理关系，通常采用 UML 中的

_____。

A.组件图　　　　　B.部署图　　　　　C.类图　　　D.网络图

35）场景：一个公司负责多个项目（Project），每个项目由一个员工（Employee）团队（Team）来开发。如图 10-19 所示的 UML 概念图中，_____最适合描述这一场景。

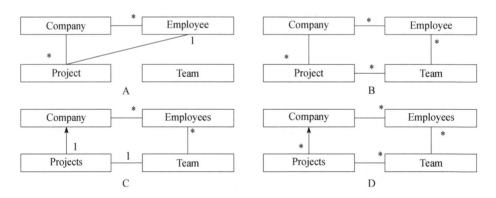

图 10-19　UML 概念图

A.图 A　　　　　B.图 B　　　　　C.图 C　　　　　D.图 D

36）UML 中接口可用于_____。

A.提供构造型名称为 interface 的具体类

B.Java 和 C++程序设计中，而 C#程序设计中不支持

C.定义可以在多个类中重用的可执行逻辑

D. 声明对象类所需要的服务

37）如图 10-20 所示，活动图中可以同时执行的活动是＿＿＿＿。

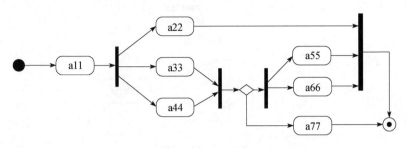

图 10-20　活动图

　　A. a44 和 a66　　　　B. a22、a33 和 a44　　　　C. a11 和 a77　　　　D. a66 和 a77

38）每种设计模式都有特定的意图。＿＿①＿＿模式使得一个对象在其内部状态改变时通过调用另一个类中的方法改变其行为，使这个对象看起来如同修改了它的类。图 10-21 是采用该模式的有关 TCP 连接的结构图实例。该模式的核心思想是引入抽象类＿＿②＿＿来表示 TCP 连接的状态，声明不同操作状态的公共接口，其子类实现与特定状态相关的行为。当一个＿＿③＿＿对象收到其他对象的请求时，它根据自身当前的状态做出不同的反应。

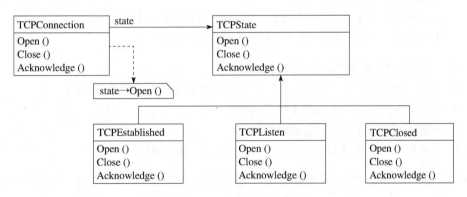

图 10-21　TCP 连接的结构图实例

　①　A. 适配器（Adapter）　　　　　B. 命令（Command）
　　　C. 观察者（Visitor）　　　　　　D. 状态（State）
　②　A. TCPConnection　　　B. State　　　C. TCPState　　　D. TCPEstablished
　③　A. TCPConnection　　　B. State　　　C. TCPState　　　D. TCPEstablished

39）欲使类 A 的所有使用者都使用 A 的同一个实例，应＿＿＿＿。
　　A. 将 A 标识为 final　　　　　　　　　B. 将 A 标识为 abstract
　　C. 将单例（Singleton）模式应用于 A　　D. 将备忘录（Memento）模式应用于 A

40）在多态的几种不同形式中，＿＿＿＿多态是一种特定的多态，指同一个名字在不同上下文中可代表不同的含义。
　　A. 参数　　　　　　B. 包含　　　　　　C. 过载　　　　　　D. 强制

41）继承是父类和子类之间共享数据和方法的机制。以下关于继承的叙述中，不正确的是 ___①___ 。有关图 10-22 中 doIt()方法的叙述中，正确的是___②___ 。

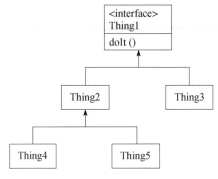

图 10-22　UML 图

① A. 一个父类可以有多个子类，这些子类都是父类的特例

　　B. 父类描述了这些子类的公共属性和操作

　　C. 子类可以继承它的父类（或祖先类）中的属性和操作而不必自己定义

　　D. 子类中可以定义自己的新操作而不能定义和父类同名的操作

② A. doIt()必须由 Thing3 实现，同时可能由 Thing4 实现

　　B. doIt()必须由 Thing5 实现

　　C. doIt()必须由 Thing2、Thing3、Thing4、Thing5 实现

　　D. doIt()已经由 Thing1 实现，因此无须其他类实现

42）以下关于 UML 部署图的叙述中，正确的是_____。

　　A. 因为一条消息总是有某种响应，所以部署组件之间的依赖是双向的

　　B. 部署组件之间的依赖关系类似于包依赖

　　C. 部署图不用于描述代码的物理模块

　　D. 部署图不用于描述系统在不同计算机系统的物理分布

43）以下关于 UML 状态图的叙述中，不正确的是___①___ 。对图 10-23 的描述，正确的是___②___ 。

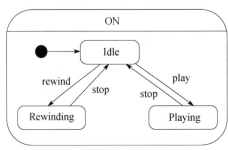

图 10-23　UML 状态图

① A. 用于描述一个对象在多个用例中的行为

　　B. 用于某些具有多个状态的对象而不是系统中大多数或全部对象

　　C. 用于描述多个对象之间的交互

D. 可以用于用户界面或控制对象

② A. ON 是一个并发状态

B. 因为此状态图中没有终点（final）状态，所以此图是无效的

C. play、stop 和 rewind 是动作

D. ON 是超状态

44）描述一些人（Person）将动物（Animal）养为宠物（Pet）的是图_____。

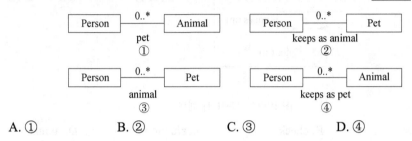

A. ①   B. ②   C. ③   D. ④

45）_____①_____设计模式能使一个对象的状态发生改变时通知所有依赖它的监听者。_____②_____设计模式限制类的实例对象只能有一个。适配器（Adapter）设计模式可以用于_____③_____。用于为一个对象添加更多功能而不使用子类的是_____④_____设计模式。

① A. 责任链   B. 命令   C. 抽象工厂   D. 观察者

② A. 原型   B. 工厂方法   C. 单例   D. 生成器

③ A. 将已有类的接口转换成和目标接口兼容

B. 改进系统性能

C. 将客户端代码数据转换成目标接口期望的合适的格式

D. 使所有接口不兼容，不可以一起工作

④ A. 桥接   B. 适配器   C. 组合   D. 装饰器

46）在领域类模型中不包含_____。

A. 属性   B. 操作   C. 关联   D. 领域对象

47）在执行如图 10-24 所示的 UML 活动图时，能同时运行的最大线程数为_____。

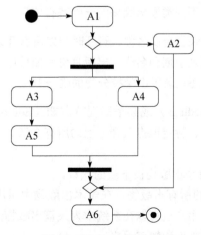

图 10-24   UML 活动图

A. 4　　　　　　　　B. 3　　　　　　　　C. 2　　　　　　　　D. 1

48）如图 10-25 所示的 UML 序列图中，　①　表示返回消息，Account 应该实现的方法有　②　。

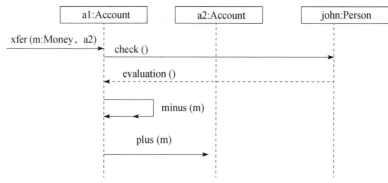

图 10-25　UML 序列图

① A. xfer　　　　　　B. check　　　　　　C. evaluation　　　　　D. minus

② A. xfer()　　　　　　　　　　　　　　B. xfer()、plus()和 minus()

　　C. check()、plus()和 minus()　　　　　D. xfer()、evaluation()、plus()和 minus()

49）在面向对象技术中，　①　定义了超类和子类之间的关系，子类中以更具体的方式实现从父类继承来的方法称为　②　，不同类的对象通过　③　相互通信。

① A. 覆盖　　　　　　B. 继承　　　　　　C. 信息　　　　　　D. 多态

② A. 覆盖　　　　　　B. 继承　　　　　　C. 消息　　　　　　D. 多态

③ A. 覆盖　　　　　　B. 继承　　　　　　C. 消息　　　　　　D. 多态

50）某大学拟开发一个用于管理学术出版物（Publication）的数字图书馆系统，用户可以从该系统查询或下载已发表的学术出版物。系统的主要功能如下：

① 登录系统。系统的用户（User）仅限于该大学的学生（Student）、教师（Teacher）和其他工作人员（Staff）。在访问系统之前，用户必须使用其校园账号和密码登录系统。

② 查询某位作者（Author）的所有出版物。系统中保存了会议文章（ConfPaper）、期刊文章（JournalArticle）和校内技术报告（TechReport）等学术出版物的信息，如题目、作者以及出版年份等。除此之外，系统还存储了不同类型出版物的一些特有信息。

a. 对于会议文章，系统还记录了会议名称、召开时间以及召开地点。

b. 对于期刊文章，系统还记录了期刊名称、出版月份、期号以及主办单位。

c. 对于校内技术报告，系统还记录了由学校分配的唯一 ID。

③ 查询指定会议集（Proceedings）或某个期刊特定期（Edition）的所有文章。会议集包含发表在该会议（在某个特定时间段、特定地点召开）上的所有文章。期刊的每一期在特定时间发行，其中包含若干篇文章。

④ 下载出版物。系统记录每个出版物被下载的次数。

⑤ 查询引用了某篇出版物的所有出版物。在学术出版物中引用他人或早期的文献作为相关工作或背景资料是很常见的现象。用户也可以在系统中为某篇出版物注册引用通知，若有新的出版物引用该出版物，系统将发送电子邮件通知该用户。

现在采用面向对象方法对该系统进行开发，得到系统的初始设计类图如图 10-26 所示。

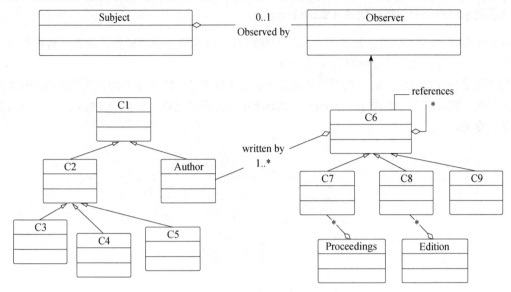

图 10-26 系统的初始设计类图

问题 1：根据说明中的描述，给出图 10-26 中 C1～C9 所对应的类名。

问题 2：根据说明中的描述，给出图 10-26 中类 C6～C9 的属性。

问题 3：图 10-26 中包含哪种设计模式？实现的是该系统的哪个功能？

51）某软件公司欲设计实现一个虚拟世界仿真系统。系统中的虚拟世界用于模拟现实世界中的不同环境（由用户设置并创建），用户通过操作仿真系统中的 1～2 个机器人来探索虚拟世界。机器人维护着两个变量 b1 和 b2，用来保存从虚拟世界中读取的字符。

该系统的主要功能描述如下：

① 机器人探索虚拟世界（Run Robots）。用户使用编辑器（Editor）编写文件以设置想要模拟的环境，将文件导入系统（Load File）从而在仿真系统中建立虚拟世界（Setup World）。机器人在虚拟世界中的行为也在文件中进行定义，建立机器人的探索行为程序（Setup Program）。机器人在虚拟世界中探索时（Run Program），有两种运行模式：

a. 自动控制（Run）：事先编排好机器人的动作序列（指令（Instruction）），执行指令，使机器人可以连续动作。若干条指令构成机器人的指令集（Instruction Set）。

b. 单步控制（Step）：自动控制方式的一种特殊形式，只执行指定指令中的一个动作。

② 手动控制机器人（Manipulate Robots）。选定 1 个机器人（Select Robot）后，可以采用手动方式控制它。手动控制有 4 种方式：

a. Move：机器人朝着正前方移动一个交叉点。

b. Left：机器人原地沿逆时针方向旋转 90°。

c. Read：机器人读取其所在位置的字符，并将这个字符的值赋给 b1，如果这个位置上没有字符，则不改变 b1 的当前值。

d. Write：将 b1 中的字符写入机器人当前所在的位置，如果这个位置上已经有字符，该字符的值将会被 b1 的值替代。如果这时 b1 没有值，即在执行 Write 动作之前没有执行过任何 Read 动作，那么需要提示用户相应的错误信息（Show Errors）。

手动控制与单步控制的区别在于，单步控制时执行的是指令中的动作，只有一种控制方式，即执行下一个动作；而手动控制时有 4 种动作。

现采用面向对象方法设计并实现该仿真系统，得到如图 10-27 所示的用例图和如图 10-28 所示的初始类图。图 10-28 中的类 Interpreter 和 Parser 用于解析描述虚拟世界的文件以及机器人行为文件中的指令集。

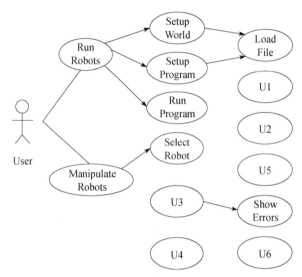

图 10-27　虚拟世界仿真系统用例图

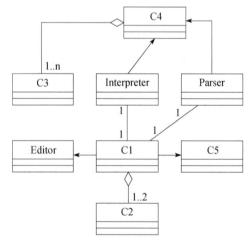

图 10-28　虚拟世界仿真系统初始类图

问题 1：根据说明中的描述，给出图 10-27 中 U1～U6 所对应的用例名。

问题 2：图 10-27 中用例 U1～U6 分别与哪个（哪些）用例之间有关系，是什么关系？

问题 3：根据说明中的描述，给出图 10-28 中 C1～C5 所对应的类名。

10.2.2 真题讲解

1) D。

面向对象技术中，继承是父类和子类之间共享数据和方法的机制。这是类之间的一种关系，在定义和实现一个类的时候，可以在一个已经存在的类的基础上来进行，把这个已经存在的类所定义的内容作为自己的内容，并加入若干新的内容。可以存在多重继承的概念，但不同的程序设计语言可以有自己的规定。

2) ① B。
   ② D。
   ③ C。

在收到消息时，对象要予以响应。不同的对象收到同一消息可以产生完全不同的结果，这一现象叫作多态。在使用多态的时候，用户可以发送一个通用的消息，而实现的细节则由接收对象自行决定。这样，同一消息就可以调用不同的方法。绑定是一个把过程调用和响应调用所需要执行的代码加以结合的过程。在一般的程序设计语言中，绑定是在编译时进行的，叫作静态绑定。动态绑定则是在运行时进行的，因此一个给定的过程调用和代码的结合直到调用发生时才进行。

动态绑定是和类的继承以及多态相联系的。在继承关系中，子类是父类的一个特例，所以父类对象可以出现的地方，子类对象也可以出现。因此，在运行过程中，当一个对象发送消息请求服务时，要根据接收对象的具体情况将请求的操作与实现的方法进行连接，即动态绑定。

3) C。

面向对象分析包含 5 个活动：认定对象、组织对象、描述对象间的相互作用、定义对象的操作、定义对象的内部信息。

认定对象是指，在应用领域中，按自然存在的实体确立对象。在定义域中，首先将自然存在的"名词"作为一个对象，这通常是研究问题定义域实体的良好开始。通过实体间的关系寻找对象常常没有问题，而困难在于寻找（选择）系统关心的实质性对象。实质性对象是系统稳定性的基础。例如在银行应用系统中，实质性对象应包含客户账务、清算等，而门卫值班表不是实质性对象，甚至可不包含在该系统中。

组织对象是指，分析对象间的关系，将相关对象抽象成类，其目的是为了简化关联对象，利用类的继承性建立具有继承性层次的类结构。抽象类时可从对象间的操作或一个对象是另一个对象的一部分来考虑，如房子由门和窗构成，门和窗是房子类的子类。由对象抽象类，通过相关类的继承构造类层次，所以说系统的行为和信息间的分析过程是一种迭代表征过程。

描述对象间的相互作用是指描述出各对象在应用系统中的关系，如一个对象是另一个对象的一部分，一个对象与其他对象间的通信关系等。这样可以完整地描述每个对象的环境，由一个对象解释另一个对象，以及一个对象如何生成另一个对象，最后得到对象的界面描述。

实现对象及其相互关系应该归入系统的实现阶段，不属于分析阶段的任务。

4) A。

面向对象分析与设计是面向对象软件开发过程中的两个重要阶段，面向对象分析产生分析模型，该分析模型可以使用 UML 表达，面向对象设计以分析模型为基础，继续对分析模型进行精化，得到设计模型，其表达仍然可以采用 UML 建模语言。

5）① C。

   ② D。

6）① A。

   ② D。

   ③ C。

UML 类图中的类与类之间的关系有 5 种：依赖、关联、聚合、组合与继承。依赖是几种关系中最弱的一种关系，通常使用类库就是依赖关系。聚合与组合都表示了整体和部分的关系。组合的程度比聚合高，当整体对象消失时，部分对象也随之消失，则属于组合关系；当整体对象消失时，部分对象依然可以存在并继续被使用，则属于聚合关系。

7）① B。

   ② A。

   ③ C。

   ④ D。

   ⑤ D。

   ⑥ C。

开-闭原则是面向对象的可复用设计的基石。开-闭原则是指一个软件实体应当对扩展开放，对修改关闭，即在设计一个模块的时候，应当使这个模块可以在不被修改的前提下被扩展。满足开-闭原则的系统可以通过扩展已有的软件系统提供新的能力和行为，以满足对软件的新需求，使软件系统有一定的适应性和灵活性。因为已有的软件模块，特别是最重要的抽象层模块不能再修改，这就使变化中的软件系统有一定的稳定性和延续性。满足开-闭原则的系统具备更好的可复用性与可维护性。

在面向对象编程中，通过抽象类及接口规定了具体类的特征作为抽象层，这样相对稳定，从而满足"对修改关闭"的要求；而从抽象类导出的具体类可以改变系统的行为，从而满足对扩展开放。

里氏代换原则是指一个软件实体如果使用的是一个基类的话，那么一定适用于其子类，而且软件系统觉察不出基类对象和子类对象的区别，也就是说，在软件系统中把基类都替换成它的子类，程序的行为没有变化。但需要注意的是，里氏代换原则中仅仅指出了用子类的对象去代替基类的对象，而反过来的代换则是不成立的。例如，如果一个软件模块中使用的是一个子类对象，那么使用父类对象去代换子类对象则可能产生错误。用一句简单的话概括：任何基类对象可以出现的地方，子类对象一定可以代替基类对象。

依赖倒转原则就是要依赖于抽象，而不依赖于实现，或者说要针对接口编程，不针对实现编程。系统中进行设计和实现的时候应当使用接口和抽象类进行变量类型声明、参数类型声明、方法返回类型说明以及数据类型的转换等，而不用具体类进行上述操作。要保证做到这一点，一个具体类应当只实现接口和抽象类中声明过的方法，而不会给出多余的方法。

传统的过程性系统的设计办法倾向于使高层次的模块依赖于低层次的模块，抽象层次依赖于具体层次。依赖倒转原则就是把这个不良的依赖关系倒转过来。面向对象设计的重要原则是创建抽象层次，并且从该抽象层次导出具体层次，具体层次给出不同的实现。继承关系就是一种从抽象化到具体化的导出。抽象层次包含的应该是应用系统的业务逻辑和宏观的、对整个系统来说重要的战略性决定，而具体层次含有的是一些次要的与实现有关的算法和逻辑，以及战术性的决定，带有一定的偶然性选择。从复用的角度来说，高层抽象的模块是应当复用的，而且是复用的重点，因为它含有一个应用系统最重要的宏观业务逻辑，是较为稳定的部分。而在传统的过程性设计中，复用则侧重于具体层次模块的复用。

使用依赖倒转原则时建议不依赖于具体类，即程序中所有的依赖关系都应该终止于抽象类或者接口。尽量做到：任何变量都不应该持有一个指向具体类的指针或者引用，任何类都不应该从具体类派生，任何方法都不应该覆写它的任何基类中的已经实现的方法。

8）① B。

② A。

③ D。

组合和聚合都是关联的特殊种类。组合是一种很强的"拥有"关系，部分和整体的生命周期通常一样。组合成的新对象完全支配其组成部分，包括它们的创建和湮灭等。一个组合关系的成分对象是不能被另一个组合构成的对象共享的。聚合同样表示"拥有"关系，但其程度不如组合强，有时候"部分"对象可以在不同的"整体"对象之间共享，并且"部分"对象的生命周期也可以与"整体"对象不同，甚至"部分"对象可以脱离"整体"对象而单独存在。一般而言，组合是值的合成（Aggregation by Value），而聚合是引用的合成（Aggregation by Reference）。

9）① D。

② B。

题中的类图是观察者设计模式，在该设计模式中的 Subject 和 Observer 分别表示抽象的被观察者和观察者。通常，一个观察者（Observer）观察一个被观察者（Subject），而一个被观察者可以被多个观察者关注。当 Subject 的状态发生变化时，Subject 将通知所有的 Observer，告知状态已经发生了变化，而 Observer 收到通知后，将查询 Subject 的状态。

10）C。

面向对象分析的目的是获得对应用问题的理解，确定系统的功能、性能要求。面向对象分析包含 5 个活动：认定对象、组织对象、描述对象间的相互作用、定义对象的操作和定义对象的内部信息。而分析阶段最重要的是理解问题域的概念，其结果将影响整个工作。经验表明，从应用定义域概念标识对象是非常合理的。因此，面向对象分析的第一步就是确定问题域。

11）D。

面向对象开发方法中，静态成员的含义是所修饰的成员是属于类的，而不是属于某个对象的。静态数据成员对该类只有一份，该类的所有对象共享静态数据成员，可被该类的所有方法访问，其值可以修改，但是不论是通过对象还是类对静态数据成员值的修改都会反映到整个类。类的静态方法只能访问该类的静态数据成员。

12）① A。

② B

③ D

通常是用一组视图反映系统的各个方面，以完整地描述系统，每个视图代表系统描述中的一个抽象，显示系统中的一个特定的方面。UML 2.0 中提供了多种图形，从静态和动态两个方面表现系统视图。

类图展现了一组对象、接口、协作和它们之间的关系。对象图展现了一组对象及其之间的关系，描述了在类图中所建立的事物的实例的静态快照。序列图是场景的图形化表示，描述了以时间顺序组织的对象之间的交互活动。通信图和序列图强调收发消息的对象的结构组织。状态图展现了一个状态机，由状态、转换、事件和活动组成，它关注系统的动态视图，强调对象行为的事件顺序。活动图是一种特殊的状态图，展现了在系统内从一个活动到另一个活动的流程，它专注于系统的动态视图。序列图、通信图、交互图和定时图均被称为交互图，它们用于对系统的动态方面进行建模。

13）C。

进行面向对象设计时，类图中可以展现类之间的关联关系，还可以在类图中图示关联中的数量关系，即多重度。表示数量关系时，用多重度说明数量或数量范围，表示有多少个实例（对象）能被连接起来，即一个类的实例能够与另一个类的多少个实例相关联。

14）A。

每一个设计模式描述了一个在我们周围不断重复发生的问题，以及该问题的解决方案的核心。这样就能重复地使用该方案而不必做重复劳动。设计模式的核心在于提供了相关问题的解决方案。因此，在面向对象软件开发过程中，采用设计模式的主要目的就是复用成功的设计。

15）① A。
　　② D。

16）D。

例如，通常用户可以对应用系统进行配置，并将配置信息保存在配置文件中，应用系统启动时首先加载配置文件，而这一配置信息在内存中仅有一份。为了保证这一配置实例只有一份，采用Singleton（单例）模式，以保证一个类只产生唯一的一个实例。

17）A。

适配器（Adapter）模式是将类的接口转换成客户希望的另一个接口，使得原本由于接口不兼容而不能一起工作的那些类可以一起工作。命令（Command）模式将请求封装在对象中，这样它就可以作为参数来传递，也可以被存储在历史列表中，或者以其他方式使用。单例（Singleton）模式保证一个类只产生唯一的一个实例。策略（Strategy）模式定义一系列的算法，把它们一个个封装起来，并使它们可以相互替换，这一模式使得算法可以独立于使用它的客户而变化。

18）D。

采用面向对象开发方法时，对象是系统运行时的基本实体。它既包括数据（属性），又包括作用于数据的操作（行为）。一个对象通常可由对象名、属性和操作三部分组成。

19）① D。
　　② A。

在面向对象技术中，将一组大体上相似的对象定义为一个类。把一组对象的共同特征加以抽象并存储在一个类中，是面向对象技术中的一个重要特点。一个所包含的方法和数据描述一组对象的共同行为和属性。在定义类时，属性声明为private的目的是实现数据隐藏，以免意外更改。

20）① C。
　　② B。

命令（Command）模式通过将请求封装为一个对象，可将不同的请求对客户进行参数化。责任链（Chain of Responsibility）模式将多个对象的请求连成一条链，并沿着这条链传递该请求，直到有一个对象处理它为止，避免请求的发送者和接收者之间的耦合关系。观察者（Observer）模式定义对象之间的一种一对多的依赖关系，当一个对象的状态发生改变时，所有依赖于它的对象都得到通知并被自动更新。

在上述观察者模式的类图中，Subject（目标）知道其观察者，可以有任意多个观察者观察同一个目标，提供注册和删除观察者对象的接口。Observer（观察者）为那些在目标发生改变时需获得通知的对象定义一个更新接口。ConcreteSubject（具体目标）将有关状态存入各 ConcreteObserver（具体观察者）对象，当它的状态发生改变时，向它的各个观察者发出通知。ConcreteObserver 维护一个指向 ConcreteSubject 对象的引用，存储有关状态，实现 Observer 的更新接口以使自身状态与目标的状态保持一致。

21）B。

在面向对象的软件开发中，对象是软件系统中基本的运行时实体，对象封装了属性和行为。封装是一种信息隐藏技术，其目的是使对象的使用者和生产者分离，使对象的定义和实现分开。

22）D。

适配器（Adapter）模式是将类的接口转换成客户希望的另一个接口，使得原本由于接口不兼容而不能一起工作的那些类可以一起工作。桥接（Bridge）模式将对象的抽象和其实现分离，从而可以独立地改变它们。组合（Composite）模式描述了如何构造一个类层次式结构。装饰器（Decorator）模式的意图是动态地给一个对象添加一些额外职责，在需要给某个对象而不是整个类添加一些功能时使用，这种模式对增加功能比生成子类更加灵活。

23）B。

适配器（Adapter）模式是将类的接口转换成客户希望的另一个接口。代理（Proxy）模式通过提供与对象相同的接口来控制对这个对象的访问，以使得在确实需要这个对象时才对它进行创建和初始化。组合（Composite）模式描述了如何构造一个类层次式结构。装饰器（Decorator）模式动态地给一个对象添加职责。

24）D。

UML 2.0 提供多种视图，只有部署图描述系统的物理视图。部署图通常在实施阶段使用，以说明哪些组件或子系统部署于哪些节点。

25）① D。
　　② C。

在采用面向对象方法进行业务建模时，业务用例和参与者一起描述组织或企业所支持的业务过程。业务流程被定义为多个不同的业务用例，其中每个业务用例都代表业务中某个特定的工作流程。业务用例确定了执行业务时将要发生的事情，描述了一系列动作的执行，以及产生对特定业务主角具有价值的结果。业务对象模型从业务角色内部的观点定义了业务用例。该模型确定了业务人员及其处理和使用的对象之间应该具有的静态和动态关系，注重业务中承担的角色及其当前职责，既描述业务结构，又描述这些结构元素如何完成业务用例。

26）D。

在面向对象技术中，包用于将关系紧密的模型元素组织在一起，提供一个命名空间，以提供访问控制。用例之间有继承、包含和扩展关系。类是在对象之上的抽象，对象是类的具体化，对定义好的类的属性的不同赋值就可以得到该类的对象实例。组合关系表示整体与其部分之间的一种关系。

27）A。

封装是一种信息隐藏技术，其目的是使对象（组件）的使用者和生产者分离，也就是使其他开发人员无须了解所要使用的软件组件内部的工作机制，只需知道如何使用组件，即组件提供的功能及其接口。

28）B。

在面向对象系统中，绑定是一个把过程调用和响应调用需要执行的代码加以结合的过程。在有些程序设计语言中，绑定是在编译时进行的，叫作静态绑定。而在有些程序设计语言中，绑定则是在运行时进行的，即一个给定的过程调用和响应调用需执行的代码的结合直到调用发生时才进行。

29）① A。

　　② A。

　　③ C。

　　④ B。

UML 2.0中提供了多种图形，序列图是场景的图形化表示，描述了以时间顺序组织的对象之间的交互活动。其中消息定义了交互中生命线之间的特定交互，有同步消息、异步消息和返回消息三类。同步消息指进行阻塞调用，调用者中止执行，等待控制权返回，需要等待返回消息；而异步消息的调用者发出消息后继续执行，不引起调用者阻塞，也不等待返回消息。消息由名称进行标识，还描述出消息的发出者和接收者。异步消息由空心箭头表示，如图 10-17 所示，同步消息用实心三角箭头表示，如图中 1 所示，返回消息。

30）A。

每一个设计模式描述了一个在我们周围不断重复发生的问题，以及该问题的解决方案的核心，使该方案能够重用而不必做重复劳动。

设计模式根据目的进行分类，可以分为创建型、结构型和行为型三种。其中创建型模式与对象的创建有关，结构型模式用于处理类和对象的组合，行为型模式描述类或对象怎样交互和怎样分配职责。

适配器（Adapter）模式是结构型模式，命令（Command）模式和状态（State）模式是行为型模式，生成器（Builder）模式是创建型模式。

31）① C。

　　② D。

　　③ A。

代理（Proxy）模式是为其他对象提供一种代理以控制对这个对象的访问，使得只有在确实需要这个对象时才对其进行创建和初始化。桥接器（Bridge）模式将对象的抽象和其实现分离，从而可以独立地改变它们，当一个抽象可能有多个实现时，抽象类定义该抽象的接口，而具体的子类则用不同方式加以实现。组合（Composite）模式描述了如何将对象组合成树形结构以构造一个层次结构来表示"部分-整体"，使得客户对单个对象和组合对象的使用具有一致性，这一结构由两种类型的对象所对应的类构成，使得可以组合基元对象以及其他的组合对象，从而形成任意复杂的结构。图10-18中的Composite定义有子部件的那些部件的行为；组合部件的对象由Client通过 Component 提供的接口操作。装饰器（Decorator）模式则描述动态地给一个对象添加一些额外的职责。

32）C。

在面向对象技术中，对象是基本的运行时实体，它既包括数据（属性），又包括作用于数据的操作（行为）。一个对象把属性和行为封装为一个整体，与其他对象之间有清晰的边界，有良好定义的行为和可扩展性。对象的位置和数量由使用其的对象或系统确定。

33）① D。
　　② A。

在面向对象技术中，继承关系是一种模仿现实世界中继承关系的一种类之间的关系，是超类（父类）和子类之间共享数据和方法的机制。在定义和实现一个类的时候，可以在一个已经存在的类的基础上来进行，把这个已经存在的类所定义的内容作为自己的内容，并加入新的内容，组合表示对象之间整体与部分的关系。封装是一种信息隐藏技术，其目的是使对象（组件）的使用者和生产者分离，也就是其他开发人员无须了解所要使用的软件组件内部的工作机制，只需知道如何使用组件，即组件提供的功能及其接口。多态是不同的对象收到同一消息可以产生完全不同的结果的现象，使得用户可以发送一个通用的消息，而实现的细节则由接收对象自行决定，达到同一消息就可以调用不同的方法，即多种形态。

34）B。

UML 2.0中提供了多种图形。组件图展现了一组组件之间的组织和依赖，专注于系统的静态实现视图，与类图相关，通常把组件映射为一个或多个类、接口或协作。部署图展现了运行处理节点及其中构件的配置。部署图给出了体系结构的静态实施视图。它与构件图相关，通常一个节点包含一个或多个构件。类图展现了一组对象、接口、协作和它们之间的关系，在开发软件系统时，类图用于对系统的静态设计视图建模。

35）B。

面向对象分析是从按对象分类的角度来创建对象领域的描述。领域的分解包括定义概念、属性和重要的关联。其结果可以被表示成领域模型，用一组显示领域概念或对象的图形来表示领域模型。通常首先发现和确定业务对象，然后组织对象并记录对象之间的主要概念关系。类图以图形化描述对象及其关联关系。在该图中还包括多重性、关联关系、泛化/特化关系以及聚合关系。

从场景中先识别名词性术语，包括公司（Company）、项目（Project）、员工（Employee）、和团队（Team），再识别这些术语之间的关联关系。一个公司负责多个项目，公司和项目之间具有 1 对多的关联关系；一个项目由一个员工团队来开发，项目到团队的管理关系是 1，而一个（员工）团队是由多名员工组成的，而且没有员工称不上是团队，所以一个团队至少和一个员工关联。

36）D。

在采用 UML 进行面向对象系统建模时，会用 UML 中的构造型名称为 interface 来表示接口这一概念，声明对象类所需要的服务，而服务具体如何执行，由实现它的具体类完成。

37）B。

UML 2.0 中提供的活动图是一种特殊的状态图，它展现了在系统内从一个活动到另一个活动的流程。活动图专注于系统的动态视图，它对于系统的功能建模特别重要，并强调对象间的控制流程，通常用在建模用例图之后，对复杂用例进行进一步细化。活动图中可以用条状图表示同步的起始点和结束点，其间的活动可以同时执行，如图 10-20 中的 a22、a33 和 a44、a11 执行完后，到同步起始，其后各自执行，同步结束后的活动必须等同步结束点之前的活动全部执行完之后才能继续，如 a33 和 a44 都结束后，才进入后续判定。

38）① D。

② C。

③ A。

每种设计模式都有特定的意图。适配器（Adapter）模式将一个类的接口转换成客户希望的另一个接口，使得原本由于接口不兼容而不能一起工作的那些类可以一起工作。命令（Command）模式将一个请求封装为一个对象，从而使使用者可以采用不同的请求对客户进行参数化、对请求排队或记录请求日志以及支持可撤销的操作。观察者（Visitor）模式表示一个作用于某对象结构中的各元素的操作，使使用者可以在不改变各元素的类的前提下定义作用于这些元素的新操作。状态（State）模式是使得一个对象在其内部状态改变时通过调用另一个类中的方法改变其行为，使这个对象看起来如同修改了它的类。

题目中是一个标识网络连接的实例，网络连接类为 TCPConnection，其对象的状态处于以下状态之一：连接已建立（Established）、正在监听（Listening）、连接已关闭（Closed）。当一个 TCPConnection 对象收到其他对象的请求时，它根据自身当前的状态做出反应。例如，一个 Open 请求的结果依赖于该连接是出于连接已关闭状态还是连接已建立状态。状态模式描述了 TCPConnection 如何在每一种状态下表现出不同的行为。这一模式思想引入了一个称为 TCPState 的抽象类来表示网络的连接状态。TCPState 类为表示不同的操作状态的子类声明了一个公共接口。TCPState 的子类实现与特定状态相关的行为。例如，TCPEstablished 和 TCPClosed 类分别实现了特定于 TCPConnection 的连接已建立状态和连接已关闭状态的行为。

39）C。

每一个设计模式描述了一个在我们周围不断重复发生的问题，以及该问题的解决方案的核心，使该方案能够重用而不必做重复劳动。

将类标识为 final 限制类不能再被继承；将类标识为 abstract 表示类中定义了抽象类，而有些具体服务需要通过其子类来实现；单例（Singleton）模式是指系统运行过程中，一个类只有一个对象实例；备忘录（Memento）模式是指不破坏封装性的前提下捕获一个对象的内部状态，并在该对象之外保存这个状态。

40）C。

在面向对象技术中，不同的对象收到同一消息可以产生完全不同的结果，这一现象叫作多态。在使用多态的时候，用户可以发送一个通用的消息，而实现的细节则由接收对象自行决定。这样，同一消息就可以调用不同的方法。多态有参数多态、包含多态、过载多态和强制多态 4 类。参数多态是应用比较广泛的多态，被称为最纯的多态。包含多态在许多语言中都存在，最常见的例子就是子类型化，即一个类型是另一个类型的子类型。过载多态是同一个名字在不同的上下文中所代表的含义不同。强制多态是编译程序的一种，通过语义操作把操作对象的类型强行加以变换，以符合函数或操作符的要求。

41）① D。

　　② A。

在面向对象技术中，继承关系是一种模仿现实世界中继承关系的一种类之间的关系，是超类（父类）和子类之间共享数据和方法的机制。父类定义公共的属性和操作，一个父类可以有多个子类，即多个特例。子类可以继承其父类或祖先类中的属性和操作作为自己的内容而不必自己定义，也可以覆盖这些操作，并加入新的内容。

接口是一种特殊的抽象机制，其中的操作不实现，需要由实现类来加以实现。对实现类为抽象类的，仍然可以保持操作为抽象，而如果是一个具体的实现类，其中的操作必须实现。题图中在接口 Thing1 中声明了 doIt()，在图中 Thing3 和 Thing2 作为 Thing1 的实现类，Thing3 为具体类，必须实现 doIt()，Thing2 可以保持 doIt()为抽象操作，由其子类实现此操作，Thing4 为具体类，可以实现 doIt()，而 Thing5 仍然是抽象类，也可以保持 doIt()为抽象操作。

42）B。

UML 2.0 中提供的部署图展现了运行处理节点及其中组件的配置，描述代码的物理模块，用于描述系统在不同计算机系统的物理分布。部署图给出了体系结构的静态实施视图。它与组件图相关，通常一个节点包含一个或多个组件，其依赖关系类似于包图。

43）① C。

　　② D。

UML 2.0 中的状态图主要用于描述对象、子系统、系统的生命周期。通过状态图可以了解到一个对象所能到达的所有状态以及对象收到的事件（消息、超时、错误、条件满足等）对对象状态的影响等。针对具有可标记的状态和复杂的行为的对象构建状态图。状态可能有嵌套的子状态，且子状态可以是一个状态图。

本题图示的状态图中，ON 是一个超状态，它有 3 个子状态：Idle、Rewinding 和 Playing，这 3 个子状态之间在相关事件发生时状态之间进行迁移。

44）A。

UML 中提供了类图，它以图形化的方式描述系统中的对象及其关联关系。类图专注于系统的静态视图，它对于系统的领域内容建模特别重要。在该图中还包括多重性、关联关系、泛化/特化关系以及聚合关系。其中，关联关系是双向关系，即关联的对象双方彼此都能与对方通信。本题中人（Person）和动物（Animal）之间的关联关系表示人可以将多只动物养为宠物（Pet），这时动物的角色是宠物，重数为 0..*。

45）① D。

　　② C。

　　③ A。

　　④ D。

每种设计模式都有特定的意图，描述一个在我们周围不断重复发生的问题，以及该问题的解决方案的核心，使该方案能够重用而不必做重复劳动。

责任链（Chain of Responsibility）模式使多个对象都有机会处理请求，从而避免请求的发送者和接收者之间的耦合关系，将这些对象连成一条链，并沿着这条链传递该请求，直到有一个对象处理它为止。

命令（Command）模式将一个请求封装为一个对象，从而使得使用者可以采用不同的请求对客户进行参数化，对请求排队或记录请求日志，以及支持可撤销的操作。

抽象工厂（Abstract Factory）模式提供一个创建一系列相关或相互依赖对象的接口，而无须指定它们具体的类。

观察者（Observer）模式定义对象间的一种一对多的依赖关系，当一个对象的状态发生改变时，所有依赖于它的对象都得到通知并被自动更新。

原型（Prototype）模式用原型实例指定创建对象的种类，并且通过复制这个原型来创建新的对象。

工厂方法（Factory Method）定义一个用于创建对象的接口，让子类决定将哪一个类实例化，使一个类的实例化延迟到其子类。

单例（Singleton）模式是指系统运行过程中，一个类只有一个对象实例。

生成器（Builder）模式将一个复杂对象的构建与它的表示分离，使得同样的构建过程可以创建不同的表示。

适配器（Adapter）模式将一个类的接口转换成客户希望的另一个接口，使得原本由于接口不兼容而不能一起工作的那些类可以一起工作。

桥接（Bridge）模式将抽象部分与其实现部分分离，使它们都可以独立地变化。

组合（Composite）模式将对象组合成树形结构以表示"部分-整体"的层次结构，使得用户对单个对象和组合对象的使用具有一致性。

装饰器（Decorator）模式描述了以透明围栏来支持修饰的类和对象的关系，动态地给一个对象添加一些额外的职责，从增加功能的角度来看，装饰器模式相比生成子类更加灵活。

46）D。

定义领域模型是面向对象分析的关键步骤之一。领域模型是从按对象分类的角度来创建对象领域的描述，包括定义概念、属性和重要的关联，其结果用一组显示领域概念和对象的图形——类图来组织，图中还包括多重性、关联关系、泛化/特化关系以及聚合关系等。

47）C。

UML 活动图用于构建系统的活动，建模用例执行过程中对象如何通过消息相互交互，将系统作为一个整体或者几个子系统进行考虑。对象在运行时可能会存在两个或多个并发运行的控制流，为了对并发控制流进行建模，UML 中引入了同步的概念，用同步——（黑色粗线）条表示并发分支与汇合。

48）① C。

② B。

UML 序列图以二维图的形式显示对象之间交互的图，纵轴自上而下表示时间，横轴表示要交互的对象，主要体现对象间消息传递的时间顺序，强调参与交互的对象及其间消息交互的时序。序列图中包括的建模元素主要有活动者（Actor）、对象（Object）、生命线（Lifeline）、控制焦点（Focus of Control）和消息（Message）等。其中对象名标有下划线；生命线表示为虚线，沿竖线向下延伸；消息在序列图中标记为箭头；控制焦点由薄矩形表示。

消息是用带箭头的线将一个对象元素连向另一个对象元素。用从上而下的时间顺序来安排的。一般分为同步消息、异步消息和返回消息。本题图中 evaluation 为返回消息，其他为同步消息。a1 和 a2 均为 Account 对象，所以 Account 应该实现了 xfer()、minus() 和 plus() 方法，Person 应该实现 check() 方法。

49）① B。

  ② A。

  ③ C。

在面向对象技术中，继承关系是一种模仿现实世界中继承关系的一种类之间的关系，是超类（父类）和子类之间共享数据和方法的机制。在定义和实现一个类的时候，可以在一个已经存在的类的基础上来进行，子类可以继承其父类中的属性和操作作为自己的内容而不必自己定义，也可以用更具体的方式实现从父类继承来的方法，称为覆盖。不同的对象收到同一消息可以进行不同的响应，产生完全不同的结果，用户可以发送一个通用的消息，而实现细节则由接收对象自行决定，使得同一个消息就可以调用不同的方法，即一个对象具有多种形态，称为多态。不同类的对象通过消息相互通信。

50）问题 1：

C1：系统或 System；C2：用户或 User；C3：学生或 Student；C4：教师或 Teacher；C5：其他工作人员或 Staff；C6：出版物或 Publication；C7：会议文章或 ConfPaper；C8：期刊文章或 JournalArticle；C9：校内技术报告或 TechReport（注意：C3、C4、C5 可交换）。

问题 2：

C6 的属性：题目、作者、出版年份、下载次数；C7 的属性：会议名称、召开时间、召开地点；C8 的属性：期刊名称、出版月份、期号、主办单位；C9 的属性：ID。

问题 3：使用了观察者设计模式（又称"发布-订阅"模式），定义了一种一对多的依赖关系，在题中，某出版物是观察者，当被观察者（引用某出版物的其他出版物）出现时，则出版物会收到其被引用的通知，从而系统发送邮件给相应的作者。

根据描述"系统的用户（User）仅限于该大学的学生（Student）、教师（Teacher）和其他工作人员（Staff）"可知，用户（User）应为父类型，而学生、教师、其他工作人员都是子类型，它们之间是一种"is-a"的泛化关系，这 4 个类可对应到类图中 C2 为父类，C3、C4 以及 C5 为子类处，C2 为"系统用户"，C3、C4、C5 依次为"学生""教师""其他工作人员"。根据描述"查询某个作者（Author）的所有出版物。系统中保存了会议文章（ConfPaper）、期刊文章（JournalArticle）和校内技术报告（TechReport）等学术出版物的信息"可知，"会议文章""校内技术报告"都是"出版物"的子类型，对应到类图中，C6 应为"出版物"，C7 与会议集（Proceedings）有聚合关系，故 C7 为"会议文章"，同理 C8 应为"期刊文章"，C9 为"校内技术报告"。纵观整个类图，C1 为 C2（系统用户（User））和作者（Author）的父类型，故 C1 填写"用户"，其中包括学生、教师、其他工作人员，作者的共同属性如登录信息等。

根据描述"查询某位作者（Author）的所有出版物等学术出版物的信息，如题目、作者以及出版年份等"及"下载出版物系统记录每个出版物被下载次数"可知，C6 中应包含属性"题目""作者""出版年份""下载次数"，这些信息都是每个派生类型所共用的，故抽象到共同的父类型中，派生类继承使用即可；派生类 C7、C8 以 C9 除了拥有从父类型继承下来的属性外，还拥有自己特定的属性。根据题目文字描述、C7 应该定义的特殊属性为"会议名称""召开时间""召开地点"，C8 应该自己定义的特殊属性为"期刊名称""出版月份""期号""主办单位"，C9 的是"ID"。

使用了观察者设计模式，定义了一种一对多的依赖关系，让多个观察者对象同时监听某个主题对象。这个主题对象在状态发生变化时，会通知所有观察者对象，使它们能够自动更新自己。在本题中，某出版物是观察者，当被观察者（引用某出版物的其他出版物）出现时，则出版物会收到其被引用的通知，从而系统发送邮件给相应的作者。

51）问题 1：

U1/U2：Run、Step；U3：Write；U4/U5/U6：Move、Left、Read。

问题 2：U1、U2 和 Run Program 有泛化关系，U3、U4、U5、U6 和 Select Robot 有扩展关系。

问题 3：

C1：文件；C2：机器人在虚拟世界的行为；C3：指令；C4：指令集；C5：仿真系统。

10.3 难点精练

10.3.1 重难点练习

1）对象是面向对象开发模式的___①___。每个对象可用它自己的一组___②___和它可执行的一组___③___来表征。

    ① A. 基本单位   B. 最小单位   C. 最大单位   D. 语法单位

    ② A. 属性   B. 功能   C. 操作   D. 数据

    ③ A. 属性   B. 功能   C. 操作   D. 数据

2）_____是面向对象程序设计语言中的一种机制，这种机制实现了方法的定义与具体的对象无关，而方法的调用则可以关联于具体的对象。

    A. 继承（Inheritance）   B. 模板（Template）

    C. 动态绑定（Dynamic Binding）   D. 对象的自身引用（Self-Reference）

3）UML 中有 4 种关系，以下_____不是 UML 中的关系。

    A. 依赖   B. 关联   C. 泛化   D. 包含

4）在使用 UML 建模时，若需要描述跨越多个用例的单个对象的行为，使用_____是最为合适的。

    A. 协作图（Collaboration Diagram）   B. 序列图（Sequence Diagram）

    C. 活动图（Activity Diagram）   D. 状态图（Statechart Diagram）

5）在类 A 中定义了方法 fun(double, int)，类 B 继承自类 A，并定义了函数 fun(double)，这种方式称为___①___。若 B 中重新定义函数 fun(double, int)的函数体，这种方式称为___②___。

    ① A. 重置   B. 重载   C. 代理   D. 委托

    ② A. 重置   B. 重载   C. 代理   D. 委托

6）在 UML 提供的图中，可以采用___①___对逻辑数据库建模；___②___用于接口、类和协作的行为建模，并强调对象行为的事件顺序；___③___用于系统的功能建模，并强调对象之间的控制流。

① A. 用例图　　　　B. 构件图　　　　C. 活动图　　　　D. 类图
② A. 协作图　　　　B. 状态图　　　　C. 序列图　　　　D. 对象图
③ A. 状态图　　　　B. 用例图　　　　C. 活动图　　　　D. 类图

7）类的实例化过程是一种实例的合成过程，而不仅仅是根据单个类型进行的空间分配、初始化和绑定。指导编译程序进行这种合成的是___①___。重置的基本思想是通过___②___机制的支持，使得子类在继承父类界面定义的前提下，用适用于自己要求的实现去置换父类中的相应实现。

① A. 类的层次结构　　B. 实例的个数　　　C. 多态的种类　　　D. 每个实例初始状态
② A. 静态绑定　　　　B. 对象应用　　　　C. 类型匹配　　　　D. 动态绑定

8）OMT 是一种对象建模技术，它定义了三种模型，其中___①___模型描述系统中与时间和操作顺序有关的系统特征，表示瞬时的行为上的系统的"控制"特征，通常可用___②___来表示。

① A. 对象　　　　　　B. 功能　　　　　　C. 动态　　　　　　D. 都不是
② A. 类图　　　　　　B. 状态图　　　　　C. 对象图　　　　　D. 数据流图

9）在面向对象技术中，对已有实例的特征稍作改变就可以生成其他的实例，这种方式称为_____。

A. 委托　　　　　　B. 代理　　　　　　C. 继承　　　　　　D. 封装

10）在面向对象技术中，类属是一种___①___机制，一个类属类是关于一组类的一个特性抽象，它强调的是这些类的成员特征中与___②___的那些部分，而用变元来表示与___③___的那些部分。

① A. 包含多态　　　　B. 参数多态　　　　C. 过载多态　　　　D. 强制多态
② A. 具体对象无关　　B. 具体类型无关
　　C. 具体对象相关　　D. 具体类型相关
③ A. 具体对象无关　　B. 具体类型无关
　　C. 具体对象相关　　D. 具体类型相关

11）UML 是一种面向对象的统一建模语言。它包括 10 种图，其中用例图展示了外部参与者与系统内用例之间的连接。UML 的外部参与者是指___①___，用例可以用___②___图来描述。___③___指明了对象所有可能的状态以及状态之间的迁移。协作图描述了协作的___④___之间的交互和链接。

① A. 人员　　　　　　B. 单位　　　　　　C. 人员或单位　　　　D. 人员或外部系统
② A. 类　　　　　　　B. 状态　　　　　　C. 活动　　　　　　　D. 协作
③ A. 类　　　　　　　B. 状态　　　　　　C. 活动　　　　　　　D. 协作
④ A. 对象　　　　　　B. 类　　　　　　　C. 用例　　　　　　　D. 状态

12）UML 中有 4 种关系，以下___①___不是 UML 中的关系。聚集（Aggregation）描述了整体和部分间的结构关系，它是一种特殊的___②___关系。

① A. 依赖　　　　　　B. 关联　　　　　　C. 泛化　　　　　　D. 包含
② A. 依赖　　　　　　B. 关联　　　　　　C. 泛化　　　　　　D. 包含

13）已知 3 个类 O、P 和 Q，类 O 中定义了一个保护方法 F1 和公有方法 F2。类 P 中定义了一个公有方法 F3，类 P 为类 O 的派生类，类 Q 为类 P 的派生类，它们的继承方式如下。在关于类 P 的描述中正确的是 ① ，在关于类 Q 的描述中正确的是 ② 。

```
class P: private O{...}
class Q: protected P{…}
```

① A. 类 P 的对象可以访问 F1，但不能访问 F2
  B. 类 P 的对象可以访问 F2，但不能访问 F1
  C. 类 P 的对象既可以访问 F1，又可以访问 F2
  D. 类 P 的对象既不能访问 F1，不能访问 F2
② A. 类 Q 的对象可以访问 F1、F2 和 F3
  B. 类 Q 的对象可以访问 F2 和 F3，但不能访问 F1
  C. 类 Q 的成员可以访问 F3，但不能访问 F1 和 F2
  D. 类 Q 的成员不能访问 F1、F2 和 F3

14）在关于类的实例化的描述中，正确的是_____。
  A. 同一个类的对象具有不同的静态数据成员值
  B. 不同的类的对象具有相同的静态数据成员值
  C. 同一个类的对象具有不同的对象自身引用（this）值
  D. 不同的类的对象具有相同的对象自身引用（this）值

15）关于重载和重置，下列说法中正确的是_____。
  A. 重载时函数的参数类型、个数以及形参名称必须相同
  B. 重载与重置是完全相同的
  C. 重载只发生在同一个类中
  D. 重置不仅可以发生在同一个类中，也可以发生在不同的类中

16）在 C++中，如果派生类的函数与基类的函数同名，参数也完全相同，但基类函数没有 virtual 关键字，这种机制称为_____。
  A. 重载   B. 重置   C. 隐藏   D. 替换

17）在面向对象方法中，对象可以看出是属性（数据）以及这些属性上的专用操作的封装体。封装是一种 ① 技术，封装的目的是使对象的 ② 分离。
  ① A. 组装   B. 产品化   C. 固化   D. 信息隐蔽
  ② A. 定义和实现   B. 设计和测试   C. 设计和实现   D. 分析和定义

18）_____表示了对象间 "is-a" 的关系。
  A. 组合   B. 引用   C. 聚合   D. 继承

19）在图形显示系统的类层次结构中，类 Shape 定义了 "图形" 所具有的公有方法：display( )，并将其声明为抽象方法，类 Line 是 Shape 的子类，则下列说法中正确的是 ① 。若类 Line 正确继承了类 Shape，并定义了方法 display(int N)，这种机制称为 ② 。这样，通过 Shape 对象的正确引用就能实现 Line 对象的相应方法，体现了面向对象程序设计语言基本特征中的 ③ 。

① A. 类 Shape 可进行实例化　　　　B. 可通过类名 Shape 直接调用方法 display

　　C. 类 Line 必须重置方法 display　　D. 类 Line 必须重载方法 display

② A. 重载　　　　B. 封装　　　　C. 重置　　　　D. 隐藏

③ A. 数据抽象　　B. 封装　　　　C. 多态　　　　D. 继承

20）在 C++语言中，关于类和结构体的说法中，正确的是_____。

A. 结构体不允许有成员函数

B. 结构体与类没什么区别，可以替换

C. 类定义中成员在默认情况下是 private

D. 类定义中成员在默认情况下是 public

21）面向对象程序设计的基本思想是通过建立与客观实体相对应的对象，并通过这些对象的组合来创建具体的应用。对象是__①__。对象的三要素是指对象的__②__。

① A. 数据结构的封装体　　　　　B. 数据以及在其上的操作的封装体

　　C. 程序功能模块的封装体　　　D. 一组有关事件的封装体

② A. 名字、字段和类型　　　　　B. 名字、过程和函数

　　C. 名字、文件和图形　　　　　D. 名字、属性和方法

22）_____表示了对象间"is member of"的关系。

A. 联合　　　　B. 引用　　　　C. 聚合　　　　D. 继承

23）UML 中有 4 种关系，以下_____是 UML 中的关系。

A. 扩展　　　　B. 实现　　　　C. 使用　　　　D. 包含

24）对象建模技术定义了三种模型，其中_____模型描述了系统中对象的静态结构以及对象之间的联系。

A. 对象　　　　B. 功能　　　　C. 动态　　　　D. 都不是

25）对于构件，应当按可复用的要求进行设计、实现、打包、编写文档。构件应当__①__，并具有相当稳定的公开的__②__。有的构件具有广泛的可复用性，可复用到众多种类的应用系统中，有的构件只在有限的特定范围内被复用。

① A. 内聚的　　　B. 耦合的　　　C. 外延的　　　D. 封闭的

② A. 界面　　　　B. 接口　　　　C. 文档　　　　D. 规范

26）面向对象型的编程语言具有数据抽象、信息隐蔽、消息传递的_____等特征。

A. 对象调用　　B. 并发性　　　C. 非过程性　　D. 信息继承

27）在面向对象方法中，对象可看成是属性（数据）以及这些属性上的专用操作的封装体。封装是一种__①__技术，封装的目的是使对象的__②__分离。

① A. 组装　　　　B. 产品化　　　C. 固化　　　　D. 信息隐蔽

② A. 定义和实现　B. 设计和测试　C. 设计和实现　D. 分析和定义

28）_____表示了对象间"is part of"的关系。

A. 联合　　　　B. 引用　　　　C. 组合　　　　D. 继承

29）类是一组具有相同属性和相同操作的对象的集合，类中的每个对象都是这个类的一个 ___①___ 。类之间共享属性和操作的机制称为 ___②___ 。一个对象通过发送 ___③___ 来请求另一个对象为其服务。

  ① A. 例证（Illustration）   B. 用例（Use Case）

    C. 实例（Instance）   D. 例外（Exception）

  ② A. 多态性   B. 动态绑定   C. 静态绑定   D. 继承

  ③ A. 调用语句   B. 消息   C. 命令   D. 口令

30）___①___ 均属于面向对象的程序设计语言。面向对象的程序设计语言必须具备 ___②___ 特征。

  ① A. C++、LISP   B. C++、Smalltalk

    C. Prolog、Ada   D. FoxPro、Ada

  ② A. 可视性、继承性、封装性   B. 继承性、可复用性、封装性

    C. 继承性、多态性、封装性   D. 可视性、可移植性、封装性

31）某银行计划开发一个自动存取款机模拟系统（ATM System），系统通过读卡器（CardReader）读取 ATM 卡，系统与客户（Customer）的交互由客户控制台（Customer-Console）实现，银行操作员（Operator）可控制系统的启动（System Startup）和停止（System Shutdown），系统通过网络和银行系统（Bank）实现通信。

当读卡器判断用户已将 ATM 卡插入后，创建会话（Session）。会话开始后，读卡器进行读卡，并要求客户输入个人验证码（PIN）。系统将卡号和个人验证码信息送到银行系统进行验证。验证通过后，客户可从菜单选择如下事务（Transaction）：

  ① 从 ATM 卡账户取款（Withdraw）。

  ② 向 ATM 卡账户存款（Deposit）。

  ③ 进行转账（Transfer）。

  ④ 查询（Inquire）ATM 卡账户信息。

一次会话可以包含多个事务，每个事务处理也会将卡号和个人验证码信息送到银行系统进行验证。若个人验证码错误，则转个人验证码错误处理（Invalid PIN Process）。每个事务完成后，客户可选择继续上述事务或退卡。选择退卡时，系统弹出 ATM 卡，会话结束。

系统采用面向对象方法开发，使用 UML 进行建模。系统的顶层用例图如图 10-29 所示，一次会话的序列图（不考虑验证）如图 10-30 所示。部分函数说明如表 10-5 所示。

问题 1：根据说明中的描述，给出图 10-29 中 A1 和 A2 所对应的参与者，U1～U3 所对应的用例，以及该图中空（1）所对应的关系（U1～U3 的可选用例包括 Session、Transaction、Insert Card、Invalid PIN Process 和 Transfer）。

问题 2：根据说明中的描述，使用消息名称列表中的英文名称给出图 10-30 中 6～9 对应的消息。

问题 3：解释图 10-29 中用例 U3 和用例 Withdraw、Deposit 等 4 个用例之间的关系及其含义。

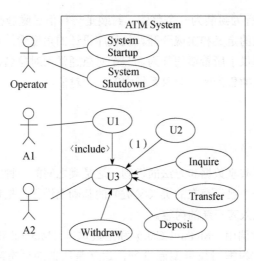

图 10-29　ATM 系统顶层用例图

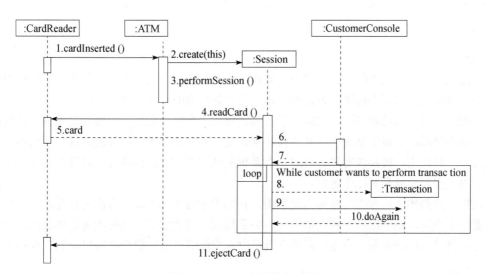

图 10-30　一次会话的序列图

表10-5　可能的消息名称列表

名　称	说　明	名　称	说　明
cardInserted()	ATM 卡已插入	performTransaction()	执行事务
performSession()	执行会话	readCard()	读卡
readPIN()	读取个人验证码	PIN	个人验证码信息
creat(atm, this, card, pin)	为当前会话创建事务	create(this)	为当前 ATM 创建会话
card	ATM 卡信息	doAgain	执行下一个事务

10.3.2　练习精解

1）①A。

在面向对象的系统中，对象是基本的运行实体，它包括数据（属性）和用于数据的操作（行为或方法），一个对象将属性和行为封装为一个整体。封装是一种信息隐蔽技术，其目的是使对象的使用者和生成者分离，使对象的定义和实现分开。从程序设计的角度看，对象是一个程序模块；从用户角度来看，对象为它们提供了所希望的行为。一个对象通常由对象名、属性和操作三部分组成。现实世界中的每个实体都可抽象为面向对象系统中的一个对象。

②A。

③C。

2）C。

继承是父类和子类之间共享数据和方法的机制。这是类之间的一种关系，在定义和实现一个类（子类）的时候，可以在一个已经存在的类（父类）的基础上进行，把这个已经存在的类所定义的内容作为自己的内容，并加入若干新的内容。

动态绑定是建立在函数调用（Method Call）和函数本体（Method Body）之间的关联。绑定动作在执行期（Run-time）才根据对象类型而进行，这就是所谓的动态绑定，也称后期绑定（Late Binding）。

3）D。

4）D。

状态图展现了一个状态机，它由状态、转换、事件和活动组成。状态图关注系统的动态视图，它对接口、类和协作的行为建模尤为重要，它强调对象行为的事件顺序。

活动图是一种特殊的状态图，它展现了在系统内从一个活动到另一个活动的流程。活动图专注于系统的动态视图，它对于系统的功能建模特别重要，并强调对象间的控制流程。活动图一般包括活动状态和动作状态、转换和对象。当对一个系统的动态方面进行建模时，通常有两种使用活动图的方式：对工作流建模和对操作建模。

交互图、序列图和协作图均被称为交互图，它们用于对系统的动态方面进行建模。一张交互图显示的是一个交互，由一组对象和它们之间的关系组成，包含它们之间可能传递的消息。序列图是强调消息时间序列的交互图。协作图则是强调接收和发送消息的对象的结构组织的交互图。

5）①B。

②A。

重置（Overriding）是指在子类中改变父类的既有函数行为的操作。其基本思想是通过一种动态绑定机制的支持使得子类在继承父类界面定义的前提下，用适合自己要求的实现去置换父类中的相应实现。

重载（Overloading）是指在子类中保留既有父类的函数名，但使用不同类型的参数，即在面向对象编程语言中，允许同名、具有不同类型参数的函数共同存在。

6）①D。

②C。

③B。

UML 视图和图的关系表如表10-6所示。

表10-6　UML视图和图的关系表

主要的域	视　图	图	主要概念
结构	静态视图	类图	类、关联、泛化依赖关系、实现、接口
	用例视图	用例图	用例、参与者、关联关系、扩展关系、包含关系、泛化关系
	实现视图	构件图	构件、接口、依赖关系、实现
	部署视图	部署图	节点、构件、依赖关系、实现
动态	状态机视图	状态机图	状态、事件、转换、动作
	活动视图	活动图	状态、活动、完成转换、分叉、结合
	交互视图	序列图	交互、对象、消息、激活
		协作图	协作、交互、协作角色、消息
模型管理	模型管理视图	类图	包、子系统、模型
可扩展性	所有	约束、构造型	

7）① A。

　② D。

一个类定义了一组大体上相似的对象，类所包含的方法和数据描述了一组对象的共同行为和属性。将一组对象的共同特征加以抽象并存储在一个类中的能力是面向对象技术最重要的一点。有无丰富的类库是衡量一个面向对象程序设计语言成熟与否的重要标志。

类具有实例化功能，包括实例生成（Constructor）和实例消除（Destructor）。类的实例化功能决定了类及其实例具有下面的特征：同一个类的不同实例具有相同的数据结构，承受的是同一方法集合所定义的操作，因而具有规律相同的行为；同一个类的不同实例可以持有不同的值，因而可以具有不同的状态；实例的初始状态可以在实例化时确定。

重置（Overriding）是指在子类中改变父类的既有函数行为的操作。其基本思想是通过一种动态绑定机制的支持使得子类在继承父类界面定义的前提下，用适合自己要求的实现去置换父类中的相应实现。

重载（Overloading）是指在子类中保留既有父类的函数名，但使用不同类型的参数，即在面向对象编程语言中，允许同名、具有不同类型参数的函数共同存在。

动态绑定（Dynamic Binding）是建立在函数调用（Method Call）和函数本体（Method Body）之间的关联。绑定动作在执行期（Run-time）才根据对象类型而进行，这就是所谓的动态绑定，也称后期绑定（Late Binding）。

8）① C。

　② B。

对象建模技术（Object Modeling Technique，OMT）定义了三种模型——对象模型、动态模型和功能模型，OMT用这三种模型描述系统。OMT方法有4个步骤：分析、系统设计、对象设计和实现。OMT方法的每一步都使用这三种模型，通过每一步对三种模型不断地精化和扩充。

对象模型描述系统中对象的静态结构、对象之间的关系、对象的属性、对象的操作。对象模型表示静态的、结构上的、系统的"数据"特征。对象模型为动态模型和功能模型提供了基本的框架。对象模型用包含对象和类的对象图表示。

动态模型描述与时间和操作顺序有关的系统特征——激发事件、事件序列、确定事件先后关系以及事件和状态的组织。动态模型表示瞬时的、行为上的、系统的"控制"特征。动态模型用状态图来表示，每张状态图显示了系统中一个类的所有对象所允许的状态和事件的顺序。

功能模型描述与值的变换有关的系统特征——功能、映射、约束和函数依赖，功能模型用数据流图来表示。

9）C。

继承是父类和子类之间共享数据和方法的机制。这是类之间的一种关系，在定义和实现一个类（子类）的时候，可以在一个已经存在的类（父类）的基础上进行，把这个已经存在的类所定义的内容作为自己的内容，并加入若干新的内容。

10）① B。

② B。

③ D。

在面向对象技术中，类属是一种参数多态机制。类属类可以看成是类的模板。一个类属类是关于一组类的一个特性抽象，它强调的是这些类的成员特征中与具体类型无关的那些部分，而用变元来表示与具体类型相关的那些部分。类属类的一个重要作用就是对类库的建立提供了强有力的支持。

11）① D。

② C。

③ B。

④ A

统一建模语言（Unified Modeling Language，UML）是面向对象软件的标准化建模语言。UML具有丰富的表达力，可以描述开发所需的各种视图，然后以这些视图为基础装配系统。

在最高层，视图被划分成三个视图域：结构分类、动态行为和模型管理。结构分类描述了系统中的结构成员及其相互关系。类元包括类、用例、构件和节点。类元为研究系统动态行为奠定了基础。类元视图包括静态视图、用例视图和实现视图。

动态行为描述了系统随时间变化的行为。行为用从静态视图中抽取的瞬间值的变化来描述。动态行为视图包括状态机视图、活动视图和交互视图。模型管理说明了模型的分层组织结构。包是模型的基本组织单元。特殊的包还包括模型和子系统。

模型管理视图跨越了其他视图并根据系统开发和配置组织这些视图。

UML还包括多种具有扩展能力的组件，包括约束、构造型和标记值，它们适用于所有的视图元素。

12）① D。

② B。

UML关系有依赖、关联、泛化、实现关系。

依赖关系是两个事物间的语义关系，其中一个事物发生变化会影响另一个事物的语义。

关联关系是一种结构关系，它描述了一组对象之间的链接关系，其中有一种特殊类型的关联关系，即聚合关系，它描述了整体与部分的结构关系。

泛化关系是一种一般特殊关系，利用这种关系，子类可以共享父类的结构和行为。

实现关系是类之间的语义关系，其中的一个类制定了另一个类保证执行的契约。实现关系用于两种情况：在接口和实现它们的类或构件之间，在用例和它们的协作之间。

13）① C。

② C。

在 C++中，派生类对基类有三种继承方式：公有继承（Public）、私有继承（Private）和保护继承（Protected）。

公有继承的特点是基类的公有成员和保护成员作为派生类的成员时，它们都保持原有的状态，而基类的私有成员仍然是私有的。

私有继承的特点是基类的公有成员和保护成员都作为派生类的私有成员，并且不能被这个派生类的子类所访问。

保护继承的特点是基类的所有公有成员和保护成员都作为派生类的保护成员，并且只能被它的派生类成员函数或友元访问，基类的私有成员仍然是私有的。

14）C。

类的实例化功能决定了类及其实例具有下面的特征：同一个类的不同实例具有相同的数据结构，承受的是同一方法集合所定义的操作，因而具有规律相同的行为；同一个类的不同实例可以持有不同的值，因而可以具有不同的状态；实例的初始状态可以在实例化时确定。

15）C。

参考第 5 题的解答。

16）C。

在 C++中，如果派生类的函数与基类的函数同名，参数也完全相同，但基类函数没有 virtual 关键字，这种机制称为隐藏。

17）① D。

② A。

封装是一种信息隐蔽技术，其目的是把定义与实现分离，保护数据不被对象的使用者直接存取。类的定义包括一组数据属性和在数据上的一组合法操作，类的定义可以被视为一个具体类似特性与共同行为的对象的模板，它可用来产生对象。类的定义将现实世界有关的实体模型化，在一个类中，每个对象都是类的实例，它们都可以使用类中提供的函数。概念的封装和实现的隐蔽使得类具有更大的独立性。封装使对象的定义和实现分离，便于类的调整。

18）D。

对象间的关系有组合、聚合、继承等，其中继承对应的语义是"is-a"，组合对应的语义是"is a part of"，聚合对应的语义是"is a member of"。

19）① D。

② C。

③ C。

重置（Overriding）是指在子类中改变父类的既有函数行为的操作。其基本思想是通过一种动态绑定机制的支持使得子类在继承父类界面定义的前提下，用适合自己要求的实现去置换父类中的相应实现。

重载（Overloading）是指在子类中保留既有父类的函数名，但使用不同类型的参数，即在面向对象编程语言中，允许同名、具有不同类型参数的函数共同存在。

动态绑定（Dynamic Binding）是建立在函数调用（Method Call）和函数本体（Method Body）之间的关联。绑定动作在执行期（Run-time）才根据对象类型而进行，这就是所谓的动态绑定，也称后期绑定（Late Binding）。

20）C。

一般情况下，类封装了数据和其上的操作，结构体是一些数据的结合，在 C++语言中，允许结构体包含成员函数。其间的区别在于：类中的成员默认情况下是 private，而结构体是 public。

21）① B。

② D。

在面向对象的系统中，对象是基本的运行时实体，它包括数据（属性）和用于数据的操作（行为或方法），一个对象将属性和行为封装为一个整体。封装是一种信息隐蔽技术，其目的是使对象的使用者和生产者分离，使对象的定义和实现分开。从程序设计的角度看，对象是一个程序模块；从用户的角度看，对象为它们提供了所希望的行为。一个对象通常由对象名、属性和操作三部分组成。现实世界中的每个实体都可抽象为面向对象系统中的一个对象。

22）C。

参考第 18 题的解答。

23）B。

UML 中定义了 4 种关系：依赖、关联、泛化和实现。

24）A。

对象建模技术定义了三种模型——对象模型、动态模型和功能模型，其中对象模型描述系统中对象的静态结构、对象之间的关系、对象的属性、对象的操作。

25）① A。

② B。

26）B。

27）① D。

② A。

在面向对象的系统中，对象是基本的运行时实体，它包括数据（属性）和用于数据的操作（行为或方法），一个对象将属性和行为封装为一个整体。封装是一种信息隐蔽技术，其目的是使对象的使用者和生成者分离，使对象的定义和实现分开。从程序设计的角度看，对象是一个程序模块；从用户的角度看，对象为它们提供了所希望的行为。一个对象通常由对象名、属性和操作三部分组成。现实世界中的每个实体都可抽象为面向对象系统中的一个对象。

封装是一种信息隐蔽技术，其目的是把定义与实现分离，保护数据不被对象的使用者直接存取。

28）C。

参考第 18）题的解答。

29）① C。

② D。

③ B。

一个类定义了一组大体上相似的对象，类所包含的方法和数据描述了一组对象的共同行为和属性。将一组对象的共同特征加以抽象并存储在一个类中的能力是面向对象技术最重要的一点。有无丰富的类库是衡量一个面向对象程序设计语言成熟与否的重要标志。继承是父类和子类之间共享数据和方法的机制。消息是要求某个对象执行类中定义的某个操作的规格说明，是一个对象与另一个对象的通信单元。一个消息通常包括接收的对象名、调用的操作名和适当的参数（如有必要）。

30）① B。

② C。

面向对象的程序设计语言必须具备继承性、多态性、封装性三大特征。面向对象的程序设计语言有 C++、Smalltalk、Java 等。

31）问题 1：

A1：Customer。

A2：Bank。

U1：Session。

U2：Invalid PIN Process。

U3：Transaction。

（1）所对应的关系是 extend。

构建用例图时，常用的方式是先识别参与者，然后确定用例以及用例之间的关系。识别参与者时，考查和系统交互的人员和外部系统。本题中，与系统交互的人员包括客户（Customer）和银行操作员（Operator），与本模拟系统交互的外部系统包括银行（Bank）系统。

考查用例时，通过判断哪一个特定参与者发起或者触发了与系统的哪些交互，来识别用例并建立和参与者之间的关联。考查用例之间的关系时，include（包含）定义了用例之间的包含关系，用于一个用例包含另一个用例的行为的建模；如果可以在一个用例的执行中，在需要时转向执行另一个用例，执行完返回之前的用例继续执行，用例间即存在 extend 关系。

本题中，客户一旦插卡成功，系统就创建会话（Session），会话中可以执行用户从菜单选择的 Withdraw、Deposit、Transfer 和 Inquire 等事务（Transaction）。由图 10-29 中 U3 和 Withdraw 之间的扩展关系可知，U3 为 Transaction，又由 U1 和 U3 之间的 include 关系可知，U1 为 Session，进而判定图中 A1 为 Customer，A2 为 Bank。每个事务处理也会将卡号和个人验证码信息送到银行系统进行验证，若个人验证码错误，则转个人验证码错误处理（Invalid PIN Process，图中 U2），所以（1）处应填 extend。

问题 2：

6：readPIN()。

7：PIN。

8：creat(atm, this, card, pin)。

9：performTransaction()。

序列图是场景的图形化表示，描述了以时间顺序组织的对象之间的交互活动。构造序列图时遵循如下指导原则：确定序列图的范围，描述这个用例场景或一个步骤；绘制参与者和接口类，如果范围包括这些内容的话；沿左手边列出用例步骤；对于控制器类及必须在顺序中协作的每个实体类，基于它拥有的属性或已经分配给它的行为绘制框；为持续类和系统类绘制框；绘制所需的消息，并把每条消息指到将实现响应消息的责任的类上；添加活动条指示每个对象实例的生命周期；为清晰起见，添加所需的返回消息；如果需要，为循环、可选步骤和替代步骤等添加框架。

本题中，根据说明中的描述，从 ATM 机判断卡已插入（cardInserted()），开始会话，即为当前 ATM 创建会话（create(this)）并开始执行会话（performSession()），读卡器读卡（readCard()）获得 ATM 卡信息（card），然后从控制台读取个人验证码输入（readPIN()，图 10-30 中标号 6 处）并获得个人验证码信息（PIN，图 10-30 中标号 7 处）；然后根据用户选择启动并执行事务，即为当前会话创建事务（creat(atm,this,card,pin)，图 10-30 中标号 8 处）和执行事务（performTransaction()，图 10-30 中标号 9 处）；可以选择继续执行某个事务（doAgain）循环，或者选择退卡（ejectCard()）。

问题 3：

Transaction 是一个抽象泛化用例，具有其他事务类型共有的属性和行为，每个具体的事务类型继承它，并实现适合自己的特定的操作。

用例之间的继承关系表示子类型是一种父类型。其中父类型通常是一个抽象泛化用例，具有子类型共有的属性和行为，每个具体的子类型继承它，并实现适合自己的特定的操作。

本题中 Transaction 和 Withdraw、Deposit 等 4 个用例之间的关系即为继承关系，Transaction 即是一个抽象泛化用例，具有其他事务类型共有的属性和行为，每个具体的事务类型继承它，并实现适合自己的特定的操作。

第11章

信息安全

11.1 考点精讲

11.1.1 考纲要求

信息安全主要是考试中涉及的信息安全基本要素、信息安全技术、网络安全技术、网络安全协议与网络安全相关法律法规。本章在考纲中主要有以下内容:

- 信息安全基本要素。
- 信息安全技术（加密与解密、认证、数字签名、数字证书）。
- 网络安全技术（安全威胁、恶意代码、防火墙入侵检测）。
- 网络安全协议（HTTPS 与 SHTTP、S/MIME）。
- 网络安全相关法律法规。

信息安全考点如图 11-1 所示，用星级★标示知识点的重要程度。

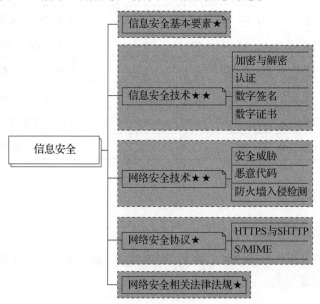

图 11-1 信息安全考点

11.1.2 考点分布

统计 2010 年至 2020 年试题真题，本章主要考点分值为 3～5 分。历年真题统计如表 11-1 所示。

表11-1 历年真题统计

年 份	时 间	题 号	分 值	知 识 点
2010 年上	上午题	7，8，9	3	邮件代理、病毒
2010 年下	上午题	7，8，9	3	安全威胁、防火墙
2011 年上	上午题	7，8，9	3	数字证书、病毒、安全等级
2011 年下	上午题	7，8，9	3	防火墙、病毒、数字签名
2012 年上	上午题	7，8，9	3	数字签名、安全等级
2012 年下	上午题	7，8，9	3	网络协议、数字证书
2013 年上	上午题	7，8，9	3	摘要、防火墙、病毒
2013 年下	上午题	7，8，9	3	安全威胁、加密、认证
2014 年上	上午题	6，7，8	3	木马、防火墙
2014 年下	上午题	7，8，9	3	防火墙、安全威胁、病毒
2015 年上	上午题	7，8，9	3	网络协议、安全需求
2015 年下	上午题	7，8	2	安全威胁、防火墙
2016 年上	上午题	8，9	2	安全协议、安全威胁
2016 年下	上午题	7，8，9	3	数字签名、设备安全
2017 年上	上午题	7，8，9	3	安全协议、加密、数字证书
2017 年下	上午题	7，8，9，10，11	5	安全协议、安全威胁、防火墙
2018 年上	上午题	8，9，10，11，12	5	数字签名、网络安全、安全威胁
2018 年下	上午题	7，8，9，10，11	5	加密、病毒、邮件安全
2019 年上	上午题	7，8，9，10，11	5	防火墙、安全协议、认证、病毒
2019 年下	上午题	8，9，10，11	4	认证、数字签名
2020 年下	上午题	7，8，10	3	加密、访问控制、安全等级

11.1.3 知识点精讲

11.1.3.1 信息安全基本要素

针对信息系统，安全可以划分为 4 个层次：设备安全、数据安全、内容安全、行为安全。其中数据安全就是传统的信息安全。

1. 设备安全

信息系统设备的安全是信息系统安全的首要问题。这里主要包括三个方面：

1）设备的稳定性：设备在一定时间内不出故障的概率。
2）设备的可靠性：设备能在一定时间内正常执行任务的概率。
3）设备的可用性：设备随时可以正常使用的概率。

信息系统的设备安全是信息系统安全的物质基础。除了硬件设备外，软件系统也是一种设备，也要确保软件设备的安全。

2. 数据安全

安全属性包括秘密性、完整性和可用性。很多情况下，即使信息系统设备没有受到损坏，其数据安全也可能已经受到危害，如数据泄露、数据篡改等。由于危害数据安全的行为具有较高的隐蔽性，数据应用用户往往并不知情，因此危害性很高。

3. 内容安全

内容安全是信息安全在政治、法律、道德层次上的要求。

1）信息内容在政治上是健康的。
2）信息内容符合国家的法律法规。
3）信息内容符合中华民族优良的道德规范。

4. 行为安全

数据安全本质上是一种静态的安全，而行为安全是一种动态的安全。

1）行为的秘密性：行为的过程和结果不能危害数据的秘密性。必要时，行为的过程和结果也应是秘密的。
2）行为的完整性：行为的过程和结果不能危害数据的完整性，行为的过程和结果是预期的。
3）行为的可控性：当行为的过程偏离预期时，能够发现、控制或纠正。

行为安全强调的是过程安全，体现在组成信息系统的硬件设备、软件设备和应用系统协调工作的程序（执行序列）符合系统设计的预期，这样才能保证信息系统的"安全可控"。

5. 信息安全的基本要素

信息安全的基本要素包括：保密性、完整性、可用性、可控性、不可否认性。

（1）保密性

信息不被透露给非授权用户、实体或过程。保密性是建立在可靠性和可用性基础之上的，常用的保密技术有以下几点：

① 防侦收（使对手收不到有用的信息）。
② 防辐射（防止有用的信息以各种途径辐射出去）。
③ 信息加密（在密钥的控制下，用加密算法对信息进行加密处理，即使对手得到了加密后的信息也会因没有密钥而无法读懂有用的信息）。

④ 物理保密（使用各种物理方法保证信息不被泄露）。

（2）完整性

在传输、存储信息或数据的过程中，确保信息或数据不被非法篡改或在篡改后被迅速发现，能够验证所发送或传送的东西的准确性，并且进程或硬件组件不会被以任何方式改变，保证只有得到授权的人才能修改数据。

完整性服务的目标是保护数据免受未授权的修改，包括数据的未授权创建和删除。通过如下行为，完成完整性服务：

① 屏蔽，从数据生成受完整性保护的数据。
② 证实，对受完整性保护的数据进行检查，以检测完整性故障。
③ 去屏蔽，从受完整性保护的数据中重新生成数据。

（3）可用性

让得到授权的实体在有效时间内能够访问和使用所要求的数据和数据服务，提供数据可用性保证的方式有如下几种：

① 性能、质量可靠的软件和硬件。
② 正确、可靠的参数配置。
③ 配备专业的系统安装和维护人员。
④ 网络安全能得到保证，发现系统异常情况时能阻止入侵者对系统的攻击。

（4）可控性

指网络系统和信息在传输范围和存放空间内的可控程度，是对网络系统和信息传输的控制能力特性。使用授权机制控制信息传播范围、内容，必要时能恢复密钥，实现对网络资源及信息的可控性。

（5）不可否认性

对出现的安全问题提供调查，使参与者（攻击者、破坏者等）不可否认或抵赖自己的行为，实现信息安全的审查性。

11.1.3.2 信息安全技术

1. 加密与解密

（1）概述

在安全领域，利用密钥加密算法来对通信的过程进行加密是一种常见的安全手段。利用该手段能够保障数据安全通信的三个目标：

● 数据的保密性，防止用户的数据被窃取或泄露。
● 保证数据的完整性，防止用户传输的数据被篡改。
● 通信双方的身份确认，确保数据来源与合法的用户。

（2）加密算法

常用的密钥加密算法类型大体可以分为三类：对称加密、非对称加密、单向加密。

① 对称加密算法。

对称加密算法指加密和解密使用相同密钥的加密算法。对称加密算法的优点在于加解密的高速度和使用长密钥时的难破解性。假设两个用户需要使用对称加密方法加密，然后交换数据，则用户最少需要两个密钥并交换使用，如果企业内有 n 个用户，则整个企业共需要 $n\times(n-1)$ 个密钥，密钥的生成和分发将成为企业信息部门的噩梦。对称加密算法的安全性取决于加密密钥的保存情况，但要求企业中每一个持有密钥的人都保守秘密是不可能的，他们通常会有意无意地把密钥泄露出去。如果一个用户使用的密钥被入侵者所获得，入侵者便可以读取该用户密钥加密的所有文档，如果整个企业共用一个加密密钥，那么整个企业文档的保密性便无从谈起。

对称加密算法采用单密钥加密，在通信过程中，数据发送将原始数据分割成固定大小的块，经过密钥和加密算法逐个加密后，发送给接收方；接收方收到加密的报文后，结合密钥和解密算法解密，组合后得出原始数据。由于加解密算法是公开的，因此在这个过程中，密钥的安全传递就成为至关重要的事了。而密钥通常来说是通过双方协商，以物理的方式传递给对方，或者利用第三方平台传递给对方，一旦这个过程出现了密钥泄露，不怀好意的人就能结合相应的算法拦截解密出其加密传输的内容。

对称加密算法拥有算法公开、计算量小、加密速度和效率高等优点，但是也有着密钥单一、密钥管理困难等缺点。

常见的对称加密算法：DES、3DES、DESX、Blowfish、IDEA、RC4、RC5、RC6 和 AES。

DES（Data Encryption Standard）：分组式加密算法，以 64 位为分组对数据加密，加解密使用同一个算法，数据加密标准，速度较快，适用于加密大量数据的场合。

3DES（Triple DES）：三重数据加密算法，基于 DES 对每一个数据块用三个不同的密钥进行三次 DES 加密，强度更高。

AES（Advanced Encryption Standard）：高级加密标准算法，是美国联邦政府采用的一种区块加密标准，下一代的加密算法标准，速度快，安全级别高，用于替代原先的 DES，目前已被广泛应用。

Blowfish：Blowfish 算法是一个 64 位分组及可变密钥长度的对称密钥分组密码算法，可用来加密 64 比特长度的字符串。

②非对称加密算法。

非对称加密算法指加密和解密使用不同密钥的加密算法，也称为公私钥加密算法。假设两个用户要加密交换数据，双方交换公钥，使用时一方用对方的公钥加密，另一方即可用自己的私钥解密。如果企业中有 n 个用户，企业需要生成 n 对密钥，并分发 n 个公钥。由于公钥是可以公开的，用户只要保管好自己的私钥即可，因此加密密钥的分发将变得十分简单。同时，由于每个用户的私钥是唯一的，其他用户除了可以通过信息发送者的公钥来验证信息的来源是否真实外，还可以确保发送者无法否认曾发送过该信息。非对称加密的缺点是加解密速度要远远慢于对称加密，在某些极端情况下，速度仅为对称加密的 1/1000。

非对称加密算法采用公钥和私钥两种不同的密钥来进行加解密。公钥和私钥是成对存在的，公钥是从私钥中提取产生，并公开给所有人的，如果使用公钥对数据进行加密，那么只有对应的私钥才能解密，反之亦然。

发送方 Bob 从接收方 Alice 获取其对应的公钥，并结合相应的非对称算法将明文加密后发送给

Alice；Alice 接收到加密的密文后，结合自己的私钥和非对称算法解密得到明文。这种简单的非对称加密算法的应用其安全性比对称加密算法来说要高，但是其不足之处在于无法确认公钥的来源合法性以及数据的完整性。

非对称加密算法具有安全性高、算法强度复杂的优点，其缺点为加解密耗时长、速度慢，只适合对少量数据进行加密。

常见的非对称加密算法：RSA、ECC（移动设备用）、Diffie–Hellman、ELGamal、DSA（数字签名用）。

RSA：是一个支持变长密钥的公共密钥算法，需要加密的文件块的长度也是可变的。RSA 算法基于一个十分简单的数论事实：将两个大素数相乘十分容易，但那时想要对其乘积进行因式分解却极其困难，因此可以将乘积公开作为加密密钥，可用于加密，也能用于签名。

DSA（Digital Signature Algorithm）：数字签名算法，仅能用于签名，不能用于加解密，是一种数字签名标准。

DSS（Digital Signature Standard）：既能用于签名，又可以用于加解密。

ECC（Elliptic Curves Cryptography）：椭圆曲线密码编码学。

ELGamal：利用离散对数的原理对数据进行加解密或数据签名，其速度是最慢的。

③单向加密算法。

哈希算法特别的地方在于它是一种单向算法，用户可以通过哈希算法对目标信息生成一段特定长度的唯一的哈希值，却不能通过这个哈希值重新获得目标信息。因此，哈希算法常用在不可还原的密码存储、信息完整性校验等。

散列是信息的提炼，通常其长度要比信息小得多，且为一个固定长度。加密性强的散列一定是不可逆的，这就意味着通过散列结果无法推出任何部分的原始信息。任何输入信息的变化，哪怕仅一位，都将导致散列结果的明显变化，这称为雪崩效应。散列还应该是防冲突的，即找不出具有相同散列结果的两条信息。具有这些特性的散列结果就可以用于验证信息是否被修改。单向散列函数一般用于产生消息摘要、密钥加密等。

单向加密算法常用于提取数据指纹，验证数据的完整性。发送者将明文通过单向加密算法加密生成定长的密文串，然后传递给接收方。接收方在收到加密的报文后进行解密，将解密获取到的明文使用相同的单向加密算法进行加密，得出加密后的密文串。随后将之与发送者发送过来的密文串进行对比，若发送前和发送后的密文串相一致，则说明传输过程中数据没有损坏；若不一致，则说明传输过程中数据丢失了。单向加密算法只能用于对数据的加密，无法被解密，其特点为定长输出、雪崩效应。

常见的哈希算法：MD2、MD4、MD5、HAVAL、SHA、SHA-1、HMAC、HMAC-MD5、HMAC-SHA1。

MD5（Message Digest Algorithm 5）：是 RSA 数据安全公司开发的一种单向散列算法，非可逆，相同的明文产生相同的密文。

SHA（Secure Hash Algorithm）：可以对任意长度的数据运算生成一个 160 位的数值。

（3）密钥交换

密钥交换（Internet Key Exchange，IKE）通常是指双方通过交换密钥来实现数据的加密和解密，常见的密钥交换方式有以下两种：

- 公钥加密，将公钥加密后通过网络传输到对方进行解密，这种方式的缺点在于具有很大的可能性被拦截破解，因此不常用。
- DH 算法是一种密钥交换算法，其既不用于加密，也不产生数字签名。DH 算法的巧妙在于需要安全通信的双方可以用这个方法确定对称密钥，然后可以用这个密钥进行加密和解密。但是注意，这个密钥交换协议/算法只能用于密钥的交换，而不能进行消息的加密和解密。双方确定要用的密钥后，要使用其他对称密钥操作加密算法实际加密和解密消息。DH 算法通过双方共有的参数、私有参数和算法信息来进行加密，然后双方将计算后的结果进行交换，交换完成后再和属于自己私有的参数运算，经过双方计算后的结果是相同的，此结果即为密钥。

2. 认证

人在网络上进行一些活动时通常需要登录某个业务平台，这时需要进行身份认证。身份认证主要通过以下 3 种基本途径之一或其组合来实现：

- 所知（what you know），个人所知道的或掌握的知识，如口令。
- 所有（what you have），个人所拥有的东西，如身份证、护照、信用卡、钥匙或证书等。
- 个人特征（what you are），个人所具有的生物特性，如指纹、掌纹、声音、脸形、DNA、视网膜等。

（1）基于口令的认证

基于口令的认证方式是较常用的一种技术。在最初阶段，用户首先在系统中注册自己的用户名和登录口令。系统将用户名和口令存储在内部数据库中，注意这个口令一般是长期有效的，因此也称为静态口令。当进行登录时，用户系统产生一个类似于时间戳的东西，把这个时间戳使用口令和固定的密码算法进行加密，连同用户名一同发送给业务平台，业务平台根据用户名查找用户口令进行解密，如果平台能恢复或接收到那个被加密的时间戳，则对解密结果进行比对，从而判断认证是否通过；如果业务平台不能获知被加密的时间戳，则解密后根据一定规则（如时间戳是否在有效范围内）判断认证是否通过。静态口令的应用案例随处可见，如本地登录 Windows 系统、网上博客、即时通信软件等。

（2）双因子身份认证技术

在一些对安全要求更高的应用环境，简单地使用口令认证是不够的，还需要使用其他硬件来完成，如 U 盾、网银交易就使用这种方式。在使用硬件加密和认证的应用中，通常使用双因子认证，即口令认证与硬件认证相结合来完成对用户的认证，其中硬件部分被认为是用户所拥有的物品。使用硬件设备进行认证的好处是，无论用户使用的计算机设备是否存在木马病毒，都不会感染这些硬件设备，从而在这些硬件设备内部完成的认证流程不受木马病毒的影响，从而可提高安全性。但另一方面，这些额外的硬件设备容易丢失，需要双因子认证，也容易损坏，因此在增加成本的同时，也带来了更多的不便利。

在实际应用中，每个用户均拥有一个仅为本人所有的唯一私钥，用于进行解密和签名操作，同时还拥有与接收方相应的公钥，用于文件发送时进行加密操作。当发送一份保密文件时，发送方使用接收方的公钥对该文件内容进行加密，而接收方则能够使用自己所拥有的相应私钥对该文件进行解密，从而保证所发送的文件能够安全无误地到达目的地，并且即使被第三方截获，由于没有相应的私钥，该第三方也无法对所截获的内容进行解密。

（3）生物特征识别认证技术

由于人的生物特征具有稳定性和唯一性，有研究人员提出可以采用生物特征识别技术代替传统的身份认证手段，构造新型的身份认证技术。生物特征识别技术主要指使用计算机及相关技术，利用人体本身特有的行为特征和（或）生理特征，通过模式识别和图像处理的方法进行身份识别。生物特征主要分为生理特征和行为特征：生理特征是人体本身固有的特征，是先天性的特征，基本不会或很难随主观意愿和客观条件发生改变，是生物特征识别技术的主要研究对象，其中比较具有代表性的技术主要有指纹识别、人脸识别、虹膜识别等；行为特征主要指人的动作特征，是人们在长期生活过程中形成的行为习惯，利用该特征的识别技术主要包括声音识别、笔迹识别等。

基于生物特征的识别技术较传统的身份认证具有很多优点，如保密、方便、不易遗忘、防伪性能较好、不易伪造或被盗、随身携带和随时随地使用等。也正是由于这些优点，很多国家已经在个人的身份证明证件中嵌入了持有者的生物特征信息，如指纹信息等，多个国家也在使用生物特征护照逐步替代传统护照。由 Microsoft、IBM、NOVEL 等公司共同成立的 Bio API 联盟，其目标就是制定生物特征识别应用程序接口（API）工业标准。

3. 数字签名

数字签名（Digital Signature）是签名者使用私钥对待签名数据的杂凑值做密码运算得到的结果，该结果只能用签名者的公钥进行验证，用于确认待签名数据的完整性、签名者身份的真实性和签名行为的抗抵赖性。

数字签名是一种附加在消息后的一些数据，它基于公钥加密基础，用于鉴别数字信息。一套数字签名通常定义了两种运算，一种用于签名，另一种用于验证。数字签名只有发送者才能产生，别人不能伪造这一段数字串。由于签名与消息之间存在着可靠的联系，接收者可以利用数字签名确认消息来源以及确保消息的完整性、真实性和不可否认性。

（1）完整性

由于签名本身和要传递的消息之间是有关联的，消息的任何改动都将引起签名的变化，消息的接收方在接收到消息和签名之后经过对比就可以确定消息在传输的过程中是否被修改，如果被修改过，则签名失效。这也显示出了签名不能够通过简单的复制从一个消息应用到另一个消息上。

（2）真实性

由于与接收方的公钥相对应的私钥只有发送方有，因此接收方或第三方可以证实发送者的身份。如果接收方的公钥能够解密签名，则说明消息确实是发送方发送的。

（3）不可否认性

签名方日后不能否认自己曾经对消息进行的签名，因为私钥被用在了签名产生的过程中，而私钥只有发送者才拥有，因此只要用相应的公钥解密了签名，就可以确定该签名一定是发送者产生的。但是，如果使用对称性密钥进行加密，不可否认性是不被保证的。

数字签名的实施需要公钥密码体制，而公钥的管理通常需要公钥证书来实现，即通过公钥证书来告知他人所掌握的公钥是否真实。数字签名可以用来提供多种安全服务，包括数据完整性、数据起源鉴别、身份认证以及不可否认性。数字签名的一般过程如下：

① 证书持有者对信息 M 做杂凑，得到杂凑值 H。国际上公开使用的杂凑算法（即散列算法、哈希算法）有 MD5、SHA1 等，在我国必须使用国家规定的杂凑算法。

② 证书持有者使用私钥对 H 变换得到 S，变换算法必须跟证书中的主体公钥信息中标明的算法一致。

③ 将 S 与原信息 M 一起传输或发布。其中，S 为证书持有者对信息 M 的签名，其数据格式可以由国家相关标准定义，国际常用的标准有 PKCS#7，数据中包含所用的杂凑算法的信息。

④ 依赖方构建从自己的信任锚开始、信息发布者证书为止的证书认证路径并验证该证书路径。如果验证成功，则相信该证书的合法性，即确认该证书确实属于声称的持有者。

⑤ 依赖方使用证书持有者的证书验证对信息 M 的签名 S。首先使用 S 中标识的杂凑算法对 M 做杂凑，得到杂凑值 H'；然后使用证书中的公钥对 S 变换，得到 H"。比较 H' 与 H"，如果二者相等，则签名验证成功；否则签名验证失败。

数字签名可用于确认签名者身份的真实性，其原理与"挑战–响应"机制相同。为避免中间人攻击，基于数字签名的身份认证往往需要结合数字证书使用。例如，金融行业标准 JR/T 0025.7—2018《中国金融集成电路（IC）卡规范 第 7 部分：借记/贷记应用安全规范》规定了一种基于数字签名的动态数据认证过程。动态数据认证采用了一个三层的公钥证书方案。每一个 IC 卡公钥由它的发卡行认证，而认证中心认证发卡行公钥。这表明为了验证 IC 卡的签名，终端需要先通过验证两个证书来恢复和验证 IC 卡公钥，然后用这个公钥来验证 IC 卡的动态签名。

4. 数字证书

数字证书也称公钥证书，是由证书认证机构（CA）签名的包含公开密钥拥有者信息、公开密钥、签发者信息、有效期以及扩展信息的一种数据结构。最简单的数字证书包含一个公开密钥、名称以及证书授权中心的数字签名。一般来说，数字证书主要包括证书所有者的信息、证书所有者的公钥、证书颁发机构的签名、证书的有效时间和其他信息等。数字证书的格式一般采用 X.509 国际标准，是广泛使用的证书格式之一。

数字证书提供了一种网上验证身份的方式，主要采用公开密钥体制，还包括对称密钥加密、数字签名、数字信封等技术。可以使用数字证书，通过运用对称和非对称密码体制等密码技术建立起一套严密的身份认证系统，每个用户自己设定一把特定的仅为本人所知的私有密钥（私钥），用它进行解密和签名；同时设定一把公共密钥（公钥）并由本人公开，为一组用户所共享，用于加密和验证签名。当发送一份保密文件时，发送方使用接收方的公钥对数据加密，而接收方则使用自己的私钥解密，通过数字的手段保证加密过程是一个不可逆的过程，即只有用私有密钥才能解密，这样信息就可以安全无误地到达目的地了。因此，保证了信息除发送方和接收方外不被其他人窃取，信息在传输过程中不被篡改，发送方能够通过数字证书来确认接收方的身份，发送方对于自己的信息不能抵赖。

数字证书采用公钥密码体制，公钥密码技术解决了密钥的分配与管理问题。在电子商务技术中，商家可以公开其公钥，而保留其私钥。购物者可以用人人皆知的公钥对发送的消息进行加密，然后安全地发送给商家，商家用自己的私钥进行解密。而用户也可以用自己的私钥对信息进行加密，由于私钥仅为本人所有，这样就产生了别人无法生成的文件，即形成了数字证书。采用数字证书能够确认以下两点：

① 保证信息是由签名者自己签名发送的，签名者不能否认或难以否认。

② 保证信息自签发后至收到为止未曾做过任何修改，签发的文件是真实文件。

根据用途的不同，数字证书可以分为以下几类：

- 服务器证书（SSL 证书）。服务器证书被安装在服务器设备上，用来证明服务器的身份和进行通信加密。服务器证书可以用来防止欺诈钓鱼站点。服务器证书主要用于服务器（应用）的数据传输链路加密和身份认证，不同的产品对于不同价值的数据要求不同的身份认证。
- 电子邮件证书。电子邮件证书用来证明电子邮件发件人的真实性。它并不证明数字证书上面 CN 一项所标识的证书所有者姓名的真实性，它只证明邮件地址的真实性。收到具有有效电子签名的电子邮件，除了能相信邮件确实由指定邮箱发出外，还可以确信该邮件从被发出后没有被篡改过。另外，使用接收的邮件证书，还可以向接收方发送加密邮件。该加密邮件可以在非安全网络传输，只有接收方的持有者才可能打开该邮件。
- 客户端个人证书。客户端个人证书主要被用来进行身份验证和电子签名，被存储在专用的智能密码钥匙中，使用时需要输入保护密码。使用该证书需要物理上获得其存储介质智能密码钥匙，且需要知道智能密码钥匙的保护密码，这也被称为双因子认证。这种认证手段是目前在互联网中最安全的身份认证手段之一。

11.1.3.3 网络安全技术

1. 安全威胁

安全威胁可以分为主动攻击和被动攻击。

（1）主动攻击

主动攻击会导致某些数据流的篡改和虚假数据流的产生。这类攻击可分为篡改、伪造消息数据和终端（拒绝服务）。

① 篡改消息。

篡改消息是指一个合法消息的某些部分被改变、删除，消息被延迟或改变顺序，通常用以产生一个未授权的效果。例如修改传输消息中的数据，将"允许甲执行操作"改为"允许乙执行操作"。

② 伪造。

伪造指的是某个实体（人或系统）发出含有其他实体身份信息的数据信息，假扮成其他实体，从而以欺骗方式获取一些合法用户的权利和特权。

③ 拒绝服务。

- 拒绝服务（Deny of Service，DoS）通信设备无法正常使用或管理被无条件地中断。通常是对整个网络实施破坏，以达到降低性能、停止服务的目的。这种攻击也可能有一个特定的目标，如到某一特定目的地（如安全审计服务），所有数据包都被阻止。
- 分布式拒绝服务（Distributed Denial of Service，DDoS）攻击指借助客户/服务器技术，将多个计算机联合起来作为攻击平台，对一个或多个目标发动 DDoS 攻击，从而成倍地提高拒绝服务攻击的威力。通常，攻击者使用一个偷窃账号将 DDoS 主控程序安装在一个计算机上，在一个设定的时间，主控程序将与大量代理程序通信，代理程序已经被安装在网络上的许多计算机上。代理程序收到指令时就发动攻击。利用客户/服务器技术，主控程序能在几秒内激活成百上千次代理程序的运行。

- 低速率拒绝服务攻击（Low-rate Denial-of-Service，LDoS）是近年来提出的一类新型攻击，其不同于传统洪泛式 DoS 攻击，主要是利用端系统或网络中常见的自适应机制所存在的安全漏洞，通过低速率周期性攻击流，以更高的攻击效率对受害者进行破坏且不易被发现，它是一种新型的周期性脉冲式 DoS 攻击。根据 LDoS 攻击的特点，通过估算正常 TCP 流的超时重传（Retransmission Time Out，RTO），模拟产生 LDoS 攻击的周期流量，对网络目标在攻击下的性能进行测试，可以得出低速率 TCP 拒绝服务攻击。利用传输控制协议（TCP）重传超时机制，爆发时会严重降低合法 TCP 流吞吐量的流量特性。合法流量和包含攻击包流量采样在功率谱密度上存在显著差异。

（2）被动攻击

被动攻击中的攻击者在未经用户同意和认可的情况下获得信息或相关数据，但不对数据信息做任何修改。被动攻击通常包括流量分析、窃听、破解弱加密的数据流等攻击方式。

① 流量分析。

流量分析攻击方式适用于一些特殊场合，例如敏感信息都是保密的，攻击者虽然从截获的消息中无法知道消息的真实内容，但攻击者还能通过观察这些数据报的模式分析确定出通信双方的位置、通信的次数及消息的长度，获知相关的敏感信息。

② 窃听。

窃听是最常用的手段。应用最广泛的局域网上的数据传送是基于广播方式进行的，这就使一台主机有可能收到网上传送的所有信息。而计算机的网卡工作在开放模式时，它就可以将网络上传送的所有信息传送到上层，以供进一步分析。如果没有采取加密措施，通过协议分析可以完全掌握通信的全部内容，窃听还可以用无限截获方式得到信息，通过高灵敏接收装置接收网络站点辐射的电磁波或网络连接设备辐射的电磁波，通过对电磁信号的分析恢复原数据信号从而获得网络信息。尽管有时数据信息不能通过电磁信号全部恢复，但可能得到极有价值的情报。

由于被动攻击不会对被攻击的信息做任何修改，留下的痕迹很少，或者根本不会留下痕迹，因而非常难以检测，所以抗击这类攻击的重点在于预防，具体措施包括虚拟专用网（Virtual Private Network，VPN）、采用加密技术保护信息以及使用交换式网络设备等。被动攻击不易被发现，因而常常是主动攻击的前奏。

被动攻击虽然难以检测，但可采取措施有效地预防，而要有效地防止攻击是十分困难的，开销太大，抗击主动攻击的主要技术手段是检测，以及从攻击造成的破坏中及时地恢复。检测同时还具有某种威慑效应，在一定程度上也能起到防止攻击的作用。具体措施包括自动审计、入侵检测和完整性恢复等。

2. 恶意代码

恶意代码（Malicious Code）又称为恶意软件（Malicious Software，Malware），是能够在计

算机系统中进行非授权操作，以实施破坏或窃取信息的代码。恶意代码的范围很广，包括利用各种网络、操作系统、软件和物理安全漏洞来向计算机系统传播恶意负载的程序性的计算机安全威胁。也就是说，我们可以把常说的病毒、木马、后门、垃圾软件等一切有害程序和应用都统称为恶意代码。

- 病毒：很小的应用程序或一串代码，能够影响主机应用。病毒有两大特点：繁殖和破坏。繁殖功能定义了病毒在系统间扩散的方式，其破坏力则体现在病毒负载中。计算机病毒具有传染性、隐蔽性、感染性、潜伏性、可激发性、表现性和破坏性。计算机病毒的生命周期：开发期→传染期→潜伏期→发作期→发现期→消化期→消亡期。
- 特洛伊木马：可以伪装成其他类程序，看起来像是正常程序，一旦被执行，将进行某些隐蔽的操作。比如一个模拟登录接口的软件，它可以捕获毫无戒心的用户的口令。
- 内核套件（Root 工具）：是攻击者用来隐藏自己的踪迹和保留 Root 访问权限的工具。
- 逻辑炸弹：可以由某类事件触发执行，例如某一时刻（一个时间炸弹），或者是某些运算的结果。软件执行的结果可以千差万别，从发送无害的消息到系统彻底崩溃。
- 蠕虫：像病毒那样可以扩散，但蠕虫可以自我复制，不需要借助其他宿主。
- 僵尸网络：是由 C&C 服务器以及僵尸牧人控制的僵尸网络。
- 间谍软件：间谍软件就是能偷偷安装在受害者计算机上并收集受害者的敏感信息的软件。
- 恶意移动代码：移动代码指可以从远程主机下载并在本地执行的轻量级程序，不需要或仅需要极少的人为干预。移动代码通常在 Web 服务器端实现。恶意移动代码是指在本地系统执行一些用户不期望的恶意动作的移动代码。
- 后门：指一类能够绕开正常的安全控制机制，从而为攻击者提供访问途径的恶意代码。攻击者可以通过使用后门工具对目标主机进行完全控制。
- 广告软件：自动生成（呈现）广告的软件。

3. 防火墙入侵检测

（1）防火墙的概念

防火墙（Firewall）是一种位于内部网络与外部网络之间的网络安全系统，是一项信息安全的防护系统，依照特定的规则，允许或限制传输的数据通过。

在网络中，所谓"防火墙"，是指一种将内部网和公众访问网（如互联网）分开的方法，它实际上是一种隔离技术。防火墙是在两个网络通信时执行的一种访问控制尺度，它能允许用户"同意"的人和数据进入用户的网络，同时将"不同意"的人和数据拒之门外，最大限度地阻止网络中的黑客来访问用户的网络。换句话说，如果不通过防火墙，公司内部的人就无法访问互联网，互联网上的人也无法和公司内部的人进行通信。

（2）防火墙的基本类型

① 网络层防火墙。

网络层防火墙可视为一种 IP 封包过滤器，运作在底层的 TCP/IP 堆栈上，可以以枚举的方式只允许符合特定规则的封包通过，其余的一概禁止穿越防火墙（病毒除外，防火墙不能防止病毒侵入）。这些规则通常可以经由管理员定义或修改，不过某些防火墙设备可能只能套用内置的规则。

② 应用层防火墙。

应用层防火墙在 TCP/IP 堆栈的"应用层"上运作，用户使用浏览器时所产生的数据流或使用 FTP 时的数据流都属于这一层。应用层防火墙可以拦截进出某应用程序的所有封包，并且封锁其他的封包（通常是直接将封包丢弃）。理论上，这一类防火墙可以完全阻绝外部的数据流进入受保护的机器里。

③ 数据库防火墙。

数据库防火墙是一款基于数据库协议分析与控制技术的数据库安全防护系统，基于主动防御机制实现数据库的访问行为控制、危险操作阻断、可疑行为审计。

数据库防火墙通过 SQL 协议分析，根据预定义的禁止和许可策略让合法的 SQL 操作通过，阻断非法违规操作，形成数据库的外围防御圈，实现 SQL 危险操作的主动预防、实时审计。

数据库防火墙面对来自外部的入侵行为，提供 SQL 注入禁止和数据库虚拟补丁包功能。

（3）防火墙的基本原理

- 包过滤（Packet Filtering）：工作在网络层，仅根据数据包头中的 IP 地址、端口号、协议类型等标志确定是否允许数据包通过。
- 应用代理（Application Proxy）：工作在应用层，通过编写不同的应用代理程序，实现对应用层数据的检测和分析。
- 状态检测（Stateful Inspection）：工作在 2～4 层，但处理的对象不是单个数据包，而是整个连接，通过规则表和连接状态表综合判断是否允许数据包通过。
- 完全内容检测（Complete Content Inspection）：工作在 2～7 层，不仅分析数据包头信息、状态信息，而且对应用层协议进行还原和内容分析，有效防范混合型安全威胁。

（4）防火墙体系结构

我们先来了解一下防火墙体系结构中几个常见的术语。

- 堡垒主机：是指可能直接面对外部用户攻击的主机系统，在防火墙体系结构中，特指那些处于内部网络的边缘，并且暴露于外部网络用户面前的主机系统。
- 双重宿主主机：是指通过不同网络接口连入多个网络的主机系统，又称为多穴主机系统，一般来说双重宿主主机是实现多个网络之间互联的关键设备。
- 周边网络（DMZ）：是指在内部网络、外部网络之间增加的一个网络，一般来说，对外提供服务的各种服务器都可以放在这个网络中，也被称为非武装区域。

这三种体系结构分别为双重宿主主机体系结构、屏蔽主机体系结构和屏蔽子网体系结构。

① 双重宿主主机体系结构。

防火墙的双重宿主主机体系结构是指以一台双重宿主主机作为防火墙系统的主体，执行分离外部网络与内部网络的任务。一个典型的双重宿主主机体系结构如图 11-2 所示。

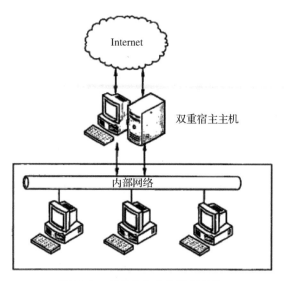

图 11-2　双重宿主主机体系结构

双重宿主主机是一种防火墙，这种防火墙主要有两个接口，分别连接着内部网络和外部网络，位于内外网络之间，阻止内外网络之间的 IP 通信，禁止一个网络将数据包发往另一个网络。两个网络之间的通信通过应用层数据共享和应用层代理服务的方法来实现，一般情况下会在上面使用代理服务器，内网计算机想要访问外网的时候，必须先经过代理服务器的验证。这种体系结构是存在漏洞的，比如双重宿主主机是整个网络的屏障，一旦被黑客攻破，那么内部网络就会对攻击者敞开大门，所以一般双重宿主主机会要求有强大的身份验证系统来阻止外部非法登录的可能性。

双重宿主主机体系结构防火墙的优点在于：网络结构比较简单，由于内外网络之间没有直接的数据交互而较为安全；内部用户账号的存在可以保证对外部资源进行有效控制；由于应用层代理机制的采用，可以方便地形成应用层的数据与信息过滤。

② 屏蔽主机体系结构。

屏蔽主机体系结构是指通过一个单独的路由器和内部网络上的堡垒主机共同构成防火墙，主要通过数据包过滤实现内部、外部网络的隔离和对内网的保护。一个典型的屏蔽主机体系结构如图 11-3 所示。

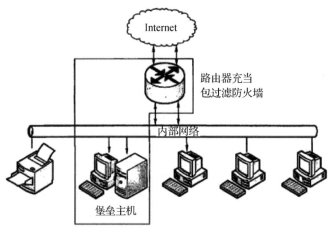

图 11-3　屏蔽主机体系结构

防火墙由一台过滤路由器和一台堡垒主机构成，防火墙会强迫所有外部网络对内部网络的连接全部通过包过滤路由器和堡垒主机，堡垒主机就相当于一个代理服务器。也就是说，包过滤路由器保证了网络层和传输层的安全，堡垒主机保证了应用层的安全，路由器的安全配置使得外网系统只能访问堡垒主机。在这个过程中，包过滤路由器是否正确配置和路由表是否受到安全保护是这个体系安全程度的关键。如果路由表被更改，指向堡垒主机的路由记录被删除，那么外部入侵者就可以直接连入内网。

屏蔽主机体系结构的优点如下：

● 屏蔽主机体系结构比双重宿主主机体系结构具有更高的安全特性。

● 内部网络用户访问外部网络较为方便、灵活，在被屏蔽路由器和堡垒主机不允许内部用户直接访问外部网络时，用户通过堡垒主机提供的代理服务访问外部资源。

● 由于堡垒主机和屏蔽路由器同时存在，堡垒主机可以从部分安全事务中解脱出来，从而可以以更高的效率提供数据包过滤或代理服务。

③ 屏蔽子网体系结构。

屏蔽子网体系结构是最安全的防火墙体系结构。一个典型的屏蔽子网体系结构如图 11-4 所示。

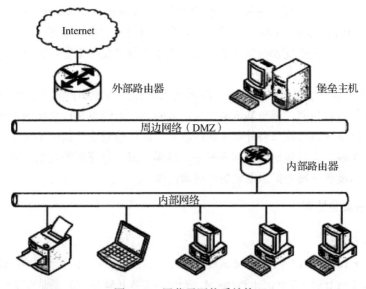

图 11-4　屏蔽子网体系结构

屏蔽子网体系结构主要由 4 个部件组成，分别为周边网络、外部路由器、内部路由器以及堡垒主机。与屏蔽主机体系结构相比，它多了一层防护体系，也就是周边网络。周边网络相当于一个防护层，介于外网和内网之间，周边网络内经常放置堡垒主机和对外开放的应用服务器，比如 Web 服务器。

屏蔽子网体系结构的防火墙是非军事区（DeMilitarized Zone，DMZ），通过 DMZ 网络直接进行信息传输是被严格禁止的，外网路由器负责管理外部网到 DMZ 网络的访问，为了保护内部网的主机，DMZ 只允许外部网络访问堡垒主机和应用服务器，把入站的数据包路由到堡垒主机，不允许外部网络访问内网。内部路由器可以保护内部网络不受外部网络和周边网络侵害，内部路由器只允许内部网络访问堡垒主机，然后通过堡垒主机的代理服务器来访问外网。外部路由器在 DMZ 向外网的方向只接收由堡垒主机向外网的连接请求。在屏蔽子网体系结构中，堡垒主机位于周边网络，为整个防御系统的核心，堡垒主机运行应用级网关，比如各种代理服务器程序，如果堡垒主机遭到了入侵，那么有内部路由器的保护，可以使得其不能进入内部网络。

屏蔽子网体系结构与双重宿主主机体系结构和屏蔽主机体系结构相比具有明显的优越性，这些优越性体现在以下几个方面：

- 由外部路由器和内部路由器构成了双层防护体系，入侵者难以突破。
- 外部用户访问服务资源时无须进入内部网络，因此在保证服务的情况下提高了内部网络的安全性。
- 外部路由器和内部路由器上的过滤规则复杂，避免了路由器失效产生的安全隐患。
- 堡垒主机由外部路由器的过滤规则和本机安全机制共同防护，用户只能访问堡垒主机提供的服务。
- 即使入侵者通过堡垒主机提供的服务中的缺陷控制了堡垒主机，由于内部防火墙将内部网络和周边网络隔离，入侵者也无法通过监听周边网络获取内部网络信息。

（5）入侵检测与入侵防护

入侵检测与防护的技术主要有两种：入侵检测系统（Intrusion Detection System，IDS）和入侵防护系统（Intrusion Prevention System，IPS）。入侵检测系统注重的是网络安全状况的监管，通过监视网络或系统资源，寻找违反安全策略的行为或攻击边缘并发出报警。因此，绝大多数入侵检测系统是被动的。

入侵防护系统则倾向于提供主动防护，注重对入侵行为的控制。其设计宗旨是预先对入侵活动和攻击性网络流量进行拦截，避免其造成损失。入侵防护系统是通过直接嵌入网络流量中实现这一功能的，即通过网络端口接收来自外部系统的流量，经过检查确认其中不包含异常活动或可疑内容后，再通过另一个端口将它传送到内部系统中。这样一来，有问题的数据包以及所有来自同一数据流的后续数据包都能在入侵防护系统设备中被清除掉。

11.1.3.4 网络安全协议

1. HTTPS 与 SHTTP

HTTPS（Hyper Text Transfer Protocol over Secure Socket Layer，安全套接字层超文本传输协议）和 SHTTP（Secure HyperText Transfer Protocol，安全超文本传输协议）都是在 20 世纪 90 年代中期推出的。由于 HTTPS 是由 Netscape 所开发的，相对于 SHTTP，其更受一些主流厂家的推崇。SHTTP 和 HTTPS 的主要区别在于：SHTTP 是工作于应用层的协议，而 HTTPS 是在传输层使用 SSL 的 HTTP。基本上 SHTTP 仅提供数据的加密机制，比如服务页面的数据，以及用户提交的数据（比如 post），其余的协议部分和原来的 HTTP 是一样的。因此，SHTTP 可以和传统的 HTTP（未加密）同时使用，并且采用同一个端口号。而在 HTTPS 中，由于整个通信过程都是基于 SSL 的，即加密在任何协议数据被传输之前就开始建立，故 HTTPS 需要一个单独的端口号（比如 HTTP 是 80，而 HTTPS 是 443）。

2. S/MIME

S/MIME（Secure/Multipurpose Internet Mail Extensions，安全多用途互联网邮件扩展）协议是

采用 PKI 技术的用数字证书给邮件主体签名和加密的国际标准协议。1992 年，MIME 协议编撰完成，用于互联网邮件服务器和网关之间的通信。该标准方法支持非 ASCII 编码的附件格式，意味着用户可以发送附件并保证文件可以送达另一端，但是附件有时会被篡改，无法确保邮件的机密性和完整性。1995 年，S/MIME 协议 V1 版本开发问世，对安全方面的功能进行了扩展，提供数字签名和邮件加密功能，邮件加密用来保护电子邮件的内容，数字签名用于验证发件人的身份，防止身份冒用，并保护电子邮件的完整性。1998 年和 1999 年相继出台了 V2/V3 版本并提交了 IETF，形成了系列 RFC 国际标准。

11.1.3.5 网络安全相关法律法规

《中华人民共和国网络安全法》已由中华人民共和国第十二届全国人民代表大会常务委员会第二十四次会议于 2016 年 11 月 7 日通过，自 2017 年 6 月 1 日起施行。

1. 明确对公民个人信息安全进行保护

【法律规定】网络安全法第四十四条规定：任何个人和组织不得窃取或者以其他非法方式获取个人信息，不得非法出售或者非法向他人提供个人信息。

【解读】目前，非法获取的公民个人信息已经从简单的身份信息、电话号码、家庭住址等，扩展到手机通讯录和手机短信、网络账号和密码、住宿记录等，受侵害的人员涉及各行各业，立法保护个人信息已刻不容缓。

2. 个人信息被冒用有权要求网络运营者删除

【法律规定】网络安全法第四十三条规定：个人发现网络运营者违反法律、行政法规的规定或者双方的约定收集、使用其个人信息的，有权要求网络运营者删除其个人信息。网络运营者应当采取措施予以删除或者更正。

【解读】各类网络诈骗，尤其是精准诈骗，源头都是个人信息泄露。网络安全法特别规定了公民个人信息保护的基本法律制度。通过举报要求网络运营者及时删除被冒用的个人信息，是公民加强个人信息保护的有力武器。

3. 个人和组织有权对危害网络安全的行为进行举报

【法律规定】网络安全法第十四条规定：任何个人和组织有权对危害网络安全的行为向网信、电信、公安等部门举报。收到举报的部门应当及时依法作出处理；不属于本部门职责的，应当及时移送有权处理的部门。

【解读】互联网的海量信息，仅仅依靠政府部门监管，无法维护良好的网络空间秩序。发挥公众参与在网络治理中的作用，可收到事半功倍、一举多得的效果。网络安全法明确了公民对危害网络安全行为的举报权利，政府部门受理、处置公民举报的责任，保障了公民通过网络举报参与网络空间治理的有效性。

4. 网络运营者应当加强对其用户发布的信息的管理

【法律规定】网络安全法第四十七条规定：网络运营者应当加强对其用户发布的信息的管理，发现法律、行政法规禁止发布或者传输的信息的，应当立即停止传输该信息，采取消除等处置措施，防止信息扩散，保存有关记录，并向有关主管部门报告。

【解读】网民发帖需谨慎，违反法律法规，如恶意中伤他人、恶意损害他人信誉等是不允许的。

5. 未成年人上网特殊保护

【法律规定】网络安全法第十三条规定：国家支持研发开发有利于未成年人健康成长的网络产品和服务，依法惩治利用网络从事危害未成年人身心健康的活动， 为未成年人提供安全、健康的网络环境。

【解读】依法规定未成年人保护专款，从鼓励有利于未成年人健康成长的网络产品和服务到依法严惩危害未成年人权益的行为，为未成年人提供安全健康的网络环境，这对于净化网络环境、建设网络安全是非常重要的。

11.2 真题精解

11.2.1 真题练习

1）Outlook Express 作为邮件代理软件有诸多优点，以下说法中，错误的是_____。

A. 可以脱机处理邮件
B. 可以管理多个邮件账号
C. 可以使用通讯簿存储和检索电子邮件地址
D. 不能发送和接收安全邮件

2）杀毒软件报告发现病毒 Macro.Melissa，由该病毒名称可以推断病毒类型是__①__，这类病毒主要感染目标是__②__。

① A. 文件型
B. 引导型
C. 目录型
D. 宏病毒

② A. EXE 或 COM 可执行文件
B. Word 或 Excel 文件
C. DLL 系统文件
D. 磁盘引导区

3）用户 A 从 CA 获得用户 B 的数字证书，并利用_____验证数字证书的真实性。

A. B 的公钥
B. B 的私钥
C. CA 的公钥
D. CA 的私钥

4）宏病毒一般感染以_____为扩展名的文件。

A. EXE
B. COM
C. DOC
D. DLL

5）在 IE 浏览器中，安全级别最高的区域设置是_____。

A. Internet
B. 本地 Intranet
C. 可信站点
D. 受限站点

6）如果使用大量的连接请求攻击计算机，使得所有可用的系统资源都被消耗殆尽，最终计算机无法再处理合法用户的请求，这种手段属于_____攻击。

A. 拒绝服务
B. 口令入侵
C. 网络监听
D. IP 欺骗

7）ARP 攻击造成网络无法跨网段通信的原因是_____。

A. 发送大量 ARP 报文造成网络拥塞
B. 伪造网关 ARP 报文使得数据包无法发送到网关
C. ARP 攻击破坏了网络的物理连通性
D. ARP 攻击破坏了网关设备

8）下列选项中，防范网络监听最有效的方法是_____。

    A. 安装防火墙   B. 采用无线网络传输   C. 数据加密   D. 漏洞扫描

9）甲和乙要进行通信，甲对发送的消息附加了数字签名，乙收到该消息后利用_____验证该消息的真实性。

    A. 甲的公钥   B. 甲的私钥   C. 乙的公钥   D. 乙的私钥

10）在 Windows 系统中，默认权限最低的用户组是_____。

    A. everyone   B. administrators   C. power users   D. users

11）IIS6.0 支持的身份验证安全机制有 4 种验证方法，其中安全级别最高的验证方法是____。

    A. 匿名身份验证   B. 集成 Windows 身份验证

    C. 基本身份验证   D. 摘要式身份验证

12）下列安全协议中，与 TLS 最接近的协议是_____。

    A. PGP   B. SSL   C. HTTPS   D. IPSec

13）用户 B 收到用户 A 带数字签名的消息 M，为了验证 M 的真实性，首先需要从 CA 获取用户 A 的数字证书，并利用 ① 验证该证书的真伪，然后利用 ② 验证 M 的真实性。

    ① A. CA 的公钥   B. B 的私钥   C. A 的公钥   D. B 的公钥

    ② A. CA 的公钥   B. B 的私钥   C. A 的公钥   D. B 的公钥

14）利用报文摘要算法生成报文的主要目的是_____。

    A. 验证通信对方的身份，防止假冒   B. 对传输数据进行加密，防止数据被窃听

    C. 防止发送方否认发送过数据   D. 防止发送的报文被篡改

15）防火墙通常分为内网、外网和 DMZ 三个区域，按照受保护程序，从高到低正确的排列次序为_____。

    A. 内网、外网和 DMZ   B. 外网、内网和 DMZ

    C. DMZ、内网和外网   D. 内网、DMZ 和外网

16）近年来，在我国出现的各类病毒中，_____病毒通过木马形式感染智能手机。

    A. 欢乐时光   B. 熊猫烧香   C. X 卧底   D. CIH

17）下列网络攻击行为中，属于 DoS 攻击的是_____。

    A. 特洛伊木马攻击   B. SYN Flooding 攻击   C. 端口欺骗攻击   D. IP 欺骗攻击

18）在 PKI 体制中，保证数字证书不被篡改的方法是_____。

    A. 用 CA 的私钥对数字证书签名   B. 用 CA 的公钥对数字证书签名

    C. 用证书主人的私钥对数字证书签名   D. 用证书主人的公钥对数字证书签名

19）下列算法中，不属于公开密钥加密算法的是_____。

    A. ECC   B. DSA   C. RSA   D. DES

20）以下关于木马程序的叙述中，正确的是_____。

    A. 木马程序主要通过移动磁盘传播

B. 木马程序的客户端运行在攻击者的机器上

C. 木马程序的目的是使计算机或网络无法提供正常的服务

D. Sniffer 是典型的木马程序

21）防火墙的工作层次是决定防火墙效率及安全的主要因素，以下叙述中，正确的是_____。

    A. 防火墙工作层次越低，工作效率越高，安全性越高

    B. 防火墙工作层次越低，工作效率越低，安全性越低

    C. 防火墙工作层次越高，工作效率越高，安全性越低

    D. 防火墙工作层次越高，工作效率越低，安全性越高

22）以下关于包过滤防火墙和代理服务防火墙的叙述中，正确的是_____。

    A. 包过滤技术实现成本较高，所以安全性能高

    B. 包过滤技术对应用和用户是透明的

    C. 代理服务技术安全性较高，可以提高网络整体性能

    D. 代理服务技术只能配置成用户认证后才建立连接

23）在网络系统中，通常把_____置于 DMZ 区。

    A. 网络管理服务器   B. Web 服务器   C. 入侵检测服务器   D. 财务管理服务器

24）以下关于拒绝服务攻击的叙述中，不正确的是_____。

    A. 拒绝服务攻击的目的是使计算机或者网络无法提供正常的服务

    B. 拒绝服务攻击是不断向计算机发起请求来实现的

    C. 拒绝服务攻击会造成用户密码的泄露

    D. DDoS 是一种拒绝服务攻击形式

25）_____不是蠕虫病毒。

    A. 熊猫烧香   B. 红色代码   C. 冰河   D. 爱虫病毒

26）_____协议在终端设备与远程站点之间建立安全连接。

    A. ARP   B. Telnet   C. SSH   D. WEP

27）安全需求可划分为物理线路安全、网络安全、系统安全和应用安全。下面的安全需求中属于系统安全的是___①___，属于应用安全的是___②___。

    ① A. 机房安全   B. 入侵检测   C. 漏洞补丁管理   D. 数据库安全

    ② A. 机房安全   B. 入侵检测   C. 漏洞补丁管理   D. 数据库安全

28）_____不属于主动攻击。

    A. 流量分析   B. 重放   C. IP 地址欺骗   D. 拒绝服务

29）防火墙不具备_____动能。

    A. 记录访问过程   B. 查毒   C. 包过滤   D. 代理

30）传输经过 SSL 加密的网页所采用的协议是_____。

    A. HTTP   B. HTTPS   C. SHTTP   D. HTTPS

31）为了攻击远程主机，通常利用_____技术检测远程主机状态。

    A. 病毒查杀   B. 端口扫描   C. QQ 聊天   D. 身份认证

32）可用于数字签名的算法是_____。

    A. RSA   B. IDEA   C. RC4   D. MD5

33）_____不是数字签名的作用。

    A. 接收者可验证消息来源的真实性   B. 发送者无法否认发送过该消息

    C. 接收者无法伪造或篡改消息   D. 可验证接收者的合法性

34）在网络设计和实施过程中要采取多种安全措施，其中_____是针对系统安全需求的措施。

    A. 设备防雷击   B. 入侵检测   C. 漏洞发现与补丁管理   D. 流量控制

35）HTTPS 使用_____协议对报文进行封装。

    A. SSH   B. SSL   C. SHA-1   D. SET

36）以下加密算法中，适合对大量的明文消息进行加密传输的是_____。

    A. RSA   B. SHA-1   C. MD5   D. RC5

37）假定用户 A、B 分别在 I1 和 I2 两个 CA 处取得了各自的证书，下面_____是 A、B 互信的必要条件。

    A. A、B 互换私钥   B. A、B 互换公钥   C. I1、I2 互换私钥   D. I1、I2 互换公钥

38）以下关于防火墙功能特性的叙述中，不正确的是_____。

    A. 控制进出网络的数据包和数据流向

    B. 提供流量信息的日志和审计

    C. 隐藏内部 IP 以及网络结构细节

    D. 提供漏洞扫描功能

39）与 HTTP 相比，HTTPS 对传输的内容进行加密更加安全。HTTPS 基于 __①__ 安全协议，其默认端口是 __②__ 。

    ① A. RSA   B. DES   C. SSL   D. SSH

    ② A. 1023   B. 443   C. 80   D. 8080

40）下列攻击行为中，属于典型被动攻击的是_____。

    A. 拒绝服务攻击   B. 会话拦截

    C. 系统干涉   D. 修改数据命令

41）_____不属于入侵检测技术。

    A. 专家系统   B. 模型检测   C. 简单匹配   D. 漏洞扫描

42）在安全通信中，S 将所发送的信息使用 __①__ 进行数字签名，T 收到该消息后可利用 __②__ 验证该消息的真实性。

    ① A. S 的公钥   B. S 的私钥   C. T 的公钥   D. T 的私钥

    ② A. S 的公钥   B. S 的私钥   C. T 的公钥   D. T 的私钥

43）在网络安全管理中，加强内务内控可采取的策略有_____。

① 控制终端接入数量
② 终端访问授权，防止合法终端越权访问
③ 加强终端的安全检查与策略管理
④ 加强员工上网行为管理与违规审计

    A. ②③   B. ②④   C. ①②③④   D. ②③④

44）攻击者通过发送一个目的主机已经接收过的报文来达到攻击目的，这种攻击方式属于_____攻击。

    A. 重放   B. 拒绝服务   C. 数据截获   D. 数据流分析

45）DES 是_____算法。

    A. 公开密钥加密   B. 共享密钥加密   C. 数字签名   D. 认证

46）计算机病毒的特征不包括_____。

    A. 传染性   B. 触发性   C. 隐蔽性   D. 自毁性

47）MD5 是 ① 算法，对任意长度的输入计算得到的结果长度为 ② 位。

    ① A. 路由选择   B. 摘要   C. 共享密钥   D. 公开密钥

    ② A. 56   B. 128   C. 140   D. 160

48）_____防火墙是内部网和外部网的隔离点，它可对应用层的通信数据流进行监控和过滤。

    A. 包过滤   B. 应用级网关   C. 数据库   D. Web

49）下列协议中，与安全电子邮箱服务无关的是_____。

    A. SSL   B. HTTPS   C. MIME   D. PGP

50）用户 A 和 B 要进行安全通信，通信过程需确认双方身份和消息不可否认。A 和 B 通信时可使用 ① 来对用户的身份进行认证；使用 ② 确保消息不可否认。

    ① A. 数字证书   B. 消息加密   C. 用户私钥   D. 数字签名

    ② A. 数字证书   B. 消息加密   C. 用户私钥   D. 数字签名

51）震网（Stuxnet）病毒是一种破坏工业基础设施的恶意代码，利用系统漏洞攻击工业控制系统，是一种危害性极大的_____。

    A. 引导区病毒   B. 宏病毒   C. 木马病毒   D. 蠕虫病毒

52）下列协议中，与电子邮箱服务的安全性无关的是_____。

    A. SSL   B. HTTPS   C. MIME   D. PGP

53）下列算法中，不属于公开密钥加密算法的是_____。

    A. ECC   B. DSA   C. RSA   D. DES

54）Kerberos 系统中可通过在报文中加入_____来防止重放攻击。

    A. 会话密钥   B. 时间戳   C. 用户 ID   D. 私有密钥

55）某电子商务网站向 CA 申请了数字证书，用户可以通过使用 ① 验证 ② 的真伪来确定该网站的合法性。

    ① A. CA 的公钥   B. CA 的签名   C. 网站的公钥   D. 网站的私钥

② A. CA 的公钥　　　B. CA 的签名　　　C. 网站的公钥　　　D. 网站的私钥

56）以下关于认证和加密的叙述中，错误的是_____。

A. 加密用以确保数据的保密性

B. 认证用以确保报文发送者和接收者的真实性

C. 认证和加密都可以阻止对手进行被动攻击

D. 身份认证的目的在于识别用户的合法性，阻止非法用户访问系统

57）访问控制是对信息系统资源进行保护的重要措施，适当的访问控制能够阻止未经允许的用户无意地获取资源。在计算机系统中，访问控制的任务不包括_____。

A. 审计　　　　　　B. 授权　　　　　　C. 确定存取权　　　D. 实施存取权限

58）所有资源只能由授权方或以授权的方式进行修改，即信息未经授权不能进行改变的特性是指信息的_____。

A. 完整性　　　　　B. 可用性　　　　　C. 保密性　　　　　D. 不可抵赖性

11.2.2 真题讲解

1）D。

Outlook Express 有以下一些优点：

- 可以脱机处理邮件，有效利用联机时间，降低了上网费用。
- 可以管理多个邮件账号，在同一个窗口中使用多个邮件账号。
- 可以使用通讯簿存储和检索电子邮件地址。
- 在邮件中添加个人签名或信纸。
- 发送和接收安全邮件。

2）① D。

② B。

计算机病毒的分类方法有许多种，按照最通用的区分方式，即根据其感染的途径以及采用的技术区分，计算机病毒可分为文件型计算机病毒、引导型计算机病毒、宏病毒和目录型计算机病毒。

文件型计算机病毒感染可执行文件（包括 EXE 和 COM 文件）。

引导型计算机病毒影响软盘或硬盘的引导扇区。

目录型计算机病毒能够修改硬盘上存储的所有文件的地址。

宏病毒感染的对象是使用某些程序创建的文本文档、数据库、电子表格等文件，从文件名可以看出 Macro.Melissa 是一种宏病毒，所以题中两空的答案是 D 和 B。

3）C。

数字证书是由权威机构 CA 发行的，能提供在互联网上进行身份验证的一种权威性电子文档。用户 A 获取用户 B 的数字证书后，通过验证 CA 的签名来确认数字证书的有效性。验证 CA 的签名时使用 CA 的公钥。

4）C。

病毒文件名称一般分为三部分，第一部分表示病毒的类型，如 Worm 表示蠕虫病毒，Trojan 表

示特洛伊木马，Backdoor 表示后门病毒，Macro 表示宏病毒等。

宏病毒感染的对象是使用某些程序创建的文本文档、数据库、电子表格等文件。

5）D。

在 IE 浏览器中，安全等级从可信站点、本地 Intranet、Internet 到受限站点，默认情况下依次为低、中低、中、高，逐步提升，如图 11-5 所示。

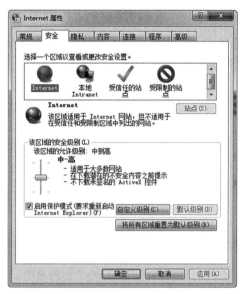

图 11-5　IE 浏览器中的安全等级

6）A。

网络攻击的主要手段包括口令入侵、放置特洛伊木马程序、拒绝服务（DoS）攻击、端口扫描、网络监听、欺骗攻击和电子邮件攻击等。

口令入侵是指使用某些合法用户的账号和口令登录目的主机，然后实施攻击活动。

特洛伊木马程序常被伪装成工具程序或游戏，一旦用户打开了带有特洛伊木马程序的邮件附件或从网上直接下载，或执行了这些程序之后，当用户连接到互联网时，这个程序就会向黑客通知用户的 IP 地址及被预先设定的端口。

拒绝服务攻击的目的是使计算机或网络无法提供正常的服务。常见的拒绝服务攻击有网络带宽攻击和连通性攻击。网络带宽攻击指以极大的通信量冲击网络，使得所有可用网络资源都被消耗殆尽，最后导致合法的用户请求无法通过。连通性攻击是指用大量的连接请求冲击计算机，使得所有可用的操作系统资源都被消耗殆尽，最终计算机无法再处理合法用户的请求。

端口扫描就是利用 Socket 编程与目标主机的某些端口建立 TCP 连接、进行传输协议的验证等，从而得知目标主机的扫描端口是否处于激活状态、主机提供了哪些服务、提供的服务中是否含有某些缺陷等。

网络监听是主机的一种工作模式，在这种模式下，主机可以接收到本网段在同一条物理通道上传输的所有信息。使用网络监听工具可以轻而易举地截取包括口令和账号在内的信息资料。

欺骗攻击是攻击者创造一个易于误解的上下文环境，以诱使受攻击者进入并且做出缺乏安全考虑的决策。IP 欺骗是欺骗攻击的一种，IP 欺骗实现的过程是：使得被信任的主机丧失工作能力，同时采样目标主机发出的 TCP 序列号，猜测出它的数据序列号；然后，伪装成被信任的主机，同时建立起与目标主机基于地址验证的应用连接，如果成功，黑客可以使用一种简单的命令放置一个系统后门，以进行非授权操作。

7）B。

ARP 攻击就是通过伪造 IP 地址和 MAC 地址实现 ARP 欺骗，它通过伪造网关 ARP 报文与用户通信，而使得用户数据包无法发送到真正的网关，从而造成网络无法跨网段通信。

8）C。

网络监听是主机的一种工作模式，在这种模式下，主机可以接收到本网段在同一条物理通道上传输的所有信息。使用网络监听工具可轻而易举地截取包括口令和账号在内的信息资料。采用数据加密的方式保护包括口令和账号在内的信息资料，使得即使网络监听获取密文后也无法解密成明文，是对付网络监听的有效手段。

9）A。

数字签名技术是不对称加密算法的典型应用：数据发送方使用自己的私钥对数据校验和（或）其他与数据内容有关的变量进行加密处理，完成对数据的合法"签名"；数据接收方则利用对方的公钥来解读收到的"数字签名"，并将解读结果用于对数据完整性的检验，以确认签名的合法性。数字签名的主要功能是：保证信息传输的完整性、发送者的身份认证、防止交易中的抵赖发生。

10）A。

在这 4 个选项中，用户组默认权限由高到低的顺序是 administrators→power users→users→everyone。

11）B。

12）B。

SSL（Secure Socket Layer，安全套接层）是 Netscape 于 1994 年开发的传输层安全协议，用于实现 Web 安全通信。1996 年发布的 SSL 3.0 协议草案已成为一个事实上的 Web 安全标准。

TLS（Transport Layer Security，传输层安全）协议是 IETF 制定的协议，它建立在 SSL 3.0 协议规范之上，是 SSL 3.0 的后续版本。

13）① A。

② C。

基于公钥的数字签名系统如图 11-6 所示。A 为了向 B 发送消息 P，A 用自己的私钥对 P 签名后，再用 B 的公钥对签名后的数据加密，B 收到消息后，先用 B 的私钥解密后，再用 A 的公钥认证 A 的签名以及消息的真伪。

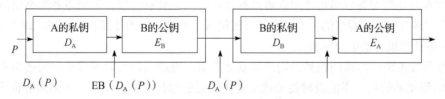

图 11-6 基于公钥的数字签名系统

用户 B 收到用户 A 带数字签名的消息 M，为了验证 M 的真实性，首先需要从 CA 获取用户 A 的数字证书，验证证书的真伪需要用 CA 的公钥验证 CA 的签名，验证 M 的真实性需要用用户 A 的公钥验证用户 A 的签名。

14）D。

报文摘要算法生成报文摘要信息。该信息简要描述了一份较长的信息或文件，可以看作一份长文件的数字指纹。并且可以用于创建数字签名。对于特定的文件而言，摘要信息是唯一的，不同的文件必将产生不同的信息摘要，常见的算法有 MD5 和 SHA 算法，它们可以用来保护数据完整性，防止报文在发送过程中被篡改。

15）D。

通过防火墙我们可以将网络划分为三个区域：安全级别最高的 LAN 区域（内网）、安全级别中等的 DMZ 区域和安全级别最低的 Internet 区域（外网）。三个区域因担负不同的任务而拥有不同的访问策略。通常的规则如下：

① 内网可以访问外网：内网的用户需要自由地访问外网。在这一策略中，防火墙需要执行 NAT。

② 内网可以访问 DMZ：此策略使内网用户可以使用或者管理 DMZ 中的服务器。

③ 外网不能访问内网：这是防火墙的基本策略，内网中存放的是公司内部数据，显然这些数据是不允许外网的用户进行访问的。如果要访问，就要通过 VPN 方式来进行。

④ 外网可以访问 DMZ： DMZ 中的服务器需要为外界提供服务，所以外网必须可以访问 DMZ。同时，外网访问 DMZ 需要由防火墙完成对外地址到服务器实际地址的转换。

⑤ DMZ 不能访问内网：若不执行此策略，则当入侵者攻陷 DMZ 时，内部网络将不会受保护。

⑥ DMZ 不能访问外网：此条策略也有例外，可以根据需要设定某个特定的服务器可以访问外网，以保证该服务器可以正常工作。

综上所述，防火墙区域按照受保护程度从高到低正确的排列次序应为内网、DMZ 和外网。

16）C。

欢乐时光是一个 VB 源程序病毒，专门感染.htm、.html、.vbs、.asp 和.http 文件。

熊猫烧香是一种经过多次变种的"蠕虫病毒"变种，它主要通过下载的档案传染，对计算机程序、系统破坏严重。

CIH 病毒是一种能够破坏计算机系统硬件的恶性病毒。

X 卧底病毒通过木马形式感染智能手机。

17）B。

特洛伊木马是附着在应用程序中或者单独存在的一些恶意程序，它可以利用网络远程控制网络另一端的安装有服务端程序的主机，实现对被植入了木马程序的计算机的控制，或者窃取被植入了木马程序的计算机上的机密资料。

拒绝服务攻击通过网络的内外部用户来发动攻击。内部用户可以通过长时间占用系统的内存、CPU 处理时间使其他用户不能及时得到这些资源，而引起拒绝服务攻击；外部黑客也可以通过占用网络连接使其他用户得不到网络服务。SYN Flooding 攻击以多个随机的源主机地址向目的路由器发送 SYN 包，在收到目的路由器的 SYN ACK 后并不回应，于是目的路由器就为这些源主机建立大量的连接队列，由于没有收到 ACK，一直维护着这些队列，造成了资源的大量消耗而不能向正常请求提供服务，甚至导致路由器崩溃。服务器要等待超时才能断开已分配的资源，所以 SYN Flooding 攻击是一种 DoS 攻击。

端口欺骗攻击是采用端口扫描找到系统漏洞从而实施攻击。

IP 欺骗攻击是产生伪造的源 IP 地址，以便冒充其他系统或发件人的身份。

18）A。

PKI 数字证书的格式一般使用 X.509 国际标准，这是广泛使用的证书格式之一。X.509 格式中的数据证书通常包括版本号、序列号、签名算法标识符、发行者名称、有效性、主体 ID、主体公钥、发行者唯一标识符以及签名（CA 用自己的私钥对证书进行数字签名，可以理解为 CA 中心对用户证书的签名，保证数字证书不被篡改以及证书的合法性）。

19）D。

常用的加密算法依据所使用的密钥数分为单钥和双钥加密体制，也称私钥和公钥加密算法。ECC、DSA 和 RSA 都属于公开密钥加密算法，DES 是典型的私钥加密体制。

20）B。

木马程序一般分为服务器端（Server）和客户端（Client），服务器端是攻击者传到目标机器上的部分，用来在目标机器上监听，等待客户端连接过来。客户端是用来控制目标机器的部分，放在攻击者的机器上。

木马程序常被伪装成工具程序或游戏，一旦用户打开了带有特洛伊木马程序的邮件附件或从网上直接下载，或执行了这些程序之后，当你连接到互联网上时，这个程序就会通知黑客用户的 IP 地址及被预先设定的端口。黑客在收到这些资料后，再利用这个潜伏其中的程序，就可以恣意修改用户的计算机设定、复制任何文件、窥视用户整个硬盘内的资料等，从而达到控制用户的计算机的目的。

现在有许多这样的程序，国外的此类软件有 Back Office、Netbus 等，国内的此类软件有 Netspy、YAI、SubSeven、冰河等。Sniffer 是一种基于被动侦听原理的网络分析软件，使用这种软件可以监视网络的状态、数据流动情况以及网络上传输的信息，它们不属于木马程序。

21）D。

防火墙的性能及特点主要由以下两方面决定：

① 工作层次。这是决定防火墙效率及安全的主要因素。一般来说，工作层次越低，则工作效率越高，但安全性就低了；反之，工作层次越高，工作效率越低，则安全性越高。

② 防火墙采用的机制。如果采用代理机制，则防火墙具有内部信息隐藏的特点，相对而言，安全性高，效率低；如果采用过滤机制，则效率高，安全性却降低了。

22）B。

显然，包过滤防火墙采用包过滤技术对应用和用户是透明的。

23）B。

DMZ 是指非军事化区，也称周边网络，可以位于防火墙之外，也可以位于防火墙之内。非军事化区一般用来放置提供公共网络服务的设备，这些设备由于必须被公共网络访问，因此无法提供与内部网络主机相等的安全性。

分析 4 个备选答案，Web 服务器是一种为公共网络提供 Web 访问的服务器；网络管理服务器和入侵检测服务器是管理企业内部网络和对企业内部网络中的数据流进行分析的专用设备，一般不对外提供访问；而财务服务器是一种仅针对财务部门内部访问和提供服务的设备，不提供对外的公共服务。

24）C。

拒绝服务攻击是指不断对网络服务系统进行干扰，改变其正常的作业流程，执行无关程序，使系统响应减慢直至瘫痪，从而影响正常用户的使用。当网络服务系统响应速度减慢或者瘫痪时，合法用户的正常请求将不被响应，从而实现用户不能进入计算机网络系统或不能得到相应的服务的目的。

DDoS 是分布式拒绝服务的英文缩写。分布式拒绝服务的攻击方式是通过远程控制大量的主机向目标主机发送大量的干扰消息的一种攻击方式。

25）C。

"蠕虫"（Worm）是一个程序或程序序列。它利用网络进行复制和传播，传染途径是网络、移动存储设备和电子邮件。最初的蠕虫病毒定义在 DOS 环境下，病毒发作时会在屏幕上出现一条类似虫子的东西，胡乱吞吃屏幕上的字母并将其改形，蠕虫病毒因此而得名。常见的蠕虫病毒有红色代码、爱虫病毒、熊猫烧香、Nimda 病毒、爱丽兹病毒等。

冰河是木马软件，主要用于远程监控，冰河木马后经其他人多次改写形成多种变种，并被用于入侵其他用户的计算机。

26）C。

终端设备与远程站点之间建立安全连接的协议是 SSH。SSH 为 Secure Shell 的缩写，是由 IETF 制定的建立在应用层和传输层基础上的安全协议。SSH 是专为远程登录会话和其他网络服务提供安全性的协议。利用 SSH 协议可以有效防止远程管理过程中的信息泄露问题。SSH 最初是 UNIX 上的程序，后来又迅速扩展到其他操作平台。

27）① C。

② D。

机房安全属于物理安全，入侵检测属于网络安全，漏洞补丁管理属于系统安全，而数据库安全则是应用安全。

28）A。

网络攻击有主动攻击和被动攻击两类。其中主动攻击是指通过一系列的方法，主动向被攻击对象实施破坏的一种攻击方式，例如重放攻击、IP 地址欺骗、拒绝服务攻击等均属于攻击者主动向攻击对象发起破坏性攻击的方式。流量分析攻击是通过持续检测现有网络中的流量变化或者变化趋势，而得到相应信息的一种被动攻击方式。

29）B。

防火墙是一种放置在网络边界上，用于保护内部网络安全的网络设备。它通过对流经的数据流进行分析和检查，可实现对数据包的过滤、保存用户访问网络的记录和服务器代理功能。防火墙不具备检查病毒的功能。

30）B。

HTTPS（Hyper Text Transfer Protocol over Secure Socket Layer）是以安全为目标的 HTTP 通道，简单来讲就是 HTTP 的安全版，即 HTTP 下加入 SSL 层，HTTPS 的安全基础是 SSL。

31）B。

端口扫描器通过选用远程 TCP/IP 不同的端口的服务，并记录目标给予的回答，可以搜集到很多关于目标主机的各种有用的信息。

32）A。

IDEA 算法和 RC4 算法都是对称加密算法，只能用来进行数据加密。MD5 算法是消息摘要算法，只能用来生成消息摘要，无法进行数字签名。RSA 算法是典型的非对称加密算法，主要具有数字签名和验签的功能。

33）D。

数字签名是信息的发送者才能产生的，别人无法伪造的一段数字串，这段数字串同时也是对信息的发送者发送信息真实性的一个有效证明。不能验证接收者的合法性。

34）C。

A 选项属于物理环境的安全性。B、D 选项属于网络的安全性。

35）B。

HTTPS（Hyper Text Transfer Protocol over Secure Socket Layer）是以安全为目标的 HTTP 通道，是 HTTP 的安全版。HTTPS 是由 SSL+HTTP 构建的可进行加密传输、身份认证的网络协议。

36）D。

对大量数据加密时，一般都是使用快速的对称加密方法，如 RC。

37）D。

如果用户数量很多，仅一个 CA 负责为所有用户签署证书可能不现实。通常应有多个 CA，每个 CA 为一部分用户发行和签署证书。

设用户 A 已从证书发放机构 X_1 处获取了证书，用户 B 已从 X_2 处获取了证书，如果 A 不知 X_2 的公钥，他虽然能读取 B 的证书，但却无法验证用户 B 证书中 X_2 的签名，因此 B 的证书对 A 来说是没有用处的。然而，如果两个证书发放机构 X_1 和 X_2 彼此间已经安全地交换了公开密钥，则 A 可通过以下过程获取 B 的公开密钥：

A 从目录中获取由 X_1 签署的 X_2 证书 $X_1(X_2)$，因为 A 知道 X_1 的公开密钥，所以能验证 X_2 的证书，并从中得到 X_2 的公开密钥。A 再从目录中获取由 X_2 签署的 B 的证书 $X_2(B)$，并由 X_2 的公开密钥对此加以验证，然后从中得到 B 的公开密钥。

38）D。

防火墙是被动防御，无法提供系统漏洞扫描。

39）① C。

　　② B。

HTTPS 是以安全为目标的 HTTP 通道，简单来讲是 HTTP 的安全版，即在 HTTP 下加入 SSL 层，HTTPS 的安全基础是 SSL，因此加密的详细内容就需要 SSL。它是一个 URI Scheme（抽象标识符体系），句法类似于 http:体系。HTTPS 使用 443 端口，而不是像 HTTP 那样使用 80 端口来和 TCP/IP 进行通信。

40）C。

被动攻击主要是收集信息而不是进行访问，数据的合法用户对这种活动一点也不会觉察到。被动攻击包括嗅探、信息收集等攻击方法，攻击方不知道被攻击方什么时候对话。

41）D。

漏洞扫描为另一种安全防护策略。

42）① B。

② A。

数字签名保证信息传输的完整性、发送者的身份认证，防止交易中的抵赖发生。

数字签名技术是将摘要信息用发送者的私钥加密，与原文一起传送给接收者。接收者只有用发送者的公钥才能解密被加密的摘要信息，然后用哈希函数对收到的原文产生一个摘要信息，与解密的摘要信息对比，如果相同，则说明收到的信息是完整的，在传输过程中没有被修改，否则说明信息被修改过，因此数字签名能够验证信息的完整性。数字签名是一个加密的过程，数字签名验证是一个解密的过程。

43）D。

内务内控管理主要是为了管理内部网络，防止越权访问，以及内部泄露信息。

44）A。

重放攻击（Replay Attacks）又称重播攻击、回放攻击或新鲜性攻击（Freshness Attacks），是指攻击者发送一个目的主机已接收过的包，来达到欺骗系统的目的，主要用于身份认证过程，破坏认证的正确性。

它是一种攻击类型，这种攻击会不断恶意或欺诈性地重复一个有效的数据传输。重放攻击可以由发起者进行，也可以由拦截并重发该数据的敌方进行。攻击者利用网络监听或者其他方式盗取认证凭据，之后再把它重新发给认证服务器。从这个解释上理解，加密可以有效防止会话劫持，但是却防止不了重放攻击。重放攻击在任何网络通信过程中都可能发生。重放攻击是计算机世界黑客常用的攻击方式之一，它的书面定义对不了解密码学的人来说比较抽象。

拒绝服务（Denial of Service，DoS）是指通过向服务器发送大量垃圾信息或干扰信息的方式，导致服务器无法向正常用户提供服务的现象。

利用域名解析服务器不验证请求源的弱点，攻击者伪装成攻击目标域名向全世界数以百万计的域名解析服务器发送查询请求，域名服务器返回的数据要远大于请求的数据，导致目标遭受了放大数十倍的 DDoS 攻击。被利用的域名服务器因此每天会收到大量的恶意请求，它也不断地遭受较小规模的 DDoS 攻击。

数据截获就是通过一个网络设备或软件窃取通信双方的交流信息。

数据流分析就是对网络中的流量信息等进行检测。

45）B。

非对称加密又称为公开密钥加密，而共享密钥加密指对称加密。常见的对称加密算法有 DES、3DES、RC-5、IDEA、AES。

46）D。

计算机病毒具有隐蔽性、传染性、潜伏性、触发性和破坏性等特点。因此，自毁性不属于计算机病毒的特征。

47）① B。
　　　② B。

MD5 是一种摘要算法，经过一系列处理后，算法的输出由 4 个 32 位分组组成，将这 4 个 32 位分组级联后将生成一个 128 位散列值（即哈希值）。

48）B。

49）C。

50）① A。
　　　② D。

51）D。

A 选项引导区病毒破坏的是引导盘、文件目录等，B 选项宏病毒破坏的是 OFFICE 文件相关，C 选项木马的作用一般强调控制操作。

52）C。

53）D。

54）B。

55）① A。
　　　② B。

数字证书包含版本、序列号、签名算法标识符、签发人姓名、有效期、主体名和主体公钥信息等并附有 CA 的签名，用户获取网站的数字证书后通过 CA 的公钥验证 CA 的签名，从而确认数字证书的有效性，然后验证网站的真伪。

56）C。

57）A。

58）A。

11.3 难点精练

11.3.1 重难点练习

1）安全的威胁可分为两大类，即主动攻击和被动攻击。通过截取以前的合法记录稍后重新加入一个连接，叫作重放攻击。为防止这种情况，可以采用的办法是_____。

    A. 加密   B. 加入时间戳   C. 认证   D. 使用密钥

2）目前得以广泛使用的 CA 证书标准是_____。
    A. x.509   B. x.800   C. x.30   D. x.500

3）人为的恶意攻击分为被动攻击和主动攻击，在以下攻击类型中，属于主动攻击的是_____。
    A. 数据窃听   B. 数据篡改及破坏
    C. 电磁或射频截获   D. 数据流分析

4）Kerberos 是基于_____的认证协议。
    A. 对称加密   B. 共享密钥加密   C. 公开加密   D. 密文

5）只有得到允许的人才能修改数据，并能判断出数据是否已被篡改。这句话体现了信息安全的_____。
    A. 机密性   B. 完整性   C. 可用性   D. 可控性

6）计算机系统中的信息资源只能被授予有权限的用户修改，这是网络安全的__①__。拒绝服务攻击的一个基本思想是__②__。
    ① A. 可利用性   B. 可靠性   C. 数据完整性   D. 保密性
    ② A. 不断发送垃圾邮件工作站   B. 迫使服务器的缓冲区满
        C. 工作站和服务器停止工作   D. 服务器停止工作

7）为了保障数据的存储和传输安全，需要对一些重要数据进行加密。由于对称密码算法__①__，因此特别适合对大量的数据进行加密。国际数据加密算法 IDEA 的密钥长度是__②__位。
    ① A. 比非对称密码算法更安全   B. 比非对称密码算法密钥长度更长
        C. 比非对称密码算法效率更高   D. 还能同时用于身份认证
    ② A. 56   B. 64   C. 128   D. 256

8）Kerberos 服务器由认证服务器和__①__两部分组成。当用户需要进行身份验证时，先以明文的方式将用户名发送给认证服务器，认证服务器返回用户一个__②__的会话密钥和一个票据。
    ① A. 密钥服务器   B. 账户服务器
        C. 数据库服务器   D. 票据授予服务器
    ② A. 一次性   B. 永久性
        C. 仅在本次会话使用   D. 仅用于与认证服务器交互

9）在设置有 DMZ 的防火墙系统中，服务器放置策略正确的是_____。
    A. 财务软件服务器放置在 DMZ，Web 服务器放置在内网
    B. Web 服务器、电子商务服务器放置在 DMZ，财务软件服务器放置在内网
    C. Web 服务器、财务软件服务器放置在 DMZ，电子商务服务器放置在内网
    D. Web 服务器、电子商务服务器、财务软件服务器都放置在 DMZ

11.3.2 练习精解

1）B。
为了防止重放攻击，可以在认证消息中加入时间戳，使该消息在一段时间内自动失效。

2）A。

数字证书是经 CA 数字签名的包含公开密钥拥有者信息以及公开密钥的文件。认证中心作为权威的、可信赖的、公正的第三方机构，专门负责为各种认证需求提供数字证书服务。现今使用的数字证书格式大多遵循 x.509 标准。

3）B。

主动攻击是指攻击信息来源的真实性、信息传输的完整性和系统服务的可用性，有意对信息进行修改、插入和删除。由此可见数据篡改及破坏属于主动攻击。

4）A。

从加密算法上来讲，Kerberos 的验证是建立在对称加密（DES）的基础上的，它采用可信任的第三方——密钥分配中心（KDC）保存与所有密钥持有者通信的主密钥（秘密密钥）。

5）B。

信息安全的基本要素：保密性、完整性、可用性、可控性与可审查性。

- 保密性：确保信息不暴露给未授权的实体或进程。
- 完整性：只有得到允许的人才能修改数据，并能够判别出数据是否已被篡改。
- 可用性：得到授权的实体在需要时可访问数据。
- 可控性：可以控制授权范围内的信息流向及行为方式。
- 可审查性：对出现的安全问题提供调查的依据和手段。

6）① D。

② B。

7）① C。

② C。

相对于非对称密码算法，对称密码算法效率要高。国际数据加密算法 IDEA 的密钥长度是 128 位。

8）① D。

② A。

Kerberos 服务器由认证服务器和票据授予服务器组成。

当用户将自己的用户名以明文方式发送给认证服务器，申请初始票据，认证服务器确认为合法客户后，生成一个一次性会话密钥和一个票据，并用客户的密钥加密这两个数据包后传给客户，要求用户输入密码。

9）B。

DMZ（非军事区）是周边防御网段，它受到安全威胁不会影响内部网络，是放置公共信息的最佳位置，通常把 WWW、FTP、电子邮件、电子商务等服务器都存放在该区域。要保证公司的商业机密避免外部网络的用户直接访问，所有具有商业机密的数据库都服务都应该放在内部网络中，以确保安全。

第12章

标准化、信息化与知识产权基础

12.1 考点精讲

12.1.1 考纲要求

标准化、信息化与知识产权基础主要是考试中所涉及的标准化、信息化基础和知识产权相关法律法规。本章在考纲中主要有以下内容：

- 标准化（概述、分类、代号）。
- 信息化基础（信息与信息化、电子政务、电子商务）。
- 知识产权相关法律法规（著作权法、专利法、商标法）。

标准化、信息化与知识产权基础考点如图 12-1 所示，用星级★标示知识点的重要程度。

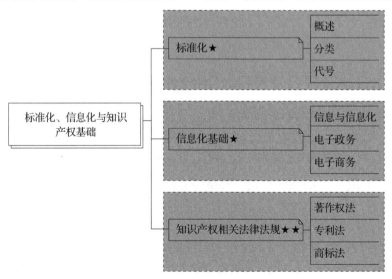

图 12-1　标准化、信息化与知识产权基础考点

12.1.2 考点分布

统计 2010 年至 2020 年试题真题，本章中标准化部分知识几乎没考，信息化部分知识和知识产

权相关法律法规的考点分值为 2～3 分，其中近几年主要考查的都是知识产权相关法律法规。历年真题统计如表 12-1 所示。

表12-1　历年真题统计

年　份	时　间	题　号	分　值	知识点
2010 年上	上午题	10，11	2	知识产权相关法律法规
2010 年下	上午题	10，11，12	3	知识产权相关法律法规
2011 年上	上午题	10，11	2	知识产权相关法律法规
2011 年下	上午题	10，11	2	知识产权相关法律法规
2012 年上	上午题	10，11	2	知识产权相关法律法规
2012 年下	上午题	10，11	2	知识产权相关法律法规
2013 年上	上午题	10，11	2	知识产权相关法律法规
2013 年下	上午题	13，14	2	知识产权相关法律法规
2014 年上	上午题	10，11	2	知识产权相关法律法规
2014 年下	上午题	10，11	2	知识产权相关法律法规
2015 年上	上午题	10，11	2	知识产权相关法律法规
2015 年下	上午题	10，11	2	知识产权相关法律法规
2016 年上	上午题	10，11	2	知识产权相关法律法规
2016 年下	上午题	10，11，12	3	知识产权相关法律法规
2017 年上	上午题	10，11，12	3	知识产权相关法律法规
2017 年下	上午题	12，13，14	3	知识产权相关法律法规
2018 年上	上午题	13，14，15	3	知识产权相关法律法规
2018 年下	上午题	12，13，14	3	知识产权相关法律法规
2019 年上	上午题	12，13，14	3	知识产权相关法律法规
2019 年下	上午题	12，13	2	知识产权相关法律法规
2020 年下	上午题	12，13，14	3	知识产权相关法律法规

12.1.3　知识点精讲

12.1.3.1　信息化基础

1. 信息的定义

指音讯、消息、通信系统传输和处理的对象，泛指人类社会传播的一切内容。人通过获得、识别自然界和社会的不同信息来区别不同事物，得以认识和改造世界。

在一切通信和控制系统中，信息是一种普遍联系的形式。1948 年，数学家香农在题为"通信的数学理论"的论文中指出："信息是用来消除随机不定性的东西。"创建一切宇宙万物的基本万能单位是信息。

2. 电子政务

电子政务是指国家机关在政务活动中，全面应用现代信息技术、网络技术以及办公自动化技术等进行办公、管理和为社会提供公共服务的一种全新的管理模式。广义电子政务的范畴应包括所有国家机构在内，而狭义的电子政务主要包括直接承担管理国家公共事务、社会事务的各级行政机关。电子政务主要有以下类别：

- G2G：政府间的电子政务。
- G2B：政府-商业机构间的电子政务。
- G2C：政府-公民间的电子政务。
- G2E：政府-雇员间的电子政务。

3. 电子商务

电子商务通常是指在全球各地广泛的商业贸易活动中，在互联网开放的网络环境下，基于客户端/服务端应用方式，买卖双方不谋面地进行各种商贸活动，实现消费者的网上购物、商户之间的网上交易和在线电子支付以及各种商务活动、交易活动、金融活动和相关的综合服务活动的一种新型的商业运营模式。各国政府、学者、企业界人士根据自己所处的地位和对电子商务参与的角度和程度的不同，给出了许多不同的定义。电子商务分为 ABC、B2B、B2C、C2C、B2M、M2C、B2A（即 B2G）、C2A（即 C2G）、O2O 等。

电子商务是以信息网络技术为手段，以商品交换为中心的商务活动。在"电子商务"中，"电子"是一种技术，是一种手段，而"商务"才是最核心的目的，一切的手段都是为了达成目的而产生的。而电子商务师就是利用计算机技术、网络技术等现代信息技术来进行相关工作的人员。

12.1.3.2 标准化基础知识

技术标准——对标准化领域中需要协调统一的技术事项所制定的标准，包括基础标准、产品标准、工艺标准、检测试验方法标准，以及安全、卫生、环保标准等。

按照标准的适用范围，标准分为国际标准、国家标准、行业标准、地方标准和企业标准 5 个级别。

1. 国际标准

国际标准是指国际标准化组织、国际电工委员会和国际电信联盟制定的标准，以及国际标准化组织确认并公布的其他国际组织制定的标准。国际标准在世界范围内统一使用。

2. 国家标准

由国务院标准化行政主管部门国家质量技术监督总局与国家标准化管理委员会（属于国家质量技术监督检验检疫总局管理）指定（编制计划、组织起草、统一审批、编号、发布）。国家标准在全国范围内适用，其他各级别标准不得与国家标准相抵触。

3. 行业标准

由国务院有关行政主管部门制定，如化工行业标准（代号为 HG）、石油化工行业标准（代号为 SH）由国家石油和化学工业局制定，建材行业标准（代号为 JC）由国家建筑材料工业局制定。行业标准在全国某个行业范围内适用。

4. 地方标准

地方标准是指在某个省、自治区、直辖市范围内需要统一的标准。《标准化法》规定："没有国家标准和行业标准而又需要在省、自治区、直辖市范围内统一的工业产品的安全卫生要求，可以制定地方标准。地方标准由省、自治区、直辖市标准化行政主管部门制定，并报国务院标准化行政主管部门和国务院有关行政部门备案。在公布国家标准或者行业标准之后，该项地方标准即行废止。"

地方标准编号由地方标准代号、标准顺序号和发布年号组成。根据《地方标准管理办法》的规定，地方标准代号由汉语拼音字母"DB"加上省、自治区、直辖市行政区划代码前两位数字再加斜线，组成强制性的地方标准代号，如 DB/T ×××（顺年号）——××（年号）或 DB ×××（顺年号）——××（年号）。

5. 企业标准

没有国家标准、行业标准和地方标准的产品，企业应当制定相应的企业标准，企业标准应报当地政府标准化行政主管部门和有关行政主管部门备案。企业标准在该企业内部适用，由 Q 加上企业代号组成。

12.1.3.3 知识产权相关法律法规

1. 著作权法

《中华人民共和国著作权法》（以下简称《著作权法》）是全国人民代表大会常务委员会批准的国家法律文件。主要考核以下几个条款：

第三条 本法所称的作品，是指文学、艺术和科学领域内具有独创性并能以一定形式表现的智力成果，包括：

（一）文字作品；
（二）口述作品；
（三）音乐、戏剧、曲艺、舞蹈、杂技艺术作品；
（四）美术、建筑作品；
（五）摄影作品；
（六）视听作品；
（七）工程设计图、产品设计图、地图、示意图等图形作品和模型作品；
（八）计算机软件；
（九）符合作品特征的其他智力成果。

第四条 著作权人和与著作权有关的权利人行使权利，不得违反宪法和法律，不得损害公共利益。国家对作品的出版、传播依法进行监督管理。

第十条 著作权包括下列人身权和财产权：

（一）发表权，即决定作品是否公之于众的权利；

（二）署名权，即表明作者身份，在作品上署名的权利；

（三）修改权，即修改或者授权他人修改作品的权利；

（四）保护作品完整权，即保护作品不受歪曲、篡改的权利；

（五）复制权，即以印刷、复印、拓印、录音、录像、翻录、翻拍、数字化等方式将作品制作一份或者多份的权利；

（六）发行权，即以出售或者赠与方式向公众提供作品的原件或者复制件的权利；

（七）出租权，即有偿许可他人临时使用视听作品、计算机软件的原件或者复制件的权利，计算机软件不是出租的主要标的的除外；

（八）展览权，即公开陈列美术作品、摄影作品的原件或者复制件的权利；

（九）表演权，即公开表演作品，以及用各种手段公开播送作品的表演的权利；

（十）放映权，即通过放映机、幻灯机等技术设备公开再现美术、摄影、视听作品等的权利；

（十一）广播权，即以有线或者无线方式公开传播或者转播作品，以及通过扩音器或者其他传送符号、声音、图像的类似工具向公众传播广播的作品的权利，但不包括本款第十二项规定的权利；

（十二）信息网络传播权，即以有线或者无线方式向公众提供，使公众可以在其选定的时间和地点获得作品的权利；

（十三）摄制权，即以摄制视听作品的方法将作品固定在载体上的权利；

（十四）改编权，即改变作品，创作出具有独创性的新作品的权利；

（十五）翻译权，即将作品从一种语言文字转换成另一种语言文字的权利；

（十六）汇编权，即将作品或者作品的片段通过选择或者编排，汇集成新作品的权利；

（十七）应当由著作权人享有的其他权利。

著作权人可以许可他人行使第（五）项至第（十七）项规定的权利，并依照约定或者本法有关规定获得报酬。

著作权人可以全部或者部分转让第（五）项至第（十七）项规定的权利，并依照约定或者本法有关规定获得报酬。

第十三条 改编、翻译、注释、整理已有作品而产生的作品，其著作权由改编、翻译、注释、整理人享有，但行使著作权时不得侵犯原作品的著作权。

第十四条 两人以上合作创作的作品，著作权由合作作者共同享有。没有参加创作的人，不能成为合作作者。

合作作品的著作权由合作作者通过协商一致行使；不能协商一致，又无正当理由的，任何一方不得阻止他方行使除转让、许可他人专有使用、出质以外的其他权利，但是所得收益应当合理分配给所有合作作者。

合作作品可以分割使用的，作者对各自创作的部分可以单独享有著作权，但行使著作权时不得侵犯合作作品整体的著作权。

第十六条 使用改编、翻译、注释、整理、汇编已有作品而产生的作品进行出版、演出和制作录音录像制品，应当取得该作品的著作权人和原作品的著作权人许可，并支付报酬。

第十七条 视听作品中的电影作品、电视剧作品的著作权由制作者享有，但编剧、导演、摄影、作词、作曲等作者享有署名权，并有权按照与制作者签订的合同获得报酬。

前款规定以外的视听作品的著作权归属由当事人约定；没有约定或者约定不明确的，由制作者享有，但作者享有署名权和获得报酬的权利。

视听作品中的剧本、音乐等可以单独使用的作品的作者有权单独行使其著作权。

第十八条 自然人为完成法人或者非法人组织工作任务所创作的作品是职务作品，除本条第二款的规定以外，著作权由作者享有，但法人或者非法人组织有权在其业务范围内优先使用。作品完成两年内，未经单位同意，作者不得许可第三人以与单位使用的相同方式使用该作品。

有下列情形之一的职务作品，作者享有署名权，著作权的其他权利由法人或者非法人组织享有，法人或者非法人组织可以给予作者奖励：

（一）主要是利用法人或者非法人组织的物质技术条件创作，并由法人或者非法人组织承担责任的工程设计图、产品设计图、地图、示意图、计算机软件等职务作品；

（二）报社、期刊社、通讯社、广播电台、电视台的工作人员创作的职务作品；

（三）法律、行政法规规定或者合同约定著作权由法人或者非法人组织享有的职务作品。

第十九条 受委托创作的作品，著作权的归属由委托人和受托人通过合同约定。合同未作明确约定或者没有订立合同的，著作权属于受托人。

第二十条 作品原件所有权的转移，不改变作品著作权的归属，但美术、摄影作品原件的展览权由原件所有人享有。

作者将未发表的美术、摄影作品的原件所有权转让给他人，受让人展览该原件不构成对作者发表权的侵犯。

第二十一条 著作权属于自然人的，自然人死亡后，其本法第十条第一款第（五）项至第（十七）项规定的权利在本法规定的保护期内，依法转移。

著作权属于法人或者非法人组织的，法人或者非法人组织变更、终止后，其本法第十条第一款第（五）项至第（十七）项规定的权利在本法规定的保护期内，由承受其权利义务的法人或者非法人组织享有；没有承受其权利义务的法人或者非法人组织的，由国家享有。

第二十二条 作者的署名权、修改权、保护作品完整权的保护期不受限制。

第二十三条 自然人的作品，其发表权、本法第十条第一款第（五）项至第（十七）项规定的权利的保护期为作者终生及其死亡后五十年，截止于作者死亡后第五十年的 12 月 31 日；如果是合作作品，截止于最后死亡的作者死亡后第五十年的 12 月 31 日。

法人或者非法人组织的作品、著作权（署名权除外）由法人或者非法人组织享有的职务作品，其发表权的保护期为五十年，截止于作品创作完成后第五十年的 12 月 31 日；本法第十条第（五）项至第（十七）项规定的权利的保护期为五十年，截止于作品首次发表后第五十年的 12 月 31 日，但作品自创作完成后五十年内未发表的，本法不再保护。

视听作品，其发表权的保护期为五十年，截止于作品创作完成后第五十年的 12 月 31 日；本法第十条第（五）项至第（十七）项规定的权利的保护期为五十年，截止于作品首次发表后第五十年的 12 月 31 日，但作品自创作完成后五十年内未发表的，本法不再保护。

第四节 权利的限制

第二十四条 在下列情况下使用作品，可以不经著作权人许可，不向其支付报酬，但应当指明作者姓名或者名称、作品名称，并且不得影响该作品的正常使用，也不得不合理地损害著作权人的合法权益：

（一）为个人学习、研究或者欣赏，使用他人已经发表的作品；

（二）为介绍、评论某一作品或者说明某一问题，在作品中适当引用他人已经发表的作品；

（三）为报道新闻，在报纸、期刊、广播电台、电视台等媒体中不可避免地再现或者引用已经发表的作品；

（四）报纸、期刊、广播电台、电视台等媒体刊登或者播放其他报纸、期刊、广播电台、电视台等媒体已经发表的关于政治、经济、宗教问题的时事性文章，但著作权人声明不许刊登、播放的除外；

（五）报纸、期刊、广播电台、电视台等媒体刊登或者播放在公众集会上发表的讲话，但作者声明不许刊登、播放的除外；

（六）为学校课堂教学或者科学研究，翻译、改编、汇编、播放或者少量复制已经发表的作品，供教学或者科研人员使用，但不得出版发行；

（七）国家机关为执行公务在合理范围内使用已经发表的作品；

（八）图书馆、档案馆、纪念馆、博物馆、美术馆、文化馆等为陈列或者保存版本的需要，复制本馆收藏的作品；

（九）免费表演已经发表的作品，该表演未向公众收取费用，也未向表演者支付报酬且不以营利为目的；

（十）对设置或者陈列在公共场所的艺术作品进行临摹、绘画、摄影、录像；

（十一）将中国公民、法人或者非法人组织已经发表的以国家通用语言文字创作的作品翻译成少数民族语言文字作品在国内出版发行；

（十二）以阅读障碍者能够感知的无障碍方式向其提供已经发表的作品；

（十三）法律、行政法规规定的其他情形。

前款规定适用于对与著作权有关的权利的限制。

第二十五条 为实施义务教育和国家教育规划而编写出版教科书，可以不经著作权人许可，在教科书中汇编已经发表的作品片段或者短小的文字作品、音乐作品或者单幅的美术作品、摄影作品、图形作品，但应当按照规定向著作权人支付报酬，指明作者姓名或者名称、作品名称，并且不得侵犯著作权人依照本法享有的其他权利。

前款规定适用于对与著作权有关的权利的限制。

第三章 著作权许可使用和转让合同

第二十六条 使用他人作品应当同著作权人订立许可使用合同，本法规定可以不经许可的除外。
许可使用合同包括下列主要内容：

（一）许可使用的权利种类；

（二）许可使用的权利是专有使用权或者非专有使用权；

（三）许可使用的地域范围、期间；

（四）付酬标准和办法；

（五）违约责任；

（六）双方认为需要约定的其他内容。

第三十一条 出版者、表演者、录音录像制作者、广播电台、电视台等依照本法有关规定使用他人作品的，不得侵犯作者的署名权、修改权、保护作品完整权和获得报酬的权利。

2. 专利法

《中华人民共和国专利法》（以下简称《专利法》）是调整因发明而产生的一定社会关系，促进技术进步和经济发展的法律规范的总和。就其性质而言，专利法既是国内法，又是涉外法；既是确立专利权人的各项权利和义务的实体法，又是规定专利申请、审查、批准一系列程序制度的程序法；既是调整在专利申请、审查、批准和专利实施管理中纵向关系的法律，又是调整专利所有、专利转让和使用许可的横向关系的法律；既是调整专利人身关系的法律，又是调整专利财产关系的法律。主要包括如下内容：发明专利申请人的资格，专利法保护的对象，专利申请和审查程序，获得专利的条件，专利代理，专利权归属，专利权的发生与消灭，专利权保护期，专利权人的权利和义务，专利实施，转让和使用许可，专利权的保护等。

第二条 本法所称的发明创造是指发明、实用新型和外观设计。

发明，是指对产品、方法或者其改进所提出的新的技术方案。

实用新型，是指对产品的形状、构造或者其结合所提出的适于实用的新的技术方案。

外观设计，是指对产品的整体或者局部的形状、图案或者其结合以及色彩与形状、图案的结合所作出的富有美感并适于工业应用的新设计。

第三条 国务院专利行政部门负责管理全国的专利工作；统一受理和审查专利申请，依法授予专利权。

省、自治区、直辖市人民政府管理专利工作的部门负责本行政区域内的专利管理工作。

第六条 执行本单位的任务或者主要是利用本单位的物质技术条件所完成的发明创造为职务发明创造。职务发明创造申请专利的权利属于该单位；申请被批准后，该单位为专利权人。

非职务发明创造，申请专利的权利属于发明人或者设计人；申请被批准后，该发明人或者设计人为专利权人。

利用本单位的物质技术条件所完成的发明创造，单位与发明人或者设计人订有合同，对申请专利的权利和专利权的归属作出约定的，从其约定。

第七条 对发明人或者设计人的非职务发明创造专利申请，任何单位或者个人不得压制。

第八条 两个以上单位或者个人合作完成的发明创造、一个单位或者个人接受其他单位或者个人委托所完成的发明创造，除另有协议的以外，申请专利的权利属于完成或者共同完成的单位或者个人；申请被批准后，申请的单位或者个人为专利权人。

第九条 同样的发明创造只能授予一项专利权。但是，同一申请人同日对同样的发明创造既申请实用新型专利又申请发明专利，先获得的实用新型专利权尚未终止，且申请人声明放弃该实用新型专利权的，可以授予发明专利权。

两个以上的申请人分别就同样的发明创造申请专利的，专利权授予最先申请的人。

第十条 专利申请权和专利权可以转让。

中国单位或者个人向外国人、外国企业或者外国其他组织转让专利申请权或者专利权的，应当依照有关法律、行政法规的规定办理手续。

转让专利申请权或者专利权的，当事人应当订立书面合同，并向国务院专利行政部门登记，由国务院专利行政部门予以公告。专利申请权或者专利权的转让自登记之日起生效。

第十一条 发明和实用新型专利权被授予后，除本法另有规定的以外，任何单位或者个人未经专利权人许可，都不得实施其专利，即不得为生产经营目的制造、使用、许诺销售、销售、进口其专利产品，或者使用其专利方法以及使用、许诺销售、销售、进口依照该专利方法直接获得的产品。

外观设计专利权被授予后，任何单位或者个人未经专利权人许可，都不得实施其专利，即不得为生产经营目的制造、许诺销售、销售、进口其外观设计专利产品。

第十二条 任何单位或者个人实施他人专利的，应当与专利权人订立实施许可合同，向专利权人支付专利使用费。被许可人无权允许合同规定以外的任何单位或者个人实施该专利。

第二十二条 授予专利权的发明和实用新型，应当具备新颖性、创造性和实用性。

新颖性，是指该发明或者实用新型不属于现有技术；也没有任何单位或者个人就同样的发明或者实用新型在申请日以前向国务院专利行政部门提出过申请，并记载在申请日以后公布的专利申请文件或者公告的专利文件中。

创造性，是指与现有技术相比，该发明具有突出的实质性特点和显著的进步，该实用新型具有实质性特点和进步。

实用性，是指该发明或者实用新型能够制造或者使用，并且能够产生积极效果。

本法所称现有技术，是指申请日以前在国内外为公众所知的技术。

第二十三条 授予专利权的外观设计，应当不属于现有设计；也没有任何单位或者个人就同样的外观设计在申请日以前向国务院专利行政部门提出过申请，并记载在申请日以后公告的专利文件中。

授予专利权的外观设计与现有设计或者现有设计特征的组合相比，应当具有明显区别。

授予专利权的外观设计不得与他人在申请日以前已经取得的合法权利相冲突。

本法所称现有设计，是指申请日以前在国内外为公众所知的设计。

第二十四条 申请专利的发明创造在申请日以前六个月内，有下列情形之一的，不丧失新颖性：

（一）在国家出现紧急状态或者非常情况时，为公共利益目的首次公开的；
（二）在中国政府主办或者承认的国际展览会上首次展出的；
（三）在规定的学术会议或者技术会议上首次发表的；

（四）他人未经申请人同意而泄露其内容的。

第二十五条 对下列各项，不授予专利权：

（一）科学发现；
（二）智力活动的规则和方法；
（三）疾病的诊断和治疗方法；
（四）动物和植物品种；
（五）用原子核变换方法获得的物质；
（六）对平面印刷品的图案、色彩或者二者的结合作出的主要起标识作用的设计。

对前款第（四）项所列产品的生产方法，可以依照本法规定授予专利权。

第二十六条 申请发明或者实用新型专利的，应当提交请求书、说明书及其摘要和权利要求书等文件。

请求书应当写明发明或者实用新型的名称，发明人的姓名，申请人姓名或者名称、地址，以及其他事项。

说明书应当对发明或者实用新型作出清楚、完整的说明，以所属技术领域的技术人员能够实现为准；必要的时候，应当有附图。摘要应当简要说明发明或者实用新型的技术要点。

权利要求书应当以说明书为依据，清楚、简要地限定要求专利保护的范围。

依赖遗传资源完成的发明创造，申请人应当在专利申请文件中说明该遗传资源的直接来源和原始来源；申请人无法说明原始来源的，应当陈述理由。

第二十七条 申请外观设计专利的，应当提交请求书、该外观设计的图片或者照片以及对该外观设计的简要说明等文件。

申请人提交的有关图片或者照片应当清楚地显示要求专利保护的产品的外观设计。

第二十八条 国务院专利行政部门收到专利申请文件之日为申请日。如果申请文件是邮寄的，以寄出的邮戳日为申请日。

第二十九条 申请人自发明或者实用新型在外国第一次提出专利申请之日起十二个月内，或者自外观设计在外国第一次提出专利申请之日起六个月内，又在中国就相同主题提出专利申请的，依照该外国同中国签订的协议或者共同参加的国际条约，或者依照相互承认优先权的原则，可以享有优先权。

申请人自发明或者实用新型在中国第一次提出专利申请之日起十二个月内，又向国务院专利行政部门就相同主题提出专利申请的，可以享有优先权。

第三十五条 发明专利申请自申请日起三年内，国务院专利行政部门可以根据申请人随时提出的请求，对其申请进行实质审查；申请人无正当理由逾期不请求实质审查的，该申请即被视为撤回。

国务院专利行政部门认为必要的时候，可以自行对发明专利申请进行实质审查。

第三十六条 发明专利的申请人请求实质审查的时候，应当提交在申请日前与其发明有关的参考资料。

发明专利已经在外国提出过申请的，国务院专利行政部门可以要求申请人在指定期限内提交该国为审查其申请进行检索的资料或者审查结果的资料；无正当理由逾期不提交的，该申请即被视为撤回。

第四十二条 发明专利权的期限为二十年，实用新型专利权的期限为十年，外观设计专利权的期限为十五年，均自申请日起计算。

自发明专利申请日起满四年，且自实质审查请求之日起满三年后授予发明专利权的，国务院专利行政部门应专利权人的请求，就发明专利在授权过程中的不合理延迟给予专利权期限补偿，但由申请人引起的不合理延迟除外。

为补偿新药上市审评审批占用的时间，对在中国获得上市许可的新药相关发明专利，国务院专利行政部门应专利权人的请求给予专利权期限补偿。补偿期限不超过五年，新药批准上市后总有效专利权期限不超过十四年。

第四十三条 专利权人应当自被授予专利权的当年开始缴纳年费。

第四十八条 有下列情形之一的，国务院专利行政部门根据具备实施条件的单位或者个人的申请，可以给予实施发明专利或者实用新型专利的强制许可：

（一）专利权人自专利权被授予之日起满三年，且自提出专利申请之日起满四年，无正当理由未实施或者未充分实施其专利的；

（二）专利权人行使专利权的行为被依法认定为垄断行为，为消除或者减少该行为对竞争产生的不利影响的。

第四十九条 在国家出现紧急状态或者非常情况时，或者为了公共利益的目的，国务院专利行政部门可以给予实施发明专利或者实用新型专利的强制许可。

第五十条 为了公共健康目的，对取得专利权的药品，国务院专利行政部门可以给予制造并将其出口到符合中华人民共和国参加的有关国际条约规定的国家或者地区的强制许可。

第六十九条 有下列情形之一的，不视为侵犯专利权：

（一）专利产品或者依照专利方法直接获得的产品，由专利权人或者经其许可的单位、个人售出后，使用、许诺销售、销售、进口该产品的；

（二）在专利申请日前已经制造相同产品、使用相同方法或者已经作好制造、使用的必要准备，并且仅在原有范围内继续制造、使用的；

（三）临时通过中国领陆、领水、领空的外国运输工具，依照其所属国同中国签订的协议或者共同参加的国际条约，或者依照互惠原则，为运输工具自身需要而在其装置和设备中使用有关专利的；

（四）专为科学研究和实验而使用有关专利的；

（五）为提供行政审批所需要的信息，制造、使用、进口专利药品或者专利医疗器械的，以及专门为其制造、进口专利药品或者专利医疗器械的。

3. 商标法

《中华人民共和国商标法》（以下简称《商标法》）分总则，商标注册的申请，商标注册的审查和核准，注册商标的续展、变更、转让和使用许可，注册商标的无效宣告，商标使用的管理，注册商标专用权的保护。

第三条 经商标局核准注册的商标为注册商标，包括商品商标、服务商标和集体商标、证明商标；商标注册人享有商标专用权，受法律保护。

本法所称集体商标，是指以团体、协会或者其他组织名义注册，供该组织成员在商事活动中使用，以表明使用者在该组织中的成员资格的标志。

本法所称证明商标，是指由对某种商品或者服务具有监督能力的组织所控制，而由该组织以外的单位或者个人使用于其商品或者服务，用以证明该商品或者服务的原产地、原料、制造方法、质量或者其他特定品质的标志。

集体商标、证明商标注册和管理的特殊事项，由国务院工商行政管理部门规定。

第四条 自然人、法人或者其他组织在生产经营活动中，对其商品或者服务需要取得商标专用权的，应当向商标局申请商标注册。不以使用为目的的恶意商标注册申请，应当予以驳回。

本法有关商品商标的规定，适用于服务商标。

第五条 两个以上的自然人、法人或者其他组织可以共同向商标局申请注册同一商标，共同享有和行使该商标专用权。

第二十八条 对申请注册的商标，商标局应当自收到商标注册申请文件之日起九个月内审查完毕，符合本法有关规定的，予以初步审定公告。

第二十九条 在审查过程中，商标局认为商标注册申请内容需要说明或者修正的，可以要求申请人做出说明或者修正。申请人未做出说明或者修正的，不影响商标局做出审查决定。

第三十条 申请注册的商标，凡不符合本法有关规定或者同他人在同一种商品或者类似商品上已经注册的或者初步审定的商标相同或者近似的，由商标局驳回申请，不予公告。

12.2 真题精解

12.2.1 真题练习

1）两个以上的申请人分别就相同内容的计算机程序的发明创造，先后向国务院专利行政部门提出申请，_____可以获得专利申请权。

    A. 所有申请人均   B. 先申请人   C. 先使用人   D. 先发明人

2）软件商标权的权利人是指_____。

    A. 软件商标设计人   B. 软件商标制作人
    C. 软件商标使用人   D. 软件注册商标所有人

3）利用_____可以对软件的技术信息、经营信息提供保护。

    A. 著作权   B. 专利权   C. 商业秘密权   D. 商标权

4）李某在某软件公司兼职，为完成该公司交给的工作，做出了一项涉及计算机程序的发明。李某认为该发明是自己利用业余时间完成的，可以个人名义申请专利。关于此项发明的专利申请权应归属_____。

      A. 李某   B. 李某所在单位   C. 李某兼职的软件公司   D. 李某和软件公司约定的一方

5）下列关于软件著作权中翻译权的叙述不正确的是：翻译权是指_____的权利。

      A. 将原软件从一种自然语言文字转换成另一种自然语言文字

      B. 将原软件从一种程序设计语言转换成另一种程序设计语言

      C. 软件著作权人对其软件享有以其他各种语言文字形式再表现

      D. 将软件的操作界面或者程序中涉及的语言文字翻译成另一种语言文字

6）某软件公司研发的财务软件产品在行业中技术领先，具有很强的市场竞争优势。为确保其软件产品的技术领先及市场竞争优势，公司采取相应的保密措施，以防止软件技术秘密的外泄。并且，还为该软件产品冠以"用友"商标，但未进行商标注册。此情况下，公司仅享有该软件产品的_____。

      A. 软件著作权和专利权   B. 商业秘密权和专利权

      C. 软件著作权和商业秘密权   D. 软件著作权和商标权

7）_____指可以不经著作权人许可，不需支付报酬，使用其作品。

      A. 合理使用   B. 许可使用   C. 强制许可使用   D. 法定许可使用

8）王某是 M 国际运输有限公司计算机系统管理员。任职期间，王某根据公司的业务要求开发了"海运出口业务系统"，并由公司使用，随后，王某向国家版权局申请了计算机软件著作权登记，并取得了《计算机软件著作权登记证书》。证书明确软件名称是"海运出口业务系统 V1.0"，著作权人为王某。以下说法中，正确的是_____。

      A. 海运出口业务系统 V1.0 的著作权属于王某

      B. 海运出口业务系统 V1.0 的著作权属于 M 公司

      C. 海运出口业务系统 V1.0 的著作权属于王某和 M 公司

      D. 王某获取的软件著作权登记证是不可以撤销的

9）软件著作权的客体不包括_____。

      A. 源程序   B. 目标程序   C. 软件文档   D. 软件开发思想

10）中国企业 M 与美国公司 L 进行技术合作，合同约定 M 使用一项在有效期内的美国专利，但该项美国专利未在中国和其他国家提出申请。对于 M 销售依照该专利生产的产品，以下叙述正确的是_____。

      A. 在中国销售，M 需要向 L 支付专利许可使用费

      B. 返销美国，M 不需要向 L 支付专利许可使用费

      C. 在其他国家销售，M 需要向 L 支付专利许可使用费

      D. 在中国销售，M 不需要向 L 支付专利许可使用费

11）M 软件公司的软件产品注册商标为 M，为确保公司在市场竞争中占据优势，对员工进行了保密约束。此情形下该公司不享有_____。

    A. 商业秘密权　　　B. 著作权　　　　　C. 专利权　　　　　D. 商标权

12）X 软件公司的软件工程师张某兼职于 Y 科技公司，为完成 Y 科技公司交给的工作，做出了一项涉及计算机程序的发明。张某认为该发明是利用自己的业余时间完成的，可以以个人名义申请专利。此项专利申请权应归属_____。

    A. 张某　　　　　B. X 软件公司　　　C. Y 科技公司　　　D. 张某和 Y 科技公司

13）王某是一名软件设计师，按公司规定编写软件文档，并上交公司存档。这些软件文档属于职务作品，且_____。

    A. 其著作权由公司享有

    B. 其著作权由软件设计师享有

    C. 除其署名权以外，著作权的其他权利由软件设计师享有

    D. 其著作权由公司和软件设计师共同享有

14）甲经销商擅自复制并销售乙公司开发的 OA 软件光盘已构成侵权。丙企业在未知的情形下从甲经销商处购入 10 张并已安装使用。在丙企业知道了所使用的软件为侵权复制的情形下，以下说法正确的是_____。

    A. 丙企业的使用行为侵权，需承担赔偿责任

    B. 丙企业的使用行为不侵权，可以继续使用这 10 张软件光盘

    C. 丙企业的使用行为侵权，支付合理费用后可以继续使用这 10 张软件光盘

    D. 丙企业的使用行为不侵权，不需要承担任何法律责任

15）为说明某一问题，在学术论文中需要引用某些资料。以下叙述中，_____是不正确的。

    A. 既可引用发表的作品，也可引用未发表的作品

    B. 只能限于介绍、评论作品

    C. 只要不构成自己作品的主要部分，可适当引用资料

    D. 不必征得原作者的同意，不需要向他支付报酬

16）以下作品中，不适用或不受著作权法保护的是_____。

    A. 某教师在课堂上的讲课

    B. 某作家的作品《红河谷》

    C. 最高人民法院组织编写的《行政诉讼案例选编》

    D. 国务院颁布的《计算机软件保护条例》

17）王某买了一幅美术作品原件，则他享有该美术作品的_____。

    A. 著作权　　　B. 所有权　　　C. 展览权　　　D. 所有权与其展览权

18）甲、乙两个软件公司于 2012 年 7 月 12 日就其财务软件产品分别申请"用友"和"用有"商标注册。两个财务软件相似，甲第一次使用的时间为 2009 年 7 月，乙第一次使用的时间为 2009 年 5 月。此情形下，_____获准注册。

    A. "用友"　　　　　　　　B. "用友"与"用有"都能

    C. "用有"　　　　　　　　D. 由甲、乙抽签结果确定谁能

19）甲公司接受乙公司委托开发了一项应用软件，双方没有订立任何书面合同。在此情形下，

_____享有该软件的著作权。

    A. 甲公司   B. 甲、乙公司共同   C. 乙公司   D. 甲、乙公司均不

20）甲、乙软件公司于 2013 年 9 月 12 日就其财务软件产品分别申请"大堂"和"大唐"商标注册。两个财务软件相似，且经协商双方均不同意放弃使用其申请注册的商标标识。此情形下，_____获准注册。

    A. "大堂"   B. "大堂"与"大唐"都能

    C. "大唐"   D. 由甲、乙抽签结果确定谁能

21）王某是某公司的软件设计师，每当软件开发完成后均按公司规定编写软件文档，并提交公司存档。那么该软件文档的著作权_____享有。

    A. 应由公司   B. 应由公司和王某共同

    C. 应由王某   D. 除署名权以外，著作权的其他权利由王某

22）甲、乙两个公司的软件设计师分别完成了相同的计算机程序发明，甲公司先于乙公司完成，乙公司先于甲公司使用。甲、乙公司于同一天向专利局申请发明专利。此情形下，_____获得专利权。

    A. 甲公司   B. 甲、乙公司均可   C. 乙公司   D. 由甲、乙公司协商确定谁

23）以下著作权权利中，_____的保护期受时间限制。

    A. 署名权   B. 修改权   C. 发表权   D. 保护作品完整权

24）王某在其公司独立承担了某综合信息管理系统软件的程序设计工作。该系统交付用户，投入试运行后，王某辞职，并带走了该综合信息管理系统的源程序，拒不交还公司。王某认为，综合信息管理系统源程序是他独立完成的，他是综合信息管理系统源程序的软件著作权人。王某的行为_____。

    A. 侵犯了公司的软件著作权   B. 未侵犯公司的软件著作权

    C. 侵犯了公司的商业秘密权   D. 不涉及侵犯公司的软件著作权

25）某软件公司参与开发管理系统软件的程序员张某，辞职到另一公司任职，于是该项目负责人将该管理系统软件上开发者的署名更改为李某（接张某工作）。该项目负责人的行为_____。

    A. 侵犯了张某的开发者身份权（署名权）

    B. 不构成侵权，因为程序员张某不是软件著作权人

    C. 只是行使管理者的权利，不构成侵权

    D. 不构成侵权，因为程序员张某现已不是项目组成员

26）美国某公司与中国某企业谈技术合作，合同约定使用 1 项美国专利（获得批准并在有效期内），该项技术未在中国和其他国家申请专利。依照该专利生产的产品_____需要向美国公司支付这件美国专利的许可使用费。

    A. 在中国销售，中国企业   B. 如果返销美国，中国企业不

    C. 在其他国家销售，中国企业   D. 在中国销售，中国企业不

27）甲公司软件设计师完成了一项涉及计算机程序的发明。之后，乙公司软件设计师也完成了与甲公司软件设计师相同的涉及计算机程序的发明。甲、乙公司于同一天向专利局申请发明专利。

此情形下，_____是专利权申请人。

  A. 甲公司 B. 甲、乙两公司 C. 乙公司 D. 由甲、乙公司协商确定的公司

28）甲、乙两厂生产的产品类似，且产品都使用"B"商标。两厂于同一天向商标局申请商标注册，且申请注册前两厂均未使用"B"商标。此情形下，_____能核准注册。

  A. 甲厂 B. 由甲、乙厂抽签确定的厂 C. 乙厂 D. 甲、乙两厂

29）甲软件公司受乙企业委托安排公司软件设计师开发了信息系统管理软件，由于在委托开发合同中未对软件著作权归属做出明确的约定，因此该信息系统管理软件的著作权由_____享有。

  A. 甲 B. 乙 C. 甲与乙共同 D. 软件设计师

30）根据我国商标法，下列商品中必须使用注册商标的是_____。

  A. 医疗仪器 B. 墙壁涂料 C. 无糖食品 D. 烟草制品

31）甲、乙两人在同一天就同样的发明创造提交了专利申请，专利局将分别向各申请人通报有关情况，并提出多种可能采用的解决办法。下列说法中，不可能采用_____。

  A. 甲、乙作为共同申请人

  B. 甲或乙一方放弃权利并从另一方得到适当的补偿

  C. 甲、乙都不授予专利权

  D. 甲、乙都授予专利权

32）某软件公司项目组的程序员在程序编写完成后均按公司规定撰写文档，并上交公司存档。此情形下，该软件文档著作权应由_____享有。

  A. 程序员 B. 公司与项目组共同 C. 公司 D. 项目组全体人员

33）李某购买了一张有注册商标的应用软件光盘，则李某享有_____。

  A. 注册商标专用权   B. 该光盘的所有权

  C. 该软件的著作权   D. 该软件的所有权

34）以下关于计算机软件著作权的叙述中，正确的是_____。

  A. 非法进行复制、发布或更改软件的人被称为软件盗版者

  B. 《计算机软件保护条例》是国家知识产权局颁布的，用来保护软件著作权人的权益

  C. 软件著作权属于软件开发者，软件著作权自软件开发完成之日起产生

  D. 用户购买了具有版权的软件，则具有对该软件的使用权和复制权

35）王某是某公司的软件设计师，完成某项软件开发后按公司规定进行软件归档。以下有关该软件的著作权的叙述中，正确的是_____。

  A. 著作权应由公司和王某共同享有 B. 著作权应由公司享有

  C. 著作权应由王某享有   D. 除了署名权以外，著作权的其他权利由王某享有

36）有可能无限期拥有的知识产权是_____。

  A. 著作权 B. 专利权 C. 商标权 D. 集成电路布图设计权

37）_____是构成我国保护计算机软件著作权的两个基本法律文件。

  A.《软件法》和《计算机软件保护条例》

B. 《中华人民共和国著作权法》和《计算机软件保护条例》

C. 《软件法》和《中华人民共和国著作权法》

D. 《中华人民共和国版权法》和《计算机软件保护条例》

38）某软件程序员接受一个公司（软件著作权人）委托开发完成一个软件，三个月后又接受另一公司委托开发功能类似的软件，此程序员仅将受第一个公司委托开发的软件略作修改即提交给第二家公司，此种行为_____。

    A. 属于开发者的特权   B. 属于正常使用著作权   C. 不构成侵权   D. 构成侵权

39）刘某完全利用任职单位的实验材料、实验室和不对外公开的技术资料完成了一项发明。以下关于该发明的权利归属的叙述中，正确的是_____。

    A. 无论刘某与单位有无特别约定，该项成果都属于单位

    B. 原则上应归单位所有，但若单位与刘某对成果的归属有特别约定时遵从约定

    C. 取决于该发明是否是单位分派给刘某的

    D. 无论刘某与单位有无特别约定，该项成果都属于刘某

40）甲公司购买了一工具软件，并使用该工具软件开发了新的名为"恒友"的软件。甲公司在销售新软件的同时，向客户提供工具软件的复制品，则该行为___①___。甲公司未对"恒友"软件注册商标就开始推向市场，并获得用户的好评。三个月后，乙公司也推出名为"恒友"的类似软件，并对之进行了商标注册，则其行为___②___。

    ① A. 侵犯了著作权   B. 不构成侵权行为   C. 侵犯了专利权   D. 属于不正当竞争

    ② A. 侵犯了著作权   B. 不构成侵权行为   C. 侵犯了商标权   D. 属于不正当竞争

41）李某受非任职单位委托，利用该单位实验室实验材料和技术资料开发了一项软件产品，对该软件的权利归属，表达正确的是_____。

    A. 该软件属于委托单位

    B. 若该单位与李某对软件的归属有特别的约定，则遵从约定；无约定的原则上 归属于李某

    C. 取决于该软件是否属于单位分派给李某的

    D. 无论李某与该单位有无特别约定，该软件都属于李某

42）李工是某软件公司的软件设计师，每当软件开发完成均按公司规定申请软件著作权，该软件的著作权_____。

    A. 应由李工享有   B. 应由公司和李工共同享有

    C. 应由公司享有   D. 除署名权以外，著作权的其他权利由李工享有

43）甲、乙两个申请人分别就相同内容的计算机软件发明创造，向国务院专利行政部门提出专利申请，甲先于乙一日提出，则_____。

    A. 甲获得该项专利申请权

    B. 乙获得该项专利申请权

    C. 甲和乙都获得该项专利申请权

    D. 甲和乙都不能获得该项专利申请权

44）小王是某高校的非全日制在读研究生，目前在甲公司实习，负责了该公司某软件项目的

开发工作并撰写相关的软件文档。以下叙述中，正确的是_____。

    A. 该软件文档属于职务作品，但小王享有该软件著作权的全部权利

    B. 该软件文档属于职务作品，甲公司享有该软件著作权的全部权利

    C. 该软件文档不属于职务作品，小王享有该软件著作权的全部权利

    D. 该软件文档不属于职务作品，甲公司和小王共同享有该著作权的全部权利

45）按照我国著作权法的权利保护期，以下权利中，_____受到永久保护。

    A. 发表权   B. 修改权   C. 复制权   D. 发行权

12.2.2 真题讲解

1）B。

即专利管理部门授予专利权的基本原则。我国授予专利权采用先申请原则，即两个以上的申请人分别就同一项发明创造申请专利权的，专利权授予最先申请的人。如果两个以上申请人在同一日分别就同样的发明创造申请专利的，应当在收到专利行政管理部门的通知后自行协商确定申请人。如果协商不成，专利局将驳回所有申请人的申请，即所有申请人均不能取得专利权。所以，先申请人可以获得专利申请权。

2）D。

在我国，商标权是指注册商标专用权，只有依法进行商标注册后，商标注册人才能取得商标权，其商标才能得到法律的保护。商标权不包括商标设计人的权利，主要注重商标所有人的权利，即注册商标所有人具有其商标的专用权。商标设计人的发表权、署名权等人身权在商标的使用中没有反映，所以不受商标法保护。商标设计人可以通过其他法律来保护属于自己的权利，如可以将商标设计图案作为美术作品通过著作权法来保护，与产品外观关系密切的商标图案还可以申请外观设计专利通过专利法加以保护。软件商标制作人、软件商标使用人均未涉及软件注册商标，所以均不能成为软件商标权的权利人。

3）C。

著作权从软件作品性的角度保护其表现形式，源代码（程序）、目标代码（程序）、软件文档是计算机软件的基本表达方式（表现形式），受著作权保护；专利权从软件功能性的角度保护软件的思想内涵，即软件的技术构思、程序的逻辑和算法等的思想内涵，当计算机软件同硬件设备是一个整体，涉及计算机程序的发明专利，可以申请方法专利，取得专利权保护。商标权是为商业化的软件从商品、商誉的角度为软件提供保护，利用商标权可以禁止他人使用相同或者近似的商标，生产（制作）或销售假冒软件产品。商标权受保护的力度大于其他知识产权，对软件的侵权行为更容易受到行政查处。而商业秘密权是商业秘密的合法控制人采取了保密措施，依法对其经营信息和技术信息享有的专有使用权，我国《反不正当竞争法》中对商业秘密的定义为"不为公众所知悉、能为权利人带来经济利益、具有实用性并经权利人采取保密措施的技术信息和经营信息"。软件技术秘密是指软件中适用的技术情报、数据或知识等，包括程序、设计方法、技术方案、功能规划、开发情况、测试结果及使用方法的文字资料和图表，如程序设计说明书、流程图、用户手册等。软件经营秘密指具有软件秘密性质的经营管理方法以及与经营管理方法密切相关的信息和情报，其中包括管理方法、经营方法、产销策略、客户情报（客户名单、客户需求），以及对软件市场的分析、

预测报告和未来的发展规划、招投标中的标底及标书内容等。

4）C。

根据《专利法》第六条第一款规定，执行本单位的任务所完成的发明创造是职务发明创造。职务发明创造申请专利的权利属于单位，申请被批准后，该单位为专利权人。《专利法》第十一条对"执行本单位的任务所完成的发明创造"做出了解释。执行本单位的任务所完成的发明创造是指：（1）在本职工作中做出的发明创造；（2）履行本单位交付的本职工作之外的任务所做出的发明创造；（3）退职、退休或者调动工作后一年内所做出的、与其在原单位承担的本职工作或原单位分配的任务有关的发明创造。李某是为完成其兼职软件公司交给的工作而做出的该项发明，属于职务发明。专利申请权应归属软件公司。

《专利法》第六条第三款规定："利用本单位的物质技术条件所完成的发明创造，单位与发明人或者设计人订有合同，对申请专利的权利和专利权的归属做出约定的，从其约定。"在事先有约定的情况下，按照约定确定权属。如果单位和发明人没有对权属问题做出约定或约定不明的，该发明创造仍视为职务发明创造，专利申请权仍然属于单位。本题未涉及合同约定，故 D 项不正确。

5）B。

软件著作权中翻译权是指以不同于原软件作品的一种程序语言转换该作品原使用的程序语言，而重现软件作品内容的创作的产品权利。简单地说，也就是指将原软件从一种程序语言转换成另一种程序语言的权利。

6）C。

由于是软件公司研发的财务软件产品，因此软件公司享有该软件产品的软件著作权。商业秘密的构成条件是：商业秘密必须具有未公开性，即不为公众所知悉； 商业秘密必须具有实用性，即能为权利人带来经济效益；商业秘密必须具有保密性，即采取了保密措施。

综上所述，公司仅享有该软件产品的软件著作权和商业秘密权。

7）A。

合理使用是指在特定的条件下，法律允许他人自由使用享有著作权的作品而不必征得著作权人的同意，也不必向著作权人支付报酬，但应当在指明著作权人姓名、作品名称，并且不侵犯著作权人依法享有的合法权利的情况下对著作权人的作品进行使用。

许可使用是指著作权人将自己的作品以一定的方式、在一定的地域和期限内许可他人使用，并由此获得经济利益。

强制许可使用是指在一定条件下，作品的使用者基于某种正当理由，需要使用他人已发表的作品，经申请由著作权行政管理部门授权即可使用该作品，无须征得著作权人同意，但应向其支付报酬。

法定许可是指除著作权人声明不得使用外，使用人在未经著作权人许可的情况下，向著作权人支付报酬，指明著作权人姓名、作品名称，并且不侵犯著作权人依法享有的合法权利的情况下进行使用。

8）B。

王某开发的软件（即"海运出口业务系统 V1.0"）是在国际运输有限公司担任计算机系统管

理员期间根据国际运输有限公司业务要求开发的，该软件是针对本职工作中明确指定的开发目标所开发的。根据《著作权法》第十六条规定，公民为完成法人或者非法人单位工作任务所创作的作品是职务作品。认定作品为职务作品还是个人作品，应考虑两个前提条件：一是作者和所在单位存在劳动关系，二是作品的创作属于作者应当履行的职责。职务作品分为一般职务作品和特殊的职务作品：一般职务作品的著作权由作者享有，单位或其他组织享有在其业务范围内优先使用的权利，期限为二年；特殊的职务作品，除署名权以外，著作权的其他权利由单位享有。所谓特殊职务作品，是指《著作权法》第十六条第二款规定的两种情况：一是主要利用法人或者其他组织的物质技术条件创作，并由法人或者其他组织承担责任的工程设计、产品设计图、计算机软件、地图等科学技术作品；二是法律、法规规定或合同约定著作权由单位享有的职务作品。《计算机软件保护条例》也有类似的规定，在第十三条中规定了三种情况，一是针对本职工作中明确指定的开发目标所开发的软件；二是开发的软件是从事本职工作活动所预见的结果或者自然的结果；三是主要使用了法人或者其他组织的资金、专用设备、未公开的专门信息等物质技术条件所开发并由法人或者其他组织承担责任的软件。王某在公司任职期间利用公司的资金、设备和各种资料，且是从事本职工作活动所预见的结果。所以，其进行的软件开发行为是职务行为（只要满足上述三个条件之一），其工作成果应由公司享有。因此，该软件的著作权应属于国际运输有限公司，但根据法律规定，王某享有署名权。

根据《计算机软件保护条例》第七条规定，软件登记机构发放的登记证明文件是登记事项的初步证明，只是证明登记主体享有软件著作权以及订立许可合同、转让合同的重要的书面证据，并不是软件著作权产生的依据。因为软件著作权是自软件开发完成之日起自动产生的，未经登记的软件著作权或软件著作权专有合同和转让合同仍受法律保护。因此，软件登记机构发放的登记证明并不是软件著作权最终归属的证明，如果有相反证明，软件著作权登记证是可以撤销的。该软件是王某针对本职工作中明确指定的开发目标所开发的，该软件的著作权应属于公司。明确真正的著作权人之后，软件著作权登记证书的证明力自然就消失了（只有审判机关才能确定登记证书的有效性）。

9）D。

软件著作权的客体是指著作权法保护的计算机软件，包括计算机程序及其相关文档。

计算机程序通常包括源程序和目标程序。

源程序（又称为源代码、源码）是采用计算机程序设计语言（如 C、Java 语言）编写的程序，需要转换成机器能直接识别和执行的形式才能在计算机上运行并得出结果。它具有可操作性、间接应用性和技术性等特点。

目标程序以二进制编码形式表示，是计算机或具有信息处理能力的装置能够识别和执行的指令序列，能够直接指挥和控制计算机的各部件（如存储器、处理器、I/O 设备等）执行各项操作，从而实现一定的功能。它具有不可读性、不可修改性和面向机器性等特点。

源程序与目标程序就其逻辑功能而言不仅内容相同，而且表现形式相似，二者可以互相转换，最终结果一致。源程序是目标程序产生的基础和前提，目标程序是源程序编译的必然结果；源程序和目标程序具有独立的表现形式，但是目标程序的修改通常依赖于源程序。同一程序的源程序文本和目标程序文本应当视为同一程序。无论是用源程序形式还是目标程序形式体现，都可能得到著作权法保护。

计算机软件包含计算机程序，并且不局限于计算机程序，还包括与之相关的程序描述和辅助资料。我国将计算机程序文档（软件文档）视为计算机软件的一个组成部分。计算机程序文档与计算机程序不同，计算机程序是用编程语言，如汇编语言、C语言、 Java 语言等编写而成的，而计算机程序文档是由自然语言或由形式语言编写而成的。计算机程序文档是指用自然语言或者形式化语言所编写的文字资料和图表，用来描述程序的内容、组成、设计、功能、开发情况、测试结果及使用方法等。计算机程序文档一般以程序设计说明书、流程图、数据流图和用户手册等表现。

我国《计算机软件保护条例》第六条规定："本条例对软件著作权的保护不延及开发软件所用的思想、处理过程、操作方法或者数学概念等。"也就是说，软件开发的思想、处理过程、操作方法或者数学概念等与计算机软件分别属于主客观两个范畴。思想是开发软件的设计方案、构思技巧和功能，设计程序所实现的处理过程、操作方法、算法等，表现是完成某项功能的程序。

我国著作权法只保护作品的表达，不保护作品的思想、原理、概念、方法、公式、算法等，因此对计算机软件来说，只有程序的作品性能得到著作权法的保护，而体现其工具性的程序构思、程序技巧等却无法得到保护。实际上计算机程序的技术设计，如软件开发中对软件功能、结构的构思，往往是比程序代码更重要的技术成果，通常体现了软件开发中的主要创造性贡献。

10）D。

知识产权受地域限制，只有在一定地域内知识产权才具有独占性。也就是说，各国依照其本国法律授予的知识产权，只能在其本国领域内受其法律保护，而其他国家对这种权利没有保护的义务，任何人均可在自己的国家内自由使用外国人的知识产品，既无须取得权利人的同意（授权），也不必向权利人支付报酬。例如，中国专利局授予的专利权或中国商标局核准的商标专用权只能在中国领域内受保护，在其他国家则不给予保护。外国人在我国领域外使用中国专利局授权的发明专利不侵犯我国专利权，如美国人在美国使用我国专利局授权的发明专利不侵犯我国专利权。

通过缔结有关知识产权的国际公约或双边互惠协定的形式，某一国家的国民（自然人或法人）的知识产权在其他国家（缔约国）也能取得权益。参加知识产权国际公约的国家（或者签订双边互惠协定的国家）会相互给予成员国国民的知识产权保护。所以，我国公民、法人完成的发明创造要想在外国受保护，必须在外国申请专利。商标要想在外国受保护，必须在外国申请商标注册。著作权虽然自动产生，但它受地域限制，我国法律对外国人的作品并不是都给予保护，只保护共同参加国际条约国家的公民作品。同样，参加公约的其他成员国也按照公约规定，对我国公民和法人的作品给予保护。虽然众多知识产权国际条约等的订立使地域性有时会变得模糊，但地域性的特征不但是知识产权最"古老"的特征，也是最基础的特征之一。目前知识产权的地域性仍然存在，是否授予权利、如何保护权利仍需由各缔约国按照其国内法来决定。

本题涉及的依照该专利生产的产品在中国或其他国家销售，中国 M 企业不需要向美国 L 公司支付这件美国专利的许可使用费。这是因为 L 公司未在中国及其他国家申请该专利，不受中国及其他国家专利法的保护，因此依照该专利生产的产品在中国及其他国家销售，M 企业不需要向 L 公司支付这件专利的许可使用费。如果返销美国，需要向 L 公司支付这件专利的许可使用费。这是因为这件专利已在美国获得批准，因而受到美国专利法的保护，M 企业依照该专利生产的产品要在美国销售，则需要向 L 公司支付这件专利的许可使用费。

11）C。

关于软件著作权的取得，《计算机软件保护条例》规定："软件著作权自软件开发完成之日起产生。"即软件著作权自软件开发完成之日起自动产生，不论整体还是局部，只要具备了软件的属性即产生软件著作权，既不要求履行任何形式的登记或注册手续，也无须在复制件上加注著作权标记，不论其是否已经发表都依法享有软件著作权。软件开发经常是一项系统工程，一个软件可能会有很多模块，而每一个模块能够独立完成某一项功能。自该模块开发完成后就产生了著作权。软件公司享有商业秘密权。因为一项商业秘密受到法律保护的依据，必须具备构成商业秘密的三个条件，即不为公众所知悉、具有实用性、采取了保密措施。商业秘密权保护软件是以软件中是否包含着"商业秘密"为必要条件的。该软件公司组织开发的应用软件具有商业秘密的特征，即包含着他人不能知道的技术秘密；具有实用性，能为软件公司带来经济效益；对职工进行了保密的约束，在客观上已经采取相应的保密措施。所以软件公司享有商业秘密权。商标权、专利权不能自动取得，申请人必须履行商标法、专利法规定的申请手续，向国家行政部门提交必要的申请文件，申请获准后即可取得相应权利。获准注册的商标通常称为注册商标。

12）C。

专利法意义上的发明人必须是：第一，直接参加发明创造活动。在发明创造过程中，只负责组织管理工作或者是对物质条件的利用提供方便的人，不应当被认为是发明人；第二，必须是对发明创造的实质性特点做出创造性贡献的人。仅仅提出发明所要解决的问题而未对如何解决该问题提出具体意见的，或者仅仅从事辅助工作的人，不视为发明人或者设计人。有了发明创造不一定就能成为专利权人。发明人或设计人是否能够就其技术成果申请专利，还取决于该发明创造与其职务工作的关系。一项发明创造若被认定为职务发明创造，那么该项发明创造申请并获得专利的权利为该发明人或者设计人所属单位所有。根据专利法规定，职务发明创造分为两种情形：一是执行本单位的任务所完成的发明创造，二是主要是利用本单位的物质技术条件所完成的发明创造。《专利法实施细则》对"执行本单位的任务所完成的发明创造"和"本单位的物质技术条件"又分别做出了解释。所谓执行本单位的任务所完成的发明创造是指：① 在本职工作中做出的发明创造；② 履行本单位交付的本职工作之外的任务所做出的发明创造；③ 退职、退休或者调动工作后一年内所做出的，与其在原单位承担的本职工作或原单位分配的任务有关的发明创造。职务发明创造的专利申请权属于发明人所在的单位，但发明人或者设计人仍依法享有发明人身份权和获得奖励报酬的权利。

13）A。

公民为完成法人或者其他组织工作任务所创作的作品是职务作品。职务作品可以是作品分类中的任何一种形式，如文字作品、电影作品、计算机软件等。职务作品的著作权归属分两种情形：

① 一般职务作品的著作权由作者享有。所谓一般职务作品，是指虽是为完成工作任务而为，但非经法人或其他组织主持，不代表其意志创作，也不由其承担责任的职务作品。对于一般职务作品，法人或其他组织享有在其业务范围内优先使用的权利，期限为两年。优先使用权是专有的，未经单位同意，作者不得许可第三人以与法人或其他组织使用的相同方式使用该作品。在作品完成两年内，如单位在其业务范围内不使用，作者可以要求单位同意由第三人以与法人或其他组织使用的相同方式使用，所获报酬由作者与单位按约定的比例分配。

② 特殊的职务作品，除署名权以外，著作权的其他权利由法人或者其他组织（单位）享有。所谓特殊职务作品，是指《著作权法》第十六条第二款规定的两种情况：一是主要利用法人或者其他组织的物质技术条件创作，并由法人或者其他组织承担责任的工程设计、产品设计图、计算机软件、地图等科学技术作品；二是法律、法规规定或合同约定著作权由单位享有的职务作品。

14）C。

我国《计算机软件保护条例》第三十条规定："软件的复制品持有人不知道也没有合理理由应当知道该软件是侵权复制品的，不承担赔偿责任；但是，应当停止使用、销毁该侵权复制品。如果停止使用并销毁该侵权复制品将给复制品使用人造成重大损失的，复制品使用人可以在向软件著作权人支付合理费用后继续使用。"丙企业在获得软件复制品的形式上是合法的（向经销商购买），但是由于其没有得到真正软件权利人的授权，其取得的复制品仍是非法的，所以丙企业的使用行为属于侵权行为。

丙企业应当承担的法律责任种类和划分根据主观状态来确定。首先，法律确立了软件著作权人的权利进行绝对的保护原则，即软件复制品持有人不知道也没有合理理由应当知道该软件是侵权复制品的，也必须承担停止侵害的法律责任，只是在停止使用并销毁该侵权复制品将给复制品使用人造成重大损失的情况下，软件复制品使用人可继续使用，但前提是必须向软件著作权人支付合理费用。其次，如果软件复制品持有人能够证明自己确实不知道并且没有合理理由应当知道该软件是侵权复制品的，软件复制品持有人除承担停止侵害外，不承担赔偿责任。

软件复制品持有人一旦知道了所使用的软件为侵权复制品，应当履行停止使用、销毁该软件的义务。不履行该义务，软件著作权人可以诉请法院判决停止使用并销毁侵权软件。如果软件复制品持有人在知道所持有软件是非法复制品后继续使用给权利人造成损失的，应该承担赔偿责任。

15）A。

选项 A"既可引用发表的作品，也可引用未发表的作品"的说法显然是错误的。因为，为说明某一问题，在学术论文中需要引用某些资料必须是已发表的作品，但只能限于介绍、评论作品，只要不构成自己作品的主要部分，可适当引用资料，而不必征得原作者的同意，不需要向他支付报酬。

16）D。

选项 D"国务院颁布的《计算机软件保护条例》"的说法显然是错误的。因为国务院颁布的《计算机软件保护条例》是国家为了管理需要制定的政策法规，故不适用于著作权法保护。

17）D。

绘画、书法、雕塑等美术作品的原件可以买卖、赠予。但获得一件美术作品并不意味着获得该作品的著作权。我国《著作权法》规定："美术等作品原件所有权的转移，不视为作品著作权的转移，但美术作品原件的展览权由原件所有人享有。"这就是说作品物转移的事实并不引起作品著作权的转移，受让人只是取得物的所有权和作品原件的展览权，作品的著作权仍然由作者享有。

18）C。

《商标法》第二十九条规定："两个或者两个以上的商标注册申请人，在同一种商品或者类似商品上，以相同或者近似的商标申请注册的，初步审定并公告申请在先的商标；同一天申请的，初步审定并公告使用在先的商标，驳回其他人的申请，不予公告。"

《商标法实施条例》第十九条规定："两个或者两个以上的申请人，在同一种商品或者类似商品上，分别以相同或者近似的商标在同一天申请注册的，各申请人应当自收到商标局通知之日起 30 日内提交其申请注册前使用该商标的证据。同日使用或者均未使用的，各申请人可以自收到商标局通知之日起 30 日内自行协商，并将书面协议报送商标局；不愿协商或者协商不成的，商标局通知各申请人以抽签的方式确定一个申请人，驳回其他人的注册申请。商标局已经通知但申请人未参加抽签的，视为放弃申请，商标局应当书面通知未参加抽签的申请人。"

所以，同日申请选择先使用的，即"用有"。

19）A。

委托开发软件著作权关系的建立，通常由委托方与受委托方订立合同而成立。委托开发软件关系中，委托方的责任主要是提供资金、设备等物质条件，并不直接参与开发软件的创作开发活动。受托方的主要责任是根据委托合同规定的目标开发出符合条件的软件。关于委托开发软件著作权的归属，《计算机软件保护条例》第十二条规定："受他人委托开发的软件，其著作权的归属由委托者与受委托者签订书面协议约定，如无书面协议或者在协议中未作明确约定，其著作权属于受委托者。"根据该条规定，确定委托开发的软件著作权的归属应当掌握两条标准：

① 委托开发软件系根据委托方的要求，由委托方与受托方以合同确定的权利和义务的关系而进行开发的软件，因此软件著作权归属应当作为合同的重要条款予以明确约定。对于当事人已经在合同中约定软件著作权归属关系的，如事后发生纠纷，软件著作权的归属仍应当根据委托开发软件的合同来确定。

② 对于在委托开发软件活动中，委托者与受委托者没有签订书面协议，或者在协议中未对软件著作权归属做出明确的约定，其软件著作权属于受委托者，即属于实际完成软件的开发者。

20）D。

我国商标注册采取"申请在先"的审查原则，当两个或两个以上申请人在同一种或者类似商品上申请注册相同或者近似的商标时，商标主管机关根据申请时间的先后决定商标权的归属，申请在先的人可以获得注册。对于同日申请的情况，使用在先的人可以获得注册。如果同日使用或均未使用，则采取申请人之间协商解决，协商不成的，由各申请人抽签决定。

类似商标是指在同一种或类似商品上用作商标的文字、图形、读音、含义或文字与图形的整体结构等要素大体相同的商标，即易使消费者对商品的来源产生误认的商标。甲、乙两个公司申请注册的商标，"大堂"与"大唐"读音相同、文字相近似，不能同时获准注册。在协商不成的情形下，由甲、乙公司抽签结果确定谁能获准注册。

21）A。

依据《著作权法》第十一条、第十六条规定，职工为完成所在单位的工作任务而创作的作品属于职务作品。职务作品的著作权归属分为两种情况：

① 虽是为完成工作任务而为，但非经法人或其他组织主持，不代表其意志创作，也不由其承担责任的职务作品，如教师编写的教材，著作权应由作者享有，但法人或者其他组织在其业务范围内有优先使用的权利，期限为 2 年。

② 由法人或者其他组织主持，代表法人或者其他组织意志创作，并由法人或者其他组织承担责任的职务作品，如工程设计、产品设计图纸及其说明、计算机软件、地图等职务作品，以及法律规定或合同约定著作权由法人或非法人单位单独享有的职务作品，作者享有署名权，其他权利由法人或者其他组织享有。

22）D。

当两个以上的申请人分别就同样的发明创造申请专利的，专利权授给最先申请的人。如果两个以上的申请人在同日分别就同样的发明创造申请专利的，应当在收到专利行政管理部门的通知后自行协商确定申请人。如果协商不成，专利局将驳回所有申请人的申请，即均不授予专利权。我国《专利法》规定："两个以上的申请人分别就同样的发明创造申请专利的，专利权授予最先申请的人。"我国专利法实施细则规定："同样的发明创造只能被授予一项专利。"依照专利法第九条的规定，两个以上的申请人在同一日分别就同样的发明创造申请专利的，应当在收到国务院专利行政部门的通知后自行协商确定申请人。"

23）C。

我国《著作权法》在第十条对权利内容进行了较为详尽而具体的规定，指明著作权的内容包括人身权利和财产权利。著作人身权是指作者享有的与其作品有关的以人格利益为内容的权利，也称为精神权利，包括发表权、署名权、修改权和保护作品完整权。著作人身权与作者的身份紧密联系，永远属于作者本人，即使作者死亡，其他任何人不能再拥有它。所以，我国《著作权法》第二十条规定："作者的署名权、修改权、保护作品完整权的保护期不受限制。"

发表权属于人身权利，但发表权是一次性权利，即发表权行使一次后，不再享有发表权。发表权是指决定作品是否公之于众的权利，作品一经发表，就处于公知状态，对处于公知状态的作品，作者不再享有发表权，以后再次使用作品与发表权无关，而是行使作品的使用权。

24）A。

王某的行为侵犯了公司的软件著作权。因为王某作为公司的职员，完成的某一综合信息管理系统软件是针对其本职工作中明确指定的开发目标而开发的软件。该软件应为职务作品，并属于特殊职务作品。公司对该软件享有除署名权外的软件著作权的其他权利，而王某只享有署名权。王某持有该软件源程序不归还公司的行为，妨碍了公司正常行使软件著作权，构成对公司软件著作权的侵犯，应承担侵权法律责任，交还软件源程序。

25）A。

根据我国《著作权法》第九条和《计算机软件保护条例》第八条的规定，软件著作权人享有发表权和开发者身份权，这两项权利与著作权人的人身是不可分离的主体。其中，开发者的身份权不随软件开发者的消亡而丧失，且无时间限制。谢某参加某软件公司开发管理系统软件的工作，属于职务行为，该管理系统软件的著作权归属公司所有，但谢某拥有该管理系统软件的署名权。而该项目负责人将作为软件系统开发者之一的谢某的署名更改为他人，根据《计算机软件保护条例》第二十三条第四款的规定，项目负责人的行为侵犯了谢某的开发者身份权及署名权。

26）D。

在中国不享有专利权，因此不能禁止他人在中国制造、使用、销售、进口、许诺销售。

27）D。

根据专利审查指南的规定，在审查过程中，对于不同的申请人同日（指申请日，有优先权的指优先权日）就同样的发明创造分别提出专利申请，并且这两个申请符合授予专利权的其他条件的，应当根据《专利法实施细则》第四十一条第一款的规定，通知申请人自行协商确定申请人。

28）B。

按照《商标法》第二十九条以及《商标法实施条例》第十九条的规定，同一天申请的，初步审定并公告使用在先的，驳回其他人的申请。均未使用或无法证明的，各自协商，不愿协商或者协商不成的，抽签决定，不抽签的，视为放弃。

29）A。

委托开发：如果是接受他人委托进行开发的软件，其著作权的归属应由委托人与受托人签订书面合同约定；如果没有签订合同，或合同中未规定的，则其著作权由受托人享有。

由国家机关下达任务开发的软件，著作权的归属由项目任务书或合同规定，若未明确规定，其著作权应归任务接受方所有。

30）D。
根据我国法律规定：

① 卷烟、雪茄烟和有包装的烟丝必须申请商标注册，未经核准注册的，不得生产、销售。
② 除中药材和中药饮片以外的其他药品，都必须注册商标。

31）D。

同样的发明创造只能被授予一项专利的规定。在同一天两个不同的人就同样的发明创造申请专利的，专利局将分别向各申请人通报有关情况，请他们自己去协商解决这一问题，解决的办法一般有两种：一种是两个申请人作为一件申请的共同申请人；另一种是其中一方放弃权利，并从另一方得到适当的补偿。都授予专利权是不存在的。

32）C。
属于职务作品。

33）B。
购买的软件光盘只有该光盘的使用权和所有权。

34）A。

35）B。
属于职务作品。

计算机软件所有人应向软件登记机构办理软件著作权登记。软件登记机构发放的登记证明文件，是软件著作权有效或者登记申请文件中所述事实确定的初步证明。

凡已办登记的软件，在软件权利发生转让活动时，受让方应当在转让合同正式签订后 3 个月内向软件登记管理机构备案，否则不能对抗第三者的侵权活动。中国籍的软件著作权人将其在中国境内开发的软件权利向外国人许可或转让时，应当报请国务院有关主管部门批准并向软件登记管理机构备案。

软件著作权人是指依法享有软件著作权的自然人、法人或者其他组织。软件著作权自软件开发完成之日起产生。除法律另有规定外，软件著作权属于软件开发者，即实际组织开发、直接进行开发，并对开发完成的软件承担责任的法人或者其他组织；或者依靠自己具有的条件独立完成软件开发，并对软件承担责任的自然人。如无相反证据，在软件上署名的自然人、法人或者其他组织为开发者。

委托开发、合作开发软件著作权的归属及行使原则与一般作品著作权归属及行使原则一样，但职务计算机软件的著作权归属有一定的特殊性。自然人在法人或者其他组织中任职期间所开发的软件有下列情形之一的，该软件著作权由该法人或者其他组织享有，该法人或者其他组织可以对开发软件的自然人进行奖励：

① 针对本职工作中明确指定的开发目标所开发的软件。

② 开发的软件是从事本职工作活动所预见的结果或者自然的结果。

③ 主要使用了法人或者其他组织的资金、专用设备、未公开的专门信息等物质技术条件所开发并由法人或者其他组织承担责任的软件。

36）C。

其中商标权可以通过续注延长拥有期限，而著作权、专利权和设计权的保护期限都是有限期的。

37）B。

38）D。

39）B。

40）① A。

涉及向客户提供工具软件的复制品，这里侵犯了工具软件的著作权。

② A。

甲公司没有注册商标，并且没有描述商业秘密相关内容，所以不涉及商标权保护和不正当竞争法保护，而著作权是自作品完成之时就开始保护，所以甲公司当软件产品完成之后，该作品就已经受到著作权保护了，乙公司的行为侵犯了著作权。

41）B。

42）C。

43）A。

44）B。

45）B。

著作权中的修改权、署名权、保护作品完整权都是永久保护的。

12.3 难点精练

12.3.1 重难点练习

1）在以下组织中，_____制定的标准是国际标准。
   A. ISO 和 ANSI　　B. IEEE 和 IEC　　C. ISO 和 IEC　　D. IEEE 和 CEN

2）如果某企业 A 委托软件公司 B 开发一套信息管理系统，并且在开发合同中没有明确规定该系统的版权归属，那么版权_____。
   A. 归企业 A 所有　　　　B. 归软件公司 B 所有
   C. 双方共同拥有　　　　D. 除署名权归软件公司 B 所有外，其余版权归企业 A 所有

3）条码是一种特殊的代码。条码是"一组规则排列的条、空及其对应字符组成的标记，用以表示一定的信息"。我国规定商品条码结构的国家标准是_____。

    A. GB/T 2312—1980　B. GB/T 12904—2008　C. GB/T 7590—1987　D. GB/T 12950—1991

4）赵某于 2002 年 4 月 1 日申请一项外观设计专利，2003 年 2 月 8 日获得授权，这项专利权的保护期限终止于_____。

    A. 2012 年 4 月 1 日　　　　　　　B. 2013 年 2 月 8 日

    C. 2022 年 4 月 1 日　　　　　　　D. 2023 年 2 月 8 日

5）_____一经接受并采用，或各方商定同意纳入经济合同中，就成为各方必须共同遵守的技术依据，具有法律上的约束性。

    A. 强制性标准　　　B. 推荐性标准　　　C. 国际标准　　　D. 区域标准

6）我国标准分为国家标准、行业标准、地方标准和企业标准 4 类，_____是企业标准的代号。

    A. GB　　　　　　B. QJ　　　　　　C. Q　　　　　　D. DB

7）《计算机软件保护条例》规定非职务软件的著作权归_____。

    A. 软件开发者所有　　　　　　　　B. 国家所有

    C. 雇主所有　　　　　　　　　　　D. 软件开发者所属公司所有

8）以下标准化组织中，_____属于行业标准组织。

    A. IEEE　　　　　　B. ISO　　　　　　C. IEC　　　　　　D. CEN

9）某软件产品注册版权后 51 年，原作者的_____仍受到保护。

    A. 获得报酬权　　　B. 使用许可权　　　C. 署名权　　　　　D. 转让权

10）我国标准分为国家标准、行业标准、地方标准和企业标准 4 类，_____是企业标准的代号。

    A. GB　　　　　　B. Q　　　　　　C. QJ　　　　　　D. DB

11）下列行为中，有侵犯著作权行为的是_____。

    A. 商场为了调节气氛播放了一些在音像店里购买的正版音乐 CD

    B. 未与原作者协商，将已出版的书籍翻译成盲文出版

    C. 为了备份，将自己的正版软件光盘复制了一张

    D. 模仿某知名软件的功能和界面，开发一套相类似的系统

12）两个以上的专利申请人分别就同样的发明创造在中国申请专利的，专利权授予_____。

    A. 最先申请人　　　B. 最先发明人　　　C. 所有的申请人　　　D. 所有的发明人

13）根据我国法律，在以下情况中，引用他人作品不构成侵权的是_____。

    A. 引用目的在于填补引用人作品在某些方面的空白

    B. 所引用部分构成引用作品的主要部分或实质部分

    C. 引用时未注出处，足以使读者误以为被引用部分是引用者的见解

    D. 引用目的是介绍该作品，但引用数量达到了被引用作品的四分之一

14）目前，我国已形成了相对完备的知识产权保护的法律体系，对软件形成一种综合性的法律保护，如源程序和设计文档作为软件的表现形式受__①__保护，同时作为技术秘密又受__②__的保护。

① A.《著作权法》　　　B.《合同法》　　　C.《专利法》　　　D.《反不正当竞争法》

② A.《专利法》　　　　B.《合同法》　　　C.《著作权法》　　　D.《反不正当竞争法》

15）ISO 是一个国际标准化组织。以 ISO 9000 系列标准为基础，以"追加"形式制定了_____标准，成为"使 ISO 9001 适用于软件开发、供应及维护"的"指南"。

A. ISO 9002　　　　B. ISO 9003　　　　C. ISO 9000-3　　　　D. ISO 9004

16）甲软件公司将其开发的商业软件著作权经约定合法转让给乙股份有限公司，随后自行对原软件作品提高和改善，形成新版本后进行销售。甲软件公司的行为_____。

A. 不构成侵权，因为这是对原软件作品提高和改善后的新版本

B. 不构成侵权，因为其享有原软件作品的使用权

C. 不构成侵权，因为对原软件作品增加了新的功能

D. 构成侵权，因为其不再享有原软件作品的使用权

17）_____的保护期限是可以延长的。

A. 专利权　　　　B. 商标权　　　　C. 著作权　　　　D. 商业秘密权

18）王某是一名程序员，每当软件开发完成后均按公司规定完成软件文档，并上交公司存档，自己没有留存。因撰写论文的需要，王某向公司要求将软件文档原本借出复印，但遭到公司拒绝，理由是该软件文档属于职务作品，著作权归公司。以下叙述中，正确的是_____。

A. 该软件文档属于职务作品，著作权归公司

B. 该软件文档不属于职务作品，程序员享有著作权

C. 该软件文档属于职务作品，但程序员享有复制权

D. 该软件文档不属于职务作品，著作权由公司和程序员共同享有

19）著作权中，_____的保护期不受限制。

A. 发表权　　　　B. 发行权　　　　C. 署名权　　　　D. 展览权

12.3.2 练习精解

1）C。

国际标准是指国际标准化组织（ISO）、国际电工委员会（IEC）和国际电信联盟（ITU）制定的标准，以及国际标准化组织确认并公布的其他国际组织制定的标准。美国国家标准学会（ANSI）是国家标准化组织，美国电气电子工程师学会（IEEE）是行业标准化组织，欧洲标准化委员会（CEN）是区域标准化组织。

2）B。

受他人委托开发的软件，其著作权的归属由委托者与受委托者签订书面协议约定，如无书面协议或者在协议中未作明确约定，其著作权属于受委托者。

3）B。

条码是一种特殊的代码。条码是"一组规则排列的条、空及其对应字符组成的标记，用以表示一定的信息"。我国规定商品条码结构的国家标准是 GB/T 12904—2008。

GB/T 2312—1980 是信息交换用汉字编码字符集基本集，GB/T 7590—1987 是第四辅助集。

4）A。

实用新型专利权、外观设计专利权的期限为 10 年，均自申请日起计算。

5）B。

推荐性标准是指国家鼓励自愿采用的具有指导作用而又不宜强制执行的标准，即标准所规定的技术内容和要求具有普通指导作用，允许使用单位结合自己的实际情况，灵活加以选用。经济合同中引用的推荐性标准，在合同约定的范围内必须执行。

6）C。

强制性国家标准代码为 GB，推荐性国家标准代码为 GB/T。

强制性行业标准代码由汉语拼音大字字母组成（如航天为 QJ、电子为 SJ、机械为 JB、金融为 JR），加上 "/T" 为行业推荐标准。

地方标准代号由大写汉语拼音字母 DB 加上省、自治区、直辖市行政区域代码的前两位数字组成。

企业标准的代号由大写汉语拼音字母 Q 加斜线再加企业代号组成。企业代号可由大写拼音字母或阿拉伯数字或两者兼用组成。

7）A。

公民所开发的软件如不是执行本职工作的结果，并与开发者在单位中从事的工作内容无直接联系，同时又未使用单位的物质技术条件，则该软件的著作权属于开发者自己。

8）A。

国际标准化组织（ISO）、国际电工委员会（IEC）都属于国际标准组织，欧洲标准化委员会（CEN）属于区域标准组织，美国电气和电子工程师学会（IEEE）属于行业标准组织。

9）C。

软件开发者的开发者身份权（即署名权）的保护期不受限制。

10）B。

参考第 6）题的解答。

11）A。

对于作品而言，公开表演、播放是需要另外授权的。

12）A。

专利权授予最先申请人。

13）A。

根据《著作权法》第二十二条和《著作权法实施条例》第二十七条规定，选项 A 不构成侵权。

14）① A。

　　② D。

源程序和设计文档作为软件的表现形式受著作权法保护。商业秘密是我国反不正当竞争法保护的一项重要内容。

15）C。

ISO 是一个国际标准化组织。以 ISO 9000 系列标准为基础，以"追加"形式，制定了 ISO 9000-3 标准，成为"使 ISO 9001 适用于软件开发、供应及维护"的"指南"。

16）D。

17）B。

根据《商标法》第三十八条：注册商标有效期满，需要继续使用的，应当在期满前六个月内申请续展注册。专利权和著作权到期后都无法延长，而商业秘密权无期限限制。

18）A。

即软件知识产权归属。公民为完成法人或者其他组织工作任务所创作的作品是职务作品。职务作品可以是作品分类中的任何一种形式，如文字作品、电影作品、计算机软件都可能由于为执行工作任务而创作，属于职务作品。其著作权归属分两种情形：

① 一般职务作品的著作权由作者享有。单位或其他组织享有在其业务范围内优先使用的权利，期限为 2 年。单位的优先使用权是专有的，未经单位同意，作者不得许可第三人以与单位使用的相同方式使用该作品。在作品完成两年内，如单位在其业务范围内不使用，作者可以要求单位同意由第三人以与单位使用的相同方式使用，所获报酬由作者与单位按约定的比例分配。

② 特殊的职务作品一是指利用法人或者其他组织的物质技术条件创作，并由法人或者其他组织承担责任的工程设计、产品设计图纸、地图、计算机软件等职务作品；二是指法律、行政法规规定或者合同约定著作权由法人或者其他组织享有的职务作品。对于特殊职务作品，作者享有署名权，其他权利由法人或非法人单位享有。

本题涉及软件知识产权，王某为完成公司指派的工作任务所开发的软件是职务软件，职务软件包括软件文档和源程序。该软件文档属于特殊职务作品，依据《著作权法》，对于特殊职务作品，除署名权以外，著作权的其他权利由公司享有。

19）C。

《著作权法》第二条第一款规定，中国公民、法人或者非法人组织的作品，不论是否发表，依照本法享有著作权。

第二十二条规定，作者的署名权、修改权、保护作品完整权的保护期限不受限制。

第二十三条第一款规定，自然人的作品，其发表权、本法第十条第一款第五项至第十七项规定的权利的保护期限为作者终生及其死亡后 50 年，截止于作者死亡后第 50 年的 12 月 31 日；如果是合作作品，截止于最后死亡的作者死亡后第 50 年的 12 月 31 日。